U0187748

中国地质调查"DD20160055"项目资助

大型锂资源基地调查评价的理论、方法与实践

——以川西甲基卡超大型锂矿为例

王登红 等 著

科学出版社

北京

内 容 简 介

中国锂矿资源丰富，分布广泛，位居世界前列。但是，随着我国战略性新兴产业的快速发展，锂作为 21 世纪能源金属的重要性越来越凸显，需求量也越来越大。《全国矿产资源规划（2016—2020 年）》把锂作为 9 个"储备和保护矿种"之一，24 种战略性矿种之一，而甲基卡是锂矿的唯一一个国家规划矿区。为在"十三五"期间完成 60 万 t Li$_2$O 的勘查指标，中国地质调查局设立了"川西甲基卡大型锂矿资源基地综合调查评价"项目，旨在通过在甲基卡及其外围开展以锂为主的地质找矿工作和"三位一体"综合调查评价，为甲基卡矿区资源储量达到 200 万 t、建设大型锂矿资源基地做出贡献。本书即该项目的成果，也包括了 2011 年以来在甲基卡开展地质调查的相关成果。书中介绍了川西以锂为主成矿区的地质背景与成矿条件，甲基卡等重点工作区传统地质、地球物理、地球化学、遥感地质及环境地质等方面的调查评价方法及其运用效果，甲基卡超大型典型锂矿的成矿特征及区域成矿规律，以及甲基卡、可尔因、九龙三岔河、平武–马尔康等地矿产资源潜力评价和资源环境综合评价的成果，为建设大型锂矿资源基地提供了科学依据。

本书是对大型矿产资源基地综合调查评价工作的探索性、创新性成果，对于同类型资源基地的勘查与开发也具有参考意义，可供矿床学、地质学、地球物理勘查、地球化学勘查、矿政管理及其他专业领域科研、教学人员参考使用。

图书在版编目（CIP）数据

大型锂资源基地调查评价的理论、方法与实践：以川西甲基卡超大型锂矿为例／王登红等著. —北京：科学出版社，2021.12
　ISBN 978-7-03-070120-6

　Ⅰ. ①大… Ⅱ. ①王… Ⅲ. ①锂矿床–矿产资源–矿产地质调查–甘孜
Ⅳ. ①P618.710.2

中国版本图书馆 CIP 数据核字（2021）第 214786 号

责任编辑：王 运　柴良木／责任校对：王 瑞
责任印制：吴兆东／封面设计：北京图阅盛世

科学出版社 出版
北京东黄城根北街 16 号
邮政编码：100717
http://www.sciencep.com

北京建宏印刷有限公司 印刷
科学出版社发行　各地新华书店经销
*
2021 年 12 月第 一 版　开本：787×1092　1/16
2021 年 12 月第一次印刷　印张：29 1/4
字数：700 000
定价：398.00 元
（如有印装质量问题，我社负责调换）

本书作者名单

王登红　代鸿章　于　扬　刘丽君
代晶晶　刘善宝　熊　欣　王裕先
付小方　郝雪峰　杨　荣　潘　蒙
秦　燕　王成辉　侯江龙　袁蔺平
王　伟　唐　屹　冯永来　饶魁元
罗光华　田世洪　赵　悦

前　言

　　能源资源基地是保障国家资源安全的主要载体，可为国家经济建设、国防军事工业、高新技术产业发展提供大量的、必需的工业原料和产品。通过培育打造能源资源基地，既可以不断发现新的矿产资源、夯实资源家底，又可以引领下游产业、促进技术进步，更可以壮大国民经济、提高人民生活水平。

　　国务院在《找矿突破战略行动纲要（2011—2020年）》中提出明确目标，争取用8~10年时间新建一批矿产勘查开发基地，重塑矿产勘查开发格局。2016年，国土资源部发布的《全国矿产资源规划（2016—2020年）》也明确指出，要综合考虑资源禀赋、开发利用条件、环境承载力和区域产业布局等因素，建设103个能源资源基地，作为保障国家资源安全供应的战略核心区域，大力推进资源规模开发和产业集聚发展。这103个能源资源基地中包括战略性新兴产业矿产资源基地14个，其中锂矿基地有2个，即川西甲基卡和青海一里坪–东台。"十三五"规划还明确指出，划定国家规划矿区，建设四川甲基卡等锂矿新型能源资源基地，强化北疆、川西、武夷山等地区锂资源保护与合理利用。在267个国家规划矿区中，甲基卡是唯一的锂矿区。因此，对川西甲基卡开展大型资源基地的综合评价，是落实"十三五"规划的具体行动。

　　《全国矿产资源规划（2016—2020年）》中有18处提到锂，将锂作为9个"储备和保护矿种"之一、24种战略性矿种之一，要完成60万t Li_2O 的勘查指标，并建成2个能源基地（甲基卡、柴达木），同时还设立1个国家规划矿区（甲基卡）和7个重点勘查区。

　　为在"十三五"期间完成上述锂矿勘查任务，中国地质调查局设立了"川西甲基卡大型锂矿资源基地综合调查评价"项目（DD20160055），旨在通过在甲基卡及其外围开展以锂为主的地质找矿工作和"三位一体"综合调查评价，为甲基卡矿区资源储量达到200万t、建设大型锂矿资源基地做出贡献。

　　"川西甲基卡大型锂矿资源基地综合调查评价"项目隶属于"大宗急缺矿产和战略性新兴产业矿产调查"工程（工程首席专家为王登红），实施周期为2016~2018年，项目负责人为王登红，项目经费为3502万元，承担单位为中国地质科学院矿产资源研究所，参加单位有四川省地质调查院、四川华地勘探股份有限公司、四川省地质矿产勘查开发局地质矿产科学研究所、四川省冶金地质勘查局六〇四地质大队、四川省核工业地质局二八二地质大队、西南冶金地质测试所等。

　　该项目组通过深入总结甲基卡式锂矿的成矿理论和找矿方法技术组合，开展了典型矿床及以锂同位素为创新点的地质调查与填图方法的研究，建立了甲基卡式锂矿的成矿模式与勘查模型，并推广到四川西部其他地区（包括九龙矿集区、平武矿集区、可尔因矿集区、石渠矿集区等）。以中国地质科学院矿产资源研究所稀有稀土贵金属研究室为核心的团队，与四川省地质调查院、四川省地质矿产勘查开发局地质矿产科学研究所、四川核工业地质局二八二地质大队、四川省冶金地质勘查局六〇四地质大队等单位一起，在川西高原甲基卡及外围特殊地貌区，以"能源金属"技术创新为突破口，以国家目标为调查评价的首要任务，以成矿规律为靶区圈定的基本依据，以野外调查为找矿验证的主要手段，以有序部署为合理勘查的有效保证，以综合评价为提升价值的根本出路，以引领产业发展为能源金属资源基地的立足之本，开展了锂同位素分析测试方法技术研究以及面向产业发展新起点的"三位一体"综合调查的关键技术、评价模式研究，建立了大型能源金属矿产资源基地调查评价的关键技术和指标体系；以物理方法选矿（物）技术开展对甲基卡锂辉石矿石的综合利用研究，提出了物理选矿（物）的新思路，利用矿产资源研究所自主发明的"高磁永磁强磁"技术，结合甲基卡式稀有金属矿石的特点，创新提出了"三磁一重"的选矿技术路线，取得了初步成效；创新了遥感找矿方法、动植物找矿方法，建立了遥感找矿模型，提交了国家发明专利 4 项，其中已授权 1 项，3 项进入实质审查阶段；深入总结了第四系掩盖区甲基卡式锂矿的成矿理论和找矿方法技术组合，进一步厘清甲基卡矿区内基性–中性–酸性岩浆序列，发现了新的隐伏岩体，梳理了"多矿化中心"成矿的新设想并提出了 2019 ~ 2021 年工作部署的初步方案；通过甲基卡锂矿的成矿模式与勘查模型在甲基卡及外围的找矿实践，建立了我国大型锂资源基地综合调查评价的技术应用和创新机制，指出了找矿方向；创新岩心钻探工作部署技术思路，改变了被动局面，实现了高原绿色调查"模块化–机动化–快速化–轻巧化–无污化"工作方式的重大转变；结合川西甲基卡大型锂矿基地的实践，从目标任务、基本原则、立项依据、创新驱动、技术路线、工作内容、关键问题等方面探讨了能源金属矿产大型基地调查评价的基本问题，提出了大型能源金属矿产基地综合调查评价的技术要求和工作指南，为同类工作提供了样板。

通过该项目的实施，锻炼了队伍，培养了人才，建立了一支以锂为重点的"三稀"（稀土、稀有和稀散金属）团队，毕业研究生十余名。这些科技创新、人才培养成果为国家级大型新金属能源资源基地的建设提供了科学基础和技术支撑。该项目在各子项目和委托业务团队共同努力下，完成了年度实施方案设计的各项绩效指标，年度考核结果均为优秀级。该项目的找矿成果有力地助推了川西大型稀有金属矿产资源新兴产业基地勘查、保护与合理利用的产业化进程，引领了全国三稀矿产、关键矿产、战略性新兴产业矿产调查。

该项目本着全力支撑能源资源安全保障、精心服务国土资源中心工作的原则，主要侧重于甲基卡矿区及外围（包括国外）典型矿床地质特征及成矿规律总结及对比研究，查明稀有金属赋存状态及富集机制，提出伟晶岩型稀有金属矿床的找矿方向及找矿靶区，为继续扩大资源量提供依据，做到了"公益先行"，为接下来的"基金衔接"，以及带动整装勘查、建设大型勘查开发基地提供资源保障打下良好的工作基础，带动四川省地勘基金在本区安排 3 个预查、普查项目，找矿效果显著，总结的找矿标志及"综合圈定找矿靶区–化探定性–物探定位–施工验证"的技术方法组合值得推广。

中国地质科学院矿产资源研究所牵头组织实施的"川西甲基卡大型锂矿资源基地综合调查评价"项目（2016 ~ 2018 年）在"多旋回深循环内外生一体化"的成矿理论指导下，围绕国家大型锂资源基地的规划、部署、建设的战略需求，开展了以甲基卡为示范，带动川西可尔因、九龙等地以锂为主的硬岩型稀有金属地质找矿工作。在深入总结甲基卡一带地质矿产特点、成矿规律的基础上，建立了"五层楼+地下室"勘查模型，完成了实施方案中设计的各项工作任务，同时对前人未及评价的一些伟晶岩脉也开展适度的评价，查明了整个甲基卡矿集区的资源家底。三年内，项目全面完成钻探 3000m（18 个钻孔）的设计工作量，全部通过野外质量检查及野外验收。经钻探验证，提交 334 级别资源总量（2016~2018 年）31.74 万 t Li_2O（含其他稀有金属当量换算），全面完成任务书下达的"新增氧化锂远景资源量 30 万 t"的总体目标任务，评价了资源潜力，为国家查明了一处值得深入勘查的以锂为主的综合性稀有金属矿产资源基地，带动了川西地区地勘基金、商业投资锂矿资源勘查的热潮，商业投资锂矿勘查三年超过 2 亿元，累计探获 Li_2O 资源量超过 100 万 t，引领新兴产业发展，为高起点绿色可持续矿业发展提供了示范。

2016~2018 年间，项目负责人在中国地质调查局的指导下，依托中国地质科学院矿产资源研究所的项目运行体系，从项目前期的"顶层设计"开始就紧密围绕我国经济建设急需的能源金属问题，来规划部署、落实任务分解。在工作部署上，紧密围绕地质找矿目标，遵循川西地区地质背景和成矿规律，在地、物、化、遥、钻、环六个方面统一部署，成果的集成严格按照项目伊始的规划部署思路、落实"五问"要求来梳理。在组织实施上，充分整合四川省地质调查院、四川省地质矿产勘查开发局地质矿产科学研究所、四川省冶金地质勘查局六〇四地质大队、四川省核工业地质局二八二地质大队、四川华地勘探股份有限公司等单位的技术和骨干力量，协同合作。在项目管理上，完善三级管理体系，在大区项目办和承担单位相关部门的指导下，优选子项目负责人，组织项目团队，整合资源、提升效率，严格把关项目的施工、进度、质量、经费的管理、信息化成果和地质资料的汇交，保障了项目的顺利实施。在人才培养上，项目的开展为人才的成长创造了良好的机会和环境，通过二级项目的实施，锻炼了队伍，培养了一批年轻的地质调查综合研究技术骨干，充分发挥各方积极性，干好大项目，确保大成果，为新一轮的能源金属矿产大型基地调查评价工作奠定了扎实的基础。

本书的编写分工为：第一章、第二章由王登红、于扬编写；第三至九章由王登红、于扬、刘善宝、代鸿章、代晶晶、王成辉、王裕先、付小方、秦燕、郝雪峰、袁蔺平、王伟、饶魁元、刘丽君、熊欣、杨荣、潘蒙、唐屹、冯永来、罗光华编写；第十章由王登红、于扬编写；王登红、代鸿章、于扬统编定稿。田世洪、侯江龙、赵悦等参与了前期工作。在项目的实施过程中，中国地质调查局钟自然局长、李金发副局长、王昆副局长及严光生总工程师、徐学义主任、张作衡主任、张生辉副主任、陈丛林处长、蔺志永处长、耿林处长等各级领导，矿产资源研究所傅秉锋书记、陈仁义所长、王宗起副所长、杨海涛副所长等领导，四川省地质矿产勘查开发局、四川省核工业地质局、四川省冶金地质勘查局等有关领导和同事给予了大力支持和帮助；工作过程中得到自然资源部矿产勘查技术指导中心薛迎喜、王瑞江、谢国刚、王宗起等领导及中国地质科学院陈毓川院士及矿产资源研究所邹天人、杨岳清等老专家的指导和帮助；室内分析测试工作得到中国地质调查局国家地质实验测试中心屈文俊研究员、马生凤副研究员、樊兴涛研究员、李超副研究员的帮助和支持；中国地质调查局西南地区项目管理办公室李文昌、齐先茂、林方成、尹福光、陈华安、李生、钟婉婷等领导，给予了项目管理和野外工作等方面的指导，在此一并表示衷心的感谢。书中不足之处在所难免，敬请读者批评指正。

目　　录

第一章 概 论

第一节 锂——21 世纪的能源金属

早在 20 世纪末，科学家就提出了"锂是 21 世纪的金属"这样的重大判断。时隔不久，尤其是 2010 年以来的十多年间，锂电池行业迅速发展，人们已经深切地体会到锂的重要性。

一、逐步替代煤和油的白色能源金属——异军突起

能源不仅是保障一个国家经济安全和持续繁荣、社会文明进步的重要基础，也是每个自然人维持基本生命所不可缺少的物质支撑。能源消费结构的变化跟人类社会发展的历史阶段相一致，当前人类利用的主要是石油、天然气和煤炭，非化石能源国外占 11.8%，我国只占 7%（路甬祥，2014）。大量消费化石能源的后果众所周知，党的十八大确立了 2020 年在转变经济发展方式方面要取得重大进展，特别强调要推动能源生产和消费革命，控制能源消费总量，加强节能降耗，支持节能低碳产业和新能源、可再生能源发展，确保国家能源安全。那么，非化石能源尤其是铀钍之外的金属矿产资源能不能为此做出贡献呢？

根据美国地质调查局和世界各地其他机构相关资料，锂应用增长最快的领域是锂电池行业。由于经济全球化，国际市场碳酸锂贸易价格可以中国市场碳酸锂价格作为参考。2015 年年初，中国工业级碳酸锂价格为每吨 40214 元，到 2015 年 6 月 30 日，工业级碳酸锂的价格上升至每吨 45071 元，涨幅为 12.08%；2015 年下半年，由于政策红利的释放以及其他因素，碳酸锂价格一路狂涨，工业级碳酸锂价格从 6 月 30 日的每吨 45071 元，一路暴涨到 2015 年年底的每吨 100753 元，涨幅高达 123.5%。

在如此诱人的"利益"驱动下，一些与锂行业无关的国际大公司也涉足锂行业，如韩国钢铁公司 POSCO 也将业务拓展到锂业，并宣称在盐湖提锂方面取得了突破性的进展，其方法只需 8 个小时就可完成卤水提锂的一个流程并使回收率达到 90%，而传统的蒸发池方法需要 12 ~ 18 个月的时间，回收率还不到 50%。

2016 年，全世界再一次掀起了找矿高潮，股市涉及锂的股票也高歌猛进，被称为"全球锂矿年"或"全球找锂年"。到 2017 年 7 月，锂金属的价格保持在每吨 80 万元的高位，比铜金属贵 17 倍，比煤贵 1700 倍。

二、老百姓推崇的高科技词汇——能源金属的概念

应该指出，锂作为能源金属，并不只是一个"概念"，而是如锂电池本身一样"润物细无声"地深入老百姓的日常生活，也正因为老百姓的需要是"第一需求"，"能源金属"

也并不是一个地质科学领域中独用的专业术语，而是老百姓习用的一个词语，并更多地出现在"股市行情"领域，被股民常用，反而在正规的地球科学词典中没有收录这一词条。在"百度""搜狗""腾讯"等搜索引擎中也没有找到"能源金属"的明确解释。在我国的矿产资源分类体系中，如《矿产资源工业要求手册（2010）》，一般将矿产资源分为能源矿产、金属矿产、非金属矿产、宝玉石矿产和水气矿产，能源矿产和金属矿产是并列的，并没有单独的能源金属矿产或者金属能源矿产。那么，什么是能源金属矿产？为什么要专门强调这一类别矿产资源的重要性呢？

能源金属矿产，指的是在能源领域发挥重要作用的金属矿产资源，包括铀、钍等众所周知的金属矿产，但不包括煤、油气、地热等常规、非金属能源矿产。显然，这一概念是按照矿产资源的最终用途来界定的，也就是说，能源金属矿产应该具备以下两个基本条件：①属于金属矿产；②在能源领域发挥重要作用。具体来说，除了像铀矿和钍矿这样的主要用于核能领域的金属矿产之外，其他只要是可在能源领域发挥重要作用的金属矿产也都可以涵盖进来。与此对应的概念则是能源非金属矿产。从这样的概念出发，锂、钽、镓等稀有、稀散金属及稀土金属也都可以归属于能源金属矿产，因为这些金属矿产在能源领域的重要性越来越大，而在传统的其他领域（如冶金、化工、军事）中的占比趋于下降。需要指出的是，把某一金属归属于能源金属，并不排斥其在非能源领域的应用或者其非能源属性。这也是社会经济与科学技术发展到一定阶段的必然趋势，就好像石墨本身属于非金属但其金属特征在未来社会中的重要性将越来越明显一样，像锂这样的金属矿产也必将在能源领域中占据一席之地。锂已经被广泛认可为"21世纪的能源金属"。当然，对于"在能源领域发挥重要作用"的理解是可以有变化的，重要和非重要本来就是相对的，而且是随着经济技术的发展而变化的。因此，对于能源金属的认识也是会变化的。

如果将能够产生能源的金属归为能源金属，则相应的矿产即能源金属矿产。由金属产生的能源也就可以称为金属能源。金属能源显然不属于化石能源，在能源总量中也只占不大的比例。要对各种各样的金属根据其在能源领域中的应用进行分类，不是一件容易的事，不只是因为对"能源金属"的概念尚未达成共识，更是因为随着科学技术的快速发展，哪些金属能在能源领域发挥作用、发挥什么样的作用、如何发挥作用、何时发挥作用，都存在不确定性。为此，本书也只是尝试性地提出一个能源金属的分类方案，具体为：①直接提供能源支撑的金属；②间接或者通过化学反应等方式产生能源的金属；③能源领域不可缺少的辅助金属；④储藏能源的金属；⑤可以显著节约能源的金属。该分类方案不妨用"供、生、助、藏、节"五字概括（王登红等，2016a，2017a，2018，2019）。

三、锂作为能源金属的可行性——无与伦比

锂，不但是人类梦寐以求的产生能源的强手（可控核聚变），也是储藏能源并引领新兴产业快速发展的抓手（如锂电池），更是无处不在的节约能源的好手（如各种各样的润滑剂）。

产生能源。在早期的氢弹中，氘化锂是聚变燃料。另外，氟化锂是氟盐混合物（LiF-BeF$_2$）的基本构成成分，用在液体氟化物核反应堆中。氟化锂在化学上特别稳定，LiF/BeF$_2$混合物具低熔点特点，具有氟盐组合中适合反应堆利用的最佳中子特性。自原子弹、

氢弹爆炸以来，人们早已实现了原子能的民用，建立了完备的原子能工业，但主要是把"原子弹"由战略性军用拓展为民用，"氢弹"的民用仍然是科学家，也是人民大众所梦寐以求的，其原因就是"氢弹太厉害了"，无法控制。为此，"可控核聚变"成为全世界仅次于国际空间站的第二大国际合作大计划项目。试想一下，1g 锂放出的有效能量最高可达 8500~72000kW·h，比 ^{235}U 裂变所产生的能量大 8 倍，相当于 3.7t 标准煤（王乃银，1989）。那么，如果以锂来代替煤的话，中国的环境保护问题将会得到多大的改观啊！

储藏能源。按照美国科学界的预测，要实现可控核聚变，还需要 25~40 年的时间，而自 2010 年以来几乎人手一部的"手机"却忽如一夜春风来，不知不觉中遍及街头巷尾，惠及寻常百姓。手机也好，相机也好，笔记本电脑也罢，都广泛地使用了不同种类的锂电池。这就发挥了锂作为能源储存金属的重要性。锂电池是可任意使用的电池，使用锂金属或锂化合物作为阳极。锂电池不可与锂离子电池混淆，锂离子电池是使用高能密度的充电电池。铌酸锂广泛用在无线电通信产品中，如手机和光调制器等。目前，60% 以上的手机使用锂产品。

节约能源。锂在节约能源方面的作用，并不如锂电池那么众所周知，但其实是无孔不入的，至少体现在四个大的方面：①作为润滑剂，减轻摩擦而降低能耗；②作为结构材料，减轻构件的重量而降低能耗；③作为关键性辅助材料，通过改善设备、材料等的性能而降低能耗；④通过改变冶金、化工、机械等工业领域的物理化学反应过程来降低能耗。例如，美国在 20 世纪 70 年代发现，把锂辉石或含锂原材料加入拜耳法炼铝的工业生产流程中，可以大大降低用电量，这种工艺曾经占用锂的 2/3 的消耗量，在陶瓷、搪瓷和玻璃工业中也广泛应用。氧化锂是重要的锂化合物，具强碱性质，当与脂肪一起加热时，产生锂肥皂。锂肥皂可增厚油脂，商业上可用于制造润滑脂等。硬脂酸锂就是一种常用的高温润滑剂。锂用作助熔剂，在焊接过程中可促进金属的熔化，还可以通过吸收杂质，去除或阻止氧化物的形成。锂与铝、镉、铜和锰化合，既可以用以制造高性能的飞机、火箭及其他航空器的高端部件，还可以减轻重量，使之在同样的动力条件下飞得更远，维持时间更长。金属锂和其复杂的氢化物如 Li[AlH$_4$] 等，被认为是火箭推进剂的高能添加剂。锂及其化合物可用于生产硼氢化物及作新型高能燃料的加成剂，用于飞机、火箭、导弹、炮弹及潜艇、等离子火箭发动机的推进燃料。这种推进剂具有燃烧温度高、火焰宽、发热量大、排气速度快等特点。用溴化锂溶液（55%）作热流体的吸收式空调器，与冷冻式或压缩式空调器相比具有一系列的优点，已经广泛用于人造纤维、制药、纺织和高温工业企业以及住宅、公共设施、超高层建筑和潜艇等。

四、比铀更强大更安全的能源金属——锂的独特性

最典型的能源金属就是铀。铀和钍都是典型的能源金属，核能也就是典型的金属能源。实际上，直接用于核能领域的不只有铀和钍，在核聚变反应堆中锂是主角之一。核聚变反应是氘（D）和氚（T）的反应，氘在天然海水中含量丰富且易于提取，但氚在自然界几乎不存在。那么，如何获得氚呢？这就需要靠中子来轰击 ^6Li。也就是说，^6LiD（氘化锂-6）是核聚变反应堆的主要原料。1g 氘聚变约等于 100m^3 汽油的能量，每升海水中有 0.003g 氘，聚变后能量等于 300L 汽油的能量，因此，一旦核聚变电站工业化，锂将作为

典型的能源金属回归能源领域，在核聚变、锂电池及储能装置等方面发挥重要作用，锂工业发展的前景无疑是光明的。国际核聚变反应堆预计在 2040 年前建成 $2000 \sim 4000 MW$ 的示范性核聚变电站（游清治，2013）。中国于 1967 年 6 月 17 日成功爆炸的第一颗氢弹，利用的就是氘化锂。据估计，1g 锂放出的有效能量最高可达 $8500 \sim 72000 kW \cdot h$，比 ^{235}U 裂变所产生的能量大 8 倍，相当于 3.7t 标准煤（王乃银，1989）。生产 100 亿 $kW \cdot h$ 的锂反应堆，只需要 10t 金属锂（吴荣庆，2009）。

　　早在 20 世纪 50 年代，许多国家原子反应堆已经运转，那时叫作原子锅炉。这种锅炉的设计师考虑到诸多原因未采用水作为载热体。用焙融金属传送过剩热的反应堆问世，首先使用了钠和钾。但是，锂相对这两种金属具有许多优点：第一点，锂轻；第二点，锂的热容量大；第三点，锂的黏度低；第四点，液态锂的温度范围（熔点和沸点之间的温差）很宽广；第五点，锂的腐蚀性远弱于钠和钾。上述的一些优点使锂有足够条件作为原子反应堆元件。看来，锂"命中注定"要成为热核聚变反应不可代替的参加者之一。

　　氢的重同位素氘和氚核子聚合反应时应当释放出的能量比铀核子衰变时释放出的能量大若干倍，据此在 1951 年 7 月研制成氢弹，从而比以前知道了更多的东西。但是，根据这种核嬗变，似乎存在不能解决的矛盾。为了使氘核和氚核能够融合，需要大约 5000 万摄氏度高温。但为了反应的进行，还需要使原子碰撞。物质中的原子越密集，碰撞（和随后的融合）概率越大。计算表明，物质只有处于液态才有上述可能。氢同位素只有在接近绝对零度的温度条件下才能成为液体。

　　这样一来，一方面必须是超高温，而另一方面必须是超低温，然而这毕竟是要在同一种物质、同一个物体中实现。只有利用氢化锂的变体——氘化锂-6 才可能制成氢弹。氘化锂-6 是氢的重同位素氘和质量数为 6 的锂同位素的化合物。氘化锂-6 之所以重要，原因有二：第一，它是固体物质，可以在零上温度储存"浓缩"氘；第二，它的组分 ^6Li 是制取最短缺的氢同位素氚的原料。特别是，^6Li 是制取氚的唯一工业来源：

$$^6_3Li + ^1_0n \longrightarrow ^3_1H + ^4_2He$$

这个核反应所需的中子是引爆氢弹的原子"雷管"，它还造成热核聚变的反应条件（温度约 5000 万摄氏度）。对原子能技术来说，还有一种锂同位素的化合物 ^7LiF 也很重要，用它可直接在反应堆中溶解铀和钍的化合物。

五、为从根本上解决能源问题而努力——可控核聚变

　　世界上许多国家都在积极地开展新能源的研究和开发，锂就是其中最引人注目的一个方向，而且有可能成为今后开发新能源的顶梁柱。与铀矿主要用于军用和原子能发电不同的是，锂更多的是民用，但同样可以在军用和原子能发电领域发挥更大的作用，其潜力就像氢弹比原子弹威力更大一样。

　　民用领域，许多国家对锂有机电解质电池、锂无机电解质电池、锂熔盐电解质电池、锂固体电解质电池和锂水电池等，进行了大量的研究工作。根据不同的用途已试制和生产出许多各具特色的锂电池。它已广泛用于心脏起搏器、台式或袖珍电子计算机、电子手表、助听器、摄影记录器、磁带录音机、闪光灯、灯塔、浮标、电视及便携式无线电装置，甚至还可用作电动玩具的电源，等等。

但为了从根本上解决能源问题，国际核聚变反应堆技术追求的是日益"民用化"和"商业化"，国际上对于"核聚变电站"计划（ITER，俗称"人造太阳"，是国际上仅次于"国际空间站"的第二大项目）的研究正在加快步伐。金属锂在受控热核聚变中的应用是不可替代的，锂既是生产氚的原料又是理想的冷凝剂。除参加聚变反应之外，把锂兼作冷凝材料的液体增殖区的核聚变电站需要锂量是很大的，对于一个1000MW的核聚变电站，用锂量为500~1000t。美国研究和发展管理局（ERDA）对2030年核聚变用锂量进行了预测，预计美国到2030年，核聚变用锂量最少为1.6万t，最多可达7万t。我国虽然有丰富的锂资源，但金属锂的产量只有美国的1%（王秀莲等，2001），寻找高品质的锂矿资源，与研究出低成本、高质量、无污染的生产锂的方法一样迫在眉睫。

全世界的学者多年来致力于研究平稳的受控热核聚变问题，即如何人为地控制住威力巨大的"核聚变"，使之造福人类。这个问题迟早是能够解决的。一方面，地质学家在自然界寻找天生就富集了不同种类的锂同位素的自然资源，四川的容须卡、甲基卡和马尔康一带的锂辉石就比盐湖中的锂更加富集^{6}Li，而如前所述，只有氘化锂-6才可能制成氢弹；另一方面，原子能方面的科学家已经在众多方面取得了创新，中国的托卡马克装置已经在数量上和质量上居于世界前列。2017年7月，我国宣布超导托卡马克装置"东方超环"（EAST）再次取得突破，在全球首次实现了百秒以上的稳态高约束运行模式，相当于稳定地"燃烧"了上百秒。"人造太阳"工程的这一进步，标志着人类离实现可控核聚变的梦想更进了一步。

总之，战略性新兴产业矿产中的代表性矿种——锂，已经越来越受到重视。但是，目前还只是从储能的角度，即各种各样的锂电池，被老百姓所熟悉，而锂的高端利用——通过可控核聚变服务于人类，则还是一个翘首以盼的美梦，可能在不远的将来变成现实。

第二节　国外锂矿找矿的新进展

近年来全球范围内锂矿的勘查保持活跃态势，无论是非洲还是大洋洲、北美洲、欧洲等地都在伟晶岩型锂矿勘探方面取得了新进展，区域上以非洲和澳大利亚（西澳大利亚州）为热点，类型上以卤水型和沉积型锂矿的相关进展最为突出。通过借鉴国外锂矿勘探项目的新进展和新趋势，我们认为国内应增强安全意识，加强勘探投入工作，努力提高关键矿产资源的自我保障能力；摸清国内关键矿产资源家底，加强各类型锂矿的基础研究，以伟晶岩型锂矿勘查为主导，兼顾花岗岩型锂矿的调查，查明卤水型锂矿和沉积型锂矿的赋存状态；加速国内优势资源的转化，建立完整产业链；在海外投资勘查时宜加强研究，优选项目，通过合作等多种方式降低风险。

锂是最轻的金属，具很强的化学活动性。锂铝合金具密度低、抗腐力强、弹性模量大和耐疲劳等特点，是航空航天工业的重要结构材料。锂及锂化合物在冶金、轻工、石油、化工、电子、橡胶、玻璃、陶瓷及医疗等传统工业领域广泛运用，是21世纪能源和轻质合金的理想材料，被称为推动世界前进的重要资源（邹天人和李庆昌，2006）。在倡导可持续发展的理念下，锂电池、新能源动力汽车等新能源领域对于锂的需求开始改变，并重塑人们对锂矿的认识，锂资源开发利用也被列入中国"十三五"规划中（王登红等，2016a）。近年来，在全球大宗矿产市场相对低迷的情况下，战略性新兴产业领域（如新能源）蓬勃发展，越来越多的投资者希望占据这类矿产尤其是锂矿的市场份额。国内外出现

"淘锂热"盛况,进入"锂矿找矿年",其间找矿力度空前。纵观全球,自 2016 年开始,全球锂矿勘探持续活跃(刘丽君等,2017a)。2017 年以来,全球锂矿的找矿热度不减,勘探成果在几大热点区均有突破。因此,了解国外锂矿勘探项目的进展,把握前沿勘探动向,不仅对于国内的投资者具有参考意义,对我国稀有金属尤其是新类型锂矿的勘查也具有重要的借鉴意义。

一、世界锂资源新变化

2017 年和 2018 年世界范围内锂矿的勘探活动异常活跃,全球查明的锂矿资源量显著增长,几大主要锂生产国的储量增长明显。由于锂电池的应用领域不断拓展,2017 年全球锂产量(不包括美国)为 69000t,2018 年增加约 23%,至 85000t。此前,2017 年全球锂产量较 2016 年增长 74%,主要原因是澳大利亚锂辉石产量增加了近三倍,其中包括出口到中国的锂精矿超过 11000t(USGS,2019)。2017 年全球锂的消费量为 37700t,而 2018 年约为 47600t,增量超过 20%。全球锂产能估计为每年 91000t。Industrial Minerals 公司报告称,2017 年美国电池级碳酸锂年平均价格为 15000 美元/t,与 2016 年同比增长 73.4%;2018 年美国碳酸锂年平均价格继续上涨,为 17300 美元/t。由于全球锂产量超过全球锂消耗量,中国现货碳酸锂价格从 2018 年初的 21000 美元/t 下降至第三季度的 12000 美元/t。价格的下跌,意味着锂市场开始走向饱和。

在 2013~2018 年,世界主要锂矿国家查明的锂资源量从 2016 年开始呈现增长趋势(表 1.1)。2017 年和 2018 年世界锂矿勘探活动的持续进行促进全球锂矿资源量的不断增加,其中阿根廷和澳大利亚这两大锂矿生产国的资源量增长最显著,阿根廷的查明资源量从 2017 年的 980 万 t 增长至 2018 年的 1480 万 t,增量为 51%;澳大利亚从 2016 年的 200 万 t 增长至 2017 年的 500 万 t,再到 2018 年的 770 万 t。墨西哥得益于黏土型锂矿的勘探,其锂矿查明资源量从 2017 年的 18 万 t 大幅度增长至 2018 年的 170 万 t。此外,欧洲各国也在进行锂矿的勘探,如捷克、葡萄牙、西班牙、德国、芬兰等不断有资源量的突破,逐渐挤进世界锂矿资源大国行列,而中国的占位越来越靠后(图 1.1)。

表 1.1　世界主要锂矿国家 2013~2018 年查明锂矿资源量统计表　(单位:万 t)

国家	2013 年	2014 年	2015 年	2016 年	2017 年	2018 年
美国	550	550	670	690	680	680
玻利维亚	900	900	900	900	900	900
智利	750	750	750	750	840	850
阿根廷	650	650	650	900	980	1480
中国	540	540	510	700	700	450
澳大利亚	170	170	170	200	500	770
加拿大	100	100	100	200	190	200
刚果(金)	100	100	100	100	100	100
俄罗斯	100	100	100	100	100	100

续表

国家	2013 年	2014 年	2015 年	2016 年	2017 年	2018 年
塞尔维亚	100	100	100	100	100	100
巴西	18	18	18	20	18	18
墨西哥	—	—	18	20	18	170
奥地利	—	—	13	10	5	7.5
津巴布韦	—	—	—	10	50	54
捷克	—	—	—	—	84	130
西班牙	—	—	—	—	40	40
葡萄牙	—	—	—	—	10	13
马里	—	—	—	—	20	40
德国	—	—	—	—	—	18
秘鲁	—	—	—	—	—	13
芬兰	—	—	—	—	—	4
哈萨克斯坦	—	—	—	—	—	4
纳米比亚	—	—	—	—	—	0.9
世界探明锂资源总量	3978	3978	4099	4700	5335	6142.4

资料来源：USGS MCS 2014～2019 年。

注：— 表示当年无记录。

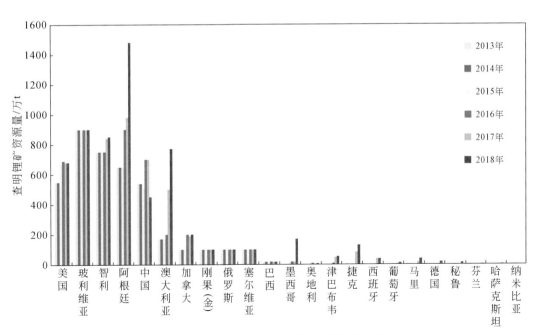

图 1.1　2013～2018 年各国查明锂矿资源量统计图

二、全球锂资源分布

随着近年来锂矿勘探项目的增加，全球范围内各类型锂矿分布较广，从世界锂矿勘探的分布范围来看，沉积型锂矿的勘探在全球范围内取得突破，但是主要集中在北美洲的西海岸；在数量上占据主导地位的还是伟晶岩型锂矿，且主要集中在非洲和澳大利亚（西澳大利亚州）地区。伟晶岩型锂矿在全球各个重要的成矿区带内也都不同程度地发育，最大的特点是既可以出现在稳定地台区，也可以出现在活动性很强的造山带（袁忠信等，2016；王登红等，2017a），其中跟大型、超大型伟晶岩型锂矿床有关的主要区带有：

（1）泛非地台成矿带。成矿带从乌干达的西南部开始呈北北东-南南西向经卢旺达、布隆迪、刚果（金）进入安哥拉，大致相当于该区元古宙基巴里德褶皱带-泛非地台的位置。带内主要产出含稀有金属的花岗伟晶岩，如刚果（金）的基托洛和马诺诺盛产锂辉石。

（2）南非-津巴布韦成矿带。该带位于非洲最古老岩石分布的构造单元——南非-津巴布韦太古宙地盾内。津巴布韦比基塔花岗伟晶岩曾经是世界三大含锂伟晶岩矿床之一。

（3）西欧海西褶皱系成矿区。该区包括法国中部与德国西部，法国中部的中央高原有海西期含锂、铍、铌、钽的花岗岩产出。

（4）澳大利亚（西澳大利亚州）皮尔巴拉-卡尔古里成矿区。该区属西澳大利亚州地台的一部分，主要产出铌钽铁矿、锂辉石、锡石花岗伟晶岩及其砂矿。重要的岩脉有格林布希斯伟晶岩，形成于前寒武纪。

（5）加拿大地盾奴河成矿区。该区位于加拿大地盾西部，有锂辉石伟晶岩、绿柱石-铌钽铁矿花岗伟晶岩产出。

（6）加拿大地盾温尼伯-尼皮贡湖成矿区。该区产出有世界最大的花岗伟晶岩矿床之一——伯尼克湖伟晶岩型矿床，以铌、钽、锂矿化特富而知名。

（7）美国阿巴拉契亚褶皱带北卡罗来纳成矿带。在阿巴拉契亚褶皱带，沿北东方向断续有花岗伟晶岩出露。其南段，即北卡罗来纳成矿带内以锡石锂辉石伟晶岩为主。

（8）南美洲北圭亚那地盾成矿带。成矿带位于南美洲北部，沿大西洋海岸呈东西向延展。伟晶岩产绿柱石、锂辉石及铌钽铁矿。

（9）中亚兴都库什成矿带。阿富汗境内的伟晶岩型锂矿，主要位于其东北部的兴都库什山脉，除了锂，该地区伟晶岩还富集钽、铌、铍、锡和铯。部分伟晶岩还开采出宝石级电气石、紫锂辉石、绿宝石等。

三、全球锂矿资源勘探进展

虽然全球范围内锂矿勘探如火如荼，伟晶岩型、卤水型、沉积型锂矿都有新进展，但从项目数量上看仍以伟晶岩型居多，沉积型锂矿则是新动向，取得重大进展的热点区还是以非洲和澳大利亚为主，与 2016～2017 年间的格局类似（王登红等，2016a；刘丽君等，2017a）。

(一) 伟晶岩型锂矿

1. 非洲

非洲的地质工作程度低，但成矿条件好，尤其是稳定地台（地盾）区在经历了裂谷化构造演化之后，伴随碱性岩浆作用、碳酸岩浆作用、伟晶岩浆作用等特殊地质作用可形成多种多样的稀有金属矿床，如泛非地台上北卢古鲁伟晶岩田的马诺诺和基托洛曾经盛产锂辉石，是著名的锂辉石成矿带（袁忠信等，2016）。

通过传统的就矿找矿方式，在老点上求得新突破，或者在空白区通过物化探等信息的综合研究发现新点，是国内外找矿勘探取得突破的基本途径。近两年，非洲马诺诺项目的巨大成功再次诠释了"就矿找矿"的现实意义。

马诺诺锂项目（Manono Lithium Project）无疑是 2018 年最受矿业界关注的锂矿勘探项目之一。该项目位于非洲刚果（金）坦噶尼喀省首都卢本巴希以北 500km 处。虽然在刚果（金）投资矿业存在政局不稳、社会动荡、基础设施差、运输距离远等诸多不利因素，但该国伟晶岩规模之巨大，仍然吸引着全球眼光，让业界惊叹不已。该项目初步勘探查明矿脉的厚度在 300m 以上，矿石品位稳定而连续（Li_2O 品位在约 1.5%）。单就地质资源而言，马诺诺无疑是目前世界上最大的硬岩型锂辉石矿床。马诺诺锂项目的勘探主体是罗氏德拉（Roche Dure）矿脉，其长度约 1600m。从 2018 年 2 月开始，该项目第一阶段的20000m 钻探就取得开门红，首个钻孔 MO18DD001（MO18）总进尺 380m，从 62m 处开始见矿，锂辉石伟晶岩的视厚度达 295.05m。该项目 8 月公布的资源量为 2.599 亿 t 矿石；到 11 月底，AVZ 公司就完成了马诺诺锂矿项目的升级，矿石资源量增加至 4.004 亿 t，Li_2O 品位达 1.66%，相当于含有 Li_2O 664 万 t。另外还有锡 30 万 t（品位 750×10^{-6}），钽13200t（品位 33×10^{-6}）。Fe_2O_3 的平均含量仅为 0.99%，低于澳大利亚证券交易所上市的其他硬岩型锂矿。

几乎同时，在非洲刚果（金）东南的坦噶尼喀省也在开展卡努卡锂项目（Kanuka Lithium Project）和基托洛锂矿项目（Kitotolo Lithium Project）的钻探工作。卡努卡主矿区和新发现的卡洛万萨姆勘探区也发现大量平行产出的伟晶岩。该项目最初的钻孔数仅设计50 个，包括总进尺 3000m 的反循环（RC）钻探和随后 1000m 的金刚石钻探。初期勘探和钻探计划针对的是已知的伟晶岩脉，包括地表裸露或有矿业活动记录的矿点。基托洛锂矿项目的第一个钻孔位于第一阶段勘探计划中发现的未风化伟晶岩区。同时，此次钻探也是为了确认近地表锂矿化的深部延伸情况。据悉，发现的近地表矿化沿走向分布长度超过 1000m。

另外，波米恩（BGS）项目勘探取得重大收获，其中的古拉米娜锂项目资源量翻倍。2018 年 4 月更新后的数据显示古拉米娜资源量为 6500 万 t，Li_2O 品位为 1.43%，Li_2O 总量为 93.1 万 t。其中查明资源量为 4370 万 t，Li_2O 品位为 1.48%（共含氧化锂 64.5 万 t）。

2. 澳大利亚

澳大利亚伟晶岩型锂矿的勘探历史悠久，近年来更是以点带面，形成区域性找矿热，并在西澳大利亚州的东皮尔巴拉地区很快形成了锂资源勘探基地。两个新锂辉石矿的开采使澳大利亚 2017 年总产量增加约 34% （USGS，2018），并全面提高了精矿产量。2018 年整个西澳大利亚州的伟晶岩型锂矿勘探及项目建设开展得如火如荼，主要分布于西澳大利亚州、昆士兰州和北部地区。

（1）皮尔甘谷拉（Pilgangoora）锂-钽矿：位于西澳大利亚州北部皮尔巴拉地区，资源量达到 2.13 亿 t，巩固了其全球锂资源的优势地位。与 2017 年 1 月 25 日宣布的资源量相比，2018 年 5 月更新后的矿产资源占总资源量的 36%，总计 2.13 亿 t 矿石量，其中 Li_2O 品位 1.32%，Ta_2O_5 品位 $116×10^{-6}$，即含有 Li_2O 约 281 万 t，Ta_2O_5 约 2.47 万 t。已完成超过 150km 的 RC（反循环钻探）和金刚石钻探。皮尔甘谷拉矿床明确拥有足够大的资源量以支持未来几十年世界级的、可扩展的、低成本的采矿作业。其生产的第一批精粉产品，经第三方实验室化验确认最终规格为氧化锂含量 6.256%、氧化铁含量 0.724%，产品质量优异。皮尔巴拉矿业公司从第一个钻孔开始，历时 4 年，于 2018 年 10 月开始正式在西澳大利亚州北部黑德兰港装船出口，包括向中国出口锂精矿。至此，皮尔巴拉矿业也华丽转身，成为世界级的锂原材料供应商。另外还有别的矿业公司也在皮尔甘谷拉持续探矿，在 20km 长的锂矿化带范围内设立了众多的伟晶岩探矿项目，如玛丽娜、特巴特巴（Tabba Tabba）和莫丽拉（Moolyella）。其中，沙亚娜矿业公司（Sayona Mining Limited）的玛丽娜项目，计划通过 20 个 RC 钻孔 2500m 的钻探，查明长约 1400m 的伟晶岩脉的矿化情况。此前该地区地表岩屑样的化验结果显示 Li_2O 品位达到 4.6%。

（2）王坳（King Col）锂矿：位于皮尔甘谷拉和伍德杰娜（Wodgina）富锂辉石矿山的附近。2018 年 3 月，德格瑞矿业有限公司（De Grey Mining Limited）公布此前的 RC 钻探加快推进，根据详尽的岩石学研究、钻孔和化验数据确定王坳土壤样采集区存在锂辉石，并扩大了锂异常的范围。其中，钻孔 KRC012 在 13m 处见矿 17m，Li_2O 品位 2.55%。锂辉石是最主要的锂矿物，但也存在透锂长石、锂云母和其他含锂矿物。此外，钻孔样品化验结果显示，KRC011 在 25m 处见矿 1m，Cs_2O 品位达 8.63%。土壤化探的结果大大拓展了异常区域并确定了第二条异常带，即王坳主区域从 2km 延伸到了 4.8km，同时确定东南部存在新的 3km 长的异常区。勘查工作还在进行。

（3）凯萨琳谷锂矿项目（Kathleen Valley Lithium Project）：位于西澳大利亚州珀斯东北方向 680km 处。2018 年 5~7 月，共完成 38 个 RC 钻，9 个金刚石钻，RC 钻总进尺 5132m，金刚石钻总进尺 1610.1m。钻探结果证明了其作为硬岩锂矿的巨大潜力，高品位矿化继续延伸，矿体尚未封闭。用于选矿试验的 9 个金刚石钻孔的初步测试结果显示，KVDD0002 在 59.3m 见矿 16.7m，Li_2O 品位 1.6%，其中 63m 见矿 3m，Li_2O 品位 2.2%；68m 处见矿 6m，Li_2O 品位 2.3%。凯萨琳谷角和曼山矿山的初始资源量达 2120 万 t，Li_2O 品位 1.4%，Ta_2O_5 品位 $170×10^{-6}$，Li_2O 边界品位取 0.5%。其中 75% 的资源为推断级。大部分矿化均近地表，属新鲜矿石，基岩是含锂辉石的伟晶岩。

（4）芭蒂娜锂矿项目（Buldania Lithium Project）：位于西澳大利亚州南部的诺斯曼（Norseman）东北 30km 处，距离珀斯以东约 600km。交通运输等基础设施较完备，包括为矿产出口服务的铁路线全长达 200km，一直延伸至埃斯佩兰斯港。2017 年该项目被朗泰资源公司（Liontown Resources Limited）收购，共完成 99 个钻孔，总进尺 11557.5m。钻探结果将矿化范围向东南方向延长了至少 200m，证明矿化长度超过 850m。此次钻探最好的见矿结果包括在安娜勘探区（Anna Prospect）见矿 39m，Li_2O 品位 1.6%。矿化走向延长至

850m，最长可达1300m。其中有200m长的矿化范围已经确定，另有500m长的矿化带中可以肉眼看到锂辉石。

（5）格兰茨锂矿床（Grants Lithium Deposits）：位于澳大利亚北部地区达尔文附近，属于伟晶岩型锂辉石矿床，是科尔勘探（CXO）公司全资持有的芬尼斯锂矿项目（Finniss Lithium Project）的关键部分。据2018年7月公布的信息，该矿床在钻探过程中发现了非常宽的高品位矿体。新一轮钻探在原有矿化基础上，将矿体在走向上的长度延伸了73m，新探明矿体的Li_2O平均品位超过1.5%，见矿宽度最高达22m，氧化锂品位超过2%。芬尼斯锂矿项目预计年产量为100万t，勘探工作还在继续往深部进行，以扩大资源量。此外，格兰茨锂矿床的第二轮RC和金刚石钻探进展良好。同时公司也开始了桑德拉斯勘探区（Sandra's prospect）的RC钻探工作。另外，选矿工作也在2018年8月取得新进展，相比2017年有实质性提高，使用简单的重力分选就可以生产出5.5%的锂精矿，回收率可以提升至79%。

（6）博得山（Bald Hill）锂-钽矿项目：位于西澳大利亚州东部金田（Eastern Goldfields），是2016年以来澳大利亚第一座开始生产锂辉石的矿山。目前，以0.5%的Li_2O作为边界品位，资源量共计达1890万t，Li_2O品位1.18%，Ta_2O_5品位$149×10^{-6}$；以0.3%为边界品位，博得山探明锂-钽矿品位1.0%以上的矿石资源量达2650万t。推断的锂资源1440万t，Li_2O品位1.02%。该矿山于2018年8月初正式实现了商业生产。

（7）尤安尼锂云母项目（Youanmi Lepidolite Project）：属于少见的以锂云母为主的勘探项目，位于西澳大利亚州默奇森区（Murchison District），在珀斯东北大约570km处。尤安尼区域有一个含锂云母伟晶岩的成矿带，勘探区（编号：E57/983）走向长达4km。早期填图和岩屑采样工作确认该区有锂云母伟晶岩矿化的线索。岩屑化验结果显示，锂云母含量范围在5%~35%，相当于0.25%~1.7%的Li_2O。在勘探区（E57/983）北半部的三个靶区，钻探确认了多个锂云母伟晶岩。在1号靶区（首个勘探靶体）超过250m的走向范围内，伟晶岩厚度4~5m；在2号靶区，有9m的伟晶岩见矿，锂云母含量约20%。该钻探项目共计包含38个RC钻孔，总进尺936m。最好的矿化结果是见有5m的锂矿化，Li_2O品位为1.30%。

（8）多夏普岩脉群（Dorchap Dyke Swarm）锂矿：在澳大利亚维多利亚东部，达特矿业公司（Dart Mining）对广泛分布的多夏普岩脉群进行了战略性勘探，以锂为主，兼顾锡和钽。该岩脉群由成千上万条不同规模的岩脉组成，从格伦威尔斯（Glen Wills）延伸到艾斯克戴尔北部（North of Eskdale）。其中的许多岩脉可能具有锂矿化，个别样品的Li_2O含量为0.20%、0.88%、1.04%、2.37%。

3. 北美洲

加拿大是一个对伟晶岩型稀有金属具有悠久研究历史、研究程度较高的国家，而且矿业资本市场一直很活跃，近年来锂矿勘探也有很好的进展。2014~2015年进展较大，更多的关注点在加拿大魁北克省的瓦布齐（Whabouchi）锂矿床和奥捷（Authier）锂矿床，但2016~2017年勘探重点转移到了魁北克的塔斯尼姆锂项目和安大略省西摩湖锂矿项目。

塔斯尼姆锂项目（Tansim Lithium Project）位于加拿大魁北克奥捷锂矿西南82km处，包括65个约12000hm²的探矿权，具有锂、钽和铍的找矿前景。正在勘探2处伟晶岩靶区：①维奥达莱尔（Viau Dallaire）伟晶岩脉，长 300m，向北倾斜 40°，厚度达 12~20m。根据 3 处槽探揭露，有 10.3m 厚的 Li_2O 见矿品位达 1.40%，11.15m 的 Li_2O 见矿品位达 0.84%，18.95m 的 Li_2O 见矿品位达 0.94%（其中有 7.3m 的 Li_2O 见矿品位达 1.77%），14 个选择性取样化验结果显示 Li_2O 的含量范围为 0.96%~2.47%；②维奥（Viau）伟晶岩靶区，根据填图结果，伟晶岩长达 200m，宽约 30m，两个不相邻的槽探样品显示氧化锂品位最高为 2.77% 和 1.37%，4 个选择性取样化验结果显示 Li_2O 的含量范围为 0.22%~4.5%，高品位锂含量的出现都与钠长石锂辉石伟晶岩和粗晶锂辉石晶体（长达 30cm）有关，铁含量平均为 0.63%。

加拿大安大略省西摩湖锂矿项目的金刚石钻探进展顺利，前 7 个钻孔均发现了锂辉石矿化，资源量还有增加的潜力。另外，位于魁北克省詹姆斯湾（James Bay）的锂项目也取得了勘探进展，在坎斯特（Cancet）发现了矿化极好的锂辉石伟晶岩，化验结果显示含 Li_2O 分别为 1.33% 和 1.32%；而且，有勘探潜力的伟晶岩走向已经被延长至 6km，勘探区范围扩大了 60%，总面积超过 2 万 hm^2。

美国北卡罗来纳州的卡罗来纳锡-锂辉石带（Carolina Tin-Spodumene Belt）是世界级伟晶岩型锂成矿带，2018 年以来持续发现高品位矿化。2018 年 8 月，皮埃蒙特锂业公司（Piedmont Lithium Limited）完成第三阶段钻探，共 124 个钻孔，总进尺 21360m。该公司在 2018 年 6 月 14 日公布的矿石资源量为 1620 万 t，Li_2O 品位为 1.12%。新完成的钻孔大部分位于原资源量边界之外，意味着其资源量将进一步扩大。卡罗来纳锡-锂辉石成矿带也发现新的勘探靶区，初步的取样和填图发现两处裸露的大面积的含锂辉石伟晶岩，捡块样化验见高品位的锂矿化，Li_2O 含量达 3.47%、2.82%、2.10% 和 1.99%。

4. 欧洲

德国：齐诺韦茨锂-锡（Zinnwald）项目位于一个兴建中的锂电和能源产品市场附近，距离德国东南部德累斯顿约 35km，毗邻捷克边界。在技术层面，2018 年 9 月欧洲金属控股公司（EMH）更新了重大进展，最近在德国完成了实验室规模级的焙烧和水浸试验，通过模拟确认了从齐诺韦茨矿石生产氢氧化锂的经济可行性，即从焙烧和水浸出步骤中直接沉淀出电池级氢氧化锂，氢氧化锂浸出回收率达 94%~95%。

瑞典：2017 年 3 月前，瑞典完成了极少量但具有历史性意义的锂矿探索工作。主要研究项目为 Bergby Lithium 项目，Leading Edge Materials 公司设计了 25 个钻孔，包括浅钻和深钻。浅钻用于查明冰盖土壤的覆盖情况，深钻将评估锂矿化伟晶岩的分布范围。该公司从三个露头区域采集了 15 件样品，Li_2O 平均品位为 1.71%（0.01%~4.65%），Ta_2O_5 平均含量为 133×10^{-6}（$16 \times 10^{-6} \sim 803 \times 10^{-6}$）。由此可见该区具有锂、钽找矿的前景。

葡萄牙：葡萄牙 Alvarrões 矿区面积约 $64hm^2$，出露有大量的含锂伟晶岩，位于葡萄牙东北部伊比利亚中部地区的 Seixo Amarelo-Gonçalo（SAG）稀有金属伟晶岩区，主要锂矿物为锂云母。已知的 SAG 伟晶岩脉平均厚度达 3.5m。造岩矿物为石英、长石和白云母，含有不同数量的 Li、Be、Nb、Ta 和 Sn 的矿物，具细晶-伟晶结构。

奥地利：沃尔夫斯堡锂矿项目（Wolfsberg Lithium Project）的地表钻探也在不断刷新纪录。2018 年第一季度在 2 号区完成 5 个钻孔，见到了多层伟晶岩，伟晶岩矿化的厚度和品位与 1 号区类似。其中，P15-3 号钻孔见矿 7.05m，Li_2O 品位最高为 1.9%；P15-7 号钻孔见矿 3.36m，Li_2O 最高为 1.36%；P15-8 号钻孔见矿 1.75m 厚，Li_2O 最高为 1.63%；Z2-5b 号钻孔见矿 2.16m，Li_2O 最高为 2.49%。

（二）卤水型锂矿

常见的锂矿资源赋存于伟晶岩和盐湖卤水中，但这几年全球的锂矿勘探除了定位于传统类型外，还在不断寻找新类型。例如，卤水型锂矿从地表转向地下，从盐湖型转向温泉型和油田型。

1. 盐湖型

卤水型锂矿最为活跃的勘探活动集中于南美洲的"锂三角"，即阿根廷、智利和玻利维亚。

阿根廷的考查理锂矿项目（Cauchari Lithium Brine Project），作为阿根廷目前正在进行勘探活动的卤水型锂矿项目，在 2018 年 8 月的物探工作中发现了高品位卤水型锂矿地层。邻区钻探结果显示，锂含量最高达 600mg/L。雷克资源公司预期高品位含锂卤水将延伸至公司的矿权中，并且根据地震波数据解释结果，含卤水的沉积物预计延伸至 300~400m 的深度。

阿根廷的林康锂矿项目（Rincon Lithium Project），位于萨尔塔省（Salta Province）的"锂三角"。据近期 8 个钻孔的评价结果，林康锂矿项目卤水层含有电池级碳酸锂约 20.8 万 t。锂加权平均浓度在 324~369mg/L 之间，最高品位达 369mg/L。

作为北美洲唯一在产的卤水型锂矿区——美国的克莱顿山谷卤水型锂矿，也在开展找矿工作。2018 年 4 月，芦苇湖有限公司（Reedy Lagoon Corporation Limited）在该区开始"南大黑烟"（Big Smoky South）卤水型锂矿项目的钻探，并且进一步针对地表以下 600m 至超过 850m 深度的高导电区域进行卤水资源评价。

在美国内华达州，锂矿勘探区位于福特坎迪（Fort Cady Project）附近，设有盐井北部和南部两个勘探项目。2018 年 4 月 18 日得到的地表样品化验结果显示，锂品位高达 810×10^{-6}，而硼含量超过 1%（超过 5.2% 的硼酸当量）。历史上，从盐井南部项目所在的地表盐中曾生产过硼酸盐。另外，内华达州的鱼湖谷项目从 2016 年开始早期勘探，截至 2018 年 7 月，该区完成 200 个浅钻，Li 含量高达 300×10^{-6}；在表面的 playa 沉积物中采样，Li 含量超过 1000×10^{-6}（中国地质调查局地学文献中心和中国地质图书馆，2018）。

2. 温泉型

目前以勘探温泉型锂矿项目为主的是英国康沃尔的地下温泉卤水型锂矿项目，而康沃尔地区是世界著名的锡产区。自康沃尔锂业公司（Cornish Lithium）成立以来，一方面从 2017 年开始投资勘探，重点致力于在康沃尔花岗岩内部和周围自然形成的地下温泉中探索锂的找矿前景，以探索英国锂工业的潜力；另一方面是创建一个新型高科技环保型采矿业，成为英国和欧洲锂工业的重要参与者。一旦商业开发取得成功，英国期望在未来对于锂的需求不再依赖进口。这对于英国来说具有重大战略意义。

伦敦国王学院的米勒教授于 1864 年首次在温泉中发现锂，他指出在温泉中出现"如此大量的锂"可能具有商业意义。150 年前的锂几乎没有用，也没有商业提取方法。但这仍然引起人们的极大兴趣，并在几个矿山中进行取样和监测，直到 1998 年 South Crofty 锡矿关闭为止。后来技术人员在重新开采 South Crofty 锡矿的同时，利用技术手段也掌握了矿井中锡、铜、锌、锂的埋藏深度，而且测定了地下热泉卤水中的锂含量，认为具有相当的潜力。康沃尔锂业公司勘探的主要目标就是英国康沃尔地下热泉卤水中的锂，并认为来自附近沉积盆地的高浓度卤水与康沃尔花岗岩发生水岩反应，使得温泉卤水含有高含量的锂（达 120×10^{-6}）。勘查区还涉及康沃尔郡 Camborne、Redruth 和 St Day 的大片地区，这些都可能是地下热泉卤水的潜在区域。

3. 油田型

2017 年 2 月，MGX Minerals 公司已经收购美国犹他州 Paradox 盆地的里斯本谷石油锂矿项目。该油田是 1960 年由 Pure 石油公司首次发现的，位于犹他州莫阿布东南约 40 英里①处，圣胡安县 Paradox 盆地西南边缘的盐背斜带。MGX Minerals 公司董事长 Marc Bruner 表示在 Paradox 盆地的收购是战略性的举措，使得 MGX Minerals 公司成为美国油田型锂矿的主要参与者。这个项目包括 888 个砂矿，涉及的锂卤水矿权涵盖了里斯本谷油气田大部分的地区，历史上报道的锂盐含量高达 730×10^{-6}。MGX Minerals 公司和工程合作伙伴 PurLucid Treatment Solutions 已经从油砂废水中提取锂。MGX Minerals 公司的技术结合了 PurLucid 的专利水净化技术，可去除溶解和乳化油、胶体和重金属等微粒和溶解物质。该公司在其下 Sturgeon Lake 的油井生产废水中提取出了碳酸锂。

（三）沉积型锂矿

目前已发现的沉积型锂矿床主要分布在北美洲，少数分布在南美洲和欧洲。我国尚没有独立开发利用的沉积型锂矿，多数与铝土矿、煤伴生，尚未得到利用，矿石以凝灰岩和黏土矿为主。伴生沉积型锂矿中锂的赋存状态直接关系到锂的提取，从伴生沉积型锂矿中提取锂，耗能高、投入高、产出低（王涛等，2014）。传统锂矿中该类型占比小，但是自塞尔维亚贾达尔盆地以中新统湖相沉积岩中的凝灰岩为找矿标志（赵元艺等，2015）发现超大型锂硼矿床以来，全球大量沉积型锂矿项目得以开展，占比越来越大。

北美洲地区沉积型锂矿的勘探项目最多，主要集中在克莱顿（Clayton）、大桑迪（Big Sandy）、布罗克里克（Burro Creek）、塔克帕斯（Thacker Pass）、索诺拉（Sonora）等地区（于沨等，2019）。其中发展较快的是美国大桑迪锂项目（Big Sandy Lithium Project）。该项目位于美国亚利桑那州，为霍克斯通矿业有限公司（Hawkstone Mining Limited）所有。地表土壤化探结果显示，大桑迪一带存在数千米长的"绿泥"地层，属于湖相沉积，现已出露地表，成为风化带。通过 2017 年的勘探，231 个槽探样品的 Li 平均品位为 786×10^{-6}，变化范围 $19 \times 10^{-6} \sim 2930 \times 10^{-6}$。美国锂业确定大桑迪项目资源量至少达 30 万 t 金属锂。

南美洲向来以盐湖型锂矿资源为优势矿产，且具有传统盐湖型"锂三角"区位优势，占据世界锂产量的主导地位，但近年来也取得了新类型锂矿的突破。其中，位于秘鲁南部普诺的法尔查尼（Falchani）锂矿就属于沉积型锂矿床，位于安第斯山脉，海拔 4500m 左

---

① 1 英里 = 1.609344km。

右。锂元素主要富集在火山凝灰岩中，凝灰岩的上下层为火山角砾岩，火山角砾岩中也有较高含量的锂。该矿床从发现到首次探明资源量，历时 9 个月。含锂层位于地表以下约 200m 处，为高品位富锂凝灰岩，早期推定资源量为 34.82Mt，品位为 0.73%，相当于 0.63Mt Li_2CO_3 当量；推测 Li_2O 资源量为 70Mt，品位为 0.59%，相当于 1.76Mt Li_2CO_3 当量。选冶试验表明，可以用硫酸浸出电池级碳酸锂。这一新发现将使秘鲁跻身于世界锂生产的重要国家行列。

第三节　大型、超大型锂辉石矿床的特殊性与找矿方向

锂辉石矿床是锂矿的重要类型，但曾经因为开采成本高于盐湖提锂而被停止勘查。近年来随着新兴产业快速发展对锂的需求成倍增长，对锂辉石的重新开采已经成为锂资源的重要来源。本书通过对国内外 7 个大型、超大型锂辉石矿床的一些成矿特点归纳总结，认为大规模的锂辉石成矿作用总是伴有一定的特殊性，如：伟晶岩型的锂辉石矿床可以产出在基性岩而不局限于花岗岩、片麻岩、片岩等常见的围岩中；锂辉石在伟晶岩中可以是粗晶的，也可以是细晶的；含锂辉石的伟晶岩脉可以是分带性良好的，也可以是分带性很差的；矿脉的形态可以是简单的板状体，也可以是极其复杂的；成矿时代可以早到太古宙也可以晚到新生代；成矿构造环境可以是稳定的地台区也可以是构造活跃的喜马拉雅造山带。本书从容矿围岩特殊性、成矿时代特殊性、构造背景特殊性、矿化分带特殊性等方面探讨了大型、超大型锂辉石矿床的找矿方向，并指出，在找矿的过程中不能局限于花岗岩体的周边，也不能只以古老地台区的澳大利亚（西澳大利亚州）的格林布希斯或北美洲的坦科（Tanco）为唯一模板，更不能只想到新疆可可托海的复杂性而忽略还有四川甲基卡、可尔因这样规模可十倍于大型矿床但形态却十分简单的超大型矿床的存在，找矿过程中也不能只考虑传统地质方法，而要结合实际情况建立适当的物探、化探等勘查模型。只要具体问题具体分析，拓展找矿思路，恰当使用勘查技术手段，要取得新的找矿突破是完全可能的。

随着新兴产业的快速发展，伟晶岩型锂矿重新受到重视，国内外新发现了（或老矿区扩大规模）一批大型、超大型锂辉石矿床，为满足市场需求提供了资源保障。其中，2013 年以来我国国内新发现或显著扩大规模的锂辉石矿床就有四川的甲基卡、李家沟、党坝、业隆沟等多处（王登红等，2013a，2013b；付小方等，2014；费光春等，2014；古城会，2014；四川省地质矿产勘查开发局化探队和马尔康金鑫矿业有限公司，2015；饶魁元，2016；王子平等，2018），但也有一些著名矿床正在快速消耗资源，甚至在价格高扬的大好形势下却因为资源枯竭而不得不闭坑（如新疆的可可托海 3 号脉）。为我国新兴产业的可持续发展提供锂资源保障，已经是当务之急。2013 年以来，陕西、甘肃、河北、黑龙江等地也设立了一些勘查项目，但找矿效果不佳，其原因之一就是把锂辉石矿床当作单一的"花岗伟晶岩型"矿床，找矿重点只局限于伟晶岩、局限于燕山期岩体的接触带、局限于化探。本书在对国内外一些大型、超大型锂矿的地质特征加以初步归纳的基础上，概要地总结了这些矿床的一些特殊性，进而简单概括了成矿规律，探讨了找矿方向，分析了勘查技术手段，期望有助于地质找矿的新突破。

一、对锂辉石资源需求的分析

尽管世界上最大的锂矿是盐湖或卤水型锂矿，但本书重点讨论的是硬岩型的锂辉石矿床（王登红等，2014）。正因为卤水中锂矿资源丰富（据20世纪八九十年代的估计，卤水型锂矿足够用100年），开采成本也比伟晶岩型锂辉石矿床低得多，因而在20世纪末，伟晶岩型锂辉石矿床被市场（也被有的专家）认为是"应该抛弃的类型"。1994年全世界的锂产量只有5800t（王瑞江等，2015）。岂料进入21世纪以来，锂电池快速遍及千家万户，更加诱人的"可控核聚变"也正在取得看得见的突破。美国科学家预计在21世纪四五十年代可能实现"可控核聚变"的商业化。届时，锂的新用途将带来能源革命，对锂的需求也将一直增长，直到2080年前后才会达到最大产能（约40万t）（Vikström et al.，2013）。尤其是2011年以来，随着新兴产业的快速发展，锂的用途越来越广，市场价格也一路飙升，2017~2018年稳定在金属锂每吨80万元人民币（2003年的价格是每吨2000多美元），相当于铜的17倍，原煤的1700倍，充分显示了其巨大的潜力。在常规有色金属不景气，煤、铁等大宗矿产全面亏损的状况下，在2016年的全球矿业界乃至于股票市场，锂却是"一枝独秀"。2016年也被称为"全球找锂年"，而其中最大的关注点就是一批大型、超大型锂辉石矿床的新发现（刘丽君等，2017a）。

与全球一样，我国探明的锂资源主要集中在盐湖卤水中，但一方面卤水提锂的技术还需要不断完善，另一方面锂辉石矿床的开采成本虽然高于国外卤水提锂，但开采锂辉石矿床仍然能取得高利润。因此，和国外一样，我国也重新重视了锂辉石资源。世界各地盐湖锂资源的家底在20多年前基本上被摸清楚了，因此，具有新发现潜力、仍有"投资空间"的锂矿也就聚焦到了锂辉石矿床。澳大利亚、非洲各国、美国乃至于"环保要求"最严苛的欧洲各国也开展了广泛的锂矿找矿活动，并纷纷取得了找矿进展。全球锂矿资源的格局正在改变，对于锂辉石矿床的重视程度已经不可同日而语，对于锂资源的明争暗斗也在全球展开（连韩国最大的钢铁公司也扩展到盐湖提锂领域）。我国的地质学界和矿业界对锂辉石矿床的勘查、研究与开发虽然起步早，以新疆可可托海3号脉为代表的典型矿床在半个世纪前就写入全世界的矿床学教科书，但最近几年锂又变成了紧缺资源。

我国锂辉石矿床的整体工作程度低，打过钻的锂辉石矿床只有10来处，而且勘查深度普遍<300m；但我国已然是全世界锂的最大消费国，占全球消费量的40%；也是最大的锂进口国，我国74%的锂矿原料靠进口，国内找矿工作已迫在眉睫。根据工业和信息化部等发布的《汽车产业中长期发展规划》，到2020年，我国7大新兴产业中仅新能源汽车的产量达到200万辆，需要增加10万~14万t碳酸锂的消耗（相当于1.80万~2.52万t锂）。为此，国家对锂矿资源高度重视，在《全国矿产资源规划（2016—2020年）》中18处提到锂，把锂作为9个"储备和保护矿种"之一，24种战略性矿种之一，要完成60万t Li_2O的勘查目标，要建设2个能源基地（甲基卡、柴达木），1个国家规划矿区（甲基卡）和7个重点勘查区。而上一轮的规划（《全国矿产资源规划（2008—2015年）》）对锂是只字未提。

可见，锂辉石矿床已经不再被"抛弃"，而是热门的战略性矿产资源，需要高度重视。

二、典型矿床特殊性简介

世界各地的伟晶岩型锂辉石矿床总数不多，但在北美洲、大洋洲、亚洲、欧洲、非洲都有分布，只是因为"稀有金属"长期不被重视，普及也不够，国人熟悉的似乎只有可可托海3号脉。实际上，就伟晶岩型稀有金属矿床而言，无论是中国新疆的可可托海3号脉，还是澳大利亚西部的格林布希斯（Greenbushes），或者津巴布韦的卡玛蒂维（Kamativi），抑或是阿富汗的帕斯古斯塔（Pasgushta），都各具特点，很难找到相互之间"可归类"的共同点，即个性更显著。也正因为如此，伟晶岩型锂辉石矿床的找矿工作难以"模型化"地进行，新疆可可托海的成矿模式难以推广到阿尔泰成矿省的其他地区，更不用说推广到世界各地，澳大利亚格林布希斯的成矿模式也不能复制到非洲等地。这也是矿床学界对于伟晶岩型稀有金属矿床的研究程度、研究热度不如"BIF"铁矿、不如斑岩铜矿、不如"SEDEX"型铅锌矿，甚至不如"IOCG"矿床的原因之一。此处仅介绍几个大型、超大型锂辉石矿床的特殊之处（表1.2），其一般地质特征（包括矿物晶体粗大、矿化具有结构分带、成矿与花岗岩结晶分异形成的伟晶岩有关等一般性特点）在众多文献中可以查到，此不赘述。

表1.2　国内外重要锂辉石矿床简表

矿床所在洲	国家	锂矿床/项目	矿产	Li金属/万t	Li品位/%	地质特征简介	参考文献
亚洲	俄罗斯	Vishnyakovskoe	锂	21	0.49	三组缓倾斜伟晶岩，矿化体宽1~3km，厚500m；伟晶岩群之间隔以40~120m宽的无矿地带；单个伟晶岩体厚达12m，单个伟晶岩体和伟晶岩群都具有分带性；锂辉石和透锂长石出现在最深部的伟晶岩群中	Kesler et al.，2012
亚洲	阿富汗	Pasgushta Pass	锂	49	0.92	围岩可以是片麻岩也可以是辉长岩；矿体形态复杂，产状变化大；成矿于渐新世	Rossovskiy，1977；Rossovskiy and 施俊法等，2006
亚洲	阿富汗	Jamanak	锂	21	0.72	锂辉石伟晶岩岩墙侵入三叠系变质岩中，4个带，长1km，宽10~20m	Rossovskiy，1977；Rossovskiy and 施俊法等，2006
亚洲	阿富汗	Taghawlor	锂	68.8	0.03~1.3	含锂辉石岩墙侵入上三叠统钙质石英黑云母片岩，单个岩墙0.6~1km长，3~7m厚	British Geological Survey，2016
亚洲	阿富汗	Drumgal	锂	12	0.65~0.74	3个含锂辉石伟晶岩岩墙侵入上三叠统板岩，单个岩墙1~2km长，7~30m厚	British Geological Survey，2016
亚洲	中国	甲基卡	锂、铍	30	0.71	产于三叠系董青石、红柱石片岩中；板状复合矿脉；缓倾斜；锂占绝对优势	王登红等，2017a；付小方等，2014

续表

矿床所在洲	国家	锂矿床/项目	矿产	Li 金属/万 t	Li 品位/%	地质特征简介	参考文献
亚洲	中国	可可托海	铍、锂、钽、铯等	7.3		产于海西期中基性岩中，形态呈草帽状，形成于中生代；锂为大型矿床，铍为超大型矿床	王登红等，2002b
欧洲	捷克	Cinovec	锂、锡、钨等	130	0.2	除了锂之外还有锡、钨大量共伴生，锂可能主要呈锂云母形式出现，尚在勘查	国土资源部，2015，2017
大洋洲	澳大利亚	Greenbushes	锂、钽	56	0.74	产于片麻岩、角闪岩、角闪片岩等中，被辉绿岩脉和花岗岩脉穿切，形成于太古宙	何金祥，2015；Kesler et al.，2012
大洋洲	澳大利亚	Pilgangoora	锂、钽	72.17	0.56	埋深浅，矿体厚，高品位，产于绿岩带；伴生丰富的钽资源	Pilbara Minerals Ltd.，2016
大洋洲	澳大利亚	Wodgina East	锂	—	0.74	位于 Pilgangoora 西 15km 处，以锂辉石为主	Altura Mining Ltd.，2016
大洋洲	澳大利亚	Lynas Find North	锂	—	1.23	产于绿岩带，距离 Pilgangoora 仅 8km	Metalicity Ltd.，2016
非洲	津巴布韦	Bikita	锂、钽、锡、铍等	15	1.4	伟晶岩产于由火山岩变质而成的绿岩带角闪岩和角闪石片岩中，锂云母和透锂长石大量发育；分带性复杂（可分 10 个带）	Symons，1961；Kesler et al.，2012
非洲	津巴布韦	Kamativi	锂、锡	28	0.28	产于穹隆变质岩中；伟晶岩常见电气石；锡与锂"反相关"；产状平缓，分带不明显	Kesler et al.，2012
非洲	马里	Goulamina	锂	49	0.58	尚未公开地质资料	Birimian Ltd.，2017
非洲	刚果（金）	Manono-Kitotolo	锂	72	0.6	伟晶岩脉长可达 5km，宽约 400m；开采锂辉石、绿柱石和锡石，锡渣中回收铌钽	Kesler et al.，2012
北美洲	加拿大	Whabouchi	锂	12	0.71	可能是北美洲品位最高、规模最大的锂辉石矿床，产于加拿大地盾的绿岩带，伟晶岩脉群宽 90m，长 1.3km，以锂辉石为主	Nemaska Lithium Inc.，2016
北美洲	美国	Bessemer City	锂	42	0.67	美国最大的锂矿山之一，矿化均匀	Kesler et al.，2012
北美洲	美国	Kings Mountain	锂	32	0.7	围岩、矿脉产状、形态及矿化分带均多样性、复杂化，内带锂外带铍，产黑钨矿	Kesler et al.，2012
北美洲	加拿大	Tanco	锂、钽、铯	14	0.64	近平坦的板状伟晶岩产于绿岩带褶皱中	Kesler et al.，2012

注：—为待补充或核实相关数据资料。表中锂金属量数据由参考文献原始资源储量数据换算成金属锂当量。

（一）中国新疆的可可托海 3 号脉

可可托海 3 号脉是自 1935 年起就被世界上著名的矿床学家、矿床地球化学专家

（如苏联的涅赫洛舍夫、西尼村、巴涅科、斯米尔诺夫、伊科尔尼科夫、索洛多夫、谢维洛夫、丘洛契尼夫、别乌斯、弗拉索夫，以及中国的吉新汗、司幼东、佟城、葛振北、宁广进、徐百淳、单久让、邹天人等）研究得最为深入的伟晶岩型稀有金属矿床，且载入各类矿床学教科书，但大多数人并没有注意到：该矿床的围岩是基性岩而不是花岗岩。不少文献、不少专家都不约而同地把"花岗伟晶岩"简单地理解为"伟晶岩是分布在花岗岩顶部并且是由花岗岩结晶分异出来的"。固然，在华南等花岗岩广泛发育的地区，在花岗岩岩体的顶部、外接触带乃至于岩体内部时不时地出现伟晶岩、伟晶岩脉、伟晶岩壳、似伟晶岩……，但可可托海的伟晶岩的确是被中–基性岩"包裹"着的，尽管其岩石学名称被定为辉长岩、蚀变辉长岩、变质辉长岩、辉长闪长岩、角闪辉长岩等不同的名称（栾世伟等，1995）。

可可托海3号脉的另外一个特点是其"草帽状"的形态并具有完善的分带性。对于为什么呈"草帽状"，存在不同的看法，多数人认为是不同方向、不同性质、不同规模的断裂、裂隙共同制约的结果。这种构造组合方式存在偶然性，导致"草帽状"的形态也是世界上独一无二的。这种形态的偶然性对于找矿尤其是勘探工程的布设来说也是至关重要的，并且是深有启发的，即：伟晶岩矿体形态复杂，勘探网度自然要"加密"了再"加密"，否则就会"圈错"矿体甚至漏掉矿体。也正因为对"草帽状"的可可托海3号脉的勘探经历了漫长而艰难的过程（《新疆维吾尔自治区富蕴县可可托海稀有金属（锂、铍、钽、铌、铯）矿床勘探地质报告》于1994年才审批），以第二次世界大战之后苏联地质学家为主的专家的努力才形成了后来在苏联（及其解体之后的独联体国家）和中国普遍采用的矿床勘探的理论和方法体系。也可以说，可可托海3号脉是现代"地质找矿勘探学"学科的诞生地之一，并对今后勘探复杂类型锂辉石矿床具有启示意义。

也许可可托海3号脉"草帽状"的形态（图1.2）及其完美的内部结构分带、巨大而美丽的矿物晶体给人太深的印象，其围岩特点反而被忽视。一般将可可托海3号脉概括为构造上定位于阿尔泰褶皱带额尔齐斯地背斜中南部的、产于海西期角闪辉长岩体中的大型稀有金属锂铷铯铍铌钽花岗伟晶岩矿床（《中国矿床发现史·新疆卷》编委会，1996）。基于此，本书进一步强调其特殊性：①含矿伟晶岩的形态可以是很复杂的，独一无二的，与块状硫化物矿床、斑岩铜矿、石英脉型金矿等类型的矿床具有相对可参考的"形态"明显不同；②伟晶岩的容矿围岩可以是基性超基性岩，黑色的，不是白色的花岗岩，不要看到黑山头（不是花岗岩岩体）就"绕开了"，以至于漏矿；③可可托海3号脉中铍的重要性大于锂。

（二）中国四川甲基卡新三号脉

四川甲基卡是亚洲最大的锂辉石矿床之一，实际查明的资源储量超过澳大利亚的格林布希斯而跻身于世界级锂辉石矿床行列。2011年，中国地质调查局我国"三稀资源"战略调查项目将四川甲基卡作为重点靶区，2012年在第四系掩盖区探测到多条新矿脉，通过2013年和2014年的钻探，控制其中新三号脉（编号X03）的 Li_2O （333+334级别）资源量达64.3136万t（李建康等，2014），通过2015年和2016年的进一步工作，其规模进一步扩大。

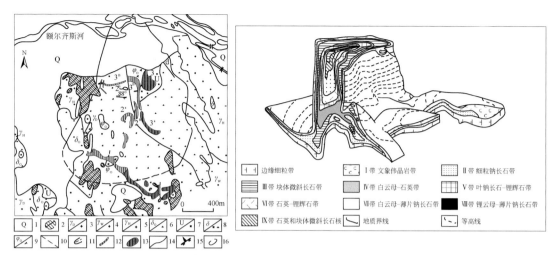

图1.2　中国新疆可可托海3号伟晶岩脉的地质简图

资料来源：简编自栾世伟等，1995；邹天人和李庆昌，2006。

1-第四系；2-十字石–黑云母–石英片岩；3-淡色花岗岩；4-微晶花岗岩；5-黑云母花岗岩；6-石英闪长岩；
7-角闪辉长岩；8-辉长闪长岩；9-角闪岩；10-暗色岩墙；11-闪长玢岩脉；12-Be-Nb-Ta 矿化伟晶岩脉；
13-Li-Be-Nb-Ta-Cs 矿化伟晶岩脉；14-地质界线；15-断层；16-深部缓倾斜岩脉范围

　　甲基卡新三号脉的特点是：规模大、品位高、产状较缓、适于露天开采，即便是矿体顶板需要剥离的"废石"中也含有丰富的高铝材料矿物（红柱石、堇青石等）及高纯石英而可以被综合利用。该矿脉另外一个突出特点是：含有目前世界上已知最高含量的^6Li，而^6Li是可控核聚变的关键性原材料（王登红等，2013b，2016a，2016b，2017a；刘丽君等，2015，2016，2017b）。

　　甲基卡新三号脉侵入三叠系浅变质岩中，平面上呈分支脉状，向深部复合为一条巨大的锂辉石矿脉。主矿体走向近南北，倾向西，倾角 25°～30°，已控制矿体长度至少 1050m，地表出露宽度 50～114m，矿体平均厚度 66.4m，最厚 110.17m。全脉矿化，Li_2O 平均品位 1.5%，品位变化系数 32.5%。新三号脉还有一个明显的特点是没有明显的矿化分带，主要为细粒钠长石锂辉石结构带，锂辉石呈针状产出，长度一般小于 5mm，矿脉边部的锂辉石呈梳状垂直于脉壁生长，与石英、钠长石共生，白云母含量相对较少，也罕见巨大的矿物晶形。也可能正是锂辉石颗粒细小，并不具备一般伟晶岩中巨大的矿物形态和分带性，导致前人可能不注意"细粒矿物"而漏掉对"细晶岩"的调查研究。因此，甲基卡新三号脉的发现，给人最大的启示是：伟晶岩田中的"细晶岩"同样值得高度重视，而伟晶岩型锂辉石矿床的名称同样可能误导地质人员，故无论是对新区还是对甲基卡这样的老矿区，抑或是对可可托海这样的"经典"矿床（其中也有细粒的锂辉石），建议采用"硬岩型锂辉石矿床"的名称可能更符合实际，更有助于总结规律，更利于拓展找矿思路（王登红等，2017a）。

（三）中国四川可尔因的李家沟和党坝

　　可尔因伟晶岩型稀有金属矿田位于四川省西北部的阿坝州，面积达 800km²，是我国面积最大的锂辉石矿田。矿田内现有探矿权 11 个，其中四川省地勘基金项目 2 个，达到详查或勘探程度的有 5 个。据《四川省金川县李家沟锂辉石矿资源量核实报告》，李家沟锂辉石矿床通过国土资源部评审备案的锂资源量为 50.22 万 t（国土资储备字〔2014〕310号），相当于 5 个大型矿床规模。除李家沟办理了采矿权之外，党坝、业隆沟、热达门正在详查或勘探，资源量将继续增加。根据四川省地质矿产勘查开发局化探队和马尔康金鑫矿业有限公司（2015）的预测，可尔因地区锂辉石矿床的最大成矿深度可达 2.6km 以上，李家沟、党坝、业隆沟、热达门、瓦英矿区 Li_2O 的远景资源潜力可达 700 万 t 以上，可望成为世界级矿集区。

可尔因锂辉石稀有金属矿田的特殊性表现在：①矿体呈厚大板状，但产状普遍较陡；②以锂辉石为主，铍、铌钽和锡不发育；③分带性不发育；④外部地形地貌不利于找矿，工作难度大，漏矿可能性大；⑤规模巨大。与甲基卡矿区的高原草甸地形截然不同，可尔因矿田是山高林密，通行困难，要不是大渡河（上游称为大金川）刚好从矿田中部深切而过，类似于李家沟、党坝这样的矿脉是很难被发现的，而正是因为大渡河的高山峡谷又不便于地质工作的铺开，加上矿体产状陡（图 1.3），露头少，森林密布，要找到甲基卡这样地形平坦的自然露头并不容易。

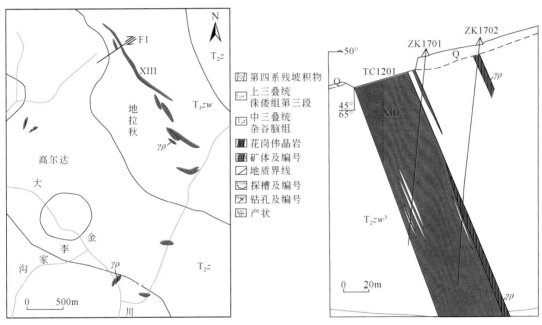

图 1.3 四川可尔因伟晶岩矿田党坝锂辉石矿床地质简图
资料来源：据四川马尔康金鑫矿业有限公司内部资料简化；饶魁元，2016

（四）澳大利亚的格林布希斯

澳大利亚的格林布希斯锂辉石矿床位于西澳大利亚州耶尔岗地块的西南部，在别尔特山以南 200km 处。伟晶岩赋存于花岗片麻岩、角闪岩（图 1.4）和角闪石片岩中，而伟晶岩本身又被绿帘石脉、辉绿岩脉和花岗岩脉所穿插。花岗岩类有黑云母花岗岩、局部为细晶岩，不少已钠长石化。它们与细晶岩、伟晶岩和石英脉伴生。其特殊性表现在：①古老，该矿床是世界上最古老的锂辉石矿床之一，伟晶岩形成于太古宙（距今 2700Ma），成矿与伟晶岩的初始结晶和围岩交代有关（距今 2527Ma）；②存在伟晶岩的热液蚀变，即成矿至少有两期，距今 2.7Ga 的伟晶岩期和距今 2.5Ga 的热液期，而热液期成矿可能更加重要，至少也是"第二矿化"（距今约 2430Ma）；③成岩成矿后的变形比可可托海、甲基卡等伟晶岩脉要明显得多，并且在晚期变形和变质时期（距今约 1100Ma）再度活化成矿；④表生期风化作用形成的残坡积矿床，具有很大的开采价值；⑤共伴生组分多，规模大、经济价值高，其中，钽资源就大约占世界钽资源的一半；⑥分带性不明显，分带现象罕见，主要的富矿体仅产在伟晶岩脉的钠长石化带中，通常产于钠长石化带内的富电气石亚带，局部 Li_2O 含量可达 5%（Partington et al., 1995）。

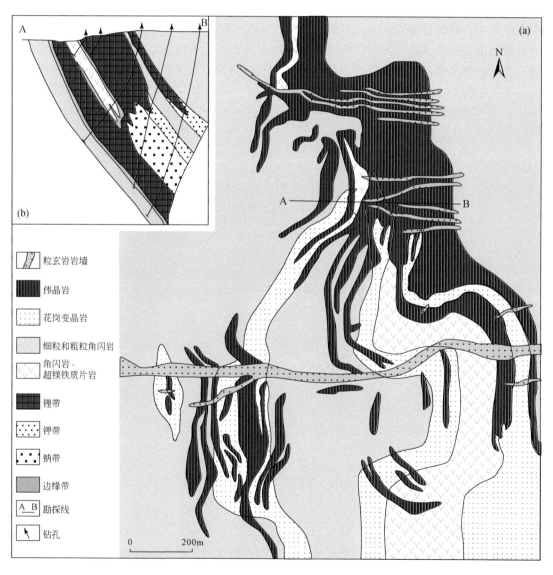

图 1.4　西澳大利亚州格林布希斯伟晶岩矿床地质图（a）、伟晶岩内各带分布剖面图（b）

资料来源：据 Partington et al., 1995 改绘

（五）津巴布韦的卡玛蒂维

在津巴布韦，20km 长的卡玛蒂维带出现电气石伟晶岩以及一系列含锂和锡的伟晶岩。其平均成分：长石 50%~60%，石英 10%~15%，云母 15%~20%，锂辉石 5%~10%。估计资源量为 100Mt，平均含锂 0.28%（相当于 0.28Mt 锂）。

该矿床的特殊性表现为：①锂与锡共伴生但"反相关"，该矿区在 20 世纪 60 年代曾作为锡矿区勘查，并且被作为"锂与锡反相关"的实例，即最高含量的锂富集在锡含量最低的伟晶岩中，这种情况类似于中国广东长坑金矿与富湾银矿的"反相关"，也可归属于"伴生矿床"之列（王登红等，1999）；②穹隆控矿，各种伟晶岩大体呈席状侵入在穹隆深变质岩中，席状伟晶岩在穹隆的中心部位厚 1~6m，水平方向的延展则至少有 1km；③产状平缓（图 1.5）；④分带性不突出，伟晶岩有一定的分带性，锂辉石在过渡带最常见，但含量低一些的透锂长石却是广泛分布的，并不集中在哪个"带"（Von Knorring and Condliffe，1987）。

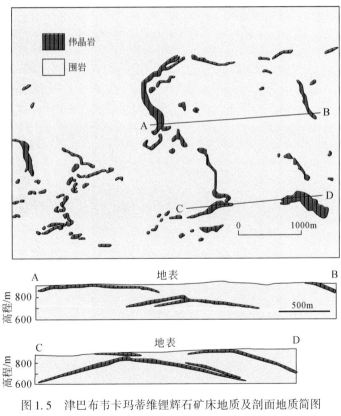

图 1.5　津巴布韦卡玛蒂维锂辉石矿床地质及剖面地质简图

资料来源：转引自袁忠信等，2016

（六）阿富汗的帕斯古斯塔

阿富汗位于亚洲中西部，矿产资源丰富，特别是锂资源储量巨大而且品位很高。虽然早期苏联地质学家开展了大量的研究，指出该地区具有世界上含量最高的含锂伟晶岩，但由于种种原因很少公开资料（施俊法等，2006）。2007 年进行了初步评估之后，在 2009 ~ 2011 年间，美国地质调查局的专家在军队的武装护卫下开展了多次实地考察并写成了专报。已探明的矿区包括帕斯古斯塔山口（Pasgushta Pass）、德鲁姆加尔（Drumgal）、贾马纳克（Jamanak）、帕斯奇、约里加尔等。其中，帕斯古斯塔河上游的三个锂辉石岩脉总厚度达 70m，Li_2O 含量为 1.96%。在帕斯古斯塔山口，有一 20m 厚矿层的 Li_2O 含量达 2.14%。估算帕斯古斯塔矿床 100m 深度以浅氧化锂储量 105 万 t（British Geological Survey，2016）。

阿富汗帕斯古斯塔锂辉石矿床的特殊性表现为：①围岩多样化，无论是片麻岩、混合岩等变质岩还是拉格曼（Laghman）的侵入杂岩体或是辉长岩中，都可以见到锂辉石伟晶岩，如尼拉维的辉长岩体（图 1.6）和闪长岩体；②产状多样化，尼拉维、库兰、达拉赫

图 1.6　阿富汗尼拉维-库兰伟晶岩田地质图

资料来源：改编自 Rossovskiy and Chmyrev，1977；British Geological Survey，2016

贝可等地的伟晶岩倾角平缓，但帕隆等地的伟晶岩则产状较陡；③矿体形态多样化，如在帕隆矿田，网脉状矿体呈岩床、岩席状（倾角平缓）产于元古宙片麻岩中，而倾角较陡的伟晶岩岩脉赋存在片岩中，呈线形狭长带状；④成矿时代新，但可能经历过多期次演化，与成矿有关的是二云母花岗岩，属于拉格曼侵入杂岩体三个期次中最晚者。

（七）美国的金斯山

美国著名的金斯山（Kings Mountain）伟晶岩带位于北卡罗来纳州，呈北东向带状延伸，长约45km，宽约3.2km，面积约150km²。区域岩石主要是沉积变质岩，包括石英岩、砾岩、绿泥石片岩、黑云母片岩和片麻岩以及石英二长岩等。变质岩内夹有薄层角闪岩、结晶灰岩、千枚状页岩和具片理的火山碎屑岩等夹层（图1.7）。变质沉积岩内富含硅质的地段抗风化能力强而在地貌上构成山脊，伟晶岩就分布在山脊以西硅质岩石较少的平缓地带。

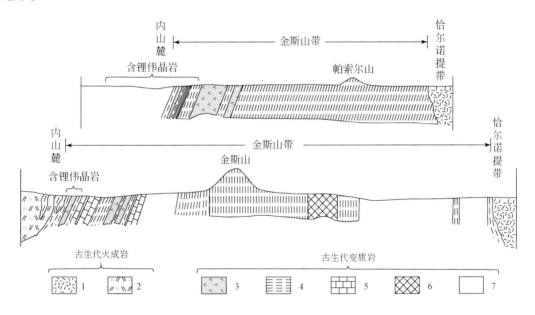

图1.7　美国北卡罗来纳州金斯山伟晶岩带的区域地质剖面示意图

资料来源：转引白嘉忠信等，2016。

1-二叠纪Yorkville石英二长岩；2-二叠纪（？）Cherryville石英二长岩；3-薄层角闪岩；4-含硅质夹层的变质泥质岩；
5-结晶灰岩；6-具片理的火山碎屑岩；7-片岩和片麻岩

金斯山锂辉石矿床位于北卡罗来纳州南部的克利夫兰境内，由一系列大致平行的矿脉组成。在空间上，伟晶岩与其西侧的石英二长岩邻近，后者被认为与含锂伟晶岩有成因关系。矿脉主要由锂辉石（20%）、石英（32%）、钠长石（27%）、微斜长石（14%）及白云母（6%）组成。副矿物主要为锡石，其次有绿柱石、铌钽矿物及黑钨矿等。伟晶岩中锂含量变化较大，以锂辉石含量20%来圈定矿体，则矿石 Li_2O 含量约1.5%。整个北卡罗来纳州伟晶岩带的 Li_2O 储量约为100万t。其特殊性表现为：①产出状态复杂，围岩具多样化。矿脉大致平行于云母片岩的片理，但部分厚度不大的伟晶岩脉产于角闪片麻岩内，沿片麻岩不同方向的节理侵入。②矿脉形态复杂，产状变化大。虽然伟晶岩脉主要呈板状体及楔状体产出，长度从数米到上千米，最大厚度达130m，但从图1.8明显可见，伟晶岩脉不但形态复杂，而且厚度变化大。③伟晶岩脉的矿物组成也很复杂。伟晶岩从石英二长岩成分的简单伟晶岩到复杂的锂辉石伟晶岩均有。④矿脉的内部分带性变化大，总体上不发育。锂辉石主要分布在内带，以灰白色、浅红色块体形式产出。⑤矿脉向下延伸稳定。矿山开采坑道向下延深达2km时，矿石的矿物组成和结构构造仍无大的变化。⑥围岩蚀变明显但范围有限。伟晶岩脉壁见有约0.5m宽的蚀变带，由含锂黑云母、锂闪石、方解石和磷灰石组成。脉壁围岩中黑色电气石也极发育（Kesler et al.，2012；袁忠信等，2016）。

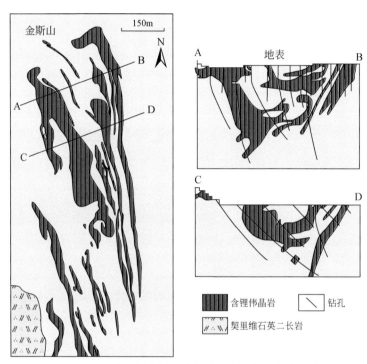

图1.8　美国北卡罗来纳州金斯山伟晶岩田地质简图

资料来源：据 Kesler et al.，2012 改绘

三、成矿规律

（一）成矿区带

　　尽管伟晶岩型锂矿不像铁矿、铜矿、金矿在世界各地分布那么广泛，但在全球各个重要的成矿区带内也都不同程度地发育，其中最大的特点是：既可以出现在稳定地台区，也可以出现在活动性很强的造山带，其中跟大型、超大型锂辉石矿床有关的主要区带如下。

　　泛非地台成矿带。成矿带从乌干达的西南部开始呈北北东－南南西向经卢旺达、布隆迪、刚果（金）进入安哥拉，大致相当于该区元古宙基巴里德褶皱带－泛非地台的位置。带内主要产出含稀有金属的花岗伟晶岩。伟晶岩的同位素地质年龄为 800~1000Ma。刚果（金）的马诺诺盛产锂辉石。

　　津巴布韦-南非成矿带。该带位于非洲最古老岩石分布的构造单元——南非-津巴布韦太古宙地盾内。津巴布韦比基塔花岗伟晶岩曾经是世界三大含锂伟晶岩矿床之一。

　　西欧海西褶皱系成矿区。该区包括法国中部与德国西部，法国中部的中央高原有海西期含锂、铍、铌、钽的花岗岩产出。

　　乌拉尔成矿带。该带大致与乌拉尔海西褶皱带吻合，已知稀有金属碱性岩、碱性超基性岩-碳酸岩有伊尔门岩体、维斯湟戈尔斯岩体等。岩体形成于古生代。

　　西澳大利亚州皮尔巴拉-卡尔古里成矿区。该区属西澳大利亚州地台的一部分，主要产出铌钽铁矿、锂辉石、锡石花岗伟晶岩及其砂矿。重要的岩脉有格林布希斯伟晶岩，形成于前寒武纪。

　　加拿大地盾奴河成矿区。位于加拿大地盾西部，有锂辉石伟晶岩、绿柱石-铌钽铁矿花岗伟晶岩产出。

　　加拿大地盾温尼伯-尼皮贡湖成矿区。产出有世界最大的花岗伟晶岩矿床之一——伯尼克湖坦科（Tanco）伟晶岩型矿床，以铌、钽、锂矿化特富而知名。

　　美国阿巴拉契亚褶皱带北卡罗来纳成矿带。在阿巴拉契亚褶皱带，沿北东方向断续有花岗伟晶岩出露。其南段，即北卡罗来纳成矿带内以锡石锂辉石伟晶岩为主。

　　南美洲北圭亚那地盾成矿带。成矿带位于南美洲北部，沿大西洋海岸呈东西向延展。伟晶岩产绿柱石、锂辉石及铌钽铁矿，但地质矿产资料不多。

　　中亚兴都库什成矿带。阿富汗境内的伟晶岩型锂矿，主要位于其东北部的兴都库什山脉，仅5个较大的伟晶岩矿体的 Li_2O 储量就可达到213.4万t，其中包括帕斯古斯塔105万t（品位2.14%）、德鲁姆加尔25.3万t（品位1.38%~1.58%）、贾马纳克45万t（品位1.83%）、下帕斯古斯塔12.4万t（品位2.2%）、帕斯奇12.7万t（品位1.46%~2.1%）、约里加尔13万t。除了锂，该地区伟晶岩还富集钽、铌、铍、锡和铯。部分伟晶岩还开采出宝石级电气石、紫锂辉石、绿宝石等。

　　总体上看，大型、超大型锂辉石矿床既分布在太古宙的地台区、元古宙的褶皱带，也分布在古生代的褶皱造山带，还可以出现在新生代的造山带尤其是青藏高原的北部、东北部。在我国除了四川的甲基卡锂辉石矿田、可尔因矿田之外，在四川与青海交界处还有扎乌龙矿田，在新疆西南部还有大红柳滩锂辉石矿田；在阿富汗的兴都库什地区同样存在锂辉石矿田。其已经构成了一条世界级的"锂矿带"，不妨称为青藏高原北缘锂成矿省。

（二）成矿时代

　　锂辉石矿床在各个地质时代均有产出，从太古宙直到新生代。其中，已知最古老的含矿伟晶岩产于津巴布韦的比基塔（同位素年龄2850Ma），该矿床位于非洲最古老岩石分布区——南非-津巴布韦太古宙地盾内。北美洲加拿大地盾的伯尼克湖坦科伟晶岩矿床，形成于距今2600Ma，成矿与太古宙微斜长石花岗岩有关。雷神湖正长岩型稀有稀土金属矿床，是加拿大20世纪80年代以来查明的另一个超大型矿床，成矿也与太古宙花岗岩及碱性正长岩有关。南美洲最古老的含矿伟晶岩产于北圭亚那地盾成矿带，岩石同位素地质年龄为1900~2200Ma。美国阿巴拉契亚造山带中的伟晶岩形成于距今375~265Ma之间的海西期。中国四川的甲基卡、党坝等锂辉石矿床和新疆的可可托海3号脉，形成于印支期—燕山期（王登红等，2002a，2002b，2005）。

　　年代最晚的大型、超大型锂辉石矿床产于阿富汗东北部的兴都库什山区，那里的稀有金属伟晶岩主要形成于渐新世；其中，努里斯坦（Nuristan）稀有金属伟晶岩勘探区的稀有金属伟晶岩产于古元古代和晚三叠世的变质岩中，但成因上与渐新世二云母花岗岩有关（施俊法等，2006；吴良士，2016）。

（三）容矿围岩

　　锂辉石矿床可以产于太古宙花岗-绿岩带的深变质岩中，可以产于古生代的基性侵入岩中，也可以产于中生代的片岩、板岩中，还可以产于与伟晶岩脉基本同期的花岗岩中（如新疆阿尔泰的 112 号脉和四川可尔因、甲基卡矿区的部分规模不大的矿脉），在结晶灰岩和未变质的碳酸盐岩中少见。本书介绍的 7 个大型、超大型锂辉石矿床主要产于基性岩（无论变质与否）和硅铝质变质岩中，可能是因为这两种围岩一方面脆性大、容易产生张性裂隙，另一方面化学性质比较惰性，含锂的岩浆熔体不容易与围岩发生化学反应，成矿物质难以被分散以至于富集成矿。四川甲基卡新三号脉的围岩蚀变带宽度一般不超过5cm，矿脉与围岩之间虽然发生电气石化，但"黑白分明"的界线是截然的，与南岭石英脉型钨矿非常类似。

四、找矿方向

　　上述大型、超大型锂辉石矿床的一些特殊性对于拓展思路、延伸找矿方向具有现实意义。

　　在类型上，锂辉石矿床不局限于伟晶岩型、细晶岩型或者细粒结晶岩（指粒度细小，但成分与伟晶岩类似的结晶岩）矿石，与伟晶岩矿石混杂的锂辉石矿床，也是重要的找矿类型。沉积型锂矿以及透锂长石型、磷锂铝石型的硬岩型锂矿不在此讨论范围，但也值得重视。

　　在空间上，锂辉石矿床既可以出现在地台区也可以出现在褶皱造山带，从而打破了以往只把加拿大的伯尼克湖坦科伟晶岩和澳大利亚的格林布希斯作为典型样板的局限性。我国地台面积小，但褶皱造山带的面积大，尤其是青藏高原及其周边新生代造山带的分布面积几乎占我国陆地面积的 1/4，从而可大大拓展锂辉石矿床的找矿空间。

　　在时间上，锂辉石矿床的成矿时代从太古宙到新生代均有，尤其是我国以"多旋回构造运动"为特点，不同的构造单元、不同的成矿时代均可以成矿，而且往往"后来居上"，即：大洋洲、北美洲、非洲的锂辉石矿床形成于太古宙和元古宙，美国金斯山属于古生代成矿（矿区西部 Cherryville 石英二长岩的同位素年龄为 265~375Ma），中国川西和新疆阿尔泰的锂辉石矿床主要形成于中生代，阿富汗的锂辉石矿床形成于新生代。中生代和新生代形成的几个锂辉石矿床在资源储量总量上已经超过了太古宙的锂辉石矿床。

五、找矿思路和方法

　　前述分析表明，大型、超大型的锂辉石矿床，具有多类型、多成矿时代、多构造背景的特点，这有助于地质找矿工作的部署。此外，在找锂矿的过程中还需要注意以下几个特点。

（1）多围岩。除了片岩、片麻岩等外接触带的变质岩之外，还需要注意到侵入杂岩体的内部去找矿。包括辉长岩、闪长岩等在内的基性岩也可以是容矿围岩，而且是大型、超大型锂辉石矿床，如中国的可可托海、阿富汗的帕斯古斯塔、澳大利亚的格林布希斯及美国的金斯山均存在基性杂岩体容矿的现象，而这一点恰恰是最容易被忽略的。

（2）多方法。伟晶岩型锂辉石矿床的找矿，主要是地质人员利用路线地质调查、重砂、采矿遗迹等传统方法来开展的。《中国矿床发现史·新疆卷》对富蕴县可可托海锂铍铌钽矿的地质发现过程进行了详细的介绍，但对是否用到了物化探方法却只字未提。该书不但对可可托海如此，在介绍富蕴县柯鲁木特锂铍钽铌矿、福海县库卡拉盖锂矿、青河县阿斯喀尔特铍矿及福海县群库尔绿柱石钽铌矿时，也未提及物化探方法的使用。的确，中国使用物化探方法发现的伟晶岩型矿床，除了内蒙古的巴尔哲矿床曾经因为放射性强而通过放射性测量取得重大突破外，一般不采用物探方法。这主要是因为含矿伟晶岩在物性上与花岗岩、片岩、片麻岩的差别比较小，而伟晶岩岩体一般本身规模比较小，无论是重、磁、电等方面都难以产生显著的物探异常，以至于很少采用物探方法。实际上，每个大型、超大型矿床还是有其独特的地球物理特征的，如四川甲基卡锂辉石矿区的围岩含有细粒黄铁矿和磁黄铁矿，但伟晶岩矿脉中不含硫化物，实测伟晶岩电阻率变化于 $15630 \sim 21380\Omega \cdot m$，片岩变化于 $1800 \sim 5200\Omega \cdot m$，接触带变化于 $4460 \sim 6490\Omega \cdot m$，因此采用电法可圈出高阻体。对于硫化物矿床来说，矿化体是低阻体，而伟晶岩恰好是高阻体。利用这一技术路线在甲基卡成功地预测了高阻的伟晶岩脉（即新三号脉）。在美国的金斯山，产于角闪岩内的一些大伟晶岩脉壁围岩内，角闪岩破碎成角砾，岩石多已蚀变成绿泥石岩，含大量磁黄铁矿和黄铜矿，可产生低阻异常。在我国四川甲基卡，近年来采用遥感找矿和生物找矿的新方法也取得了显著成果（代晶晶等，2017a，2017b）。

（3）多解性。除了物探异常存在多解性之外，化探异常也存在多解性。在化探方面，锂属于活动性比较强的稀碱金属，在岩浆热液活动过程中、在风化过程中都易于形成较大范围的"扩散晕"，因而利用区域化探资料尤其是大比例尺的原生晕测量和土壤化探测量，有可能取得比较理想的效果，但小比例尺的水系沉积物测量结果不一定能圈出远景区。例如，根据谢学锦院士的资料，四川的可尔因锂辉石矿田的确落在高背景值区，但甲基卡矿区并不位于高背景场，而贵州遵义至云南个旧之间的大面积 Li 高背景场区只反映含锂沉积岩分布区，并不具备锂辉石成矿的地质条件（谢学锦等，2008）。

对寻找具体的矿床来说，还需要进一步拓展思路，包括：

（1）找矿总是先找围岩。对于锂辉石矿床来说，其容矿围岩可以是多种多样的，绝不局限于"花岗岩类"，尽管"花岗伟晶岩"被作为主要类型。世界上一些著名的大型、超大型锂辉石矿床，如中国的可可托海、澳大利亚的格林布希斯、阿富汗的帕斯古斯塔及美国的金斯山，或者被基性岩包裹或者部分产于其中。这启示我们，基性岩杂岩体也是找锂辉石矿床的重要方向，不能视而不见更不能排斥。

（2）锂辉石矿床的时空分布是非常广泛的，尽管已知的矿产地不多。这与斑岩铜矿明显不同，斑岩铜矿矿产地非常多，但成矿时代集中在新生代。因此，无论是构造稳定的地台区还是活动的造山带，无论是太古宙还是新生代，都应该作为找矿方向，不能拘泥于某时某地。

（3）伟晶岩与花岗岩、变质岩等其他结晶岩相比，其岩体的规模要小得多，其形态要复杂得多，其类型也更加多样化，不但有矿物成分上的区分，还有矿物大小、形态、结构等方面的区别。因此，要建立一个统一的、放之四海而皆准的理论模式是不现实的，需要从各个矿集区的实际地质情况出发，具体问题具体分析，才能有助于找矿突破。

第四节　开展锂矿大型资源基地调查评价的现实意义

一、必要性

虽然从 2011 年起，中国地质调查局就率先设立了"全国三稀金属战略研究""我国三稀矿产调查研究""大宗急缺矿产和战略性新兴产业矿产调查工程"等，引领了全国性三稀矿产调查研究的新高潮，在国际上也是走在前列的。但是，随之而来的整个地质勘查行业却正好处于"下滑"阶段，针对稀土、稀有和稀散金属的勘查项目日渐稀少，与国外对同类矿产的勘查热潮形成鲜明的反差。就锂矿而言，无论是伟晶岩型、盐湖型、温泉型、油田型还是沉积型，国外勘探不断突破，个别企业在 4 年内就将矿石转化为精矿产品，迅速形成产业链，并向中国出口，占有中国市场份额。反观国内，一方面需求旺盛，成为世界第一大锂市场和第一大锂矿资源进口国；另一方面则是勘查工作举步维艰。

（1）树立关键矿产资源关乎国家安全的自我保障意识。

中国是世界上最大的发展中国家，也是全球最大的市场，人口众多，且购买力日益增强。战略性新兴产业的发展，为中国实现伟大复兴的中国梦提供了新的契机。战略性新兴产业是引导未来经济社会发展的重要力量；发展战略性新兴产业已成为世界主要国家抢占新一轮经济和科技发展制高点的重大战略，而三稀矿产是与新兴产业发展密切相关的战略性矿产资源；我国的三稀矿产资源以及由此而延伸出来的战略性关键矿产，绝大部分需要进口。遗憾的是，我国还没有形成"矿产资源的自我保障关乎国家安全"的共识，"开矿不如买矿"的声音不绝于耳。这是社会资金不愿意投入矿产资源勘查的重要原因。但是一旦国际形势发生变化，形成矿产壁垒，国内矿产资源才是关系国家安全最大的坚实保障。所以政策制定者应重视国内战略性矿产的资源勘查，制定相应保障措施，支持关键矿产资源的调查研究和勘探。

（2）摸清国内锂矿资源家底，加强勘查及基础研究工作。

据美国地质调查局统计，我国到 2018 年的查明锂资源量仅占世界总量的 7.33%（USGS，2019）。我国有必要提高认识，尽快摸清资源家底，为新兴产业的发展提供资源保障：一方面要梳理已有的家底资源，去掉不可利用和已消耗的资源量；另一方面要借鉴国外锂矿在这几年勘探工作中取得的新突破，尤其是要评价伟晶岩和盐湖之外新类型锂矿的资源潜力，扩展找矿途径，实现增储。国内的锂矿勘探自 2011 年以来在川西地区，新疆、华南等传统锂矿优势地区也有一定的进展，但与国外无法相比；勘查类型以伟晶岩型为主，盐湖型锂矿还停滞在提取技术上；新类型锂矿的典型研究鲜为人知，也鲜有找矿突破。另外，国内伟晶岩型锂矿的勘查重点都集中在锂辉石，应当同时重视并兼顾锂云母、透锂长石、磷铝锂石等锂的重要工业矿物。建议多类并举，多方兼顾，继续加强伟晶岩型稀有金属矿产的勘查，创新卤水型锂矿的提取技术或者提出颠覆性的技术路线，突破新类型锂矿的勘查禁区。从勘查方向角度来看，应当有层次性地进行锂矿勘探，从开发利用的效率角度，应当以伟晶岩型锂矿为首要勘查对象，在川西、新疆等优势地区以"就矿找矿"的原则进行勘查，扩大资源储量。同时借鉴国际上卤水型锂矿包括温泉卤水、油田卤水，以及沉积型锂矿的勘探经验，在国内全面开展此类非传统型锂矿的基础调查，查明锂的赋存状态，评估其开发利用的可能性，为锂矿的资源保障提供可能。

（3）加速国内优势资源的转化，建立完整产业链。

虽然中国锂矿资源较为丰富，但是加工技术相对落后，高端及高纯的电池级碳酸锂仍然依赖进口。尽管川西地区频传捷报，甲基卡、可尔因、金川等地探明有百万吨级的锂资源，但不同于国外企业的运作模式，国内这些地区的优势资源都没有在短时间内转化成产业优势，即没有充分地开发利用、形成产业基地，甚至可能"开采之日"即"亏本之时"，进而被国际市场彻底挤垮。因此，占据上游资源的企业，一方面要有针对性地为下游提供产品，尽快进入市场；另一方面也要参与完整产业链的建设，保障新兴产业的可持续发展，以免国外停止供货而导致整个新兴产业崩盘。

（4）选择海外优势项目进行市场投资合作。

全球锂矿开发行业形成了明显的寡头垄断格局。智利化学矿业公司（SQM）、美国雅保公司、FMC公司、泰利森锂业有限公司等少数企业锂矿产量占世界产量的80%以上。锂供应市场的进入壁垒越来越高。国内企业走出去，在海外单打独斗困难重重，最快捷有效的方法是在海外选择具有资源优势的、勘查阶段相对靠后的成熟项目，通过投资、并购等手段进行合作，占据上游优势资源，提高中国企业在锂矿等关键性矿产的国际话语权，以缓解国内锂矿资源的压力。

总体上，国内锂矿的勘探还是滞后于国际水平。在锂"作为21世纪的能源金属将深刻影响新能源格局"的大趋势下，锂矿的勘查将持续一段时间。国内应借鉴国外的成功经验，及时加大对优势矿种的找矿投入，加强对伟晶岩型、卤水型、沉积型锂矿的研究，加快国内大型锂矿资源基地的建设，为新兴产业的发展提供资源保障。

二、重要性

开展大型矿产资源基地资源可利用性综合地质调查是将找矿成果转化为经济优势的现实需要，也是保障国家一系列重大战略顺利实施的必然要求，是优化我国资源开发格局的战略选择，也是大型资源基地矿产资源开发管理工作的实践需要，更是提高我国矿产资源开发利用效率、实现矿产资源绿色开发的示范需要。

然而，必须坦然面对的是，目前大型能源资源基地研究还处于探索阶段，对能源资源基地的定义、划分原则和界定标准尚未形成共识；尚未从资源基地角度系统梳理资源状况、开发利用情况、产业布局等相关条件；大型能源资源基地综合调查、综合评价的内容和标准还有待完善；在对大型能源资源基地进行分类、分级时如何综合考虑区域差异；如何协调能源资源基地综合调查区划矿种与矿产资源规划中战略性矿种的关系等，均需进一步研究。

2016年底，针对勘查开发基地划定的原则和矿产资源勘查开发基地分类问题，项目组提出了厘定大型资源基地的量化指标——基地内矿床成群产出，至少具有 1 个超大型矿床或 5 个大型矿床。这一初步意见得到了主管部门的采纳，并且由王登红在相关会议上进行了介绍，并展开了多次讨论，形成了初步意见，包括基地内资源储量或资源潜力大，当前或未来在技术经济方面具备开发的可行性，资源可持续供应达一定年限，其稳定的资源供应对国内矿产品市场具有非常重要的影响、对区域经济社会发展具有较大的促进作用。基地内资源分布集中，基地及其周边已形成或未来可形成具有大型矿山和冶炼加工企业聚集的产业集聚态势，或者可形成拥有龙头矿山企业的矿山聚集态势。基地及其周边具备与规模经济勘查开发相对应的环境承载能力。基地内的主要矿种具备一定市场需求且符合国家相关产业规划。基地及其周边具备或预期具备规模开发的水、电、路等基础设施条件。矿产资源基地又可进一步分为勘查基地、开发基地、储备基地等。

对大型能源资源基地的综合调查，不仅涉及资源的赋存特征和主矿种、共伴生、其他资源等资源现状及地质条件的调查，还将对土地现状、植被及分布、气象、工农业生产情况及居民地分布、矿山场地及堆弃物生态影响情况、矿山开发次生地质灾害现状调查及预测、危害及残留组分影响进行预判。

一是对能源资源基地开展系统的区划研究。以矿产资源战略研究为基础，根据我国矿产资源分布特点和禀赋特征，开展能源资源基地区划研究，科学划分能源资源基地，分矿种编制能源资源基地图册，为国家矿产资源规划、产业布局提供决策参考。

二是围绕能源资源基地综合部署地质调查工作。制订矿产资源综合地质调查工作方案，指导地质调查工程和项目部署，开展大型能源资源基地综合调查工作，摸清地质、矿产、水工环、技术经济条件及综合利用等状况，促进能源资源基地建设。

三是加强大型能源资源基地的不同矿种矿产的综合评价、技术经济评价以及开发利用对环境影响的评价。积极推进油铀兼探、煤铀兼探、油钾兼探、钾气兼探等工作；探索大宗矿产与战略新兴矿产资源、常规能源与非常规能源等综合调查评价；加强矿产资源经济技术评价和矿山开发利用对环境的影响评价工作，促进矿产资源经济高效和环保开采，为绿色矿山建设做好支撑和服务。

四是着力培育一批新的能源资源基地。根据国家发展战略和产业布局，以找矿突破为依托，以深地探测为引领，有计划、有目的地培育并促进形成一批新的能源资源基地，为能源资源保障和合理利用奠定基础。

三、目标任务完成情况

川西甲基卡大型锂矿资源基地综合调查评价项目自 2016 年开展工作以来，全面达成了设计的绩效目标、任务目标及科技创新目标，具体如下。

（1）开展了甲基卡及其外围以锂为主的地质找矿调查评价，遵循"从已知到未知、由浅入深、循序渐进、以点带面"原则，在川西甲基卡、扎乌龙、九龙、可尔因及马尔康等地有针对性地开展了专项地质测量、地质剖面测量、大地电磁测深等工作，全面完成各项工作及设计的实物工作量。利用项目组建立的"多旋回深循环内外生一体化"成矿模式与"五层楼+地下室"层脉组合勘查模型，结合物化遥综合解译及各专题研究最新成果，项目提出了 10 处找矿靶区并进行部分验证，提交新发现矿产地 2 处。三年内，项目全面完成钻探3000m（18个钻孔）的设计工作量，全部通过质量检查及野外验收。经钻探验证，提交334级别资源总量（2016～2018年）31.74万t氧化锂（含其他稀有金属当量换算），全面完成任务书下达的"新增氧化锂远景资源量30万t，提交找矿靶区5～10处，提交新发现矿产地1～2处"的总体目标任务，评价了资源潜力，为国家提交了一处值得深入勘查的以锂为主的综合性稀有金属矿产资源基地。

（2）深入总结了甲基卡矿区的地质矿产特点，总结了成矿规律，建立了找矿评价标志，开展了甲基卡及外围（主要包括党坝、观音桥等地）典型矿床（脉）的野外地质调查工作，结合室内研究及测试分析，继续查明甲基卡矿区典型矿床（脉）地质特征及稀有金属赋存状态，并与外围党坝、观音桥等地区矿床（脉）开展对比研究，为实现Li、Be、Nb、Ta等稀有金属的综合利用提供基础数据。通过综合分析，进一步厘清甲基卡矿区内稀有金属伟晶岩脉成因机制和时空演化，总结成矿规律，为找矿预测提供科学依据。

（3）"绿色调查"是适应川西甲基卡大型矿产资源基地特殊环境的必然选择，也是生态文明建设的现实需要。为实现矿产资源基地资源、经济、环境"三位一体"的综合评价，项目组在认真总结2016～2018年环境地质综合调查成果的基础上，将矿区环境评价的理论模型与SMAIMA［野外调查（S）–实验测试（M）–特征分析（A）–指标体系（I）–模型研究（M）–综合评价（A）］（于扬等，2017）工作方法体系应用到甲基卡大型锂矿资源基地的环境调查工作中，通过连续三年对甲基卡大型锂矿资源基地多环境介质综合调查评价工作的实践，提出了适用于高原地区绿色调查的方法及环境评价指标体系，建立了综合评价的理论模型，为科学决策、合理开发锂矿资源提供了科学依据。

（4）以物理方法选矿（物）技术开展对甲基卡锂辉石矿石的综合选矿实验，取得了初步成效。根据环境保护和绿色矿山建设的新要求，创新提出了物理选矿（物）的新思路，利用矿产资源研究所自主发明的"高磁永磁强磁"技术，结合甲基卡式稀有金属矿石的特点，创新提出了"三磁一重"的选矿技术路线。与以往化学药剂选矿方法相比，不但提高了选矿回收率，可实现无尾矿生产，而且可以避免化学药剂的环境污染问题，对今后甲基卡地区锂辉石矿山绿色开发具有重要的现实意义。

（5）深入总结了甲基卡式锂矿的成矿理论和找矿方法技术组合，开展了典型矿床及以锂同位素为创新点的地质调查与填图方法的研究，建立了甲基卡式锂矿的成矿模式与勘查模型。在野外地质调查的基础上，通过显微鉴定及电子探针分析测试，在甲基卡矿区中首次发现祖母绿的产出，结合区内构造背景、地层、岩浆岩及其矿物特征等方面的综合研究，初步认为甲基卡矿区存在深部成矿物质补给的可能性。进一步厘清甲基卡矿区内基性–中性–酸性岩浆序列，通过主微量元素特征进一步查明岩石成因、构造环境及找矿标志。

（6）界定了"能源金属"矿产的概念，梳理了我国能源金属的主要类型，分析了发展趋势，指出了找矿方向；结合川西甲基卡大型锂矿基地的实践，从目标任务、基本原则、立项依据、创新驱动、技术路线、工作内容、注意事项等方面探讨了能源金属矿产大型基地调查评价的基本问题，提出了大型能源金属矿产基地综合调查评价的技术要求和工作指南，为同类工作提供了样板。

（7）跟踪国内外调查研究的最新进展，尤其是伟晶岩锂矿的找矿进展和新类型、新层位锂矿的找矿突破，分析研究了国内类似的成矿条件，并以多篇论文的方式公开发表，包括：《试论国内外大型超大型锂辉石矿床的特殊性与找矿方向》（《地球科学》）、《我国锂铍钽矿床调查研究进展及相关问题简述》（《中国地质调查》）、《国内外锂矿主要类型、分布特点及勘查开发现状》（《中国地质》）、《四川甲基卡锂矿床花岗岩体 Li 同位素组成及其对稀有金属成矿的制约》（《地球科学》）、《初论甲基卡式稀有金属矿床"五层楼+地下室"勘查模型》（《地学前缘》）、《对能源金属矿产资源基地调查评价基本问题的探讨——以四川甲基卡大型锂矿基地为例》（《地球学报》）、《遥感技术在川西甲基卡大型锂矿基地找矿填图中的应用》（《中国地质》）、《锂同位素在四川甲基卡新三号矿脉研究中的应用》（《地学前缘》）、《四川甲基卡稀有金属矿区祖母绿的矿物学特征》（《矿物学报》）等 50 余篇。

（8）在人才培养方面，所内培养了多名研究生和博士后。团队负责人通过组织、协调、指导委托业务的具体工作，不但促进了生产性调查与创新性科研的紧密合作，进一步提升了项目组织管理能力，而且通过理论与实践的紧密结合，在实践中创新，及时把创新性成果应用到地质调查、矿产开发、环境治理、矿政管理的技术支撑等方面，整体提高了大型资源基地综合调查能力，在实践中提高本创新团队的创新能力，挖掘更多的创新机会，培养更多的人才，服务于更多的领域。

（9）在服务矿政管理方面，在原国土资源部地质勘查司的组织领导下，在甘肃兰州、江西赣州和黑龙江宜春等地分别就西北–西南地区、东北–华北地区、中南–华东地区三稀矿产成矿规律与找矿方向开展了专题汇报和讲座，助力国家 358 找矿突破战略行动的工作部署，带动了山西、河南、河北、黑龙江等省级战略性新兴产业矿产勘查工作，指导湖南幕阜山、陕西东秦岭、新疆阿尔泰等地取得找矿新突破，取得了显著的社会经济效益。

（10）按规范形成了 1∶50000 矿产地质调查相关信息化成果。在搜集整理大量实际工作资料的基础上，结合前人资料，编制完成一系列专项地质图、钻孔柱状图、物化探异常图等相关图件，表达稀有金属资源基地、找矿靶区、成矿远景区的地质特征条件以及稀有金属异常特征分布；控制矿体形态边界；计算了矿体规模、资源储量，总结了矿体展布特征以及成矿规律；反映甲基卡、扎乌龙地区大型资源基地及其外围的稀有金属矿化的分布特征；显示了工作区的地质、地形和构造等信息，记录了其物化探异常与矿体的空间关系；对甲基卡、扎乌龙地区大型资源基地的地质特征（地层、岩浆岩、变质岩、构造）、矿产分布特征予以系统全面的图面表达；重点编制了甲基卡及扎乌龙大型锂矿基地长梁子区 1∶2000 地形地质图、甲基卡及扎乌龙大型锂矿基地哲西措区 1∶2000 地形地质图、甲基卡及扎乌龙大型锂矿基地鸭柯柯区 1∶5000 地形地质图，甲基卡及扎乌龙大型锂矿基地东部外围区 1∶5000 地形地质图等；选取甲基卡及扎乌龙大型锂矿基地为重点研究区，对该区的稀有金属资源潜力进行评价，提交相应的稀有金属资源量。

第二章　大型矿产资源基地调查评价工作技术要求

进入 21 世纪以来，矿产资源的调查评价与找矿勘探面临着新的形势，尤其是矿产资源勘查开发规模化、集约化、国际化的新趋势，必然要求"找大矿、找好矿"（王登红等，2016），大矿大开、小矿小开的传统模式已不能适应今后矿产资源全球化配置的客观需要。因此，危机矿山资源接替、重要矿产潜力评价、整装勘查、深部探测等一系列立足于解决能源资源领域重大问题的工作/项目，陆续上马，取得了显著成果。其中，大型矿产资源基地调查评价也是"十五"计划以来就受到国家重视并立项的重要工作，但是，如何对"大型矿产资源基地"（而不是一般的矿产地）进行调查评价？采用什么样的技术路线？主要开展哪些工作？注意哪些问题？与传统的找矿工作又有什么不一样？等等，都是需要探讨的。"十三五"规划开局以来，国家对于能源矿产的调查更加重视，但传统的以生物化石能源为主导的石油、天然气、煤等的开发利用面对着关于环境保护方面越来越高的社会呼声，遇到了新情况（路甫祥，2014）。那么，在能源领域能不能找到突破口并引领新兴产业的发展呢？

能源金属矿产是指可在能源领域发挥重要作用的金属矿产资源，而大型能源金属矿产基地作为国家目标开展调查评价，也是新事物。四川西部甲基卡一带锂资源十分丰富，成矿条件优越，而锂作为 21 世纪的能源金属，将为解决我国能源危机、环境保护等瓶颈问题发挥重要作用。2011 年以来，通过对甲基卡大型锂矿资源基地综合调查评价的工作实践，探讨了在"能源+金属"类矿产资源基地进行调查评价时所遇到的基本问题，包括目标任务、基本原则、立项依据、创新驱动、技术路线、工作内容及其他应注意的问题，为同类大型矿产资源基地的工作部署提供参考，同时也为科学决策、合理开发锂资源提供依据。通过川西甲基卡一带以锂为主大型能源金属资源基地的调查评价，不但可提高矿产地质调查程度和资源储量的可靠程度，进一步摸清资源家底，为带动整装勘查、建设大型勘查开发基地提供资源保障，而且可以为整个川西地区能源金属的调查评价提供示范；通过创新驱动查明锂、锂同位素及其共伴生组分的赋存规律，提高综合研究和利用程度，为能源金属在高新技术领域中的高效开发提供科学依据；通过统筹规划，合理部署，有序推进，不但可将资源优势变成经济社会优势、造福地方百姓，也可以为把川西地区建设成为新能源基地、引领新兴产业的发展提供科学依据。

第一节　大型矿产资源基地调查评价的目标任务

大型矿产资源基地的调查评价也是地质找矿工作的内容之一，但与一般找矿工作的目的是不同的。找矿以发现矿点、矿化区或矿床为目的，并对其进行初步地质经济评价（工业远景评价），为进一步选择矿床勘探地区（或地段）、编制国民经济发展规划提供必需的矿产资源和地质、技术经济资料；而大型矿产资源基地的调查评价，不仅仅是要找矿，更是要找到能够为建设大型矿产资源开发利用的资源基地的"大矿床"或相对集中的一系列矿床，以保障矿业可持续发展。至于多大的矿产资源规模才算得上"大型基地"，目前还没有形成统一的意见，因为取决于资源储量本身（先天因素）和开发利用的产能需求（后天因素）等多重因素。一般认为，大型矿产资源基地，在地质上至少要探明超大型规模的储量（相当于 5 个大型矿床），而且相对集中，不能分散（否则就不能成为"基地"）；在满足国家需求方面，能满足 30～50 年的可持续的开发利用，从而形成产业基地；在社会经济效益方面，不但要占据举足轻重的地位，而且要对国家和地方经济的发展起到重要作用；在科技和人才方面，不但要有科技含量、创新潜力，而且要引领产业的发展，如四川的攀枝花钒钛磁铁矿、内蒙古包头的白云鄂博稀土矿和湖南郴州的柿竹园有色金属矿产资源基地，都是我国公认的大型矿产资源基地，在世界上也是举足轻重的，在一定的历史时期占有不可替代的地位，分别成为钒钛、稀土和矽卡岩型白钨矿等的勘查开发、综合利用、科技创新与人才培养的"基地"。显然，攀枝花、白云鄂博和柿竹园这样的矿产资源基地是我们今后找矿的方向，尽管此类矿床本身也由于天然条件而并非十全十美，但无疑具有十分重要的战略意义。

当前，我国过分依赖石油、煤炭、天然气等常规能源，所面临的安全问题、环境问题日益突出。一方面，对外依存度居高不下，严重影响到经济安全、社会安全乃至于国家安全；另一方面，又因为污染严重而影响到人民群众的健康安全。如何寻找新能源，部分甚至大部分替代传统的石油、天然气及煤炭等常规生物化石能源，已经成为全球关注的头等大事。有没有无污染的金属能源可以有效改变能源结构呢？有，锂就是其中之一。锂是新兴产业发展不可或缺的战略资源，既可以储能（如锂电池）也可以节能还可以产能（如核聚变发电），既高度军用也普遍民用（如心脏起搏器），因而被称为"21 世纪的能源金属"（王淦昌，1998；王秀莲等，2001；游清治，2013；王瑞江等，2015；王登红等，2016）。在当前矿业不景气的大前提下，锂金属的价格保持在 40 万元/t，甚至在铁、铜、铅锌等传统金属矿产和煤、石油等大宗矿产品价格一路下滑的情况下，锂的价格仍然在上涨（到 44 万元/t），到 2018 年最高价达 80 万元/t，2019 年 11 月 8 日上海小金属市场价是60.5 万元/t。这充分说明，开展锂资源的调查评价，无论是现今还是在今后的一段时间内，都将具有重要的社会经济意义。

四川西部具有锂、稀土、稀散金属矿产资源的区位优势，同时也拥有以成都和绵阳为中心城市的高新技术研发基础，尤其是汽车发动机的研发潜力巨大，市场和资金均不是太大的问题。川西又属于欠发达地区，迫切需要摆脱原始的粗放经济模式、实现跨越式发展。因此，甲基卡大型锂矿资源基地的综合调查评价，不但具有良好的经济效益（按 60万 t 氧化锂计，潜在经济价值 1200 亿元，预期投入产出比约 1：2500。如果按能源金属计价，则投入产出比更大，可达 1：4800），社会效益也将是显著的，在引导新兴产业发展方面将起到良好的示范和带动作用。

目前全世界锂金属的年消耗量在数万吨，初步预测甲基卡及外围地区氧化锂资源潜力可达数百万吨（含探明储量），显示了极其良好的找矿前景，预期可保障锂工业可持续发展 50 年以上。但是，锂资源是如何分布的，哪个区块的资源最好，开发哪个区块的资源对生态环境的影响最小，哪个区块的潜在经济价值最大，都还没有调查清楚，还需要通过国家公益性项目的投入，查明资源家底，带动商业性勘查，为科学开发、合理开发、最大效益地开发利用珍贵的锂资源提供科学依据。

总之，甲基卡大型能源金属资源基地调查评价的目的，是要尽快摸清资源潜力，及时取得更大的找矿突破，为国家找出一个世界级的优质锂矿，积极引领新兴产业的发展。

第二节　大型矿产资源基地调查评价的基本原则

找矿的原则包括为国家社会服务的原则、综合原则、点面结合原则和经济原则等。显然，大型矿产资源基地的调查评价，同样要遵循这些原则，而且更加严格并与时俱进，如环境保护的原则。回顾近百年来我国"大型矿产资源基地"的勘查历史，当前形势下要找到新的"大型矿产资源基地"，仍然需要遵循一定的原则：

①以国家目标为调查评价的首要任务；
②以成矿规律为靶区圈定的基本依据；
③以野外调查为找矿验证的主要手段；
④以有序部署为合理勘查的有效保证；
⑤以技术创新为快速突破的不二法门；
⑥以综合评价为提升价值的根本出路；
⑦以引领产业发展为基地的立足之本。

一般性的找矿工作，能找到矿产地就算达到目的，但"大型矿产资源基地"不但要满足国家社会的重大需求，而且对新兴产业的发展起到引领作用。那么，在当前形势下，是再找一个白云鄂博、攀枝花或者柿竹园，还是另辟蹊径？围绕国家目标，即"既要金山银山也要绿水青山"，对于甲基卡大型矿产资源基地来说，一方面要解决资源问题，一方面要解决能源而且是新能源问题，再一方面也是为引领新兴产业发展提供契机。以锂和稀土为代表的战略性新兴产业矿产资源，是近年来全球勘查的热点，被称为"关键金属"（critical metal）。锂不但是关键金属矿产，也是能源金属，上至氢弹爆炸，下到老百姓的手机电池，均不可或缺。据报道，1g锂用于发电所产生的能量可以代替3.4t标准煤；20kg的锂用于核聚变发电的话，可以满足8万户家庭1年的需要；生产100亿kW·h电的锂反应堆，只需要10t金属锂（王乃银，1989；吴荣庆，2009）。因此，国际上启动了"人造太阳计划"，旨在"从根本上解决能源问题"。笔者认为，要从根本上解决能源问题为时尚早，但无疑可以逐步减少生物化石能源的用量，有助于环境保护，而且可以避免核裂变技术民用所带来的放射性污染和大众心理问题。

第三节　大型矿产资源基地调查评价的立项依据

显然，大型矿产资源基地的立项不同于一般的找矿项目，需要十分慎重，不但要选对地区，而且要选好矿种；不但要能找得到矿，而且要找得到大型、超大型矿；不但要能够为矿山建设提供资源保障，而且要引领产业发展尤其是战略性新兴产业的发展。前述攀枝花、白云鄂博和柿竹园均如此。之所以选择甲基卡作为大型锂资源基地进行立项，是因为该地区成矿条件好，不但能够找得到大矿，而且所勘查的主要矿种——锂（及共伴生的铍、钽、铯、锡等）恰好是当前战略性新兴产业发展所需的"关键金属"。此外，前期工作也为今后的快速评价奠定了较好的基础。

甲基卡位于青藏高原的东部，海拔在 4000m 以上，区域性的地质工作尤其是找矿工作是在 1949 年以后开展的。在 1959 年群众报矿的基础上，多家地质队和研究所在区内开展过地质调查和找矿工作，初步确定了甲基卡矿区及其外围稀有金属的远景和工业意义，但区域地质调查工作滞后，直到 20 世纪 80 年代中期才完成 1:20 万康定、新龙、禾尼三幅联测工作，通过 1:20 万康定幅区域化探扫面，初步查明有锂等稀有元素的异常。20 世纪 80 年代以来，围绕松潘-甘孜造山带和"三江"成矿带区域成矿尤其是稀有金属区域成矿、成矿系列和甲基卡典型矿床的成矿机制等关键性基础地质和成矿问题，进行了一系列调查研究，初步查明区内花岗伟晶岩型稀有金属成矿作用与印支晚期花岗岩浆成穹作用密切相关，总结了构造-花岗岩浆穹隆构造的几何特征、变质变形特征、成矿特征和成矿条件，初步厘定了矿床的成矿系列，构建了构造-成矿模式，指出了找矿方向（唐国凡和吴盛先，1984；侯立玮和付小方，2002；王登红等，2004，2005；李建康等，2007；陈毓川等，2010），为 2006～2013 年间的锂资源潜力评价和成矿预测奠定了基础，也为 2013 年以后的工作部署提供了依据。

甲基卡具有独特的区域成矿条件，不同于国内外其他稀有金属矿床。在川西众多硬岩型（花岗伟晶岩型）锂矿床中，以甲基卡规模最大（超大型），品位最富，共伴生矿产最多（Be、Nb、Ta、Rb、Cs、Sn），经济价值最大，而且埋藏浅、开采技术条件佳、选矿性能好，是川西伟晶岩型锂辉石矿床的典型代表。甘孜州目前已发现稀有金属矿产地 78 处，其中大型矿床 6 处，中型 5 处，小型 6 处，矿点 4 处，但总体工作程度低，找矿前景大。通过四川省地质矿产勘查开发局甘孜队、404 地质队、402 地质队等单位的详查和勘探，以往在甲基卡发现花岗伟晶岩脉 498 条，其中工业矿脉和矿化伟晶岩 114 条，求获各级 Li_2O 资源量 102.6 万 t、BeO 资源量 3.4 万 t、$(Nb+Ta)_2O_5$ 资源量 1.35 万 t（《中国矿床发现史·四川卷》编委会，1996）。20 世纪 90 年代来，各探、采矿权人又相继开展了详查和勘探。2011 年底经四川省国土资源厅的储量核查，甲基卡 17 条矿脉 Li_2O 累计查明资源储量为 100.4 万 t。2011 年以来，中国地质调查局设立了"全国三稀金属资源战略调查"工作项目，2012 年升格为计划项目，均将甲基卡作为重点工作地区。2015 年起，在中国地质调查局 9 大计划 50 项工程之一的"大宗急缺矿产和战略性新兴产业矿产调查"工程之下，设立有"全国稀有稀土稀散矿产调查"项目，又将甲基卡作为重点，并加大投入。2015 年 6 月 30 日至 7 月 2 日，中国地质调查局李金发等领导在野外现场检查之后，明确将甲基卡地区的锂资源调查评价作为中国地质调查局的工作重点，并决定自 2016 年起单独立项并加大投入。中国地质调查局及承担项目的中国地质科学院矿产资源研究所和四川省地质调查院各级领导高度重视，全力保障公益性地质工作的开展并为带动商业性勘查奠定基础。

2012～2014 年间，通过"我国三稀金属资源战略调查"，项目组在甲基卡取得成矿规律、成矿预测、综合找矿方法与验证等多方面的突破性进展，新发现 8 条（X01～X08）锂矿化伟晶岩脉（Li_2O 1.3%～2.60%），并对新三号矿脉开展了钻探验证，证实为一条巨大的锂辉石稀有金属矿脉，称为"新三号脉"（按发现顺序为第三号，也正好与新疆可可托海 3 号脉呼应）。经储量估算，新增 333+334 类氧化锂资源储量 64.31 万 t（已达超大型规模），使得整个甲基卡矿区的锂辉石资源储量超过澳大利亚的格林布希斯而有望位居世界前列（Partington et al.，1995；王登红等，2013b；付小方等，2015；刘丽君等，2015）。此外，地质、物探和化探调查成果显示，甲基卡地区除已查明露头矿脉之外，浮土掩盖区可能存在隐伏（隐蔽）型伟晶岩矿脉，初步预测甲基卡及外围地区 Li_2O 资源潜力可达300万 t，找矿前景良好。但是，总体上看，川西地区基础地质调查和矿产地质调查、稀有金属矿集区和远景区工作程度较低，因此，自2016年起设立"川西甲基卡大型锂矿资源基地综合调查评价"项目是必要的，意义也十分重大。实践证明，从综合调查到进一步的找矿突破也是成功的。

第四节　大型矿产资源基地调查评价的创新驱动

大型矿产资源基地的调查评价不同于一般性的找矿，能源金属大型资源基地的调查评价更需要创新驱动。不同类型的大型资源基地存在着各不相同的具体问题，针对不同的实际问题，需采取不同的技术创新手段以查明资源、综合开发并保护环境。

（1）鉴于矿产地质调查程度和资源储量可靠程度不高的现实，资源家底亟待查清，迫切需要创新成矿预测和潜力评价的理论与技术方法。

甲基卡稀有金属的调查工作程度总体偏低，现已发现的500余条伟晶岩脉中，矿化脉有114条，达详查–勘探程度者仅仅17条；尚有众多伟晶岩的产出形态、规模、含矿性缺乏翔实的调查，亦无工程揭露和取样控制，加之受当时分析检测水平的限制，早期取样分析多为半定量，致使一些矿体的品位和资源量的可靠性偏低。需要加强综合地质调查，及时部署1∶5万区调和矿调，用2～3年时间在面上快速展开，保证重点突破。另外，电法测量显示，新三号脉在南北走向的延伸方向上尚未封闭；重磁扫面成果也显示深部为隐伏岩体，有巨大的热源区；除已查明露头矿脉外，第四系覆盖区可能存在隐伏（隐蔽）型伟晶岩矿脉，具进一步找矿的潜力和前景。需要在现有新三号脉找矿成果的基础上，面上拓展，对已圈定的异常继续开展验证评价，在走向、倾向等三度空间内创新预测方法，以控制远景资源量，为实现快速突破提供依据。

（2）覆盖区找矿难度大，需进一步探索、创新有效的找矿方法并迅速推广运用。

甲基卡矿区北部第四系覆盖严重，前人认为成矿条件差，找矿难度大，因而将主要的地质工作放在矿田南部，"就脉找矿"。这就为寻找隐伏矿体或半隐伏矿体留下了较大的找矿空间。2012～2015年间，在地质综合分析的基础上，结合遥感解译填图，通过采取重磁测量优选靶区—物探电法定位—化探定性—多元信息分析—钻探验证的勘查技术方法，又新发现了若干条锂辉石矿化脉，初步实现了隐伏（隐蔽）型伟晶岩矿床的找矿突破和科研成果的快速转化。所建立的勘查模型和综合找矿方法，为隐伏（隐蔽）型伟晶岩型锂矿的找矿突破提供了技术示范，但还需要加强科技攻关，深入解剖典型矿床，总结成矿规律，完善找矿标志尤其是地球物理标志，优化技术方法，结合成矿理论的创新，进一步探索有效的找矿方法，并迅速推广运用到川西的其他伟晶岩分布区。

（3）对共生组分的综合研究程度较低，需要创新思路，引领高新技术领域的应用研发。

甲基卡稀有金属矿石中锂品位高，矿石中共生和伴生有用组分较多，但研究程度低，前期工作是20世纪80年代以前完成的，分析检测多属定性和半定量；近年并未专门对稀有金属矿物及稀有金属元素的共伴生赋存状态进行过研究，以至于稀有金属赋存规律不清，综合利用滞后，故需加强对锂及共伴生稀有元素赋存状态的研究，提出综合利用的合理化建议。截至 2018 年按照同期需求量估计，甲基卡新三号脉新增氧化锂资源量可满足全世界二十余年的需求。但是，如以锂同位素发电计算，理论上可保障全世界上百年的发电需求。因此，只有把锂辉石、氧化锂、常规金属锂和锂同位素以不同的产品方式分别加以评价，才能取得最大的预期成果，才能评价出矿产资源的最大经济、社会效益，才能从"供给侧"引领产业和经济发展。

（4）坚持科学发展观，实施统筹规划，将资源优势变成社会经济优势，造福地方百姓，引领新兴产业布局。

为加快发展节能环保、新一代信息技术、高端装备制造、新能源、新材料、新能源汽车等战略性新兴产业，国家相关部委及四川省制订了一系列发展规划。对川西地区锂资源的调查作了整体规划，尤其是在"十三五""十四五"期间（2016～2025 年），通过基础地质调查和公益性矿产调查，把中央的工作、地方的工作、企业的工作纳入一个大盘子统一部署，摸清家底、试点示范，并注重面上推广。锂作为能源金属新材料，更要注重新材料新能源基地的布局，积极探索新机制，通过政府部门主导，在国家、部门、四川省和甘孜州的矿产勘查专项规划基础上，具体制订出区内开展与能源金属相关的地质矿产基础调查、稀有矿产整装勘查、跨区资源整合的总体规划和实施方案，并从矿山→选矿→冶炼→提纯→合成→电池全资源产业链的角度，制订出具有川西特色的战略性新兴产业以及科技创新、生态环境保护与整治的发展路线图。

（5）创新管理思维，保证既要金山银山也要绿水青山。

甲基卡矿区位于四川甘孜州康定、道孚、雅江三县（市）交界的地区，社会经济发展相对滞后，自然生态环境脆弱，但矿产资源十分丰富。因此，一方面要加快大型矿产资源基地的调查评价，为把资源优势转化为经济优势奠定扎实的基础，另一方面也需要在地质调查评价的一开始就认真做好矿山生态环境的保护工作，为发展循环经济、打造绿色矿山资源基地做出示范。

（6）能源金属的专项调查，更需要理论和技术的创新。

战略性新兴产业的发展为甲基卡的深入调查评价带来了新契机。尽管近年来已经初步探明新增了100 多万吨的氧化锂（其中由国家出资地质调查项目18 个钻孔初步控制88 万 t），但针对能源金属来说，用于核聚变反应的锂主要是锂的同位素^{6}Li。虽然自然界中锂同位素的组成相对固定，但不同地质体的锂同位素组成明显不同。那么，伟晶岩中尤其是甲基卡矿区伟晶岩中锂同位素的组成是怎么样的，还需要开展锂同位素地质调查。

第五节　大型矿产资源基地调查评价的技术路线

大型矿产资源基地调查评价的技术路线侧重于：①通过合理的勘查，查明资源家底，为整装勘查提供依据；②以点带面，高效利用，带动区域矿产资源的高端开发，将资源优势转化为区域经济优势，引领产业发展或者转型升级；③不拘泥于按规范、按部就班地"找矿"，始终贯彻野外实地调查与理论创新、技术创新密切结合，也为同类型矿产资源的一般性找矿工作提供示范。对于甲基卡这样的高原地区、欠发达地区，同时也是新兴能源金属的矿集区和矿业开发利用的新区，为了达到引领新兴产业发展、促进地方经济跨越式发展的预期目标，在调查评价的过程中还需要遵循如下的技术路线。

1）资料搜集侧重于潜力评价和战略分析

既要全面搜集工作区内已有的地物化遥等各类资料与成果，特别是工作区内探矿权、采矿权的地勘资料、钻探成果以及专题研究的新成果，更要深入分析本地区是否有条件成为一个大型矿产资源勘查开发的基地，能否为满足国家和社会可持续发展的基本需求提供资源保障。

2）各类专项地质调查要围绕资源评价和找矿突破这一工作重点

对于川西甲基卡工作区，第四系约占60%以上的面积，坡积物、残坡积物、沼泽堆积物及冰碛物等普遍覆盖，厚度一般在7~10m。如此广泛分布的第四系堆积物给地质找矿工作带来了很大的难度，通过常规的地质填图、在有限的地质路线和控制点的前提下，很容易都圈定为"第四系"而导致漏矿。新三号脉的发现过程就表明，区内第四系残积物、残坡积物中的伟晶岩脉、含锂辉石伟晶岩脉，以及堇青石角岩化黑云母片岩的碎块和岩块，对隐伏基岩有一定的指示意义，特别是部分具残积特征的含锂辉石伟晶岩块，在区内成带密集分布，经遥感解译具明显的影像特征，部分经钻探验证，其下基岩多为含锂辉石伟晶岩脉。因此，通过第四系覆盖区基岩地质填图这样的专项调查，可以弥补常规地质填图调查评价的不足，有助于快速突破。

3）充分发挥遥感等先进技术的作用，不但宏观、客观，而且高效、快速

利用遥感等高新技术，不但可以把握全局，更重要的是可以大大提高工作效率。例如，对青藏高原及新疆、内蒙古等高原、荒漠地区，利用 WorldView 高精度多波段数据及 ETM+数据进行全区遥感矿化蚀变信息的提取，结合地、物、化、矿产资料进行筛选和优化，建立区内地层、岩体、控岩控矿构造、矿体和矿化蚀变等解译标志，并对遥感信息所圈定出的异常进行解译和判断，为专项地质填图圈定各类地质体提供补充依据。这在近年来的地质调查工作中取得了很多经验和成果。因此，甲基卡这样的新区也可以在专项地质填图中以遥感解译为先导，结合路线地质调查，以穿越法为主，追索法为辅，对不同类型的第四系进行区分和填绘。路线间距和地质点密度根据构造复杂程度、基岩出露情况、自然地理条件等实际情况而定，以解决问题为原则，不平均使用工作量。

4）地球化学探测工作区的矿种及剥蚀程度

化探是找矿的基础性手段之一，但对于不同的工作区也应该具体问题具体分析。例如，对于甲基卡这样的第四系覆盖区，已有的土壤地球化学资料显示，Li 元素的背景含量相当于全国平均水平的若干倍，具有显著的异常特征，化探异常的元素与主矿种也是吻合的。对新三号脉的验证也证明，显著的 Li 异常特征及高的叠加强度可以作为缩小找矿靶区的可靠证据，尤其是化探异常与物探异常（激电测量异常）相吻合，可推断是否有含锂辉石矿化脉体的存在。但是，当一个矿体剥蚀程度很高时，其顶部土壤也可以高度地富集成矿元素，但矿已经被剥蚀掉了。

5）地球物理探测矿化的范围、矿体的三度空间部位

物探工作是钻探验证的主要依据之一，十分重要，在当前和今后钻探工作量越来越少的情况下，更要精心获得地球物理的相关信息。例如，甲基卡地区已有的激电中梯测量成果显示，工作区花岗伟晶岩具有密度低而电阻率高的特点，视电阻率为 8000~15000Ω·m，

与变质岩片岩的电阻率低的高导性特点（视电阻率为3000~3500Ω·m）形成强烈反差。采用800m AB距，10m左右铅垂厚度的花岗伟晶岩脉均有较好的显示。花岗伟晶岩视电阻率异常呈带状，并有分支复合现象。对新三号脉验证的结果也证明了伟晶岩脉与视电阻率有良好的对应关系，可用于面中求点圈定异常，定位预测伟晶岩脉，大致了解锂矿化伟晶岩的规模、走向等分布情况，为钻探验证提供依据。

6）地质雷达

地质雷达是浅部地球物理勘探中的一种高分辨率、高效率、实时探测方法，具有较强的抗干扰能力，用于确定地下介质分布，对地表覆盖条件下确定矿体有较好的效果，是下一步甲基卡第四系浅层覆盖区花岗伟晶岩找矿所需要使用的新技术方法手段，也值得在区域上尝试推广。

7）取样钻

取样钻主要用于揭露掩盖深度一般不超过3m的矿体和异常。由于甲基卡地区一般残坡积掩盖较厚，且为珍贵药材冬虫夏草的主要产区，槽探等传统人工揭露施工对环境破坏较大，因此以取样浅钻代替槽探，可以达到绿色勘探的目的。

8）机械钻探

对各种综合异常进行直接的验证，离不开机械钻探。钻探岩心取样是找矿必不可少的手段，也是获得地质样品和求算资源储量的基本技术手段。同时，应充分重视高原生态脆弱区环境保护问题，创新钻探工艺，推广钻探工艺全程采用清水钻进，实现青藏高原传统勘查向"模块化—机动化—快速化—轻巧化—无污化"绿色调查工作方式的重大转变，并作为绿色勘查示范点。

9）采样与岩矿测试

通过典型矿床研究，查明岩（矿）石的结构、构造、矿物成分及其共生组合、蚀变现象，为岩（矿）石的准确命名、矿石类型的划分、矿石可选性的研究及矿床成因的分析提供资料；查明矿石中有益、有害元素或组分的种类、含量，确定矿石质量，为矿产资源的合理开发和综合利用提供最直接的科学资料。此外，与传统地质调查采样后交由室内实验室分析测试的技术流程不同，大型资源基地因为涉及面广，采样量大，前期找矿标志不明显，可采用车载式野外快速分析测试方法，以缩短工期，快速聚焦目标。

第六节　大型矿产资源基地调查评价的工作内容

一般性找矿工作的主要任务包括：①根据矿产资源形势分析，确定找矿项目与地区；②研究成矿条件和矿化信息，开展成矿预测；③综合运用有效的技术手段和方法，在有利地区或地段进行找矿，以发现矿点、矿化区乃至于矿床；④通过初步的地质经济评价和工业远景分析，为勘探靶区及勘探方案的选择提出可行的建议。这样的主要任务同样是大型矿产资源基地调查评价工作所需要完成的，但还有更高的要求，如为满足大型矿山建设的要求，需要找到超大型以上的矿产资源总量；为满足物尽其用的要求，要开展综合利用的实验；为满足矿区生态文明建设，需要开展环境影响和地质灾害的评价；等等。此外，不同历史时期、不同成矿区带、不同矿种的资源基地，其主要任务并不相同，宜在立项时就具体问题具体分析。

根据前述大型矿产资源基地评价的目的、原则，对于甲基卡这样的以"能源金属"为创新点、切入点和产业发展新起点的"资源基地"，其主要工作内容包括：1：5万综合地质调查、特殊地貌区矿产地质遥感调查、典型矿床解剖与稀有金属赋存状态研究、能源金属专项调查与锂同位素填图、锂同位素分析测试技术方法创新、矿区及外围新兴产业相关高铝材料高纯石英资源综合地质调查、稀有金属矿产资源高效利用综合评价、环境地质调查评价以及资源开发利用的产业规划与新兴产业布局规划等。

在甲基卡这样的特殊地貌区开展矿产地质的遥感调查，对于青藏高原这样的大量消耗体力的地区、露头不好但或多或少又有出露的地区具有与众不同的意义。甲基卡工作区海拔4200m以上，变化于4200～4600m，地表普遍被第四系残坡积物和草地覆盖。第四系残坡积物以往也被认为是冰漂砾。另外，该地区属于雷击区，气候恶劣，秋冬季节长，有效工作时间短。因此，如何提高工作效率，又不漏掉重要的矿化信息，如何合理部署地质勘查工程（乃至于今后的地质采矿工程）又不破坏生态环境，如何区别冰漂砾（及其他第四系残坡积物）与矿化露头，等等，都需要高新技术作为支撑手段，尤其是迫切需要新的宏观地质调查与深部探测的技术方法来取代传统的槽探等方法，宏观地质调查侧重于航空遥感技术，包括空中雷达和地面雷达技术的结合，在甲基卡一带开展实验，争取通过地质与技术的密切结合，达到既保护环境、提高工作效率又能发现异常、查证异常的目标。工作重点是在常规多种遥感技术手段的基础上，针对不同地质问题，采用新资料和不同比例尺的资料，在高分辨率遥感解译成果的支撑下，可采用"空中雷达+探地雷达+背包钻"的立体探测新技术组合，争取宏观控制矿化大格局，不漏掉2m以上的矿化异常点，为地面综合调查和重点异常的查证聚焦目标，提高工作效率，指明方向。

对于锂同位素的专门调查，主要包括三方面内容：①对矿区二云母花岗岩、伟晶岩、细晶岩、片岩等不同岩石类型进行全岩锂同位素研究，探讨岩石形成机理和不同岩石之间的锂同位素分馏机制；②通过系统采集不同钻孔和地表（以钻孔为主）的锂辉石和电气石分别进行锂和硼同位素研究，探讨成矿流体来源、演化轨迹及其探寻流体活动中心，为找矿勘探工作部署提供理论依据；③与同位素专项地质填图和综合调查工作一起，完成锂同位素样品的系统分析测试，为地质填图提供技术服务，为锂辉石大型能源金属基地的综合调查评价以及今后的合理、高效、绿色的开发利用提供科学依据。当然，锂同位素的专项调查与分析测试技术的创新是密不可分的，在解决技术问题的前提下，以新能源金属综合调查为"绿色高起点"，摸索出一套全新的同位素地质调查方法，为新能源金属矿产资源的调查评价提供试点示范，也是完全可能的。

对于大型矿产资源基地综合评价与高效利用的研究，也是甲基卡大型能源金属基地调查评价过程中必不可少的环节。甲基卡地区拥有丰富的矿产资源，以稀有金属为主，共伴生有钨锡等有色金属和红柱石等高铝材料类非金属以及电气石、高纯石英等与新兴产业密切相关的非金属矿物原料，但其资源量究竟多大，如何开发利用，如何引导新兴产业的发展，却是需要充分调查研究的。有些矿产地如果只回收锂辉石而没有回收长石、石英等非金属，会产生巨大的尾矿坝，不但容易产生环境问题还要占据草场；有的矿产地在采矿时需要"揭盖"，其顶板围岩如果到处散放乱堆，同样占据草场，容易引起纠纷，不利于社会和谐发展；而围岩中的高铝材料矿物原料如果能回收利用，则不但可以形成资源产业、产生经济效益，而且可以减少环境污染（包括物理污染、化学污染）问题。为了高效利用综合评价，根据国家规定和《中国制造 2025》的精神，本次高效利用综合评价，旨在综合调查的基础上开展评价工作，以"无尾矿"、生态环境负面效应最小为最终方向，回过头来再制订矿产品的开发利用方案，为合理、高效、绿色地开发甲基卡这一锂矿资源奠定基础。对于环境地质的调查评价，在以往的同类工作或者一般性的找矿工作中并非必不可少，但对于大型矿产资源基地的调查评价来说是至关重要的。

青藏高原东部是生态脆弱地区，甲基卡一带又是少数民族（主要是藏族）世代游牧的草场分布区，局部地块也设立有生态保护区。如何取得既要"金山银山"又要"绿水青山"的双赢效果，就必须开展环境地质的调查评价。甲基卡地区以锂为主，与铜铅锌等亲硫元素及镉、铬等环境敏感度高的元素富集区不同，其在水体、土壤、植被乃至于动物体内的含量要求，目前所知甚少，环境承受力也没有先例可循，但从含锂矿泉水、心脏起搏器采用锂电池等常识看，锂也并非不利于人体。甲基卡一带尾矿区水体中野鸭群集、怡然自得的客观现象，也说明锂辉石矿山开采的环境问题不是不可解决的。下一步的环境现状调查将根据甲基卡的特点，结合环境要素影响评价的工作等级，确定各环境要素的现状调查范围，并筛选出应调查的有关参数。拟采取的调查方法包括搜集资料法、现场调查法和遥感调查法三种，主要内容包括自然环境调查和社会环境调查两大部分。其中，自然环境调查的主要内容包括矿区所在的地理位置、地质、地形地貌、气候与气象、地表水环境、地下水环境、大气环境、土壤与水土流失、动植物与生态等。社会环境调查的主要内容包括甲基卡一带社会经济、文物与"珍贵"景观、人群健康状况等。对已采矿区拟开展污染源调查，以了解环境污染现状并预测污染的发展趋势。在调查时要将污染源、环境、生态和人体健康作为一个系统进行整体考虑，搞清楚污染物的物理化学特征、污染物进入环境的途径、迁移转化规律以及是否对人体健康造成影响等方面的问题。

对于锂资源开发利用的产业规划与新兴产业布局的规划，具有非常重要的现实和战略意义。甲基卡是我国最重要的伟晶岩型锂辉石资源基地，但川西还有扎乌龙、可尔因等重要的类型相似的矿集区，也有望成为同类型的资源基地。是一哄而上，还是有序地调查评价与开发利用，这就需要科学规划。在综合调查的基础上，通过摸清资源家底，查明不同类型矿产资源的空间分布规律，明确甲基卡地区以锂为主各类矿产资源综合开发利用的方向，变资源优势为经济优势，同时又能在保护环境的前提下引领新兴产业的发展，实现民族地区经济跨越式发展和可持续发展，是锂资源开发利用的产业规划与新兴产业布局规划的基本思路和根本要求。但如何科学谋划、统筹兼顾、合理部署，就需要专门调查研究，一方面掌握国内外发展的大趋势，一方面查明甲基卡大型锂多金属矿业基地的资源家底，再一方面还需要掌握国家政策和区域经济发展（包括生态发展和引领新兴产业发展）等方方面面的综合要素，了解现有锂矿山企业的生产状况、存在问题和发展瓶颈，提出对策和措施。

第七节　大型资源基地评价过程中应注意的问题

对于大型矿产资源基地的调查评价，所面临的社会、经济、环境等方面的问题远比一般性矿产地质调查复杂，需要通盘考虑，全面分析，合理布局，其战略意义是显而易见的。目前看来，甲基卡地区通过合理勘查，查明资源家底，以点带面，带动整个川西地区锂资源的整装勘查和高端开发，将资源优势转化为经济优势、社会优势、实现少数民族地区跨越式发展，是十分可能的。但是，如何实现甲基卡锂资源的社会、经济等不同层面上的效益最大化，同时又要保护环境、树立起绿色生态矿业发展的新样板，就需要各方面共同努力。为此，围绕甲基卡大型锂矿资源基地的综合调查评价，还需要注意以下五方面问题。

一、战略定位问题

需要从新的角度深入认识锂资源的重要性。除了考虑锂在冶金化工、医药卫生等传统领域的使用价值之外，一定要把锂在金属能源领域的新用途考虑得十分周全，其经济价值也具有天壤之别。常规锂金属 60.5 万元/t（上海小金属市场价，2019 年 11 月 8 日），但用作能源金属的话，其价值是 1g 相当于 3.4t 标准煤，而每吨标准煤的价格至少 500 元。因此，常规金属锂和能源金属锂的潜在价值要相差数百倍。因此，锂矿产品方案的设计是头等大事，也是决定矿产资源调查评价的重要依据。

二、资源家底问题

需要站在全球角度重新认识川西锂资源的战略地位。目前来看，川西重点是甲基卡，其锂资源占有全球锂资源的百分比到底多大，其资源总量究竟是多少，也是决定今后开发利用决策的关键。大矿大开还是大矿小开，需要统筹部署。

三、技术创新问题

甲基卡一带处于海拔 4200m 以上的高原地区，地表普遍覆盖有第四系残坡积物和草地。气候寒冷，有效工作时间短。为了提高工作效率又不破坏生态环境，迫切需要新的地质调查与深部探测的技术方法来取代传统的槽探等方法。目前正在采用探地雷达、背包钻、高分辨率遥感等新技术在甲基卡一带开展试验，争取通过地质与技术的密切结合，达到既保护环境、提高工作效率，又能发现异常、查证异常的目的。

四、环境保护问题

甲基卡地区处于高原草场和湿地保护区，矿业开发多多少少会对环境产生影响。这就需要全面评估，争取矿业开发与环境保护双赢。实际上，当地牧民仍然处于游牧状态，过度放牧也造成了草场的承载压力过大。通过规范化的矿业开发，变游牧为定居并保护草场、变漫山遍野的采矿为定点采矿、变单一矿山采矿为综合开发，是可以最大限度地利用自然资源而把对生态环境的不利影响降低到最低程度的。

五、社会发展问题

尽管甲基卡一带拥有丰富的矿产资源，也有矿山企业建厂生产，但当地牧民的经济条件、生活水平乃至于文化程度亟待得到根本性的改变。通过现代化的矿业规划，除了锂矿山的采矿之外还要带动整个产业链的发展，加强基础设施建设，转移部分劳动力，从而根本性地改变农牧民的生活水平和受教育程度，不但是社会发展的必然趋势也是解决当地经济问题的重要途径。

综上所述，大型能源金属矿产资源基地的调查评价，具有不同于一般性矿产调查、不同于危机矿山资源接替、不同于整装勘查的目标任务、基本原则、立项依据、技术路线和工作内容，更加强调国家目标、战略意义、创新驱动、环境评价、综合利用和统筹规划。甲基卡大型锂矿资源基地综合调查，不但要调查地质情况、资源情况、开发利用情况、社会经济情况、生态环境情况，还需要调查新兴产业发展的趋势及其区域经济发展情况，尤其是需要从能源金属的新角度来调查。锂资源作为 21 世纪能源金属，对于引领新兴产业发展、对于高起点绿色发展、对于经济欠发达的高原地区跨越式发展，具有十分重要的现实意义和战略意义。在我国三稀资源战略调查工作的基础上，已经在甲基卡外围的东北部取得了初步的找矿突破，通过川西甲基卡大型锂矿资源基地综合调查评价，有助于实现地质找矿的快速突破，为国家找到一个超大型规模以上的锂辉石资源基地，为建设国家级乃至于世界级锂矿基地提供资源保障，并以锂资源现代化开发引领新兴产业的发展，也有助于促进地方经济的跨越式发展。

第三章　甲基卡大型锂资源基地的成矿规律与成矿预测

第一节　典型矿床地质特征

一、甲基卡矿床

甲基卡稀有金属矿床在大地构造背景上位于青藏高原东南缘，定位于松潘–甘孜造山带中部的雅江被动陆缘中央褶皱–推覆带中段的雅江构造–岩浆穹状变质体群内。地理位置上，它位于四川省康定、雅江、道孚三县（市）的交界处（地理坐标101°15′49.67″E，30°17′28.67″N），东距成都（直距）270km，至川藏公路有36km简易公路相连。海拔4300~4500m，属于大陆性高原气候区。

截至20世纪80年代，该矿田内已发现含锂、铍、铌、钽的伟晶岩矿脉共计114条，其中锂矿脉78条、铍矿脉18条、铌钽矿脉18条。我国三稀资源战略调查计划项目启动以来（王登红等，2013b），在该矿田取得了新的找矿突破——发现新三号脉（X03），新增资源储量超100万t，使得矿田查明的Li_2O资源储量超过200万t（唐国凡和吴盛先，1984；王登红等，2017c；付小方等，2015），位居世界级伟晶岩型锂多金属矿田前列。整个矿区共探明的氧化锂储量居中国第一，为超大型花岗伟晶岩型稀有金属矿床，共生的氧化铍储量也达到大型矿床规模。因此，甲基卡花岗伟晶岩型锂矿田规模大（超大型）、共伴生矿产多（Be、Nb、Ta、Rb、Cs、Sn），经济价值大，埋藏浅，开采技术条件佳，选矿性能好，是川西锂矿床的典型代表，也是中国乃至世界上规模最大的花岗伟晶岩型锂矿富集区，是研究伟晶岩型锂矿床的理想对象（王登红等，2016a）。甲基卡花岗伟晶岩的研究不仅对丰富伟晶岩的成矿理论具有重要意义，对丰富伟晶岩的找矿认识也具有重要的现实意义。

（一）成矿地质背景

甲基卡稀有金属矿床地处青藏高原东南缘的松潘–甘孜造山带内，属北巴颜喀拉–马尔康成矿带。区域内出露三叠系西康群砂页岩，经区域变质和接触变质作用而形成黑云母石英片岩、二云母石英片岩和红柱石、十字石石英片岩等中浅变质岩系。矿床处于雅江弧形构造带内侧，外围扭动构造十分发育。在甲基卡、容须卡之间弧形构造的异化实体——帚状构造，形成于特殊的应力场环境，也对矿床构造形态的形成和岩浆活动的发生具有一定的控制作用。

区域上发育有中基性岩—闪长岩（石英闪长岩）—黑云母花岗岩（花岗闪长岩）—二云母花岗岩，构成较完整的岩浆旋回（唐国凡和吴盛先，1984）。

矿床内出露的地层主要为上三叠统，由泥岩、粉砂岩及砂岩等经区域变质作用形成的十字石片岩及红柱石十字石片岩等中浅变质岩系组成，由老到新可分为侏倭组（T_2zw）和新都桥组（T_2xd）（图3.1），其他为第四系覆盖，分述如下。

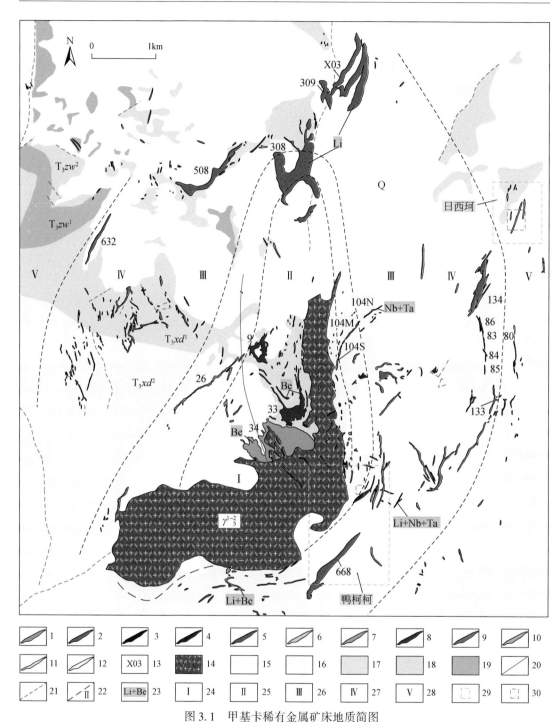

图 3.1　甲基卡稀有金属矿床地质简图

资料来源：据唐国凡和吴盛先，1984；王登红等，2017a，2017b 修改。

1-Nb-Tb 矿化伟晶岩；2-Nb-Tb 工业品位伟晶岩；3-Li-Nb-Ta 矿化伟晶岩；4-Li 矿化伟晶岩；5-Li 工业品位伟晶岩；6-Li-Be 矿化伟晶岩；7-Be 矿化伟晶岩；8-Be 工业品位伟晶岩；9-Be-Nb-Ta 矿化伟晶岩；10-无矿化伟晶岩；11-花岗细晶岩；12-石英脉；13-伟晶岩编号；14-二云母花岗岩；15-第四系；16-上三叠统新都桥组上段（T_3xd^2）；17-上三叠统新都桥组下段（T_3xd^1）；18-上三叠统侏倭组上段（T_3zw^2）；19-上三叠统侏倭组下段（T_3zw^1）；20-实测断层；21-推测断层；22-伟晶岩分带及编号；23-矿化类型；24-微斜长石伟晶岩带；25-微斜长石 - 钠长石伟晶岩带；26-钠长石伟晶岩带；27-锂辉石伟晶岩带；28-锂云母（白云母）伟晶岩带；29-本项目工作区；30-钻孔布设区域。其中新三号脉为隐伏矿体形态在平面中投影

侏倭组主要分布于矿区的北西部，有少量含稀有金属伟晶岩脉赋存其中，根据原岩岩性特征可分为两个岩性段，上段（T_3zw^2）以含泥质粉砂岩为主，下段（T_3zw^1）以钙质细砂岩为主。

新都桥组主要分布于矿区的中南部，北部也可见，是区内分布面积最广的地层，也是稀有金属矿化伟晶岩脉最主要的赋矿围岩。根据原岩岩性特征可分为两个岩性段，其中上段（T_3xd^2）以深灰色薄层状泥质粉砂岩与粉砂质泥岩互层为主，夹少量灰白色薄层粉砂岩，下段（T_3xd^1）以深灰色薄层状泥质粉砂岩与粉砂质泥岩为主。

甲基卡矿床内第四系大量覆盖，尤其是在矿区北东部，主要见有坡积物、残积物、沼泽堆积物等，厚度一般在 2~10m。值得一提的是，对第四系残积物、残坡积物中的含锂辉石矿化伟晶岩转石及周围堇青石化片岩、电气石化片岩转石的追索，对进一步在矿区内寻找隐伏含矿伟晶岩脉具有重要指示意义。

印支期含锂二云母花岗岩沿甲基卡短轴背斜侵入，围绕花岗岩内、外接触带派生出一系列不同矿化类型的花岗伟晶岩脉（图 3.1），其中已发现含 Li、Be、Nb、Ta 伟晶岩矿脉近 120 条（王登红等，2005；郝雪峰等，2015；刘丽君等，2017b）。伟晶岩脉多产于花岗岩体顶部内外接触带，其中绝大部分在变质岩内，部分产于内接触带中（唐国凡和吴盛先，1984）。伟晶岩的类型（主要根据伟晶岩中造岩矿物划分）发生规律性的变化，呈现出微斜长石伟晶岩带（Ⅰ）→微斜长石钠长石伟晶岩带（Ⅱ）→钠长石伟晶岩带（Ⅲ）→锂辉石伟晶岩带（Ⅳ）→锂（白）云母伟晶岩带（Ⅴ）的分带性（唐国凡和吴盛先，1984；王登红等，2017c）。

甲基卡矿区以甲基卡背斜为主体，形成一复式背斜，成为南北向构造的骨干。F_{20}、F_{26}、F_{28}等断层亦为南北向构造的重要成员。甲基卡背斜轴、F_{20}及F_{29}断层直接控制二云母花岗岩体的侵位及运移，属控岩构造。背斜轴附近发育的纵向张裂带（剥离裂隙），以及两翼发育的共轭性扭裂群，控制着伟晶岩脉的产出，是主要的控脉构造。矿区南缘及东西两侧出现的东西向、北东向断裂或褶皱，则为弧形构造带的固有形迹（图 3.2）。

成脉前及成脉期各类节理裂隙系为矿区的控脉构造，以北东、北西向 X 形陡倾剪裂隙最重要。具体控脉、控矿形式为：二云母花岗岩体内部以冷缩性质的陡倾纵、横裂隙为主，控制Ⅰ类型伟晶岩的产出，如 49 号、50 号等脉；近岩体外接触带缓倾的层间剥离裂隙，控制Ⅱ类型伟晶岩脉的产出，如中矿段 9 号、33 号等脉；远接触带以 X 形陡倾剪裂隙为主，控制Ⅳ、Ⅴ类型伟晶岩的产出，是最重要的锂矿脉、铌钽矿脉控矿构造，以西矿段 594 号脉，东矿段 154 号、155 号等脉为典型代表；北矿段 308 号、309 号等脉受 F_{20} 纵张断裂控制，以脉体规模大为特征。

研究区位于雅江弧形构造岩片之上，在松潘-甘孜造山带后期的伸展作用下，出现了以上升的深熔花岗岩体为中心、上隆所形成的浅层次"热隆"伸展构造——雅江热隆田（许志琴等，1992），导致区内主要构造痕迹以穹隆为特征，并形成容须卡、甲基卡穹隆。受喜马拉雅期鲜水河断裂的影响，区内其他主要断裂构造痕迹以北西向为主。

（二）花岗岩体及伟晶岩地质特征

矿区出露的岩浆岩以二云母花岗岩株为主体，与成矿作用关系密切。岩体位于矿区中部偏南，侵位于甲基卡背斜轴部南段近倾没端，出露面积 5.3km²，在平面上呈一镰刀状。

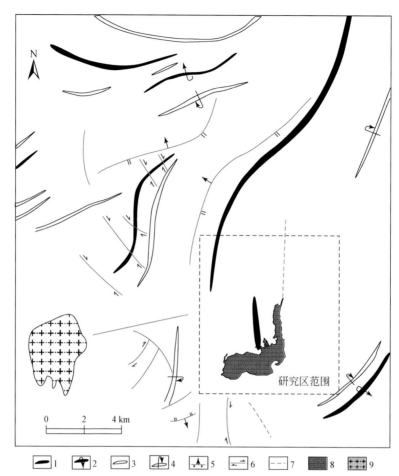

图 3.2　甲基卡矿区及外围构造示意图

资料来源：据唐国凡和吴盛先，1984。

1-背斜；2-倒转背斜；3-向斜；4-倒转向斜；5-逆断层；6-平移断层；7-性质不明断层；
8-二云母花岗岩；9-石英闪长岩

岩枝长 2.5km，宽 0.3km，形如舌状，呈北东向延伸（唐国凡和吴盛先，1984），常称为
"马颈子岩体"。

马颈子岩体侵位于上三叠统侏倭组（T_3zw）、新都桥组（T_3xd）中，侵入接触面多与
围岩倾向一致。岩体与围岩的接触界线明显，接触面一般为波状起伏。外接触带常发生强
烈的变质蚀变作用，内接触带则可见云英岩化并具细粒冷凝边结构。在岩体的内外接触带
中，伟晶岩脉和石英脉大量发育。马颈子岩体内部节理发育［图 3.3（a）~（d）］，由于
地处高寒地区，常呈现岩臼地貌［图 3.3（d）］。在主岩体的顶部，可见伟晶岩出露于岩
体之上而形成伟晶岩壳，局部见伟晶岩脉及石英脉贯入，宽度较窄，多小于 30cm［图 3.3
（a）、（b）、（e）、（f）］。岩体顶部见围岩捕虏体，多被同化、改造［图 3.3（a）］。

马颈子岩体野外及手标本下呈灰白色，局部呈肉红色，细粒（少见中粒）花岗结构、
显微文象结构，块状构造、平行构造。手标本中，矿物粒度多在 1mm 以下，个别微斜长
石达 2cm，形成斑晶。云母及电气石常呈定向排列，形成流面或流线构造。

图 3.3　甲基卡矿区中马颈子花岗岩岩体地质特征

甲基卡矿区中不同伟晶岩脉的产出特征和物质成分基本一致（唐国凡和吴盛先，1984）。区域上看，伟晶岩脉的分布与马颈子花岗岩岩体关系密切，水平及垂直方向上大致呈离心式带状分布（图 3.1），同时与矿区二级渐进变质带具同步演化之势。

甲基卡矿区中的稀有金属矿床主要属于花岗伟晶岩类型。

全矿区工业矿脉 114 条，其中锂矿脉 78 条、铍矿脉 18 条、铌钽矿脉 18 条。伟晶岩总矿化率为 23%，其中Ⅳ类型伟晶岩最高，达 76.8%；其次是Ⅴ类型，为 16.6%；Ⅰ~Ⅲ类型很低，<10%。

伟晶岩脉的形态和产状受成岩前及成岩期构造裂隙控制。单脉形态以脉状为主，占 84%，次为透镜状，占 7.6%，少量串珠状、岩盘状、岩盆状、团块状、蘑菇状等（图 3.4）。一般高类型形态单一，以脉状为主，如Ⅳ、Ⅴ类型；低类型形态较多样。伟晶岩属贯入形成，主脉四周常有较多根须状小支脉存在。

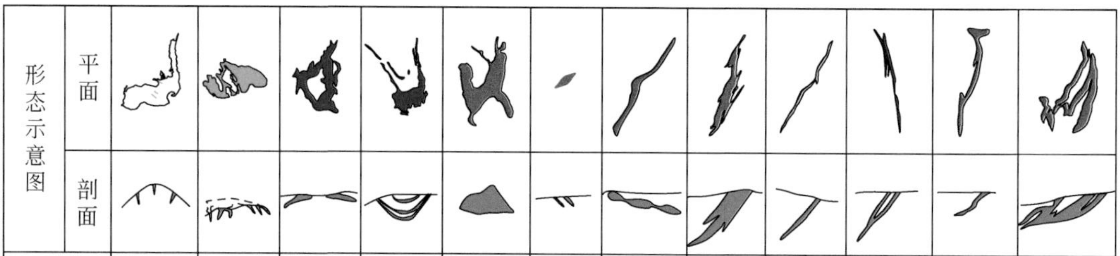

形态示意图	平面												
	剖面												
形态类型		脉状、团块状	蘑菇状	岩盘状	岩盆状	岩株状(?)	透镜状	串珠状	分支脉状	规则脉状	交叉脉状	不规则脉状	脉状分支复合
控脉构造		冷缩裂隙	层间及网状组合裂隙	小背斜	小向斜	断裂(?)	层间裂隙	层间裂隙	多字形裂隙	扭性裂隙	X形裂隙	扭、张性组合裂隙	剪张性裂隙
脉号		50等	34	9	33	308	106	104(北)	134	151	861	528	X03
长厚比		20~100	11	25	13	2.5	4.5	31	10~40	23~47	30~52	47~230	10.4~15.8
岩脉类型		I	I近II	II近III	II	I、II为主	III	III近IV	IV	IV	IV近V	V	III近IV
矿化类型		无矿	Be	Be	Be	Li	Li	Nb,Ta	Li	Li	Nb,Ta	Nb,Ta	Li
距母岩距离/km		母岩内部	0	0.6	0.1~0.6	0.5~1	0.6	0.5~0.7	1.8	1.9	2.0	2.2	3.0

图3.4 甲基卡矿区代表性伟晶岩脉特征

本区伟晶岩矿床的矿体产出形态及规模随矿床类型而不同。一般细晶类型矿化较均匀、连续，基本全脉矿化，故矿体形态、产状、规模和脉体近于一致。伟晶岩类型则矿化不均一，其中含粗晶锂辉石和绿柱石的锂、铍矿体形态变化较大，受结构带和脉体形态制约，呈透镜状、串珠状及巢状产出，规模显著小于伟晶岩脉体。矿区范围内，锂矿体规模最大，一般长100~300m，最长987m，延深35~370m，厚3~21m，最厚约100m。铌钽矿体长52~400m，延深35~400m，厚1~7m。铍矿体长75~400m，厚1.4~4.8m。

伟晶岩脉产状变化较大，以陡倾为主。随产出部位及岩脉类型呈有规律的变化：岩体内以产于冷缩性质的纵、横裂隙为主，产状陡，多为I类型；接触面及近岩体外接触带产于张性剥离裂隙及层状裂隙较多，产状缓，多为II、III类型；远接触带以产于受改造的剪裂隙为主，产状陡，多为IV、V类型。

伟晶岩的规模相差悬殊，以中小型为主，少量规模很大。矿脉一般长100~500m，最长1450m；厚一般1~10m，最厚630m；延深一般50~300m，最深500m以上，地表出露面积以308号伟晶岩脉最大，约0.5km²，而矿体规模较小，锂矿脉以134号伟晶岩脉出露最大，岩脉类型不同，其规模亦有差别，长厚比呈现有规律的变化：一般I、II类型规模较大，长厚比小；IV类型规模中等；V类型规模小，长厚比大。

伟晶岩空间分布与母岩关系密切，水平及垂直方向上大致呈离心式带状分布。I类型伟晶岩主要产于二云母花岗岩体内，其余类型伟晶岩依次产于外接触带中。矿区内不同类型伟晶岩距花岗岩体的距离具如下特征：I类<0.2km，II类<0.7km，III类0.2~1.4km，IV类0.5~2.6km，V类1.2~3.0km。矿床类型也呈现带状分布。由于受花岗岩体产状及剥蚀等因素影响，带状分布具不对称特点。

带状构造是伟晶岩的特点之一。脉内一定结构的矿物共生组合体，称为结构带。根据矿物共生组合及岩石结构，甲基卡矿区的伟晶岩可归纳为 12 个结构带（表 3.1）。部分带根据主要矿物粒度还可做进一步的划分。

表 3.1　甲基卡矿区伟晶岩脉内部结构分带简要特征

带名及编号	产出特征	主要矿物含量/%	次要矿物	矿化
粒状微斜长石带（1）	Ⅰ类型边缘、外侧，常边续呈带	石英：20~35 微斜长石：40~60	白云母、钠长石（更长石）、黑电气石	偶见绿柱石
文象带（2）	Ⅰ、Ⅱ类型内部，常近 1、3 带，多呈不规则状	石英：20~35 微斜长石：50~70	白云母、钠长石	偶见绿柱石
块体微斜长石带（3）	Ⅰ、Ⅱ类型内部、轴心，带状、透镜状	石英：<20 微斜长石：70~90	白云母、钠长石	近 12 带常见绿柱石、铌铁矿、宜手选
白云母带（4）	3 带内部、边缘，多巢状、似脉状	石英：20~50 白云母：30~60	微斜长石、钠长石	绿柱石、（钽）铌铁矿
微斜长石钠长石带（5）	Ⅱ类型标型带，常在外侧、内部呈带分布	石英：20~35 微斜长石：20~40 钠长石：20~40	白云母	工业含矿带，产绿柱石、（钽）铌铁矿，部分可手选
钠长石带（6）	Ⅲ类型标型带，常内部呈带，部分Ⅳ、Ⅴ类型外侧呈带	石英：30~40 钠长石：40~60	白云母、微斜长石（锂辉石）	见 Li、Be、Nb、Ta、Sn 矿化，常因规模小，价值不大
石英锂辉石带（7）	Ⅳ类型轴心，多断续带，部分以分异挤压脉出现	石英：20~50 锂辉石：10~40 微斜长石：<40	钠长石、白云母	工业含矿带，产锂辉石，部分可手选
钠长石锂辉石带（8）	Ⅳ类型标型带，常在 6 带之内，广泛分布于内部、轴心	石英：25~40 钠长石：25~45 锂辉石：10~30	微斜长石、白云母	主要工业含矿带，产锂辉石、绿柱石、钽铌铁矿，宜机选
钠长石白云母带（9）	Ⅴa 类型标型带，常位于 11 带之内，呈带状分布	石英：30~40 钠长石：30~50 白云母：10~20	微斜长石（锂辉石）	工业含矿带，产铌钽铁矿、锡石、绿柱石，宜机选
钠长石锂云母带（10）	Ⅴb 类型标型带，常呈巢状、带状产于内部、轴心	石英：30~40 钠长石：30~50 锂云母：5~25	微斜长石、白云母、彩色电气石（锂辉石）	见 Li、Be、Nb、Ta、Sn 矿化，常因规模小，价值不大
云英岩带（11）	近变质围岩常呈脉壁带，部分沿裂隙发育	石英：50~70 白云母：20~40	钠长石	锡石、铌钽铁矿、绿柱石
块体石英带（12）	分异完全脉的轴心、上部常见，多透镜状，团块状	石英：>90	白云母、钠长石、微斜长石	近 3 带常见绿柱石

注：在唐国凡和吴盛先（1984）基础上修改补充。通常将 1、2、3 带统称为微斜长石带。

不同结构带内化学成分变化较大，以稀碱组分最明显（表 3.2），表现为边缘外侧带 Ca、Mg（Fe、Ti）、K 较高，至内部带 Na、Li（Mn）及稀有、挥发组分较高，暗色组分较低。

总体而言，甲基卡各类伟晶岩中内部结构较为复杂，但单脉的带状构造并不发育。一条伟晶岩脉常由 3~5 个带组成（图 3.5），具完整环带的全分异岩脉尚未出现。

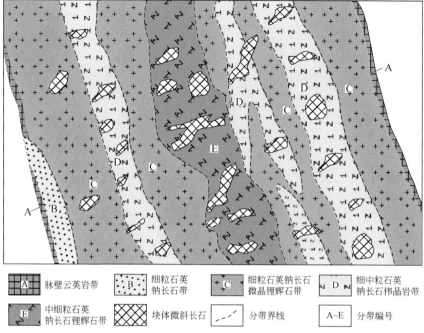

图3.5 甲基卡矿区伟晶岩内部结构分带示意图

资料来源：据唐国凡和吴盛先，1984 修改

在水平（走向）上，甲基卡伟晶岩分带表现为近花岗岩岩体端早期带发育，形成低类型（低位，似层状）伟晶岩，至远离岩体端晚期带发育，形成高类型（高位，切层状）伟晶岩，以 104 号和 308 号伟晶岩脉为代表。垂向上，伟晶岩带往深部变化与轴心往脉壁的变化基本一致，一般表现为：

（1）低类型脉底部微斜长石带发育，顶部钠长石带发育，如 33 号和 308 号伟晶岩脉；

（2）高类型伟晶岩脉底部钠长石带发育，顶部钠长石锂辉石带发育，以 668 号伟晶岩脉为代表，如图 3.6 所示；

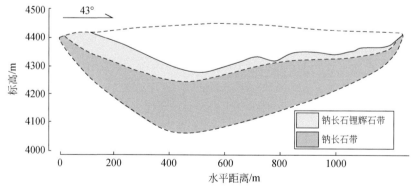

图3.6 甲基卡矿区 668 号伟晶岩脉垂向分带示意图

资料来源：据唐国凡和吴盛先，1984 修改

（3）钠长石锂云母带及钠长石白云母带常在伟晶岩脉的顶部及中部发育，以 308 号及 134 号伟晶岩脉为代表。

甲基卡不同类型伟晶岩的标型结构带及带的共生系列如表 3.2 所示。

伴随构造岩浆活动的发展，甲基卡矿区内的三叠系经受了印支旋回中、浅程度的变质作用，具多期次、多类型、多相叠加的特点，形成了多级别的变质带组合类型。

表 3.2　甲基卡矿区各类伟晶岩结构带发育程度

结构带名称	编号	伟晶岩类型					
		微斜长石型（Ⅰ）	微斜长石钠长石型（Ⅱ）	钠长石型（Ⅲ）	锂辉石型（Ⅳ）	白云母亚型（Ｖa）	锂云母亚型（Ｖb）
粒状微斜长石带	1	◁▷					
文象带	2	- - - - -					
块体微斜长石带	3		◁▷ - - - - -				
白云母带	4	- - - - -					
微斜长石钠长石带	5	- -	◁▷	- - - - - - - - - - -			
钠长石带	6			◁▷			
石英锂辉石带	7						
钠长石锂辉石带	8				◁▷		
钠长石白云母带	9				- - -	◁▷	- - -
钠长石锂云母带	10						◁▷
云英岩带	11						
块体石英带	12	- -					

注：◁▷ 主要标型的；—— 次要少量的；- - - - - 偶见个别的。

资料来源：唐国凡和吴盛先，1984。

最早发生的是同构造早期的变质作用。在印支旋回期间，区内地层普遍发生区域浅变质作用，仅达到绿片岩相程度，形成了区域性一级绢云母绿泥石型变质带。伴随二云母花岗岩等岩体的侵入，同构造晚期第一阶段的变质作用发生，大致围绕岩体形成了二级接触变质圈（带），达低压型角闪岩相程度，部分属绿帘角闪岩相，以红柱石十字石型变质带为代表，生成了各类片岩及少量角岩。继之，大量伟晶岩脉贯入、固结，出现属同构造晚期第二阶段的近脉接触变质及气热蚀变。在脉体四周形成了第三级董青石电气石变质蚀变带（晕），以气热作用为主，明显叠加并切割了第一阶段的渐进变质带，部分具蜕化变质现象。各阶段变质作用简要特征如表 3.3 所示。

表 3.3　甲基卡矿区变质作用特征简表

变质作用分期	同构造早期	同构造晚期	
		第一阶段	第二阶段
变质作用类型	区域（动力）变质	接触变质	近脉接触变质及气热蚀变
主要变质因素	低温、静压、应力	中温、低压	高温、中温、流体
变质相	绿片岩相	角闪岩相	（接触变质）
变质带组合类型及级别	绢云母绿泥石型（一级）	红柱石、十字石型（二级）	董青石电气石型（三级）
典型变质矿物	绢云母、绿泥石	黑云母、红柱石、十字石及少量石榴子石、透辉石、夕线石	董青石、电气石

续表

变质作用分期	同构造早期	同构造晚期	
		第一阶段	第二阶段
主要变质岩	板岩、千枚岩、变砂岩	黑云母片岩、红柱石片岩、十字石片岩、变粒岩、透辉石角岩	董青石片岩、电气石片岩
相关的岩浆活动	早期有中基性岩脉侵入（局部有喷出）	二云母花岗岩株侵入	大量伟晶岩脉及石英脉生成

　　甲基卡稀有金属矿床与同构造早期区域浅变质作用无直接关系，而同构造晚期生成的变质带与二云母花岗岩及各类型伟晶岩紧密共生，其中近脉蚀变带是岩（矿）脉热流体对围岩直接作用的结果，绕脉体呈环带状分布，与矿化关系最为密切。

　　按标型矿物初次出现、变质矿物组合及岩石结构构造，将矿区内主要的二级变质圈分为五个渐进变质带（图3.7）。由岩体向外，依次分布透辉石带（Ⅰ）、十字石带（Ⅱ）、

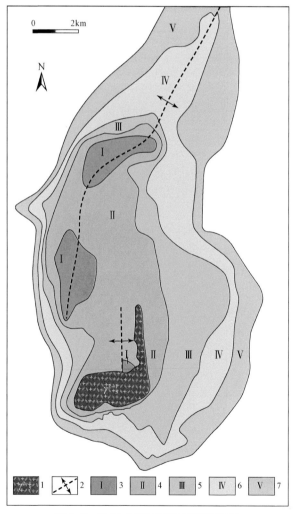

图3.7　甲基卡矿区变质相带示意图

资料来源：据唐国凡和吴盛先，1984修改。

1-二云母花岗岩；2-推测背斜轴线；3-透辉石带；4-十字石带；5-红柱石十字石带；6-红柱石带；7-黑云母带

红柱石十字石带（Ⅲ）、红柱石带（Ⅳ）和黑云母带（Ⅴ），形成较完整的向心式渐进变质带序列，主要由三叠系泥岩、粉砂岩及砂岩经变质作用形成（图3.8，图3.9）。各类变质岩的主要特征如表3.4所示。

图3.8 甲基卡矿区代表性砂岩样品

图 3.9　甲基卡矿区代表性变质岩样品

（三）典型伟晶岩脉矿床地质特征

根据甲基卡矿区内伟晶岩脉的重要程度，并参考与马颈子二云母花岗岩岩体的空间位置关系及矿化类型，分别选取新三号（X03）、9 号、308 号、104 号和 134 号伟晶岩脉，对其地质特征进行了调查研究，对其甲基卡矿区中伟晶岩脉地质特征进行了简要总结，分述如下。

表3.4　甲基卡矿区各变质带标型矿物组合

标型矿物	接触变质作用(二级)					区域浅变质作用(一级)
	透辉石带(I)	十字石带(II)	红柱石十字石带(III)	红柱石带(IV)	黑云母带(V)	绢云母绿泥石带
透辉石	——					
透闪石		—				
夕线石、蓝晶石	?- - -	- - -				
十字石		———	——			
红柱石		- - -	———	—		
石榴子石		- - - -				
黑云母	- - - -	- - - -	- - - -	- - - -	- - - -	
白云母		- - - -	- - - -	- - - -		
绿泥石				- - - -	- - - -	————
绢云母					————	————

资料来源：唐国凡和吴盛先，1984。

1. 新三号脉

2011年中国地质调查局"我国三稀资源战略调查"项目启动以来，项目承担单位中国地质科学院矿产资源研究所将甲基卡作为重要远景区部署了一系列工作，从战略调查到潜力评价再到找矿突破，历经3轮大调查项目；组织四川地质调查院一同在甲基卡矿区外围选定A、B、C三个靶区，通过地质填图、物化探测量和遥感解译，圈定了三条近南北走向的高阻异常带，根据零星的伟晶岩露头和残坡积物分布特点，配合少量浅钻，继而发现了多条新矿脉。其中，于2013年6~7月完成对甲基卡A区内新三号脉的第1期5个验证钻孔施工，总进尺545.35m，所有钻孔均见锂辉石矿化，141件样品的Li_2O含量为0.8%~2.81%（平均品位达1.61%），初步肯定了其工业价值（王登红和付小方，2013）。

新三号脉位于马颈子岩体北部，两者直线距离约3km，该矿脉规模大，而且埋藏浅，产状缓，可以露天开采，最具开发价值。脉体被第四系覆盖，局部可见零星露头。新三号脉主体为一隐伏矿体，位于甲基卡矿区的北部，平面上与二云母花岗岩体相距约3km（图3.10），构造上位于甲基卡构造-岩浆穹隆的北东缘。

矿脉近南北走向，倾向西，倾角25°~35°，长度大于1050m，平均厚度66.4m，最厚达110.17m（在03号勘探线）。矿体南、北两侧可继续延伸，尚待深部工程的进一步控制。矿体形态简单，总体呈似层状、透镜状、简单分支复合状（图3.11）。勘探资料显示，03号勘探线以北地段矿体呈单层状，03号勘探线南侧矿体呈似层状，各勘探线剖面形态相似，且较规则，底板起伏变化小（潘蒙，2015）；围岩为灰黑色十字石红柱石云

图 3.10　甲基卡矿区中新三号脉的地表露头

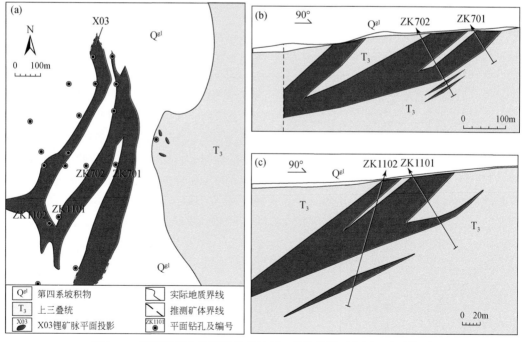

图 3.11　川西甲基卡外围新发现的新三号脉的平面和剖面地质简图

（a）平面投影简图；（b）新三号脉 7 号勘探线剖面简图，矿脉呈简单分支复合状；

（c）新三号脉 11 号勘探线剖面简图，矿脉呈简单分支复合状

母片岩，片理发育，片理面倾向东，说明矿脉切层产出。样品分析显示新三号脉全脉锂工业矿化，Li_2O 平均品位 1.51%，伴生矿产资源丰富，Be、Rb、Ta、Nb、Sn 等均达到综合利用的工业要求，计算得 BeO 资源量达 1.38 万 t，Nb_2O_5 含量为 0.38 万 t，Ta_2O_5 含量为 0.19 万 t，Rb_2O 含量为 4.18 万 t，Sn 含量为 0.48 万 t，Cs_2O 平均品位 152.12μg/g，最高达 383.8μg/g，为一超大型富锂的综合性稀有金属矿床。

前人研究认为新三号脉属于全脉锂工业矿化的花岗伟晶岩脉（付小方等，2015）。通过对典型钻孔 ZK1101 的编录，发现新三号脉与典型伟晶岩脉相比，总体粒度偏细小，以细晶状花岗质岩（矿物粒径小于 1mm）为主，仅局部可见花岗伟晶岩，矿石矿物锂辉石赋存其中。

根据岩性的不同，可将 ZK1101 揭露的地质体分为几个大层，岩心编录资料如下（图 3.12）。

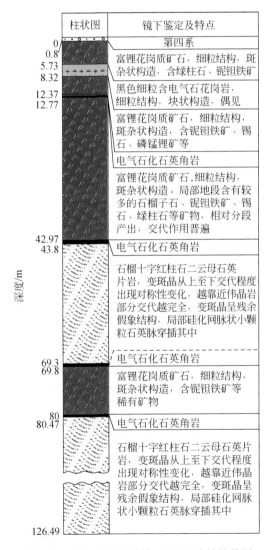

图 3.12　甲基卡新三号脉 ZK1101 岩性柱状图

第一层：0~0.8m 为第四系灰色残坡积物，由土黄色黏土、灰黑色云母片岩碎块及少量浅灰白色伟晶岩碎块组成。

第二层：0.8~42.97m 为花岗质脉岩，发育锂辉石矿化，为该钻孔可见的上矿层；该层上部 5.73~8.32m 为黑色细粒含电气石花岗岩，成分相对均匀，偶见含锂辉石小细脉穿切其中；12.37~12.77m 为夹石（电气石化石英角岩）。

第三层：42.97~69.8m 为灰黑色石榴十字红柱石二云母石英片岩，在其顶、底都叠加电气石化围岩蚀变。

第四层：69.8~80m 为花岗质脉岩，具锂辉石矿化，岩性大致上与上矿层相似，为该钻孔可见的下矿层。

第五层：80~126.49m 为灰黑色石榴十字红柱石二云母石英片岩，在其顶部即下矿层的底板附近具有电气石化围岩蚀变。

研究发现，伟晶岩地区常出现"伟晶岩–细晶岩组合"，如华南稀有金属花岗岩、广西栗木稀有金属花岗岩地区（王联魁等，1983，1997；朱金初等，1996）；国外常用"伟晶岩–细晶岩系统"（pegmatite-aplite system）一词来表明伟晶岩与细晶岩之间的紧密的共生关系。

为避免混淆，有必要对"伟晶岩"和"细晶岩"加以说明。从规范定义的角度看，伟晶岩一般指的是由粗粒甚至巨粒的各种类型矿物构成的脉状体及团块状体（邱家骧，1985）。至于什么样的粒度算粗粒或者巨粒，在不同的文献中有不同的规定，但一般以厘米为单位进行粒度的划分。例如，袁见齐等主编 1985 年出版的《矿床学》指出，巨晶结构（伟晶结构）是伟晶岩所特有的结构，常由云母、长石、石英及其他一些矿物的巨大晶体组成。这些矿物的晶体大小一般为 10cm 到 2m。邱家骧（1985）也将粒径>10cm 者称块状伟晶结构，将花岗岩粒径<0.5cm 者定为细粒，0.5~2cm 为中粒，2~10cm 为粗粒；但袁见齐等主编 1985 年出版的《矿床学》将 1~10cm 者归为粗粒结构和似文象结构，将 <1cm 者归为细粒结构。翟裕生等（2011）则将伟晶岩的粒度划分定为 0.5~2cm 为细粒，2~5cm 为中粒，5~15cm 为粗粒，块状体大于 15cm。这样，按照不同专家的定义，当伟晶岩的粒度出现细粒结构和中细粒结构时，其描述就容易出现冲突。本书采用新的粒度划分标准，统一界定新三号脉中的伟晶岩和细晶岩。

与伟晶岩对应的是细晶岩，一般指的是以细晶结构为特征、缺乏暗色矿物的浅色岩石，多呈脉岩产出。典型的细晶结构就是细粒他形粒状结构，粒度多小于 1mm。主要矿物为碱性长石和石英，暗色矿物含量极少，一般呈灰白色、浅黄色，大多产于深成岩体的裂隙及其附近围岩中，或见于侵入岩的边缘部分，多为岩浆杂岩体的晚期产物。在野外，为了便于与矿物颗粒粗大的"伟晶岩"加以区分，很多时候野外地质工作者将粒度小于 1mm 的且与伟晶岩对应的称为"细晶岩"，实则并不一定，准确来说只是"细晶"状（矿物粒度小于 1mm）而非"细晶岩"（不一定具有细晶岩典型的他形粒状结构），也有可能是细粒花岗岩（具有典型的花岗结构）。

岩心编录资料表明，矿脉中粒度大于 1cm 的伟晶岩仅在局部且相对靠矿层中间位置出现，主要赋矿岩石粒度以 1~2mm 为主，偏"细晶"粒度。与新疆可可托海 3 号脉的伟晶岩完全不同，甲基卡新三号矿脉中的主要富锂岩石以"细晶"状岩石为主。按照矿物组合，可将新三号脉中的岩石大致分为以下几种岩石类型。

（1）云英岩（带），发育在脉体的边部，为边缘相，宽度很窄，为2~5cm。矿物组成主要有石英和白云母，粒度小于1mm。

（2）深灰色含电气石花岗岩，花岗结构，块状构造，主要由钠长石、石英、电气石组成，粒度多为1~2mm，主要矿物成分为：①钠长石，细粒状、糖粒状，粒径1~3mm，含量约35%；②石英，烟灰色，粒状，粒径1~2mm，含量约40%；③电气石，黑色针状，长0.5~1.5cm，含量5%~10%。为早期产物，可见其被晚期含锂辉石小细脉穿切（图3.13）。

（3）锂矿石赋存在花岗质脉体中，脉石矿物组成主要有石英、微斜长石、钠长石，总体电气石含量较多，白云母含量较少，粒度从1mm尺度到5cm尺度均可见，伟晶型和细晶型都存在，可见不同结构单元之间的结晶交代关系。根据锂矿石之间的相互关系，可知锂矿石主要有两类，一类是早期以充填结晶成因为主的伟晶状锂矿石，具有不同粒度的结构单元；另一类是晚期以交代成因为主的细晶状锂矿石。

图3.13　甲基卡矿区新三号脉ZK1101细粒含电气石花岗岩手标本及显微照片

（a）花岗质脉岩中可见视厚度约2.59m的成分较为均匀的深灰色细粒含电气石花岗岩；（b）深灰色细粒含电气石花岗岩手标本；（c）深灰色细粒含电气石花岗岩的镜下显微照片。Ab-钠长石；Mc-微斜长石；Qtz-石英；Tur-电气石

甲基卡新三号脉的主要矿石矿物为锂辉石，偶见少量绿柱石、铌钽族矿物和锡石等稀有金属矿物；脉石矿物主要为石英、钠长石，少量微斜长石、白云母；副矿物有电气石和石榴子石，呈不均匀状产出在不同部位，局部含量高达10%。电气石和堇青石是具有找矿意义的脉石矿物。稀有金属矿化以锂为主，共、伴生铍、铌、钽、铷、铯、锡等稀有金属。矿体中稀有金属元素的赋存状态比较复杂，其中，锂主要赋存在锂辉石中，少量呈磷锂锰矿出现，少部分锂赋存在云母和电气石中；铷和铯主要以类质同象形式分散于白云母、石榴子石、微斜长石和钠长石等矿物中；铍主要赋存于绿柱石中；铌钽或呈独立矿物，或以类质同象方式赋存于白云母、锂辉石、钠长石等矿物晶格中（刘丽君，2015，2016）。

甲基卡新三号脉经钻孔ZK1101揭露的锂矿石，按照成因可划分为两类，一类是早期以充填结晶成因为主的伟晶状锂矿石，另一类是晚期以交代成因为主的细晶状锂矿石。

前人根据锂辉石的粒度和构造特征，将脉体划分成宏观上可以区别的四种结构单元（表3.5）（潘蒙，2015），即Ⅰ-含微晶状锂辉石伟晶岩结构单元［图3.14（a）、（b）］；Ⅱ-含细晶状锂辉石伟晶岩结构单元［图3.14（c）、（d）］；Ⅲ-含梳状锂辉石伟晶岩结构单元［图3.14（e）、（f）］；Ⅳ-含巨晶锂辉石伟晶岩结构单元［图3.14（g）、（h）］。此划分方案虽然可以对锂矿石进行初步划分，但是并没有明确区分新三号脉成岩成矿阶段的先后，不利于深入揭示新三号脉的成岩成矿过程。

表 3.5　甲基卡矿区新三号脉主要矿石类型特征表

结构单元	主要矿物含量/%	标型矿物锂辉石的特征
I - 含微晶状锂辉石伟晶岩结构单元	锂辉石约20，石英30~40，钠长石30~35，微斜长石5~10，白云母3~5	微晶毛发状，长度为0.5~1mm，呈纤毛状产出
II - 含细晶状锂辉石伟晶岩结构单元	锂辉石15~20，石英25~48，微斜长石10~20，钠长石27~42，白云母3~5	半自形-自形板状，一般长0.2~0.5mm，最大可达2mm
III - 含梳状锂辉石伟晶岩结构单元	锂辉石16~28，石英35~45，钠长石20~30，微斜长石5~10，白云母7~10	锂辉石呈定向性排列成梳状结构，新三号脉中一般在细晶结构单元和中粒结构单元中可见，一般垂直脉壁，或者是垂直两个结构单元的接触界线
IV - 含巨晶锂辉石伟晶岩结构单元	锂辉石10~15，石英约30，钠长石约40，微斜长石1~5，白云母1~5	中粒结构，长0.5~3cm，最长可达5cm

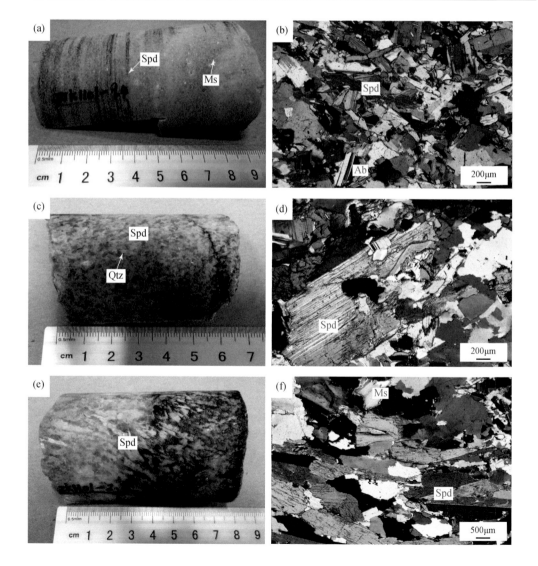

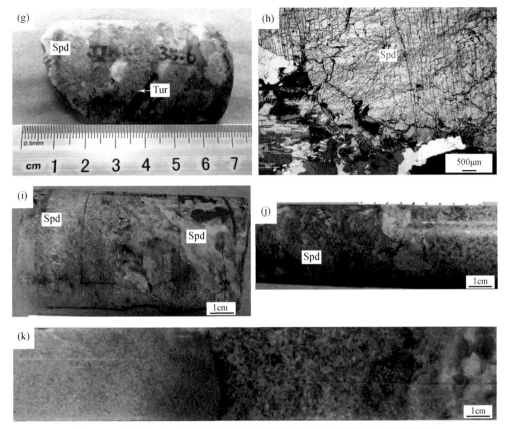

图 3.14　甲基卡新三号脉中各典型含锂辉石结构单元手标本及镜下照片

（a）微晶状锂矿石手标本；（b）微晶状锂矿石镜下照片；（c）细粒状锂矿石手标本；（d）细粒状锂矿石镜下照片；
（e）中粒梳状锂矿石手标本；（f）中粒梳状锂矿石镜下照片；（g）粗粒状锂矿石手标本；（h）粗粒状锂矿石镜下照片；
（i）晚期微晶状锂矿石交代早期中粗粒状锂矿石；（j）中～粗粒状锂辉石单元逐渐过渡，没有交代关系；（k）晚期微
晶状锂矿石交代早期中-粗粒状锂矿石结构单元，至少存在两期岩浆-热液活动。Ab-钠长石；Ms-白云母；Qtz-石英；
Spd-锂辉石；Tur-电气石

　　通过对新三号脉 ZK1101 钻孔岩心的系统编录和研究，借鉴锂辉石粒度划分方案，根据矿物组合和脉体穿插、交代关系重新厘定了成岩成矿阶段。根据不同结构单元之间的相互交代关系［图 3.14（i）~（k）］，富锂辉石花岗质脉岩晚于含电气石花岗岩的形成；富锂辉石花岗质脉岩又可分为明显不同的两类，其中含微晶状锂辉石伟晶岩结构单元为晚期阶段的产物，常交代早期锂矿石，而中-细粒结构单元的锂矿石之间呈逐渐过渡变化，为连续结晶所致。据此，含锂辉石矿石从结构和矿物组合上看大致可以分为两种类型：①伟晶状锂矿石，对应前人划分的伟晶岩结构单元 Ⅱ、Ⅲ、Ⅳ；②细晶状锂矿石，对应前人划分的伟晶岩结构单元 Ⅰ。

　　（1）伟晶状锂矿石，从细粒结构（粒度为 2 ~ 5mm）、中粒结构（粒度约为 1cm）到粗粒结构（粒度大于 5cm），矿物主要有锂辉石、石英、微斜长石，电气石含量较高，可达 5%，云母含量较少。

　　（2）细晶状锂矿石，是新三号脉最主要的矿石类型。矿物粒度一般在 0.5 ~ 1mm，成分均匀，主要矿物为石英、钠长石和锂辉石，含少量微斜长石和白云母，电气石和石榴子

石呈不均匀条带状分布其中。此类锂矿石对应以往研究中提出的"微晶毛发状锂辉石结构单元"。根据交代关系，该类型矿石为岩浆晚期脉动产物，交代了早期中-粗粒结构的伟晶岩。

梳状锂辉石型（一般长径 2～5cm，宽约 2mm，半自形板状），粒度变化较大（5～20mm），多呈半自形板状。在细粒结构和中粗粒结构中均可见梳状锂辉石的产出，常产出于两种结构带的交界处，锂辉石长轴垂直接触界线生长。有时在成分均匀的单一结构单元中也可见锂辉石的梳状构造。

新三号脉锂辉石常呈自形晶，局部可见"毛发状"结构和"蠕虫"结构（图3.15）。据镜下观察，原生锂辉石边缘的"毛发"为次生锂辉石，应为后期热液交代或蚀变作用的产物。

甲基卡新三号矿脉与围岩截然接触，界线分明。围岩为灰黑色十字石二云母片岩。主要矿物为黑云母和石英，次要矿物主要有白云母以及黏土矿物和碳质，具有斑状变晶结构，基质为细粒鳞片状变晶结构。局部发育变余层理结构，片状构造，表面具丝绢光泽。变斑晶为石榴子石和十字石。石榴子石呈他形粒状，边缘圆滑，被石英交代，粒径 0.1～0.5mm；十字石则被云母和石英颗粒交代，有的完全交代，呈交代假象结构，呈六边形切面、菱形切面、柱状纵面，长径 1～3mm，宽约 0.5mm；有的被部分交代，中心有残余，呈交代残余结构，十字石变斑晶更多呈交代残余结构，多数十字石内部含小颗粒石英包裹体。红柱石可见截面呈不规则正方形和长方形，长 1～4mm，宽 0.5～3mm；十字石呈不规则粒状或板条状出现，可见典型十字石双晶，一般长 2～4mm，宽 1～3mm，含量约为20%。

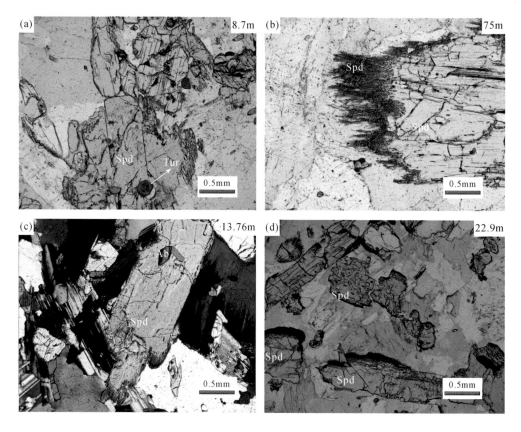

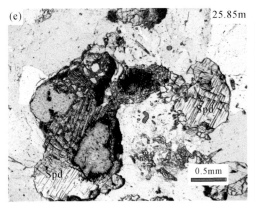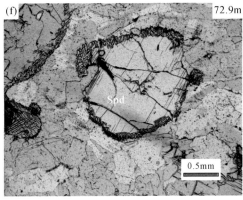

图3.15　甲基卡矿区新三号脉锂辉石的典型"毛发状"结构和"蠕虫"结构

(a) 8.7m处，细粒结构带锂辉石被电气石交代，且边缘被交代呈现"毛发状"结构；(b) 75m处，锂辉石遭受晚期的交代作用，次生锂辉石在原生锂辉石边缘呈"毛发状"结构；(c) 13.76m处，半自形板柱状锂辉石被后期自形钠长石交代，且其边缘被交代，呈"毛发状"结构，局部被白云母交代；(d) 22.9m处，锂辉石的"蠕虫"交代结构；(e) 25.85m处，锂辉石边缘被交代呈"蠕虫"交代结构；(f) 72.9m处，细晶状锂辉石边部具交代蠕虫结构。Ab-钠长石；Spd-锂辉石；Tur-电气石

变斑晶的含量、大小、颜色和结构随着钻孔深度变化呈现出一定的变化性。从ZK1101钻孔岩心薄片鉴定的结果可以看出，自上而下，围岩中的变斑晶（红柱石、十字石）颜色呈现从浅灰白色→黑褐色→褐黄色→黑褐色→浅灰白色的变化特点，从镜下显微特征（图3.16）可以看到特征变质矿物（变斑晶红柱石、十字石等）被云母不同程度地交代，或局部边缘被交代，或完全被交代。这是因为围岩受到花岗质岩脉的热液叠加变质作用。根据叠加作用的距离不同，围岩中的变斑晶被不同程度地交代。值得注意的是，ZK1101钻孔即将终孔处附近围岩中的变斑晶又被云母交代而形成交代残余结构［图3.16 (i)］，由此推测深部仍然有类似花岗质岩脉的地质体存在，并对其上部围岩产生叠加变质作用。

在甲基卡矿区，矿脉侵入的过程中，围岩先受到热接触变质作用形成堇青石变质带，在接触带位置，又遭受电气石化热液蚀变形成电气石化带，而矿脉边部则形成云英岩带。矿脉的接触变质带由脉体向外依次出现电气石化带→堇青石化带。堇青石化带的生成与甲基卡矿区花岗伟晶岩的形成和发展具有重要联系，它是指示和发现隐伏花岗伟晶脉岩的良好标志（李永森和韩同林，1980）。

由于熔体-溶液的侵入，伟晶岩旁侧的围岩再次遭受不同程度的改造，体现为围岩伴随温度的升高和熔体-溶液之间物质成分的交换，其蚀变作用的类型、强度又和围岩的岩性、熔体-溶液的成分、活动特点以及侵入规模等因素密切相关。从而在不同岩性、不同类型伟晶岩或不同产状的围岩中形成不同特征的蚀变作用。

甲基卡矿区内伟晶岩常见的围岩蚀变有：电气石化、堇青石化、绢云母绿泥石化。这些现象在矿田内代表性矿脉（如9号铍矿脉、134号锂矿脉、528号铌钽矿脉）的周围均可见（唐国凡和吴盛先，1984）。通过对新三号脉典型钻孔的岩心编录和区域地质特征的对比，其围岩蚀变较发育的有角岩化、电气石化、堇青石化，围岩蚀变构成了变质蚀变带。

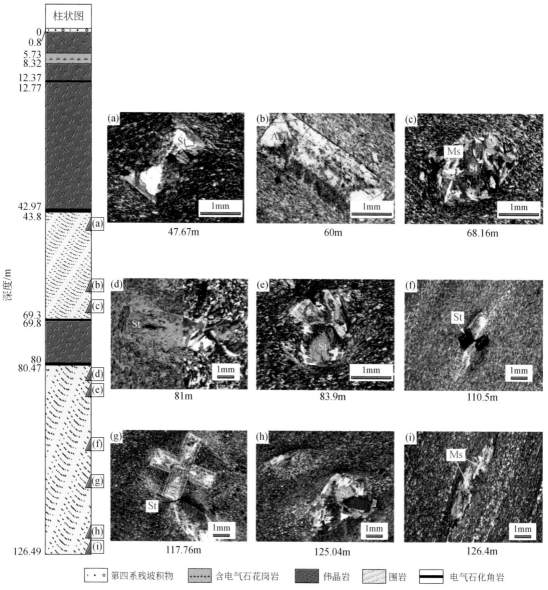

图 3.16 甲基卡新三号脉 ZK1101 围岩中变斑晶被交代现象的显微照片

And-红柱石；Ms-白云母；St-十字石

角岩，又称"角页岩"，为具有细粒粒状变晶结构和块状构造的中高温热接触变质岩石的通称。原岩在热接触变质作用过程中的成分基本上全部重结晶，一般不具有变余结构，也不见明显的"片理"，有时可具有不明显的层状构造；总体显示角岩的组构特征；主要由石英、长石、云母等组成，有时可含少量董青石、红柱石、石榴子石、夕线石等特征变质矿物的变斑晶，组成斑状变晶结构。岩石外表一般为深色，有时为浅色，致密坚硬。

电气石化是伟晶岩矿区一种较典型的围岩蚀变作用，如新疆可可托海 3 号伟晶岩脉接触带处形成 5~8cm 厚的电气石化带（陈建华等，1988）。甲基卡矿区内，其分布范围也较广，发育在伟晶脉岩旁围岩接触带位置（图 3.17），电气石是从伟晶熔体-溶液中带出挥发组分（H_2O、B、F 等）、SiO_2 和碱金属与围岩中的 MgO、FeO、Al_2O_3、CaO 相结合的产物。围岩中的这些组分主要来自黑云母。

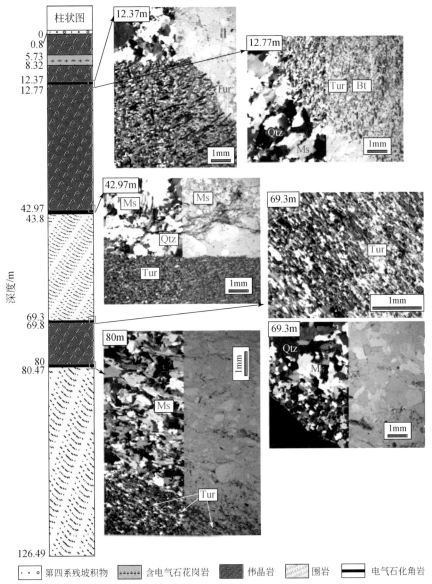

图 3.17　甲基卡新三号脉与围岩接触带位置可见围岩的电气石化带和矿脉的云英岩边缘带

Bt-黑云母；Ms-白云母；Qtz-石英；Tur-电气石

电气石化的发育程度在顶、底板围岩中有所不同，通常顶板围岩要比底板围岩发育，但最发育的则是伟晶岩中的夹层。电气石的成分以富铁、镁、钙为特征，属镁铁（黑）电气石。紧靠甲基卡新三号花岗质脉体分布，带宽 0.2~0.5m，形成有电气石角岩，其中的电气石多为黑色长柱状、针状自形晶体，长 1~4mm，个别达 10mm，直径 0.1~0.2mm；含量变化大，5%~10%。交代作用强烈，以电气石化为主，次为黑云母化，十字石、红柱石等矿物被交代改造而消失。

电气石在紧靠伟晶岩的围岩边缘产出，具明显的定向性，呈深棕色、针状，其含量在 0.5%~5%，粒度较粗，其直径可达5mm，电气石普遍被石英所交代而形成筛状结构。

董青石化是动热变质作用的产物，分布在电气石化带的外侧，是甲基卡矿区围岩接触变质的最大特色，也是寻找隐伏矿体可靠的近脉找矿标志，其大小、形态、蚀变特征随伟晶岩脉类型及距离脉体远近的不同而发生变化（李永森和韩同林，1980）。

在甲基卡新三号脉的围岩中，董青石呈灰黑色，纺锤状，疙瘩状，其数量也随着深度的变化或多或少。董青石量少时，呈灰黑色，纺锤状或小透镜体状，长轴一般长 5 ~ 10mm，宽 2 ~ 5mm，其分布大致呈 "片理化"。

2. 9 号伟晶岩脉

9 号伟晶岩脉位于甲基卡矿区的中间部位，距离马颈子二云母花岗岩岩体不远，产于岩舌之西 0.6km 处（图 3.1），为一以铍为主的稀有金属工业矿床（唐国凡和吴盛先，1984）。如图 3.18 所示，该脉产于新都桥组下段（T_3xd^1），沿地层片理（层间裂隙）侵入，主要围岩为深灰色薄层十字石二云母石英片岩，近脉围岩蚀变从内向外依次出现电

图 3.18　甲基卡矿区中 9 号伟晶岩脉野外地质特征

（a）9 号伟晶岩脉远望；（b）9 号伟晶岩脉浅井；（c）9 号伟晶岩脉含绿柱石微斜长石伟晶岩露头

气石化带（图 3.19）、堇青石化带、绢云母绿泥石化带，以堇青石化带最发育，宽30~40m。

图 3.19　甲基卡矿区中 9 号伟晶岩脉中代表性岩石特征

　　矿体与矿脉、岩脉形态基本一致，受甲基卡背斜东翼次级小背斜控制，呈岩盘状，顶部因剥蚀出现"天窗"，地表呈环状出露（图 3.1）。该脉分异作用良好，粗粒-块状的轴心带靠上盘发育，具单向分带特点。由下盘脉壁至上盘可大致分为 5 个结构带（图 3.20）：①细粒石英钠长石带；②中粒石英钠长石带；③中-粗粒石英微斜长石钠长石带；④中粗粒-块体石英微斜长石带；⑤块体石英带。其中以①、②、③带为主，而④、⑤带分布局限。伟晶岩岩石类型属微斜长石钠长石型（Ⅱ），由于钠长石化发育，部分地段已近于钠长石型（Ⅲ）。

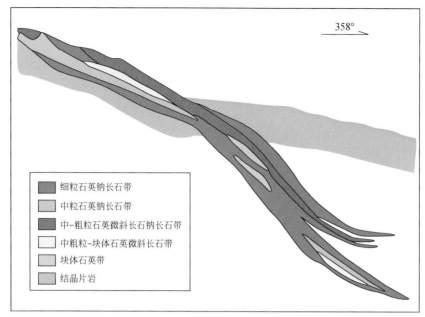

图 3.20　甲基卡矿区中 9 号伟晶岩脉内部结构分带剖面示意图
资料来源：据唐国凡和吴盛先，1984 修改

3. 308 号伟晶岩脉

308 号伟晶岩脉产于甲基卡矿区二云母花岗岩（马颈子岩体）岩舌前缘部位（图 3.1），平距约 1km。伟晶岩脉受南北走向张裂隙及北东、北西向两组剪裂隙控制，在几组裂隙交叉处形成膨大体（四川省地质局 404 地质队，1965），总体呈南北向不规则脉状分布，产状随部位不同而异，南段相背倾斜，即矿脉东侧向东倾斜，西侧向西、南西倾斜，至北端成相向倾斜而尖灭。相对于甲基卡矿区北部新近探获 Li_2O 达百万吨级的新三号（X03）伟晶岩脉（王登红等，2017a，2017b，2017c；刘丽君等，2017b）和东部已探明 Li_2O 51.22 万 t（《中国矿床发现史·四川卷》编委会，1996）的 134 号脉（第二大规模），308 号伟晶岩脉出露面积最大，但受限于勘探程度，现有资源储量尚不明确，总体表现为分异不良，内部结构带的带状构造不明显，带与带之间多呈渐变关系且不连续。因此，参照前人成果（四川省地质局 404 地质队，1965；唐国凡和吴胜先，1984；王登红等，2017c），根据微斜长石、钠长石及锂辉石等主要造岩矿物和稀有矿物（指含量大于 10%）的含量，将 308 号伟晶岩脉中的岩石类型大致划分为微斜长石钠长石型、钠长石型及钠长石锂辉石型三种主要类型 [图 3.21（a）~（e）]，局部地段发育细晶岩。走向上，308 号伟晶岩脉由南向北依次出现微斜长石钠长石型（长约 500m）→钠长石型（长约 800m）→钠长石锂辉石型（长约 200m），具水平分带特征 [图 3.22（a）]。矿脉宽度由南向北逐渐变窄，Li_2O、BeO 品位沿矿脉走向有逐渐变富的趋势 [图 3.22（b）]。该脉矿物组成总体较为简单，造岩矿物主要有微斜长石（15%~20%）、钠长石（30%~35%）、石英（35%~40%）和白云母（2%~3%）[图 3.21（f）、（g）、（i）]，另含少量黑云母 [图 3.21（f）]；副矿物主要有黑电气石、石榴子石、绢云母、磷灰石、锡石，次有锆石、磁铁矿、黝帘石、绿色电气石、黄玉、黄铁矿、绿泥石、褐铁矿、高岭土；稀有金属矿物主要有锂辉石、绿柱

石［图3.21（h）～（j）］，次有铌钽铁矿、锂（白）云母［图3.21（i）］、锂绿泥石等。

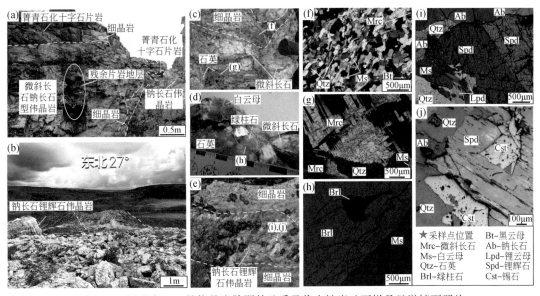

图3.21 甲基卡308号伟晶岩脉野外地质及代表性岩矿石样品显微镜下照片

（a）308号伟晶岩脉结构分带局部特征及采样位置示意图；（b）308号伟晶岩脉近南北走向钠长石-锂辉石伟晶岩带；（c）边缘带花岗质细晶岩与外侧带无矿微斜长石伟晶岩接触部位；（d）中间带含绿柱石微斜长石伟晶岩；（e）边缘带花岗质细晶岩与中间带钠长石锂辉石伟晶岩带接触部位；（f）、（c）图边缘带花岗质细晶岩局部显微照片特征；（g）（c）图中外侧带无矿微斜长石伟晶岩局部显微照片特征；（h）、（d）图中间带含绿柱石微斜长石伟晶岩局部显微照片特征；（i）、（j）、（e）图中间带钠长石锂辉石伟晶岩局部显微照片特征

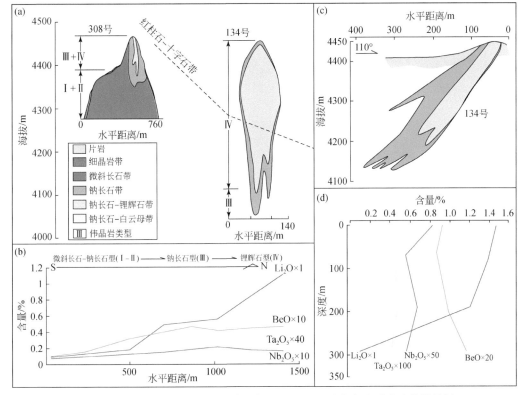

图3.22 甲基卡矿区中308号脉和134号脉垂向（a）、（c）及走向地质地球化学特征（b）、（d）

4. 104 号伟晶岩脉

甲基卡 104 号伟晶岩脉离马颈子花岗岩体较近，自南向北距马颈子岩体逐渐变远并可分为三段（图3.1）。其中，南段主要为Ⅲ（近Ⅱ）型伟晶岩；中段为Ⅳ型伟晶岩，锂矿化在该段最为富集；北段为Ⅲ（近Ⅳ～Ⅴ）型伟晶岩，钽矿化在该段最为富集，表现出一定的矿化分带性。该脉伟晶岩类型总体属钠长石型伟晶岩，但工业意义较小，矿物组分主要由钠长石、微斜长石、石英和云母组成，另含少量石榴子石、电气石等；其中稀有金属矿物主要有细片状铌钽铁矿、中-细晶绿柱石和中-细晶锂辉石（图3.23，图3.24）等。104 号伟晶岩脉在水平（走向）分带上表现为近母岩端早期带发育，形成Ⅲ（近Ⅱ）型低类型伟晶岩，远母岩端晚期带发育，形成Ⅳ型高类型伟晶岩，伟晶岩带往深部的变化与轴心往脉壁的变化基本一致。在走向上，104 号伟晶岩脉总体表现为中间富，两端贫。近母岩端为低类型伟晶岩，矿化较贫，仅 Be 含量稍高，至远母岩端为高类型伟晶岩，矿化较富，以 Li、Ta 为主（唐国凡和吴盛先，1984）。

图 3.23　甲基卡矿区中 104 号伟晶岩脉地质特征

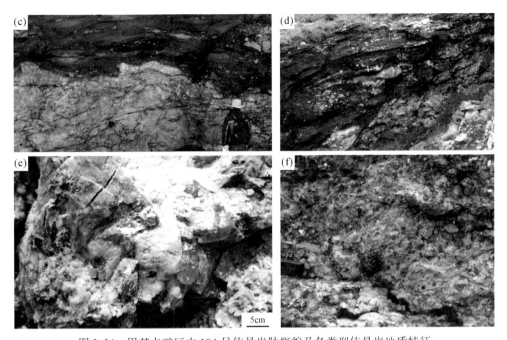

图 3.24　甲基卡矿区中 104 号伟晶岩脉概貌及各类型伟晶岩地质特征

（a）104 号伟晶岩脉远望；（b）104 号伟晶岩脉中段含绿柱石锂辉石伟晶岩；（c）104 号伟晶岩脉与云母片岩顶板接触
界线清晰，接触带附近发生角岩化；（d）104 号伟晶岩脉及顶板地层中晚期石英脉呈透镜状；（e）104 号伟晶岩脉南
段含中-粗粒绿柱石电气石白云母微斜长石伟晶岩；（f）104 号伟晶岩脉中段含中-细粒锂辉石钠长石石英伟晶岩

5. 134 号伟晶岩脉

在新三号伟晶岩脉探获之前，134 号伟晶岩脉是甲基卡矿区中最重要的伟晶岩型稀有
金属矿脉，属于锂辉石型伟晶岩脉，其 Li、Be、Ta、Cs 均达到大型矿床的规模，除深部
尖灭处外，为稳定的全脉矿化矿床。不同于新三号伟晶岩脉，134 号伟晶岩脉非常适合露
天开采。该脉位于甲基卡矿区东侧（图 3.1），产于深灰色薄层状红柱石十字石二云母石
英片岩中，矿脉两侧围岩为深灰色薄层状红柱石十字石二云母石英片岩夹电气石黑云母石
英片岩（图 3.25）。近脉体具明显的牵引现象且产状较陡，至脉体远端产状变缓
（图 3.25）。矿体内矿物组成主要包括造岩矿物微斜长石、钠长石、石英和云母等，稀有
金属矿物主要包括锂辉石、铌钽铁矿、钍石、曲晶石、绿柱石等，另含有磁铁矿、赤铁

图 3.25　甲基卡矿区中 134 号伟晶岩脉与其顶板围岩的接触关系

矿、黄铁矿、黄铜矿、锡石、辉钼矿、毒砂、闪锌矿及绿帘石、绿泥石、电气石、锰铝榴石、萤石、黄玉、霓辉石、绢云母、重晶石等金属矿物和非金属矿物。134号伟晶岩脉结构分带较简单，绝大部分由细粒石英钠长石锂辉石带组成（锂辉石有微晶及细晶两种）（图3.26），近上下盘见不厚的细粒石英钠长石带。此外，内部有不连续的中粗粒石英钠长石锂辉石带（集合体），下部近尖灭端偶见石英微斜长石钠长石带。

图3.26　甲基卡矿区中134号伟晶岩脉地质特征

（a）134号伟晶岩脉远望；（b）134号伟晶岩脉中含细粒锂辉石钠长石石英伟晶岩

根据主要稀有金属的种类，甲基卡矿区中可大致分出三种矿石类型，分别为铍矿石、锂矿石和铌钽矿石。其中：①铍矿石中可利用矿物为绿柱石，多为细晶矿石，另有少量粗晶矿石。矿石以Be为主，Nb、Ta、Rb、Cs可综合利用，Li和Sn含量低，意义不大。矿床中BeO平均品位为0.0668%，多属贫矿，少量富矿。总体而言，铍矿石质量较差，矿石量也较少。②锂矿石是矿床中最重要的工业矿石类型，可利用矿物主要为锂辉石，同样多为细晶状矿石，少量粗晶状矿石。矿石以Li为主，伴生有益组分Be、Nb、Ta、Rb、Cs、Sn、Zr等均可回收，综合利用价值较大。粗晶锂辉石矿石虽然在矿床中分布较局限，但往往具有一定规模，矿床中Li_2O平均品位高，达1.266%，以富矿为主。矿石加工方法简单，手选品位高，且精矿质量高，具独立开发价值。③铌钽矿石均由细晶矿石组成，矿石以Nb、Ta为主，部分伴生的Li、Rb、Cs、Sn、Zr等可综合回收。矿石平均品位Nb_2O_5为0.0133%，Ta_2O_5为0.0085%，合量为0.0218%，部分矿石中$Ta_2O_5 > Nb_2O_5$，属富钽矿石，矿石品位变化较均匀，具有一定的工业价值。

结合本次研究，甲基卡矿田中各类型伟晶岩相对富集Li、Rb、Cs、Be、Ga、Sn、P，除Ta<Nb外，其他特征基本符合Černý（1991a，1991b）划分的LCT型伟晶岩，可进一步细分为与造山带有关的REL-Li亚类伟晶岩。考虑到伟晶岩本身所具有的成分不均一性以及含矿性、矿化类型的不同，为更好地分析花岗岩浆性质与伟晶岩、细晶岩类演化形成过程中的矿化富集规律，建立一套针对含Li、Be、Nb、Ta等稀有金属花岗质岩石行之有效的地球化学判别标志，本书主要基于化学成分、矿石组合特征开展岩石分类，可分为两大类：非矿岩石和含矿岩石，其中非矿岩石可进一步细分为二云母花岗岩、无矿细晶岩和无矿伟晶岩；含矿岩石包括细晶岩类和伟晶岩类，细晶岩类可进一步细分为Be-细晶岩、BeNbTa-细晶岩；伟晶岩类可进一步细分为Be-伟晶岩、BeNbTa-伟晶岩、BeLi-伟晶岩、LiBeNbTa-伟晶岩、Li-伟晶岩和NbTa-伟晶岩，各类型花岗质岩石也在唐国凡和吴盛先（1984）提出的伟晶岩分带中表现出一定的对应关系，其中非矿岩石主要分布于Ⅰ带内，

表 3.6　甲基卡矿区成矿阶段划分及矿物生成顺序

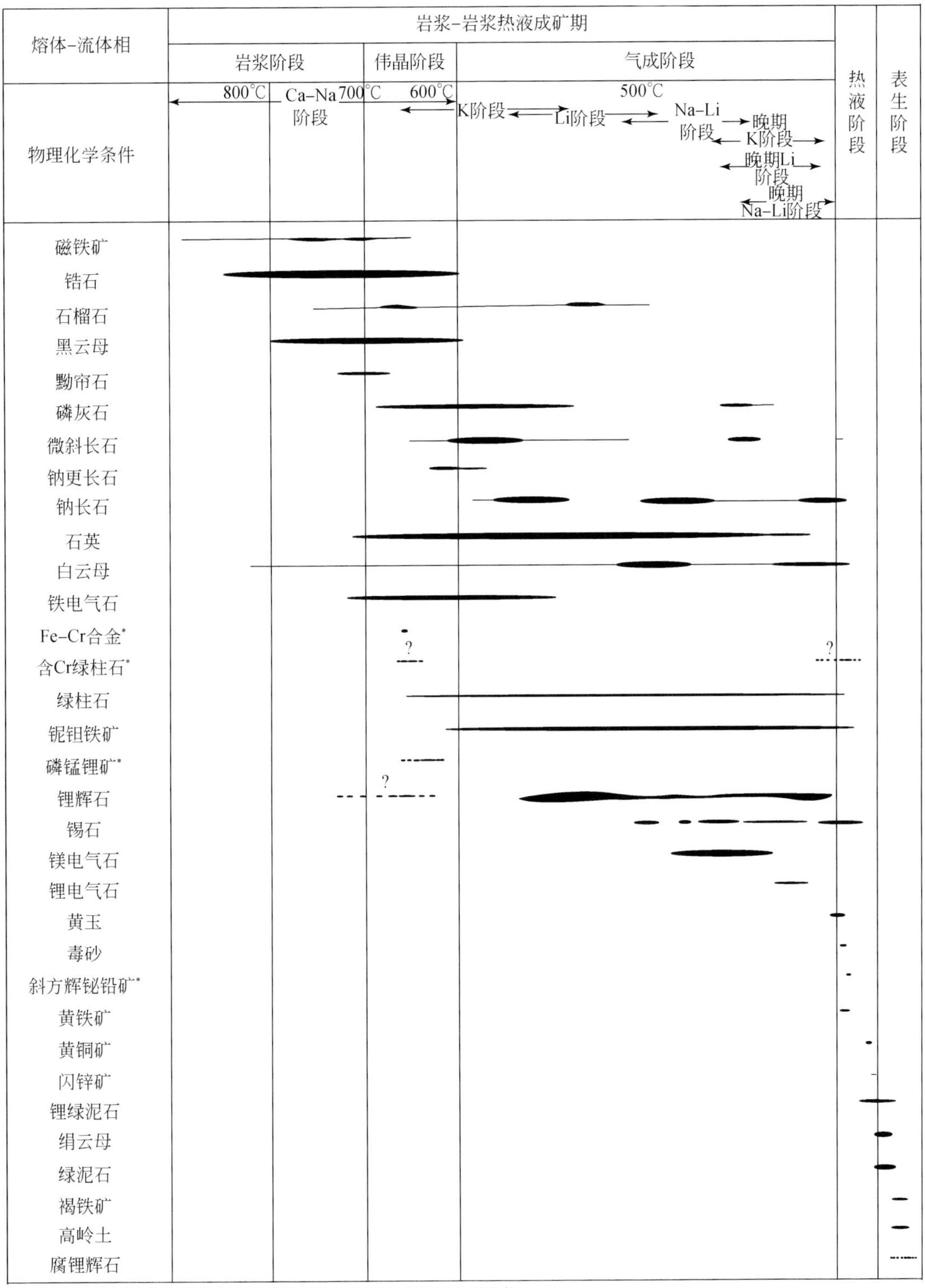

注:标*号矿物为项目组及本次研究在甲基卡矿区中新发现矿物。

Be（Nb）矿化岩石主要分布于Ⅱ、Ⅲ带内，Li 矿化岩石主要分布在Ⅲ、Ⅳ带中，Ta（Nb）矿化岩石主要分布在Ⅴ（Ⅳ）带中。

甲基卡矿区中，随着伟晶岩类型和结构带的变化，其矿物种类和含量各不相同，同种矿物在生成时间上、成因上也有一定差别，显出不同的世代。伟晶作用早期阶段低类型伟晶岩（Ⅰ、Ⅱ类型）通常以结晶作用为主，矿物种类较简单；中晚期阶段高类型伟晶岩（Ⅲ～Ⅴ类型）自交代作用加强，矿物种类较多，许多稀有金属矿物与此有关；热液交代仅在末期出现，成矿作用微弱，仅生成少量副矿物。主要矿物的一般生成顺序为微斜长石–钠长石–锂辉石–锂云母–石英，不同矿物形成的起止时间有先后，但往往有同时并进的阶段，可形成不同的交代现象（唐国凡和吴盛先，1984）。结合野外及室内工作，将甲基卡矿区伟晶岩脉中主要矿物的生成顺序总结如表 3.6 所示。

二、党坝矿床

（一）成矿地质背景

可尔因矿田作为松潘–甘孜稀有金属成矿带最为典型稀有金属矿床集中分布区之一，其内分布有党坝、李家沟、业隆、观音桥、集沐五处大–中型锂多稀有金属矿床（图 3.27）；特别是党坝锂辉石伟晶岩型矿床，其已探明 Li_2O 含量规模达到超大型（$Li_2O>100$ 万 t），有望成为世界上最大的伟晶岩型锂辉石矿床之一（王子平等，2018）。

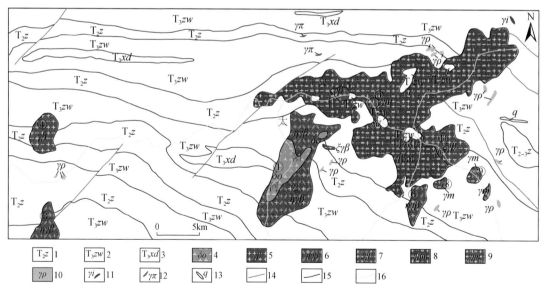

图 3.27　四川阿坝州党坝锂辉石矿床区域地质简图

资料来源：李建康等，2007。

1-杂谷脑组；2-侏倭组；3-新都桥组；4-石英闪长岩；5-黑云母花岗岩；6-黑云母二长花岗岩；
7-黑云母钾长花岗岩；8-二云母花岗岩；9-白云钠长花岗岩；10-花岗伟晶岩；11-花岗细晶岩；
12-花岗斑岩；13-石英脉；14-断层；15-地质界线；16-河流

可尔因矿田大地构造位置处于羌塘–昌都、华北和扬子陆块之间的松潘–甘孜造山带东段。因松潘-甘孜造山带主要由亲扬子地块的新元古代—古生代结晶-变质杂岩结晶基底、中-晚三叠世沉积岩为主的沉积盖层，以及俯冲碰撞-后碰撞构造背景下的三叠纪—侏罗纪中酸性岩浆岩组成，可尔因矿田内地质概况与造山带地质特征十分相似。

矿田内地层主要为中三叠统杂谷脑组、上三叠统侏倭组及新都桥组，其次是第四系零星分布；以侏倭组在区内分布最广，为本区矿体的赋矿围岩。侏倭组岩性为一套灰、深灰色中厚层-块层状黑云长英角岩、黑云石英角岩、透辉长英角岩、角闪角岩、阳起长英角岩与角岩化灰色绢云母板岩、碳质绢云母板岩互层。其原岩为一套含碳泥质岩、钙质长石石英细砂岩、杂砂岩、粉砂岩等呈韵律式互层的沉积岩，后经可尔因岩体侵位冷凝过程中的烘烤进一步变质形成。第四系残坡积物堆积于沟谷坡地的低洼处，冰碛物堆积于海拔3800m以上的山坡上。矿田内构造以褶皱、断层及裂隙为主，分为 NE、NW 向两组构造。其中早期北东向断裂构造控制着热达门等早阶段岩浆侵位；晚期北西向褶皱构造控制着可尔因岩体等同构造花岗质岩浆分布；最晚期多以裂隙为主，相伴产生广泛的剪节理，控制着晚期伟晶岩脉、稀有金属矿脉等分布。

矿田内复式岩体位于党坝矿区的北西侧，大致沿可尔因背斜的核部侵入，呈不规则三叉状岩基出露，显示其受 NE 向和 NW 向构造的联合控制，其出露面积约为 $250km^2$。该复式杂岩体（图 3.27）主要由热达门花岗闪长岩、太阳河黑云母二长花岗岩、可尔因二云母花岗岩、年克和木足渡黑云母正长花岗岩、根则及木足白云母钠长花岗岩等 10 余个岩体组成，可尔因二云母花岗岩为其主体，除斯尼楞措岩体和撒阳岩体离可尔因岩体较远外，其他岩体均围绕主体的外围产出。其中，热达门花岗闪长岩和太阳河黑云母二长花岗岩呈长条状产出于可尔因矿田西南部，其面积约 $25km^2$，与围岩接触产状西倾东缓，受断裂控制明显。石英闪长岩和黑云母二长花岗岩构成内部和外部岩相带 [图 3.28（a）]，呈穿插接触关系，局部岩体边缘见同化混染现象 [图 3.28（b）]，并且见黑云母-石榴子石-辉石组合的榴辉岩相变质岩包体分布于二长花岗岩边缘 [图 3.28（c）]。可尔因二云母二长花岗岩作为主岩体位于矿田中部，其周围分布根则和木足等黑云母花岗岩-二云母花岗岩岩株或岩枝，主岩体内见三叠系残留体分布（图 3.28）；主岩体内部相属粒状构造，边缘相或顶部同化混染作用明显 [图 3.28（d）]，大致划分为细粒花岗岩相、粗粒伟晶岩相两个相带，后者主要在岩体顶部和边缘等挥发分易于集中的部位 [图 3.28（e）、（f）]。撒阳黑云母二长花岗岩位于可尔因矿区的东南部，距离主岩体约 10km，呈北东向岩枝出露，面积约为 $3km^2$；岩体局部见长石斑晶，呈似斑状结构，边缘见富电气石伟晶岩相矿物组合 [图 3.28（f）]。

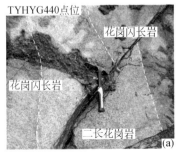

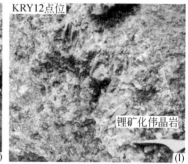

图 3.28　川西可尔因矿田典型地质特征

（a）太阳河黑云母二长花岗岩与热达门花岗岩闪长岩接触带；（b）太阳河花岗岩类边缘混染带，密集分布椭圆状暗色包体；（c）₁ 太阳河花岗岩内残留的石英黑云母角岩包体（黑色）和黑云母石榴子石包体（红褐色）；（c）₂ 太阳河花岗岩体内微斜长石伟晶岩脉体；（d）可尔因岩体东部典型二云母花岗岩岩枝；（e）含电气石伟晶岩脉与花岗岩接触带；（f）撒阳岩体边缘富电气石伟晶岩壳与似斑状二长花岗岩；（g）白云母石英长石伟晶岩与三叠系顺层接触；（h）伟晶岩脉体受后期应力作用引起的脉体宽度变化；（i）矿化伟晶岩脉与三叠系董青石黑云母片岩；（j）党坝矿区 I 号富锂辉石伟晶岩脉；（k）党坝矿区 IV 号伟晶岩脉富铌钽矿石；（l）党坝矿区 VI 号富锂辉石伟晶岩矿脉

　　矿田内伟晶岩脉多成群、成带分布于可尔因主岩体外围小于等于 5km 的三叠系内，少量伟晶岩根生于花岗岩岩体内，部分顺层产出，并受后期构造作用影响，脉体形态多样 [图 3.28（g）~（i）]。伟晶岩脉形态呈脉状、树枝状、透镜状，长度几十米至几百米，极少数连续延长上千米。其中党坝、集沐、业隆、观音桥等矿床具一定工业价值的伟晶岩矿脉以富锂辉石的钠长石型为主，并伴生有绿柱石、铌钽矿等稀有金属矿物 [图 3.28（j）~（l）]，分布于岩体外围的三叠系内。

　　矿田内各地质体稀有金属元素含量高低不一，总体上矿田内 Li、Be、Nb、Ta、Rb 等稀有金属元素在可尔因岩体外围伟晶岩脉群中的含量最高，其次为矿田内三叠系变质岩，最低为矿田内中–酸性侵入岩（表 3.7）。矿田内中–酸性侵入岩和三叠系变质岩的 Li、Sn、Rb、Cs 背景值分别普遍高于中国扬子地台（东）地质体的花岗岩和出露地壳（去碳酸盐岩）的含量。Li 在富锂辉石伟晶岩中含量最高，其次为矿田内三叠系变质岩、中–酸性侵入岩；Be、Nb、Ta 在各地质体中含量由高到低为矿化伟晶岩→酸性岩浆岩→三叠系；W 在根则岩体和撒阳岩体中含量较高；Sn、Rb 在矿化伟晶岩中含量最富集；Cs 在三叠系变质砂岩中含量最高。

表 3.7 可尔因矿田各地质体稀有金属元素含量背景值一览表 （单位：10^{-6}）

采样位置 岩石类型(件数)	矿田内中-酸性侵入岩					矿田内三叠系变质岩		可尔因岩体外围矿化伟晶岩脉群				中国扬子地台(东)地质体		
	热达门闪长岩(8)	太阳河花岗岩(3)	可尔因花岗岩(7)	根则花岗岩(8)	撒阳花岗岩(4)	变质石英砂岩	变质黑云母片岩(4)	富锂辉石伟晶岩(13)	腐锂辉石化伟晶岩(3)	铌钽矿化伟晶岩(3)	无矿化伟晶岩(6)	花岗闪长岩(111)	花岗岩(111)	出露地壳(去碳酸盐岩)
Li	187	183	162	110	72.1	895	540	6959	171	310	62.5	32	20.4	34
Be	5.1	1.9	6.6	11.9	9.1	4.3	2.1	102	77.2	124	7.2	1.2	3.4	2.7
Nb	13.5	9.2	18.7	28.9	15.3	14.2	13.3	45.9	67.1	111	16.3	11.4	15.5	18
Ta	0.5	0.5	2.2	5.4	2.7	1.5	1.1	25.6	15.6	139	2.9	0.86	1.5	1.06
W	0.6	0.4	2.7	11.1	5.0	2.9	3.3	2.0	2.2	3.2	3.4	0.55	1.6	1.6
Sn	36.8	9.5	17.5	25.6	24.9	28.8	13.5	86.7	71.5	53.2	19.6	2.5	3.0	2.8
Rb	97.8	111	321	334	278	491	227	860	857	1249	471	97	160	122
Cs	10.6	31.6	24.9	6.7	21.2	285	159	93.1	67.7	187	24.8	5.7	4.6	8.2

注：矿田内热达门闪长岩、可尔因花岗岩、根则花岗岩稀有金属含量据已发表数据（李建康，2006；赵永久，2007）及本项目数据，对比组中国扬子地台（东）地质体稀有金属元素含量值据迟清华和鄢明才（2007），其他岩体数据为本项目数据。

岩矿鉴定显示各地质体云母特征为：①热达门花岗闪长岩（TYHYG440-1）原生黑云母呈深褐色、鳞片状，直径多小于2mm，局部见交代残余，总体含量约20%［图3.29（a₁）、（a₂）］。②太阳河黑云母二长花岗岩中（TYHYG440-2）暗色矿物含量明显减少，黑云母含量5%~15%，颜色和大小与闪长岩中黑云母相近［图3.29（b₁）、（b₂）］。③可尔因二云母二长花岗岩（KRY04-1）受岩浆-热液多阶段作用显著，以黑云母+更（中）长石组合和白云母+正长石两阶段矿物组合为主要特征；其中黑云母含量2%~4%，多交代残余而呈长条状；白云母以片状为主，含量3%~5%［图3.29（c₁）、（c₂）］。④年克黑云母二长花岗岩（KRY02）显示黑云母+更长石和白云母+正长石+石英两阶段组合；黑云母含量5%~7%，呈浅褐色，直径多小于1mm，晚阶段矿物组合交代黑云母显著；白云母大小与黑云母相近，含量小于2%［图3.29（d₁）、（d₂）］。⑤根则白云母钠长石花岗岩（KRY06-4）白云母呈鳞片状，含量约3%，多交代残余；黑云母含量小于1%，多呈长条状［图3.29（e₁）、（e₂）］。⑥撒阳岩体与西部太阳河中-酸性岩浆岩相似（JMYG521-1），黑云母约10%，浅褐色-深褐色，呈鳞片状，多被晚期矿物交代；白云母含量约2%，与黑云母相邻产出［图3.29（f₁）、（f₂）］。⑦矿化伟晶岩中与锂辉石等共生的白云母［图3.29（g₁）、（g₂）］或无矿化伟晶岩［图3.29（j₁）、（j₂）］中的原生白云母含量较高（>15%），粒晶较大（>5mm），晶型较完整；磷锂铝石结晶期后原生白云母［图3.29（i₁）、（i₂）］或交代锂辉石的次生白云母［图3.29（h₁）、（h₂）］粒晶较小（<1mm），多呈针柱状或板状结构。⑧三叠系热接触变质石英砂岩（DB02-5）中的原生黑云母含量大于15%，细粒状结构，粒径多小于0.5mm，受后

期交代作用，呈不规则状 [图3.29 (k₁)、(k₂)]；董青石黑云母片岩中的黑云母多交代残余（KRY12-2），且显示与董青石同阶段结晶的特征 [图3.29 (l)]，黑云母含量大于15%，粒状结构，大小与石英砂岩中的黑云母相近。

图 3.29　可尔因矿田各类岩石云母矿物学特征

(a)₁、(a)₂ 热达门花岗闪长岩原生的深褐色黑云母与粒状锆石同阶段结晶；(b)₁、(b)₂ 太阳河黑云母二长花岗岩更长石和深褐色黑云母同阶段形成，与闪长岩中矿物组合特征相近；(c)₁、(c)₂ 可尔因二云母二长花岗岩中原生黑云母，与晚阶段白云母、石英等晚阶段矿物共存结晶，呈不规则状，斜长石类型以更长石为主；(d)₁、(d)₂ 年克黑云母二长花岗岩，云母与更长石被晚阶段钠长石交代；(e)₁、(e)₂ 根则白云母钠长石花岗岩交代残余黑云母呈长条状，含量明显减少，白云母鳞片状分布；(f)₁、(f)₂ 集沐黑云母二长花岗岩中的黑云母多交代残余，白云母含量极低；(g)₁、(g)₂ 党坝富锂辉石伟晶岩锂辉石巨晶被晚阶段锂云母交代；(h)₁、(h)₂ 党坝矿床中局部锂辉石显示腐锂辉石化，锂辉石被晚阶段石英、白（锂）云母等矿物完全交代，仅保留假晶；(i)₁、(i)₂ 党坝矿区矿脉磷锂铝石被晚阶段铁磷锂锰矿、白云母交代；(j)₁、(j)₂ 党坝矿区白云母石英钠长石伟晶岩脉，白云母略早于钠长石结晶；(k)₁、(k)₂ 党坝矿区矿脉围岩含电气石黑云母石英变质砂岩，黑云母与石英同阶段结晶，局部见白云母；(l)₁、(l)₂ 党坝矿区伟晶岩边缘董青石黑云母片岩，黑云母和董青石同阶段结晶。Bi-黑云母；Mu-白云母；Og-更长石；Or-正长石；Ab-钠长石；Zr-锆石；Mz-独居石；Hb-角闪石；Mt-磁铁矿；Il-钛铁矿；Qz-石英；Gr-石榴子石；Spo-锂辉石；Lpd-锂云母；Mon-磷铝石；Fer-铁磷锂锰矿；Tou-电气石；Cord-董青石

总体上，可尔因矿田内岩体自热达门闪长岩→太阳河花岗岩→年克、撒阳、可尔因花岗岩→根则花岗岩，石英、长石等晚阶段结晶矿物含量增加，黑云母等暗色矿物明显减少，颜色变浅，晶形由完整原生晶体过度为交代残余结构；自年克花岗岩→撒阳花岗岩→可尔因、根则花岗岩→各类伟晶岩，白云母含量升高，粒度变大，自形程度较高；自无矿化伟晶岩原生白云母→矿化伟晶岩早阶段原生白云母→矿化伟晶岩结晶期后次生白云母，白云母晶体由大变小，自形程度逐渐降低。

（二）矿区地质特征

党坝是阿坝州目前探明的最大的花岗伟晶岩型锂多金属矿床，其中Ⅷ矿脉 Li_2O 资源量已达近百万吨，是国内目前最大的单脉型锂辉石矿脉之一（王子平等，2018）。党坝矿区在大地构造位置上处于松潘–甘孜造山带的东段，夹在羌塘–昌都、华北和扬子三个陆块之间。松潘–甘孜造山带是印支期、燕山期、喜马拉雅期等多期构造运动的结果，受到了印度板块、太平洋板块及欧亚板块的共同作用和影响。同时，强烈的构造活动导致了多期多阶段岩浆岩的产出，伴有大规模的锂成矿作用，形成了川西地区独具特色的花岗伟晶岩型稀有金属成矿带，党坝锂辉石矿床就是其典型代表之一（图 3.27）。

党坝矿区内出露地层有杂谷脑组及侏倭组，以侏倭组分布最广，为本区矿体的赋矿围岩。侏倭组在矿区的岩性为一套灰、深灰色中厚层—块层状黑云长英角岩、黑云石英角岩、透辉长英角岩、角闪角岩、阳起长英角岩与角岩化灰色绢云母板岩、碳质绢云母板岩互层。其原岩为一套含碳泥质岩、钙质长石石英细砂岩、杂砂岩、粉砂岩等，以韵律式互层为基本结构特征。原岩属于滨海–浅海相沉积岩，后经可尔因岩体侵位冷凝过程中的烘烤而形成浅变质岩。另有零星出露的第四系残坡积物堆积于沟谷坡地的低洼处，冰碛物堆积于海拔 3800m 以上的山坡上。

在构造上，矿区位于地拉秋倒转向斜北西端，矿区内地层总体走向为北西–南东向，次级褶皱发育，导致地层产状变化较大。地表可见部分石英脉和地层已因褶皱变形（图 3.30），显示左行剪切活动，导致石英脉和地层发生褶皱。

图 3.30　大渡河东岸伟晶岩脉围岩中揉皱石英脉

　　高尔达向斜：轴迹呈北西–南东向展布于矿区北西至喇嘛庙一带，在0号勘探线北西呈350°～170°方向展布，在0号勘探线至喇嘛庙附近向南弯曲，呈190°～10°方向展布。长约3km，轴面向南西倾斜，两翼倾角25°～40°，核部地层在平碉PD04以北和0号勘探线至喇嘛庙附近为侏倭组三段，在平碉PD04至0号勘探线为侏倭组四段，翼部为侏倭组三段和四段。

　　高尔达沟背斜：位于矿区中部。走向北西–南东，出露长度约2km，两翼基本对称，东翼倾角10°～20°，西翼倾角10°～20°。核部宽缓，由侏倭组二段组成，两翼由侏倭组三段组成，轴面倾向东，倾角50°～70°。

　　地表断裂构造不发育，矿区北西部的F1断层右行错动了Ⅷ、Ⅸ、Ⅹ、Ⅺ号矿体。断层走向57°，倾向148°，倾角89°，错动平距26m左右。该断层可能是与北西走向的容矿构造配套的同期压性剪裂隙，成矿后在东西方向挤压作用下再次活动，错断矿脉。

　　区内发育不同规模的节理裂隙，主要由两期形成。早期在南北挤压作用下，形成了走向345°的张剪性节理、近南北走向的张性裂隙和走向15°的压剪性节理，可能是东西走向可尔因背斜的配套构造裂隙，形成于印支期。晚期在东西向挤压作用下，形成了走向300°的张剪性节理、近东西走向的张性节理和走向60°的压剪性节理，可能是地拉秋向斜的配套构造裂隙，形成于燕山期。由图1.3可知，矿区的骨干矿脉主要充填在北西和北东东走向的张剪性构造裂隙中，北西走向的矿脉呈右侧现排列，北东东走向的矿脉呈左侧现排列，也进一步表明主成矿期的主应力场为近东西向。

　　值得注意的是，在地表露头，多处可见伟晶岩脉除了追踪张剪性节理充填之外，还顺层间滑动面充填、交代形成"工"字形的伟晶岩脉（图3.31）。这种"工"字形伟晶岩对于地质找矿很有启发意义，即在寻找陡倾斜的伟晶岩脉（相当于赣南石英脉型钨矿的"五层楼"）的同时，还应特别注意产状平缓的"地下室"。

图3.31　大渡河东岸"工"字形花岗伟晶岩脉

　　跟成矿有关的岩浆岩体主要是根则白云母钠长石花岗岩，出露在矿区西部的大渡河东岸附近。岩体附近有一系列的花岗岩和伟晶岩脉，环绕在岩体的附近产出，岩脉主要产状为40°∠15°（顺层构造）、0°∠80°、340°∠40°，不同方向的岩脉相互连接，呈"工"字形或"王"字形，脉体主要赋存于侏倭组中。虽然矿区未出露岩体，但一般认为矿区西侧的可尔因二云母花岗岩是成矿母岩（王登红等，2004；李建康等，2006a，2014），岩体内部也见到伟晶岩脉，其中常见的锂矿物是锂云母（图3.32）。矿区伟晶岩脉中普遍含锂、铍、锡、钽、铌，是区内主要含矿岩脉。岩脉长度在30～3000m之间，厚度在1.0～57.76m之间，锂辉石矿体产于其中（图3.33）。

图3.32　双江口可尔因岩体内锂云母伟晶岩脉　　　图3.33　党坝3900m中段Ⅷ号脉中部锂辉石

矿区变质岩主要是区域变质岩和热接触变质岩。前者为浅变质程度的副变质岩石，一般保留了原来的岩石矿物成分及较完好的原岩结构、构造（如层理等）特征；后者主要是角岩类，自岩体由近到远，依次出现透辉石角岩（局部有石榴子石矽卡岩、红柱石+十字石角岩）、角闪石角岩、黑云母角岩、角岩化板岩等，由于该区经历了多期多阶段的岩浆岩活动，不同期次的热接触变质作用相互叠加改造，加之岩性变化较大，热蚀变分带不明显。

（三）锂辉石伟晶岩脉地质特征

党坝矿区及其邻近已发现花岗伟晶岩脉52条，已知有锂矿化者37条。经过勘查的有Ⅵ、Ⅶ、Ⅷ、Ⅸ、Ⅹ、Ⅺ等6条伟晶岩脉，其中高尔达Ⅷ号含锂辉石花岗伟晶岩脉为矿区最主要的矿脉（表3.8）。具工业价值的矿化花岗伟晶岩脉规模大，长一般60～400m，最长3340m，厚一般3～23m，最厚67m。形态一般以规则脉状、大脉状为主，少数呈透镜状，部分脉体局部出现分支现象。

表3.8　党坝矿区主要含矿伟晶岩脉特征一览表

编号	长度/m		深度/m		厚度/m			产状/(°)		控制工程
	伟晶岩脉	矿体	伟晶岩脉	矿体	伟晶岩脉	矿体（最厚）	矿体（最薄）	倾向	倾角	
Ⅰ	135	135	175	175	15	15	5	345	42	采矿坑道
Ⅳ	120	120	100	100	12	12	4	2	55	推测
Ⅴ	192	192	150	150	13	13	4	320	57	推测
Ⅵ	464	464	150	150	23	23	6	358	33	双工程

续表

编号	长度/m		深度/m		厚度/m			产状/(°)		控制工程
	伟晶岩脉	矿体	伟晶岩脉	矿体	伟晶岩脉	矿体（最厚）	矿体（最薄）	倾向	倾角	
Ⅶ	1020	400	285	285	9	9	2	42		多工程
Ⅷ	3340	3340	>780	680	67	67	1	44		多工程
Ⅸ	304	130	150	65	5	2		242	85	单工程
Ⅹ	185	185	122	40	4	4		55	71	单工程
Ⅺ	188	188	134	134	5	5		57	69	单工程
Ⅻ	415	415	200	200	9	9		78		推测
ⅩⅢ	605	605	300	300	10	10		75		推测
ⅩⅣ	505	505	250	250	8	8		60		推测
ⅩⅤ	1012	1012	500	500	12	12		55	80	双工程

资料来源：四川省马尔康党坝乡锂辉石矿矿业评估报告，恩地矿评字【2012】第 30703 号。

　　Ⅷ号伟晶岩脉位于矿区北部的高尔达村，呈较规则的大脉状沿北西-南东向出露，总体倾向 44°、倾角 67°～85°。经 15 条探槽、35 个钻孔和 4 个穿脉工程控制，矿体延长 3340m，控制长度 2580m，厚 1.14～66.84m，平均 27.59m，变化系数 67.04%；矿体分布标高 3412～4159m，沿倾向最大延深 680m，一般 220～350m。该矿体在 31 线～27 线之间受 F1 断层错动而断开，断距约 26m。勘探线 P11 与 P19 之间矿体厚度大，工程控制程度高，品位较高，为矿区首采地段。

　　矿体形态为大脉状，在地表未出现分支复合现象，走向上向两端自然尖灭，沿倾向上则自见矿工程外推 80m 尖灭。总体走向北西-南东，倾向北东，局部有变化。矿体自勘探线 P43 北西 80m 处开始至 P39 线南东 100m 处，走向为 134°～314°，倾向 44°，倾角 84°～85°；而从 P39 南东 100m 处至 P23 南东 100m 处，走向为 147°～327°，倾向 47°，倾角 70°～75°；从 P23 南东 100m 处至 P17 南东 100m 处，走向为 139°～319°，倾向 49°，倾角 69°；从 P17 南东 100m 处至 P13 南东 100m 处，走向为 143°～323°，倾向 53°，倾角 69°；从 P13 南东 100m 处至 P04 南东 100m 处，走向为 135°～315°，倾向 45°，倾角 67°～69°。

（四）含锂伟晶岩的类型及分布规律

　　按照组成伟晶岩的主要造岩矿物（微斜长石、钠长石、锂辉石、锂云母等）的含量，党坝锂辉石矿床的伟晶岩可以分为 5 类：微斜长石型、微斜长石钠长石型（包括含锂辉石微斜长石钠长石型和不含锂辉石微斜长石钠长石型）、钠长石型（包括含锂辉石钠长石型和不含锂辉石钠长石型）、钠长石锂辉石型和钠长石锂云母型。各类型花岗伟晶岩的基本地质特征见表 3.9。

表3.9　党坝锂矿区各类型花岗伟晶岩的基本地质特征

花岗伟晶岩类型	母岩时代及岩性	周岩蚀变特征	伟晶岩脉形态 形态	伟晶岩脉形态 大小	内部结构	交代作用	矿物成分 标型矿物	矿物成分 造岩矿物	矿物成分 稀有矿物	矿化特征	工业价值
I 微斜长石型	燕山晚期二云二长花岗岩	黑云母化	规则脉状、树枝状、透镜状	20~80m，一般<50m	一般为细-中粒结构带或变文象结构带，当分异完全时，有结构带。体结构带及石英核	在脉壁处偶见云英岩化，中部有微弱的白云母化	微斜长石、黑云母	微斜长石、钠更长石、石英、白云母、黑云母（少）	铌石、独居石、磷钇石、褐钇铌矿、绿柱石	有时具微弱的稀土及稀有元素矿化	一般不具工业价值
II 微斜长石钠长石型	燕山晚期二云二长花岗岩	白云母化为主，次为电气石化	规则脉状、大透镜状及串珠状	50~200m，一般为70m	分异较完全，一般边缘为细粒或中粒结构带，向内分为文象、变文象或中粗粒结构带。有时出现条纹长石单矿物带及石英核	在岩脉中部有微弱的钠长石化，有时有锂云母化	微斜长石、叶钠长石、电气石	微斜长石、钠更长石、石英、白云母、电气石	绿柱石、锂辉石（微量）、锂云母（少量）、铌铁矿（微量）	有时具有弱的绿柱石、锂辉石矿化，有时有锂云母化	一般不具工业价值
III 钠长石型	燕山晚期二云二长花岗岩	黑云母化为主，次为电气石化	规则及不规则脉状、少量透镜状、板状	30~100m，一般为50m	分异不完全，仅有细晶岩带及细粒、中粒结构带，有时有石英钠长石交代集合体	具钠长石化，但不强烈且不普遍	条纹长石	微斜长石、钠更长石、石英、白云母	绿柱石、铌铁矿（微量）	具微弱的绿柱石、铌钽铁矿化	具有一定工业价值，注意评价绿柱石
IV 钠长石锂辉石型	燕山晚期二云二长花岗岩	主要为黑云母化	规则脉状、透镜状	20~2180m，不等，一般为200m	分异较好，一般有微、细、中粒结构构造，当切割较深时，还可以见到粗粒结构构造，在少数脉中还有石英核	强型钠长石化、等常锂云母化、云英岩化，仅见于脉壁带及裂隙，绢云母化少见	条纹长石、锂辉石	条纹长石、微斜长石、钠-更长石、石英、锂辉石	锂辉石、绿柱石、锂云母、铌钽铁矿	具很富的锂辉石矿化，伴生有铌钽铁矿、绿柱石矿、绿柱石化	为最有远景的锂辉石矿床类型，具有很大的工业价值
V 钠长石锂云母型	燕山晚期二云二长花岗岩	主要为黑云母化	不规则脉状	100~200m	分异不明显，一般有微、细、中粒结构构造，少数脉中间见石英核	具强烈钠长石化、锂云母化	条纹长石、锂云母	条纹长石、石英、锂云母、钠长石	锂云母及少量绿柱石	具锂云母矿化，伴生有绿柱石、铌钽铁矿矿化	为寻找绿柱石矿床的较有远景的类型

资料来源：四川省马尔康党坝乡锂辉石矿矿业评估报告，恩地矿评字〔2012〕第30703号。

党坝矿区的花岗伟晶岩具有一定的垂直分带和水平分带特点，自二云母花岗岩体向外（水平方向）依次出露：微斜长石型伟晶岩带、微斜长石钠长石型伟晶岩带、钠长石型伟晶岩带、钠长石锂辉石型伟晶岩带、钠长石锂云母型伟晶岩、石英核。在垂直方向上，伟晶岩类型由二云母花岗岩切割最深的地段向上，仍按Ⅰ→Ⅱ→Ⅲ→Ⅳ→Ⅴ→石英脉的分带性变化。矿区以Ⅳ类伟晶岩为主，Ⅴ类伟晶岩局部出现。同一脉体中有至多3种类型伟晶岩。但上述分带不是绝对的，常在同一地段发现两种以上的伟晶岩同时存在，从而破坏了分带的完整性，可能是多阶段脉动成矿造成的。

伟晶岩脉的产状，主要受产出部位主节理裂隙的控制，规模较大的脉体往往因产状相近的节理裂隙之间的交替作用，无论是在走向上，还是在倾向上，其产状是变化的，换言之，脉体受控于两组以上的节理裂隙。

在众多伟晶岩脉中，除Ⅰ、Ⅱ、Ⅳ、Ⅵ号脉体产于近东西向节理裂隙外，其余脉体均产于走向北西-南东向的节理裂隙中，倾角一般45°~85°。其中北西走向的矿脉呈右侧现排列，显示其受左行剪切应力场的控制，近东西走向的矿脉呈左侧现排列，显示其受右行剪切应力场的控制；在倾向上，图3.34中11勘探线剖面显示，矿体在由陡变缓的部位，其厚度变大，显示其控矿构造为逆断层。上述现象的出现是在近东西向挤压作用向，形成的同期配套的构造张剪裂隙控制，由此推断，北西走向的矿脉向南东方向侧伏，北东东走向的矿脉向北东方向侧伏，在Ⅵ矿脉附近可能存在一个隐伏的成矿岩体。

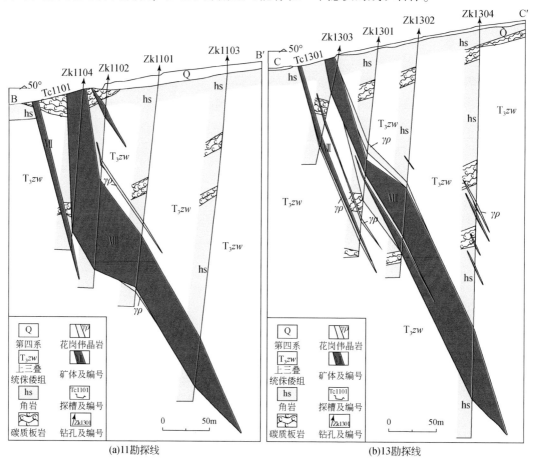

(a)11勘探线　　　　　　　　(b)13勘探线

图3.34　党坝锂矿床11勘探线和13勘探线剖面简图

党坝Ⅷ号矿脉主要由钠长石锂辉石化花岗伟晶岩组成，几乎全脉矿化，伟晶岩脉就是矿脉，但有向深部分岔尖灭的趋势。矿石品位稍富，含 Li_2O 平均 1.35%，伴生有 Nb_2O_5 0.009%、Ta_2O_5 0.005%、BeO 0.04%、Sn 0.05%。总体上伴生组分含量不高，但因为规模大，总量也不小，值得综合利用。矿区内花岗伟晶岩的矿物组成，因存在多次后期交代作用而复杂化（表3.10）。共发现45种矿物，若将变种一并计算在内则有55种之多。

党坝矿区的伟晶岩原始分异作用一般较差，仅Ⅱ、Ⅳ类型相对较好，常具不明显的带状构造，有时有石英核，但多不对称。其他类型伟晶岩的原生构造属未分异或分异不完全的类型，多具块状构造。文象结构带是Ⅰ、Ⅱ类伟晶岩特有的结构带。交代作用带（或交代集合体）重叠在原生结晶带上，故部分伟晶岩呈斑杂状构造。

表3.10　党坝矿区花岗伟晶岩矿物组成特征表

原始结晶矿物组合	交代作用矿物组合	热液矿物组合	表生矿物组合
石英（Ⅰ）、微斜长石（Ⅰ）正长石、钠更长石、钠长石（Ⅰ）、黑云母、白云母（Ⅰ、Ⅱ）、石榴子石（Ⅰ）、黑电气石、钛铁矿、楣石、金红石、板钛矿、磷钇矿、锆石、水锆石、磷灰石、独居石、铌钽铁矿（Ⅰ）、绿柱石（Ⅰ）、磁铁矿、黝帘石、天河石	石英（Ⅱ）、钠长石（Ⅱ、Ⅲ）、白云母（Ⅲ）、多色电气石（Ⅱ）、磷锂铬铁矿（Ⅰ）、锂辉石（Ⅱ、Ⅲ）、绿柱石（Ⅱ、Ⅲ）、铌钽铁矿（Ⅱ、Ⅲ）、锂云母、锂闪石、铁锂云母、微斜长石（Ⅱ）、磷铝石	锡石、黑钨矿、方铅矿、黄铁矿、黄铜矿、腐锂辉石、石英（Ⅲ）、绢云母、石墨、黄玉、锂绿泥石、锂霞石、方解石	高岭土、褐铁矿、钙铀云母、孔雀石、叙永石、胶岭石

注：Ⅰ、Ⅱ、Ⅲ示矿物世代。

在空间上，由北向南，沿大渡河分别出露可尔因复式岩体、根则岩体、地拉秋伟晶岩体，其岩性由二云母细粒花岗岩、含石榴子石电气石白云母钠长石细粒花岗岩逐渐过渡到粗粒伟晶岩，伟晶岩化强度和矿化强度逐渐增加。岩体附近伴生的岩脉的岩性也逐渐变化，可尔因岩体附近岩脉主要为白云母花岗岩、含电气石石英伟晶岩；根则岩体附近的岩脉主要为钠长石花岗岩、长石云母伟晶岩，出现了伟晶岩壳（图3.35）；在地拉秋伟晶岩体附近出现了一系列的钠长石锂辉石伟晶岩型矿脉，如党坝的Ⅰ、Ⅱ、Ⅲ、Ⅳ、Ⅴ、Ⅵ和集沐锂辉石矿床等。在成岩成矿时代上，双江口的可尔因岩体为距今202Ma（锆石U-Pb）、根则岩体为距今176Ma（白云母Ar-Ar）、集沐伟晶岩锂辉石矿为距今152Ma（白云母Ar-Ar）（李建康等，2006a）。由北向南，岩浆岩的成岩时代逐渐变年轻；由老到新，其矿化强度逐渐增强，矿化中心逐渐向南迁移或者北部的矿体已经被剥蚀。在矿床规模上，自西向东，由李家沟超大型锂辉石矿床→集沐大型→党坝Ⅰ矿脉（中型）→党坝Ⅵ矿脉（小型）→党坝Ⅷ矿脉（超大型），矿床规模由超大型→大型→中型→小型→中型→超大型，即以党坝Ⅵ矿脉为中心，向北和向西，矿床规模逐渐增大，矿化强度也增大（图3.36，图3.37）；其矿床的产状由李家沟东西走向逐渐过渡到党坝Ⅷ矿脉的北西走向，形成了一个半圆弧状。

综上所述，依据岩浆岩的时空演化规律，矿床的地质特征、规模、产状特征及其空间分布特征，并且在党坝Ⅵ矿脉附近出现了粗粒、晶形很好的红柱石和十字石（图3.38，图3.39），预示上述矿床的成矿岩体可能位于党坝Ⅵ矿脉附近。

图 3.35　根则岩体附近岩脉伟晶岩壳

图 3.36　党坝 I 脉粗粒锂辉石晶体

图 3.37　党坝Ⅵ脉蜂窝状锂辉石集合体

图 3.38　党坝Ⅵ脉附近围岩中的红柱石集合体

图 3.39　党坝Ⅵ脉附近围岩中十字石

（五）锂矿石特征及可利用性

锂矿石主要呈斑杂状、块状和条带状构造，半自形细-中粒不等结构和交代残余结构。主要矿石矿物为锂辉石，局部有锂云母，含少量绿柱石、铌钽铁矿、锡石；脉石矿物主要为石英、微斜长石和钠长石，其中锂辉石以微晶（长<1cm、宽<2mm）和细晶为主，也有大量中粗晶锂辉石产出，绿柱石、铌钽铁矿主要呈细-微晶产出。

矿石主要表现为细晶、中晶结构，次为交代结构、熔蚀结构。对于微晶结构，锂辉石晶体长度<1cm，宽度<0.2cm，没有完整的晶面，呈他形粒状，主要出现于各种交代带（集合体）中。对于细晶结构，锂辉石晶体长1~5cm，宽0.2~0.5cm，多呈半自形，晶面发育不完整，为矿体的主要矿石结构。对于中晶结构，锂辉石晶体长5~10cm，宽0.5~2cm，呈自形晶，有时为半自形晶体，见于矿体边缘。对于粗晶结构，锂辉石长10~50cm，宽3~5cm，晶体完整，很少见。对于巨晶结构，锂辉石长度>50cm，宽度>5cm，晶面完整，极为少见。对于交代结构，常见早阶段形成的锂辉石、绿柱石被晚阶段形成的矿物熔蚀，使晶体边缘呈锯齿状，称为熔边结构，如锂辉石单晶被粒状石英交代或锂辉石晶体中包裹有粒状石英，形成筛状或蠕虫状结构。另外，在成矿过程中或之后，在构造应力作用下，矿石矿物受到局部破坏，锂辉石晶体发生弯曲、折断及破碎而形成压碎结构。

矿石构造以块状构造为主，次为斑杂状、浸染状、条带状构造。对于块状构造，锂辉石呈定向平行排列，垂直脉壁产出，分布均匀；对于条带状构造，细、中、粗晶锂辉石平行长条状微斜长石残体分布，或锂辉石与拉长粒状的石英相间排列而构成明显的条带。对于斑杂状构造，不常见，但可见粗大的锂辉石和绿柱石晶体无定向地稀疏分布于基质中。对于浸染状构造，细晶绿柱石、钽铌铁矿、微晶锂辉石呈星散状零星分布或与钠长石组成巢状集合体。

矿石矿物以锂辉石为主，含量在10%~25%，最高达55%；锂云母含量5%~10%，最高达45%。含少量绿柱石，微量钽铌铁矿。含铷微斜长石（天河石）的含量变化于0~30%。脉石矿物主要是石英，含量25%~40%；微斜长石15%~40%，钠长石、更长石25%~40%。其他副矿物或后期热液蚀变交代矿物含量低，主要有锡石、黑钨矿、磁铁矿、榍石、金红石、锆石、透锂长石、锂电气石等。由于主要矿物就是锂辉石，选矿过程中需要考虑的就是锂辉石的回收率，因而工艺流程相对简单，选矿成本也相对较低。

党坝Ⅷ号矿脉品位较高（平均含 Li_2O 1.35%），而且品位均匀（变化系数仅为17.40%），对开发利用极为有利。据部分单矿物分析资料，矿区内锂辉石含 Li_2O 7.33%，SiO_2 66.42%，Al_2O_3 22.54%，MnO 0.091%，Fe_2O_3 0.26%。Fe_2O_3 含量低于四川甘孜州甲基卡的锂辉石（0.40%~1.15%）（唐国凡等，1984）。含铁和杂质较低，有利于生产高品级锂辉石精矿。

三、扎乌龙锂矿

扎乌龙稀有金属花岗伟晶岩位于四川西北角的石渠县呷衣乡，西缘跨入青海省的称多县。地理坐标：97°33′E，33°29′N。矿区交通很不方便。扎乌龙至青海竹节（珍秦乡）约35km，至石渠西区（四川境内公路最近点）约90km，至竹节一带地形平坦，易于修筑公路；竹节至西宁 750km，至成都 1200km，皆有公路相连。歇武至石渠段有 90km 的简易公路。矿区出露的白云母花岗岩岩体与含稀有金属伟晶岩脉有密切的时空关系及成因联系。由于扎乌龙属于高寒地区，工作条件恶劣，研究程度较低。

（一）成矿地质背景

扎乌龙矿床位于四川省甘孜州石渠县西区呷衣乡 305°方向 42km 处的卡亚吉一带，矿床的西矿区属青海省玉树藏族自治州称多县草坞乡管辖（图 3.40）。

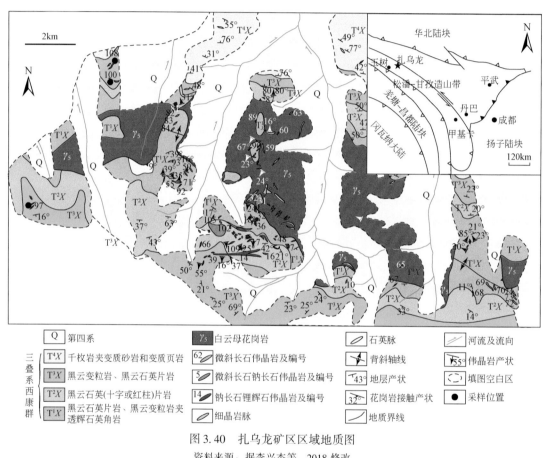

图 3.40　扎乌龙矿区区域地质图

资料来源：据李兴杰等，2018 修改

工作区除第四系松散层外，全为一套原岩为砂、泥质的变质岩。据邻区资料，可与三叠系西康群对比。三叠系西康群由黑云母变粒岩与黑云母石英片岩互层组成，夹透辉石石英角岩；出露于扎乌龙背斜轴部，为本区最老地层。因岩体侵入分割，部分呈残留顶盖出现。最大出露厚度约 700m。

与扎乌龙锂矿具有密切成因联系的是扎乌龙花岗岩体，侵位于扎乌龙背斜。扎乌龙背斜核部为扎乌龙花岗岩体所占据，矿体赋存于背斜两翼，两翼地层为上三叠统巴颜喀拉山群上亚群（T_3by），自上而下可划分如下。

板岩组（T_3by^c）：岩性为灰黑色石英砂岩及薄层状粉砂岩。岩石受热变质作用的影响而出现片岩、变粒岩。

砂岩板岩互层组（T_3by^b）：岩性为灰–深灰色泥质板岩与岩屑石英变砂岩、硬砂质长石石英砂岩互层，局部地段相变为粉砂岩。受热接触变质作用的影响而出现的变质岩有灰黑色二云母石英片岩、黑云母片岩、含石榴子石十字石二云母片岩、黑云母石英片岩等。有较多矿脉侵入，是主要的储矿层。此层在背斜北东翼薄，南西翼厚，最大厚度约 1500m。

砂岩夹板岩段（T_3by^{a-3}）：岩性为灰色厚–巨厚层状中细粒岩屑石英变砂岩夹长石石英砂岩、石英砂岩岩屑长石石英砂岩、深灰色板岩、粉砂岩及灰岩透镜。岩石受热变质体的影响而出现片岩、变粒岩。

钙质黑云母变粒岩夹黑云母变粒岩：变质浅者呈变质砂岩、千枚岩出现，内夹有阳起石透辉石石英角岩，也有较多矿层侵入，一般厚 500～800m。

千枚岩：工作区内仅在背斜北东翼出现，除千枚岩外，夹有少量变质砂岩。有较多细晶岩、煌斑岩、蚀变中性岩等脉岩侵入。出现厚度在 2000m 以上。

上述地层均经受了印支旋回不同程度的变质作用。区域动力变质较浅，发育广泛、均匀，形成时间较早，属绿片岩相；叠加其上的区域接触变质与花岗岩关系密切，绕岩体呈晕圈状分布，变质带宽 1～4km，南宽北窄，由内向外变质程度由深变浅，形成时间稍晚，矿物组合变化较大，可形成不同类型的岩石，主要为角闪石角岩相。伟晶岩脉的分布受区域接触变质带的控制。经区域变质和接触变质作用而形成黑云母石英片岩、二云母石英片岩和红柱石、十字石石英片岩等中浅变质岩系。

第四系：本区浮土掩盖面积在 1/2 以上，均为松散层，按成因可分残积、坡积、冰碛、冲积和生物化学沉积等，以坡积、冰碛、冲积为主，一般厚在 5～10m。矿区 50% 以上为第四系覆盖，第四系均为松散的残积、坡积、冰积及冲积堆积物。厚度一般在 5～10m。沟谷为高山草甸或泥炭沼泽沉积。

矿区成矿主要受到卡亚吉背斜控制，背斜两翼小褶皱极为发育，褶皱轴向北西西—南东东，两翼岩层产状较缓（倾角为 15°～25°），北翼岩层产状较陡（倾角为 36°～57°）。

本区大地构造位于滇藏“歹”字形构造头部，区域构造线呈北西–北西西向。区内构造以褶皱为主，断裂次之，节理发育。

褶皱以扎乌龙背斜为主体，控制了成矿母岩体的形成。褶皱轴向北西西–南东东。两翼不甚对称，南翼岩层产状较缓（倾角为 15°～25°），北翼岩层产状较陡（倾角为 36°～57°）。两翼小褶皱极为发育，多为同斜相似形，也有平卧倒转者，一般规模小。背斜两翼分布有黑云母石英片岩夹十字石（或红柱石）黑云母石英片岩，夹有少量黑云母变粒岩、透辉石石英角岩。岩性变化较大，十字石和红柱石可同时出现，也可同时消失。

规模较大的有两条断裂，属于成矿后断裂，未对矿脉产生破坏作用。F_1 发生于花岗岩中，为平移断层，产状陡，近于直立，东西向延长。F_2 也发生于花岗岩中，为正断层。

区内褶皱很发育，是控制伟晶岩脉的主要构造。变质岩中节理产状主要受褶皱轴向控制，以两组陡倾剪节理占绝对优势。主要矿脉均受平行褶皱轴的一组剪节理控制，与轴直交的一组节理中几乎没有矿脉充填，这可能与节理特性和活动时间有关。

（二）花岗岩体及伟晶岩地质特征

燕山期卡亚吉白云母花岗岩沿卡吉亚背斜核部侵入，在岩体内外接触带花岗伟晶岩十分发育，以外接触带为最，常成群出现，尤以卡亚吉岩体的南侧最为集中。

矿区侵入岩发育燕山期卡亚吉白云母花岗闪长岩（$\gamma\delta_2^5$），沿卡亚吉背斜核部侵入于上三叠统巴颜喀拉山群上亚群砂岩夹板岩组的砂岩夹板岩段，呈岩层状产出。以花岗伟晶岩脉为主，次有石英脉、煌斑岩脉及细晶岩脉。其中花岗伟晶岩脉与稀有金属矿化关系密切。

1. 白石母花岗岩

白石母花岗岩主要呈不规则纺锤形岩基状产出，出露面积约 $58.1km^2$。在岩体顶部尚残留围岩顶盖，说明岩体侵蚀切割浅，剥蚀程度低。岩体与围岩界线清楚，岩体接触面产状受地层的控制由内向外倾斜。

白云母花岗岩多为细–中粒花岗结构，块状构造，主要由石英、钾长石、钠长石、白云母、黑云母组成。副矿物有石榴子石、黄铁矿、电气石、磷灰石、锆石及微量榍石、金红石、钛铁矿、铌钽铁矿等。次生矿物有绢云母、绿泥石、高岭土等。

围岩蚀变主要为接触变质与白云母花岗岩体密切相关。围绕岩体变质带宽 $1\sim4km$，南宽北窄。变质程度随远离岩体而变浅。花岗伟晶岩脉明显受变质带的控制，主要分布于岩体内外接触带。

2. 细晶岩脉（1）

细晶岩多分布在岩体外接触带地层中（T_3by^b、T_3by^c），为顺层侵入的似层状脉体，一般长 $100\sim300m$，厚 $1\sim2.5m$，灰白色细晶结构，块状构造，部分见少量石英斑晶。

3. 石英脉（q）

岩体及地层中均有分布，规模不等，多为不规则状脉体。变质带中的石英脉常见围岩角砾及方解石团块，主要由细晶石英组成，偶有少量白云母。

扎乌龙稀有金属花岗伟晶岩田 $153km^2$ 范围内已统计伟晶岩脉 111 条，其中矿脉 26 条，矿化脉 11 条，矿化率高达 36.6%。其中锂矿脉 20 条（BeO>0.05%的 7 条，（Nb+Ta）$_2$O$_5$>0.02%的 4 条），为一大型锂矿床。

矿区伟晶岩脉共有 111 条，规模不等，大者长 2km、宽 80m，小者长约 10m、宽约 0.5m。伟晶岩脉形状不规则，多呈长条脉状产出，少数呈透镜状，有明显的水平分带现象。根据伟晶岩的特征以岩体为中心由内向外作环带状分布，矿区内的伟晶岩可划分为：微斜长石型→微斜长石钠长石型→钠长石型→钠长石锂辉石型→锂（白）云母型。微斜长石型伟晶岩一般分异较差，多呈网脉状、透镜状或团块状，部分与二云母花岗岩呈过渡关系，并呈似伟晶岩产出。微斜长石–钠长石型伟晶岩主要由不含矿的微斜长石与粗大的白色石英晶体组成，可见大量的电气石，没有明显的分带特征。钠长石–锂辉石型伟晶岩脉一般具有良好的分异特点，大型岩脉具有全分异型特征。锂（白）云母型伟晶岩脉分布于钠长石锂辉石型的边缘或外侧，可见细粒的长石、石英和白云母。

扎乌龙 97 号、100 号、108 号脉属于钠长石锂辉石型伟晶岩脉，长约 50m，宽 3~5m。97 号、100 号、108 号脉均具有一定的分带性，从脉边部至内主要可以分为两个带：微斜长石钠长石带和钠长石锂辉石带，主体为钠长石锂辉石带（约占整条伟晶岩脉的 90%）。钠长石–锂辉石带主要由锂辉石、石英、钠长石和白云母组成 [图 3.41（a）]。其中，锂辉石主要分两个世代：早世代锂辉石（Ⅰ）呈浅绿色或灰白色，长 1~10cm，宽 0.5~

1cm, 空间上呈自形晶长条板柱状与石英、钠长石、白云母共生 [图3.41 (b)]; 晚世代微晶锂辉石 (Ⅱ), 为粗粒状他形或半自形晶状晶体, 长0.5～1cm, 宽0.5～2mm, 排列杂乱, 多充填于其他矿物颗粒之间, 常与糖粒状钠长石共生 [图3.41 (c)]。石英可分为两个世代, 石英 (Ⅰ) 为原生期生成, 与锂辉石、钠长石共生, 他形粒状, 一般粒度较大, 主要呈不规则状在锂辉石晶体颗粒间隙生长, 通常可观察到早期石英呈不规则状在锂辉石晶体颗粒间隙生长, 早期石英明显晚于锂辉石形成; 石英 (Ⅱ) 为交代期生成, 常与钠长石、白云母共生, 有交代微斜长石现象, 一般为等轴粒状, 粒度较小, 表面洁净, 常呈块状集合体出现 [图3.41 (d)]。

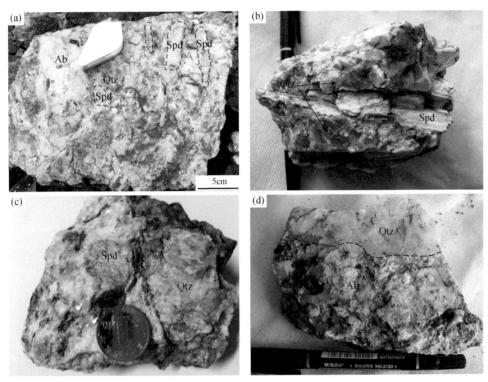

图3.41　扎乌龙矿区钠长石锂辉石伟晶岩脉手标本照片

(a)、(b) 钠长石锂辉石伟晶岩脉内的锂辉石与长石、石英共生, 锂辉石呈柱状梳状结构且自形晶较好;
(c) 钠长石锂辉石伟晶岩脉内的锂辉石与长石、石英共生, 锂辉石呈粒状结构; (d) 钠长石锂辉石伟晶岩内,
晚期块状粗粒石英与钠长石共生。Spd-锂辉石; Qtz-石英; Ab-钠长石

第二节　区域成矿地质条件

川西地区的伟晶岩型矿床处于松潘-甘孜造山带内, 该造山带位于中国的西南部, 具有与一般线性造山带不同的"几何形态"、"造山极性"及"构造体制"。松潘-甘孜造山带北侧以阿尼玛卿缝合线与劳亚古陆的华北陆块相隔, 西侧以金沙江缝合带与冈瓦纳大陆外缘的羌塘-昌都陆块毗邻, 东南缘以龙门山-锦屏山与扬子陆块相连。

松潘-甘孜稀有金属成矿带作为我国著名的稀有金属成矿带之一, 自中生代以来, 构造活动强烈, 多期次岩浆作用显著, 与中生代岩浆-热液作用有关的稀有金属成矿作用普遍存在（陈毓川等，2007；李建康等，2014）。成矿带内分布有扎乌龙、可尔因、甲基卡、九龙等著名的稀有金属矿田。甲基卡式"五层楼+地下室"找矿勘查模型的建立，对于指导热穹隆构造区伟晶岩型稀有金属矿床的勘查工作，具有重要的指导作用和参考意义。

区域上，松潘-甘孜成矿带内伟晶岩型 Li、Be、Nb、Ta 稀有矿床（点）包括平武、马尔康、丹巴、甲基卡等，均分布于上三叠统的沉积岩及浅变质岩中。断裂构造的发育并不利于硬岩型稀有金属矿床的成矿和保存，矿床密集分布的部位往往呈现"环形构造"特征，指示区内硬岩型稀有金属矿床严格受到一系列热穹隆的控制，同时与印支期岩浆活动密切相关，其中与 γ_5^1 和 $\gamma\eta_5^1$ 的关系尤为紧密，指示其与酸性岩浆演化存在一定关联。

在川西，围绕陆壳重熔型花岗岩底辟穹隆体的顶部及周缘，受成穹期构造裂隙系统控制，有数千条花岗伟晶岩（矿）脉成群、成带产出。与花岗岩浆作用有关的伟晶岩型锂、铍、铌、钽、铷（铯）等稀有金属矿产是四川的主体类型。目前，已发现锂、铍、铌、钽、铷（铯）等大型、超大型稀有金属矿产地共 70 余处，其中大多数产地有多种稀有金属共（伴）生。根据成群、成带的产出特征，可划分为石渠扎乌龙稀有金属成矿区、康定-雅江稀有金属成矿区（甲基卡稀有金属矿田）、马尔康-金川稀有金属成矿区（可尔因稀有金属矿田）以及九龙稀有金属成矿区。以甲基卡和可尔因规模最大，构成稀有金属伟晶岩矿田。甲基卡矿床位于松潘-甘孜造山带被动陆缘中央褶皱-推覆带中段；可尔因矿床位于马尔康被动陆缘中央褶皱推覆带。

一、岩浆岩条件

晚三叠世之后，松潘-甘孜造山带结束了主要沉积历史而进入陆缘-陆内造山时期，促使大量的中生代岩浆侵位。区内侵入岩分布广泛，并以印支期中酸性侵入岩为主，另有少量晋宁期花岗岩类和燕山期酸性侵入岩。在造山带主体产出的花岗岩具有明显的时空分带特点，印支期的花岗岩主要分布在造山带主体的外围及西部，燕山期的花岗岩则主要分布在造山带主体的东缘中部，整体表现为印支期花岗岩包围燕山期花岗岩的特征。

晋宁期花岗岩主要出露在松潘-甘孜造山带南部丹巴地区，以格宗岩体和东谷岩体为代表，前人研究给出锆石 U-Pb 年龄分别为 864Ma 和 798Ma（徐士进等，1996）。格宗岩体主要由黑云母花岗岩、角闪石花岗岩和二长花岗岩组成。东谷岩体主要由黑云母花岗岩组成，与围岩呈构造接触，经历较强烈的变质作用。研究认为它们都是扬子古大陆板块的古岛弧或古活动大陆边缘非成熟地壳的产物（蔡宏明等，2010）。

印支期中酸性岩遍布全区，在南部九龙地区，东部金川、马尔康地区，中部久治地区，达日地区，西部巴颜喀拉地区有较大规模的花岗岩侵入体出露，它们与三叠系巴颜喀拉山群呈侵入接触关系。岩石成因类型多样，包括 S 型、I 型、A 型花岗岩类。尽管成因类型不同，但它们的形成时代大部分在距今 227～195Ma，较少部分形成于侏罗纪。研究区内出露有燕山期中、基性岩浆侵入体，多呈小岩株状产出，零星分布，目前未见详细的年代学及地球化学研究成果报道。区内印支期中酸性侵入岩特别发育。其中二（白）云母花岗岩是区内含锂伟晶岩的成矿"母岩"（李建康等，2007；赵玉祥等，2015），如甲基卡二云母花岗岩、扎乌龙白云母花岗岩、金川可尔因二云母花岗岩、赫德白云母花岗岩、滴痴山二云母花岗岩等岩体。成矿"母岩"多呈不规则状岩株产出，出露面积几平方千米至一百多平方千米，成岩年龄 159.8～214.65Ma，多为印支晚期产物（唐国凡和吴盛先，1984；王登红等，2005；李建康等，2007；梁斌等，2016；唐屹，2016）。

总体来说，松潘-甘孜造山带内火山活动较弱，以中、酸性为主，火山岩在不同时期发育程度不同。二叠纪火山活动较弱，主要分布在久治地区，属于海相喷发，火山岩仅在地层中呈夹层状产出，主要岩石类型为安山玄武岩、安山岩、流纹英安岩等；三叠纪同样属海相喷发时期，火山活动弱，岩层主要分布在达日地区，在巴颜喀拉山群上组中呈夹层状产出。侏罗纪火山岩活动相对较强烈，岩层在阿坝、久治、达日等地区均有零星分布，属陆相喷发，组成区内侏罗系年宝组的主体，角度不整合上覆于巴颜喀拉山群之上，主要岩石类型是中酸性熔岩和火山碎屑岩。关于火山岩的年代学和地球化学，未见详细报道。

松潘-甘孜造山带中岩脉较为发育，数量较多，类型多样，主要为酸性岩脉，分布不均匀，多零散分布，偶见密集分布，在晚三叠世侵入岩及其外围较为发育，围岩为三叠系巴颜喀拉山群或者晚三叠世侵入岩，展布方向为北西向，平行于区域构造线。主要类型有黑云母花岗岩脉、正长花岗岩脉、花岗斑岩脉、斜长花岗斑岩脉等。另外在巴颜喀拉地区有基性岩脉分布，主要岩石类型为辉长岩和辉绿玢岩。其他类型的脉岩，如煌斑岩脉、石英脉等相对较少，零星分布在三叠系及下侏罗统中。

在松潘-甘孜造山带内产出的花岗岩具显著时空分带特征，总体表现为印支期花岗岩主要分布在造山带外围及西部，而燕山期花岗岩则主要分布在造山带东缘及中部（李建康，2006）。其中，中生代酸性岩体多呈不规则圆形或长条状，少数侵位于古生代变质岩中，大多侵位于三叠纪浅变质岩系中。区内伟晶岩型 Li、Be、Nb、Ta 等稀有矿产资源丰富，目前已发现的矿床（点）主要分布于甲基卡、马尔康、丹巴、平武等地区。

二、地层条件

松潘-甘孜地体总面积十多万平方千米，出露地层以三叠系西康群为主，为一套浊流沉积相复理石建造沉积，厚度逾万米。三叠系西康群主体岩性为砂板岩、板岩、千枚岩以及变质砂岩等，该套地层为花岗伟晶岩脉的赋脉（矿）围岩。区内地层划分尚不统一，本书主要参考四川省地质矿产局编订的《四川省区域地质志》中松潘-甘孜地区的地层层序。松潘-甘孜造山带广泛出露三叠系，大量缺失侏罗系及其后的地层，显示了造山带在三叠纪后抬升成陆，遭受了长时间的剥蚀。调查区矿床主要分布于松潘-甘孜造山带的马尔康—雅江逆冲—推覆带的上三叠统西康群复理石地层中。下三叠统菠茨沟组和日拉沟组，为灰色、紫红色、灰绿色板岩和结晶灰岩互层夹砾岩，与二叠系假整合接触，产双壳类和牙形石，厚132m；中-上三叠统杂谷脑组为复理石碎屑岩系，以砂岩为主，夹灰岩，底部见砂砾岩和铁矿层，产双壳类和牙形石，厚 300～1000m；上三叠统，自下而上，侏倭组为砂板岩韵律式互层；新都桥组以浊流相黑色板岩为主，含黄铁矿、菱铁矿结核；雅江组为潮坪砂岩夹板岩，碎屑物成熟度低，产双壳类和植物化石，总厚逾 4000m。在复理石沉积之下，为上震旦统—古生界系列，主要出露于松潘-甘孜地体东部龙门山断裂带附近，呈带状分布。太古宙—中元古代结晶基底为中-深度变质岩，仅在松潘-甘孜东部边缘呈穹隆状局部出露。三叠纪前的地层多分布在造山带主体的周边地区及汶川-丹巴腹陆弧形滑脱-推覆带，特别是在丹巴地区，构成一个巨大的背形，区域遭受了强烈的变质作用。

三叠纪前的地层多分布在造山带主体的周边地区，及汶川–丹巴腹陆弧形滑脱–推覆带。在垂向上，松潘–甘孜造山带东缘的地层可划分为表层未变质弱变形陆相碎屑岩系、上部纵弯褶皱浅变质系、下部顺层流变–褶皱中深变质岩系、基底变质–岩浆杂岩4大构造–岩浆地层系统（侯立玮和付小方，2002），具体内容如表3.11所示。

表3.11　松潘–甘孜地区地层层序表

地层划分			符号	厚度/m	主要岩性及分布
第四系			Q	>1000	现代沉积物，主要分布于龙日坝、阿坝、若尔盖盆地一带
白垩系—新近系			K—N	>1500	红色砾岩，零星分布于黑拉、阿坝、武都一带，与下伏地层 T_3y 呈不整合接触
三叠系	上三叠统	雅江组	T_3y	3000	中–厚层粗粒、中–细粒岩屑长石砂岩，夹绢云母粉砂岩及板岩，零星分布
		新都桥组	T_3xd	800	含碳质、粉砂质板岩，夹介壳粉砂岩及细粒长石石英砂岩，广泛出露
		侏倭组	T_3zw	2000	中–厚层细粒岩屑石英砂岩、粉砂质板岩互层，研究区均有出露
		杂谷脑组	T_3z	400	中–厚层细粒岩屑长石砂岩，夹少量板岩，主要分布于阿坝、炉霍、色达及雪山断裂北侧一带
	中三叠统	扎尕山组	T_2zg	2000	薄–中层中–细粒岩屑石英砂岩、粉砂岩及板岩多层韵律组合，夹火山角砾状灰岩、生物碎屑灰岩及藻团灰岩，仅于雪山断裂零星出露
		郭家山组	T_2gj	800	厚层微晶灰岩、生物碎屑亮晶灰岩，夹有多层介壳，局部见鲕粒，出露极少
	下三叠统	马热松多组	T_1m	500	中–厚层细晶泥晶白云岩与薄–中厚层白云质灰岩互层，理县、黑水少量出露
		扎里山组	T_1z	300	下段为薄–中层泥晶灰岩，上段为灰色、紫红色及肉红色薄中–厚层砂屑灰岩及泥灰岩，黑水断裂附近零星可见
古生界			Pz		主要分布于龙门山一带，基本平行于造山带走向
新元古界			Pt3		分布于龙门山腹陆，呈穹隆状产出，为一套中–深变质岩系，绿片岩–角闪岩相

资料来源：据侯立玮和付小方，2002及四川、甘肃、青海及陕西省区域地质志。

三、变质条件

松潘–甘孜地区的三叠系沉积层经受了极低级的变质作用。变质地层为三叠系义敦群、西康群，在甘孜–理塘深大断裂以西还包括上二叠统。这一套沉积层厚逾万米，以复理石建造为主。其中，东部的西康群和北部的草地群属复理石建造，西部义敦群属浅海岛弧环境火山岩–碎屑岩建造或复理石建造（四川省地质矿产局，1991）。

本区域三叠系的变质作用属于典型的区域低温动力变质作用类型，主要表现为板岩–千枚岩型单相变质。变质强度不超过低绿片岩相。受变质地层的底界均以角度不整合或平行不整合与下伏海西期区域动力热流变质岩系相隔（四川省地质矿产局，1991）。前人的研究表明，变质矿物组合十分单调（四川省地质矿产局，1991）。在变质泥岩中，经常出现石英+钠长石+绢云母绿泥石组合。在马尔康—班玛县一线以北西康群或草地群分布范围内出现较多雏晶黑云母。在义敦群变质基岩和中-基性火山岩中出现的变质矿物组合为钠长石绿泥石绢云母绿帘石类，部分见有阳起石、黑云母。变质矿物共生组合表明，变质强度均相当于低绿片岩相单相变质（索书田，1992；索书田等，1996；索书田和毕先梅，1998；梁斌等，2003）。

虽然三叠系的沉积经历了极低的绿片岩相变质，但震旦系—古生界序列（如在丹巴地区）却经历了 Barrovian 型变质作用（Mattauer et al.，1992；Huang，2003）。Huang（2003）通过对松潘-甘孜地区丹巴变质地体的测年（SHRIMP 独居石 U-Pb 法，石榴子石 Sm-Nd 等时线法）和变质作用温压条件分析，对比中生代花岗岩体形成时代，认为第一次变质作用主要发生于距今 204～190Ma，与扬子-华北两陆块碰撞造成的地壳加厚和缩短有关；第二次变质事件相对较弱，发生于距今 165Ma 前后，被认为是局部热扰动的产物（赵永久，2007）。

整个松潘-甘孜造山带内的古生界、中生界及沿造山带东缘出露的震旦系，均已不同程度变质。特别是在造山带东部，三叠系和古生界普遍遭受区域变质作用（表 3.12），形成十几个大小不等的变质穹隆体。例如，沿造山带东南缘出现一系列中压型变质穹隆体，如丹巴穹隆群，木里弧南缘的恰斯、江浪穹隆体。这些穹隆的核部以前震旦系的结晶基底为主，正片麻岩、副片麻岩及混合岩发育，周围的震旦系—古生界发育典型的巴罗型进变质带：夕线石→蓝晶石→十字石→石榴子石→黑云母→绿泥石带（图 3.42）。在这些典型巴罗型变质带穹隆体的东南侧还有一些变质程度很低，仅达到绿片岩相，无明显进变质矿物带的穹隆体，如丹巴弧东南侧的雪隆包、雅斯德，丹巴南的格宗，木里弧南缘的长枪。另一个典型的进变质低压变质带位于雅江地区（图 3.43），侯立玮等（1994）称之为浅层次的"热隆"。这些穹隆体的核部有与变质带不协调的"S"形花岗岩及大量的伟晶岩，周围的变质带——黑云母带、石榴子石带、红柱石带、十字石带、夕线石带呈环形分布于三叠系中。

表 3.12　雅江变质体的变质共生矿物组合

黑云母带	铁铝榴石带	红柱石带	十字石带	夕线石带
1. 石英+黑云母+绢云母+绿泥石 2. 石英+黑云母+绢云母 3. 石英+斜长石+黑云母+绿泥石 4. 石英+斜长石+黑云母 5. 石英+斜长石+黑云母+绢云母 6. 石英+斜长石+绢云母	1. 石英+黑云母+白云母+铁铝榴石 2. 石英+黑云母+白云母+铁铝榴石+硬绿泥石 3. 石英+黑云母+白云母+铁铝榴石 4. 石英+黑云母+白云母 5. 石英+黑云母+白云母+绿帘石 6. 石英+黑云母+铁铝榴石 7. 石英+黑云母+斜长石+铁铝榴石 8. 石英+白云母+斜长石 9. 石英+白云母+黑云母+斜长石+铁铝榴石	1. 石英+黑云母+白云母+铁铝榴石+红柱石 2. 石英+黑云母+铁铝榴石+红柱石 3. 黑云母+白云母+铁铝榴石+红柱石 4. 石英+铁铝榴石+红柱石 5. 石英+黑云母+斜长石+铁铝榴石+红柱石 6. 石英+黑云母+白云母+斜长石+铁铝榴石+红柱石 7. 石英+黑云母+白云母+斜长石+红柱石 8. 石英+黑云母+白云母+斜长石	1. 石英+黑云母+白云母+铁铝榴石 2. 石英+黑云母+白云母+铁铝榴石+十字石 3. 石英+黑云母+白云母+铁铝榴石+红柱石+十字石 4. 石英+铁铝榴石+红柱石 5. 石英+黑云母+白云母+铁铝榴石+红柱石 6. 石英+黑云母+铁铝榴石+红柱石+十字石 7. 石英+斜长石+黑云母+白云母+铁铝榴石+红柱石 8. 石英+斜长石+白云母	石英+斜长石+黑云母+白云母+铁铝榴石+夕线石

资料来源：据侯立玮和付小方，2002。

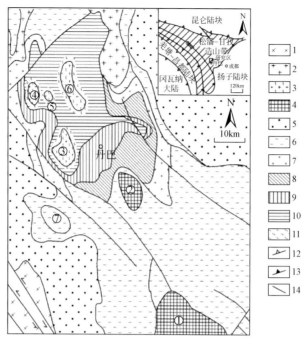

图3.42 丹巴地区变质地质略图

资料来源：据侯立玮和付小方，2002。

1-新生代平移型花岗岩；2-中生代花岗岩；3-混合岩化片麻状花岗岩；4-前震旦纪岩浆杂岩；5-绢云母–绿泥石带；6-黑云母带；7-石榴子石带；8-十字石带；9-蓝晶石带；10-夕线石带；11-混合岩化带；12-滑脱–推覆带及断层；13-逆冲带；14-断裂。①康定变质核杂岩；②格宗变质核杂岩；③公差片麻岩穹隆；④青杠林片麻岩穹隆；⑤托皮片麻穹隆；⑥春牛场片麻岩穹隆；⑦铜炉房构造穹隆

图3.43 雅江北部变质地质图

资料来源：据侯立玮和付小方，2002。

1-夕线石带；2-十字石带；3-红柱石带；4-石榴子石带；5-黑云母带；6-绢云母–绿泥石带；7-石英闪长岩；8-花岗岩；9-花岗伟晶岩；10-劈理产状；11-断层

四、地球化学条件

区域上，锂异常分布相对集中，强度高，多数为高强度异常，异常梯度和浓集中心十分明显，但规模不太大，异常主要分布在四川松潘-马尔康-理县-北川及九龙；铍的高强度异常区主要分布在四川巴塘-理塘、九龙、金川-理县-北川一带，其余地区中弱异常零星分布，范围也不大。铌异常及钽异常主要集中分布在黔滇一带，在四川异常强度不高，铌异常及钽异常分布特征基本一致，在理县、木里等地区有中弱异常分布；铷异常同样在四川地区异常强度不高，主要分布在稻城-巴塘-新龙-德格、马尔康-北川及壤塘、越西-石棉及九龙地区。铯异常主要分布在壤塘-马尔康-阿坝地区、义敦，还有九龙地区。锡的高强度异常区主要分布在四川义敦，中强异常主要分布在米易、冕宁-石棉及九龙等地区。

第三节　区域成矿规律

一、成矿的时间分布规律

自 20 世纪 60 年代起，获得的一系列年代学数据表明（图 3.44），产于在川西地区的甲基卡、可尔因、扎乌龙等花岗伟晶岩型锂矿床，均形成于松潘-甘孜造山带造山过程的相对稳定阶段。在印支期，华北板块、羌塘-昌都板块先后分别与扬子板块发生陆陆碰撞，构造应力自松潘-甘孜造山带主体外缘沿自北向南和由西向东的方向传递。在距今 244Ma 左右，自北而南构造应力首先使造山带外围的摩天岭地区发生强烈的南北向构造收缩和岩浆活动，并在距今 190Ma 左右进入相对稳定的发展阶段，形成雪宝顶矿床；在距今 204 ~ 202Ma，自北向南的构造应力传递到可尔因地区，使该地区发生大规模的岩浆活动，并在距今 150Ma 左右该地区进入相对稳定阶段，形成甲基卡锂矿床。在燕山早期，自北向南和自西向东的构造应力在丹巴地区会聚，使区域发生混合岩化及巴罗型变质作用（变质峰期）；再进入相对稳定的发展阶段，形成可尔因锂矿床。在东西方向，在距今 214Ma 左右，自西向东的收缩应力达到雅江地区，诱发岩浆活动；在距今 195Ma 左右，该地区进入相对稳定阶段，形成甲基卡锂矿床。在燕山早期，自北向南和自西向东的构造应力在丹巴地区会聚，使区域发生混合岩化及巴罗型变质作用（变质峰期在距今 180 ~ 150Ma 之间），在燕山中晚期也进入稳定的发展阶段，形成白云母矿床。

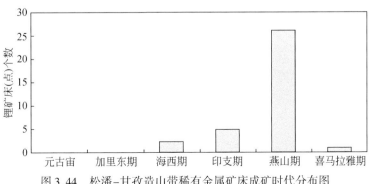

图 3.44　松潘-甘孜造山带稀有金属矿床成矿时代分布图

在甲基卡矿区范围内，围绕印支期马颈子二云母花岗岩体内、外接触带派生出一系列不同矿化类型的花岗伟晶岩脉。项目进一步厘清了甲基卡矿区内基性–中性–酸性岩浆序列，指示矿区内可能存在多个矿化中心。结合前人工作及野外实地调查，采集到区域内中性闪长岩、甲基卡矿区内基性的透辉闪长岩（简称透闪岩）、酸性的花岗质岩石（与马颈子岩体的特征不同），对其开展锆石 U-Pb 定年工作，进一步理清了矿区内岩浆演化序列。结果表明（图 3.45），甲基卡矿区可能存在两期基性岩浆活动，一为海西早期，距今（405.6±9.3）Ma；二为印支期，距今（235.8±9.4）Ma。结合其元素地球化学特征（透辉闪长岩中 Li 含量可达 $1226.07×10^{-6}$），可见印支期岩浆活动及演化与区内稀有金属成矿作用演化关系密切。对甲基卡矿区中含锂辉石伟晶岩中的锡石开展 U-Pb 定年，首次获得 308 号伟晶岩脉（210.9±4.6）Ma 和 133 号伟晶岩脉（198.4±4.4）Ma 的锡石年龄数据（图 3.46），基本代表了 308 号和 133 号伟晶岩脉中间带含锂辉石伟晶岩的成矿时代，指示甲基卡矿区内的 Li 等稀有金属矿化主要发生于印支晚期—燕山早期，均是印支旋回强烈造山运动之后相对稳定阶段的产物，对继续深化本区岩浆活动及成矿作用的研究具有重要指示意义。对矿区东北部出露的白塔山花岗岩开展年代学研究，指示其形成于距今（218.5±0.78）Ma。结合现有物探解译成果，指示矿区除马颈子花岗岩体外，有可能存在多个矿化中心，对进一步在矿区北部及东部的找矿预测提供了新的地质依据。

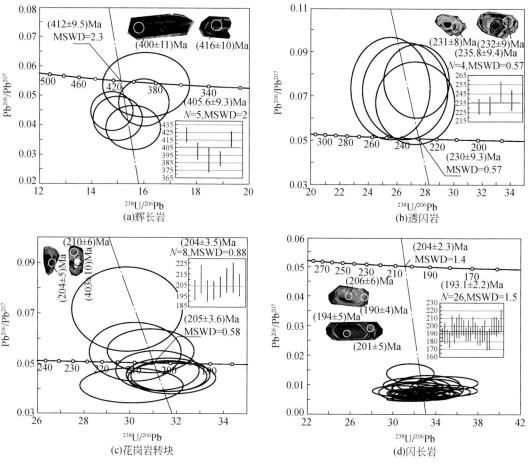

图 3.45　甲基卡矿区及外围岩浆岩中锆石的 U-Pb 年龄谐和图和权重图

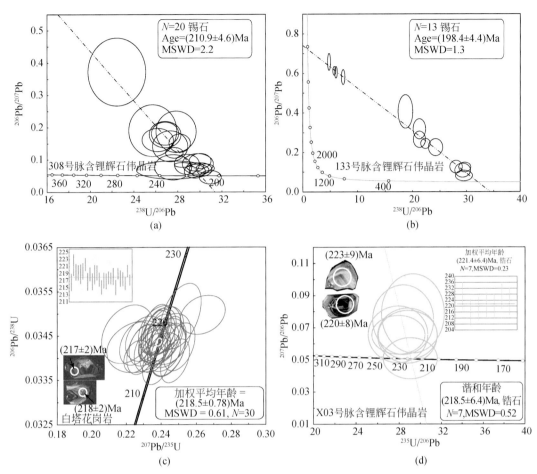

图 3.46　甲基卡矿区岩体和伟晶岩脉中锆石、锡石 U-Pb 年龄谐和图和权重图

从同位素年代学研究成果可以看出，稀有金属的成矿主要发生在后龙门山及巴颜喀拉冒地槽褶皱隆起阶段的印支期—燕山早期，即三叠纪—侏罗纪酸性岩体侵入围岩的内外接触带的石英脉或（花岗）伟晶岩脉中。成矿年代在距今 223 ~ 168Ma 年间，成矿母岩主要为印支期—燕山早期酸性岩体，成矿元素主要为钨、锂、铍、铌、钽等，区内的典型矿床为红石坝钨矿床、山神包锂铍矿床。

红石坝钨矿的成矿时期为燕山早期，赋矿岩石为燕山早期二云母花岗岩（γ_5^2）与泥盆系危关组（Dwg）碳质板岩、石炭系雪宝顶组（DCx）碳酸岩内外接触带的石英脉，成矿母岩为燕山早期二云母花岗岩。在燕山早期，二云母花岗岩侵入泥盆系危关组与石炭系雪宝顶组中。随着温度的降低，在构造裂隙、围岩接触带中，"岩浆室"顶部聚集的富含钨、铍、铌等矿物质及挥发分熔体、射气等逐渐冷却结晶成岩，形成富含钨、铍、铌等矿物质的石英脉。

山神包锂铍矿的成矿时期为印支期。赋矿岩石为前震旦系碧口群阴平组碎屑岩或印支二期似斑状黑云母花岗岩（γ_5^{1-2}）、印支三期二云母斜长花岗斑岩（γ_5^{1-3}）内外接触带或构造裂隙中形成的伟晶岩脉，印支期酸性侵入岩体是本区稀有金属矿主要成矿"母岩"。首先，印支一期二云母花岗岩侵入前震旦系碧口群阴平组碎屑岩中，形成大面积的印支一期酸性岩体;其次,印支二期似斑状黑云母花岗岩沿着印支一期酸性岩体边缘、裂隙侵入;最后,印支三期二云母斜长花岗斑岩沿着印支一期、二期酸性岩体的边缘、围岩裂隙侵入。在岩浆活跃期,随着花岗岩浆的结晶分异作用和气运作用的发展,在"岩浆室"顶部聚集富含锂、铍、铷等矿物质及挥发分熔体、射气。当构造平静期,就在原地形成伟晶岩异离体,当花岗岩浆系统平衡由于构造活动关系而受到破坏时,就沿着构造裂隙上升、充填,形成贯入成因的伟晶岩。伟晶岩主要形成于印支二期似斑状黑云母花岗岩、印支三期二云母斜长花岗斑岩及围岩的构造裂隙中。因此,锂铍矿主要形成于印支三期二云母斜长花岗斑岩的成岩晚期。

二、成矿的空间分布规律

四川省的硬岩型锂矿(锂矿类型主要分为硬岩型锂矿和盐湖卤水型锂矿)资源十分丰富,占全国的52.8%。目前,已发现的矿床(点)主要分布在松潘-甘孜造山带主体的东缘,如平武、马尔康、丹巴、雅江、九龙等地区。花岗伟晶型锂矿(甲基卡式)是四川省优势矿种,已探明 Li_2O 资源储量120多万吨,预测资源量500多万吨。主要集中分布在川西阿坝、甘孜地区,有矿床点15处,其中超大型3处,大型2处,中型3处,小型3处,矿点4处。主要矿床集中分布在石渠-雅江-九龙和马尔康-金川-小金两个成矿带上,前者有康定甲基卡、道孚容须卡、石渠扎乌龙、雅江木绒、九龙三岔河、康定赫德、德格塔卡等;后者有马尔康金川可尔因矿田、马尔康热水塘、马尔康日部和壤塘司药武(斯约武)等。

在项目工作区范围内,西到石渠县扎乌龙,东延至南秦岭镇安县核桃坪,北到平武县的雪宝顶,南到九龙县的乌拉溪,已发现大型、中型以锂为主的稀有金属矿产地几十处(图3.47),其中可尔因矿田的李家沟、业隆沟、甲基卡矿区的134号脉、新三号脉等达到大型-超大型规模,区内还有多处中小型矿产地,如九龙矿田的打枪沟、可尔因矿田的观音桥、集沐、平武的雪宝顶、石渠的扎乌龙等。

川西地区稀有金属矿床的分布和形成年代存在明显的分阶段性,主要表现为:①甲基卡矿床位于雅江被动陆缘中央褶皱-推覆带中段,形成年代为距今198~195Ma(王登红等,2005);②雪宝顶矿床位于松潘-甘孜造山带的东北部,摩天岭推覆构造带的外围,成矿年代为距今195~191Ma(曹志敏等,2002;李建康等,2007;刘琰等,2007);③可尔因矿床位于马尔康被动陆缘中央褶皱推覆带,形成年代为距今152Ma(李建康等,2006a);④丹巴矿床位于松潘-甘孜造山带的东缘中心部位,丹巴-汶川腹陆弧形滑脱推覆带的西翼,形成年代为距今125~114Ma(李建康等,2006b)。因此,松潘-甘孜造山带成岩成矿外围要早于内部,与华北及邻区中生代大规模成矿的重要成矿期一致,并与西秦岭成矿高峰期(距今170Ma)更为接近(李建康等,2007;许志琴等,2018)。从加里东期、海西期、印支期至燕山期均有伟晶岩及伟晶岩型矿床形成,由早至晚,元素和矿物组合越来越多、伟晶岩分带越来越完善、矿床规模越来越大、矿种由单一向综合演化(邹天人等,1985,1986;邹天人和李庆昌,2006;栾世伟等,1995;王登红等,2004;李建康等,2007;韩宝福,2008)。

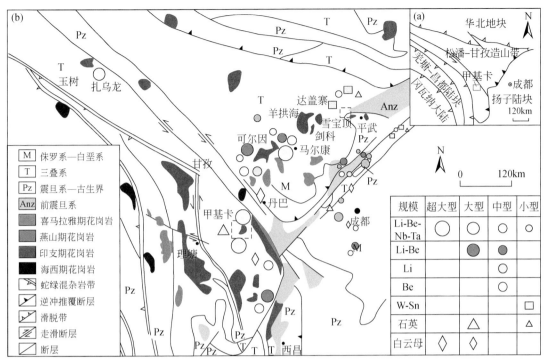

图 3.47　川西地区区域构造及稀有金属矿床分布略图

资料来源：据李建康等，2014 修改

三、区域矿产共生规律

四川是资源大省，已探明储量的矿产资源有 132 种。作为四川优势矿产的天然气、钒、钛、锂、硫铁矿、芒硝、岩盐等 16 种矿产在全国查明资源储量中位列前排。同样，位于四川西部的甘孜–理塘构造带是川西高原内一个重要的有色、贵金属、稀有、稀土和稀散金属成矿构造带。在四川西部，稀有、稀土和稀散金属矿产资源丰富，门类较全，工作程度较高，尤其是甘孜州和阿坝州以中生代伟晶岩型锂、铍、铌、钽为主的稀有金属、凉山州与新生代碳酸岩有关的稀土及与古生代碱性火山岩有关的铌（钽）和锆矿产，都是在 20 世纪就初步探明了的。另外，龙门山地区存在类型独特的硫磷铝锶矿，秦巴米仓山地区出现碳酸岩型铌钽矿，四川盆地（无论是西部还是东部）还存在卤水型的三稀矿产有待探明。

根据成矿条件，以三稀矿产资源为代表的战略性新兴矿产在川西地区可大致划分为 4 个成矿区（王登红等，2019）：①甲基卡及外围乾宁–九龙成矿区，包括道孚、康定、雅江、九龙四县（市）的一部分，面积约 5000km²，有康定甲基卡（大型）、道孚容须卡（中型）、雅江木绒（小型）等矿区，是川西最大的锂铍铌钽成矿区，预测锂（Li_2O）资源量 400 万 t；②可尔因及外围壤塘–金川成矿区，包括马尔康、金川、壤塘三县（市）的一部分，以可尔因花岗岩为中心，面积约 1000km²，有金川可尔因岩田（大型）、马尔康可尔因岩田（中型）、马尔康党坝（中型）等矿区，预测资源量（Li_2O）400 万 t；③石渠北部远景区，位于四川、青海交界处，面积约 200km²，区内石渠扎乌龙矿区仅 14 号脉 Li_2O 概查资源量即达 55 万 t，预测整个矿区资源量在 200 万 t 以上，上述三个主要成矿区及小金等非主要成矿区的锂矿资源总量预测可达 1000 万 t；④凉山州冕宁–德昌稀土远景区，21 世纪之前探明上表的稀土氧化物资源储量为 109.49 万 t，21 世纪以来经牦牛坪、大陆槽、羊房沟等矿区的进一步勘查，新增资源储量远超探明储量，预测远景资源储量在 500 万 t 以上。此外，川西的牦牛坪、大陆槽等地的稀土资源也极其丰富，仅次于内蒙古白云鄂博。虽然川西的资源总量不如白云鄂博，但品位高，有害杂质少，矿石矿物粒度大，易选冶，成本低，经济效益显著。还有，川西的有色金属矿床中均伴生有稀散金属，如呷村铅锌矿、李伍铜矿、会理–会东的铅锌矿以及拉拉厂的铜矿中均伴生有稀散金属，而且在大水沟形成了世界上独一无二的独立碲矿。碲也是高铁、太阳能等新兴产业不可或缺的战略资源，但大水沟碲矿原探获的资源已经耗尽，迫切需要寻找与开发新的碲资源，以使中国的高铁制造业及太阳能等新兴产业保持可持续发展的势头。丹巴杨柳坪及其他地区的铜镍硫化物矿床中伴生有铂族金属资源。

总之，川西地区不但三稀矿产资源成矿条件好，资源储量巨大，而且品位高，种类多，配置齐全，在国内外都是罕见的战略性新兴矿产成矿富集区，为大型资源基地的建设奠定了得天独厚的、扎实的物质基础。

第四节　控矿因素和找矿标志

一、控矿因素

（一）地层对稀有金属矿床的制约

对于伟晶岩型矿床来说，有一个较为普遍的现象就是，世界上一些大型、超大型锂辉石矿床往往出现在页岩或者泥质沉积岩占比较大的沉积岩分布区，而在碳酸盐岩分布区则少见（王登红等，2017a），如美国的金斯山，国内的典型矿区包括新疆的可可托海和四川的甲基卡和马尔康等。

松潘–甘孜造山带区内地层复杂，时代跨度较大，从太古界—第四系均有分布，其中伟晶岩型 Li、Be、Nb、Ta 稀有矿床（点）包括平武、马尔康、丹巴、甲基卡等均主要分布于一套上三叠统的沉积岩及浅变质岩中（图 3.48）。甲基卡矿区及外围三叠系粉砂质板岩和砂岩中区域性富集 Li（表 3.13），甲基卡矿区内矿体的直接围岩为三叠系新都桥组及侏倭组，总体上含 Be（$0.47×10^{-6} \sim 22×10^{-6}$）、Nb（$5.76×10^{-6} \sim 79.37×10^{-6}$）、Li（$58.37× 10^{-6} \sim 1760.86×10^{-6}$）、Ta（$0.76×10^{-6} \sim 57.86×10^{-6}$）、Sn（$1.41×10^{-6} \sim 327.91×10^{-6}$）、Rb（$15.51×10^{-6} \sim 1195.91×10^{-6}$）、Cs（$1.52×10^{-6} \sim 155.41×10^{-6}$），同时十字石、红柱石、堇青石等矿物含量相对较多，指示区内三叠系可能为稀有金属成矿提供了部分的物质来源。在热变质过程中，Li 可以进一步富集，尤其是堇青石片岩中的 Li 可富集十倍以上（相对前述板岩和砂岩），同时 Be、Rb、Cs 等稀有元素也得到显著富集。这可能是因为锂在沉积过程中更容易被黏土类矿物吸附，而黏土矿物是泥岩、页岩的主要成分，其变质过程，尤其是深埋-重熔-花岗岩化并在花岗岩化产生的岩浆、岩浆又结晶分异的过程中，可以造成锂的再度富集，即沉积过程的首次富集、花岗岩化的二次富集、伟晶岩化的三次富集，从而形成多期次成矿，而这三个期次并非在相同的、单一的构造背景下完成的，是多旋回构造事件的产物，因此称为"多旋回深循环内外生一体化"成锂机制（王登红等，2017b）。

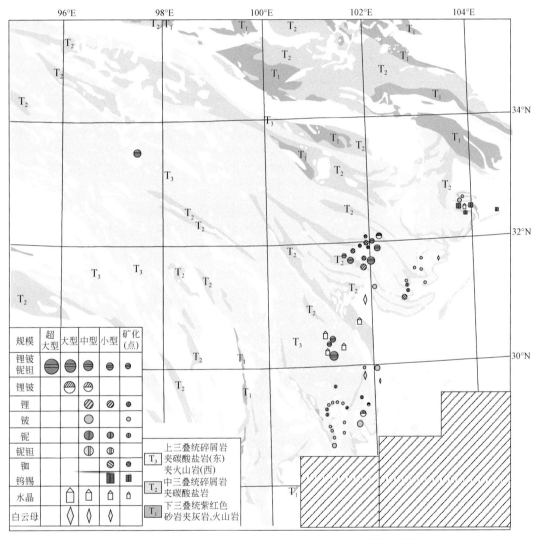

图3.48　松潘-甘孜造山带三叠系及稀有金属矿床分布概况

资料来源：底图据李建康，2006 修编

表 3.13　四川甲基卡锂矿外围沉积变质岩的稀有金属含量

样号	采样地点	岩性	Li	Be	Nb	Ta	Rb	Sr	Cs	Zr	Hf
J-T01	甲基卡东约5km	侏倭组粉砂质板岩	94.7	2.70	14.4	1.08	142	118	24.0	194	5.42
J-T02	甲基卡东约10km	侏倭组粉砂质板岩	76.2	2.73	15.3	1.15	152	104	10.6	197	5.55

续表

样号	采样地点	岩性	Li	Be	Nb	Ta	Rb	Sr	Cs	Zr	Hf
J-T03	塔公镇西约10km	新都桥组粉砂岩	71.7	2.37	15.4	1.16	151	84.3	11.8	208	5.69
J-T04	塔公镇	新都桥组粉砂岩	94.4	3.16	21.5	1.78	189	86.6	11.5	179	5.09
JJKYG147-03	新都桥镇	薄层状泥岩	32.8	3.82	10.32	1.22	59.76	83.98	5.17	277.42	7.17
JJKYG151-01	新三号脉地表	红柱石片岩	126.5	2.07	16.25	1.47	147.45	156.67	15.26	250.29	6.98
JJKYG132-02	308号脉北西坡	堇青石片岩	955.6	12.29	13.76	1.13	376.75	99.21	415.45	175.04	4.60
JJKYG131-01	308号脉北西坡	十字石片岩	91.2	1.36	13.39	1.38	150.24	89.97	10.99	205.96	5.78

注：稀有金属含量数据均为10^{-6}数量级；国家地质实验测试中心测试。

(二) 构造对稀有金属矿床的制约

研究区位于松潘–甘孜造山带，雅江残余盆地陆缘褶皱–推覆带，在青藏高原东缘和北缘强烈挤压的局部地段，出现一系列的热穹隆构造。区内构造线方向以北西–南东为主，背斜轴部及两翼层间裂隙、剪切裂隙发育，它们控制着区内伟晶岩脉（矿脉）及其他脉岩产出。矿床（点）主要集中于松潘–甘孜造山带的东南缘，矿床数量多且规模大，而在西缘及北缘，目前已知的矿床（点）极少且规模相对不大，同时这些矿床（点）集中分布于区域性断裂的"空白区"（图3.49），进一步说明一个相对较长的稳定的构造环境更有利于硬岩型稀有金属矿床的富集成矿与后期保存。

前述"空白区"中矿床密集分布的部位往往呈现"环形构造"特征，指示区内硬岩型稀有金属矿床严格受到一系列热穹隆的控制。这也与遥感解译以及地质事实相符。在松潘–甘孜碰撞造山–陆内造山过程中，受南北向和东西向双向共轴挤压压缩，在花岗岩浆底劈上侵的参与下，形成了近南北向的穹隆构造，其间分布有大量的硬岩型稀有金属矿床。例如，丹巴地区的伟晶岩脉围绕春牛场等混合片麻岩穹隆体分布，与混合岩化、巴罗型变质作用存在良好的耦合关系，表现出自混合岩化带向夕线石带，伟晶岩脉的矿物分带性逐渐明显，由长英质伟晶岩逐渐过渡到含大量白云母矿化的伟晶岩脉。这些现象说明区域伟晶岩脉的热流中心很可能位于春牛场等穹隆体，各伟晶岩脉属于同期热事件的产物。川西地区伟晶岩成岩成矿作用经历了岩浆底辟侵位、热穹隆伸展、同构造的热动变质以及花岗岩株侵位，穹隆形成过程的温压降低产成富含锂等稀有金属的熔体。穹隆顶部、构造脆弱部位及周缘各种裂隙，为锂等稀有金属伟晶岩脉的形成提供了空间。

本次重点研究区甲基卡矿区位于一级构造单元松潘–甘孜褶皱带的南段，三级构造单元石渠–雅江地向斜带的南东段。西南界为玉树–甘孜–理塘–木里深断裂带，东北界为鲜水河深断裂，与马尔康矿田隔炉霍–乾宁地背斜带相望。以甲基卡、容须卡、长征、瓦多、木绒等地为中心的雅江穹状变质体群，就是"热穹隆"伸展构造的产物之一，其分布范围南北长约50km，东西宽约35km。甲基卡矿集区由甲基卡、容须卡、长征、瓦多、木绒等5个圆形和椭圆形花岗岩穹状构造体组成，其中的甲基卡穹隆受到东西向和南北向双向收缩的影响而形成以穹隆体为中心、向外发散出放射状裂隙的构造格局。

在空间分布上，甲基卡、容须卡、长城乡三个岩浆岩穹状构造体呈串珠状、北北西向

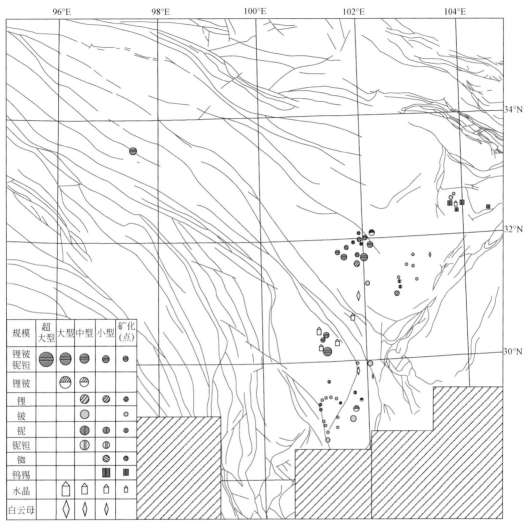

图 3.49　松潘–甘孜造山带断裂及稀有金属矿床（点）分布示意图

资料来源：底图据李建康，2006 修编

等间距（约 20km）分布，其中甲基卡和长城乡花岗岩穹隆构造均有二云母花岗岩体出露，预示容须卡穹隆构造体剥蚀程度较低；瓦多、木绒、容须卡三个岩浆岩穹隆构造体呈串珠状、北东向等间距（约为 10km）分布，由南西向北东方向，岩浆岩穹隆构造体规模逐渐增大，预示其岩体的侵位标高逐渐上升。综上所述，甲基卡成矿岩体受北西向和北东向两组构造控制，以北西向右行走滑挤压构造为主，与穹隆构造内岩体向北西方侧伏的特点是一致的。

甲基卡矿区受典型的岩浆底劈穹隆构造控制。在穹隆体的顶部及周缘，由花岗质岩浆冷凝收缩的横、纵裂隙以及层间虚脱空间，矿田内伟晶岩脉的就位主要受北西向和北东向两组构造控制，以北西向右行走滑挤压构造为主，与穹隆构造内岩体向北西方侧伏是一致的。

（三）岩浆岩对稀有金属成矿的制约

区域上发育有中基性岩、黑云母花岗岩和二云母花岗岩，构成较完整的岩浆旋回（唐国凡和吴盛先，1984）。在松潘–甘孜造山带内产出的花岗岩具显著的时空分带特征，总体表现为印支期花岗岩主要分布在造山带外围及西部，而燕山期花岗岩则主要分布在造山带东缘及中部（李建康，2006），并与区域断裂构造展布特征相一致。其中，中生代酸性岩体多呈不规则圆形或长条状产出，主要侵位于三叠纪浅变质岩系中，少数侵位于古生代变质岩中。

前人对松潘–甘孜地区岩浆岩的活动时代、岩浆岩活动与构造的关系等作了初步探讨，并总结了岩浆岩的成矿专属性：与海西期黑云母花岗岩有关的主要为铅锌矿床，与印支期花岗岩有关的主要是白云母、铍、锂等稀有金属矿床，与燕山期花岗岩有关的主要是钼、铅锌、砷等矿床。

松潘–甘孜地区硬岩型稀有金属矿床的分布与印支期岩浆活动密切相关（图3.50），伟晶岩型锂矿床如四川甲基卡、党坝、扎乌龙等，均形成于印支期—燕山期。

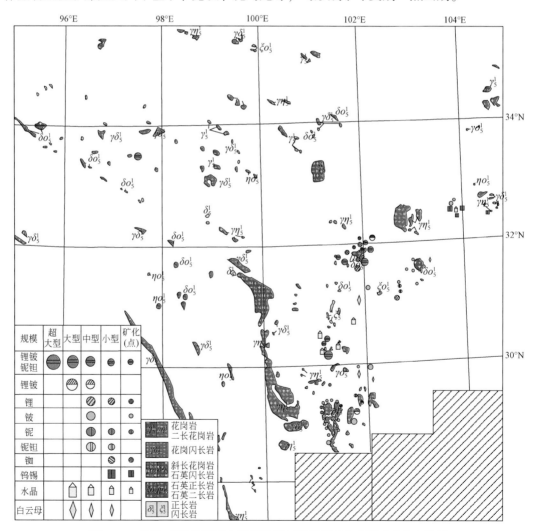

图 3.50　松潘–甘孜地区印支期岩浆岩与硬岩型稀有金属矿床分布简图

资料来源：底图据李建康，2006 修编

松潘–甘孜地区的硬岩型稀有金属矿床也与花岗岩体具有密切的成因联系。在甲基卡矿区中，二云母花岗岩体出露面积<6km²。前人（Ayres et al., 1982；唐国凡和吴盛先，1984；地质科学研究院地质矿产所稀有组，1975）认为，小岩体（二云母花岗岩体）与矿化关系最为直接。岩浆是形成大部分稀有金属矿床的物质基础，在时间上、空间上、成矿专属性等方面均有明显的控矿作用。通常认为，岩浆成因的花岗伟晶岩为花岗质熔体极度分异的产物，应存在花岗岩母体，虽然在此科学问题上仍存在诸多争议，但是继续寻找伟晶岩脉的花岗质母岩体，对于伟晶岩稀有金属找矿以及建立完整的花岗岩–花岗伟晶岩系统演化模式具有重要的现实意义。

二、找矿标志

（一）遥感影像与地貌标志

通过遥感解译可为前期的野外实地工作提供一定依据，与穹隆体核部花岗岩、伟晶岩、细晶岩、断裂带有关的遥感表现为环形和线性特征。前人研究表明，伟晶岩转石对于锂矿找矿具有重要的指示意义，而岩体对伟晶岩转石的形成提供了物质来源，构造对伟晶岩转石的出现创造了条件。由于花岗岩及伟晶岩抗风化能力较强，在遥感图像上往往呈现灰色或灰白色，同时可通过点状分布、带状分布等特征与道路进行区分，同时一些规则的白色条带（或区块）可直接显示前人对矿脉开展的相关工程如探槽的位置与数量。进一步，在高分辨率的遥感影像上，通过解译出呈带状分布且具一定规模的花岗岩体及伟晶岩风化碎块的集中区，不仅可指导野外勘查工作的部署，还可指示可能存在的隐伏伟晶岩脉。

（二）花岗岩体内外接触带

在甲基卡矿区范围内，以二云母花岗岩体为直接找矿标志，在距离中心约10km（尤其是<5km）的范围内，分布有较多的花岗伟晶岩脉，且主要集中在岩体倾伏侧的外接触带。相对来说，含锂辉石的花岗伟晶岩脉离花岗岩体相对较远（伟晶岩脉分带的外带）。

同样，在甲基卡矿区外围九龙三岔河地区的伟晶岩，常有规律地分布于多期次演化晚期花岗岩体的内外接触带，距离母岩体较远的伟晶岩稀有矿化较好，主要体现为 Li 的矿化较好，以东侧打枪沟矿区为主；褶皱轴部和近轴部位以及背斜倾没端，大量节理裂隙发育的地段，是伟晶岩赋存的有利部位。而在洛莫工作区的桥棚子岩体东侧与上三叠统侏倭组接触带上断续发育有成群成带的伟晶岩脉体，初步推测在洛莫地区桥棚子花岗岩体与上三叠统侏倭组接触带之间发育一层伟晶岩带。绝大多数稀有金属矿化脉体分布在这一层伟晶岩带之间，黄牛坪矿段仅是该伟晶岩带中的北西段。

该伟晶岩带主要岩性为细–中粒含石榴子石锂云母（锂白云母）花岗伟晶岩，铍矿体产于其中。整个接触面呈中等倾角，向东倾斜。花岗伟晶岩脉沿内外接触带发育，大致平行接触面成群分布。脉体规模大小不等。铍矿化伟晶岩岩脉由微斜长石、石英、斜长石、钠长石、黑云母、白云母组成。矿石矿物见有绿柱石、铌钽铁矿、锂辉石、锡石等，其中绿柱石呈浅绿黄色，自形假六方柱状粗晶。BeO 矿石品位为 0.001% ~ 0.698%。

（三）伟晶岩分带及类型

伟晶岩的类型（主要根据伟晶岩中造岩矿物划分）随着与花岗岩体的距离远近发生规律性变化，呈现出从微斜长石伟晶岩带（Ⅰ）→微斜长石钠长石伟晶岩带（Ⅱ）→钠长石伟晶岩带（Ⅲ）→锂辉石伟晶岩带（Ⅳ）→锂（白）云母伟晶岩带（Ⅴ）的分带性（唐国凡和吴盛先，1984；王登红等，2017c）。其中最重要的含矿伟晶岩类型主要为钠长石伟晶岩和钠长石-锂辉石伟晶岩，同时还应格外重视"细晶岩"型矿化类型。

（四）围岩蚀变标志

围岩蚀变是重要的间接找矿标志，脉体的蚀变作用主要包括白云母化、钠长石化、锂辉石化、电气石化、云英岩化，其中当钠长石化叠加云英岩化时，往往形成富锂的伟晶岩型（细晶岩型）矿体（床）。同时，近矿脉的接触变质带中不同强度地发育堇青石化和电气石化，特别是堇青石化，其分布与规模是寻找和追索矿化伟晶岩脉的重要野外宏观标志之一。

（五）重砂、物探、化探异常标志

通过野外及镜下观察，矿区内赋矿岩石普遍含有铌钽矿物及锡石等重砂矿物，因此在矿区及外围水系中若存在铌钽铁矿、锡石等重砂分散晕，可作为寻找本类矿床的直接标志。伟晶岩的视电阻率值一般高于地层及岩体，是一种"高阻地质体"，在电阻率上与围岩存在明显的差异；矿化与非矿化伟晶岩的视电阻率值差异不大，矿化伟晶岩略低。物探解译的高阻体可作为判断深部可能存在花岗岩体及伟晶岩脉的依据（但要注意，变质砂岩也可能是高阻体，同时也要注意片岩电阻率的各向异性），稀有金属元素的化探异常以及外围蚀变带中的 Li、Be、Nb、Ta 等金属的分散晕也是寻找本类矿床的直接标志。基本原则仍是物探及化探的解译均要与地质事实紧密结合。锂云母化、钠长石化与区内锂铍矿化关系密切，钠长石化强烈地段的矿化较好。白云母化多与铌钽、锡矿化有关，云英岩化与钨锡矿化有关。

（六）地球化学标志

区内花岗岩及变质岩中 Li、Be、Nb、Ta、Rb 等稀有金属的含量较高，是富稀有金属的地区。花岗岩、伟晶岩都是铝过饱和岩石，且富含钠质，对稀有金属成矿极为有利。

元素地球化学特征表明，矿区中酸性岩浆岩表现为亚碱性、过铝质，高度分异的 S 型花岗岩特征（图3.51），结合主/微量元素变化规律及稀土微量配分形式对应的各类型不含矿及含矿岩石具有一定的演化规律，指示其矿化伟晶岩浆为岩浆晚期阶段强烈分异演化的产物。通过元素构造环境判别图解（图3.52）并结合年代学数据，进一步表明矿区内稀有金属成矿作用发生于造山晚期—造山后阶段，即处于印支旋回强烈造山运动之后相对稳定阶段。

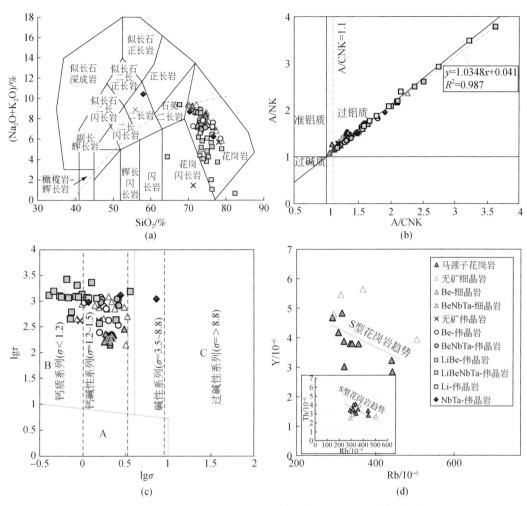

图 3.51 甲基卡矿区花岗岩和花岗伟晶岩的选择性地球化学图解

（a）据 Middlemost，1994；（b）据 Maniar and Piccoli，1989；（c）据 Yang，2007，区域 A 代表非造山带的熔浆，区域 B 代表造山带和岛弧的熔浆，区域 C 代表 A 和 B 的衍生物，其中钠质类型与 A 相关，钾质类型与 B 相关；（d）据 Chappell，1999

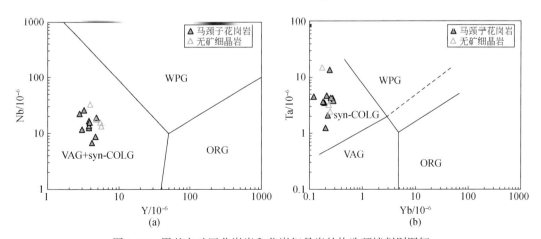

图 3.52 甲基卡矿区花岗岩和花岗细晶岩的构造环境判别图解

据 Pearce et al.，1984。VAG-火山弧花岗岩；ORG-洋脊花岗岩；WPG-板内花岗岩；syn-COLG 同碰撞花岗岩

三、成矿规律与找矿预测

(一)区域成矿规律与找矿预测

以松潘–甘孜三叠纪沉积盆地为中心,以铍为主的稀有金属矿带主要分布在盆地的边缘一带,如松潘–甘孜盆地与扬子块体的接触带上,自西南向北东依次有九龙–三岔河、丹巴、四姑娘山、理县、雪宝顶等铍多金属矿田。以锂为主的矿田主要分布在盆地的中部,东段有甲基卡、马尔康,西段有扎乌龙,形成了以锂为主的稀有金属矿带(图3.53)。可见,川西地区锂、铍等稀有金属具有明显的分带性。

成矿岩浆岩沿北西或东西方向带状分布,沿北东向呈串珠状分布,与其有关的伟晶岩脉分布在成矿岩浆岩体的接触带附近,组成稀有金属矿田。东部的工作及研究程度较高,

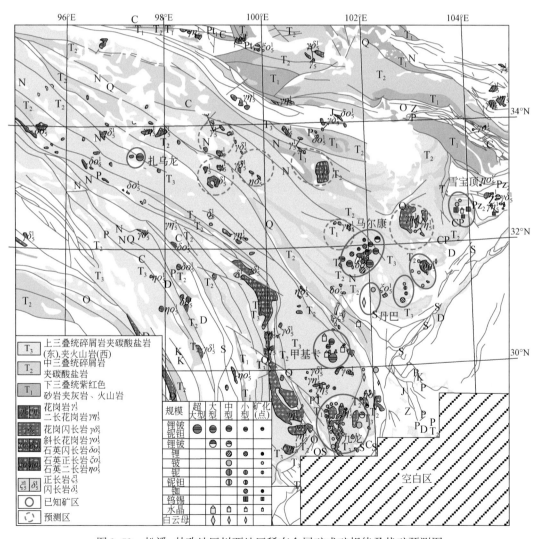

图3.53 松潘–甘孜地区川西地区稀有金属矿成矿规律及找矿预测图

资料来源:底图据李建康,2006 修编

沿松潘–甘孜与扬子块体北东向接触带，以100km左右的间距依次有九龙–三岔河、贡嘎山、四姑娘山、理县、雪宝顶等铍多金属矿田及铍多金属成矿带；沿北西或北北西方向，九龙–三岔河铍矿田与甲基卡锂矿田、四姑娘山铍矿田及马尔康锂矿田也均以100km左右的间距分布。可见，川西地区锂铍成矿岩浆岩及其矿田具有"棋盘网格状"等间距分布规律。基于上述规律，本着由已知到未知的原则，通过本次工作初步提出了6个供参考的找矿预测区（图3.53）。

（二）甲基卡矿区及外围成矿规律及找矿预测

甲基卡矿区内围绕花岗岩内、外接触带派生出一系列不同矿化类型的花岗伟晶岩脉（图3.54），目前在矿田内已发现达工业品位以上的Li、Be、Nb、Ta伟晶岩矿脉近120条（王登红等，2005；郝雪峰等，2015；刘丽君等，2017b）。矿区内花岗伟晶岩脉常成群或

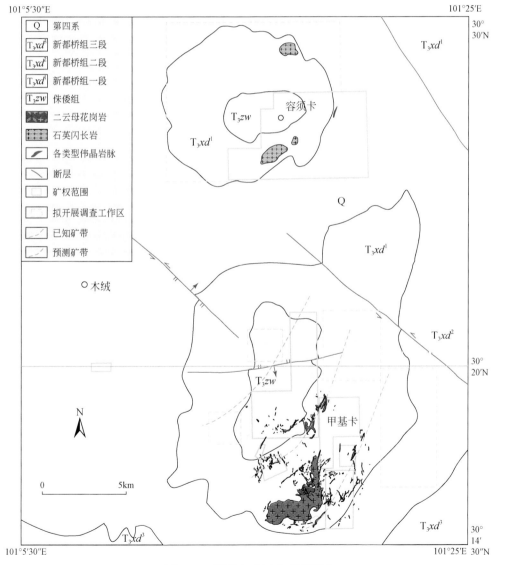

图3.54　甲基卡矿区成矿预测图

成带产出，在几千米的尺度范围内，围绕马颈子花岗岩体随距离不同，伟晶岩类型出现规律性变化，一般由花岗岩体向外，伟晶岩体分异作用逐渐增强，向外依次出现：①相对贫矿的伟晶岩→②富 Be 伟晶岩→③富 Be、Nb、Ta 伟晶岩→④富 Li、Be、Nb、Ta 伟晶岩→⑤富 Li、Be、Ta、Cs 伟晶岩，但每条脉体具体的分带现象仍是伟晶岩研究中最复杂的问题之一。

目前，甲基卡矿区已查明的 Li_2O 资源储量已超过 200 万 t（王登红等，2017a，2017b，2017c），另有多条伟晶岩脉 Be、Nb、Ta 等达到大型矿床规模，其中，以 Li_2O 资源储量接近于百万吨的新三号脉（X03）为代表。该矿脉主体为一隐伏矿体，指示甲基卡矿区深部及外围仍具有巨大的找矿潜力。

在甲基卡矿区范围内，因受同一构造应力场的控制，矿脉带沿北西方向也遵循等间距（4km）的分布规律。南东部的 688 号脉、151 号脉、154 号脉、155 号脉、133 号脉和 134 脉号组成了第一条向南东方向凸出的弧形脉带群，中部的 632 号脉、508 号脉、308 号脉、309 号脉和新三号脉组成了第二条向南东方向凸出的弧形脉带群，遵循左侧线近平行分布的格局，二者的水平距离为 4km。依据成矿岩体的侵位标高自南东向北北西逐渐降低的趋势，其相隔间距逐渐增大，预测第三条伟晶岩脉带位于第二条脉带群北西方向约 5km 处（图 3.54）。

第五节　"多旋回深循环内外生一体化"成锂机制

锂矿主要存在硬岩型和卤水型两大类型，但这二者之间一般被认为没有联系，或者迄今尚无系统的工作去研究二者之间是否存在内在的成因联系。其中，硬岩型锂矿就常常被简单地理解为花岗伟晶岩型锂辉石矿床，但实际情况并非如此简单。例如，四川的甲基卡超大型锂矿，大部分的矿石并不是伟晶状的，而是细晶状的，即以<5mm 的细粒度的锂辉石矿物为主。对伟晶岩型矿床的成因，实际上也存在争论。普遍认为，伟晶岩是花岗岩结晶分异的产物，这种分离结晶作用导致了残余熔体中稀有金属的富集。伟晶岩和花岗岩之间的成因关系之所以不能完全确立，是因为：①伟晶岩与过铝质花岗岩并不共存；②花岗岩-伟晶岩体系中的地球化学特征不连续；③花岗岩与伟晶岩形成之间存在时间间隙。熔融源区稀有金属的含量、不同熔融速率及构造背景特征，显示通过大陆地壳物质的重熔是可以形成伟晶岩浆的。近年来，锂同位素为研究花岗岩与伟晶岩之间成因联系提供了新的证据。现有资料表明，花岗岩具有不均一的 δ^7Li 值（-3.1‰~6.6‰），而变沉积岩的 δ^7Li 值为-3.1‰~2.5‰，是花岗岩的可能源区；伟晶岩和花岗岩中云母（黑云母、白云母和锂云母）的 δ^7Li 值为-3.6‰~3.4‰，并没有受分离结晶作用和地壳深熔作用的影响，具有轻的 δ^7Li 值的物质往往来自变沉积岩。花岗岩和伟晶岩中黑云母具有类似的锂同位素组成，表明过铝质花岗岩的极端岩浆分馏并不能形成伟晶岩。

前人对盐湖的锂同位素也进行了研究，结果表明：加拿大耶洛奈夫 Miramar Con 的卤水起源于海水；安第斯山脉中部 Hombre Muerto 的锂主要来源于邻近的地热水和火山沉积区的富锂水；阿根廷 Puna 地区不同含水层的锂同位素组成显示锂主要来自安山岩、伟晶岩及火成碎屑沉积。

上述资料表明，花岗伟晶岩中的锂是有可能从沉积岩中继承来的，而沉积盆地中富集的锂也可以是火山作用提供的。

全世界范围内的锂矿主要有两种产出状态，即固体锂矿和液态锂矿。前者以伟晶岩型锂辉石矿床为主，后者以卤水（包括地表和地下）中赋存的锂矿为主；前者一般认为是内生成因，后者一般认为是外生成因。但实际上，卤水中的锂从哪里来的问题并没有得到解决，也不排除深部热液、热流体不断补给的可能性，即"内生外成"。2017 年发表在 Nature 杂志上的"post-eruptive mobility of lithium in volcanic rocks"，引起了学术界的广泛兴趣，该文通过对不同构造环境中形成的岩浆锂浓度的对比，以及对石英熔融包裹体内原位微量元素的测定，认为中等—极度富集锂元素的岩浆在成因上与长英质大陆地壳物质的参与有关。大气降水和热水流体从火山喷发物中萃取的锂可以在破火山口湖相沉积的黏土层中逐渐富集，并达到潜在的可经济利用的水平，因而在北美洲西部如黄石公园一带的新生代破火山口以及其他产有此类岩浆的内陆环境中的破火山口，都可以作为有希望的锂矿勘查目标。我国西部的柴达木盆地、四川盆地以及东部的江汉盆地、吉泰盆地（LiCl 含量611.00 ~ 1136mg/L）、周田盆地中也都有锂的存在，规模也很大，其锂的来源一方面是富锂花岗岩在地表风化过程中的迁移富集，另一方面也不排除深部有含锂流体补充的可能性。例如，江西的吉泰盆地，周边地区的花岗岩本身就富含锂，其风化之后的锂聚集到沉积盆地中并不奇怪，但其含锂之高又超过了花岗岩区内陆断陷盆地中锂含量的一般水平，因而不排除深部沿断裂带有含锂热卤水补给的可能性。四川甲基卡矿区外围现代热泉中过滤之后清水中 Li 的含量仍可达 1.24 ~ 2.56mg/L，高出含锂矿泉水的国家标准。总之，盆地卤水中锂的来源很可能是多方面的，既有表生来源，也有深部来源。一般来说，沉积岩中 Li 的含量最高（约 60×10^{-6}），甚至高于花岗岩（约 40×10^{-6}）；而沉积岩中又以页岩最高（约 66×10^{-6}），中国东部泥（页）岩中 Li 的平均含量为 38×10^{-6}。四川甲基卡矿区及其外围的三叠系砂岩、泥岩及其浅变质形成的板岩以及花岗岩热穹隆作用下十字石片岩、红柱石片岩和堇青石片岩中均表现为富 Li 特征。在热变质过程中 Li 可以进一步富集，尤其是堇青石片岩中的 Li 可以富集 10 倍，同时 Be、Rb、Cs 也得到显著的富集。这可能是热穹隆形成过程中 Li 富集的一种机制，但沉积岩本身富含 Li，应该是成矿作用发生的物质基础，即富锂沉积岩→深埋变质形成富锂的变质岩，变质岩深熔形成富锂的花岗岩→富锂花岗岩通过深度结晶分异形成富锂的熔体–流体→富锂熔体–流体侵入形成锂矿体，并导致角岩化围岩及蚀变岩中也富锂。

对于伟晶岩型矿床来说，有一个较为普遍的现象就是，世界上一些大型、超大型锂辉石矿床往往出现在页岩或者泥质沉积岩占比例较大的沉积岩分布区，而在碳酸盐岩分布区则少见，如新疆的可可托海、四川的甲基卡、可尔因以及美国的金斯山等。这可能是因为锂在沉积过程中更容易被黏土类矿物吸附，而黏土矿物是泥岩、页岩的主要成分，其变质过程，尤其是深埋、重熔、花岗岩化并在花岗岩化产生的岩浆、岩浆又结晶分异的过程中，可以造成锂的再度富集，即沉积过程的首次富集、花岗岩化的二次富集、伟晶岩化的三次富集，从而形成多期次成矿，而这 3 个期次并非在相同的、单一的构造背景下完成的，是多旋回构造事件的产物，因此称为"多旋回深循环内外生一体化"成锂机制。卤水型锂矿可以是含矿花岗岩风化剥蚀的产物，即"内生外成"；而硬岩型锂矿也可以是黏土岩重熔变质的产物，即"外生内成"。这一将锂的多旋回循环富集机制加以整体考虑的理论，尚待深入研究，但目前对于确定找矿方向是有指导意义的。

在中国西南部扬子地台的西侧，随着古生代与中生代全球性构造转换时期峨眉地幔柱的强烈活动，在二叠纪末—三叠纪初地壳被破坏过程中来自地幔和从地壳中转移出来的稀有、稀土和稀散金属在三叠系沉积岩中被吸附；在印支期末—燕山期初的转换阶段，三叠系物质重熔形成含稀有金属的岩浆，岩浆进一步结晶分异形成含稀有金属的花岗岩和花岗伟晶岩，导致了锂等稀有金属的大规模聚集成矿，如九龙、甲基卡、可尔因、扎乌龙乃至于大红柳滩的硬岩型锂矿矿集区。这就是青藏高原东部、北部印支造山运动"多旋回深循环内外生一体化"大型锂矿成矿机制，既是造就川西甲基卡、可尔因等锂矿富集区的根本原因，也是可以进一步取得找矿突破的理论基础。

第六节　甲基卡式"五层楼+地下室"层脉组合勘查模型

"五层楼"虽然是我国地质学家对华南，尤其是赣南粤北常见的石英脉型黑钨矿矿脉的通俗叫法，但因为符合客观成矿规律，不但广为认可而且在半个世纪的找矿过程中发挥了重要作用（广东有色金属地质勘探公司九三二队，1966）。在近年来的深部找矿实践中，为便于运用地球物理探测技术和钻探技术，地质工作者又提出了在产状近于直立的石英脉型黑钨矿的深部是否存在产状平缓的层状、似层状矿体的新课题，在"五层楼"基础上又创新建立了"五层楼+地下室"的勘查模型并取得了成功（许建祥等，2008；王登红，2016a，2016b）。那么，在华南以外的其他地区，"五层楼+地下室"模型是否适用并存在什么样的新样式呢？本节以四川甲基卡伟晶岩型稀有金属矿区的成矿规律与找矿实践为例加以探讨。

一、甲基卡式"五层楼+地下室"模型的含义

位于四川西部甘孜州康定、道孚和雅江三县（市）交界处的甲基卡稀有金属矿田，目前查明的资源储量已超过 200 万 t Li_2O，是世界上最大的伟晶岩型稀有金属矿床之一。其中，2012 年以来发现的新三号脉（X03）的资源储量即接近于百万吨（王登红和付小方，2013；付小方等，2015；刘丽君等，2015）。鉴于锂资源对引领战略性新兴产业发展的重要意义，中国地质调查局设立了川西甲基卡大型锂矿资源基地的综合调查项目，为整个川西乃至于整个青藏高原东缘、北缘的锂矿找矿突破创造了条件（王登红等，2013b，2016a，2016b）。

甲基卡式伟晶岩型稀有金属矿床以形成于印支晚期—燕山早期、定位于欧亚大陆与印度板块之间的穹隆构造隆起区、围绕成矿母岩发育区域性分带但单一矿脉的分带性较差、含矿伟晶岩既可以顺层产出也可以近垂直切层产出、锂辉石等稀有金属矿物既有伟晶状又有细粒状产出为特点（图 3.55），是中国乃至世界上最重要的固体锂矿类型之一，具有极

图 3.55　甲基卡矿区近顺层伟晶岩脉（a）和垂向切层伟晶岩脉（b）的产出特点

大的找矿潜力（唐国凡和吴盛先，1984；侯立玮和付小方，2002；王登红等，2004，2005）。甲基卡式"五层楼+地下室"模型中的"五层楼"指的是在垂向和水平方向上，随着远离花岗岩体，伟晶岩的类型（主要是伟晶岩的造岩矿物）发生规律性变化，呈现出从微斜长石伟晶岩带（Ⅰ）→微斜长石钠长石伟晶岩带（Ⅱ）→钠长石伟晶岩带（Ⅲ）→锂辉石伟晶岩带（Ⅳ）→锂（白）云母伟晶岩带（Ⅴ）的分带性（唐国凡和吴盛先，1984），即体现的是伟晶岩中主要或特征性矿物的空间变化规律，这五个带本身又有一定的分带性，但不同于南岭钨矿"五层楼"的分带性，后者指的是石英脉的形态学特征随着深度的变化而变化的规律，尽管也有矿物组成的变化。"地下室"指的是层状、似层状矿体，与华南的"五层楼"类似，也是指形态学特征。需要指出的是，南岭的石英脉型黑钨矿，单一的矿体也被看作是"层状"形态的，但由于是明显切割地层层理面的，所以一般不叫"层状"矿体而称为"板状"矿体或者矿脉，只有顺层或近于顺层产出的层状矿体才叫"地下室"。二者在成因上是明显不同的，简单来说，"五层楼"以充填成因为主，"地下室"以交代成因为特色，但不排斥充填作用。甲基卡矿区不同岩性之间软弱面或构造破碎带、滑脱带等张性、张扭性、张剪性空间也产出近于顺层的层状伟晶岩脉，同时也存在明显切层的板状伟晶岩脉，二者可以在同一地点同时出现（图3.56）。另外，当只出现层状伟晶岩并以白云母成矿为主要特色时，可能因剥蚀程度过高或属于区域变质成因而罕见甲基卡式的伟晶岩型锂辉石矿床，如四川丹巴的白云母矿床，即只有"地下室"而非"五层楼"。

二、甲基卡式"五层楼+地下室"模型的要点

甲基卡是中国硬岩型锂矿最集中的产地之一，近年来又发现了新三号脉（X03）超大型矿脉，并随着调查评价与找矿勘查工作的不断进行，甲基卡矿区锂的资源总量逐渐超过澳大利亚格林布希斯而位居世界前列（付小方等，2015）。同时，在可尔因矿田也取得了李家沟（李家工地）、党坝、热达门、业龙沟、斯曼措等地找矿突破或新进展。"五层楼+地下室"是一种勘查模型，适合于在已经找到矿的地点为了取得更大的找矿突破而部署勘查工作。"川西甲基卡大型锂矿资源基地综合调查评价"项目通过对甲基卡矿床地质特征、成矿期次、矿石组构、矿石成分等方面资料的总结，对其中典型矿脉、典型钻孔（如新三号脉ZK1101钻孔）的系统研究（刘丽君等，2016）以及与典型硬岩型锂多金属矿床的对比分析，得出甲基卡式"五层楼+地下室"模型的要点（相当于预测要素）如下。

大地构造位置：特提斯成矿域，巴颜喀拉－松潘（造山带）成矿省，北巴颜喀拉－马尔康金－镍－铂族－铁－锰－铅－锂－铍－白云母成矿带，金川－丹巴锂－铍－铅－锌－金－白云母成矿亚带等。在青藏高原东缘和北缘强烈挤压的局部地段，出现一系列的热穹隆构造，其核部以花岗岩化为中心形成局域性的热－变质分带。

地质特征：含矿伟晶岩脉（矿脉）环绕二云母花岗岩呈离心式环带状分布，矿化类型也呈环带状分布，富含铌、钽、锡者更靠近岩体。即以热穹隆构造为中心，地表出现不同类型的热变质带和不同类型的伟晶岩脉，地下则以隐伏花岗岩体为中心出现垂向的与地表分带一致的伟晶岩类型的变化和矿化分带性。当剥蚀程度过高时，花岗岩体可大面积出露

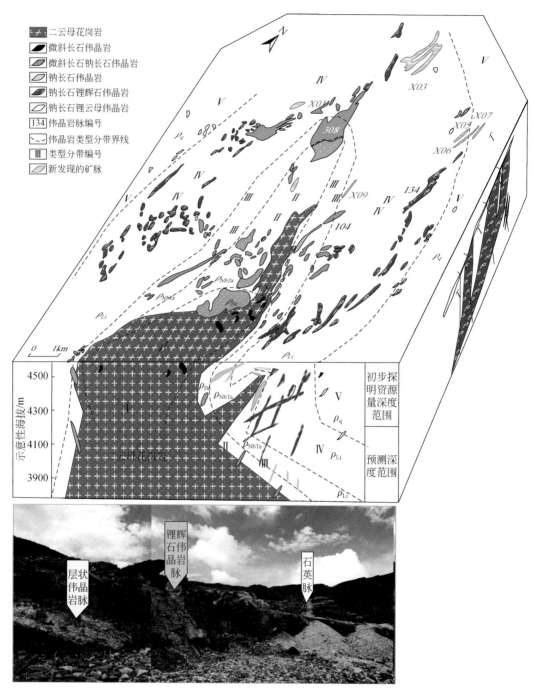

图 3.56 四川甲基卡"五层楼+地下室"成矿模式示意图

"地下室"主要指层状、似层状矿体。水平比例尺和纵向比例尺不一致，且为示意性。

Ⅰ - 微斜长石伟晶岩带；Ⅱ - 微斜长石钠长石伟晶岩带；Ⅲ - 钠长石伟晶岩带；Ⅳ - 锂辉石伟晶岩带；

Ⅴ - 锂（白）云母伟晶岩带

但"五层楼"已经被剥蚀掉了，甚至连"地下室"也被剥蚀殆尽（如折多山岩体、雀儿山岩体）；当剥蚀程度较低时，以石英脉为标志（容须卡可能埋藏较深）；当剥蚀程度中等时，花岗岩体、伟晶岩脉、石英脉可在同一矿田范围内同时出现（如甲基卡）。

矿物特征：与南岭式"五层楼"以黑钨矿为主要勘查对象不同，甲基卡式的"五层楼"主要针对的是锂辉石。而且，无论是南岭式还是甲基卡式，"地下室"都是需要特别注意铌钽和铍的（如赣南的大吉山和茅坪，江西宜春的414矿区实际上就是一种"地下室"矿体），锂则可能以锂云母的方式存在（当然并不排斥锂辉石）。锂在甲基卡主要富集于锂辉石中，少量在锂云母、磷锂铝石及铁锰锂磷酸盐矿物中，其余呈分散状态主要赋存于白云母中；在江西，锂在赣西宜春的414矿区主要赋存在锂云母中，在赣东西港等伟晶岩脉中则主要赋存于锂辉石中。

成因类型：甲基卡式稀有金属矿床主要属于花岗伟晶岩型+细晶岩型。以往把甲基卡当作伟晶岩型，但实际上也存在大量的"细晶岩型"即细粒锂辉石，因而宜改称为"硬岩型"。无论是南岭式还是甲基卡式，切层的"五层楼"石英脉或伟晶岩脉以张性（包括张剪性、张扭性）热液、岩浆–热液充填成因为主要成岩成矿机制（交代作用欠发育），而顺层的"地下室"则除了在顺层滑脱构造或挤压构造形成的地层转折端的张性空间充填成岩成矿之外，也常见沿层交代现象。

矿床规模：甲基卡式的"五层楼+地下室"可达超大型、大型、中型；赣南的"五层楼+地下室"也可以达到大型，但一般达不到超大型规模，但当"地下室"出现时规模可明显增大。

成岩成矿时代：甲基卡式稀有金属成矿以印支晚期—燕山早期、燕山晚期为主。这一时期适用于甲基卡也适用于可尔因乃至于新疆的大红柳滩，但不排除燕山晚期到喜马拉雅期成矿的可能性。南岭式的五层楼成矿时代以燕山晚期为主。

共生矿产：铍、铌、钽、锡、铯、高纯石英、高铝材料、矿泉水等。南岭罕见红柱石、十字石矿产与石英脉型黑钨矿出现在同一矿区。

地球物理特点：含矿体密度低而电阻率高，与变质岩围岩的低阻高导（相对）正好相反。因此，利用伟晶岩与围岩之间电阻率和密度的差异可指导找矿，并对新三号脉的发现起了重要作用。层状伟晶岩的物探异常显然要好于同等规模的直立脉状伟晶岩。

地球化学特点：土壤化探具有显著的锂异常，铷、锶、锡也有异常且分带性明显。二云母花岗岩中W的含量以及Li等稀有金属的含量也可形成高异常。

遥感地质特点：高精度遥感信息可显示残坡积的伟晶岩，可作为找矿标志。

三、甲基卡式与南岭式"五层楼+地下室"模型的对比

传统的"五层楼"模式指的是部分石英脉型黑钨矿矿床，从上部沉积–变质岩到下部花岗岩，可划分五个带，称"五层楼"成矿规律，即：Ⅰ微脉（矿化标志）带，由一系列大致平行、几毫米宽的含石英微脉的蚀变带组成，上部是石英薄膜，下部为3mm以下的云母线和云母石英线，含矿率小于5%，含脉密度每米2～10条，一般不具工业价值；Ⅱ密集细脉带，微脉合并成细脉，脉幅一般为1～5cm，含矿率10%以上，含脉密度每米4～8条，开始有工业价值，可构成工业矿体；Ⅲ密集中脉带，细脉再合并，脉幅增大，

一般为 5～10cm, 含矿率增至 20% 以上, 矿脉条数减少, 但具重要工业价值; Ⅳ大脉带, 矿脉进一步合并成宽 10cm 以上的矿脉, 常见 1m 以上的巨脉, 脉旁偶有少许平行的中、小矿脉, 含矿率 15%~60%, 向下直至花岗岩接触面, 构成矿床的主体; Ⅴ稀疏大脉带, 发育在花岗岩体内, 由稀疏的单脉或复脉组成, 矿脉深度一般为 100～150m, 个别深达 450～500m (如西华山钨矿), 向下延深即缩小尖灭, 但也有较重要的工业价值。

随着深部找矿经验的积累, 人们不断发现在脉状"五层楼"的下部出现层状、似层状、透镜状矿体 (也可以是伟晶岩类型的矿体, 如江西的茅坪钨矿), 且"五层楼"的脉状矿体可以与层状矿体呈"垂直交叉" (如江西的徐山钨矿); 二者可以在同一地区同时出现, 也可以分别出现; 不只是在赣南粤北地区出现, 在广西的大明山钨矿、大厂锡矿等地也如此。因此, "地下室"至少包括三种情况: ①岩体型的钨矿化, 既包括花岗岩体顶部自交代蚀变形成的 W、Nb、Ta 等矿化 (如赣南的大吉山), 也包括晚期岩体侵入于早期岩体中导致早期岩体发生矿化的情况 (如湘南骑田岭岩体); ②岩体外接触带由于岩体侵入或其他原因所形成的破碎带也含矿 (如赣南的八仙脑); ③岩体外接触带有利地层中的沿层交代矿化 (如湘南的瑶岗仙)。

综合各方面资料, 可以将华南的"五层楼+地下室"模式简称为"南岭式", 将青藏高原周边的"五层楼+地下室"简称为"甲基卡式", 其共性与个性可初步对比如下 (表 3.14)。

共性: ①均与花岗岩类具有密切的成因联系; ②切层的、产状较陡立的脉状矿体主要分布在远离岩体的外带; ③产状近水平或者顺层、顺构造破碎带产出的层状矿体主要分布在离岩体比较近的内带; ④花岗岩体本身尤其是顶部均可出现工业矿体; ⑤围岩均浅变质且封闭性较好。

个性: ①南岭式"五层楼+地下室"模型中的"五层楼"主要是垂直分带; 甲基卡式"五层楼+地下室"模型的"五层楼"除了垂直分带之外, 还存在水平分带, 实际上也是立体分带; ②南岭式"五层楼+地下室"模型中的"五层楼"指的是石英脉, 甲基卡式"五层楼+地下室"模型的"五层楼"则主要是伟晶岩, 但不排除石英脉; ③南岭式"五层楼+地下室"模型中的"五层楼"的深度一般不超过 1km 范围 (王牌脉可达 1km 以上), 甲基卡式"五层楼"的深度 (以及宽度) 则可达数千米; ④南岭式"五层楼"的围岩一般变化不大 (无论是蚀变还是热变质均不是太明显), 而甲基卡式"五层楼"的围岩随着变质程度的变化而发生明显的岩性变化, 区域上由十字石带→十字石+红柱石带→红柱石带; ⑤南岭式"五层楼"脉体与围岩之间除了形态上的截然界线之外, 近脉蚀变或地表以"云母线"为标志, 而甲基卡式"五层楼"则是董青石化带和电气石脉; ⑥根据习惯, 南岭式"五层楼"的编号是自上而下由Ⅰ带到Ⅴ带顺序编号, 而甲基卡式"五层楼"是自内 (岩体) 向外 (相当于自下而上) 由Ⅰ带到Ⅴ带顺序编号, 即二者的次序是相反的, 南岭式"五层楼"的Ⅴ号带在岩体内部或离岩体最近, 而甲基卡式的Ⅴ带离岩体最远; ⑦尽管绿柱石和铌钽矿物在两类"五层楼+地下室"矿床中均出现, 但黑钨矿和萤石在稀有金属矿区罕见, 而锂辉石在黑钨矿石英脉中罕见。

表 3.14　甲基卡式与南岭式"五层楼+地下室"模型的对比简表

对比项	勘查模型	甲基卡式	南岭式
个性	空间特征	除了垂直分带之外，还存在水平分带	主要是垂直分带
	物质特征	主要是伟晶岩，不排除石英脉	石英脉
	深度特征	可达数千米深度。以白云母为主时深度为7~11km，稀有金属为主时深度为3.5~7km	一般不超过1km范围（王牌脉可达1km以上）
	围岩特征	随着变质程度的变化而发生明显的岩性变化（区域性由十字石带→十字石+红柱石带→红柱石带），伟晶岩脉本身脉侧角岩化	浅变质岩（角岩化围绕花岗岩体），分带性不明显。石英脉旁侧无角岩化
	标志特征	近脉出现堇青石化带和电气石脉	石英脉顶部和边部出现"云母线"
	矿物特征	锂辉石常见或者是主矿种，罕见黑钨矿、萤石	黑钨矿是主矿种，罕见锂辉石
共性	成岩成矿作用	随着岩浆结晶分异，充填为主+交代	
	时代特征	与花岗岩主岩体时代接近（略晚）	
	层状矿体(地下室)	均可出现且主要在接近于岩体或层间破碎带、构造薄弱面等	
	脉状矿体	均存在，并可远离矿体，切割地层，产状可陡可缓，陡立者常见	
	成矿条件	造山运动之后相对稳定的构造背景，侵入岩体外侧封闭的物理化学环境	

四、"五层楼+地下室"模型的适用性

我国是钨矿资源大国，尤其是赣南粤北脉钨矿床的"五层楼"模式闻名天下。1966年，以国家科学技术委员会在江西省大余县召开的钨矿地质现场会为标志（木梓园），我国地质学家总结出了脉钨矿床"五层楼"模式，开创了模式找钨的先河，为隐伏矿的寻找提供了理论支持，使赣南钨矿找矿由"单一大脉"迈向"细脉标志带—细脉带—混合带—大脉带—巨脉带"的系列找矿，先后在兴国画眉坳、大余新庵子、石雷等地发现了隐伏矿体或矿床，并为于都黄沙、崇义茅坪等一批矿床的储量扩大做出了重大贡献。但是，根据近年地质找矿工作及矿山开发的实践，发现其根部带存在云英岩型、蚀变花岗岩型钨锡矿体，使矿床规模成倍扩大。根据这一客观事实，许建祥、曾载淋、王登红等于2008年在《地质学报》发表《赣南钨矿新类型及"五层楼+地下室"找矿模型》一文，论述了"五层楼"的深部还有"地下室"的找矿观点，以此建立了新的找矿模型，并分别在淘锡坑钨矿的补勘扩储、赣县–于都地区的深部找矿等具体实践中得到成功运用。2010年，王登红、唐菊兴等根据对全国一些重要矿床深部找矿实例的归纳总结，在《吉林大学学报（地球科学版）》发表《"五层楼+地下室"找矿模型的适用性及其对深部找矿的意义》，进一步拓宽了该找矿模型的适用性。但这并不是说每一个矿区都存在"五层楼+地下室"的现象，也不是说只有甲基卡或者广西大厂、湖南柿竹园这样的个别地方适用，更不是说石英脉型黑钨矿可以采用"五层楼+地下室"模型指导勘查，其他类型就不行。因此，"五层楼+地下室"勘查模型的适用性取决于"理想"与"现实"的耦合程度，需要具体问题具体分析。

甲基卡矿床式稀有金属矿床的成矿规律以及"五层楼+地下室"模型适合于指导热穹隆伟晶岩田的矿产勘查工作，无论是甲基卡新三号脉本身还是甲基卡外围其他地区都值得以此指导工作。川西地区除了甲基卡矿区之外，也适用于石渠、马尔康、九龙等地的伟晶岩田，同时也值得整个青藏高原的东部及北缘印支运动后期与燕山期之初岩浆—构造—热穹隆发育地区寻找伟晶岩型稀有金属矿床时参考。

（1）在整个青藏高原东部乃至于北部，强烈的造山运动形成了一系列的热穹隆构造并伴有伟晶岩成岩成矿作用。其中，甘孜—理塘一带的伟晶岩矿床形成于印支运动之后的燕山早期，属于印支旋回强烈造山运动之后相对稳定阶段的产物，因此，根据甲基卡式稀有金属矿床的特点可以指导整个造山带的找矿工作。青藏高原北部如新疆大红柳滩的伟晶岩型稀有金属矿床也具有类似特点。预测在南疆西昆仑大红柳滩、青川交界的扎乌龙、川西北阿坝可尔因、川北岷山雪宝顶、川西九龙、滇西等地存在类似的以伟晶岩型锂矿为特点的伟晶岩田。

（2）在整个川西松潘–甘孜造山带，甲基卡式"五层楼+地下室"模型也适合于邻区容须卡、长征等同期次、同成因的稀有金属矿田，因为该模型概括了巴颜喀拉–松潘造山带在印支运动之后相对稳定的构造背景下，由二云母花岗岩岩浆结晶分异过程中含矿岩浆沿着热穹隆构造周边的张性空间充填形成的一系列矿床的共同特点。

（3）在甲基卡矿区，热穹隆构造、变质分带发育、印支晚期的含矿岩浆岩、层状矿体与切层矿脉同时存在，除了伟晶岩还有细晶岩型矿石、矿田尺度区域性分带发育，而单一矿脉可能分带性较差（不如新疆的可可托海三号脉）。这些特点与"五层楼+地下室"模型是契合的，尤其是热穹隆不同构造层、岩性层之间的滑脱带，应该作为寻找"地下室"的重点部位。

（4）在甲基卡新三号脉或者 134 号、104 号、668 号等典型伟晶岩矿脉，尽管单一脉体本身的分带性不如新疆可可托海稀有金属矿床（可分 9 个结构带），也不同于江西宜春414（岩体顶部的似层状矿体，属于"地下室"但风化作用有助于低品位矿石的采选）等硬岩型锂多金属矿床，但其单一脉体规模巨大，是中国乃至于世界上最重要的固体锂矿类型之一，具有极大的找矿潜力（图 3.57）。因此，甲基卡式"五层楼+地下室"勘查模型的具体细节还需要进一步研究。

"五层楼+地下室"勘查模型具有重要的理论意义和实用价值，尤其是形象化的高度概括，有助于地质工作者在遇到脉状矿体时联想到深部可能存在层状矿体，而层状矿体无论是利用地球物理方法还是通过钻探手段都相对容易被发现，并且可能具有更大的规模。运用该模式，在江西淘锡坑等地取得了将小型矿床扩大为大型矿床的找矿效果，在于都黄沙–盘古山矿区也发现了深部"第二矿化带"，并通过 2000m 科学钻探找到了新的矿体。将这一模型运用于四川甲基卡等地也取得了显著的找矿效果，但甲基卡式"五层楼+地下室"模型有其特殊性，主要体现在"五层楼"的水平分带和垂直分带不同于南岭式石英脉型黑钨矿的垂向分带，其成因主要受张性裂隙产生的力学机制以及成矿流体充填的成因机制的双重控制，而甲基卡式的"五层楼"主要受到岩浆–热穹隆构造与熔体充填–交代作用的双重控制，后者更加复杂，需要在找矿实践中具体问题具体分析，才能取得找矿突破。

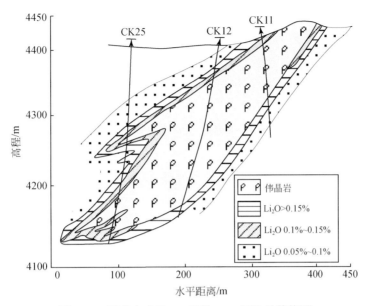

图 3.57　甲基卡矿区 134 号脉 Li₂O 原生晕等值图

对于钨矿区"五层楼+地下室"勘查模型的基本概念和应用范围已经有文献阐述，但在稀有金属矿区是否可以采用"五层楼+地下室"的勘查模型，是一个新课题。在传统的伟晶岩矿床成矿理论中，难以找到"层控型"或层状大规模伟晶岩矿床的勘探技术方法等方面的成熟经验，文献中强调的几乎都是伟晶岩脉本身的"分带性"，很少考虑一个伟晶岩田或者一个矿床范围内、不同产出状态伟晶岩之间的内在联系及其对勘查工作的指导意义。根据在四川甲基卡伟晶岩田 7 年来的不断实践以及在可尔因伟晶岩田剥蚀出来的大量现象（图 3.58），通过建立稀有金属矿区的"五层楼+地下室"层脉组合的找矿勘查模型，显著拓宽了川西地区以锂为主的稀有金属找矿思路。通过实践，在四川可尔因矿田和甲基卡矿区均取得了新的找矿进展，其中对甲基卡矿区东南部鸭柯柯一带的预测，随即得到YZK001 和 YZK002 等钻孔的验证，前者见矿厚度超过 63m。

(a)　　　　　　　　　　　　　　　　　　(b)

图 3.58　四川阿坝可尔因伟晶岩矿田地拉秋矿区顺层（a）和切层（b）产出的伟晶岩脉

第四章 资源潜力评价与综合调查方法

中国地质科学院矿产资源研究所牵头组织实施的"川西甲基卡大型锂矿资源基地综合调查评价"项目（2016～2018 年）在"多旋回深循环内外生一体化"的成矿理论指导下，围绕国家大型锂资源基地的规划、部署、建设的战略需求，开展了以甲基卡为示范带动川西可尔因、九龙等地以锂为主的硬岩型稀有金属地质找矿工作。总体上，该项目 2016～2018 年度完成了年度实施方案设计的各项绩效指标，年度考核结果均为优秀级。该项目的找矿成果有力地助推了川西大型稀有金属矿产资源新兴产业基地勘查、保护与合理利用的产业化进程，引领了全国三稀矿产、关键矿产、战略性新兴产业矿产调查。这些成果的取得，跟采用的综合调查方法是否得当密切相关。

本次采用的主要方法包括：1∶5 万的综合调查，包括物探、化探和遥感等方法；遥感地质找矿并在传统光学遥感基础上研究了利用雷达数据进行更高精度遥感找矿的技术尝试；在环境地质调查的同时开展了生物找矿方法的持续研发；在查明锂等稀有金属赋存状态的同时结合物理选矿（物）技术，取得了绿色选矿的创新性进展；锂硼等同位素分析测试技术等也取得创新性成果。

路线地质调查方法：一个完整的 1∶5 万图幅内地质观察路线总长度在 500km，其中实测不少于 300km。填图路线以穿越为主，追索为辅。对重要含矿层位、变质带、蚀变带、矿（化）带、矿（化）体应尽量沿走向进行追索，并定点控制。穿越路线应根据测区通行条件、地质复杂程度、已有研究程度、基岩出露连续程度等不同情况分别布置不同精度要求的路线，以解决主要矿产地质问题。采用"地质观察点记录表"进行编录。内容客观真实，记录内容主要为矿区（工作区）名称、点号、位置、观察点性质、地质描述、接触关系及产状、矿化现象、标本及照相登记、地貌及水文地质，部分重要地质点进行了照相或素描。其中，地质描述方面主要为岩石名称、颜色、结构构造、矿物成分、含量、地质构造、蚀变、对发现矿化地段详述矿化特征、地貌特征等。所有地质点均用红油漆或标志带建立了稳固的标志。每天外业工作结束后，及时校对记录和手图，对采集的各种样品、标本及时进行核对，完成手图着墨、转点及野外记录中的数据着墨工作，登记音像记录表，对野外手图、实际材料图和地质图进行清绘。路线调查工作质量满足设计要求。

地质剖面测量：主要目的是为钻探施工进行定位。剖面布设于已发现矿（化）体露头或可能存在矿体的部位，剖面线方向垂直矿体走向，剖面长度一般在 500m 左右；剖面最小分层厚度 1m，对特殊的矿化体、标志层、构造线等特殊地质现象无论厚度大小，均进行了单独分层编号描述或素描；剖面测量过程中进行了仔细观测，详细记录分层起点、止点位置、岩（矿）石的颜色、结构、构造接触关系、裂隙等的产状要素；剖面采用了罗盘定向、测绳测距，剖面起点、终点、导线转折点、分层点、样品采集点均用红油漆进行了标注，起点、终点、分层点和导线转折点均用 GPS 定位，并标注在了地形图上；剖面用野外地质剖面记录表进行记录，内容包括时间、剖面名称、剖面起止点位置、比例尺、导线号、方位角、坡角、斜距、地质观察内容、采样位置等。整体来说，地质剖面测量过程中，基本按照《固体矿产勘查原始地质编录规程》(DZ/T 0078—2015)执行，质量可满足项目需要。

遥感方法：利用 Worldview 高精度多波段数据及雷达数据进行全区遥感矿化蚀变信息提取，对矿化信息进行识别，结合地、物、化、矿产资料进行筛选和优化，建立区内地层、岩体、控岩控矿构造、矿体和矿化蚀变等解译标志，并对遥感信息圈定出异常，进行解译和判断，为专项地质填图所圈定各类地质体的展布特征及衔接关系，提供补充依据。

化探方法：主要采取了土壤地球化学测量的方法。已有的土壤地球化学资料显示，甲基卡 Li 元素背景值在 120μg/g 左右，远高于全国 62μg/g 的平均值，具有显著的异常特征。X03 矿体的验证证明，工作区 Li 元素异常下限为 200μg/g，异常浓度分带发育，并具有较大的异常规模，元素组合特征为 Li、Rb、Sr、Sn，它们的叠加强度均在 1.5 以上，显著的 Li 异常特征及高的叠加强度可以作为缩小找矿靶区的可靠证据，尤其是化探异常与物探异常（激电测量）相吻合，可推断是否有含锂辉石矿化脉体的存在。

物探方法：包括重力测量、电法测量、磁法测量等，具体开展了 1∶25000 地面高精度磁测、1∶25000 地面高精度重力测量、1∶5000 激电中梯扫面、激电测深、音频大地电磁测深（AMT）及高密度电法等。其中，激电中梯测量效果较好。已有的激电中梯测量成果显示，工作区花岗伟晶岩具有密度低而电阻率高的特点，视电阻率为 8000～15000Ω·m，与变质岩片岩的电阻率低高导性的特点（视电阻率为 3000～3500Ω·m）形成强烈对比。采用 800m 为 AB 距，10m 左右铅垂厚度的花岗伟晶岩脉均有较好的显示。花岗伟晶岩视电阻率异常呈带状分布，并有分支复合现象。X03 验证的实践证明了伟晶岩脉与视电阻率有良好的对应关系，可解剖化探异常，用于面中求点，定位预测伟晶岩脉，大致了解锂矿化伟晶岩的规模和走向的分布情况，为后续的钻探验证提供依据。

高密度电法：高密度电法在可尔因等地也取得了显著的找矿效果。与传统电阻率法相比，其不同之处在于具有多种组合的剖面装置。以 WGMD-9 高密度电阻率测量系统为例，系统支持 18 种测量装置，其中，α 排列、β 排列、γ 排列、δA 排列、δB 排列、α2、自电 M、自电 MN、充电 M、充电 MN 排列等适用于固定断面扫描测量，A-M、A-MN、AB-M、AB-MN、MN-B、A-MN、A-MN-B 跨孔等电极排列适用于变断面连续滚动扫描测量。在实际工作中采用斯伦贝谢尔排列（α 排列）和温纳排列进行测量。

地质雷达方法：地质雷达是浅部地球物理勘探中的一种高分辨率、高效率、实时的探测方法，且具有较强的抗干扰能力，用于确定地下介质分布，对地表覆盖条件下确定矿体具有较好的效果，为四川甲基卡第四系浅层覆盖区花岗伟晶岩找矿提供了新的方法手段。

地面 $\gamma_{总量}$ 剖面测量工作：本次野外测地工作采用 FD-3013 型轻便辐射仪，测量模式为 ppm（μg/g）模式。在工作区内的每个高密度测量电极点位均进行了地面 $\gamma_{总量}$ 剖面测量，每个观测点测量两次并记录在专用的记录表格中。地面 $\gamma_{总量}$ 剖面测量工作质量检查以均方误差作为衡量标准，检查点均匀分布在测区内，检查方式遵循"一同三不同"原则。

槽探方法：在可尔因矿田新都桥 19 号、22 号、23 号、32 号矿（化）体出露地段，垂直于岩体及含矿体走向方向布置了探槽（剥土），其中，探槽 1 个，剥土 5 个，均达到地质目的，锂辉石见矿率为 83.3%。共完成工作量 369.5m³。在九龙–三岔河地区完成槽探 403.7m³（其中剥土 19.5m³），完成探槽 10 条，剥土 4 条，采取刻槽样 159 件。在平武–马尔康地区，2017 年度施工槽探 8 条，完成土石方 224.40m³；2018 年度完成槽探施工

3条，完成土石方103.20m³；累计完成土石方327.60m³。

取样钻方法：取样钻主要用于揭露控制掩盖一般不超过3m的矿体和异常。由于甲基卡地区一般残坡积掩盖较厚，且为珍贵药材虫草的主要产区，槽探等传统人工揭露施工对环境破坏较大，因此以取样浅钻代替，达到绿色勘探的目的。

机械钻探：对各种综合异常实施科学的钻探验证，是找矿勘探必不可少的手段。2016~2018年，本勘查区共施工机械岩心钻孔17个。其中2016年完成钻孔10个，在X03南部靶区施工钻孔2个，C靶区施工钻孔2个，施工长梁子靶区施工6个。2017年共施工钻孔4个，在鸭柯柯施工钻孔2个，哲西措靶区施工钻孔2个；2018年施工钻孔3个，均位于鸭柯柯靶区。钻探工程均按各靶区综合异常布设施工，针对甲基卡区内矿体产状较缓的特点（一般倾角小于30°），钻探均为直孔。钻孔施工均采用清水钻，机台占地面积小，对施工产生的生活垃圾及废弃物做了及时回收，对野外施工机场进行了土壤平整等工作，符合相关规范以及环保要求。对所有施工的钻孔，都按要求进行了用425号硅酸盐水泥全孔封闭。施工钻孔均做了简易水文观测，每班次做了2~3次的水位观测，各孔简易水文观测为水文地质方面提供了一定的资料，符合规范和设计的要求。

总之，根据将锂作为能源金属对大型能源基地进行调查评价、整装勘查、开发利用的新思路，利用锂同位素指导地质找矿并圈定锂同位素矿体的可能性得到初步验证，高精度遥感找矿和生物找矿的尝试取得了新的成效，建立了新式"五层楼+地下室"层脉组合稀有金属矿床找矿勘查模型，地质雷达等技术手段在覆盖区的应用也深化了技术集成创新，以物理方法选矿（物）技术开展对甲基卡锂辉石矿石的综合选矿，取得初步成效；在接下来的工作中继续创新遥感找矿方法；继续创新动植物找矿方法；深入总结甲基卡式锂矿的成矿理论和找矿方法技术组合。

例如，音频大地电磁测深成果表明，目前已知的较大含矿脉体（如X03、308号脉、134号脉），在AMT剖面上，显示为地表浅部的次级高阻异常，而在其深部，则存在规模、强度更大的高阻异常。两者之间有通道连通。以此推断存在潜在找矿靶区；据马颈子花岗岩的剖面4、剖面2及剖面3成果显示，马颈子花岗岩内部存在较多的破碎裂隙，在花岗岩内部也发现有锂辉石分布，为对花岗岩的进一步研究提供了物探资料支撑。

高密度电法测量观测数据的质量评价采用自带软件提供的数据质量检查模块进行人工检查。同时，对剖面1采用了温纳装置和斯伦贝谢装置进行重复观测。对比显示，采用温纳装置和斯伦贝谢装置的反演成果图一致性好，高低异常分布基本一致，显示测量质量可靠。2018年开展的高密度电法测量成果显示，位于627号锂辉石脉和55号锂辉石脉之间的剖面2对应地下分布有高阻异常，推断627号锂辉石脉和55号锂辉石脉在深部可能是连接的。

再比如，在平武-马尔康地区完成了1:50000水系沉积物测量48km²，取水系样品250件，平均点密度5.3/km²。通过水系沉积物测量工作，编制了山神包工作区实际材料图、元素地球化学图、元素数据图、组合异常图、综合异常图等图件。圈定了15种地球化学单元素异常116处，地球化学综合异常7个，其中甲类异常1个，乙类异常6个。其中，As_4S_n（Li、Be、Cs）异常与本次发现的含锂铍矿花岗伟晶岩脉吻合较好。

在甲基卡矿区完工的17个钻孔中，见伟晶岩脉钻孔达16个，工业矿（化）体钻孔10个，见矿率58.82%，有效进尺为2802.40m。所有钻孔均达到了地质勘查目的。在施工的

17 个钻孔中，矿心及矿体顶、底板围岩的岩心采取率均≥90%，所有钻孔全孔平均采取率≥85%。2016 年度施工的 10 个钻孔岩心总长度为 1000.07m，钻孔的岩（矿）心采取率在 92.21%~100%。2017 年度施工的 4 个钻孔岩心总长 1001.04m，岩心采取率在 92.11%~100%。4 个钻孔的伟晶岩段进尺累计达 496.56m，采取率在 93.33%~100%，矿体顶底板采取率均在 93.33%~100%。2018 年度施工的 3 个钻孔，岩心总长 801.29m，除第四系及局部破碎带外，岩心采取率在 82.80%~100%，平均值为 99.04%。3 个钻孔的伟晶岩段进尺累计达 188.23m，采取率在 95.87%~100%，矿体顶底板采取率均在 96.72%~100%。符合设计及规范的质量要求。按六大指标对 17 个钻孔逐一进行检查验收，其中优良钻孔 15 个，占施工钻孔总数的 88.23%，其余钻孔全部合格。

在可尔因矿田也部署了一个机械岩心钻孔（ZK001），主要目的是对 19 号矿体深部进行工程控制，查明矿体在深部的延伸情况及品位变化情况。钻孔布置于 19 号矿体 0 号勘查线上，为斜孔，倾角 75°，设计工作量 200m，实际总进尺 200.3m。钻孔 ZK001 岩心采取率为 96.4%，近矿围岩的岩心采取率为 86.3%，钻孔平均岩心采取率为 84.4%。采用 425 水泥砂浆全孔封孔。钻孔 ZK001 共揭穿 4 条伟晶岩脉，查明了其在深部延伸及品位厚度变化情况，估算资源量为 5.99 万 t。

本次工作对区内已有矿产地、矿（化）点等矿产信息以综合研究为主，对典型矿床适当开展野外调查，对调查区内重要含矿层、矿化蚀变带、物化探异常以及其他重要找矿线索全面开展概略检查，进而对有找矿前景和进一步工作价值的矿（化）点、物化探异常等开展重点检查。为获取深部地质信息，了解与成矿有关的建造构造特征，在物化探遥感综合异常解释推断的基础上，部署了钻探工程验证。

1）找矿靶区的优选及特征

找矿靶区的优选是指从已发现的大批异常和矿（化）点中综合地质、地球物理、地球化学等特征，筛选出具有找矿前景、可优先安排地质工作的靶区。本次找矿靶区的圈定是综合分析测区内地、物、化、遥等综合信息，以已知矿（化）点、矿致异常为基础，确定找矿种类与成因类型，优化圈定有进一步工作价值的有利地段。

2）找矿靶区的划分原则及依据

根据测区内地质矿产特征、成矿地质条件、物化探异常分布情况、成矿信息的强弱程度、预测依据是否充分、资源潜力大小等因素，将找矿靶区分为三类。

A 类：成矿地质条件优越，具有较好的成矿事实及规模，预测依据充分，至少具有寻找小—中型矿床的潜力。

B 类：成矿地质条件有利，有矿（化）点、矿化线索等成矿信息，预测依据较充分，有一定的资源潜力。

C 类：成矿地质条件较有利，有化探异常分布，有矿化线索，有一定预测依据，有可能发现资源。

3）找矿靶区特征

依据上述圈定原则，根据地、化等成矿信息的空间展布以及套合程度，对本次项目工作区内圈定的找矿靶区进行简单阐述。

第一节　甲基卡矿区及外围

一、甲基卡区域成矿要素

甲基卡典型矿床类型为（硬岩）花岗伟晶岩型内生矿床，其成矿要素归纳于表4.1。

表4.1　四川甲基卡锂矿区域成矿要素一览表

成矿要素			描述内容	成矿要素分类
矿床类型			花岗伟晶岩型锂矿床	
地质环境	岩浆岩	岩浆岩类型	二云母花岗岩。（岩株、岩枝）及伟晶岩脉、石英脉、细晶岩脉	必要
		岩石结构	细粒、中粒结构，块状构造（为主），流线、流面构造	次要
		成岩成矿时代	岩体：（214.65±1.66）Ma。伟晶岩：（189.49±3.14）Ma	重要
	成矿环境		松潘–甘孜造山带。陆内汇聚、挤压、碰撞造山环境	必要
	构造背景		松潘–甘孜造山带、石渠–雅江陆缘中央褶皱–推覆带，甲基卡短轴背斜（甲基卡穹隆体）。层间裂隙及剪切节理裂隙及区域性断层	必要
	围岩及围岩蚀变		围岩：中、上三叠统砂泥质复理石沉积建造岩石。围岩蚀变：十字石、红柱石、黑云母蚀变带发育	重要
矿床特征	矿体产出及形态、规模产状		伟晶岩成群、成带产于母岩内外接触带。矿体呈脉状（主）、透镜状（次），少量串珠状、岩盘状、板状、似层状、岩株、团块状；矿脉一般长 100～500m，最长1450m；一般厚1～10m，最厚630m；一般延深50～300m，最深>500m；矿脉产状变化较大，倾向四周，以陡倾为主	次要
	矿物组合		甲基卡伟晶岩中已发现67种矿物，主要为硅酸盐矿物，次为氧化物、硫化物，少量铌钽酸盐、碳酸盐矿物。稀有矿物：锂辉石、绿柱石、铌钽铁矿，次为锡石、锂云母、磷锂铝石、锆石、独居石、氟碳铈矿等。矿石矿物：微斜长石（含Rb、Cs）、钠长石、石英、白云母等。副矿物：电气石、磁铁矿、钛铁矿、磷灰石、石榴子石等	重要
	矿石结构构造		以中细结构为主，少量粗晶结构；自形结构、交代残余结构；带状构造、块状构造、斑杂状构造等	次要
	交代作用		除Ⅰ类型伟晶岩脉外，其余矿脉交代作用十分发育。计有白云母化（Ⅰ、Ⅱ期）、钠长石化（Ⅰ、Ⅱ、Ⅲ期）、云英岩化、锂云母化及腐锂辉石化	次要
	控矿条件		①甲基卡短轴背斜及F_{20}。②二云母花岗岩（印支晚期）。③三叠系西康群复理石建造围岩。④围绕岩体分布有十字石、红柱石、石榴子石、黑云母低压角闪石蚀变带。⑤岩体顶部及周围发育的层间剥离构造及剪切构造	必要
	地表风化		地表极弱的腐锂石化	次要

二、矿产检查与靶区验证

（一）长梁子靶区

长梁子靶区位于甲基卡矿区西部措拉海子一带，靶区面积约 1.1km²。

该区出露地层为上三叠统新都桥组下段、上三叠统侏倭组上段和第四系（图 4.1）。其中，上三叠统新都桥组下段（T_3xd^1）出露岩性为十字石二云母片岩（原岩成分以深灰色薄层状泥质粉砂岩与粉砂质泥岩为主），主要分布于该区南部长梁子山脊上，占该区面积约 20%；上三叠统侏倭组上段（T_3zw^2）出露岩性为十字石二云母片岩、二云母片岩（原岩成分为浅灰–灰白色中厚–厚层状含泥粉砂岩夹薄层状泥质粉砂岩），主要分布于该区北部，占该区面积约 30%；其余均为第四系，根据风化碎块的岩性组合差异，将第四系残积物进一步划分为十字石二云母片岩残坡积物（$Q^{eld(st-mis)}$）、伟晶岩残坡积物（$Q^{eld(\gamma\rho)}$）、含锂辉石伟晶岩残坡积物（$Q^{eld(Li-\gamma\rho)}$）、伟晶岩残积物（$Q^{el(\gamma\rho)}$）及含锂辉石伟晶岩残积物（$Q^{eld(Li-\gamma\rho)}$）。伟晶岩及含锂辉石伟晶岩残、坡积物尤其在长梁子山脊两侧成片、成带分布，这些含锂辉石伟晶岩残、坡积物构成了长梁子靶区的锂辉石矿化带。

根据地质调查结果及重力的异常结果推测，甲基卡岩体向北北西方向延伸并在局部存在隆起，而长梁子靶区则位于隆起的顶部。

该区动热变质带均分布在十字石带内。此外，该区北部还出现透辉石–透闪石组合，明显受原岩成分影响，其变质程度与十字石相当。这与该靶区北部出露上三叠统侏倭组上段（T_3zw^2）相吻合。

长梁子靶区以成片、成带的伟晶岩风化碎块为主，在局部见有零星伟晶岩露头。伟晶岩多呈顺层脉体，锂矿化不均匀，仅在局部伟晶岩露头及转石上见有锂辉石（含量一般在 5% 左右）。在长梁子山脊西侧及东侧，含锂辉石伟晶岩残、坡积物大体呈南北向展布，形成锂辉石矿化带，分别命名为 X13 和 X15。

X13 锂辉石矿化带：以"露头+转石"为主要特点。露头位于山脊西侧靠近公路旁，呈北北东–南南西展布，出露长约 100m，宽约 20m，其南端出现两个分支，整体产状为 125°∠14°，为顺层脉体（图 4.2）。脉体中上部锂辉石矿化均匀且富集，品位在 1% ~ 1.5%；脉体下部石英、云母居多，矿化较均匀，品位为 0.4% ~ 0.5%；脉体整体 Li_2O 品位在 0.5% 左右。含锂辉石伟晶岩转石主要分布于长梁子山脊西侧的缓坡上，呈南北带状分布，南北长约 300m，东西宽约 100m。伟晶岩转石大小不等，变化于 0.2 ~ 2m，个别可达 5m；磨圆差，一般为棱角状–次棱角状；岩性主要为石英钠长石伟晶岩，在局部地段的伟晶岩转石上见有锂辉石矿化（锂辉石呈浅灰白色毛发状，长约 5mm，含量一般为 5%）。转石分布的范围与物探电法高值异常较为吻合。推测该区域转石为原地风化残积的产物，其下可能存在隐伏花岗伟晶岩脉，显示了较好的找矿前景。经钻探验证，深部见有 4 层顺层伟晶岩脉，总厚度约为 17m。

X15 锂辉石矿化带：含锂辉石伟晶岩转石主要分布于长梁子山脊东侧的缓坡平地上，呈南北带状分布，南北长约 700m，东西宽 150 ~ 200m（图 4.3）。伟晶岩转石大小不等，变化于 0.5 ~ 5m，个别甚至超过 10m，推测为准原地风化残积物。转石磨圆差，为棱角状–

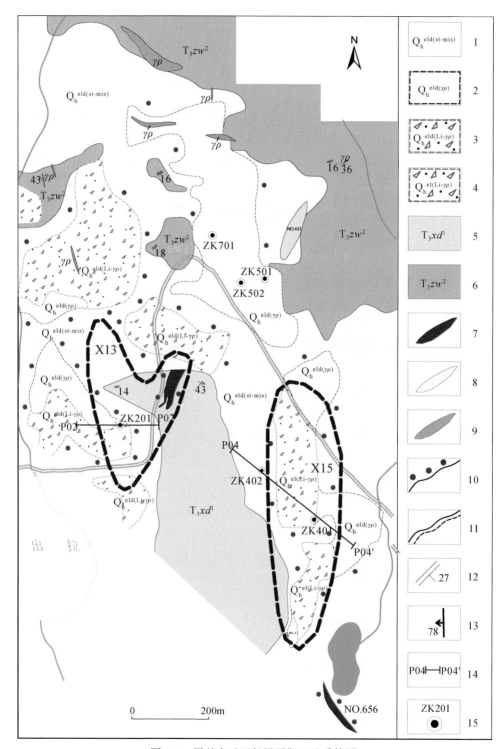

图4.1　甲基卡矿区长梁子靶区地质简图

1-第四系十字石二云母片岩残坡积物；2-第四系伟晶岩残坡积物；3-第四系含锂辉石伟晶岩残坡积物；4-第四系含锂辉石伟晶岩残积物；5-上三叠统新都桥组下段；6-上三叠统侏倭组上段；7-锂矿化伟晶岩脉；8-锂-铍混合型矿化伟晶岩脉；9-未矿化伟晶岩脉；10-堇青石带；11-实测、推测地质界线；12-片理产状；13-接触产状；14-勘探线位置及编号；15-钻孔位置及编号

次棱角状；岩性为石英钠长石伟晶岩。在局部地段，伟晶岩转石上见有锂辉石矿化，锂辉石呈浅灰白色毛发状，长约5mm，含量一般在5%左右。转石分布范围与物探电法高值异常较为吻合。推测该区域转石为原地风化残积物，其下可能存在隐伏花岗伟晶岩脉，显示有一定的找矿前景。经钻探验证，深部见有3层顺层伟晶岩脉，总厚度约为10m。

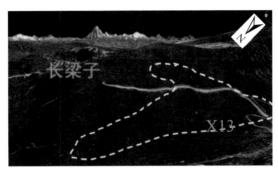

图4.2　甲基卡矿区X13锂辉石矿化带

图4.3　甲基卡矿区X15锂辉石矿化带

长梁子区域分布两条南北向视电阻率高异常带，两条高阻异常之间存在一个低阻异常。结合地形地貌分析，低阻异常位于山脊处，而高阻异常位于山脊两侧，经地形校正，地形影响不能导致如此大的数值差异，因此推断山脊处可能存在隐伏的伟晶岩层。

长梁子靶区Li元素的土壤地球化学异常表现为以南北向串珠状–带状分布为主，交织有其他方向的异常条带，形成网状异常分布特点。据此推断引起异常的物源体数目多，但规模偏小。同时，伴生元素铍、铷、铯、铌、钽、锡等在该异常区均有异常显示，以铍、铷、铯、钽、锡等的浓集中心较明显，二级浓度带较为清晰，与锂元素异常套合性较好，推测此处伟晶岩脉受到了一定的剥蚀。

长梁子靶区共实施了6个验证钻孔，总进尺658.85m，各钻孔参数见表4.2。

表4.2　甲基卡长梁子靶区验证钻孔参数

钻孔编号	Y	X	Z	方位角/(°)	倾角/(°)	孔深/m
LZK201	715312.36	3354828.01	4347.24		−90	213.36
LZK401	715821.40	3354603.32	4389.90		−90	150.00
LZK402	715684.05	3354723.12	4399.72		−90	130.90

续表

钻孔编号	Y	X	Z	方位角/(°)	倾角/(°)	孔深/m
LZK501	715676.75	3355206.67	4341.84	105	-60	70.10
LZK502	715615.47	3355194.60	4364.37	105	-60	30.48
LZK701	715565.04	3355276.55	4367.99		-90	64.01
合计						658.85

钻孔分三个片区实施，分别为长梁子靶区西侧异常 YC-01 的峰值部和长梁子东部的 YC-02 异常南段高值区及北部低值区。其中，在长梁子靶区西部 YC-01 的峰值部实施的钻孔（编号为 LZK201）为直孔，钻孔深度 213.36m；在长梁子靶区东侧异常 YC-02 南段实施两个钻孔，分别编号 LZK401 和 LZK402，均为直孔，钻孔深度分别为 150.00m 和 130.90m；在长梁子靶区东侧异常 YC-02 北段施工钻孔 3 个，编号分别为 LZK501、LZK502 和 LZK701，除 LZK701 为直孔外，其余两个钻孔的方位角均为 105°，倾角均为 -60°。钻探验证结果如下。

1. 长梁子靶区西侧异常（YC-01）验证结果

根据 LZK201 钻孔验证（图 4.4），该孔出现两段伟晶岩，第一段出现在 73.2～82.9m 处，岩性为微晶状电气石钠长石伟晶岩和细晶状电气石微斜长石钠长石伟晶岩；第二段出现在 162.96～168.54m 处，岩性为微晶电气石石英钠长石伟晶岩；第三段见于 198.80～205.20m 处，岩性为电气石化石英钠长伟晶岩。分析测试结果表明，Li_2O 品位为 0.01%～0.39%，低于边界品位。其围岩主要为长英质片岩。

根据钻孔 LZK401 和钻孔 LZK402 的验证结果（图 4.5），两个钻孔均见到少量伟晶岩，其中 LZK401 孔所见伟晶岩出现在 119.31～130m 处，岩性为细粒云母石英钠长石伟晶岩，Li_2O 含量为 0.02%～0.17%，低于边界品位；LZK402 号钻孔未见伟晶岩，仅在 79.30～81.65m 处见 2.35m 的石英脉体。钻孔其他部分均为十字石云母片岩。

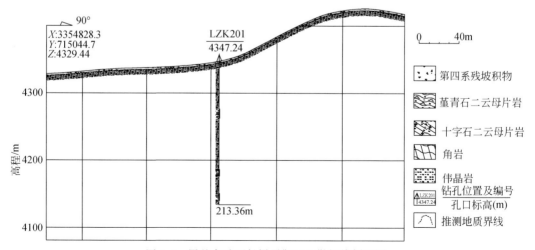

图 4.4　甲基卡矿区长梁子靶区 2 勘探线剖面图

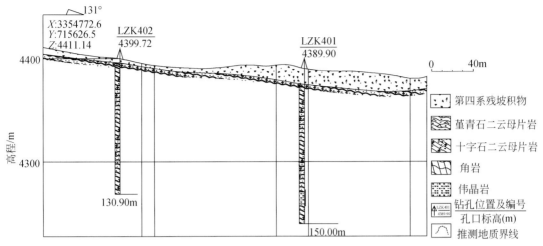

图4.5　甲基卡矿区长梁子靶区4勘探线剖面图

2. 长梁子靶区东侧异常（YC-02）北段的验证结果

在长梁子靶区东侧异常（YC-02）的北段，实施了3个钻孔（图4.6，图4.7），均见伟晶岩。其中，LZK701号孔所见伟晶岩出现在39.95～40.58m处，岩性为中粒石英云母钠长石伟晶岩；LZK502号孔在开孔后1.52～5.90m处见伟晶岩，岩性为中粒石英云母钠长石伟晶岩，Li$_2$O含量为0.03%～0.16%，低于边界品位；LZK501见两层伟晶岩，分别出现在7.97～17.47m处和29.41～38.35m处，岩性均为电气石微斜长石伟晶岩，Li$_2$O变化在0.01%～0.14%间，均低于边界品位。

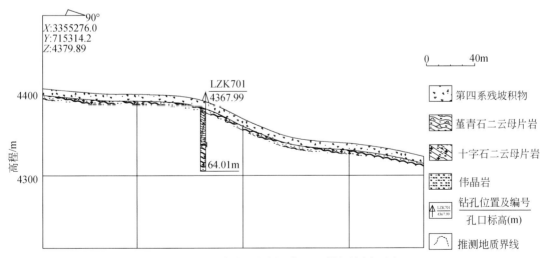

图4.6　甲基卡矿区长梁子靶区7勘探线剖面图

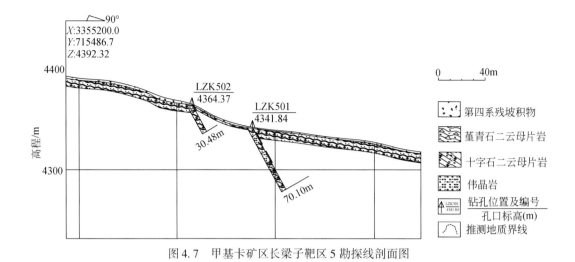

图4.7 甲基卡矿区长梁子靶区5勘探线剖面图

总之，长梁子实施的6个钻孔均未见超过边界品位的矿化伟晶岩。根据6个钻孔岩心编录结果，结合地表填图，可知该靶区伟晶岩岩性复杂，出现电气石微斜长石钠长石伟晶岩和云母石英钠长石伟晶岩以及石英岩脉等，说明其环境变化大，不利于生成大而稳定的矿化伟晶岩脉；在高电阻异常区实施的3个直孔，揭示的伟晶岩规模与视电阻异常值不相符，远低于推断值，可能深部仍然存在伟晶岩；而在长梁子东侧异常北段实施的LZK501和LZK502两个斜孔所见伟晶岩规模却与其电阻率异常值相符。由此推断，长梁子地区伟晶岩脉产状陡立，不适合于实施直立钻孔。直孔容易与直立矿脉"擦肩而过"，因此也存在漏掉矿脉的可能性。

（二）日西柯C靶区

日西柯C靶区位于日西柯海子西北侧，甲基卡矿区东部，靶区面积约1.8km²。

该区出露地层为上三叠统新都桥组下段（T_3xd^1）和第四系（图4.8），其中上三叠统新都桥组下段（T_3xd^1）岩性为红柱石二云母片岩和十字石红柱石二云母片岩（原岩成分以深灰色薄层状泥质粉砂岩与粉砂质泥岩为主），主要分布于该区中部，占该区面积约20%，其余均为第四系，主要是冲洪积物和残坡积物。

日西柯靶区位于甲基卡穹隆中部的东侧。围绕穹隆分布有Ⅵ型钠长锂辉石伟晶岩带，热穹隆伸展形成片理发育，片理产状均倾向南东东，倾角多在10°~20°。此外，还发育有北北东向的裂隙构造。裂隙的走向与该区出露的伟晶岩脉的走向较为一致，反映出裂隙控制伟晶岩产出的特征。

靶区内动热变质带分为红柱石带和十字石红柱石带。从南西向北东方向，变质带由十字石红柱石带向红柱石带递变，其中十字石红柱石带在空间上更靠近甲基卡二云母花岗岩体，体现出由靠近岩体到远离岩体有一个温度降低的过程。

随着伟晶岩脉的贯入，在脉体四周形成了电气石和堇青石变质蚀变带。

图 4.8　甲基卡矿区日西柯 C 靶区地质简图

1-第四系冲积物；2-第四系残坡积物；3-含锂辉石伟晶岩转石区；4-上三叠统新都桥组下段；5-未矿化伟晶岩脉；6-锂矿化伟晶岩脉；7-十字石红柱石带；8-红柱石带；9-堇青石带；10-片理产状；11-接触产状；12-实测、推测地质界线；13-勘探线及编号；14-钻孔位置及编号

　　在该区，对 2013 年发现的新 05（X05）、新 06（X06）、新 07（X07）三条锂辉石矿化伟晶岩脉进行了深部钻探验证，现分述如下。

X05 号脉（图 4.9）：脉体整体上呈近南北向展布，走向为 190°，倾向为 280°，倾角为 30°，地表断续出露长约 184m，厚约 9.5m；整体呈脉状，见有顶板但未见底板，顶板围岩岩性为堇青石化红柱石十字石二云母片岩。脉体内部具分带性，边缘带为云英岩带（厚 5~10cm），主要矿物为石英和白云母；自边缘带向内过渡为细粒石英钠长石带（厚约 20cm），主要矿物为石英和钠长石，钠长石呈白色他形粒状，粒径 1~2mm；内带为巨晶微斜长石锂辉石带、钠长石锂辉石带及石英锂辉石带，锂辉石主要呈浅灰绿色梳状–巨晶状，长一般为 3~10cm，个别可达 20cm，含量 20%~30%。对脉体进行连续拣块，Li_2O 含量为 1.81%。

X06 号脉（图 4.10）：脉体整体上呈近北东–南西向展布，走向为 200°，倾向为 290°，倾角为 80°，地表断续出露长约 450m，厚 2.8~3.5m。整体呈脉状，脉体的顶板和底板均可见到，顶底板围岩的岩性均为堇青石化红柱石十字石二云母片岩。脉体内部具分带性，边缘带为云英岩带（厚约 5cm），主要矿物成分为石英和白云母；向内为细晶岩带（厚约 10cm），主要矿物为石英和钠长石，钠长石呈白色他形粒状，粒径<1mm；内带为梳状锂辉石带，锂辉石呈浅灰白色梳状，长 3~8cm，宽 0.5~1cm，含量 25%~30%；另在局部见有后期石英脉穿切梳状锂辉石带。对脉体进行连续拣块采样，Li_2O 含量为 1.86%。经钻探验证，深部见有总厚度为 15.9m 的伟晶岩脉。

图 4.9　甲基卡矿区 X05 号脉野外露头情况　　　图 4.10　甲基卡矿区 X06 号脉野外露头情况

X07 号脉（图 4.11）：脉体整体上呈近北东–南西向展布，走向为 205°，倾向为 295°，倾角为 47°，地表断续出露长约 270m，厚约 16m。整体呈脉状，脉体见有顶板但未见有底板，围岩岩性为堇青石化红柱石十字石二云母片岩。脉体内部具分带性，边缘带为云英岩带（厚约 10cm），主要矿物为石英和白云母；向内为细晶岩带（厚约 10cm），主要矿物为石英和钠长石，钠长石呈白色他形粒状，粒径<1mm；内带为钠长石锂辉石带，锂辉石呈浅灰白色梳状，长 3~6cm，宽约 0.5cm，含量 10%~15%。对脉体进行连续拣块采样，Li_2O 含量为 1.08%。

日西柯 C 靶区位于 134 号矿脉北偏东 250m 处（图 4.12）。该处属于含水的沼泽河床地区，含水层发育。电法扫面结果显示在靠近海子附近为低阻异常。因此，此区域水对电法测量的影响很大。由于电法测量效果不明显，依据地表出露的 X5、X6、X7 矿化露头开展了 C02 和 C03 两条大功率激电测深剖面的测量工作。

图 4.11　甲基卡矿区 X07 号脉野外露头情况

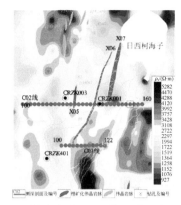

图 4.12　甲基卡矿区日西柯 C 靶区视电阻率等值线，测深剖面及钻孔示意图

C02 测深剖面长 600m，横穿出露的 X05 号、X06 号、X07 号脉体（图 4.13）。由测深拟断面图可知，剖面两侧表层分布有高阻异常，推断可能是地表花岗（伟晶）岩体分布的反应，也可能是冻土层的显示；而中部有一近垂直的高阻异常且向深部延伸，但连续性和稳定性差，反映出其规模较小。通过 ZK001 钻孔的验证（孔深 70m），在 5.57~33.65m、40.04~41.26m、58.84~65.32m、69.28~72.44m 这 4 段为花岗伟晶岩。岩心破碎，含水层丰富。可见，此剖面整体视电阻率值普遍偏低的原因，与该地段含水丰富有关。

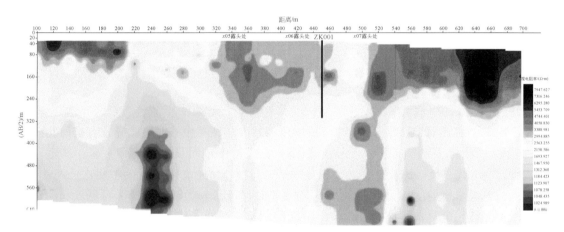

图 4.13　甲基卡矿区日西柯 C 靶区（C02）测深剖面拟断图（黑色为 ZK001 钻孔位置及轨迹）
实际深度约为 AB/6

C03 测深剖面长 320m，横穿出露的 X05 号、X06 号、X07 号三条脉体（图 4.14）。由测深拟断面图可知，剖面西侧主要分布低阻体，东侧分布三层高阻体，表层规模大，强度高，往深部规模逐渐变弱。推断 X05 号脉体未向南延伸，X07 号脉体向南延伸。根据探地雷达探测的结果，估算在钻孔 ZK001 处第四系厚度约 3m，在钻孔 ZK003 处第四系厚度约 5m。根据地震雷达探测资料估算的第四系厚度与钻探实际探获的第四系厚度较为接近，如钻孔 ZK001 钻探证明第四系厚度约 2.8m，钻孔 ZK003 探明第四系厚度约 3.8m。由此可知，利用探地雷达有助于查明第四系的分布情况，即俗称的"揭盖"填图。

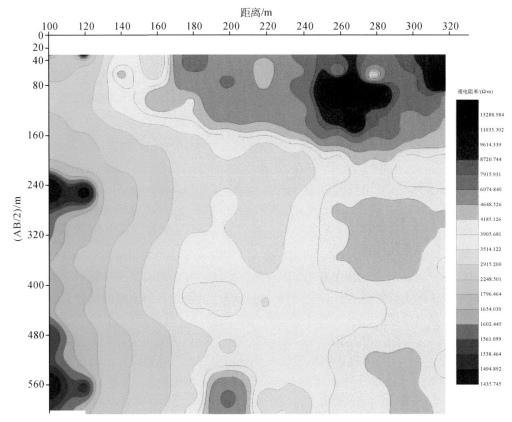

图 4.14　甲基卡矿区日西柯 C 靶区（C03）测深剖面拟断图

实际深度约为 AB/6

　　日西柯所在的甲基卡东部异常区（在项目 2016 年的设计书中命名为 C 区）地势平坦，是一个以 Li 为主的稀有金属异常区，面积约 1.23km²，浓集中心明显，异常有呈南北向展布的趋势，同时交织有近东西向的异常条带，三级浓度带明显。在该异常区，伴生元素铍、铷、铯、锡、氟、铌、钽等均有异常显示，其中铷、铯 2 个元素的浓集中心不明显，有较弱的二级浓集带，铍元素浓集中心明显，二级浓度带较为清晰，局部可见较弱的三级浓度带，与锂元素异常套合较好。该异常区的剖析图显示，Li、Be、Rb、Cs、Sn 等元素的异常形态基本一致，呈北东–南西向条带状展布，与已知的 X05 号、X06 号、X07 号脉在走向上吻合度较高。

　　日西柯靶区视电阻率普遍偏低，但其相对高值异常却与三条伟晶岩脉的走向一致。Li、Be、Rb、Cs、Sn 等元素异常形态基本一致，呈北东–南西向条带状展布，与已知的X05 号、X06 号、X07 号脉在走向上吻合度较高。

　　根据靶区综合异常特点，共布设 2 个验证钻孔（图 4.15，图 4.16），编号分别为CZK001、CZK401。CZK001 和 CZK401 两个钻孔间的矿体走向长为 378m。其中钻孔CZK001 位于 X07 号矿化伟晶岩露头正西侧 20m 处，倾角 90°，钻孔深度 70.10m，见矿厚度 9.87m，Li_2O 平均品位 1.57%。CZK401 位于 X06 号矿化伟晶岩露头正西侧 100m 处，倾角 70°，方位角 140°，钻孔深度 60.01m。该孔共见矿两层，上层矿脉厚度 9.87m，Li_2O

平均品位 1.57%。日西柯靶区共探获矿石量 188 万 t，Li$_2$O 总量 29410t，Li$_2$O 平均品位 1.56%。

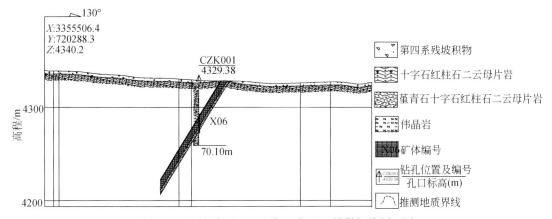

图 4.15　甲基卡矿区日西柯 C 靶区 0 号勘探线剖面图

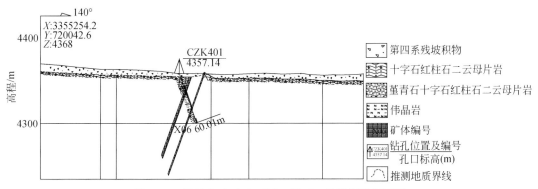

图 4.16　甲基卡矿区日西柯 C 靶区 4 号勘探线剖面图

（三）哲西措靶区

哲西措靶区位于甲基卡矿区南东部烧炭沟一带，靶区面积约 1.5km^2。

该区出露地层为上三叠统新都桥组中段（T$_3$xd^2）和第四系（图 4.17）。其中，上三叠统新都桥组中段（T$_3$xd^2）出露岩性为十字石二云母片岩、十字石红柱石二云母片岩（原岩成分以深灰色薄层状泥质粉砂岩与深灰色粉砂质泥岩互层为主）。第四系分布区见有大面积散乱分布的伟晶岩转石，而在伟晶岩转石中圈定出两条含锂辉石伟晶岩转石集中分布带，均大致呈北北东向展布，长 0.7~1km，宽约 10m。可见大量的钠长石锂辉石伟晶岩转石呈带状分布，转石大小不一，一般 0.5~1.5m，最大可达 5m；岩性以钠长锂辉石伟晶岩为主，锂辉石呈梳状，长 5~10cm，宽 0.2~0.5cm，含量 10%~15%。

哲西措靶区位于甲基卡穹隆中部的东侧，处于钠长锂辉石伟晶岩带内，热穹隆伸展形成片理发育，片理产状倾向均为南东东向，倾角多在 10°~30°。此外，还发育有南北向的裂隙构造。

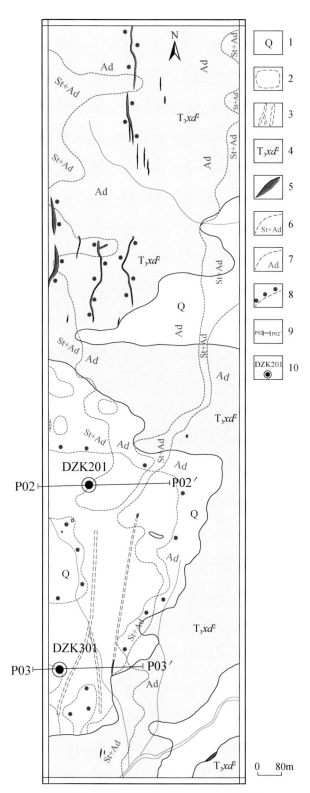

图 4.17　甲基卡矿区哲西措靶区地质简图

1-第四系；2-伟晶岩转石区；3-含锂辉石伟晶岩转石集中分布带；4-上三叠统新都桥组中段；
5-伟晶岩脉；6-十字石红柱石带；7-红柱石带；8-堇青石带；9-勘探线位置及编号；10-钻孔位置及编号

靶区内动热变质带分为红柱石带和十字石红柱石带。在伟晶岩转石及伟晶岩脉露头上或多或少见有近脉接触变质矿物堇青石。伟晶岩带整体上呈北北东走向，南北贯穿整个工作区。伟晶岩脉成带分布，在北部至少可细分出三条伟晶岩带，向南收敛为一条。伟晶岩脉个体规模宽多不足 10m，长数十米至 400m，走向多与伟晶岩脉带一致，倾向以 280° 为主，倾角 45°～55°。伟晶岩脉可细分为钠长石白云母伟晶岩脉、钠长石锂辉石伟晶岩脉的钠长石石英伟晶岩脉。结合邻近工作区情况，伟晶岩脉的类型自西向东、自北向南均呈有规律变化。自西向东，在工作区北部，伟晶岩脉类型由钠长石锂辉石脉（83 号）→钠长石白云母伟晶岩脉（80 号）→钠长石石英伟晶岩脉变化；自北向南，从山顶平台经坡地到沟底，在高差约 350m 的范围内，伟晶岩脉类型的变化表现为：钠长石白云母伟晶岩脉（80 号）→钠长石白云母-锂辉石伟晶岩脉（528 号）→钠长石锂辉石脉（71 号）变化。

异常区内见含锂辉石脉体及伟晶岩转石。靶区内分布着两条近南北向的视电阻率高阻异常带，编号分别为 DJ14 和 DJ15。其中，DJ14 整体呈南北向分布，具 2 个中心，长 852m，宽 188m，异常幅值为 7006，推断由伟晶岩引起；DJ15 整体呈北北东向分布，长 3367m，宽 245m。其西南部与烧炭沟相邻地段的异常未封闭，推断由伟晶岩引起。

在哲西措靶区，Li、Be、Cs、B、Sn 等 5 种元素均有突出的异常显示，元素含量均为西高东低，有呈近南北向展布的趋势，推测该区有一定的找矿空间。其中，Li 元素极大值为 509×10^{-6}，平均值为 64.93×10^{-6}，略小于中位数 67.90×10^{-6}，异常下限为 80×10^{-6}，Li 元素含量为西高东低，走向上明显呈近南北向展布。

根据哲西措靶区综合异常特点，布设了 2 个验证钻孔（图 4.18，图 4.19），编号分别为 DZK201 和 DZK301。共见有两条矿脉，其中Ⅰ矿脉由 DZK201 钻遇，铅直厚度 4.57m，Li_2O 平均品位 0.96%；Ⅱ矿脉由 DZK301 钻遇，铅直厚度 1.9m，Li_2O 平均品位 0.82%。

哲西措靶区包括 2 号勘探线与 3 号勘探线间的矿体钻探验证范围，探获矿石量 144 万 t，Li_2O 总量 13239t。

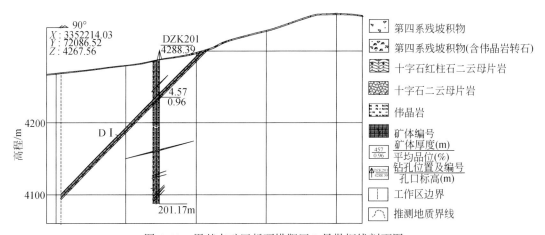

图 4.18　甲基卡矿区哲西措靶区 2 号勘探线剖面图

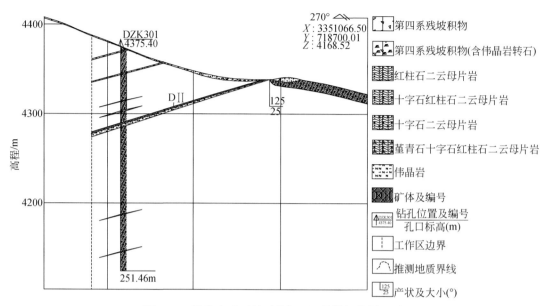

图 4.19　甲基卡矿区哲西措靶区 3 号勘探线剖面图

（四）甲基卡东部外围靶区

甲基卡东部外围靶区位于甲基卡矿区东部外围，靶区面积约 6km²。

该区出露地层为上三叠统新都桥组中段（T_3xd^2）和第四系（图 4.20）。其中，上三叠统新都桥组中段（T_3xd^2）出露岩性为十字石红柱石黑云母片岩、红柱石黑云母片岩及黑云母片岩，主要分布于靶区南部、北西部及北东部，占该区面积约 30%；其余均为第四系，主要有残坡积物和冲积物等，在靶区中部缓坡上见有分布较多的伟晶岩转石。伟晶岩转石区或伟晶岩转石带大致呈南北向分布，长 0.3～1km 不等。伟晶岩转石大部分见有锂辉石矿化，该区域伟晶岩转石大小不等，变化于 0.2～2m；磨圆差，以棱角状-次棱角状为主；岩性以石英钠长锂辉石伟晶岩为主，锂辉石一般呈梳状产出，个别呈巨晶状，含量一般在 5%～20% 之间。

在靶区北西角的斜坡上，见有一小面积的花岗岩转石区。该靶区内变质岩带大致以花岗岩转石区为中心，由内向外变质带依次为十字石红柱石带和红柱石带-黑云母带。因此推测转石应为近源或原地残积，其下部可能存在隐伏花岗岩枝。靶区内变质带大致以花岗岩转石区为中心，由内向外变质带依次为十字石红柱石带→红柱石带-黑云母带。此外，在伟晶岩转石区周围的片岩上均见有近脉接触变质矿物堇青石。

在靶区南部见有 3 条伟晶岩脉露头，出露长度 5～20m，宽度 1～8m，岩性以钠长锂辉石伟晶岩为主，锂辉石呈细粒-梳状，含量 1%～10%。

此外，在靶区中部缓坡上分布有较多的伟晶岩转石，大致呈南北向带状分布，长 0.3～1km。伟晶岩转石大部分均见有锂辉石矿化，锂辉石一般呈梳状产出，个别呈巨晶状，含量一般在 5%～20% 之间。

在甲基卡东部外围靶区的南部见有 3 条伟晶岩脉露头，列述如下。

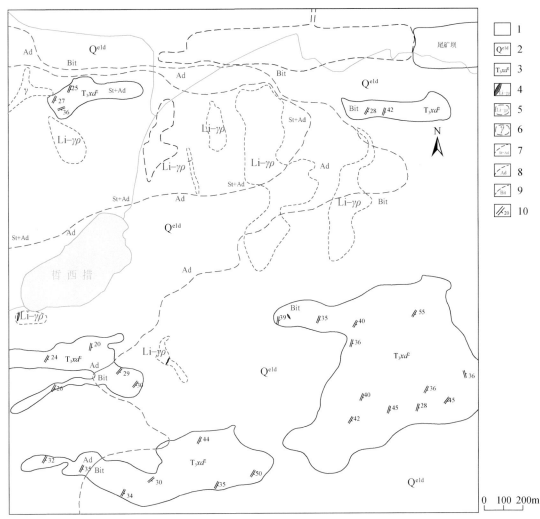

图 4.20　甲基卡东部外围靶区地质简图

1-第四系冲积物；2-第四系残坡积物；3-上三叠统新都桥组中段；4-含锂辉石伟晶岩脉；

5-含锂辉石伟晶岩转石区；6-花岗岩转石区；7-十字石红柱石带；8-红柱石带；9-黑云母带；10-片理产状

1 号伟晶岩脉，位于哲西措海子南部，出露长度约 20m，宽约 8m，脉体走向约 10°，围岩被第四系覆盖。岩性以钠长石锂辉石伟晶岩为主，呈浅灰白色，细粒结构，块状构造。主要矿物成分：石英（45% 左右），呈他形粒状，粒径 2 ~ 3mm；钠长石（40% 左右），呈他形粒状，粒径 1 ~ 3mm；锂辉石（10% 左右），呈细粒-梳状，长 3 ~ 15cm，宽 0.2 ~ 0.5cm；白云母（5% 左右），呈鳞片状，粒径 3 ~ 5mm。另见少量褐黑色矿物，疑似铁锰质。此外，在脉体露头 10° 方向，见有大量钠长石锂辉石伟晶岩转石分布，转石带宽约 2.5m，长约 40m，转石大小多在 0.3 ~ 1.5m，呈棱角状-次棱角状，锂辉石呈梳状，含量约 10%。

2 号伟晶岩脉，位于哲西措海子南东部约 500m 处，出露长度 5m，宽度 1m，脉体走向 20°，围岩被第四系覆盖。岩性为含锂辉石石英钠长石伟晶岩，呈浅灰白色，中粒结构，块状构造。主要矿物成分为：石英（50%），呈他形-半自形粒状，粒径 0.5 ~ 1cm；钠长石（45%），呈柱状，长 0.5~1cm；白云母（3%~5%），呈鳞片状，粒径 1~2mm；局部见有少量锂辉石，呈浅灰白色梳状，长 1~3cm；露头边部见有云英岩化带，宽度约 10cm。此外，还在露头局部见有沿裂隙贯入的 3 条石英脉，宽度约 5cm，石英脉走向约 20°；在露头周围的片岩转石上，见有少量的董青石，呈竹叶状，长 2~3cm，宽 1cm。另外，在脉体露头周围见有较多的含锂辉石伟晶岩转石，大小一般为 0.3~0.5m，个别可达 1m，呈次棱角状，锂辉石含量少，呈褐色梳状，长 1~2cm。

3 号伟晶岩脉，位于哲西措海子东部约 900m，出露长度约 10m，宽度约 3m，脉体走向 150°，与围岩接触面的产状为 24°∠40°。伟晶岩岩性为云母石英钠长石伟晶岩，细粒结构，块状构造。主要矿物成分为石英（50%）、钠长石（45%）、白云母（5%），未见锂辉石。

第二节　可尔因锂矿带

一、可尔因矿集区区域成矿要素

可尔因调查区在大地构造上位于松潘-甘孜造山带。已发现的锂矿均为花岗岩型锂矿床，矿体产于伟晶岩脉中，成矿要素包含：成矿热源、物源、富矿地层、储矿空间、变质作用。

热源为岩浆活动热、动力变质及区域变质热；成矿物质来源于可尔因细粒二云二长花岗岩浆，岩浆分异末期的酸性气液富含锂矿物质；矿体赋存于三叠系中，以伟晶岩脉全岩矿化存在；储矿空间为褶皱、断裂构造。背斜核部控制岩浆岩，翼部的三叠系随着褶皱而发生拖曳、滑脱，伴随构造活动产生北东向断裂及次生断层、裂隙，为伟晶岩脉的贯入提供了良好的空间。

热接触变质与成矿关系密切，分别于可尔因岩体北东、南西侧呈环带状分布，具备内外两个蚀变带。外接触带角岩带为矿体赋存地带。其主要区域成矿要素见表 4.3。

表 4.3　可尔因地区锂矿区域成矿要素一览表

成矿要素			描述内容	要素分类
矿床类型			与印支期岩浆岩有关的花岗伟晶岩型锂矿床	
地质环境	岩浆岩	岩浆岩类型	二云母花岗岩（岩株、岩枝）及伟晶岩脉、石英脉、细晶岩脉	必要
		岩石结构	细粒、中粒结构、块状构造（主）	次要
		成岩成矿时代	花岗岩体：距今 208~200Ma；伟晶岩：距今 198Ma	必要
	成矿环境		松潘-甘孜造山带、陆内汇聚、挤压、碰撞造山环境	必要
	构造背景		松潘-甘孜造山带（Ⅱ）、可尔因复式背斜、层间裂隙及剪切节理裂隙及断层	必要
	围岩及围岩蚀变		围岩：上三叠统砂泥质复理石沉积建造　围岩蚀变：十字石、红柱石蚀变带发育	重要

续表

成矿要素		描述内容	要素分类
矿床类型		与印支期岩浆岩有关的花岗伟晶岩型锂矿床	
矿床特征	矿体产出及形态、规模产状	伟晶岩成群、成带产于可尔因岩体内外接触带。矿体呈脉状（主）、透镜状（次）、少量板状、似层状、团块状；矿脉一般长 50～400m，最长 560m；厚一般 1～10m，最厚 20m；延深一般 50～150m，最深 180m 以上；矿脉产状变化较大，产状陡倾	次要
	矿物组合	可尔因伟晶岩中主要为硅酸盐矿物，次为氧化物、硫化物、少量碳酸盐矿物；稀有矿物为锂辉石、铌-钽铁矿，次为锡石、磷锂铝石、锆石等；脉石矿物为微斜长石、钠长石、石英、白云母等；副矿物为电气石、磁铁矿、钛铁矿磷灰石、石榴子石等	重要
	矿石结构构造	以中-粗粒结构为主，少量自形结构、交代残余结构。带状构造、块状构造等	次要
	交代作用	除 I 类型伟晶岩脉外，其余矿脉交代作用十分发育。计有白云母化、钠长石化、云英岩化及表生的腐锂辉石化	次要
	控矿条件	可尔因复式背斜；二云母花岗岩（燕山早期）；三叠系西康群组复理石建造围岩；红柱石、十字石等蚀变带；伴随构造活动产生的断裂及次生断层	必要
	地表风化	腐锂辉石化	次要

二、潜力评价

（一）矿产预测方法

根据花岗岩型锂矿大地构造位置、成因类型、成岩成矿时代、共生矿产、预测要素等特征，总结调查区锂矿预测方法。调查区位于特提斯成矿域巴颜喀拉-松潘（造山带）成矿省北巴颜喀拉-马尔康成矿带。区内锂矿床属花岗岩型锂矿，主要产于花岗伟晶岩脉中，成岩成矿时代为印支期—燕山期。含矿伟晶岩脉（矿脉）围绕二云母花岗岩（可尔因岩体）呈环带状分布。锂主要富集于锂辉石中，其共生矿主要为铍、钽、铌等。锂矿成因类型为花岗伟晶岩型，成岩成矿时代为燕山期。所以，区内锂矿的预测类型应以花岗伟晶岩脉型为主。

（二）资源量估算

1. 资源量估算的工业指标

根据《稀有金属矿产地质勘查规范》（DZ/T 0203—2002），结合调查区实际情况，选取本次资源量估算的工业指标如下。

边界品位：Li_2O 0.4%；

最低工业品位：Li_2O 0.8%；

最低可采厚度（真厚度）：1m；

夹石剔除厚度（真厚度）：2m。

2. 单工程矿体的圈定

（1）单工程块段或矿体按锂矿床工业指标进行圈定，在单工程中从等于或大于边界品位的样品圈起，单工程中连续见矿样品均圈入矿体。

（2）按最低工业品位、最小可采厚度圈连工业矿体，若工业矿体两侧连续存在多个大于边界品位而低于工业品位的样品时，允许带入一个小于或等于夹石剔除厚度的样品，其余的单独圈出作为低品位矿。

（3）单工程内小于夹石剔除厚度，且品位低于边界品位的样品，单工程加权平均后，平均品位仍大于或等于边界品位时，该样品也圈入矿体。

（4）矿体圈定或外推的边界点用直线连接。

3. 矿体的连接与外推

在平面图和纵投影图上连接矿体时，根据矿化露头或地表揭露工程，将相同构造带中的见矿工程连接成矿体。所连接的矿体与控矿构造或矿体产状吻合，即连接的矿体要处于同一条构造带中或属于同一条矿脉。矿体有限外推，当边缘控矿工程存在大于边界品位的二分之一矿化（即品位大于边界品位二分之一以上）时，做三分之一平推；见矿工程以外无限外推（334）边界时，严格按照334勘查网度的1/4平推；仅有地表工程而无深部工程，由外推点向外平推334勘查网度的1/4圈定（334）块段。

当实际控矿工程间距小于规范网度时，矿体外推以实际工程间距为依据，按前述规定比例确定矿体外推距离。不论是矿体倾向或矿体走向，当实际工程间距大于规范网度时，按规范网度要求进行外推。

矿体倾斜方向的外推，首先在勘查线剖面图上进行矿体倾斜方向上的外推。然后将其外推点投影到平面上（纵投影面），并计算投影面面积，再乘以矿体平均厚度，按需要求平均水平厚度（纵投影法）或铅垂厚度，计算矿体（块段）体积。

4. 资源量估算方法及其依据

可尔因地区几个靶区的地表覆盖较厚，矿体地表出露情况一般，矿体多由单工程控制，根据搜集到的该地区同类型锂矿资料，党坝等典型矿床的矿体在深部延伸较稳定，因此矿体的深度采用沿倾向80m圈定（2017年度矿体圈定，沿矿体走向方向外推160m，沿倾向按40m外推）。根据工作区内花岗伟晶岩脉锂矿品位厚度变化较小，总体矿体较稳定的特点及伟晶岩矿化带的长度，采用地质块段法进行资源量估算。

地质块段法是在矿体垂直纵投影图上进行的，分矿体、矿石类型、按资源量类型及地质上的对应关系来划分资源量估算块段。在资源量估算过程中，首先在垂直纵投影图上测定块段的投影面积，计算块段平均水平厚度，求出块段体积；然后计算矿石平均体重，求出块段矿石量；最后计算块段平均品位，求出块段资源量。

伟晶岩脉矿体倾角>50°，选用矿体垂直纵投影地质块段法进行资源量估算，估算公式为

$$p = p_1 + p_2 + p_3 + \cdots + p_n$$

式中，p 为矿体氧化锂资源量（t）；p_1、p_2、$\cdots$、p_n 为矿体各块段氧化锂资源量（t）。

$$p_1 = Q_1 \times C_1, \quad p_2 = Q_2 \times C_2, \quad \cdots, \quad p_n = Q_n \times C_n$$

式中，Q_1、Q_2、$\cdots$、Q_n 为矿体各块段矿石量（t）；C_1、C_2、$\cdots$、C_n 为矿体各块段平均品位（10^{-2}）。

$$Q_1 = S_1 \times m_1 \times V_G, \quad Q_2 = S_2 \times m_2 \times V_G, \quad \cdots, \quad Q_n = S_n \times m_n \times V_G$$

式中，S_1、S_2、$\cdots$、S_n 为矿体各块段面积（m^2）；m_1、m_2、$\cdots$、m_n 为矿体各块段平均水平厚度（m）；V_G 为矿床矿石平均体重（2.70t/m^3）。

5. 资源量分类

以《固体矿产资源/储量分类》为主要依据，根据矿体（层）的地质可靠程度、可行性评价程度及确定的经济意义，对调查区资源量类型进行确定。根据公益性基础地质调查的要求，本书主要求算（334）资源量，其地质可靠程度取决于见矿工程，并带有预测性质，可行性评价的工作程度为概略研究。

6. 资源量估算对象

2017年度对区内1号、3号、5号、12号、13号、19号、20号、21号矿体进行了资源量估算，2018年度对所发现的22号、23号、35号、36号矿体进行锂资源量估算，同时对值得进一步工作的19号、20号矿体重新进行了资源量估算。

7. 锂资源量估算结果

根据2017年和2018年度工作成果，区内共估算新增（334）Li$_2$O矿石量362.357万t，Li$_2$O资源量5.9894万t。现将各个矿体资源量估算数据总结如表4.4。

表4.4 可尔因地区新增氧化锂（Li$_2$O）资源量估算表

矿体编号	资源量类型	Li$_2$O平均品位/%	矿石量/万t	Li$_2$O资源量/万t
1	334	1.72	23.147	0.398128
3	334	1.44	7.674	0.110506
5	334	1.66	13.977	0.232018
12	334	1.62	5.277	0.085487
13	334	1.12	56.842	0.636630
21	334	1.24	8.435	0.104594
19	334	0.96	21.572	0.207087
20	334	1.85	72.794	1.346689
22	334	1.39	43.173	0.600105
23	334	2.97	11.490	0.341253
35	334	2.08	14.194	0.295235
36	334	1.94	84.104	1.631618
合计			362.679	5.9894

以 0.04% 为 BeO 的边界品位，对 19 号矿体内的伴生铍矿进行了资源量估算，新增（334）BeO 资源量 162.38t。

8. 资源量估算中需说明的问题

（1）本次工作未取小体重样，样品的体重值主要参考相邻矿区的标准，可能会对本次资源量估算结果产生偏差。

（2）由于本次工作未取物相分析样，不能准确划分矿体三带的分布范围，所以未按氧化矿、混合矿、原生矿分别计算资源量。

（三）圈定找矿靶区

根据 2009 年中国大地构造单元划分方案，调查区位于西藏–三江造山系（Ⅰ级）巴颜喀拉地块（Ⅱ级）可可西里–松潘前陆盆地（Ⅲ级）（图 4.21）。区域上地层出露较为简单，仅发育中生代地层；构造较为发育；岩浆活动强烈。这些特征为含矿热液的运移和富集提供了空间，有利于矿产形成。

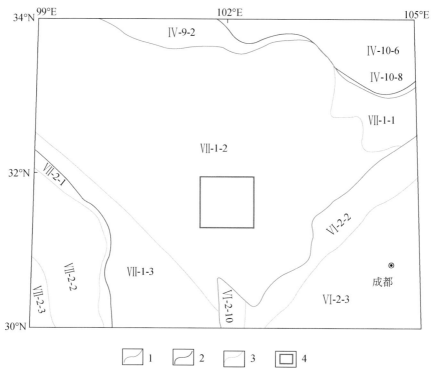

图 4.21　可尔因成锂带大地构造位置示意图

1-Ⅰ级构造分界线；2-Ⅱ级构造分界线；3-Ⅲ级构造分界线；4-调查区位置。

Ⅳ-9-2-木孜塔格–西大滩–布青山蛇绿混杂岩带；Ⅳ-10-6-西倾山–南秦岭陆缘裂谷带；Ⅳ-10-8-勉略蛇绿混杂岩带；Ⅵ-2-2-龙门山基底推覆带；Ⅵ-2-3-川中前陆盆地；Ⅵ-2-10-康滇基底断隆带；Ⅶ-1-1-摩天岭陆缘裂谷盆地；Ⅶ-1-2-可可西里–松潘前陆盆地；Ⅶ-1-3-雅江残余盆地；Ⅶ-2-1-甘孜–理塘蛇绿混杂岩带；Ⅶ-2-2-义敦–沙鲁里岛弧；Ⅶ-2-3-中咱–中甸地块

根据主要矿体分布情况、找矿潜力情况及资源量估算结果，选择锂矿找矿潜力较大的地区作为找矿靶区。本次共圈定 3 个锂的找矿靶区，现分别对其简述如下。

1. 四川省金川县观音桥锂矿找矿靶区

2017～2018 年度在该地区开展专项矿产调查。通过面上开展 1∶5 万地质路线调查，寻找矿化线索，对矿化露头进行槽探揭露，对隐伏矿体开展物探高密度电法测量，结合地面 $\gamma_{总量}$ 剖面测量，后期对找矿潜力较大的地段进行 1∶1 万地质测量。通过 2017～2018 年度的调查工作，在靶区内已发现 26 条伟晶岩脉，其中含锂辉石脉体 15 条，圈定了找矿靶区，靶区面积 46.11km²，共估算（334）Li₂O 资源量 2.40 万 t。

矿区位于可尔因岩体的西部，岩体与地层的接触带内，地层出露有三叠系杂谷脑组、侏倭组，以侏倭组分布最广，岩石类型为变质角岩类、片岩类，见图 4.22。区内构造发育，主要断裂有娃尔都断裂和观音桥断裂等。矿石类型均为花岗伟晶岩型。

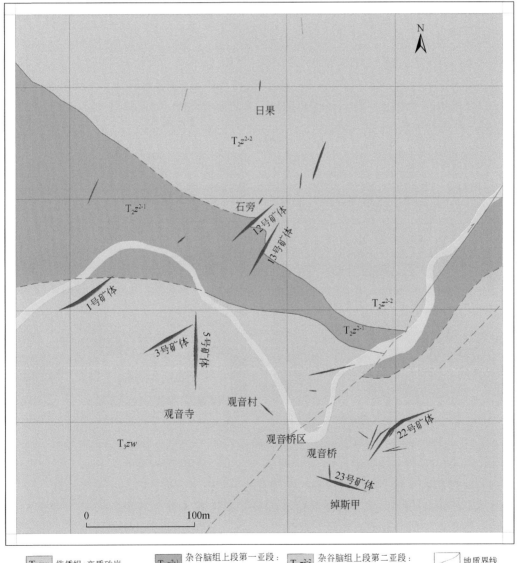

图 4.22　四川省金川县观音桥锂矿靶区地质图

金川县观音桥找矿靶区内主要矿体为 1 号、3 号、5 号、12 号、13 号、22 号、23 号矿体。现对找矿靶区内主要矿体描述如下。

观音桥 1 号矿体。矿体赋存的地层为上三叠统侏倭组。赋矿岩性为砂质板岩，具有变余砂质结构，板状构造，碎屑成分为长英质矿物，约占 75%，云母及泥炭质填隙物约占 25%，部分变质成绢云母、绿泥石。见少量褐铁矿化，地层产状 212°∠43°。

矿体长度由 TC02、TC03 控制，控制长度为 320m。矿体走向 220°，倾角 60°~85°。矿体与围岩呈切层接触，矿体厚度最小 6.85m，最大 7.91m，平均厚度 7.39m。共取刻槽样 12 件，矿体单工程 Li$_2$O 品位最高 1.99%，最低 1.46%，平均品位 1.72%。

矿体中主要矿物为石英（约占 35%）、长石（约占 45%）、锂辉石（约占 15%），次要矿物为云母，少量暗色矿物，脉体中见锂辉石呈短柱状产出为暗绿色，晶面为玻璃光泽，晶形较为完整。

观音桥 3 号矿体。矿体赋存的地层为上三叠统侏倭组。赋矿岩性为砂质板岩，具有变余砂质结构，板状构造，碎屑成分为长英质矿物，约占 75%，云母填隙物约占 25%，部分变质成绢云母、绿泥石，可见有红柱石产出。

矿体由 TC04 控制，由于覆盖较厚，推测长度 160m。矿体走向 60°，倾角 65°~77°，矿体与围岩呈切层接触，矿体真厚度 8.81m，共取刻槽样 9 件，矿体单样品 Li$_2$O 品位最低 0.887%，最高 1.94%，平均品位为 1.44%，见图 4.23、图 4.24。

图 4.23　观音桥 3 号矿体

图 4.24　观音桥地区呈短柱状产出的锂辉石

矿石中主要矿物成分：石英约占 25%、钠长石约占 25%、钾长石约占 20%、白云母约占 15%、闪石及锂辉石约占 15%。野外观测，矿体中锂辉石分布不均匀，中部及节理裂隙发育处锂辉石富集，与围岩接触处锂辉石减少。镜下观测，石英呈他形粒状，粒径一般为 1.5~4.6mm，可见石英晶粒重结晶现象；钠长石主要呈板状，粒径一般为 1.5~4.5mm；钾长石呈他形粒状，粒径一般为 2~6mm，具黏土化，可见碎裂现象；白云母呈片状，粒径一般为 0.5~4mm；角闪石+锂辉石，闪石含量大于锂辉石。闪石呈半自形柱状，粒径一般为 0.5~6mm，二轴晶负光性，一组解理完全，斜消光，可见碎裂化现象。锂辉石，呈他形-半自形柱状、板状，粒径一般为 0.5~3.8mm，正高突起，二轴晶正光

性，斜消光，正延性，可见碎裂化现象，有的锂辉石晶体可见被白云母交代的现象，有的
已被交代成残余（图4.25）。

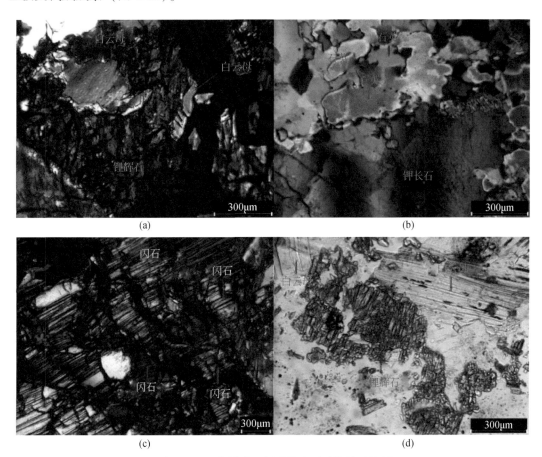

图4.25　观音桥地区锂矿体岩石矿物镜下特征
（a）锂辉石白云母化；（b）石英颗粒边界迁移重结晶现象；（c）二轴晶负光性–碎裂的闪石；（d）锂辉石被蚀变成残余

　　观音桥5号矿体。矿体赋存的地层为上三叠统侏倭组。赋矿岩性为砂质板岩，具有变
余砂质结构，板状构造，碎屑成分为长英质物，约占55%，黑云母约占30%，其他暗色
矿物及填隙物约占15%，部分变质成绢云母、绿泥石。见少量褐铁矿化。外围产状243°~
49°∠36°~55°。该地区地层产状较为混乱，疑似有断层从该处通过，但是从目前掌握的
资料来看，断层特征不明。
　　矿体长度由TC01、TC07控制，控制长度为240m，矿体走向165°，倾角70°~75°。
矿体与围岩呈切层接触，矿体厚度最小3.91m，最大7.83m，平均厚度5.87m，共取刻槽
样12件，矿体单工程Li_2O品位最低1.48%，最高1.84%，平均品位1.66%（图4.26，
图4.27）。
　　矿石呈灰白色粗粒结构，块状构造。矿物成分主要为钠长石（约占30%）、钾长石
（约占10%）、石英（约占20%）、锂辉石（约占25%）、云母等（约占15%）。野外观
测：锂辉石大部分呈灰白–浅绿色、短柱状较均匀地分布在矿体中，晶体长度2~5cm。云
母多呈小团块状产出。镜下观测：石英呈他形粒状，粒径一般为1.6~5mm，可见石英亚

图4.26　观音桥地区矿体中短柱状晶形的锂辉石

图4.27　观音桥5号矿体地表露头

晶粒结构，有的石英晶体中可见裂隙发育；钠长石呈半自形-自形板状，粒径一般为2～6mm，聚片双晶发育，可见双晶弯曲变形的现象，负低突起；钾长石呈他形-半自形板状，粒径2～5mm，主要为微斜长石和条纹长石；锂辉石呈半自形柱状、板状，粒径一般为1～15mm，正高突起，二轴晶正光性，斜消光，正延性，可见两组近直角的解理和简单双晶。此薄片中的锂辉石特征非常典型。云母在镜下无色，呈半自形片状、板状，粒径一般为1～4mm，锂云母与白云母镜下特征相似，难以区别（图4.28）。

(a) 锂辉石两组解理、白云母和长石

(b) 白云母集合体

图4.28　观音桥5号矿体岩石矿物镜下特征

　　观音桥12号矿体：矿体赋存的地层为中三叠统杂谷脑组上段。赋矿岩性为变质砂岩，岩石具有变余砂质结构，块状构造，主要矿物成分中石英约占25%、长石约占40%，次要矿物为云母、铁泥质物，见少量褐铁矿化，围岩产状为227°∠35°。矿体与围岩呈切层接触，界线明显。

　　矿体由LT03控制，同时开展了物探高密度电法测量工作，对矿体进行验证(图4.29，图4.30)。推测长度为160m，矿体走向49°，倾角约73°，矿体与围岩呈切层接触，矿体厚度 2.94m，共取刻槽样 4 件，矿体单样品 Li_2O 品位最低 0.58%，最高 2.25%，平均品位 1.62%。

图 4.29　观音桥 12 号矿体地表露头　　　图 4.30　观音桥 12 号矿体中短柱状晶形锂辉石

　　矿石呈灰白色，粗粒结构、块状构造，主要矿物成分：石英约占 30%、钠长石约占 15%、钾长石约占 25%、云母约占 10%、锂辉石约占 20%。石英呈烟灰色–无色透明状，结晶不明显，锂辉石柱状结晶明显，呈灰白色，均匀分布于矿体中，晶体长度在 1~7cm。

　　观音桥 13 号矿体：矿体赋存的地层为中三叠统杂谷脑组上段，赋矿岩性为变质砂岩，具有变余砂质结构，块状构造。主要矿物成分中石英约占 25%、长石约占 45%，次要矿物为云母、铁泥质物，围岩产状为 265°∠61°。该矿体出露地段地层受岩脉侵入影响，矿体与围岩呈切层接触关系。

　　矿体由 LT04 刻槽取样工程和 LD01 控制，同时开展物探高密度电法测量工作，对矿体进行验证，控制长度为 160m，矿体走向 30°，倾角 60°~85°，矿体与围岩呈切层接触，矿体厚度最小 4.92m，最厚 6.85m，平均厚度为 5.88m，共取刻槽样 14 件，矿体单工程 Li_2O 品位最低 1.05%，最高 1.19%，平均品位 1.12%（图 4.31，图 4.32）。

图 4.31　观音桥地区老硐中发现的矿体　　　图 4.32　观音桥地区老硐中矿体与围岩的界线

矿石呈灰白色，粗粒结构，块状构造。主要矿物成分：钠长石约占 40%、钾长石约占 20%、石英约占 20%、闪石+锂辉石约占 10%、白云母等占 10%。野外观测：长石风化较为严重，部分地段已风化成白色高岭土。锂辉石呈柱状产出，长 3~8cm，晶体较粗大。白云母呈团块状产出，粒径 0.3~1.5cm 不等。矿体具有不明显的分带现象，在与围岩接触部位，矿物结晶较为细粒，离围岩越远，矿物颗粒越粗大。镜下观测：石英呈他形粒状，粒径一般为 2~7mm；钠长石呈半自形-自形板状，粒径一般为 2~8mm，聚片双晶发育，负低突起，常可见呈集合体产出；闪石，呈半自形柱状、板状，粒径一般为 0.7~8mm，正中-正高突起，二轴晶负光性，斜消光，正延性，可见简单双晶；锂辉石呈半自形柱状，粒径一般为 0.5~1mm；白云母在镜下无色，呈半自形片状，粒径一般为 0.7~3mm，在其解理缝中有黑云母残余，可见白云母解理缝弯曲变形现象，见图 4.33。

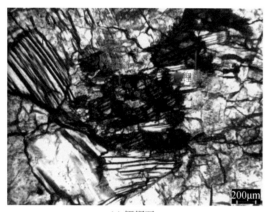

(a) 锂辉石   (b) 闪石-二轴晶负光性，可见双晶

图 4.33 观音桥 13 号矿体岩石矿物镜下特征

观音桥 22 号矿体：矿体赋存的地层为上三叠统侏倭组，赋矿岩性为变质砂岩，具有变余砂质结构，块状构造，主要矿物成分中石英约占 30%、长石约占 40%，次要矿物为云母、铁泥质物。围岩产状 236°∠37°，该矿体出露地段地层受岩脉侵入影响，矿体与围岩呈切层接触关系。

矿体长度由探槽 TC08、剥土 BT05、剥土 BT08 三个刻槽取样工程控制，控制长度为 360m，矿体走向约 50°，倾角 53°~76°。BT05 控制矿体厚度 6.31m，单工程 Li_2O 品位最高 2.13%，最低 0.6%，平均品位 1.14%；TC08 控制矿体厚度 5.74m，单工程 Li_2O 品位最高 3.14%，平均品位 1.86%；BT08 控制矿体厚度 1.82m，单工程 Li_2O 品位最高 0.81%，最低 0.74%，平均品位 0.78%。矿体平均厚度 4.62，平均品位 1.39%（图 4.34、图 4.35）。

矿石呈灰白色，粗粒结构，块状构造。主要矿物成分中，长石约占 50%、石英约占 35%、锂辉石约占 7%、云母等约占 7%。锂辉石分布不均匀，晶形较明显，局部晶体粗大，长 3~8cm，呈浅灰绿色。长石风化较为严重，多已风化成白色高岭土。矿体整体风化强烈，十分破碎（图 4.36）。

图 4.34　观音桥 22 号矿体 BT05 揭露含矿伟晶岩脉　图 4.35　观音桥 22 号矿体 TC08 揭露含矿伟晶岩脉

图 4.36　观音桥 22 号矿体 BT05 矿脉中晶型粗大的锂辉石

　　观音桥 23 号矿体：矿体赋存的地层为上三叠统侏倮组，赋矿岩性为变质砂岩，具有变余砂质结构，块状构造，主要矿物成分中，石英约占 30%、长石约占 40%，次要矿物为云母、铁泥质物。围岩产状 282°∠27°，矿体与围岩呈切层接触关系。

　　矿体仅由剥土 BT04 控制，周围覆盖较厚，矿体推测长度约 160m，因破碎滑脱形成一处滚石坡。矿体走向 105°，倾角约 78°，矿体厚度 6.41m。单工程 Li_2O 品位最低 1.73%，最高 4.13%，平均品位 2.97%，矿体露头见图 4.37。

　　矿石呈灰白色，主要矿物成分中，石英约占 30%，长石约占 45%，锂辉石柱状晶形较为明显，约占 15%；次要矿物成分为云母及暗色矿物，约占 10%。其中锂辉石分布不均匀，多风化呈灰白色，晶形一般，呈短柱状产出，长 2~5cm。云母含量较高，局部富集呈团块状，大小 0.5~1.5cm。脉体裂隙发育，较为破碎，局部风化强烈，高岭土化发育（图 4.38）。

　　对 1 号、3 号、5 号、12 号、13 号、22 号、23 号矿体进行资源量估算，共估算（334）Li_2O 资源量 2.40 万 t。该地区找矿潜力较大，进一步勘查，预计可形成大型矿产地一处。

图4.37　观音桥23号矿体露头　　　　图4.38　观音桥23号矿体见少量细小锂辉石

2. 四川省马尔康市松岗锂矿找矿靶区

靶区面积94.71km²。目前在靶区内已发现13条伟晶岩脉，其中含锂辉石脉体6条，分别为20号、21号、35号、36号、37号、38号矿体，共估算（334）Li_2O资源量3.38万t。

2017年度仅进行了少量路线调查及地表工程控制。2018年度在2017年的工作基础上继续开展地质工作，扩大了找矿成果。

靶区位于可尔因岩体的东南部，岩体与地层的接触带内，地层出露有三叠系杂谷脑组及侏倭组，以侏倭组分布最广（图4.39）。岩石类型为变质角岩类、片岩类；主要构造为地拉秋倒转背斜。矿石类型均为花岗伟晶岩型。

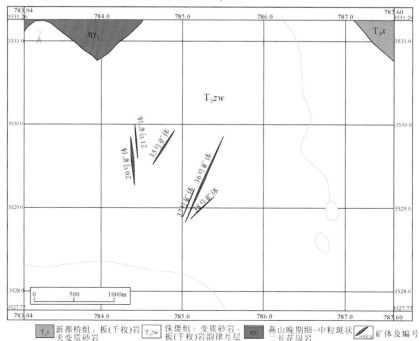

图4.39　四川省马尔康市松岗锂矿找矿靶区地质简图

现对松岗锂矿找矿靶区内主要矿体描述如下。

松岗 20 号矿体：矿体赋存的地层为上三叠统侏偻组，赋矿岩性为变质砂岩，具有变余砂质结构，块状构造，主要矿物成分为石英约占 35%、长石约占 40%，次要矿物为云母、铁泥质物。矿体与围岩呈切层接触关系。

矿体由 BT03 和 LT13 两个工程控制，控制长度 260m。矿体在 LT13 处出现分支、厚度变窄现象。矿体走向 175°，倾角约 85°。矿体平均厚度 15.11m，矿体单样品 Li_2O 品位最高 3.22%，最低 0.495%，平均品位 1.85%（图 4.40，图 4.41）。

矿石颜色为灰白色，具有粗粒结构，块状构造，矿物成分主要有：长石约占 50%，长石晶形不明显；石英约占 30%，为烟灰色，他形粒状产出；锂辉石约占 10%，呈柱状产出，白色，晶形较为明显，晶体长度 3~6cm 不等，在矿体中分布不均匀。次要矿物为云母及暗色矿物，约占 5%。

图 4.40　松岗 20 号矿体短柱状锂辉石　　　图 4.41　松岗 20 号矿体地表出露情况

松岗 21 号矿体：矿体赋存的地层为上三叠统侏偻组，赋矿岩性为变质砂岩，具有变余砂质结构，块状构造，主要矿物成分为长英质矿物，约占 70%，次要矿物为云母、铁泥质物。矿体与该地层呈切层接触关系。

矿体由 BT02 和地质路线控制，矿体长度约 160m，矿体走向 175°，倾角 65°~80°，矿体与围岩呈切层接触，矿体真厚度 4.90m，共取刻槽样 5 件，矿体单样品 Li_2O 品位最低 0.613%，最高 2.1%，平均品位 1.24%（图 4.42）。

图 4.42　松岗 21 号矿体地表露头

矿石颜色为灰白色，具有粗粒结构，块状构造。矿物成分主要有：长石约占50%，长石晶形不明显；石英约占30%，为烟灰色，他形粒状产出；锂辉石约占10%，呈柱状产出，白色，晶形较为明显。次要矿物为云母等约占5%。

松岗靶区35号矿体：赋矿地层为上三叠统侏倭组，岩性为变质砂岩，具有变余砂质结构，块状构造，主要矿物成分为长英质矿物约占75%，次要矿物为云母、铁泥质物等。

矿体仅由LT12控制，矿体长度约160m，矿体处见前人取样刻槽。矿体一侧剥蚀形成陡崖，周围覆盖较厚，沿走向追索未见基岩出露，见大量含锂辉石伟晶岩转石。矿体走向约30°，倾角约65°，矿体厚度8m。单工程Li_2O品位最高2.45%，最低1.55%，平均品位2.08%，见图4.43、图4.44。

图4.43　松岗靶区35号矿体形成的陡崖　　　　图4.44　松岗靶区35号矿体露头

矿石颜色为灰白色，具有粗粒结构，块状构造。矿物成分主要有：长石约占50%，长石晶形不明显；石英约占25%，为烟灰色，他形粒状产出；锂辉石约占20%，呈短柱状产出，为灰白色，晶形较为明显，长1~4cm，呈均匀分布。次要矿物为云母及暗色矿物，约占5%（图4.45）。

锂辉石

图4.45　松岗靶区35号矿体中短柱状锂辉石均匀分布

松岗靶区36号矿体：矿体赋存的地层为上三叠统侏倭组，赋矿岩性为变质砂岩，具有变余砂质结构，块状构造，主要矿物成分为石英约占35%、长石约占40%，次要矿物为云母、铁泥质物。矿体与该组地层呈切层接触关系。

　　矿体长度由 LT11、LT14 和地质路线控制，控制长度为 560m。本次地质路线调查中，在矿体走向方向追索时发现大量块度 1~4m 不等的含锂辉石伟晶岩转石，追索长度 600m，矿体走向约 25°，倾角 65°~75°。LT11 控制矿体厚度 6.39m，单工程 Li_2O 品位最高 2.28%，最低 1.52%，平均品位 1.88%。LT14 控制矿体厚度 6.63m，单工程 Li_2O 品位最高 2.41%，最低 1.51%，平均品位 2.00%。矿体平均厚度 6.51m，平均品位 1.94%。

　　矿石颜色为灰白色，具有粗粒结构，块状构造，主要矿物成分为：长石约占 50%；石英约占 35%；锂辉石约占 15%，锂辉石柱状结晶明显，分布较均匀，局部矿物晶体较粗大，长轴方向长 3~7cm，见图 4.46。

图 4.46　松岗 LT11 中锂辉石钠长石伟晶岩

　　对靶区内主要的矿体进行了资源量估算，共求得（334）Li_2O 资源量 3.38 万 t。该地区找矿前景较好，进一步勘查，预计可形成大型矿产地一处。

3. 四川省马尔康市木尔宗锂矿找矿靶区

　　靶区面积 45.80km²。目前在靶区内已发现 3 条伟晶岩脉，其中含锂辉石脉体 1 条，为 19 号矿体。

　　木尔宗锂矿找矿靶区主要矿体为 19 号矿体，2017 年度新发现，仅进行了少量地表工程控制。2018 年度在 2017 年的工作基础上继续开展地表槽探揭露和深部钻探控制，大致查明矿体在深部的延伸情况和厚度、品位变化情况。

　　矿体走向延伸方向施工剥土 BT06，控制长度为 460m。矿体走向约 55°，倾角约 75°。矿体深部由钻孔 ZK001 控制，控制倾深 160m。在深部共揭穿 3 条矿脉，编号分别为 19-1、19-2、19-3，为锂铍矿脉，其见矿情况见表 4.5。

表 4.5　可尔因地区马尔康木尔宗锂矿 ZK001 钻孔揭穿矿脉一览表

矿脉	深度/m	Li_2O		BeO	
		平均品位/%	真厚度/m	平均品位/%	真厚度/m
19-1	196.20~199.20	1.02	1.79	0.06	2.66
19-2	107.14~108.89	—	—	0.06	1.3
19-3	95.63~100.30	0.52	2.13	0.04	3.32

探明矿体在深部依然延伸，但矿体厚度变化较大。矿体地表 Li 含量较高，但深部 Li 含量降低，同时 Be 含量增高。尤其是 19-1 号矿脉，地表 Li_2O 品位达到工业品位以上，至深部未见 Li 矿化现象，但 Be 含量增加明显。矿石为灰白色，脉体受挤压较为破碎。矿石中主要矿物成分为：石英约占 35%，钠长石约占 30%，钾长石约占 15%，锂辉石+闪石约占 15%，锂辉石柱状晶形较为明显，分布不均匀。次要矿物成分为白云母及暗色矿物，约占 5%。褐铁矿化发育，脉体在深部较为破碎（图4.47，图4.48）。矿石类型为花岗伟晶岩型。

图 4.47　可尔因木尔宗锂矿找矿靶区 ZK001 中含锂辉石花岗伟晶岩

图 4.48　可尔因木尔宗锂矿找矿靶区含闪石锂辉石钠长石花岗伟晶岩主要造岩矿物镜下特征
（a）锂辉石；（b）闪石及白云母；（c）钠长石及钾长石；（d）锂辉石

对圈定的矿体进行资源量估算，共估算（333）+（334）Li_2O资源量2061.20t，（334）BeO资源量162.38t。该地区找矿前景好，进一步勘查，预计可形成小型矿产地一处。

2017~2018年在靶区中开展了少量地质勘查工作，由于设计工作量较少，大部分矿体控制程度很低，仅在19号矿体处开展了单孔钻探验证，探明矿体在深部依然有延伸。其余矿体均未进行深部控制，故靶区新发现矿体的深部延伸情况不清楚，若增加靶区内地质工作，预计靶区内新增锂资源量可达到大型规模。

三、矿产检查

（一）概略检查

在搜集区域矿产资料的基础上，对可尔因周边的伟晶岩分布地区进行了1:5万路线地质调查，对太阳河及集沐地区锡、钨化探异常进行了实地踏勘查证。共发现61条伟晶岩脉，经过取样检查，已发现含矿脉体23条。

（二）重点检查

调查区内发现的23条锂矿（化）体主要集中分布在观音桥和松岗地区，一般在距离可尔因岩体5km范围以内。锂矿（化）体均呈单脉状产出，产状较陡，分带性不明显，整体走向多为北东，少量为近东西向。

在工作中，对1号、3号、5号、12号、13号等矿体出露地区，采用1:1万地质草测、槽探、物探及钻探等方法进行了重点检查。其中，主要在12号、13号矿体处进行物探高密度电法测量，查明了隐伏矿体的走向、产状及深部延伸情况等。在19号矿体处开展了地表槽探揭露及深部钻探控制，大致了解了矿体沿走向及倾深方向的品位、厚度及深部延伸情况。其余矿体根据其地表出露形态、出露地段及沿走向延伸方向进行了槽探揭露控制，查明了其产出形态、地表延伸情况和矿化情况等。2018年4月1~10日完成方法有效性实验工作，2018年6月20日~7月18日完成高密度测深工作、地面$\gamma_{总量}$剖面测量及物性标本采集工作。共完成高密度测深工作8条，剖面总长3.54km，地面$\gamma_{总量}$剖面测量工作8条，剖面总长3.54km，采集岩石标本95件。具体工作量见表4.6。

表4.6 四川省可尔因锂矿带专项调查物探完成工作量

项目	设计工作量	完成工作量	完成率/%
高密度电阻率法测量（点距1~5m）	120点	120点	100
高密度电阻率法测量（点距10m）	140点	390点	278.6
地面$\gamma_{总量}$剖面测量		3.54km	
物性标本采集		95件	

通过本次高密度及地面$\gamma_{总量}$8条剖面的测量，控制了3条视电阻率高阻异常带及4条

地面 $\gamma_{总量}$ 异常带。分别为 J01~J03、$\gamma\gamma1$~$\gamma\gamma4$。通过综合对比分析可知，$\gamma\gamma1$ 异常与 J01 南部异常形态较为吻合，宽 35~40m，长约 210m，走向 49°~59°；$\gamma\gamma2$ 异常与 J02 南部异常形态较为吻合，位于已知 13 号矿体，宽 26~80m，长约 320m，走向 44°~48°；$\gamma\gamma3$ 异常与 J03 异常形态较为吻合，位于已知 13 号矿体的南部，宽 18~51m，长约 736m，走向 44°~51°；$\gamma\gamma4$ 异常与 J02 北部异常形态较为吻合，宽 15~30m，长约 110m，走向 59°~63°。综合分析并根据各局部异常特征和地质情况推测 J02、J03 可能由伟晶岩所引起，划为乙类异常；J01 异常可能由其余物质所引起，划为丙类异常。

剖面 G00、G02 经过已知矿体地表出露处。根据地面 $\gamma_{总量}$ 剖面测量曲线、高密度反演结果和地质成果分析，伟晶岩脉位置与 $\gamma_{总量}$ 异常及视电阻率异常的位置对应较好，说明工作区内伟晶岩脉与 $\gamma_{总量}$ 及视电阻率的关系较为密切。

为了统计分析工作区的物性特征，对钻孔中的岩心按 5m 间距进行了采样测量工作（在花岗伟晶岩及矿体处适当加密）。总计采集 43 件岩心样，分别进行视电阻率、视极化率、$\gamma_{总量}$ 三种参数的测量，并对比分析了钻孔中不同岩性的三种参数的变化情况。通过对比分析，发现钻孔中岩心在物性特征上可以分为四层，总体与钻孔编录记录的岩心变化特征吻合。

（三）重砂异常

据 1:20 万马尔康幅区域资料，可尔因工作区涉及重砂异常 16 处，分别为 1 号白钨矿、锡石异常，2 号钛铁矿异常，5 号白钨矿、钛铁矿异常，11 号锡石异常，16 号白钨矿异常，17 号钛铁矿异常，18 号白钨矿异常，22 号白钨矿异常，23 号辉钼矿、铋族异常，24 号钛铁矿异常，30 号钛铁矿异常，31 号辉钼矿、白钨矿异常，32 号铋族异常，38 号钛铁矿异常，39 号白钨矿、钛铁矿异常，40 号铅金异常。现将与稀有金属成矿密切的、有较大找矿意义的重砂异常特征叙述如下。

1 号白钨矿、锡石异常：分布于马尔康市脚木足乡布拉、陈科一带。异常位于燕山晚期可尔因二云花岗岩体分布区，松岗断裂带南西面。在岩体的内外接触带中有伟晶岩脉、花岗岩脉、石英脉分布。出露地层有三叠系侏倭组变质砂岩与板岩的韵律互层。锡石分布在三条小沟中，控制面积约 16km²，取样 9 件，见矿 7 件，为取样样品的 77.8%。锡石呈褐色、黑色，粒状、柱状（晶形不完整），金刚光泽，含量每立方米几粒到 3.7g，并伴随有白钨矿。白钨矿异常的控制面积较大，达 55km²，取样 12 件，全部见矿，含白钨矿每立方米几粒到 6.9g，推断锡石的来源可能与二云花岗岩及花岗岩脉和伟晶岩脉有关。

5 号白钨矿、钛铁矿异常：异常分布于马尔康米洞沟、地拉秋一带，异常面积 132km²，样品见矿率 100%。其中白钨矿含量 0.3~38.9g/m³，钛铁矿 0.7~744g/m³。异常位于燕山早期二毛山黑云花岗岩体北西侧一小背斜处，在内外接触带都有花岗岩脉、伟晶岩脉、石英脉分布。出露地层为三叠系杂谷脑组上段与侏倭组、新都桥组。已在开发利用的阿拉伯锂矿就位于该异常范围内。

11 号锡石异常：分布于马尔康党坝乡米洞沟及地拉秋沟的下游，位于燕山早期第二幕二毛山斑状黑云花岗岩体北西侧，高尔达倒转背斜分布区。出露地层为三叠系杂谷脑组上段变质砂岩夹板岩及侏倭组砂板岩韵律互层，其中有伟晶岩脉、花岗岩脉、石英脉侵入。异常分布范围约 30km²，见矿样品率 100%。锡石呈褐色、黑色，粒状（晶形不完整），金刚光泽，含量每立方米十几粒到 12g。研究区含锂、铌、钽、锡伟晶岩就在这个重砂异常范围以内。已发现的大型矿床（党坝锂矿）、中型矿床（地拉秋锂矿）均位于该异常出露范围及其外围。

23 号辉钼矿、铋族异常：分布于金川县万林乡小东包一带。异常位于燕山早期第二幕万里城黑云花岗岩体北部，在内外接触带中有黑云花岗岩脉、伟晶岩脉、石英脉分布。出露地层有侏倭组变质砂岩与板岩的韵律互层。控制面积约 90km²，共取样 29 件，见矿 21 件，为取样样品的 72.41%。泡铋矿、辉铋矿，深灰色、暗灰色，光泽暗淡，呈土状，含量几粒至 100 粒/30kg，成棱角状，粒度 0.1～0.5mm。辉钼矿呈片状、鳞片状，颜色铅灰色，金属光泽，含量（1～3）片/30kg，粒度 0.3～0.5mm。该异常区为寻找辉钼矿、辉铋矿的有利地区。

31 号辉钼矿、白钨矿异常：分布于金川县万林乡铜钱沟及洪水沟一带。异常位于燕山期万里城黑云花岗岩体西侧内外接触带处，线碉沟倒转向斜南端。在外接触带中有少量的花岗岩脉、伟晶岩脉、石英脉分布。出露地层有侏倭组砂岩、板岩韵律互层和新都桥组板岩夹薄层砂岩。异常分布在主沟和两条支沟中，控制面积约 36km²。取样 16 件：钼矿见矿 6 件，为取样样品的 37.5%；白钨矿全部见矿，为取样样品的 100%。

32 号铋族异常：分布于小金县抚边乡大草坝沟尾长沟一带。异常位于燕山早期第二幕葫芦海子黑云花岗岩体中部，在内外接触带中有细粒黑云花岗岩脉、伟晶岩脉、石英脉分布。异常控制面积约 24km²，共取样 17 件，见矿 12 件，为取样样品的 70.6%。泡铋矿呈深灰色、暗灰色，长柱状，微带金属光泽，含量几粒至十几粒/30kg。

第三节　九龙三岔河地区

通过对九龙三岔河一带稀有金属成矿条件和成矿规律的研究，指出了九龙矿田的找矿方向，对三岔河矿区的找矿潜力进行了评价，并对洛莫矿区进行了重点调查。

一、九龙三岔河地区成矿要素

区域上已发现矿产主要为锂、铍、钨、锡、铅、锌、铜、金等多金属，次为铌钽、石棉、钾长石、石墨、铀和水晶等。根据共生组合及空间分布关系，大致可分为两个成矿系列：一是与燕山期中酸性岩浆活动有关的锂、铍等稀有元素，钨、锡等多金属的伟晶-高温成矿组合，多分布于三叠系区；二是分布于穹隆构造区的以铜、锌、铅、金为主的中-低温成矿组合，多分布于南部古生界区。另外，还有第四纪以来形成的砂金。其主要成矿要素总结于表 4.7。

表 4.7　九龙三岔河地区区域成矿要素一览表

成矿要素		描述内容	要素分类
	特征描述	产于燕山期的花岗伟晶岩型锂铍稀有金属矿床	
地质环境	构造背景	松潘-甘孜造山带主体的雅江被动陆缘中央褶皱推覆带	必要
	成矿区带	康定沙德-九龙子杠坪 Be-Li-Pb-Zn-Cu-W-Sn-Au 矿成矿亚带	必要

续表

成矿要素		描述内容	要素分类
特征描述		产于燕山期的花岗伟晶岩型锂铍稀有金属矿床	
地质环境	成矿环境	多期次中酸性岩浆活动形成的 Li-F 花岗岩与褶皱封闭环境	必要
	成矿时代	燕山期	重要
	含矿建造	伟晶岩	必要
矿床特征	伟晶岩特征	伟晶岩常在母岩体内-外接触带呈环状分带分布,主要为微斜长石型伟晶岩	重要
	矿体特征	黄牛坪矿段:位于工作区微斜长石伟晶岩-伟晶岩带脉内。矿体地表出露长度>600m,工程控制北西-南东向长约400m,宽约30～100m,北东倾向,脉体沿北西-南东向继续向两侧延伸,产状为75°～90°∠45°～60°,平均倾角52°。矿体品位 BeO:0.01%～0.698%,平均 BeO:0.118%,伴生 Li_2O:0.005%～0.196%,平均 Li_2O:0.04%	次要
	矿物组合	矿石矿物:绿柱石和锂云母为主	重要
		脉石矿物:石英、长石、白云母、电气石等	
	结构构造	矿石结构:不等粒结构、细-粗粒伟晶结构、半自形-他形晶结构、交代残余结构等。矿石构造:块状构造、星散浸染构造、细脉状构造、斑点构造、带状构造等	重要
	交代作用	电气石化、白云母化、钠长石化、锂云母化、云英岩化,呈现 K-Na-Li 的交代系列	必要
	地球化学	过铝质岩,富含挥发分、稀有元素、碱金属	重要
	成矿流体	中低温、中低盐度,低压,形成深度较浅,晚期热液阶段	重要
控矿因素		松潘-甘孜造山带(大地构造控矿)、具同源结晶分异演化的中酸性侵入岩(成矿物源)、褶皱轴部和近轴部位(成矿有利地段)	必要
矿床成因		岩浆结晶分异与热液交代	重要

二、九龙三岔河地区找矿潜力评价

本次工作发现的伟晶岩脉体位于洛莫矿区北部,为铁厂河背斜东翼,桥棚子(黄牛坪)二云母花岗岩东侧与上三叠统侏倭组侵入接触带(图4.49)。伟晶岩脉沿北西-南东向展布,现追索长约600m,1:1万地质草测和遥感影像表明,该条脉体沿走向两端继续延长,宽30～100m,脉体向东倾斜,倾向为75°～80°,倾角为45°～60°,呈不规则脉状,东侧与上三叠统侏倭组变质砂岩界线清晰,普遍发育角岩化。西侧与二云母花岗岩界线不规则,伟晶岩中有花岗岩包体。

铍矿化主要产于细-中粒含石榴子石含锂云母(锂白云母)花岗伟晶岩中。

矿石矿物主要为绿柱石(图4.50),呈浅绿黄色,自形假六方柱状,粗晶者单晶体大小为5～6cm。矿石品位:BeO 为 0.001%～0.698%。

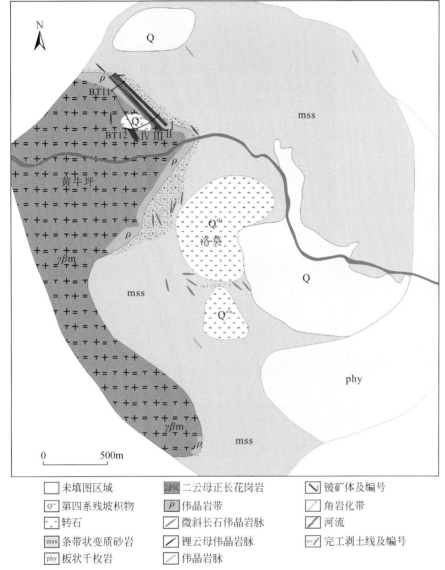

图 4.49　九龙洛莫工作区地质简图

图例：

□ 未填图区域	▦ 二云母正长花岗岩	◩ 铍矿体及编号
Qᵉˡ 第四系残坡积物	ρ 伟晶岩带	◿ 角岩化带
⬡ 转石	◿ 微斜长石伟晶岩脉	◢ 河流
mss 条带状变质砂岩	◿ 锂云母伟晶岩脉	BT 完工剥土线及编号
phy 板状千枚岩	◿ 伟晶岩脉	

图 4.50　九龙洛莫地区绿柱石样品

通过两条剥土工程的控制（图 4.51，图 4.52），进行了全脉体连续刻线采样。垂直脉体走向方向，分别布置了 2 条剥土工程——BT11 和 BT12。BT11 号和 BT12 号剥土工程间的平面距离约 360m，高差 232m。工程起点均布置在花岗岩内 2m 处，经过伟晶岩达角岩带后 2m 止。野外采样按 1m/件连续刻线采集，共采集样品 251 件。样品加工按单个样品分别处理，但限于测试经费，起点和终点的 8 件花岗岩、角岩样品按单样分析，其间的伟晶岩段样品因为矿化均一，地质特征变化不大，故按连续 4m 组合（即 4 件样品组合为 1 件）后测试，其中一件为 3m。

经过 BT11 和 BT12 剥土工程揭露，伟晶岩样品共 61 件，BT11 有 30 件，BT12 有 31 件。BT12 号工程中分两段采集，下段从 BT12-ZH1 到 BT12-ZH10 共 10 件样品，其他 21 件属上段，其间第四系掩盖较厚，剥土工程未能揭穿浮土，未采样。在空间上，脉体位于花岗岩体的接触带，脉体围岩东北侧为角岩，西南侧为花岗岩，脉体中见有角岩包体及花岗岩包体。

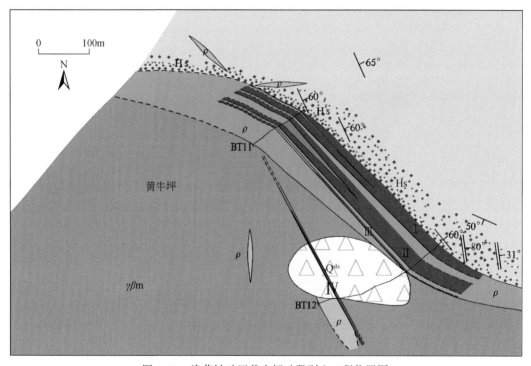

图 4.51　洛莫铍矿区黄牛坪矿段剥土工程位置图

测试结果表明该条脉体的 BeO 含量较高，BeO 最高达到 0.698%（一般 BeO 的边界品位为 0.04%~0.06%，最低工业品位为 0.08%~0.12%）。BT11 号剥土控制的伟晶岩脉体平均品位为 0.027%，基本达到全岩矿化。BT12 号剥土控制的伟晶岩脉体平均品位为 0.080%，达到了最低工业品位要求。在两条工程控制范围内初步估算 BeO 远景资源量达 11561t，可分为 I 号、II 号、III 号、IV 号 4 个矿段。其中，I 号矿段由 44 件样品控制，BeO 含量最小 0.021%，最大 0.698%，平均 0.134%；II 号矿段由 11 件样品控制，BeO 含量最小 0.026%，最大 0.0470%，平均 0.115%；III 号矿段由 7 件样品控制，BeO 含量最小 0.044%，最大 0.088%，平均 0.066%；IV 号矿段由 5 件样品控制，BeO 含量平均 0.058%。

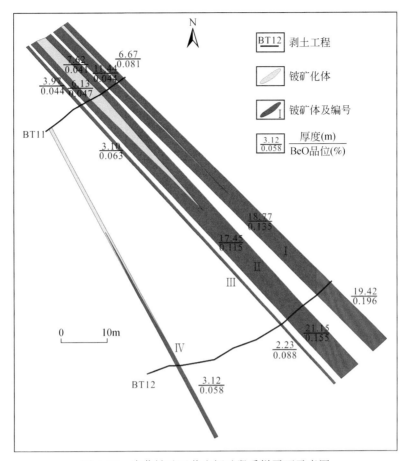

图 4.52　洛莫铍矿区黄牛坪矿段采样平面示意图

该条脉体中 Li、Nb、Ta 含量较低，未达到矿化品位。

（一）黄牛坪矿段远景资源量估算

（1）计算方法采用块段法；

（2）工程两端以外推工程间距（400m）的 1/4 向外平推 100m；

（3）深部推测按平面长度的 1/4 推算为 150m；

（4）以 0.04% 为铍矿的边界品位圈定矿体；

（5）铍矿床规模 <2000t 为小型矿床，2000～10000t 为中型矿床，>10000t 为大型矿床。

黄牛坪矿段远景资源量估算结果见表 4.8。

表 4.8　九龙三岔河地区黄牛坪矿段远景资源量估算表

矿体编号	面积/m²	倾向延深/m	体积重量比/(m³/t)	品位/%	倾角/(°)	资源量/t
1	8083.69	150	2.6	0.135	60	3685.86
	2391.88	150	2.6	0.196	60	1583.40

续表

矿体编号	面积/m²	倾向延深/m	体积重量比/(m³/t)	品位/%	倾角/(°)	资源量/t
1	683.71	150	2.6	0.081	60	187.05
	1175.08	150	2.6	0.044	60	174.63
2	9343.06	150	2.6	0.115	60	3628.96
	2802.27	150	2.6	0.155	60	1467.02
	784.78	150	2.6	0.041	60	108.67
	785.79	150	2.6	0.047	60	124.74
3	1286.20	150	2.6	0.063	60	273.68
	289.52	150	2.6	0.088	60	86.05
	392.32	150	2.6	0.044	60	58.30
4	487.35	150	2.6	0.058	60	95.47
	448.29	150	2.6	0.058	60	87.82
合计						11561.65

(二) 洛莫矿区资源潜力评价

通过本次调查工作及综合研究，初步认为在洛莫地区除黄牛坪矿段外仍具有较大的找矿潜力。理由包括：①1:1万地质草测及遥感影像显示，黄牛坪矿段仍然沿接触带延伸，在洛莫矿区南部的龙须沟，花岗岩与围岩的接触带仍见有伟晶岩脉；②矿区中部有较多的含绿柱石伟晶岩转石分布，土壤呈黄褐色，主要转石为伟晶岩；③据当地群众信息，2014年当地国土资源局对该地段实施过灾害调查，一工程钻在坡积层下40m处见2m伟晶岩基岩即终止了钻探；④在羊房沟隧道施工中挖掘出大量的伟晶岩块。

综上所述，推测在洛莫矿区普遍存在伟晶岩带。洛莫调查区具有较大的找矿空间。

(三) 洛莫矿区外围找矿潜力研究

主要远景区初步界定在洛莫以南、乌拉溪以北、打枪沟以西的范围。

据1991年完成的九龙幅1:20万区域水系化探测量结果，该区锂元素采用异常下限200μg/g可圈出9个异常；铍元素异常下限6μg/g可圈出14个异常。其中，在洛莫一带，花岗岩区为铍异常，向南侧则变为铍、锂组合异常；独立出现的铍异常有乌拉溪异常、元根地异常、羊房沟异常等，锂异常有乃渠西异常等。

据1:20万九龙幅矿产报告，研究区重砂测量发现从北部的合德至南部的乌拉溪，白钨矿（+锡石）异常面积大，分布面积为几十平方千米到上百平方千米，空间上与花岗岩体总体分布一致，多产于花岗岩体边缘及围岩中；在洛莫工作区南部显示钨锡异常较好，证实洛莫南部有稀有金属及钨锡金属的找矿潜力。

本次工作在乌拉溪七日沟口踏勘见大量的伟晶岩转石及矽卡岩转石分布，将发现的一块伟晶岩转石送样分析，其Li含量为6881.56μg/g，即Li_2O含量为1.41%，达到了工业品位。Be含量为192.63μg/g，即BeO含量为0.193%，也达到了矿化品位。可见，在洛莫南侧七日沟花岗体周围存在锂铍等稀有金属的找矿潜力。

在七日沟等地的地层岩石普遍发育中级热接触变质，可见黑云母角岩露头及砂卡岩转石。

综上所述，该地区具备较好的稀有及多金属成矿远景与找矿潜力。

三、矿产检查

在九龙三岔河地区，据1:20万九龙幅矿产报告，研究区重砂测量发现的有用重砂矿物有钛铁矿、金红石、锆石、独居石、白钨矿、锡石、铅族矿物、闪锌矿、黄铜矿、褐帘石、重晶石、胶磷矿、铬铁矿、金、铌铁矿、辉铋矿、硅钛铈钇矿、辰砂、雄黄、辉锑矿、磷铝铈矿、磷钇矿、钍石、石膏、曲晶石、锌尖晶石、刚玉、软锰矿、辉钼矿等29种。从北部的合德至南部的乌拉溪，圈出白钨矿（+锡石）异常6处，黄金异常4处，铅族矿物2处，钛铁矿异常2处，黄铜矿异常1处。白钨矿（+锡石）异常面积大，分布面积为几十平方千米到上百平方千米，空间上与花岗岩体总体分布一致，多产于花岗岩体边缘及围岩；钛铁矿异常见于工作区南部的古生界，异常面积也达到几十平方千米；黄铜矿异常见于兰尼巴花岗岩体东部接触带附近，规模较小，仅12km²；铅族矿物出现于工作区以东地区，其中一处紧靠中酸性岩体（花岗斑岩）北侧的三叠系围岩，另一处出现在古生界地层区；黄金异常规模普遍较小，一般为几平方千米，最大为14km²，多分布于现代河谷。

项目在洛莫工作区开展了1:1万地质草测、1:2000地质剖面测量，结合少量地表工程对该区各类异常开展了矿产检查，初步查明了调查区地层、岩石、构造特征，查明了调查区地质构造背景、成矿地质条件及伟晶岩分布特点，认为花岗岩与围岩的接触带是形成大型伟晶岩脉体的有利部位。在靠近二云母花岗岩的内外接触带上，伟晶岩脉成群、成带分布，有侵入围岩的伟晶岩脉，有沿花岗岩节理侵入的伟晶岩细脉及石英脉体。在远离二云母花岗岩的接触带，伟晶岩数量逐渐减少，分布零星。在洛莫调查区的微斜长石伟晶岩中，含铍矿化率较高。远离二云母花岗岩接触带的伟晶岩体，铍矿化率逐渐降低；部分较远地区，未见铍矿化。在接触带内外两侧，脉体规模较小；在花岗岩体内，脉体产状受节理控制；在外接触带，脉体产状受S1控制。

在洛莫矿点的野外地质调查中，共发现微斜长石伟晶岩脉15处（表4.9），花岗岩基岩连续露头4处，变质砂岩露头3处，黑云母片岩露头2处，为下步部署探矿工程提供了有利的地质线索。

表4.9　九龙三岔河地区洛莫工作区伟晶岩脉体统计表

名称	长/m	宽/m	位置（地质点控制）	备注
微斜长石伟晶岩	5	0.5	D0208	
	3	1.5	D0210	
	4	1.5	D0211	
		0.5	D0212	沿花岗岩节理侵入
	1~8	4	D0217	

续表

名称	长/m	宽/m	位置（地质点控制）	备注
微斜长石伟晶岩		0.3	D0226	沿花岗岩节理侵入
		0.5	D0228	沿花岗岩节理侵入
		0.05～0.2	D0229	沿花岗岩节理侵入
		0.6	D0235	沿花岗岩节理侵入
	0.2～5	0.2～5	D0237	
	1	1	D0275	单体露头
	1	1	D0285	单体露头
			D0287-D0289	前人槽探工程
			D0291-D0292	前人槽探工程
			D0293-D0295	连续露头
	600	30～100	黄牛坪北部地表出露	发现铍矿化伟晶岩脉

第四节　平武-马尔康地区

一、平武-马尔康地区区域成矿要素

产于在平武-马尔康地区中的红石坝钨矿和山神包稀有金属矿同样总体受到岩浆热穹隆控制。红石坝钨矿中燕山早期二云母花岗岩侵入泥盆系危关组碳质板岩、石炭系雪宝顶组碳酸盐岩中，矿体主要产在花岗岩接触带附近或稍远离岩体的围岩构造裂隙中。山神包稀有金属矿中印支二、三期含矿花岗伟晶岩脉沿印支一期花岗岩体内外接触带裂隙侵入前震旦系碧口群阴平组碎屑岩。伟晶岩发育在花岗岩岩体的岩舌、岩枝及缓斜接触地段，或其附近的岩体外接触带，背斜轴部和近轴部位，以及背斜倾没端有大量节理裂隙的地段。含稀有金属的矿体一般产在花岗岩接触带附近或稍远离岩体产出的花岗伟晶岩或石英脉广泛分布的石英伟晶岩中。

（一）红石坝钨矿

在红石坝工作区，西部出露燕山早期二云母花岗岩，面积约 1.5km²，是该区的主要酸性侵入岩；东部出露燕山早期二云母花岗岩脉，钨矿体主要分布于东部二云母花岗岩岩体内、岩体与泥盆系危关组（Dwg）及石炭系雪宝顶组（Cx）接触带或泥盆系危关组砂岩的石英脉中。这些事实说明，燕山早期二云母花岗岩是本地区钨、铍、铷的成矿母岩。其形成机理是：在燕山早期伴随地槽回返，有大量富含钨、铍、铷的酸性岩浆侵入，随着花岗岩浆的结晶分异作用和气运作用的发展，在"岩浆室"顶部聚集富含挥发分；当构造平静时，就在原地形成石英脉异离体，当花岗岩浆系统平衡由于构造活动而受到破坏时，就沿着构造裂隙上升、充填，形成贯入石英脉。但各类型石英脉的形成不是一次完成的，而是不同成分的含矿溶液由岩浆源断续按一定时间间隔脉动贯入的，因而形成含钨、钨铍铷等不同类型的石英脉。

(二) 山神包锂铍矿

山神包工作区中部出露印支期侵入岩（γ_5^1），以印支一期二云母花岗岩（γ_5^{1-1}）为区内印支期酸性侵入岩的主体，出露面积约 30km²；印支二期似斑状黑云母花岗岩（γ_5^{1-2}）分布在二云母花岗岩（γ_5^{1-1}）的边缘及外围，一般呈 3 ~ 8km² 的岩株出现，部分呈脉状产出；印支三期二云母斜长花岗斑岩（γ_5^{1-3}）分布在印支一期和二期花岗岩的外围，近则密集，远则稀疏，脉宽一般在 1m 以内，少数 1 ~ 5m，延长几米至几十米，规模小，沿围岩节理、裂隙侵入。

山神包锂铍矿床产于印支二期似斑状黑云母花岗岩内外接触带和印支三期二云母斜长花岗斑岩外围花岗伟晶岩脉中。因此，印支期酸性侵入岩是本地区稀有金属伟晶岩的成矿母岩，其形成机理是：在印支期伴随地槽回返时，中深部的印支一期二云母花岗岩大量侵入，形成大面积的印支一期酸性岩体；随着岩浆活动的再次活跃，印支二期似斑状黑云母花岗岩沿着印支一期酸性岩体边缘、裂隙侵入；随着岩浆活动的第三次活动，印支三期二云母斜长花岗斑岩沿着印支一期、二期酸性岩体边缘、裂隙侵入。随着花岗岩浆的结晶分异作用和气运作用的发展，在"岩浆室"顶部聚集富含挥发分。当构造平静时，就在原地形成伟晶岩异离体，当花岗岩浆系统平衡由于构造活动关系而受到破坏时，就沿着构造裂隙上升、充填，形成贯入伟晶岩。但各类型伟晶岩的形成不是一次完成的，而是不同成分的含矿溶液由岩浆源断续按一定时间间隔脉动贯入的，从大规模的花岗岩侵入零星微弱的沿裂隙侵入，从各期花岗岩矿物组分的相似性和结构上的差异可见各期花岗岩是同源岩浆在中深−浅成不同深度、不同阶段、不同的外界条件下冷却结晶成岩的。岩体对围岩具明显而强烈的侧向挤压作用，岩体边界与围岩产状总体一致，围岩具流变褶皱特点或产状明显被改造（如形成同心向斜），且接触带岩体边缘多出现扁平状、平行接触面的围岩捕房体。

二、潜力评价

(一) 资源储量估算的范围

通过 2017 年和 2018 年的调查评价工作，确定区内锂铍等稀有金属矿的预测类型应包括花岗伟晶岩脉型稀有金属矿和石英脉型钨铍矿。圈定 2 个找矿靶区，分别为红石坝钨铍铷矿找矿靶区和山神包锂铍矿找矿靶区（表 4.10）。其中，红石坝钨矿仅 W1 号钨铍铷矿化体、W2 号钨矿体、W5 号钨铍铷矿化体达到了双工程控制的要求，山神包锂铍矿仅Ⅰ号、Ⅱ号含锂云母花岗伟晶岩脉达到了双工程控制的要求，其余矿体均未达到资源量计算的要求，参与资源量计算的矿体为红石坝工作区 W1 号钨铍铷矿化体、W2 号钨矿体、W5 号钨铍铷矿化体及山神包工作区的Ⅰ号、Ⅱ号含锂云母花岗伟晶岩脉。

表 4.10　平武-马尔康工作区找矿靶区划分一览表

找矿靶区	级别及编号	预测依据	面积/km²	建议
山神包锂铍矿找矿靶区	A1	出露燕山早期二云母花岗岩,侵入泥盆系危关组中部岩组及石炭系雪宝顶组中;发现并圈定 2 条钨矿体和 3 条钨铍铷矿化体;初步估算(334)WO_3 资源量 0.97 万 t(近中型)	8.63	
红石坝钨铍铷矿找矿靶区	A2	花岗伟晶岩较发育,主要分布于黑云母花岗岩体构造裂隙内,部分分布于黑云母花岗岩体外接触带前震旦系碧口群阴平组中;As_4S_n(Li、Be、Cs)甲类水系沉积物异常形态基本与地质构造、本次发现的含锂铍矿花岗伟晶岩脉等吻合;发现并圈定 2 条含锂云母铍矿体、1 条铍铷矿化体、1 条铍钽矿化体、1 条铍矿化体、1 条锂铷矿化体;估算(334)Li_2O 资源量 0.03 万 t(小型)、BeO 资源量 0.66 万 t(中型)	8.15	开展预查普查工作

(二) 工业指标选用

红石坝钨矿属于石英脉型原生钨矿,山神包锂铍矿属于花岗伟晶岩型,且矿石的可选性较好,结合矿山的实际情况,矿区采用国家规定的工业指标标准进行资源/储量估算。

(三) 资源储量估算方法的选择及其依据

根据区内矿体形态简单、平均倾角大于 53°、控制工程以槽探为主的实际情况,采用地质块段法计算其资源储量,具体采用矿体垂直纵投影法进行资源储量估算。

本次资源储量估算采用的主要计算公式如下。

1. 体积计算公式

选用矿体垂直纵投影图对各矿体的资源储量进行估算时,估算公式为

$$V = \frac{S}{\sin\alpha \cdot \cos\gamma} \times M$$

式中,V 为矿体(块段)体积(m^3);S 为矿体(块段)投影面积(m^2);α 为矿体倾角(°),采用矿体平均倾角;γ 为矿体块段与矿体垂直纵投影面平均夹角(°);M 为块段平均真厚度(m)。

2. 矿石量计算公式

$$Q = V \times T$$

式中,Q 为矿石量(t);V 为矿体(块段)体积(m^3);T 为矿石体重(t/m^3)。

3. 矿体断面面积的确定

矿体(块段)垂直纵投影面积(S)的确定:用计算机内 MapGIS 软件在矿体垂直纵投影及资源储量估算图上相应块段自动求得。

4. 单工程矿石平均品位的计算

单工程矿石平均品位采用单样品位与厚度的加权平均值,其计算公式如下:

$$\overline{C} = \sum_{i=1}^{n} C_i \times M_i / \sum_{i=1}^{n} M_i$$

式中，C 为单工程中矿石的平均品位；C_i 为单样品位；M_i 为单样真厚度。

5. 矿体（块段）平均品位的计算

矿体（块段）平均品位是单工程矿石品位与相应厚度的加权平均值。其计算公式如下：

$$\overline{C}' = \sum_{i=1}^{n} \overline{C_i} \times \overline{M_i} / \sum_{i=1}^{n} \overline{M_i}$$

式中，$\overline{C}'$ 为矿体（块段）平均品位；$\overline{C_i}$ 为单工程或相邻某块段的平均品位；$\overline{M_i}$ 为单工程或相邻某块段的平均真厚度；n 为工程样本总数或块段总数。

（四）资源储量估算结果

红石坝工作区初步估算（334）WO_3 资源量为 0.97 万 t（中型），山神包工作区初步估算（334）Li_2O 资源量 0.03 万 t（小型）、BeO 资源量 0.66 万 t（中型）。

三、矿产检查

在平武–马尔康地区，根据 1：20 万水系重砂测量成果，白钨矿晕分布在摩天岭东西向构造带内，明显和印支期及燕山期花岗岩或其派生的各类酸性脉岩保持着空间上的一致性；重晶石晕位于唐泥沟断层及南坝大断层北侧；辰砂及毒砂分散晕出现在青溪–火炮岭大断裂带上；金分散晕位于木皮复式倒转背斜的近轴部，地层为前震旦系碧口群细碧角斑岩及震旦系变质碎屑岩系。

在山神包工作区通过开展 1：5 万水系沉积物测量，圈定了 15 种地球化学单元素异常 116 处，综合异常 7 处，其中甲类异常 1 处，乙类异常 6 处。山神包异常区内出露地层为前震旦系阴平组，岩性为浅灰色–灰色条纹状云母钠长片岩、钠长云母片岩。在异常区中部见印支期似斑状黑云母花岗岩（γ_5^{1-2}）出露。异常区北西部有断层，区内石英脉发育。岩浆岩为矿体的形成提供了成矿热液，断裂及构造裂隙为成矿热液提供了通道和成矿空间。

该异常规模大、强度高、浓集中心明显、组合元素多。已发现的锂铍矿化体处在异常中部，说明该异常是一矿致异常。综合分析异常本身特征及异常区成矿地质条件，判断该异常具有较好的找矿前景。通过 2017 年的路线地质调查及 2018 年的异常查证，在异常区中部发现了含锂云母铍矿体、铍铷矿化体、铍矿化体，矿化体的分布范围与异常范围基本一致，异常形态也与地质构造基本吻合。此外，所圈定的其余乙类综合异常形态也基本与地质构造等相吻合。

第五节 石渠扎乌龙矿区及外围

本次工作主要对石渠工作区内的扎乌龙、多英贡尕西、多英贡尕东 3 地进行了矿产检查(表4.11),主要采取矿产地质调查（路线、填图）、土壤（岩石）剖面、岩矿分析等工作手段。

表4.11　扎乌龙矿区外围矿产概略检查一览表

序号	名称	检查区概况
1	扎乌龙锂矿概略检查	为含锂矿伟晶岩异常，已发现矿（化）体。地化剖面异常明显，该处综合找矿标志齐全、成矿条件好，可进一步工作
2	多英贡尕西锂铌钽矿概略检查	为含锂、铌钽矿伟晶岩异常，已发现矿（化）体。土壤地化剖面异常明显，综合认为该处找矿标志齐全、成矿条件好，可进一步开展工作
3	多英贡尕东铷矿概略检查	为含铷矿伟晶岩异常，已发现矿（化）体。土壤地化剖面异常明显，综合认为该处找矿标志齐全、成矿条件好，可进一步开展工作

扎乌龙锂矿归属四川省石渠县呷依乡管辖，在扎乌龙附近。通过1:5万地质填图、1:1万土壤（岩石）剖面测量岩矿分析等手段对5条伟晶岩脉进行检查工作。

扎乌龙锂矿出露上三叠统两河口组及第四系掩盖物；岩体为扎乌龙白云母花岗岩岩株及岩脉；以接触变质作用为主；构造热穹隆对异常区成矿影响大。

1）矿区地层

主要出露上三叠统两河口组及第四系掩盖物。其中两河口组岩性为：灰色十字石片岩、十字石-红柱石片岩、红柱石片岩及粉砂-细砂绢云母板岩。一般在岩脉周边多发育董青石化片岩或董青石化十字石片岩；粉砂-细砂绢云母板岩出露在异常区南部或距离岩脉、岩体较远的部位。

2）矿区岩浆岩

位于扎乌龙白云母花岗岩体南部，主要发育各类岩脉，岩脉以中酸性较为发育，主要有花岗伟晶岩脉、花岗细晶岩脉和石英脉等。花岗伟晶岩脉为工作区内稀有金属矿的赋矿岩脉。

3）矿区变质岩

矿区变质作用以热接触变质、接触交代变质作用为主。黑云母、红柱石等变斑晶在岩石中杂乱分布，具明显的热接触变质岩特点；据岩矿鉴定结果，岩石中红柱石、董青石等典型的低压相系变质矿物常见，且新生变质矿物多切割早期区域性面理。其成因与深部隐伏岩体有关，应属热接触变质岩范畴。

稀有金属矿的形成与董青石接触变质带有成生联系，其重要意义在于不但可以指示与该区花岗伟晶岩有关的隐伏矿体的存在，同时，根据红柱石变质带本身的特征还可大致预测花岗伟晶岩的类型、产状、规模、埋深及其主要矿化特征、矿化程度等。

变质带呈环带分布，其渐进变质带核部为董青石带，向外依次为十字石带、红柱石带、石榴子石带、黑云母带及绢云母-绿泥石带。从中部至四周，其变质相由角闪岩相、高绿片岩相至低绿片岩相。变质程度从核部向四周由深逐渐变浅，显示出同心圆状的热扩散效应。

4）矿区构造

矿区位于扎乌龙构造岩浆穹隆热穹隆南部，发育花岗伟晶岩脉及石英脉。推测该穹隆构造的深部可能有隐伏岩体。四周发育花岗伟晶岩脉及石英脉。其渐进变质带由核部向四周依次为十字石带→红柱石带→石榴子石带→黑云母带→绢云母–绿泥石带，在穹隆体核部发现与花岗岩伟晶岩脉有关的锂、铍、铌钽等稀有金属矿床。其空间展布明显受控于构造岩浆穹隆热穹隆动热变质作用形成的变质带（十字石带、红柱石带）控制。工作区动热变质带的分布是寻找伟晶岩型稀有金属隐伏矿体和矿床的一个重要标志。

针对扎乌龙锂矿布设了一条土壤岩石剖面（KTR02）。采样分析测试的结果显示，Li、Rb 具有较明显的正相关性。该剖面上多点锂元素含量超过 $1000\mu g/g$，其中最高点为 KTR02-43，其岩性为含锂伟晶岩，Li 含量为 $7011\mu g/g$，主要发现 5 条含锂伟晶岩脉。

在白云母花岗岩的岩舌、岩枝及曲线缓斜接触地段，或其附近的岩体外接触带、背斜轴部和近轴部位，以及背斜倾没端、大量节理裂隙发育的地段，是花岗伟晶岩赋存的有利部位。

稀有金属伟晶岩，往往产于石英脉广泛分布地段的内侧，在其以外稀有金属伟晶岩慢慢减少或绝迹，同时，相对远离岩体产出，一般在水平方向距离岩体 $200\sim2000m$，在垂直方向上距离岩体 $100\sim1000m$。

有含矿伟晶岩转石的地方，在其来源方向一定有稀有金属伟晶岩分布。

由于伟晶岩脉抵抗风化能力比围岩强，常常形成突出的地貌或白色陡岩，也是寻找伟晶岩脉的标志。

当伟晶岩脉中含淡绿色、淡紫色的锂云母、风化面出现浅褐色或黄褐色板柱状锂辉石晶体时，是寻找微斜长石型锂辉石伟晶岩矿的直接标志。

伟晶岩脉同堇青石、十字石和红柱石变质带关系密切，初步认为含锂伟晶岩脉一般靠近于堇青石带。

对 14 号、38 号、45 号、2 号等脉体进行概略检查工作后，认为区内锂资源量还具有更大的远景，主要依据包括：14 号、38 号、45 号、2 号等脉体东西两侧掩盖深，深部情况不明；矿产地质填图结果发现，区内还有多条伟晶岩脉，本次仅对少数伟晶岩脉进行了工作。

找矿方向：对 14 号、38 号、45 号、2 号等脉体进行深部探测，可先采取物探激电、重力等方法发现异常，然后开展有针对性的深部验证工作。针对全区，采取高精度遥感影像数据，圈定遥感异常区，然后进行重点验证。建议下一步工作以锂为主攻矿种，在区内开展系统的 1∶1 万土壤（岩石）、激电中梯剖面测量，在综合异常区开展物探电法工作，结合地质、物探、化探成果布置适量的工程揭露，以期找到以锂为主的稀有金属矿（化）体。

多英贡尕尔西铌钽矿点位于四川省石渠县呷依乡巴若二村多英贡尕尔附近。检查手段主要有 1∶1 万地质填图以及 1∶1 万岩石剖面测量等。

在多英贡尕尔西铌钽矿点，出露上三叠统两河口组及第四系掩盖物，岩体为扎乌龙白云母花岗岩岩株及岩脉，接触变质作用为主，构造热穹隆对异常区成矿影响大。

发现一条含铌钽伟晶岩脉，位于多英贡尕尔沟西侧附近，自然露头差，掩盖严重。矿（化）体形态为脉状，推测长度约为 200m，走向上中段被掩盖。两侧围岩为二云母片岩。岩脉厚度约 31.7m，地表未出现分支复合。伟晶岩呈脉状，树枝状产出，围岩产状顶板 $250°\angle20°$，底板 $248°\angle23°$，地表单工程中矿（化）体厚度 31.7m，长度约 200m；Nb_2O_5

品位 0.015%；Ta_2O_5 品位 0.115%。

通过对异常检查，认为区内铌钽矿还具备较大的资源远景，主要依据包括：脉体两侧掩盖深，深部情况不明；根据矿产地质填图，区内还有多条伟晶岩脉，因地形原因，本次异常检查未全面开展，仅对少数伟晶岩脉进行了工作。建议下一步工作以铌钽为主攻矿种，在区内开展系统的 1：1 万土壤（岩石）工作，特别对区内的各类岩脉要加强观察与取样化验，同时在综合异常区开展物探电法工作，结合地质、物探、化探成果布置适量的工程查证，以期找到铌钽矿（化）体。

矿区位于四川省石渠县呷依乡巴若二村多英贡尕沟东侧。检查手段主要有 1：1 万地质填图、1：1 万岩石剖面测量、岩矿测试等。

在多英贡尕东铷矿，出露上三叠统两河口组及第四系掩盖物；岩体为卡亚吉东白云母花岗岩岩株及岩脉；接触变质作用为主；构造热穹隆对异常区成矿影响大。

针对多英贡尕东铷矿布设了一条 KTR01 土壤岩石剖面。采样分析测试的结果显示，Rb、Sr、W 元素之间具有较明显的正相关性。KTR0105 点为伟晶岩，Rb 含量为 896μg/g，呈明显正异常。

第五章 甲基卡大型锂资源基地的专项地质调查

专项地质调查是指为了取得找矿发现而开展的专门性地质调查，包括 1：1 万路线地质调查在内的基础地质调查，也包括不同比例尺的面积性地质填图。

工作区第四系分布占工作区面积的 60% 以上，主要有坡积物、残坡积物、沼泽堆积物及冰碛物等，其厚度一般在 7～10m。广泛分布的第四系堆积物给本区地质找矿工作带来了很大的难度，但新三号脉（X03）矿体的发现表明，区内第四系残积物、残坡积物中的伟晶岩脉、含锂辉石伟晶岩脉，以及堇青石角岩化黑云母片岩的碎块和岩块，对隐伏的基岩有一定的指示意义，特别是部分具残积特征的含锂辉石伟晶岩块，在区内成带密集分布，经遥感解译具明显的特征影像，部分经钻探验证，其下基岩多为含锂辉石伟晶岩脉。因此，专项地质填图以遥感解译为先导，结合路线地质调查，采用以穿越法为主，追索为辅，对不同成因的第四系进行区分和填绘。路线间距和地质点密度根据构造复杂程度、基岩出露情况、自然地理条件等实际情况而定，以解决问题为原则，不平均使用工作量。

第一节 交通位置及自然经济地理概况

川西高原指四川阿坝州、甘孜州等地区，位于青藏高原东部的横断山区，俗称"康"，亦称康巴地区或康区。川西高原总面积 23.6 万 km²，属于四川省西部与青海、西藏交界的高海拔区，行政区范围主要包含甘孜州与阿坝州。相对四川盆地及盆周地区，川西高原地广人稀，远离城区，交通不便，信息不畅，至今还有部分乡镇不通公路、电话。经济以林、牧业为主，相对落后。近年来，川西高原加大了旅游业开发，基础设施建设大为改善，包括建成投入使用了九寨黄龙机场、甘孜康定机场、稻城亚丁机场和阿坝红原机场等，县与县之间已通柏油路，交通状况有所改进。

川西高原为青藏高原东南缘和横断山脉的一部分，地面海拔 4000～4500m，分为川西北高原和川西山地两部分。川西高原与成都平原的分界线是雅安的邛崃山脉，山脉以西便是川西高原。川西北高原地势由西向东倾斜，分为丘状高原和高平原。丘谷相间，谷宽丘圆，排列稀疏，广布沼泽。川西山地西北高、东南低。根据切割深浅可分为高山平原和高山峡谷区。由于川西高原地处第一台阶向第二台阶的过渡地带，且境内有金沙江、大渡河、雅砻江等河流纵向经过，导致高原内部地形地貌变化复杂，整体由大渡河、雅砻江切割成三个片区，产生了河谷亚热带、山地寒温带、高山寒带等几种气候垂直分布带，植被和自然景观亦呈垂直分布。

一、甲基卡矿区及外围

工作区主体在甲基卡–容须卡地区。地理上位于康定市区北西 292° 方向平距约 70km

的康定、雅江以及道孚三县（市）交界处，从甲基卡 134 号矿区至塔公 S215 省道有 33km 简易公路相通，塔公至康定为 108km，至成都 477km，交通较方便。

甲基卡矿区地处川西高原东南边缘，海拔 4300 ~ 4700m，相对高差 420m，地势较为平坦，一般坡度 10° ~ 20°，属构造剥蚀丘状高原地貌。区内在低洼处有少量低矮灌木，其余大多被草皮覆盖，覆盖率 80% 以上。

区内属典型高原气候，气温低而多变，空气较稀薄，每年 6 ~ 8 月雷电较多。1 ~ 2 月最低气温达-23.9℃；3 ~ 10 月为 4 ~ 10℃，夏季 7 ~ 8 月最高气温 20℃；11 月至翌年 3 月为冰冻期，冻土深 1 ~ 2m。年降雨量 996mm，月降雨量 133 ~ 256mm；最大暴雨降水量 41mm。6 ~ 10 月为野外工作的最佳季节。

工作区为边远的少数民族地区。经济以农、牧业为主。农业区主要沿河谷地带分布，以种植青稞、小麦、玉米、马铃薯为主，有少量蔬菜、水果。牧业则遍布高原山区，以放牧牛、羊、马为主，除牛、羊肉、酥油自食外，尚能为轻纺工业及食品工业提供较多数量的毛、皮、酥油、牛羊肉等。区内尚产虫草、贝母、鹿茸、麝香、黄芪等贵重药材。

二、可尔因锂矿带

可尔因锂矿带同样位于川西高原，行政区划隶属于四川省阿坝藏族羌族自治州马尔康市、金川县和小金县，面积约 2600km²。国道 G317 自东向西穿过工作区，南北方向有省道 S211 自北向南由工作区西侧穿过，东面有马尔康市与小金县之间的省道 S210 通过。工作区外围交通便利，但是工作区属大渡河水系，区内地形切割深，高差大，山高谷深，绝大部分地区未通公路，生产、生活物资需要人背马驮，交通条件较差，制约了稀有金属矿产的勘查与开发。

可尔因工作区位于巴颜喀拉山脉南东段和邛崃山脉余脉的延伸区，主要山脊多呈北东-南西方向展布，海拔一般为 3800 ~ 4500m，最高山峰达 5500m；除部分地段为浅切割丘状高原宽谷草甸草原景观外，其余绝大部分地区属于深切割高山峡谷景观区。春、夏、秋三季时令都很短暂，尤其在高山地区气候干寒，多风雪与霜冻，每年 10 月降雪至来年 4 月解冻，冰冻期长达半年以上。年平均气温 7.3℃，7 ~ 8 月为盛夏季节，气温也只达 18 ~ 23℃，昼夜温差亦较悬殊。最佳野外工作时间为 4 ~ 7 月及 10 ~ 12 月。

区内除部分草甸区由于高寒缺乏木本植物而广为草丛覆盖外，其余地区的气候与植物垂直分带明显。河谷阶地可种植农作物，沿主河谷坡脚带，蒸发量较大，气候干燥，植物不茂；山坡地带土壤温润，植物繁茂，森林密布，乔灌争茂，繁花似锦；及至海拔 4500m 以上的高山，便是衬以峻岩角峰的冻土苔原景观；更高到海拔 5500m，便是终年积雪不融之雪山。

大渡河呈 "S" 状自北而南流经马尔康-金川工作区西部，区内河道滩多水急，不能通航。工作区内水系均属大渡河水系。此外，区内还有常年流水的溪流如地拉秋沟、新开沟等。这些溪流大部分均由高山积雪补给，水流量稳定，水质较好，可作为生产生活用水。

区内居民以藏族为主，汉族较少，居民点多沿河谷散布。主要经济为农牧业，出产青稞、小麦、玉米、马铃薯等自给性农产品，以及牦牛、绵羊、马匹等商品资源和虫草、贝母、鹿茸、麝香等名贵中药材。但是，区内居民人均收入较低，当地居民为了增加收入，存在过度放牧的现象，从而导致草场退化。

三、九龙三岔河地区

三岔河调查区位于甘孜州东南部的九龙县，距省会成都西约 450km。调查区往北230km 与康定市新都桥接 G318 国道，再经康定、泸定、雅安可达成都；向南 490km 至凉山州冕宁县 G5 高速公路相接。调查区内交通以 S215 省道为主干，呈南北贯穿；乡镇公路就省道两侧避山顺谷而筑，多止于谷底尽头，交通情况尚可。

调查区地处青藏高原东南，属高原深切割区地貌景观。区内地势北高南低，海拔 2600 ~ 4500m，高低悬殊，地形坡度较陡，多悬崖绝壁。植被丰富，以灌丛混合林和高山草地为主。区内水系发育，以溪沟为主，夏季水流湍急，呈树枝状分布，向南西汇入九龙河。该区冬季寒冷干燥，而夏季多雨、多雾、冰雹等数见不鲜，气候变幻无常，属高原气候。居民多为藏族，沿河而居，为典型半农半牧区，主产玉米、青稞、土豆，还盛产松茸、贝母、虫草等地方特产，或饲养牦牛、骡马、山羊等。

四、平武-马尔康地区

平武-马尔康调查区位于四川省北部的川、甘两省毗邻地带，行政区划主要隶属四川省绵阳市平武县及四川省阿坝藏族羌族自治州松潘县管辖，地理坐标：103°E ~ 104°E，32°N ~ 33°N。本次在调查区内进一步圈出红石坝和山神包两个工作区，其中红石坝工作区位于平武县城北西约 60km，行政区划属松潘县施家堡乡所辖；山神包工作区位于平武县城北东约 20km，行政区划主要属平武县木座乡所辖，北部与甘肃省文县接壤。区内有九寨沟环线公路从调查区通过，另有乡村简易公路分布，交通较为方便。调查区地处青藏高原东侧摩天岭山脉，一般海拔 1100 ~ 2400m 以上，相对高差大于 1200m，属中高山深切割地貌。区内水系发育，涪江为主体水系，为深切曲流型。区内属亚热带季风气候区，年平均气温 13.8℃。区内人烟稀少，居民以汉民为主，少量藏民。经济以农业、旅游业为主。

第二节　战略新兴产业矿产资源概况

进入 21 世纪以前，川西以甘孜州甲基卡、九龙、扎乌龙和阿坝州可尔因 4 大稀有金属矿集区为主探明的锂矿资源为 121.43 万 t（Li_2O），铍矿 3.8926 万 t（BeO），分别居全国的第二、第三位（1996 年统计）。其中甘孜州甲基卡一带 93.35 万 t，德格石渠一带8.25 万 t。2011 年以来（到 2018 年），中国地质调查局立项在甲基卡及外围工作区累计投入钻探 3918.7m（32 个钻孔），累计新增 Li_2O 资源量 107.67 万 t，相当于 10 个大型锂辉石矿床。其中，在川西大型锂矿资源基地甲基卡工作区，2016 ~ 2018 年间共施工钻孔 12 个，总进尺 2800m，共获 Li_2O 资源量 257659t（334 级别）、伴生 BeO 资源量 8978t（334 级别），Ta_2O_5 资源量 2015t（334 级别），Nb_2O_5 资源量 3017t（334 级别）。3 年新增锂资源量相当于发现 3 个大型矿床，另外还圈定 7 个找矿靶区，落实 2 个矿产地，为川西大型锂矿基地的建设提供了资源保障，同时也带动了四川省地方财政以及民营企业的投入，形成了一个川西找锂的探矿高潮。在可尔因矿集区探明了李家沟、党坝等大型超大型锂矿，资源量也超过百万吨级（王登红等，2013b，2016a，2016b，2016c，2017a，2017b；刘丽君等，2016，2017a，2017b；代鸿章等，2018a；刘善宝等，2019）。因此，到目前为止，川西实际控制的硬岩型锂矿资源储量已超300万t，在全国处于首位，在世界上也名列前茅。而且，川西甲基卡的硬岩型锂矿单个矿体规模巨大，品位高（一般稳定在边界品位的3倍），共伴生组分多而有害于环境的重金属含量低，放射性物质也低于背景值，可以露天开采者剥采比小而环境扰动小，需要坑道开采者也可以边采边充填，总体上属于"大矿""好矿"，开发利用的意义巨大。

项目组2016~2018年度主要对区内以锂为代表的稀有金属矿产开展了调查工作，在已知矿床（点）评价的基础上还取得了一系列新发现，主要包括：①在甲基卡矿区新发现矿产地2处，分别为四川省雅江县X03南段锂矿和四川省雅江县鸭柯柯锂矿；②在可尔因矿田内共发现伟晶岩脉61条，其中锂辉石伟晶岩矿（化）体23条，主要矿点15处；③在九龙三岔河矿田发现洛莫铍矿脉；④在平武-马尔康地区发现钨、锂铷铍矿多处。综合前人及通过本次调查成果，区内已发现的主要稀有金属矿产基本信息见表5.1。

表5.1 川西调查区内主要矿产地、矿（化）点一览表

序号	名称	规模	矿床类型	勘查程度	是否新发现	备注
1	四川省雅江县X03南段锂矿	大型	伟晶岩型	预查	是	伴生铌、钽、铍矿
2	四川省雅江县鸭柯柯锂矿	大型	伟晶岩型	预查	是	共伴生铍、铌钽矿
3	四川省马尔康市地拉秋锂矿	中型	伟晶岩型	详查	否	
4	四川省马尔康市党坝锂矿	超大型	伟晶岩型	勘探	否	
5	四川省金川县业隆沟锂矿	大型	伟晶岩型	勘探	否	
6	四川省金川县李家沟锂矿	超大型	伟晶岩型	勘探	否	
7	四川省马尔康市可尔因北部格拉措锂铍矿	中型	伟晶岩型	预查	否	
8	四川省金川县观音桥锂矿	中型	伟晶岩型	勘探	否	
9	四川省金川县观音桥西锂矿（马尔康市258°方位，56.7km处）	可达小型	花岗伟晶岩型	调查	是	共伴生铌、钽矿
10	四川省金川县观音桥西锂矿（马尔康市258°方位，55.9km处）	可达小型	花岗伟晶岩型	调查	是	共伴生铌、钽矿
11	四川省金川县观音桥西锂矿（马尔康市258°方位，55.8km处）	可达小型	花岗伟晶岩型	调查	是	共伴生铌、钽矿
12	四川省金川县观音桥西锂矿（马尔康市257°方位，54.2km处）	可达小型	花岗伟晶岩型	调查	是	共伴生铌、钽矿
13	四川省马尔康市观音桥西锂矿（马尔康市256°方位，55.5km处）	可达小型	花岗伟晶岩型	调查	是	共伴生铌、钽矿

续表

序号	名称	规模	矿床类型	勘查程度	是否新发现	备注
14	四川省金川县石旁村锂矿（马尔康市259°方位，55km处）	可达小型	花岗伟晶岩型	调查	是	共伴生铌、钽矿
15	四川省金川县石旁村锂矿（马尔康市259°方位，54.7km处）	可达小型	花岗伟晶岩型	调查	是	共伴生铌、钽矿
16	四川省马尔康市木尔多村锂矿	可达小型	花岗伟晶岩型	调查	是	共伴生铍、铌、钽矿
17	四川省马尔康市色理村锂矿点1（马尔康市255°方位，21km处）	可达中型	花岗伟晶岩型	调查	是	共伴生铌、钽矿
18	四川省马尔康市色理村锂矿点2（马尔康市254°方位，21km处）	可达小型	花岗伟晶岩型	调查	是	共伴生铌、钽矿
19	四川省马尔康市色理村锂矿点3（马尔康市254°方位，21km处）	可达小型	花岗伟晶岩型	调查	是	共伴生铌、钽矿
20	四川省马尔康市色理村锂矿点4（马尔康市254°方位，21km处）	可达中型	花岗伟晶岩型	调查	是	共伴生铌、钽矿
21	四川省马尔康市色理村锂矿点5（马尔康市254°方位，21km处）	未进行资源量预测	花岗伟晶岩型	调查	是	共伴生铌、钽矿
22	四川省马尔康市色理村锂矿点6（马尔康市254°方位，21km处）	未进行资源量预测	花岗伟晶岩型	调查	是	共伴生铌、钽矿
23	四川省马尔康市阿拉伯村锂矿	未进行资源量预测	花岗伟晶岩型	调查	是	共伴生铌、钽矿
24	四川省马尔康市松岗锂矿	可达中型	花岗岩型	调查	是	
25	四川省马尔康市木尔宗锂矿	矿点	花岗岩型	调查	是	
26	四川省马尔康市集沐锂矿	矿点	花岗岩型	调查	是	
27	四川省九龙县打枪沟锂铍矿	大型	花岗伟晶岩型	勘探	否	
28	四川省九龙县黄牛坪铍矿	可达大型	花岗伟晶岩型	调查	是	
29	四川省九龙县合德钨锡矿	小型	石英脉型	勘探	否	
30	四川省九龙县乌拉溪白钨矿	中型	矽卡岩型	勘探	否	
31	四川省松潘县红石坝钨矿	钨矿/可达小型	石英脉型	调查	是	伴生铍、铷矿
32	四川省平武县山神包锂铍矿	铍矿/可达中型、锂矿/可达小型	花岗伟晶岩型	调查	是	伴生铷、钽矿
33	四川省甲基卡134号脉	超大型	花岗伟晶岩型	勘探	否	
34	四川省甲基卡308~309号脉	大型	花岗伟晶岩型	详查	否	

序号	名称	规模	矿床类型	勘查程度	是否新发现	备注
35	四川省甲基卡 632 号脉群	大型	花岗伟晶岩型	详查	否	
36	四川省甲基卡烧炭沟	超大型	花岗伟晶岩型	详查	否	
37	四川省道孚县容须卡	中型	花岗伟晶岩型	普查	否	

第三节　以往工作评述

1949 年以前，仅有个别地质工作者在川西地区做过路线地质调查。区域性的系统工作，尤其是探矿工作是在 1949 年中华人民共和国成立以后开展的。1959 年，在群众报矿的基础上，多家地质队和研究所在区内开展过地质调查和地质找矿工作，初步确定了甲基卡、马尔康等矿田的稀有金属矿床远景和工业价值。

一、区域地质、矿产调查

1958～1962 年，四川省地质局在甘孜州东部，101°E～101°40′E，28°30′N～30°40′N 之间开展稀有金属矿产普查找矿工作，重点对甲基卡-容须卡矿田进行了普查，同时在部分地区进行了 1∶20 万路线地质测量、1∶5 万地质测量及重砂测量；在重点工作区进行了物化探工作，初步掌握了工作区的区域成矿规律及远景，为后续的稀有金属地质找矿工作奠定了基础。

1963 年 12 月，四川省地质局阿坝州地质队完成了阿坝州 1∶50 万岩浆岩地质编图工作，对岩浆岩的活动时代、岩浆岩与构造的关系、岩浆岩的成矿专属性等作了初步探讨，总结认为：与海西期黑云母花岗岩有关的是铅锌矿，与印支期花岗岩有关的是白云母、铍、锂矿，与燕山期花岗岩有关的是钼、铅锌、砷矿。

1958～1964 年，四川省地质局 404 队在马尔康地区开展了 1∶5 万稀有金属地质找矿工作，完成 1∶5 万地质测量 707km²、1∶1 万地质测量 52km²，并对马尔康西部的观音桥矿区进行了普查找矿，对东南部、南部、东北部区段进行了矿点检查，共发现伟晶岩脉 1321 条，评价 233 条，探获氧化锂资源量 41.32 万 t，为该地区后续大规模地质勘查工作奠定了基础。

1974 年，四川省地质局 404 队完成了甲基卡稀有金属伟晶岩矿床普查工作，在 62km² 范围内发现稀有金属伟晶岩脉 114 条，提交氧化锂资源量（332+333）65.6 万 t，氧化铍 2.1 万 t。

20 世纪 80 年代中期，1∶20 万地质调查、矿产地质调查基本覆盖了整个川西、豫南、陕南地区，对区内地层、岩石、构造、矿产等做了较系统的调查研究，初步建立了该区地层系统及构造格架，为开展区域成矿预测提供了基础的地质、矿产、物化异常等宝贵资料。1984 年，四川省地质矿产局完成了"四川省区域矿产总结"，并编制了"四川省稀有、稀土、稀散、放射性矿产图"。

2010~2013 年，各探、采矿权人又相继开展了详查和勘探。经四川省国土资源厅在 2011 年底的储量核查，累计查明甲基卡 17 条矿脉 Li_2O 资源储量为 100.4 万 t，伴生的铍、铌、钽、铯等均可综合利用；马尔康地区的李家沟和党坝处理核实累计查明 Li_2O 资源储量为 112.8 万 t。

2012 年 6 月，作为全国矿产资源潜力评价项目的一部分，四川省地质矿产局 404 地质队、四川省地质调查院提交了《四川省锂矿成矿规律研究成果报告》等系列成果，预测全省锂矿资源量 339.3 万 t（其中 Li_2O 为 334.63 万 t，LiCl 为 4.67 万 t），圈定 26 个最小预测区。其中，圈出甲基卡式锂矿最小预测区 18 个，包括 A 类 8 个、B 类 4 个、C 类 6 个；全省锂矿总量包括预测的、查明的，共计 4652387.32t。

2012~2017 年，中国地质科学院矿产资源研究所与四川地质调查院等在完成"四川三稀资源综合研究与重点评价""川西甲基卡大型锂矿资源基地综合调查评价"项目的基础上，结合遥感解译填图、重磁测量优选靶区—电法物探法定位—地球化学法定性—多元信息分析—钻探验证的勘查模型的技术方法，又新发现了若干条锂辉石矿化脉，初步实现了隐伏（隐蔽）型稀有伟晶岩矿床的找矿突破和科研成果的快速转化。

据甲基卡地区开展的地质、物探和化探成果，除已评价露头矿脉外，浮土掩盖区可能存在隐伏型伟晶岩矿脉，初步预测甲基卡及外围地区 Li_2O 资源潜力可达 300 万 t（相当于以往全国探明资源储量的总和），显示了良好的找矿前景。但是，总体上看，川西地区基础地质调查和矿产地质调查、稀有金属矿集区和远景区工作程度总体较低。甲基卡地区共涉及 8 个 1∶5 万图幅，仅开展了 4 幅 1∶5 万水系沉积物测量和遥感地质解译，甲基卡矿床及外围伟晶岩脉开展过不同程度勘查工作；马尔康地区共涉及 9 个 1∶5 万图幅，仅有 3 幅开展过 1∶5 万区域地质调查，少量矿脉开展过勘查工作；扎乌龙地区未开展过 1∶5 万相关工作；三岔口–赫德地区涉及 6 个 1∶5 万图幅，仅有 2 幅开展过 1∶5 万区域地质调查和 1∶5 万水系沉积物测量。

二、科学研究及技术方法

1935 年 6 月，谭锡畴、李春昱初版《四川西康地质志》，并于 1957 年正式出版，对四川西康地区地质矿产调查工作具有开创性意义。1961 年~1964 年 12 月，中国地质科学院矿产资源研究所（原地质部矿床地质研究所）傅同泰、冯家麟等，完成了"秦岭东段稀有金属伟晶岩的成因类型及其分布规律"，在秦岭造山带的东段太古宇变质岩区发现了千余条伟晶岩脉，并划分出 4 种类型，指出其具有明显的分带性，查明主要稀有金属矿化为铌钽、锂、铍等。勘查区遥感工作始于 20 世纪 60 年代，采用 1∶10 万~1∶5 万黑白航片，辅助应用于 1∶20 万区域地质调查中。

20 世纪 80 年代以后，围绕松潘–甘孜造山带、"三江"构造岩浆带、四川省稀有稀土区域矿产总结等区域成矿重大基础地质问题，进行了一系列调查研究，初步查明了地质构造背景为松潘–甘孜造山带中部的雅江褶皱–推覆带中段。四川省地质矿产局建立了该区地层系统及构造格架，认为区内花岗伟晶岩型稀有金属成矿作用与印支晚期花岗岩浆成穹作用密切相关，总结了以雅江为代表的构造–花岗岩浆穹隆构造的几何特征、变形变质作用特点、成矿控矿条件以及甲基卡典型矿床特征与成矿系列，初步建立了构造–成矿模式，指出了该区的找矿方向主要为甲基卡花岗岩底辟穹隆体的顶部及周缘，奠定了该区地质科学研究的基础。

1987 年，攀西地质队唐国凡等对甲基卡稀有矿床的地质特征进行了专题研究，提交了《四川省康定县甲基卡花岗伟晶岩锂矿床地质研究报告》，为后人研究打下了基础。

1993～2002 年，四川省地质调查院对康定–雅江地区花岗岩底辟穹隆成矿作用及构造–成矿模式进行了初步研究，出版了《松潘–甘孜造山带东缘穹隆状变质地质体》专著（侯立玮和付小方，2002）。

2003～2005 年，中国地质科学院矿床地质研究所对甲基卡伟晶岩和花岗岩的岩石化学、成矿时代以及矿床形成机制等进行了研究，出版了《川西伟晶岩型矿床的形成机制及大陆动力学背景》专著（李建康等，2007）。其间，中国地质科学院矿床地质研究所和四川省地质调查院对川西中生代花岗伟晶岩型稀有矿成矿控矿条件进行了调查研究，划分了稀有金属成矿带，总结了甲基卡 134 号脉等典型矿脉的地质特征，厘定了与花岗伟晶作用有关的 Li、Be、Nb、Ta、W、Sn、水晶等成矿亚系列。该成果写进了《中国西部重要成矿区带矿产资源潜力评估》专著（陈毓川等，2010），为 2006～2013 年间的锂资源潜力评价和成矿预测奠定了基础。

锂是新兴产业发展不可或缺的战略资源，既可以储能（如锂电池），也可以节能，还可以产能（如核聚变发电）；不但高度军用而且普遍民用（如心脏起搏器），因而也被称为"21 世纪的能源金属"。据报道，20kg 的锂可以满足 8 万户家庭 1 年的需要（王乃银，1989；吴荣庆，2009）。但是，用于核聚变反应的锂主要是其中的锂同位素^{6}Li，而不是普通纯锂。虽然自然界中锂同位素的组成相对固定，但不同地质体的锂同位素组成是明显不同的。为此，从锂金属能源的角度、从国家能源战略安全的高度，对已知的伟晶岩型锂辉石矿床开展锂同位素地球化学填图工作，优选出富集^{6}Li 的伟晶岩型锂矿床，为国家将来实现可控核聚变发电提供金属能源锂资源的储备，也是非常必要的。2015～2017 年，中国地质科学院矿产资源研究所通过对甲基卡矿区内典型矿床研究，发现甲基卡伟晶岩型锂矿床具有富集^{6}Li 同位素的特征，并建立了岩石地球化学判别标志，提出了"多旋回深循环内生外成一体化"成矿模式及"五层楼 + 地下室"的勘查模型（王登红等，2016a，2017c，2018），为其他地区开展锂矿地质找矿工作提供了理论指导和借鉴。

三、存在的主要问题

川西地区由于地处青藏高原，地质工作程度低，锂矿资源潜力不清。虽然在松潘–甘孜成锂带东段的川西地区，1∶20 万的矿产地质填图工作基本覆盖，但是 1∶5 万地质矿产调查只完成了少量，且主要集中于重要矿田分布区，而矿田范围的基础地质也多以"第四系"的面貌呈现，未能揭示各成矿要素。特别是松潘–甘孜成锂带中段青海中南部地区只完成了 1∶20 万矿产地质调查。

尽管锂矿是区域优势矿产，但专门针对锂矿的地质矿产调查工作程度依然不高。1958～1972 年期间，因国家战略安全的需要，重点对工作区内的局部地区（甲基卡、马尔康、九龙等）的铍、铌钽等稀有金属矿产进行了 1∶5 万的地质矿产调查，而锂的相应尺度的矿产地质调查工作并未专门部署。自 2010 年起，随着锂在锂电池等新兴产业领域等方面的不断突破，市场需求快速增加，锂价格不断攀升（2019 年 11 月 8 日，上海小金属市场上 99.5% 电池级碳酸锂的价格是 5.8 万元/t），其商业地质勘查、开发日趋活跃，锂矿资源已经被列为国家能源战略矿种之一。自 2012 年以来，中国地质科学院矿产资源研究所先后在川西地区承担了 2 个以锂为主的综合调查评价项目，但主要集中在甲基卡、马尔康、九龙等局部地区，整个松潘–甘孜成锂带的锂矿资源潜力不清。

矿产调查评价方法单一，需要多种技术手段进行综合评价。区内的重点矿床或矿田的锂铍稀有矿普查工作都是在 20 世纪 60～70 年代完成的，技术手段以地质测量+钻探+探槽为主，相对单一，加之对成矿理论认识的局限性及对锂矿的重视程度不够，评价尤其是钻探工程评价投入不足，如甲基卡和马尔康矿田合计发现 2000 多条伟晶岩脉，只是对少数矿脉进行了评价。自 2012 年对甲基卡矿区锂矿资源进行重新综合调查评价以来，以地质为主，实现了地质、物探、化探、遥感、水系及生物地球化学、锂同位素地球化学高度融合，实现了新的找矿突破，尤其是发现了超大型规模的锂辉石矿脉——新三号脉。在显示甲基卡具有进一步找矿潜力的同时，也明确了需要对该矿区做进一步的综合调查评价。

中型、大型规模矿脉找矿标志不明确。目前不同类型的伟晶岩脉的矿化分带已经比较清晰，但是大而富的矿脉的标志不明确，包括岩石学、矿物学、矿物地球化学、构造地质等标志，需要进一步精细化，以实现找大矿、找好矿、找富矿的目标。

野外工作环境恶劣，常规地质矿产评价方法很难达到相应的规范要求。工作区处于青藏高原的北缘和东缘，海拔高（一般在 3700m 以上），地形切割深度大（一般在 1500m 以上），断崖陡立。而抗风化的花岗岩伟晶岩一般都产于海拔高的陡立的山脊上，导致对其成矿潜力无法进行评价，另外受地形的影响，每年的野外工作时间短，需要不断探索非常规的、适合本地区的有效矿产地质调查评价方法。

科学问题，包括锂矿的形成机制、锂成矿岩浆岩的专属性、硬岩型锂矿与盐湖型锂矿之间是否存在成因联系等，都需要进行深入研究，否则将直接影响整个成矿带的资源潜力评价及找矿效果。

第四节　2011 年以来项目组的找矿勘查进展

2011 年 3 月，中国地质调查局首次设立"我国三稀资源战略调查"工作项目，拉开了我国关键矿产调查研究的序幕，在国内起到了引领作用，在国际上也处于领跑行列。2012～2015 年，中国地质调查局提升项目规格，专门设立"稀有稀土稀散矿产调查"计划项目，以四川甲基卡锂矿、华南离子吸附型稀土矿、新疆大红柳滩稀有金属、湘鄂赣幕阜山稀有金属矿集区等作为重点，并在 2013～2014 年间取得甲基卡近年来的第一次找矿突破，发现了新三号脉。2015～2018 年，中国地质调查局更加重视关键矿产，专门设立"大宗急缺矿产和战略性新兴产业矿产调查工程"，其中"川西甲基卡大型锂矿资源基地综合调查评价"二级项目（2016～2018 年）进一步将新增资源量扩大到 100 万 t 以上，为川西大型锂矿资源基地的建设提供了新的资源保障。2019～2021 年，中国地质调查局继续设立"战略性新兴产业矿产调查"工程，其中包括"松潘–甘孜成锂带锂铍多金属大型资源基地综合调查评价"，旨在通过对甲基卡、马尔康锂铍稀有金属矿田的重点工作，实现找矿新突破，做大做实甲基卡国家级锂矿规划区，同时带动全国关键矿产的调查研究和找矿突破。

通过 2011 年至今连续不断的公益性地质调查，国家投入 1.85 亿元，其中甲基卡工作区先后投入地调经费 5500 万元，实施钻孔 38 个，累计新增氧化锂资源量 114.41 万 t，相当于 11 个大型锂辉石矿床。加上以往探明和近几年由企业出资探明的资源储量，目前甲基卡矿区探获的资源储量已超过 260 万 t 氧化锂，属于亚洲第一大硬岩型锂矿资源基地，在《全国矿产资源规划（2016—2020 年)》中列为唯一的国家规划的硬岩型锂矿资源基地。

2016 ~ 2018 年，通过"川西甲基卡大型锂矿资源基地综合调查评价"项目的实施，对甲基卡及其外围开展了以锂为主的地质找矿调查评价，遵循"从已知到未知、由浅入深、循序渐进、以点带面"原则，在川西甲基卡、扎乌龙、九龙、可尔因及马尔康等地有针对性地开展了专项地质测量、地质剖面测量、大地电磁测深等工作，全面完成各项工作及设计的实物工作量。利用项目组建立的"多旋回深循环内外生一体化"成矿模式与"五层楼+地下室"层脉组合勘查模型，结合物化遥综合解译及各专题研究最新成果，项目组提出了 10 处找矿靶区并进行部分验证，提交新发现矿产地 2 处。三年内，项目全面完成钻探 3000m（18 个钻孔）的设计工作量，经钻探验证，提交 334 级别资源总量（2016 ~ 2018 年）31.74 万 t 氧化锂（含其他稀有金属当量换算），全面完成任务书下达的"新增氧化锂远景资源量 30 万 t，提交找矿靶区 5 ~ 10 处，提交新发现矿产地 1 ~ 2 处"的总体目标任务，评价了资源潜力，为国家提交了一处值得深入勘查的以锂为主的综合性稀有金属矿产资源基地。

（1）在甲基卡矿区及外围圈定找矿靶区 4 处，提交新发现矿产地 2 处，共探获预测矿石资源量 2267.86 万 t，Li_2O（334）资源量 25.7659 万 t，伴生矿产中，BeO（334）资源量共 8727t，Nb_2O_5（334）资源量共 2947t，Ta_2O_5（334）资源量共 1974t。

2016 ~ 2018 年，项目在甲基卡矿区及外围开展了以下工作：①通过对测区岩矿石的物性测定，获取了高阻岩体（花岗伟晶岩）和围岩的电性、磁性及密度资料，为在本区开展电法、磁法和重力工作奠定了基础，为异常的圈定、解释提供了依据；②通过 2016 ~ 2017 年的电法工作，圈定出重点异常 15 处，并对重点区域开展了激电测深，查明了异常体在地下的基本形态（单层或多层）、埋深及产状等空间分布情况，为钻探工作部署提供了依据，后续钻探查证，圈定的异常均发现了伟晶岩或花岗岩，表明了电法工作的有效性和实用性；③通过磁法测量，从磁性差异上对主要岩体的分布位置及规模进行了圈定，勾绘出工作区内主要地质构造格架，对潜在成矿区域进行了划分，辅助了在第四系覆盖区的地质填图工作，加强了在地质上的认识；④通过重力测量工作，从密度差异上对主要岩体分布位置及规模进行了圈定；⑤高密度电法结果显示，位于 627 号锂辉石脉和 55 号锂辉石脉之间的深部有高阻异常，推断 627 号锂辉石脉和 55 号锂辉石脉在深部可能是连接的；⑥通过 2017 年、2018 年开展的音频大地电磁测深工作，表明目前已知的较大含矿脉体（如 X03、308 号脉、134 号脉），在音频大地电磁测深剖面上，显示为地表浅部的次级弱高阻异常，而在其深部，则存在有强度大、规模大的高阻异常，两者之间有通道连通，以此推断可能存在大量潜在找矿靶区，通过经过马颈子花岗岩体的剖面 4、剖面 2 和剖面 3，可见马颈子岩体内部存在较多的破碎裂隙，在花岗岩内部也发现有锂辉石分布，为对花岗岩的进一步研究提供了物探资料；⑦地质雷达是甲基卡矿区稀有金属找矿的有效手段，能够做到揭盖、绿色勘探和快速找矿评价，是勘探稀有金属矿田的一种新方法；⑧土壤地球化学测量结果显示 Li、Sn、Be、Cs、B、Ta、Nb、Rb、F 等元素异常明显，能够客观反映区内土壤地球化学异常特征，圈定 1：1 万土壤测量元素综合异常 5 处，统计了各异常的面积、平均值、衬值、NAP、元素种类等各项参数，分析讨论了长梁子锂异常区、104 号脉锂异常区、日西柯锂异常区、宝贝地铍异常区的成矿条件和找矿前景，经地表工程验证，查明长梁子锂异常区、104 号脉锂异常区、日西柯锂异常区均存在矿致异常，宝贝地铍异常区可以作为寻找铍矿的有利地段。

综合以上勘查成果，在甲基卡矿区及外围圈定化探综合异常 5 处、物探异常 15 处；圈定找矿靶区 4 个；提交新发现矿产地 2 个。在甲基卡大型锂矿资源基地范围内共探获预测矿石资源量 2267.86 万 t，Li_2O（334）资源量共 257659t。伴生矿产中，BeO（334）资源量共 8727t，Nb_2O_5（334）资源量共 2947t，Ta_2O_5（334）资源量共 1974t。

（2）可尔因锂矿带提交找矿靶区 3 处，矿点 15 个，提交氧化锂（334）资源量 5.99 万 t，（334）BeO 资源量 162.38t。

通过 2017 年和 2018 年的 1：5 万矿产路线地质调查、1：1 万专项地质测量、1：1000 地质剖面测量、高密度电阻率法测量等工作，大致查明了可尔因矿集区西部观音桥一带和东部松岗等研究区内地层、构造、岩浆岩和矿（化）体的产状、规模及分布情况，初步查明了研究区的成矿地质背景、控矿因素及矿产分布规律，并发现伟晶岩脉 61 条，锂辉石矿（化）体 23 个。通过槽探工程对部分矿（化）体进行地表揭露，并利用钻探工程对 19 号矿体等典型矿脉进行了深部控制，基本查明了矿石的矿物组成、结构构造、矿石品位以及围岩蚀变等特征。开展了物探在可尔因地区稀有金属找矿的应用研究，发现在该地区采用"物探高密度电法测量+放射性 γ 测量"寻找隐伏矿体，具有较好的找矿效果。通过野外调研及钻孔揭露，初步总结了可尔因地区稀有金属矿床的成矿规律，建立了以可尔因岩体为热源，岩浆后期含矿热液脉动充填为主要成矿机制，多构造空间（背斜、垂向、层间滑脱）赋矿的成矿模式，为本区寻找含锂辉石伟晶岩型稀有金属矿床指明了方向。本次工作取得了较好的找矿和理论上的新认识，为调查区内开展进一步工作提供了地质依据。

利用最新解译成果，项目在可尔因工作区提交靶区 3 处，分别为观音桥锂矿找矿靶区、木尔宗锂矿找矿靶区和松岗锂矿找矿靶区，新发现矿点 15 个。通过工程验证，共探获（334）Li_2O 资源量 5.94 万 t，（334）BeO 资源量 166.69t。

（3）在九龙三岔河地区发现微斜长石伟晶岩脉共计 15 处，圈定铍矿找矿靶区 1 处，为进一步勘查提供了依据。

2017 年在九龙洛莫村发现数条伟晶岩，有的可见绿柱石，以顺层侵入三叠系中的白云母微斜长石花岗伟晶岩脉为主。通过工程揭露，初步圈定锂铍矿化体 1 条，铍矿化体 4 条，初步估算 Li_2O 资源量 185t，BeO 资源量 586t。1：5000 土壤地球化学测量在洛莫花岗岩体接触带附近圈出未封闭的 Li 元素异常一处。2018 年通过以下几方面的工作，提交找矿靶区一处，取得找矿突破。

通过 1：1 万地质草测，初步查明了研究区内地层、构造、岩浆岩、变质岩、矿化等地质特征；对研究区的成矿地质条件、控矿因素及成矿规律有了初步认识，重点对伟晶岩脉进行了研究。

通过 2017 年、2018 年剥土工程揭露，以 0.02% 为矿化品位圈定出 3 个铍矿化体，以 0.04% 为边界品位圈定出 4 个铍矿体。

通过本次地质调查工作，利用剥土工程进行了远景资源量估算，估算了 334 类远景资源量 11561t，预测矿床规模可达大型。

研究区外围的七日沟工作区发现许多含锂辉石伟晶岩转石，为开展下一步工作提供了地质依据。

（4）在平武地区圈定了 15 种地球化学单元素异常 116 处，综合异常 7 处，提交红石坝钨矿和山神包锂铍矿找矿靶区 2 处，估算（334）Li_2O 资源量 0.03 万 t、BeO 资源量 0.66 万 t。

在山神包工作区通过开展 1：5 万水系沉积物测量工作，圈定了 15 种地球化学单元素异常 116 处，综合异常 7 处，其中甲类异常 1 处，乙类异常 6 处。红石坝工作区发现并圈定 2 条钨矿体和 3 条钨铍铷矿化体，在山神包工作区发现并圈定 2 条含锂云母铍矿体、1 条铍铷矿化体、1 条铍钽矿化体、1 条铍矿化体、1 条锂铷矿化体。红石坝工作区初步估算（334）WO_3 资源量 0.97 万 t，山神包工作区初步估算（334）Li_2O 资源量 0.03 万 t、BeO 资源量 0.66 万 t。

第五节　新发现矿产地简介

按照中国地质调查局的规定，新发现矿产地是指通过各类地质调查工作（在项目工作期内），或者根据群众报矿、群众采矿线索新发现的，并经过矿产调查工作证实为有进一步工作意义或具有工业价值，具有一定规模，做出初步评价的矿区。

本次调查工作新发现矿产地两处，分别为四川省雅江县鸭柯柯锂矿和甲基卡新三号脉（X03）南段锂矿。

甲基卡新三号脉（X03）南段锂矿和鸭柯柯锂矿分别位于甲基卡矿区的中段和南段，具有相似的成矿背景，地质构造上位于松潘-甘孜造山带中部的雅江被动陆缘中央褶皱-推覆带中段的雅江构造-岩浆穹状变质体群内（付小方等，1991；许志琴等，1992；侯立玮和付小方，2002），均受构造-岩浆穹隆控制，穹隆体由花岗岩体、伟晶岩脉以及晚三叠世西康群侏倭组、新都桥组泥质粉砂岩以及砂质复理石建造经动热变形-变质而成的构造片岩组成。马颈子岩体的主体岩性为中-细粒二云母花岗岩，顶部及边部有 10～50m 不等的条带状细粒二云母花岗岩，顶部残留有堇青石、电气石角岩组成的残余顶盖（显示岩体剥蚀较浅）。围绕该岩体依次发育云英岩化堇青石电气石角岩带、十字石带、红柱石-十字石带、红柱石带和黑云母动热变形变质带。矿脉受剪切张性裂隙控制。

找矿标志包括：在第四系掩盖区常出现微隆起等地貌，有的已构成残（坡）积型的锂辉石矿；出现红柱石-十字石动热变质岩及近矿脉的电气石角岩和堇青石化；土壤地球化学测量成果显示锂、铍、铷、锡组合异常；地球物理特征显示高电阻率；遥感地质特征显示出现浅色调、高反射率与线性分布的伟晶岩影像特点。

一、鸭柯柯锂矿

（一）地质特征

鸭柯柯锂矿位于甲基卡马颈子岩体东侧，面积约 0.5km²。该区出露地层为上三叠统新都桥组中段（T_3xd^2），岩性为十字石二云母片岩、十字石红柱石二云母片岩（原岩成分以深灰色薄层状泥质粉砂岩与深灰色粉砂质泥岩为主，并具互层特点），占该区面积约85%。

鸭柯柯锂矿位于甲基卡穹隆中部的东侧。在岩体边缘，发育在热穹隆升过程中形成的片理，片理产状均向东倾，靠近岩体边部片理倾角较陡（多在50°~80°），向东远离岩体则变缓（多在20°~40°）。此外，还发育南北向的裂隙构造，并与出露的伟晶岩脉走向较为一致，反映出裂隙控制伟晶岩产出的特征，即容矿构造。区内动热变质带分为十字石带和十字石红柱石带，空间上十字石带更靠近马颈子岩体，向东远离岩体变为十字石红柱石带，体现出温度降低的过程。在靠近岩体及伟晶岩脉的围岩中均见有近脉接触变质矿物——董青石。

区内北西边部出露有甲基卡马颈子岩体，岩性为二云母花岗岩（图5.1）。岩石具细粒花岗结构，矿物粒度多在1mm以下；主要矿物成分为石英37%、斜长石35%、钾长石15%、黑鳞云母（$Li_2O<0.5\%$）3%、白云母8%；副矿物有锂辉石、电气石、磷灰石、石榴子石、锆石、榍石、金红石、透辉石、绿帘石、角闪石、黄铁矿、磁铁矿等，总量约2%。其中，锂辉石呈无色、淡绿色，晶体完整者少见，多数为他形粒状，粒径0.04~0.54mm，个别达1.27mm；分布较均匀，含量0.2%~1.1%。

区内北部及南部发育较多的伟晶岩脉，岩性包括白云母石英伟晶岩、石英钠长石伟晶岩以及钠长锂辉石伟晶岩，大部分呈南北向或北北东向展布。

区内视电阻率异常呈南北向分布，南北长1633m，宽335m。东部异常未封闭，地表见大量含矿伟晶岩露头，东部与烧炭沟相邻，推断为含矿伟晶岩引起。北部及南部发育较多的伟晶岩脉，岩性为白云母石英伟晶岩、石英钠长石伟晶岩以及钠长锂辉石伟晶岩，大部分呈南北向或北北东向展布，出露长50~300m，宽5~20m。部分伟晶岩见有锂辉石矿化，但矿化不均匀，锂辉石一般呈梳状，长3~10cm，含量5%~10%。

（二）钻探验证

根据对甲基卡工作区成矿规律的总结，区内伟晶岩脉中的锂矿化多分布于伟晶岩脉的上部。鸭柯柯锂矿也有类似特点。在鸭柯柯工作区施工5个钻孔（图5.2~图5.6），控制了4条锂矿脉和2条锂矿化脉（贫矿脉），达工业品位的锂矿石主要分布在伟晶岩脉的上部。其中，YⅠ矿脉由YZK1201、YZK801、YZK001三个钻孔控制，矿体垂直厚度在3.35~12.77m，三孔平均厚约8.06m，平均品位0.83%；YⅡ矿脉由YZK1201、YZK801、YZK001三个钻孔控制，矿体垂直厚度在3.35~12.77m，平均厚约8.06m，平均品位0.83%。在YZK301钻孔中揭露4条矿脉，其中，YⅡ矿脉垂直厚度14.45m，Li_2O平均品位0.97%；YⅢ矿化脉厚度4.08m，Li_2O平均品位0.79%；YⅣ矿化脉垂直厚度2m，Li_2O平均品位0.48%；YV矿脉厚度1m，Li_2O平均品位0.83%。规模较大的YⅠ矿体平均厚约9.24m，南北长度1210m，Li_2O在矿体中的平均品位为1.10%；YⅥ号矿体平均厚约7.06m，南北长度约500m，Li_2O平均品位0.83%；YⅦ矿脉平均厚约12.66m，南北长度约320m，Li_2O平均品位0.97%。

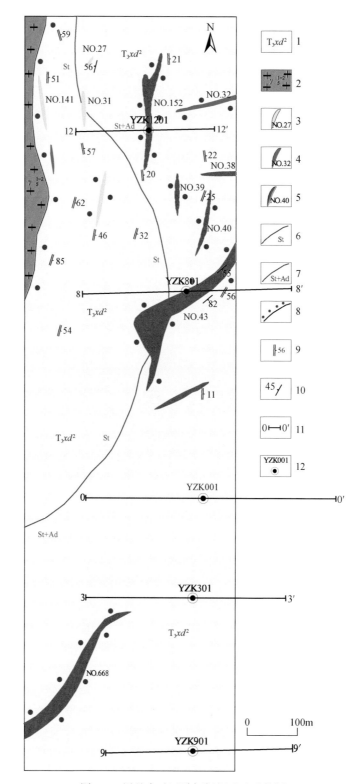

图 5.1　甲基卡矿区鸭柯柯锂矿地质简图

1-上三叠统新都桥组二段；2-二云母花岗岩；3-无矿伟晶岩；4-铍矿化伟晶岩；5-锂矿化伟晶岩；6-十字石带；7-十字石红柱石带；8-堇青石带；9-片理产状（°）；10-接触面产状（°）；11-勘探线位置及编号；12-钻孔位置及编号

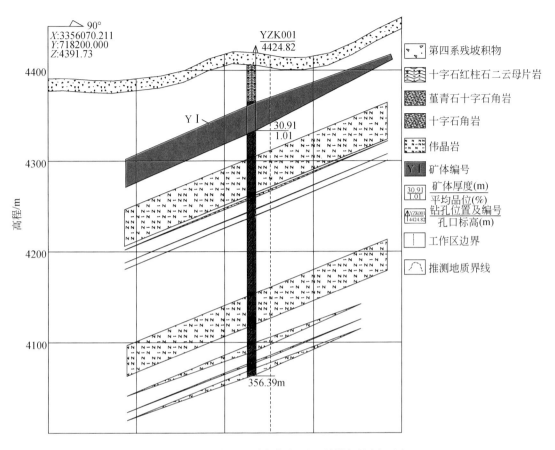

图 5.2　甲基卡矿区鸭柯柯锂矿 0 号勘探线剖面图

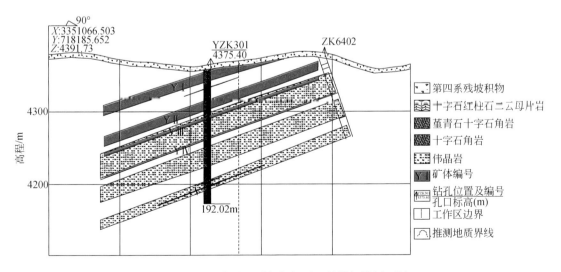

图 5.3　甲基卡矿区鸭柯柯锂矿 3 号勘探线剖面图

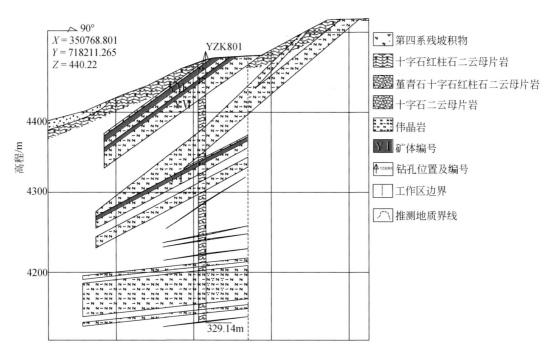

图 5.4 甲基卡矿区鸭柯柯锂矿 8 号勘探线剖面图

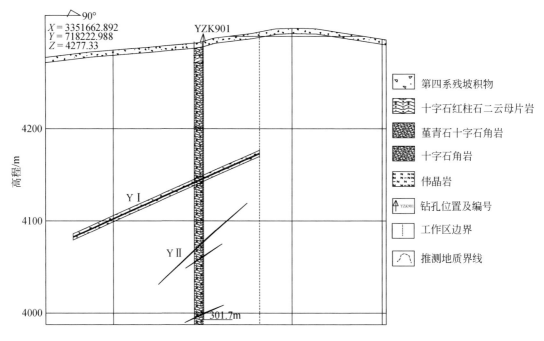

图 5.5 甲基卡矿区鸭柯柯锂矿 9 号勘探线剖面图

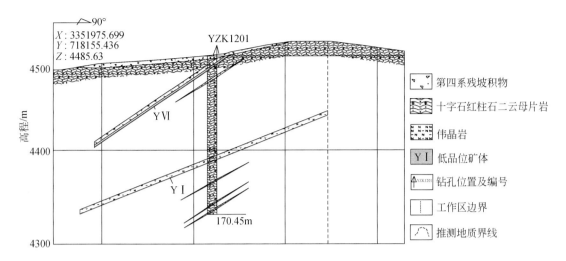

图 5.6　甲基卡矿区鸭柯柯锂矿 12 号勘探线剖面图

（三）资源量估算

1）资源量估算的范围和矿脉简介

在鸭柯柯矿区，共布设了 0 号、3 号、8 号、9 号、12 号等 5 条勘探线，勘探线间距在 200~400m，验证钻孔在各勘探线为单孔控制，沿南北向分布。符合本项目估算 334 类资源量所规定的探矿工程网度要求。

2）工业指标选用

参加资源量估算的矿体，在成因上主要为钠长锂辉石花岗伟晶岩型，矿石矿物以锂辉石为主，工业类型为锂辉石型矿石。本次资源量估算以矿床工业指标为基础，结合相邻矿区采选生产的实际情况，采用表 5.2 中的工业指标进行资源/储量估算。

表 5.2　硬岩型锂矿氧化锂资源/储量估算工业指标

项目	工业指标	备注
边界品位/%	0.4（Li_2O）	指单个样品的品位
工业品位/%	0.8（Li_2O）	指矿体在工程中或块段中的平均品位
最低可采厚度/m	≥1	指矿体的真厚度
夹石剔除厚度/m	≥2	指夹石的真厚度

3）资源量估算方法的选择及其依据

鉴于鸭柯柯锂矿的主矿体为厚大矿体、形态较简单，本次验证以钻代槽，按照勘探线网度对其进行系统控制。资源量估算选择地质块段法。矿体倾角一般在 22°~45° 之间，选用矿体水平投影法。本次资源量估算涉及的主要计算公式如下。

体积计算公式：

$$V = S \times H$$

式中，V 为矿体（块段）体积（m^3）；H 为矿体铅直厚度（m）；S 为块段水平投影面积（m^3）。

矿石量计算公式：

$$Q = V \times D$$

式中，Q 为矿石量（t）；V 为矿体（块段）体积（m^3）；D 为矿石体重（t/m^3）。

Li_2O 资源量计算公式：

$$P = Q \times \bar{C}' / 100$$

式中，P 为金属氧化物资源量（t）；Q 为矿石量（t）；$\bar{C}'$ 为矿体（块段）平均品位（%）。

4）资源量估算参数的确定

A. 矿体水平投影面积、厚度和倾角的确定

面积：由 MapGIS 软件在水平平面投影图上自动求得，单位为平方米。

厚度：采用垂直厚度，由钻孔见矿厚度的加权平均值求得。

倾角：由 MapGIS 软件在勘探线剖面图上自动求得。

B. 矿石的平均体重

矿体矿石的体重，采用 2015 年度工作区 26 件小体重样测定结果，即该区域的平均矿石密度为 2.76t/m^3。

C. 矿体（块段）平均品位的确定

在计算单工程矿体加权平均品位时，取单工程包含单件样品与长度的加权平均值，其计算公式如下：

$$C' = (C_1 \cdot M_1 + C_2 \cdot M_2 + \cdots + C_n \cdot M_n) / (M_1 + M_2 + \cdots + M_n)$$

式中，C' 为单工程加权平均品位（%）；C_n 为单工程的第 n 件样品品位（%）；M_n 为单工程中第 n 件样品的长度（m）。

D. 剖面平均品位的计算

取剖面所包含单工程矿石品位与长度的加权平均值，其计算公式如下：

$$C'' = (C_1' \cdot M_1' + C_2' \cdot M_2' + \cdots + C_n' \cdot M_n') / (M_1' + M_2' \cdots M_n')$$

式中，C'' 为剖面上块段加权平均品位（%）；C_n' 为某工程的样品加权平均品位（%）；M_n' 为某工程中矿体长度（m）。

E. 块段平均品位的计算

取块段所包含剖面品位的算术平均值，其计算公式如下：

$$C'' = (C_1' + C_2' + \cdots + C_n') / n$$

式中，C'' 为块段平均品位；C_n' 为某剖面的样品加权平均品位；n 为块段含剖面的个数。

5）矿体圈定原则

A. 矿体圈定原则

矿体的圈定遵循地质规律。首先，在研究地质规律的基础上，结合矿体的自然形态、产状及其变化特点，有益组分分布规律，蚀变矿物的分布组合，以及后期构造的影响等综合因素来圈定矿体；其次，矿体圈定以伟晶岩脉中氧化锂含量为依据，圈定的矿体符合本报告所列的工业指标要求，即矿体的边界品位、工业品位、可采厚度、夹石剔除厚度必须符合工业指标的要求；最后，矿体圈定时，充分考虑到本验证区矿床的地质特征、地质规律，所圈定的矿体形态尽量与矿体的自然形态基本一致，使圈定的矿体有较为充分的依据。

B. 矿体的连接方法

圈定矿体时，应在单项工程中从等于或大于边界品位的样品圈定，将矿体中大于夹石剔除厚度的无矿样品作夹石剔除。当矿体厚度小于最小可采厚度但品位高时，其品位与厚度乘积达到最低米百分值者，可圈定为矿体。

在圈定矿体时，如果矿体的边部（或上下部位）为厚大的且成片分布的低品位矿，其平均品位高于边界品位，但低于最低工业品位，则应单独圈定。

在确定边界的基础上，应根据工程控制程度，分别圈定探明的、控制的、推断的、预测的不同勘查程度的资源/储量，再结合可行性或预可行性研究结果，依据《固体矿产资源/储量分类》（GB/T 17766—1999）标准，详细划分，并圈定出各类型的资源量和储量。

矿体连接应考虑两工程、两剖面各地质体的对应与和谐情况，相邻两工程见矿时，将矿体的边界根据地表露头或矿体产状依次直线连接圈定，工程间矿体的厚度不大于相邻工程实际控制的矿体最大厚度。

在有充分依据的情况下，可科学地确定外推长度。因本次为调查性质，钻探工程只是探查验证矿脉，作为资源预测依据。根据周边矿脉特征以及最近的工作情况，本次资源量估算当矿（化）脉厚度大于1m时，按网度（400m×360m）的二分之一平推，即走向上平推200m，倾向上平推180m。当矿（化）脉小于1m时，按网度（400m×360m）的四分之一平推，即走向上平推100m，倾向上平推80m。

C. 矿体资源储量估算的块段划分原则

根据上述矿体圈定原则和连接方法，以勘探线上探矿工程点为块段划分边界，并结合矿石的类型、品级、厚度以及工程控制程度进行矿体资源储量估算块段的划分。本次资源量估算，延续四川三稀资源综合研究与重点评价项目的资源量估算方法，将鸭柯柯靶区的YⅠ号矿体划分为5个块段，YⅥ号矿体划分为3个块段，其他（YⅡ、YⅢ、YⅣ、YⅤ）均为单工程控制，分别划分为1个块段。

6）资源量的分类

A. 勘查类型的确定及依据

在划分勘查类型和确定工程间距时，遵循以最少的投入获得最大效益、从实际出发、突出重点、以主矿体为主的原则。本次勘查类型确定的依据参考了以往的勘查结果。

根据以往工作程度和矿脉特征，依照主要矿体规模、形态、有用组分的均匀程度、厚度稳定程度和构造等5个影响勘查类型的地质因素类型系数之和为2.8，介于2.5～3.0之间，故确定为第Ⅰ勘查类型。

B. 资源/储量的分类

鸭柯柯锂矿为第Ⅰ勘查类型，探矿工程布置按任务书和有关规范要求，确定控制矿体所采用的基本勘查工程间距为200m×160m。

本次估算的资源量均为预测资源量（334）。本次圈定矿体由探矿工程组成的圈闭工程或由见矿工程无限外推小于等于（333）工程间距1/4（400m距组成的圈）的矿体均为（334）类资源量。

7）资源量估算结果

鸭柯柯矿区探获预测矿石量12168800t，Li_2O资源量114531t（表5.3）。工业矿石10185112t，Li_2O资源量101029t；预测贫矿（平均品位介于工业品位和边界品位之间）矿石量 1983688t，Li_2O 资源量 13502t。

表5.3　甲基卡矿田鸭柯柯矿区 Li_2O 资源量估算结果表

矿体编号	块段编号	块段体积/m^3	重量体积比/(t/m^3)	矿石量/t	Li_2O 品位/%	Li_2O 资源量/t
YⅠ	334-1	76715	2.76	211732	0.80	1694
	334-2	1273761	2.76	3515580	0.92	32343
	334-3	766522	2.76	2115600	1.14	24012
	334-4	366858	2.76	1012529	1.03	10429
	334-5	36968	2.76	102032	0.83	847
YⅡ	334-1	731242	2.76	2018229	0.97	19577
YⅢ	334-1	162253	2.76	447819	0.79	3538
YⅣ	334-1	79536	2.76	219519	0.48	1054
YⅤ	334-1	39768	2.76	109760	0.83	911
YⅥ	334-1	97316	2.76	268592	0.45	1209
	334-2	379622	2.76	1047758	0.74	7701
	334-3	398424	2.76	1099650	1.02	11216
新增（334）共计				12168800		114531

二、甲基卡 X03 南段矿产地

（一）地质特征

甲基卡 X03 南段矿产地位于甲基卡矿区东部新三号脉的南延部位，面积约 $0.6km^2$。该区出露地层全为第四系，未见有基岩出露（图5.7）。在该区北北东方向外围见有零星的上三叠统新都桥组中段（T_3xd^2）出露，岩性为十字石红柱石二云母片岩，岩性成分以深灰色薄层状泥质粉砂岩与深灰色粉砂质泥岩互层为主。

第四系中见有大量伟晶岩转石，均大致呈南北向条带状分布，贯穿整个靶区，占该区面积约40%。伟晶岩转石大小不等，小者 $0.5\sim1m$，大者可达 $2\sim4m$，个别超过 5m。伟晶岩中普遍见锂辉石矿化，锂辉石呈浅灰绿色-浅灰白色毛发状-梳状，部分伟晶岩转石中锂辉石含量较高，一般 $10\%\sim20\%$，少部分可达30%以上。该区位于甲基卡穹隆的北东部，围绕穹隆分布的钠长锂辉石型伟晶岩带内。根据靶区北北东方向外围出露的基岩推断，该区构造形式表现以横向置换为主，发育层间顺层掩卧褶皱。片理产状基本一致，向 SEE 或 NEE 方向缓倾，倾角一般在 $10°\sim20°$。发育十字石带-十字石红柱石带，而在区内部分片岩转石上见有少量董青石，一般为浅黄褐至灰绿色变斑晶，形态以束状、连晶状、竹叶状、斜方六边形等变斑晶为主，因含多种包体而显筛状变晶结构。个体较大，一般长 $1\sim5cm$，含量 $5\%\sim10\%$。在该区南部见有一锂矿化伟晶岩准露头，经取样钻第四系揭盖，确定为伟晶岩露头，大致呈南北向展布，其东西出露宽度约 20m，南北出露长度约 30m，并且露头向北延伸至靶区北端，断续见有成片、成带呈南北向分布的含锂辉石伟晶岩转

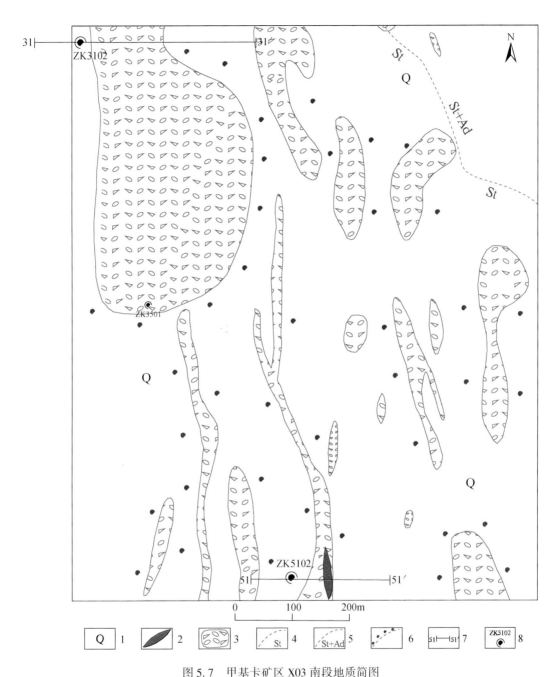

图5.7　甲基卡矿区X03南段地质简图

1-第四系；2-伟晶岩脉；3-含锂辉石伟晶岩转石区；4-十字石带；5-十字石红柱石带；6-堇青石带；

7-勘探线位置及编号；8-钻孔位置及编号

石。伟晶岩岩性主要为石英钠长锂辉石伟晶岩，细粒伟晶结构，块状构造。主要矿物成分为石英、钠长石、锂辉石。石英（40%），无色透明，油脂光泽，呈他形粒状，粒径3～5mm；钠长石（35%～40%），乳白色，呈他形－半自形粒状，粒径2～4mm；锂辉石（15%～25%），浅灰绿色–浅灰白色，部分呈梳状，长3～6cm，部分呈毛发状，长0.5～1cm。

根据物探视电阻率异常，在新三号脉南部区域显示出较好的南北向带状异常。同时，该区的锂元素地球化学异常也很明显，呈条带状异常南北分布。综合异常分析结果显示在X03南部区域具有较好的找矿潜力。

（二）钻探验证

根据X03南段地质、地球物理、地球化学综合异常特点，布设 2 个钻孔（图 5.8，图 5.9），编号分别为 ZK3102、ZK5102。其中钻孔 ZK3102 位于 X03 南段约 780m 处，钻孔倾角 90°，钻孔深度 108.20m。共见矿 2 层，其中上层锂矿脉厚度 21.92m，Li_2O 平均品位 1.35%；下层锂矿脉厚 3.6m，Li_2O 平均品位 0.57%。ZK5102 位于 X10 号锂矿伟晶岩露头正西侧 77m 处，倾角 90°，钻孔深度 99.06m。该孔共见伟晶岩脉 2 层。其中上层脉体厚度为 2.64m，Li_2O 平均含量 0.15%；下层为新发现伟晶岩脉，脉体厚 1.7m，Li_2O 平均含量 0.18%。

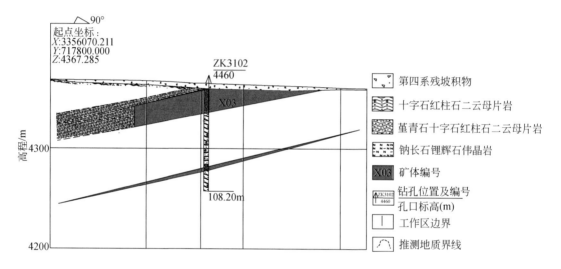

图 5.8　甲基卡矿区 X03 南段 31 号勘探线剖面图

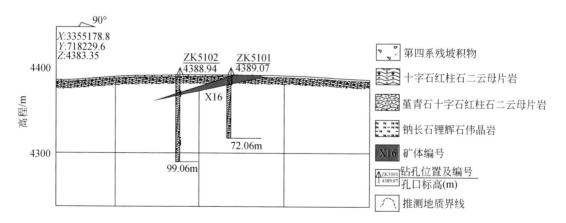

图 5.9　甲基卡矿区 X03 南段 51 号勘探线剖面图

（三）资源量估算

1）资源量估算的范围和矿脉简介

新三号锂矿脉南部区，包括新三号脉以南的 15 号勘探线、31 号勘探线，实施的 ZK3102 号钻孔北距 ZK1501 号钻孔 780m，北东距 ZK2901 号钻孔 200m（ZK1501、ZK2901 为四川三稀项目已施工钻孔），已达到估算 334 类资源量探矿工程网度（800m×640m）圈定要求。

2）工业指标选用

与上述鸭柯柯区相同，此处不再赘述。

3）资源量估算方法的选择及其依据

与上述鸭柯柯区相同，此处不再赘述。

4）资源量估算参数的确定

与上述鸭柯柯区相同，此处不再赘述。

5）矿体圈定原则

矿体圈定原则、矿体的连接方法与上述鸭柯柯区相同，此处不再赘述。

6）矿体资源储量估算的块段划分原则

根据矿体圈定原则和连接方法，以勘探线上探矿工程点为块段划分边界，并结合矿石的类型、品级、厚度以及工程控制程度进行矿体资源储量估算块段的划分。本次资源量估算，延用四川三稀资源综合研究与重点评价项目的资源量估算方法，将新三号脉以南、自 15 号勘探线至 31 号勘探线，划归为 X03 矿体进行估算。原 X03 矿体共划分为 9 个块段，2016 年度资源量估算中新增加 1 个块段（编号 334-9）。值得说明的是，原块段（编号 334-7、334-8）资源量在 2016 年度钻探施工后略有增加，其余块段的资源量保持不变。

7）资源量的分类

与上述鸭柯柯区相同，此处不再赘述。

8）资源量估算结果

X03 南段区探获矿石量 8229398t，Li_2O 资源量 107191t，平均品位 1.30%（表5.4）。

表5.4　甲基卡 X03 南段区 Li_2O 资源量估算结果表

靶区	矿体编号	块段编号	块段体积/m³	重量体积比/(t/m³)	矿石量/t	Li_2O 品位/%	Li_2O 资源量/t
X03 南段	X03- I	334-1	606136	2.76	1672935	1.59	26600
		334-2	1193126	2.76	3293028	1.59	52359
		334-3	1955529	2.76	5397260	1.52	82038
		334-4	3912631	2.76	10798862	1.53	165223
		334-5	2878398	2.76	7944378	1.46	115988
		334-6	2458294	2.76	6784891	1.42	96345
		334-7	9082754	2.76	25068401	1.29	323382
		334-8	514271	2.76	1419388	1.11	15755
		334-9	585729	2.76	1616612	1.35	21824

靶区	矿体编号	块段编号	块段体积/m³	重量体积比/(t/m³)	矿石量/t	Li₂O 品位/%	Li₂O 资源量/t
X03 南段	X03-Ⅱ	334-1	10747	2.76	29662	1.1	326
		334-2	7023	2.76	19383	1.18	229
		334-3	1499	2.76	4137	1.33	55
	X03-Ⅲ	334-1	41454	2.76	114413	1.59	1819
		334-2	98293	2.76	271289	1.48	4015
		334-3	163593	2.76	451517	1.37	6186
		334-4	335479	2.76	925922	1.33	12315
		334-5	457488	2.76	1262667	1.57	19824
		334-6	126962	2.76	350415	1.58	5537
	X03-Ⅳ	334-1	16396	2.76	45253	1.42	643
		334-2	123027	2.76	339555	1.51	5127
		334-3	206778	2.76	570707	1.42	8104
		334-4	54285	2.76	149827	1.15	1723
	X16	334-1	93483	2.76	258013	0.82	2116
		334-2	885593	2.76	2444237	0.94	22976
		334-3	74965	2.76	206903	1.05	2172
（334）共计					71439655		992681
原三稀项目（334）共计					63210257		885490
新增（334）共计					8229398		107191

第六章 甲基卡大型锂资源基地的 地球物理调查

第一节 区域地球物理特征

甲基卡矿田地质构造上位于松潘–甘孜造山带中部的雅江被动陆缘中央褶皱–推覆带中段的雅江构造岩浆穹状变质体群内。区域内主要分布地层有雅江组、两河口组、新都桥组、侏倭组、杂谷脑组、菠茨沟组、扎尕山组等；东部分布中酸性侵入岩，整体呈南北向分布；第四系也分布于东部，整体南北向展布；区内断裂较发育，主要呈北西向和北东向分布。区内主要锂矿成矿区有容须卡、长征、木绒、甲基卡等，整体均位于三叠系新都桥组内。

一、重力特征

四川省境内已开展完成了 1：100 万～1：50 万重力测量。小比例尺重力调查工作主要解释对象是规模较大的地质体和地质构造。花岗伟晶岩型稀有金属矿床需要花岗岩体提供岩浆来源。成规模的低密度弱磁性的花岗岩基体会引起较大范围的布格重力低异常，因此在 1：100 万～1：50 万布格重力异常图上，根据重力低异常分布来推断花岗岩（隐伏）穹隆体的延伸范围，是伟晶岩型稀有金属成矿远景区的圈定依据之一。

甲基卡矿田区域上，在甲基卡—容须卡一线，为布格重力正异常，呈近南北向分布，推测主要由三叠纪岩体或者隐伏岩体引起，说明主要异常源由南北向构造引起，南北向构造在深部起到了控制作用。

在区内，甲基卡、容须卡、瓦多及木绒等几个主要已知锂矿点均分布于南北向剩余重力高异常梯度带内，长征分布于负异常区域。

二、航磁特征

地磁场的局部异常及其畸变特征可以用来推测隐伏岩体和断裂。甲基卡区域大致以长征—容须卡—甲基卡为界，其东部为低缓平静的负磁异常区，西部为梯度变化大的正磁异常区。工作区整体处于梯度带区域。

甲基卡分布区在区域航磁化极异常和剩余重力异常中，均位于梯度带和低异常区域。推断甲基卡、容须卡、长征、瓦多和木绒等地所在的航磁低异常区与剩余重力异常梯度带区域，是一个规模更大的远景区（杨荣等，2017）。

第二节 物 性 研 究

通过对测区岩矿石的物性测定，获取了目标岩体（花岗伟晶岩）和围岩（片岩）的电性、磁性与密度等物性参数，为继续开展电法、磁法和重力工作奠定了基础，为异常的圈定、解释提供了地球物理依据。

一、岩石电性特征

（一）岩石标本

通过对甲基卡矿区标本的统计，工作区主要岩石电性参数见表6.1。电阻率方面，呈现高阻特征的主要有花岗岩、石英、角岩、变质砂岩及伟晶岩等，变质砂岩与主要的目标岩体（伟晶岩、石英、花岗岩）较为接近，为解译推断带来一定影响，需要紧密结合地质进行分析；呈现低阻特征的主要是片岩，也是主要的围岩。

从极化率上看，伟晶岩与围岩（变质砂岩、角岩）在极化率电性特征上差别不大。依靠极化率对岩体定性效果不明显。

另外需要注意的是，片岩电阻率具有各向异性，区内片岩产状主要为水平产状，因此片岩主要采用了平行于片理面的物性数据。

表6.1　四川甲基卡工作区主要岩石电性参数统计表

岩性	样品数	电阻率/(Ω·m)			极化率/%		
		最小值	最大值	平均值	最小值	最大值	平均值
伟晶岩	128	537.54	32342.88	7587.88	0.10	8.83	2.15
花岗岩	32	529.34	63072.44	11970.42	0.09	30.29	3.72
石英	65	1786.93	91403.50	26715.71	0.16	10.32	2.73
角岩	31	686.67	89893.78	16704.99	1.33	17.08	5.29
变质砂岩	86	1233.72	36271.98	10783.69	0.54	12.90	2.38
片岩	60	278.36	9897.29	3069.81	0.61	44.40	5.65
矿体露头	6	5080.00	18730.00	10626	1.19	9.63	4.83

注：片岩电阻率具有各向异性，而工作区片岩产状主要为水平产状，统计时片岩采用了平行于片理面的电阻率数据。计算时对各类岩石的电阻率极大值和极小值进行了过滤。

（二）岩心标本

目前为止，对 YZK001、ZK105、ZK1901、ZK1904、ZK204、ZK5103、NXZK002、ZK2901、ZK3501、ZK603、ZK6301 十一个钻孔进行了物性分析。并对 YZK001、ZK105、ZK1901、ZK1904、ZK204、ZK5103 六个具有代表性的钻孔伟晶岩样品按粗晶与细晶的电阻率进行分类统计。粗晶与细晶分类按照表6.2的划分原则进行分类。

表6.2　甲基卡粗晶、细晶伟晶岩划分原则

粗晶伟晶岩	细晶伟晶岩
粗晶含云母石英锂辉石伟晶岩	微晶锂辉石伟晶岩
巨晶锂辉石伟晶岩	微晶钠长石锂辉石伟晶岩

续表

粗晶伟晶岩	细晶伟晶岩
石英钠长石锂辉石伟晶岩	微晶–细晶钠长石锂辉石伟晶岩
梳状锂辉石伟晶岩	细晶含块体微斜长石钠长石锂辉石伟晶岩
电气石巨晶状锂辉石伟晶岩	细晶锂辉石伟晶岩
电气石石英钠长伟晶岩锂辉石	
块状石英带伟晶岩	
条带状电气石石英钠长石伟晶岩	
微斜长石钠长石伟晶岩	
云母石英钠长石伟晶岩	

以 YZK001 为例，钻孔粗晶与细晶伟晶岩密度、视电阻率及 Li_2O 含量对比情况见图 6.1。

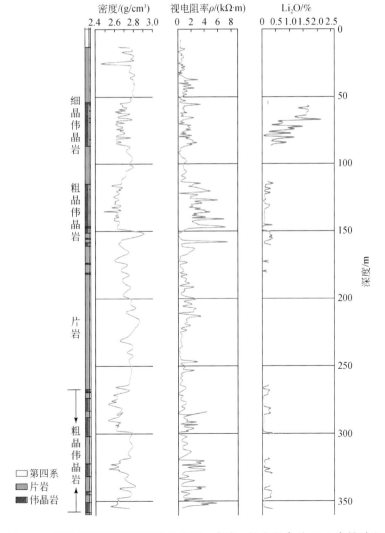

图 6.1　甲基卡鸭柯柯矿区钻孔柱状图、密度、视电阻率及 Li_2O 含量对比

据图6.1和表6.3～表6.5可知如下特征。

（1）密度上，含矿层（伟晶岩）及周边，明显呈低密度分布特征，围岩（片岩及变质砂岩）为高密度分布特征；视电阻率上，含矿层（伟晶岩）及周边，明显呈高电阻率分布特征，围岩（片岩及变质砂岩）为低电阻率分布特征。而工作区内唯花岗岩、伟晶岩具有上述组合特征，因此，通过综合物探方法可以快速、有效地圈定目标岩体的分布。

（2）对伟晶岩粗晶、细晶视电阻率参数统计结果可知：

直接按照粗晶、细晶进行分类统计，粗晶伟晶岩平均视电阻率为3439.57Ω·m，分布范围为200.63～15606.78Ω·m；细晶伟晶岩平均视电阻率为3145.67Ω·m，分布范围为66.91～11755.90Ω·m。粗晶视电阻率大于细晶伟晶岩视电阻率，粗晶分布范围大于细晶。

六个钻孔中，YZK001、ZK1901、ZK1904、ZK204、ZK5103五个钻孔结果显示，均为粗晶伟晶岩视电阻率大于细晶伟晶岩；仅ZK105为细晶视电阻率大于粗晶，但相差并不大。

细晶伟晶岩密度大于粗晶伟晶岩。

从样本数来看，仅YZK001钻孔粗晶和细晶样本数均>30，具有代表性，且粗晶视电阻率平均值比细晶视电阻率平均值大1097.52Ω·m，大了69.2%。

（3）从 Li_2O 含量情况来看，细粒伟晶岩 Li_2O 含量大于粗粒伟晶岩。

表6.3 甲基卡按粗晶、细晶伟晶岩统计视电阻率情况

伟晶岩粗细	样品计数/个	平均值/(Ω·m)	最小值/(Ω·m)	最大值/(Ω·m)
粗	161	3439.57	200.63	15606.78
细	126	3145.67	66.91	11755.90

表6.4 甲基卡按钻孔粗晶、细晶伟晶岩统计视电阻率情况

钻孔编号	样品计数/个	粗细	平均值/(Ω·m)	最小值/(Ω·m)	最大值/(Ω·m)
YZK001	82	粗	2683.54	200.63	7712.41
YZK001	45	细	1586.02	388.45	7501.84
ZK105	14	粗	3898.33	684.84	6847.58
ZK105	18	细	4180.95	1387.96	8884.76
ZK1901	3	粗	4034.14	3075.73	5719.90
ZK1901	24	细	3673.76	898.65	7260.43
ZK1904	30	粗	4558.99	1809.96	15606.78
ZK1904	20	细	3567.06	1574.48	11431.89
ZK204	13	粗	5708.24	2631.44	9412.88
ZK204	10	细	5617.76	2978.28	11755.90
ZK5103	17	粗	2915.62	1102.06	7817.30
ZK5103	2	细	1910.74	66.91	3754.58

表6.5　甲基卡按钻孔粗晶、细晶伟晶岩统计密度情况

钻孔编号	粗细	样品计数/个	平均值/(g/cm³)	最小值/(g/cm³)	最大值/(g/cm³)
YZK001	粗	79	2.63	2.489	2.754
YZK001	细	43	2.68	2.572	2.784
ZK1904	粗	25	2.71	2.598	2.810
ZK1904	细	16	2.72	2.563	2.818

二、岩石磁性特征

甲基卡地区整体为弱磁性地区，岩性较单一。岩石磁性特征总体表现为低磁化率、低剩余磁化强度。但不同的岩石类型和地层之间仍存在磁性差异，当其达到一定规模时，产生的磁异常会出现较大的差异，可被探测和区分。据此可圈定规模较大的岩体和构造分布。

由表6.6知，磁化率方面，变质砂岩最大，均值达49.81×10^{-5}SI；花岗岩、片岩、角岩三者较接近，在$47.16\times10^{-5}\sim47.73\times10^{-5}$SI之间，比变质砂岩略低；最小的为伟晶岩，均值为$40.33\times10^{-5}$SI。剩余磁化强度方面，角岩最大，均值达$85.73\times10^{-3}$A/m，随后依次为片岩、变质砂岩、花岗岩和伟晶岩，伟晶岩最小，仅为35.66×10^{-3}A/m。

表6.6　甲基卡岩石磁参数统计表

分类	样品数/个	磁化率$\kappa/10^{-5}$SI			剩余磁化强度$J_r/(10^{-3}$A/m)		
		最大值	最小值	平均值	最大值	最小值	平均值
变质砂岩	39	78.08	26.52	49.81	123.27	14.83	60.09
角岩	31	62.64	36.71	47.73	143.29	45.97	85.73
片岩	131	57.11	36.34	47.16	140.51	8.97	72.41
花岗岩	61	73.99	24.14	47.64	88.72	16.29	48.92
伟晶岩	118	50.90	28.60	40.33	59.42	12.09	35.66

由此可知，区内地磁高异常主要由角岩、片岩、变质砂岩等岩体引起；地磁低异常则由花岗岩、伟晶岩等岩体引起。通过开展中大比例尺地磁测量，能够对工作区的控矿构造、成规模的酸性岩体和三叠系砂岩体进行有效的识别和划分。根据磁法成果结合地质特征，可以辅助地质填图，加强在隐伏区内地质上的认识，延伸地质上的认识，对有利成矿带进行初步划分和圈定，为下一步勘探工作部署提供依据。

三、岩石密度特征

甲基卡工作区各类型岩石密度见表6.7。甲基卡工作区重力高异常现象主要由砂岩、变质砂岩、片岩甚至中性的闪长岩体引起，而局部低重力异常或低重力异常背景则由酸性花岗岩体、细晶岩、花岗伟晶岩体以及第四系覆盖物所产生。当酸性岩体（花岗岩体、细

晶岩体、花岗伟晶岩) 具有一定规模时, 在围岩片岩、砂岩或是变质砂岩之中会产生明显的剩余重力低异常表现, 据此可以通过这一特征将花岗岩体、细晶岩体、花岗伟晶岩体划分出来。但是, 区内具有最小密度的是第四系覆盖物, 当其具有一定厚度和规模时, 也会产生低剩余重力异常, 从而干扰酸性岩浆岩即花岗岩体等的划分与圈定。当石英闪长岩体侵位于片岩当中时, 引起的密度差异不大以至于不易识别, 但当具有一定规模且埋深不大时能够表现出明显的重力高异常现象。

表 6.7　甲基卡岩石密度统计表

名称	标本数/个	密度范围/(g/cm^3)	统计平均值/(g/cm^3)
锂辉石伟晶岩	30	2. 523 ~ 2. 708	2. 605
花岗伟晶岩	30	2. 623 ~ 2. 692	2. 646
细晶岩	30	2. 593 ~ 2. 699	2. 630
二长花岗岩	50	2. 554 ~ 2. 772	2. 629
石英脉	30	2. 519 ~ 2. 667	2. 618
石英闪长岩	30	2. 700 ~ 2. 795	2. 729
砂岩	30	2. 742 ~ 2. 768	2. 751
变质砂岩	60	2. 843 ~ 2. 958	2. 879
砂质板岩	30	2. 702 ~ 2. 824	2. 751
片岩	30	2. 671 ~ 2. 743	2. 714
堇青石片岩	30	2. 635 ~ 2. 813	2. 702

四、开展地球物理勘探的条件具备

综上所述, 甲基卡矿区主要的含矿岩体伟晶岩与主要的围岩片岩之间, 在磁性上, 弱于围岩; 在密度上, 低于围岩; 在视电阻率上, 明显大于围岩。因此在甲基卡具备开展磁法、重力及电法勘探的基础 (夏国治, 1958)。

在成矿带内, 除伟晶岩 (花岗岩) 具高电阻率外, 已知变质砂岩、垂直片理面的片岩也具有高电阻率, 因此, 定性解释中, 应考虑变质砂岩、片岩垂直产状引起视电阻率高异常的可能性。变质砂岩和片岩相对于伟晶岩 (花岗岩) 具有强磁高密度的特征。在具体解释时, 结合重磁资料, 可确定引起视电阻率高异常的原因, 减少多解性 (刘士毅等, 2010)。

各勘探方法主要的目的如下。

1) 磁法勘探

对工作区的控矿构造、成规模的三叠系砂岩体进行有效的识别和划分。由于工作区主要为第四系覆盖区, 其成果可为地质填图提供参考。也为圈定潜在成矿区段提供参考。在解释推断时, 其成果可作为排除变质砂岩、片岩产生的高电阻率异常的参考 (管志宁, 1997)。

2) 重力勘探

对工作区的控矿构造、成规模的酸性岩体和三叠系砂岩体进行有效的识别和划分。为圈定潜在成矿区段提供参考。在解释推断时, 其成果可作为排除变质砂岩、片岩产生的高电阻率异常的参考。

　　3）电法勘探

激电中梯扫面对露头和地球化学异常区域进行控制，圈定露头和地球化学异常在200m以浅范围的平面投影分布特征（视电阻率高异常）。对视电阻率高异常重点部位，采取对称四极测深，探测其垂直剖面上的倾向、倾角及分层等特征，为钻孔布置提供依据。对200m以下，2000m以浅区域，采用音频大地电磁测深，获取深部资料。

　　4）由于甲基卡地区属于草地，当地为保护草场，不能采用槽探等对草场破坏性强的勘探手段，因此，为对浅部对第四系揭盖，适当采用了地质雷达勘探。

通过上述综合地球物理勘探，获取不同深度的资料，进行地球物理综合反演（杨辉，2002；严加永，2008），为甲基卡锂矿研究提供了可靠的资料参考。

第三节　磁 法 测 量

一、工作概述

磁法工作参照《地面高精度磁测技术规程》（DZ/T 0071—1993）、《岩矿石物性调查技术规程》（DD 2006—03）和《物化探工程测量规范》（DZ/T 0153—2014）、《地球物理勘查技术符号》（GB/T 14499—1993）等技术标准执行。于2017年在紧邻2014年三稀项目的1:25000地面高精度磁法测量工作区东部16.68km²面积范围内开展了1:25000地面高精度磁法测量工作，测网网度为250m×50m，测线方向为正东西向、测线号编排在工作区矩形范围内最南端为100号线，往北依次以两号为间隔递增；点号在最西端点为100号点，以两号为增量依次向东递增。通过重力测量工作成果。工作区主要分布有花岗岩、片岩和变质砂岩。整体属于弱磁性地区，其磁性特征为低磁化率，低剩余磁化强度。

甲基卡工作区主要岩石磁性参数显示，工作区的低磁异常应主要由伟晶岩、花岗岩引起；正常场或相对高异常可能是由片岩引起（片岩广泛分布）；高磁异常则主要由变砂岩引起。

二、地磁化极特征

（一）异常的判识

据区内主要岩石磁性参数显示，工作区的伟晶岩、花岗岩磁化率和剩余磁化强度略低于片岩（广泛分布），低于变质砂岩。工作区整体属于弱磁性地区，区内各岩石磁参数相差不大，但是当岩体达到一定规模时，产生的总场仍会形成较大差异。因此，低磁异常主要由伟晶岩、花岗岩引起；高磁异常则主要由变质砂岩引起。

（二）异常的解释推断

地磁化极将斜磁化的磁异常换算为垂直磁化磁异常，化极参数以IGRF 2015模型进行计算（朱军洪等，2008）。据图6.2，工作区磁异常整体以低磁异常为主，西北角和东南角集中分布两处高磁异常。区内零星分布南北向、东西向及面状的规模较小高磁异常。

推断高磁异常为三叠系的变质砂岩引起，全区共圈出一定规模的高磁异常9处。1号、2号、3号、4号、5号、6号、7号、9号异常野外查证均发现三叠系片岩、变质砂岩分布。

马颈子花岗岩主体均分布于低磁异常区，在西南角与推断的8号高磁异常部分重合，推断在马颈子花岗岩体之下分布有变质砂岩和片岩。

区内主要含矿脉体分布于低磁异常区，规模较大的X03、308号脉和134号脉分布于大面积低磁异常区；其他规模较小脉体分布于小面积低磁异常区。

通过磁法测量工作，大体圈定了三叠系与甲基卡花岗岩穹隆的分布范围；辅助了第四系覆盖区的地质填图工作；根据总结的已知矿脉区磁性特征，对潜在成矿区域进行了划分。地磁总场特征为北低南高，整体以低异常为主，推断工作区地质背景以酸性岩体为主。

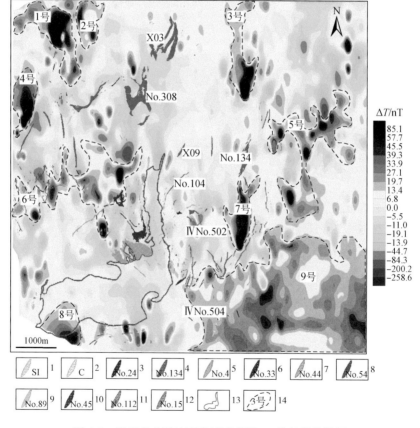

图6.2　甲基卡矿区地面高精度磁测 ΔT 化极等值线图

1-石英脉；2-细晶岩脉；3-锂矿化伟晶岩脉；4-锂工业矿化伟晶岩脉；5-铍矿化伟晶岩脉；6-铍工业矿化伟晶岩脉；7-铌钽矿化伟晶岩脉；8-铌钽工业矿化伟晶岩脉；9-锂-铍混合型矿化伟晶岩脉；10-锂-铌钽混合型矿化伟晶岩脉；11-铍-铌钽混合型矿化伟晶岩脉；12-未矿化伟晶岩脉体；13-二云母花岗岩；14-推断三叠系分布及编号

三、地磁磁源重力特征及推断

对地磁数据进行磁源重力计算，其效果与低通滤波近似，主要反映深部背景场特征。甲基卡矿区地磁深部整体特征为北低南高，根据磁源重力整体数值分布趋势，将工作区分为 A1、A2、A3、B1、B2 五个物性分区（图 6.3）。结合已有地质资料，推断解释结果如下。

（1）A1、A2、A3 为高磁异常区，推断此区域以三叠系分布为主。

（2）B1、B2 为低磁异常区，推断此区域深部以花岗岩（伟晶岩）分布为主。B1 异常分布位置在空间上与马颈子花岗岩一致，推断此区域主要分布马颈子花岗岩。B2 异常的规模较 B1 异常小，分布于马颈子花岗岩东北方，推断其应该由一个次级的穹隆或花岗岩（伟晶岩）岩株引起。

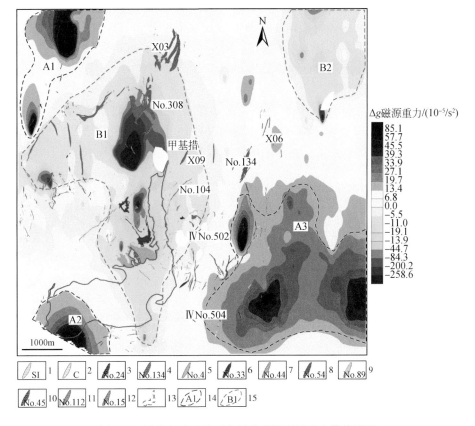

图 6.3　甲基卡矿区地面高精度磁测磁源重力等值线图

1-石英脉；2-细晶岩脉；3-锂矿化伟晶岩脉；4-锂工业矿化伟晶岩脉；5-铍矿化伟晶岩脉；6-铍工业矿化伟晶岩脉；7-铌钽矿化伟晶岩脉；8-铌钽工业矿化伟晶岩脉；9-锂-铍混合型矿化伟晶岩脉；10-锂-铌钽混合型矿化伟晶岩脉；11-铍-铌钽混合型矿化伟晶岩脉；12-未矿化伟晶岩脉体；13-二云母花岗岩；14-推断三叠系分布及编号；15-推断伟晶岩体分布及编号

第四节　电法测量

一、工作概述

甲基卡矿田的电法测量工作主要分布在三个区域：

1）长梁子、宝贝地及鸭柯柯区域

2016 年，在宝贝地及长梁子区域布置激电中梯扫面 $8.0km^2$，后根据扫面成果圈定的异常，在长梁子布置了 3 条测深剖面，在宝贝地设计了 1 条测深剖面，测深点共计 162 点。测量结果表明，区内马颈子花岗岩周边分布有高阻异常；在长梁子分布有 3 条南北向为主的高阻异常；在 308 号矿脉南部分布有一高阻异常。

2）哲西措区域

2017 年，在宝贝地南部、鸭柯柯、哲西措等区域布置激电中梯扫面 $5.15km^2$，后根据扫面成果圈定的异常，部署了 100 个测深点。测量结果表明，区内主要分布有两条近南北向高阻异常，异常区内见含锂辉石脉体及伟晶岩转石。

3）甲基卡东部区域

2018 年，在 2017 年鸭柯柯工作区北部及融达矿业 134 脉东北部地区布置激电中梯扫面 $5.5km^2$，后根据扫面成果圈定的异常，布置了 61 个测深点。测量结果表明，区内主要分布有 3 条近南北向的高阻异常，测深剖面显示深部有高阻异常体分布。

二、异常判别与异常圈定

视电阻率异常、视极化率异常的处理，主要为本次工作数据和收集的以往激电测量数据，将各年数据调平后进行综合处理。

1）异常的判别

据以往地质、物化探工作的认识和归纳总结，工作区物探激电异常解译的指导准则和解释的出发点可归结为：确定本次高视电阻率异常作为我们的目标地质体，而对于这些高阻体的区分，则主要从异常形态上，考虑到成矿伟晶岩体特征，其激电异常表现多为条带状，因为伟晶岩作为岩浆岩体的一种，与花岗岩体多呈伴生关系，且伟晶岩体多数产在侵入体顶部，对此，针对全区地下构造的推断，即条带状异常推测其可能存在花岗伟晶岩脉，而对于视电阻率平面等值线图中出现的高阻或相对的团块状非条带状异常，物探无法区分是伟晶岩体还是花岗岩体引起。而对于解译深度，由于本次工作供电极距所限，对于激电反映的有效探测深度可能不大于 200m。

此外，由于电法测量是体积测量，供电极距的选择以及排列方式对测量结果也会造成一定影响，特别是极距的改变、各向异性的差异或不对称性（孟贵祥等，2006）。在本次工作中，南部甲基卡海子边缘由于地表环境的限制，使得供电极距无法按要求排列，同时由于靠近海子，受低阻屏蔽的影响，视电阻率相对较低，因此南部区域出现了较大面积的低阻区，但是如前所述，分析异常应看整体趋势，而非个别地段的局部高阻或低阻的反映。

工作区电法成果显示，在甲基卡矿区片岩呈现低电阻率特征，伟晶岩体和花岗岩体呈现高电阻率特征，视电阻率高异常为伟晶岩体和花岗岩体的反应。而片岩具有各向异性的特点，物性成果显示，平行片理面与垂直片理面电阻率相差可达 15 倍，平均相差 8 倍。因此，在判断引起高异常的异常源的时候（片岩或花岗伟晶岩），物探和地质人员进行了实地踏勘，通过判断供电方向与片岩倾角倾向等情况来对片岩引起的高异常进行了剔除。

2）异常的圈定

异常的划分与圈定主要根据视电阻率异常形态进行，对连续较好的异常作为一个异常处理，同时也结合了化探、地质、钻探等成果。有些高阻异常之间连接较弱，但是地质上发现露头较为连续；或钻探成果验证发现均为花岗岩或伟晶岩，在圈定异常上，将其连接为一个异常区。有些异常之间连接较强，但是钻探成果显示一边是酸性岩体（花岗岩或伟晶岩），而另一边是片岩，在进行异常划分时，将其作为两个异常进行划分。

异常编号原则按照从左到右，从上到下的原则进行，编号分别为 DJ-1，DJ-2，…，DJ-21 等，对分布区域较大的异常，具体见图 6.4。各异常区特征及推断结果见表 6.8。

表 6.8　甲基卡矿区圈定高阻异常特征简表

异常编号		形态特征	幅值范围 /(Ω·m)	地质及化探特征	推断及验证结果
DJ-1	DJ-1-1	整体呈南北状，长约3120m，宽约473m	3885~149925	分布于三叠系新都桥一段，区内见出露含矿伟晶岩脉及转石，与化探异常重合	推断为 X03 含矿伟晶岩脉向北和往南延伸引起。从异常形态看，含矿伟晶岩有分支复合的特点。钻探成果发现含矿伟晶岩
	DJ-1-2	主体呈现南北向分布，长约1124m，宽约816m	3885~13333		
	DJ-1-3	主体呈现南北向分布，长约1596m，宽约626m	3885~13333		
DJ-2	DJ-2-1	主体呈北东向分布，南北长约1518m，东西宽约501m	3038~149925	分布于三叠系新都桥组一段，局部位于红柱石变质带内，区内见含矿伟晶岩转石；DJ-2-3 与化探异常重合	推测此异常可能主要为三叠系引起，建议做进一步的工作进行验证
	DJ-2-2	主体呈南北向分布，南北长约1159m，东西宽约324m	3835~13333		推测此异常可能主要为伟晶岩脉和三叠系变质砂岩引起，建议做进一步的工作，区分出变质砂岩和伟晶岩分布
	DJ-2-3	主体呈北东向分布，南北长约1128m，东西宽约476m	4608~6490		推测此异常可能主要为伟晶岩脉引起，建议做进一步的工作
DJ-3		多条北东向平行的带状分布，偶见不规则面状异常，宽915m，长2651m	3038~13333	见大量三叠系变质砂岩体出露，部分位于红柱石变质带	推断异常主要由三叠系引起。钻探成果显示主要分布变质砂岩

续表

异常编号	形态特征	幅值范围 /(Ω·m)	地质及化探特征	推断及验证结果
DJ-4	整体呈南北向分布，具多中心，长1459m，宽397m	3035~9684	地表多为第四系覆盖，见花岗（伟晶岩）露头和转石	推断为花岗（伟晶岩）引起，建议进一步开展面积工作，确认异常体性质
DJ-5	异常整体分布为北北东向，近南北长2337m，近东西宽288m，北部、南部未封闭	2132~6137	处于三叠系分布区，地表多被第四系覆盖，偶见伟晶岩转石	推断为伟晶岩引起
DJ-6	整体呈南北向分布，具多中心，南北长约2785m，平均宽约302m，面积约0.84km²	1182~13333	处于三叠系内，区内见红柱石变质带和堇青石化，与化探异常重合，与化探异常重合	推断为花岗（伟晶岩）引起，建议进一步开展面积工作，确认异常体性质
DJ-7	异常整体分布为北东东向，近南北长1463m，近东西宽150m	1238~2907	处于三叠系，见红柱石变质带，与化探异常重合	推断异常为含矿伟晶岩，建议做进一步工作验证
DJ-8	异常整体分布为北北东向，近南北长870m，近东西宽245m	1556~4372	处于三叠系，见红柱石变质带，见含锂伟晶岩脉和转石，与化探异常重合	推断此异常为含矿伟晶岩引起，但其可能仅分布于地表，深处相对高视电阻率异常体无法确定其性质，建议可进一步开展工作进行定性
DJ-9	南北未封闭，整体南北向分布，南北长1006m，东向宽231m	2132~10269	处于三叠系分布区，地表多被第四覆盖，偶见三叠系出露，见红柱石变质带、含矿伟晶岩转石	推断为伟晶岩引起。钻探成果发现伟晶岩，锂含量较低
DJ-10（新增）	异常北部未封闭，趋势南北向分布；东西长389m，南北339m	3209~7632	地表被第四系覆盖，偶见三叠系出露，见红柱石变质带，含矿伟晶岩转石	推断为伟晶岩引起
DJ-11	北西-南东向分布，南东向与甲基措相邻，异常长1754m，宽607m	3209~15684	地表被第四系覆盖，见三叠系出露，见红柱石变质带，见含矿伟晶岩转石	推断为伟晶岩引起。钻探成果发现伟晶岩，锂含量较低
DJ-12	整体南北向分布，南北端未封闭，长777m，宽278m	3209~10269	处于三叠系分布区，地表多被第四系覆盖，见红柱石变质带，见含矿伟晶岩转石；异常北部紧邻308矿脉	推断为含矿伟晶岩引起

异常编号	形态特征	幅值范围 /(Ω·m)	地质及化探特征	推断及验证结果
DJ-13	整体呈南北向分布,具2个中心,长981m,宽188m	异常幅值为7006	处于三叠系,见红柱石变质带和堇青石化,见含锂伟晶岩脉和转石,与化探异常重合	推断为花岗(伟晶)岩引起。建议做进一步工作进行验证
DJ-14	异常整体由两条平行的北北东向带状异常构成,近南北长493m,近东西宽268m	1238~3594	处于三叠系,见红柱石变质带,见含锂伟晶岩脉和转石,与化探异常重合	推断此高视电阻率异常区为花岗岩或伟晶岩。据激电测深成果,除地表有一层高阻体分布外,在深部还存在一高阻体分布,建议做进一步工作进行验证
DJ-15	异常整体分布为北北东向,近南北长1687m,近东西宽184m	1238~4372	处于三叠系,见红柱石变质带和堇青石化,与化探异常重合	推断此高视电阻率异常区为花岗岩或伟晶岩。据激电测深成果,除地表有一层高阻体分布外,在深部还存在一高阻体分布,建议做进一步工作进行验证
DJ-16	整体呈北北东向,西南-东北长3031m,宽1043m	4072~15684	地表见大量含矿伟晶岩露头,并发现铍	推断为含矿伟晶岩引起
DJ-17	呈南北向分布,北部与甲基措相邻,南北长1507m,东西宽308m	4072~12016	地表见大量含矿伟晶岩露头,并发现铍	推断为含矿伟晶岩引起
DJ-18	整体呈北东东向分布,长2351m,宽335m	4945~15684	与马颈子花岗岩相邻	推断为马颈子花岗岩地下部分引起
DJ-19	整体呈南北向分布,长2204m,宽184m	4945~15684	与马颈子花岗岩相邻	推断为马颈子花岗岩地下部分引起
DJ-20	南北向分布,南北长1633,宽335。东部异常未封闭	3209~12016	地表见大量含矿伟晶岩露头,东部与烧炭沟相邻	推断为含矿伟晶岩引起,钻探成果发现160m岩心为含矿伟晶岩
DJ-21	北北东向分布,长3367m,宽245m。西南部与烧炭沟相邻部分异常未封闭	1324~6137	处于三叠系分布区,地表多被第四系覆盖,偶见伟晶岩转石西南部与烧炭沟相邻	推断为伟晶岩引起

三、视电阻率异常特征

甲基卡工作区电法测量成果显示，在矿区片岩呈现低阻特征，伟晶岩体和花岗岩体呈现高电阻率特征，视电阻率高异常为伟晶岩体和花岗岩体的反映。

甲基卡地区共圈定21处视电阻率高异常，见表6.8及图6.4，针对重点异常，开展了激电测深，查明异常体在地下的基本形态（单层或多层）、埋深及产状等空间分布情况，为下一步钻探工作提供了布钻依据。

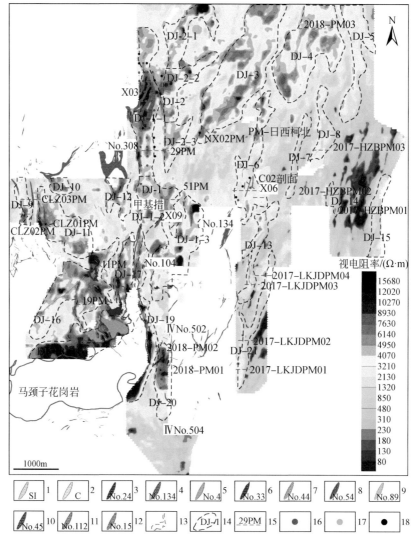

图 6.4　甲基卡矿区视电阻率异常分布图

1-石英脉；2-细晶岩脉；3-锂矿化伟晶岩脉；4-锂工业矿化伟晶岩脉；5-铍矿化伟晶岩脉；6-铍工业矿化伟晶岩脉；7-铌钽矿化伟晶岩脉；8-铌钽工业矿化伟晶岩脉；9-锂-铍混合型矿化伟晶岩脉；10-锂-铌钽混合型矿化伟晶岩脉；11-铍-铌钽混合型矿化伟晶岩脉；12-未矿化伟晶岩脉体；13-二云母花岗岩；14-圈定高阻异常体及编号；15-激电剖面位置；16-见锂辉石伟晶岩钻孔；17-未见锂辉石伟晶岩钻孔；18-未见伟晶岩钻孔

（一）DJ-1、DJ-2 号异常

DJ-1、DJ-2 号异常位于工作区的西北部边缘，整体呈近南北向带状分布（图 6.4）。二者相邻分布，地质上整体可以看作一个异常，但是二者视电阻率上存在一个明显的界限，因此将其分为 2 个异常。

1. DJ-1 号异常综合剖析

DJ-1 号异常整体南北长约 5.14km，东西平均宽约 0.55km，面积 2.82km²。在地质上，其主要分布于三叠系新都桥一段；在布格重力图上，DJ-1 号异常分布于布格重力低异常及梯度带上，整体为成矿有利区；DJ-1 号异常最南面未封闭，而南面紧邻已知的 104 号矿脉；因此，推断 DJ-1 号异常均为伟晶岩脉引起，且在最南面与已知的 104 号含矿伟晶岩脉相连。

异常具多浓集中心，根据分布，将异常分为了 DJ-1-1、DJ-1-2、DJ-1-3 三个子分区。DJ-1-1 分区以已发现的 X03 含矿伟晶岩脉为主体，向南北分别延伸了约 1km，整体呈南北状，长约 3120m，宽约 473m。视电阻率分布区间为 3885 ~ 149925Ω·m，极大值分布区为 X03 所在区域。其北部延伸部分异常强度较 X03 所在异常强度弱，视电阻率分布区间为 3885 ~ 5540Ω·m，后期钻探成果显示，北延区域靠近 X03 区域发现了含矿伟晶岩，较远的区域在 200m 以上，未发现伟晶岩或花岗岩，推断此区域三叠系片岩覆盖可能较厚，X03 在往北方向，并向深部延伸；X03 南延部分异常视电阻率分布区间与 X03 所在区域基本一致，但是极大值分布区规模较小，后期 17 个钻孔的钻探成果显示，南延区域分布了大量含矿伟晶岩脉，其性质与 X03 相似；因此推断引起异常的原因是 X03 含矿伟晶岩脉向南延伸。从异常形态来看，伟晶岩脉有变窄的趋势。

DJ-1-2 分区位于 DJ-1-1 分区南面，从异常形态来看，是 DJ-1-1 分区南面的两个分支组成，与其连接性较好，主体呈现南北向分布，长约 1124m，宽约 816m。视电阻率分布区间为 3885 ~ 13333Ω·m，后期 2 个钻孔的钻探成果显示，均发现了含矿的伟晶岩，因此推断仍为 X03 含矿伟晶岩脉向南延伸引起。从异常形态看，含矿伟晶岩有分支复合的特点。

DJ-1-3 分区位于 DJ-1-2 分区南面，从异常形态来看，是 DJ-1-2 分区南面延伸部分组成，与其连接性较差，主体呈现南北向分布，长约 1596m，宽约 626m。视电阻率分布区间为 3038 ~ 149925 Ω·m，收集的钻探成果显示，有大量含矿的伟晶岩，因此推断仍为 X03 含矿伟晶岩脉向南延伸引起。

2. DJ-2 号异常综合剖析

DJ-2 号异常区位于 DJ-1 号东侧，整体近南北向带状分布，南北长约 3449m，东西平均宽约 481m，面积 1.66km²。所在区域主要为三叠系新都桥组一段，局部位于红柱石变质带内；处于布格重力梯度带上。

异常有多个浓集中心，根据其分布，将异常分为 DJ-2-1、DJ-2-2、DJ-2-3 等三个子分区。

DJ-2-1 子分区位于 DJ-1 最北部，主体呈北东向分布，南北长约 1518m，东西宽约 501m；视电阻率分布区间主要为 3038 ~ 149925Ω·m，极高值异常区主要分布于最北端，

面积少，为点状或多点状异常。此区域无钻探成果，但是地表偶见含矿伟晶岩转石，多见三叠系砂岩分布；DJ-2-1 号异常分布于布格重力高异常区，整体为成矿不利区；推测此异常为可能主要为三叠系引起，建议做进一步的工作进行验证。

DJ-2-2 子分区位于 DJ-1 中部，主体呈南北向分布，南北长约 1159m，东西宽约324m；视电阻率分布区间主要为 3835 ~ 13333Ω·m，极高值异常区主要分布于中部，与X03 含矿伟晶岩脉体所在异常有较弱连接关系，但因为钻探成果显示此处钻孔未发现花岗岩和伟晶岩，故未将其划于 DJ-1 号异常，极高值异常区面积较少，呈北东向分布。但是地表偶见含矿伟晶岩转石，多见三叠系片岩分布；DJ-2-2 号异常分布于布格重力低异常及梯度带上，整体为成矿有利区；推测此异常可能主要为伟晶岩脉和三叠系变质砂岩引起，建议做进一步的工作以区分出变质砂岩和伟晶岩分布。

DJ-2-3 子分区位于 DJ-1 南部，主体呈北东向分布，南北长约 1128m，东西宽约476m；视电阻率分布区间主要为 4608 ~ 6490Ω·m，无明显极高值分布区，整体较平均，据收集的钻探成果显示在最南部钻孔发现含矿伟晶岩。但是地表多见含矿伟晶岩转石及少量三叠系片岩分布；DJ-2-3 号异常分布于布格重力低异常及梯度带上，整体为成矿有利区；推测此异常可能主要为伟晶岩脉引起，建议做进一步的工作。

29 号激电测深线位于此区域。测线连接了 DJ-1-1 和 DJ-2-3 号异常，剖面起点位于德扯弄巴矿权区边界，横穿 X03 南延异常的 2 条分支。地表第四系覆盖，见矿化伟晶岩露头（转石）。在 29 号剖面电阻率反演断面（图 6.5）上，剖面表层分布有一层 10 ~ 35m 厚高阻异常，推断主要为冻土层的分布。在 ZK2901 及 ZK2902 位置处，有伟晶岩脉出露地表，其对应分布高阻异常延伸到深部未封闭，推断为伟晶岩引起。从极化率反演断面来看，剖面整体分布较一致，地表分布一层低极化率异常，对应电阻率反演图的高电阻率异常，推断为冻土引起；在剖面 150m 处，向东倾分布一较高极化率异常，推断为含水裂隙（破碎带）引起。

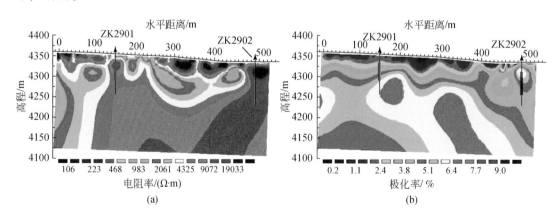

图 6.5　甲基卡矿区 29 号剖面电阻率反演断面（a）与极化率反演断面（b）
钻孔箭头红色段线为不连续见矿范围，黑色段线为片岩分布

从已有钻探成果来看，在 ZK2901 和 ZK2902 均发现含矿伟晶岩脉。但从电阻率反演断面中高阻异常形态来看，钻孔并未穿透异常，因此，推断此剖面深部仍分布有含矿伟晶岩。

（二）DJ-3 号异常

DJ-3 号异常位于工作区北部中央，见多条北东向平行的带状分布，偶见不规则面状异常，宽915m，长2651m，视电阻率分布区间主要为3038～13333Ω·m，地表见大量三叠系变质砂岩岩体出露，部分位于红柱石变质带；在布格重力图上，DJ-3 号异常南部主要分布于布格重力高低异常梯度带上，北部无重力资料，据趋势推断应为高异常区，主体分布在成矿不利区；推断异常主要由三叠系引起。

（三）DJ-4、DJ-5、DJ-6、DJ-7、DJ-8 号异常

DJ-4、DJ-5、DJ-6、DJ-7、DJ-8 五个异常位于电法工作区东北部，整体均以南北向分布为主。

1. DJ-4 号异常综合剖析

DJ-4 号异常位于电法工作区北东部，整体呈南北向分布，具多中心，长1459m，宽397m，视电阻率分布区间主要为3035～9684Ω·m；异常区主要分布三叠系，区内见红柱石变质带。

异常北部未封闭；地表多为第四系覆盖，见花岗（伟晶岩）露头和转石，处于布格重力梯度带上，为成矿有利区。推断为花岗（伟晶岩）引起，建议进一步开展面积工作，确认异常体性质。

2. DJ-5 号异常综合剖析

DJ-5 号异常位于电法工作区东北角，处于三叠系分布区，地表多被第四系覆盖，偶见伟晶岩转石；异常整体分布近南北向，近南北长2337m，近东西宽288m，北部、南部未封闭，视电阻率变化分布范围为2132～6137Ω·m；异常位于布格重力梯度带上，属于成矿有利位置。因此，推断 DJ-5 号异常为伟晶岩引起。由于其与 DJ-1 相邻，性质可能相同，建议开展进一步的工作，查明高阻异常体性质和规模。

3. DJ-6 号异常综合剖析

DJ-6 号异常整体呈南北向分布，具多中心，南北长约2785m，平均宽约302m，面积约0.84km^2，主要处于三叠系内，区内见红柱石变质带和堇青石化。异常区主体位于沼泽区，视电阻率分布区间主要为1182～13333Ω·m；地表多为第四系覆盖，在 X5、X6、X7 脉体区，见含矿伟晶岩露头和转石。在此异常上布置了日西柯北和 C02 剖面激电测深剖面。

PM–日西柯北剖面部署于异常北部，剖面东西向分布，长220m。从电阻率反演断面［图6.6（a）］知，剖面分布一东倾电阻率高异常，从剖面起点地表向东部往深部延伸至地下约100m，异常在剖面尾端未封闭。从极化率反演断面［图6.6（b）］知，极化率分布形态与电阻率分布形态基本一致，高电阻率与高极化率基本对应，低电阻率与低极化率基本对应。

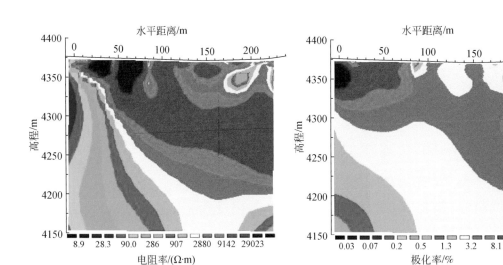

图 6.6 甲基卡矿区 PM-日西柯北测深剖面电阻率反演断面 (a) 与极化率反演断面 (b)

从 C02 测深剖面电阻率反演断面［图 6.7（a）］知，在水平位置的 60m、260m、400m、490m 及 580m 处分布 5 处高阻异常，其中 400m 处异常往深部向西延伸，在剖面 400m 位置部署了 CZK401 钻孔。在极化率反演图中［图 6.7（b）］，在 0m、370m 位置，分布两处高极化率异常，整体略向东倾。从物性来看，伟晶岩和片言极化率差异很小，因此，推断此极化率高阻异常主要反映了地下含水率的分布特征。

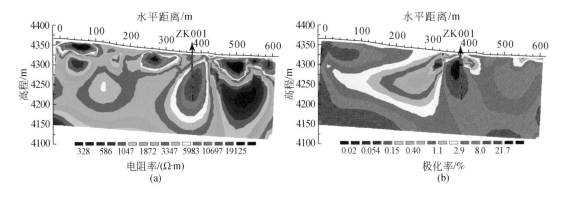

图 6.7 甲基卡矿区 C02 测深剖面电阻率反演断面 (a) 与极化率反演断面 (b)
钻孔箭头红色段线为不连续见矿范围，黑色段线为片岩分布范围

已有钻孔 ZK001 成果表明，从 4.35～58.04m 不连续见含矿伟晶岩，钻探验证效果与电阻率反演断面中高阻异常对应关系极好。但是从极化率反演断面可知，电阻率高阻异常带也属于高极化率异常带内，推断伟晶岩脉较破碎，含水较多。钻孔并未穿透电阻率高异常，推断深部仍分布有含矿伟晶岩脉。

综上所述，推断 DJ-6 号异常主要由含矿伟晶岩脉引起，在 PM-C02 上，钻探验证了推断的正确性。建议下一步继续开展工作，对 PM-日西柯北剖面进行验证。

4. DJ-7 号异常综合剖析

DJ-7 号异常位于电法工作区中部，整体呈北北东向分布，近南北长 1463m，近东西宽 150m，在南部和北部两端异常均不封闭，主要处于三叠系，见红柱石变质带。

异常带内主要有 3 个异常中心，区内整体变化幅度较平稳，视电阻率分布范围为 1238~2907Ω·m。在地质上，地面发现有含锂伟晶岩脉和转石；化探成果在此区域为锂高异常区；在布格重力图上，DJ-7 号异常分布于布格重力梯度带上，整体为成矿有利区；结合地质、化探成果，推断此异常为含矿伟晶岩，建议做进一步工作验证。

5. DJ-8 号异常综合剖析

DJ-8 号异常位于电法工作区中部偏东位置，异常分布近南北向，近南北长 870m，近东西宽 245m，主要处于三叠系，见红柱石变质带。

异常带内主要有 3 个异常中心，区内整体变化幅度较剧烈，视电阻率分布范围为 1556~4372Ω·m。在地质上，地面发现有含锂伟晶岩脉和转石；化探成果在此区域为锂高异常区。

异常分布于布格重力梯度带上，整体为成矿有利区；结合地质、化探成果及激电测深成果，推断此异常为含矿伟晶岩引起，但其可能仅分布于地表，深处相对高视电阻率异常体无法确定其性质，建议可进一步开展工作进行定性。

在异常部署了 2017-HZBPM3 测深剖面，剖面东西向横穿此处，北东向视电阻率高异常。

电阻率反演断面［图 6.8（a）］显示剖面 50~220m，地表至地下 80m 范围，分布一高阻异常 A，推断为花岗伟晶岩引起。异常封闭，未向下延伸；250~320m，地下约 40m 深处，分布高阻异常 B，异常往深部延伸未封闭。推断异常 A、B 均为伟晶岩引起。

极化率反演断面中［图 6.8（b）］，极化率由西侧的高极化率，逐渐向东侧低极化率过度；在剖面开始位置分布一偏西的高极化异常，延伸至 70m 左右。推断此异常主要由岩体裂隙水引起。

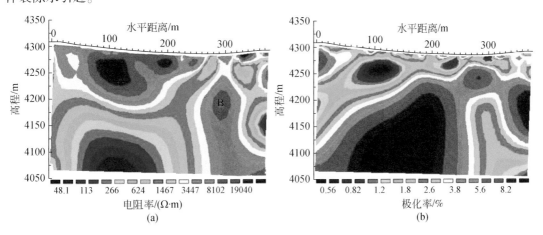

图 6.8　甲基卡矿区剖面 2017-HZBPM3 电阻率反演断面（a）与极化率反演断面（b）

（四）DJ-9、DJ-10、DJ-11 号异常

DJ-9、DJ-10、DJ-11 三处高阻异常均位于工作区西部的长梁子地区。在长梁子地区发现 3 条南北向分布的含锂辉石伟晶岩转石带。

1. DJ-9 号异常

DJ-9 号异常位于 2016 年长梁子工作区西侧，处于三叠系分布区，地表多被第四系覆盖，偶见三叠系出露，见红柱石变质带、含矿伟晶岩转石；异常整体南北向分布，南北长 1006m，东向宽 231m，南北未封闭，视电阻率变化分布范围为 2132 ~ 10269Ω·m；位于布格重力梯度带上，属于成矿有利位置。

在 DJ-9 激电异常上布置了 2016-CLZ02 和 2016-CLZ03 两条激电测深剖面。

由 2016-CLZ02 剖面电阻率反演断面 ［图 6.9（a）］ 知，剖面表层分布有厚度 0 ~ 13m 的高阻异常，推断主要由冻土引起；在高程约 4250m 位置处，电阻率随深度增加而增大。

由极化率反演断面 ［图 6.9（b）］ 知，在剖面 200 ~ 260m 段，地表及地下约 50m 处，分布一高极化率异常，异常未封闭；其他区域极化率分布较平稳，分布范围在 0% ~ 4.5% 之间。

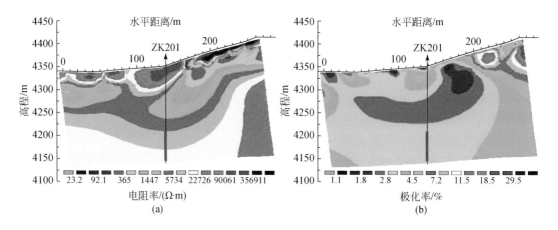

图 6.9　甲基卡矿区 2016-CLZ02 测深剖面电阻率反演断面（a）与极化率反演断面（b）

钻孔箭头黑色段线为片岩，红色段线为不连续见伟晶岩段

已有钻探成果显示，在剖面 140m 处的 ZK201 钻孔在高程约 4200m 位置和 4150m 位置分别有 2 段伟晶岩分布，但锂含量较低。由电阻率异常分布特征来看，在深部电阻率异常未封闭，推断深部仍分布有伟晶岩。

在 2016-CLZ03 剖面位置，地质上根据坡残积转石追索圈出一条矿化异常，在此异常上部署 2016-CLZ03 剖面来进行深部追索。剖面东西向分布，共 20 个测点，380m 长，剖面所处位置无激电中梯扫面视电阻率高异常。

由 2016-CLZ03 测深剖面电阻率反演断面 ［图 6.10（a）］ 知，剖面起始端和中部地表分布一薄层电阻率高异常，推断为冻土和转石引起。在剖面 290m 处，高程 4300m 位置，分布一整体向西倾的电阻率高异常，以 5000Ω·m 为边界。

从极化率反演断面［图6.10（b）］知，极化率整体主要分布在2.2%～10%之间，极高和极低值均分布在地表。

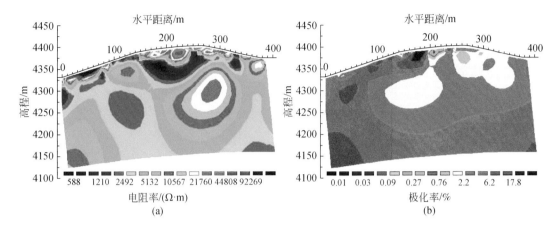

图6.10　甲基卡矿区2016-CLZ03测深剖面电阻率反演断面（a）与极化率反演断面（b）

综上所述，对应于YC-01和YC-02两条异常北延部分。而剖面中间部分深部并无高阻体存在。从反演断面图来看，剖面东侧的高阻异常存在，西侧主要地表存在一层高阻层。

2. DJ-10号异常

DJ-10号异常位于2016年长梁子工作区北部中间位置，处于三叠系分布区，地表多被第四系覆盖，偶见三叠系出露，见红柱石变质带、含矿伟晶岩转石；异常整体面状分布；南北长339m，东西长389m，视电阻率变化分布范围为3209～7632Ω·m；异常位于布格重力过渡带上，属于成矿有利位置。推断DJ-10号异常主要由伟晶岩引起。

3. DJ-11号异常

DJ-11号异常位于长梁子地区南侧，处于三叠系分布区，地表多被第四系覆盖，偶见三叠系出露、红柱石变质带、含矿伟晶岩转石等；异常整体呈北西-南东向分布，南东向与天齐锂业股份有限公司营地相邻，异常长1754m，宽607m，视电阻率变化分布范围为3209～15684Ω·m；异常位于布格重力梯度带上，属于成矿有利位置。

在DJ-11号异常上布置了2016-CLZ01激电测深剖面。

2016-CLZ01剖面北西西向分布，共22个测点，长420m。剖面穿越高阻异常中心，依据高阻异常形态，判断高阻体向东倾。

由2016-CLZ01电阻率反演断面［图6.11（a）］可知，地表0～15m分布一薄层高阻异常，推断主要是冻土引起；在剖面170～420m，高程约4275m及以下，分布一高电阻率异常，往深部延伸，异常未封闭。

由极化率反演断面［图6.11（b）］可知，在剖面上部，分布3处低极化率异常，异常幅值在0～5.5%之间；下部分布特征主要是随着深度的增加，极化率也逐渐增加。

已有钻孔成果显示，钻孔ZK402没有发现伟晶岩存在；ZK401在深部发现伟晶岩分布，见图6.11中红色段线所示，但Li含量低，由于在深部电阻率高异常逐渐增加，且未封闭，推断深部仍有伟晶岩分布。在此异常区内的 ZK501、ZK502、ZK701 三个钻孔成果显示均发现伟晶岩分布，但是锂含量较低。推断 DJ-11 号异常主要由伟晶岩引起。后期钻孔 ZK501、ZK502、ZK701 也发现了伟晶岩分布。

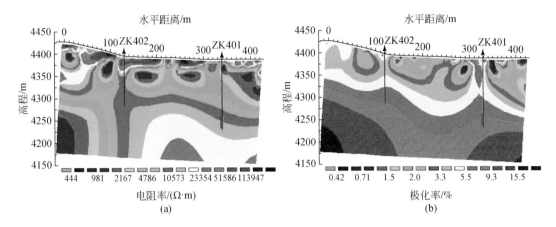

图 6.11　甲基卡矿区 2016-CLZ01 测深剖面电阻率反演断面（a）与极化率反演断面（b）

钻孔箭头黑色段线为片岩，红色段线为不连续见伟晶岩段

（五）DJ-12 号异常

DJ-12 号异常位于 2016 年长梁子工作区北部偏东位置，紧邻 308 号矿脉南侧，甲基卡海子北部之间；处于三叠系分布区，地表多被第四系覆盖，见红柱石变质带。多见含矿伟晶岩转石；异常区南北长 777m，东西宽 278m，南北端均未封闭，南部未封闭区域是甲基卡海子隔断造成，异常区内电阻率分布范围为 3209～10269Ω·m，异常所在区域位于布格重力梯度带上，属于成矿有利位置。推断 DJ-12 号异常为 308 矿脉地下南延的含矿伟晶岩引起。建议开展进一步的勘查工作，扩大 308 矿脉的规模。

（六）DJ-13、DJ-21 号异常

DJ-13、DJ-21 号异常位于电法工作区南部哲西措地区，两处异常近平行，呈南北向分布。受当地水的影响，整体视电阻率偏低。

1. DJ-13 号异常综合剖析

DJ-13 号异常位于工作区南部偏东，整体呈南北向分布，具 2 个中心，长 981m，宽 188m，幅值达 7006Ω·m，主要处于三叠系，地表多为第四系覆盖，偶见花岗（伟晶岩）露头和转石及红柱石变质带和堇青石化。异常北部 557m 为 X5、X6、X7 矿化露头；DJ-13 号异常分布于布格重力梯度带上，为成矿有利区。在此异常处部署了 2017-LKJDPM03 剖面。剖面东西向，横穿此处南北向激电中梯视电阻率高异常。

电阻率反演断面［图 6.12（a）］显示在剖面地表分布一薄层电阻率高异常；在 0～140m 段，地下约 110m 处，分布一电阻率高异常，异常西侧未封闭（西侧属于烧炭沟矿权区），深部延伸未封闭。推断此高阻异常为伟晶岩引起，延伸到了烧炭沟矿权区内。

极化率反演断面［图 6.12（b）］显示，剖面高电阻率区域，低极化率；低电阻率区

域，高极化率。推断高极化率区域，应属于含水较多或裂隙发育区。

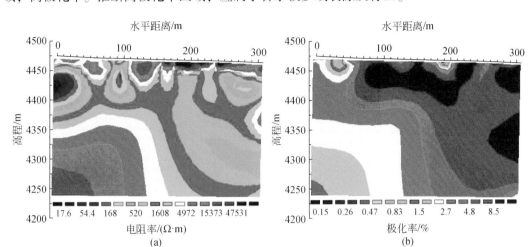

图 6.12　甲基卡矿区 2017-LKJDPM03 剖面电阻率反演断面（a）与极化率反演断面（b）

综上所述，推断 DJ-13 号异常主要为含矿伟晶岩引起。

2. DJ-21 号异常综合剖析

DJ-21 号异常位于 2017 年哲西措工作区，处于三叠系分布区，区内见伟晶岩含矿脉体和转石，与化探异常重合；异常整体呈北北东向分布，西南部与烧炭沟相邻部分异常未封闭，南北长 3367m，东西宽 245m。视电阻率分布范围异常幅值为 1324 ~ 6137Ω · m；异常所在区域处于布格重力梯度带上，属于成矿有利位置。在 DJ-21 号三处视电阻率高异常中心上布置了 2017-LKJDPM01、2017-LKJDPM02、2017-LKJDPM04 三条激电测深剖面。

由 2017-LKJDPM01 剖面电阻率反演断面［图 6.13（a）］可知，在剖面 0 ~ 140m 位置，在地表分布一电阻率高异常，异常随地形东倾，深部延伸约 40m；在剖面 200 ~ 220m 位置，分布一西倾电阻率高异常，异常延伸约 50m；在剖面 240 ~ 280m 位置，地表分布一薄层电阻率高阻异常，由于地形处于凹处，推断此高阻异常主要由地形引起。由极化率反演断面［图 6.13（b）］知，剖面整体以低极化率为主，仅在剖面表层和剖面端点处分布有较高极化率异常。

推断 DJ-21 号异常由伟晶岩引起。从测深剖面成果显示，伟晶岩在深部延伸有限。

后期钻孔 DZK301 成果发现了含锂的伟晶岩。

由 2017-LKJDPM02 测深剖面电阻率反演断面［图 6.14（a）］知，圈定的 A 高阻异常，在地表浅部分布，延伸至剖面末端，在 110 ~ 130m 段，此异常西倾向深部延伸，延伸深度约 140m；圈定的 B 高阻异常，分布于 250 ~ 320m 段，剖面尾端深部约出现一未封闭的电阻率高异常，在底部及东侧均未封闭。

由极化率反演断面［图 6.14（b）］知，在剖面开始位置、160m 处位置及结束位置主要分布了三处高极化率异常，推断主要是含水率较高的破碎带引起；其余位置整体极化率分布较平稳。

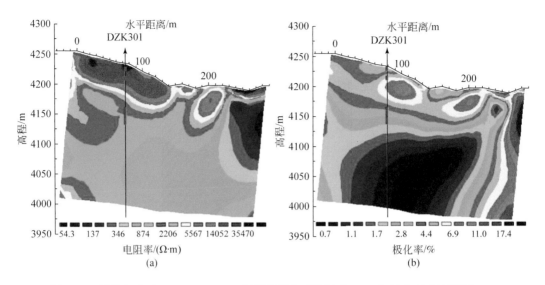

图 6.13　甲基卡矿区 2017-LKJDPM01 剖面电阻率反演断面 （a） 与极化率反演断面 （b）
钻孔箭头黑色段线为片岩，红色段线为不连续见伟晶岩段

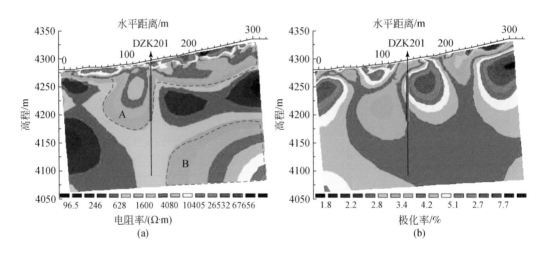

图 6.14　甲基卡矿区 2017-LKJDPM02 剖面电阻率反演断面 （a） 与极化率反演断面 （b）
钻孔箭头黑色段线为片岩，红色段线为连续见伟晶岩段

后期此剖面的钻孔 DZK201 成果在 45.14 ~ 129.1m 段发现了含锂伟晶岩，此段与 A 高阻异常重合性好，推断 B 高阻异常应为隐伏的伟晶岩脉。

由 2017-LKJDPM04 测深剖面电阻率反演断面 ［图 6.15 （a）］ 知，地表分布一浅层电阻率高异常；0 ~ 40m 段，分布一产状近垂直的电阻率高异常 A，往深部延伸约 90m，异常封闭；在 160m 位置，地下约 70m 位置，分布一西倾电阻率高异常 B，异常往深部延伸到底部，未封闭；在 250m 位置，地下约 40m 位置，分布一东倾的电阻率高异常 C，往深部延伸约 100m 位置。

由极化率断面 ［图 6.15 （b）］ 知，在剖面 220 ~ 310m 段两侧，剖面表层分布高极化率异常。右侧剖面 250 ~ 390m 位置，高程 4350 ~ 4450m 位置，分布低极化率异常 D，其位置与电阻率高异常 C 基本一致，推断此异常由较完整的伟晶岩脉引起。

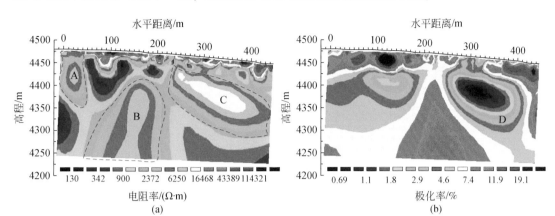

图 6.15 甲基卡矿区 2017-LKJDPM04 剖面电阻率反演断面（a）与极化率反演断面（b）

综上所述，推断 DJ-21 号异常为伟晶岩引起。由 2017-LKJDPM01、2017-LKJDPM02、2017-LKJDPM04 三条测深剖面的电阻率和极化率断面可知，在深部均存在高阻异常体分布，并且在 2017-LKJDPM01、2017-LKJDPM02 剖面上布置的 DZK301、DZK201 钻探成果均发现含矿伟晶岩。因此，建议在此区域继续开展下一步工作，查明并控制高阻异常体在三维空间分布范围和规模。

（七）DJ-14、DJ-15 号异常

DJ-14、DJ-15 号异常均位于东部，此区域受湿地影响，整体视电阻率偏低。

1. DJ-14 号异常综合剖析

异常整体由两条平行的北北东向带状异常构成，近南北长 493m，近东西宽 268m，南端异常未封闭，异常主要有 3 个异常中心，区内整体变化幅度较剧烈，视电阻率幅值在 1238～3594Ω·m 之间。地质上处于三叠系，见红柱石变质带；地面发现有含锂伟晶岩脉和转石；此区域在化探上处于锂高异常区，在重力分布上处于布格重力梯度带上，为成矿有利区。

在此异常处部署了 2017-HZBPM02 剖面，剖面东西向横穿此处北东向视电阻率高异常。由电阻率反演断面［图 6.16（a）］显示在剖面 0～110m 处，分布一西倾电阻率高异常，延伸至地下约 90m；在剖面 150～220m 处，地表分布一薄层电阻率高异常。

极化率反演断面［图 6.16（b）］显示，在 120～130m、160～210m 分布两处东倾的高极化率异常，推断为含水区或裂隙发育区。

综上所述，综合推断 DJ-14 号异常为伟晶岩引起，据测深剖面显示其在深部延伸约 90m。

2. DJ-15 号异常综合剖析

异常整体分布为北北东向，近南北长 1687m，近东西宽 184m，在异常南端异常不封闭，异常带内主要有 3 个异常中心，区内整体变化幅度较剧烈，视电阻率分布范围为

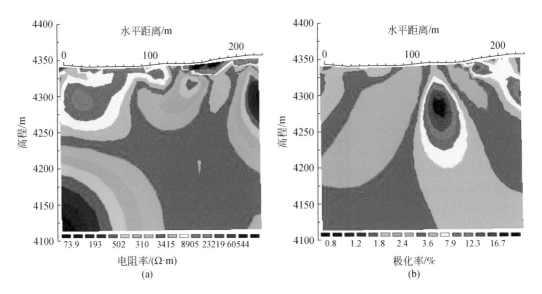

图6.16 甲基卡矿区2017-HZBPM02剖面电阻率反演断面（a）与极化率反演断面（b）

1238～4372Ω·m。异常主要处于三叠系，见红柱石变质带和堇青石化。在地质上，地面发现有含锂伟晶岩脉和转石；此区域在化探上处于锂高异常区，在重力分布上处于布格重力梯度带上，为成矿有利区。

在此异常处部署了2017-HZBPM01剖面。剖面东西向横穿此处北东向视电阻率高异常。由电阻率反演断面［图6.17（a）］知，在剖面30～190m范围，分布一电阻率高异常A，异常产状近水平，略西倾，往深延伸到海拔4300m处，约120m。

极化率反演断面［图6.17（b）］显示断面极化率整体变化不大，仅在剖面0～40m处，分布一西倾的高极化率异常，产状西倾，延伸约120m，西侧未封闭。

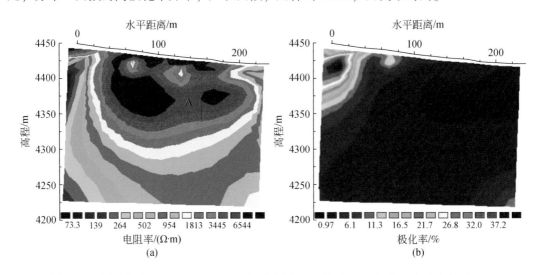

图6.17 甲基卡矿区2017-HZBPM01剖面电阻率反演断面（a）与极化率反演断面（b）

综上所述，综合推断DJ-15号异常为伟晶岩引起，据测深剖面显示其在深部延伸约

120m。建议做进一步工作进行验证。

(八) DJ-16、DJ-17、DJ-18、DJ-19、DJ-20 号异常区特征

DJ-16、DJ-17、DJ-18、DJ-19、DJ-20 五个高阻异常整体围绕马颈子花岗岩分布。此区域地形变化大，地质复杂。

1. DJ-16 号异常综合剖析

DJ-16 号异常位于 2016 年宝贝地工作区西部，处于三叠系分布区，靠近马颈子花岗岩体，地表见大量含矿伟晶岩露头，发现含铍；异常整体呈北北东向，西南–东北长 3031m，宽 1043m，视电阻率分布范围为 4072～15684Ω·m，异常位于格重力梯度带上，属于成矿有利位置。

在 DJ-16 号异常内布置了激电剖面 2016-11PM、2016-19PM。

2016-11PM 号剖面位于甲基卡海子西南部约 800m 处，共 19 个测点，360m 长。由电阻率反演断面 [图 6.18 (a)] 知，在地表分布一薄层高阻异常，推断为冻土引起；在 230～240m 处，有一西倾的高阻异常，往深部延伸约 60m，推断为伟晶岩脉。由极化率反演断面 [图 6.18 (b)] 知，整体为高值背景，仅在地表分布一薄层较低的异常，结合电阻率反演断面，推断高阻背景主要是地质体含水较高的反映。

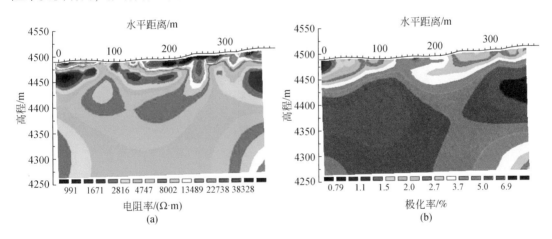

图 6.18　甲基卡矿区 2016-11PM 剖面电阻率反演断面 (a) 与极化率反演断面 (b)

2016-19PM 号测深剖面位于 2016-11PM 号剖面南部偏西，由电阻率反演断面 [图 6.19 (a)] 知，地表高阻可能为地表冻土层引起，剖面 70～150m，据地表约 60m 处分布一西倾高阻异常；由极化率反演断面 [图 6.19 (b)] 知，极化率整体分布变化不大，在 1.2%～4.8% 之间，仅在剖面西侧分布一高阻异常，结合电阻率反演断面，此处为低阻异常，推断极化率高主要反映了此区域含水高，可能存在破碎带或线性裂隙。

综上所述，两条激电测深剖面成果显示深部存在高阻异常，推断异常为伟晶岩引起。2016-11PM 伟晶岩脉体延伸浅，规模小；2016-19PM 伟晶岩脉体延伸较深，规模较大，建议开展进一步的验证工作。

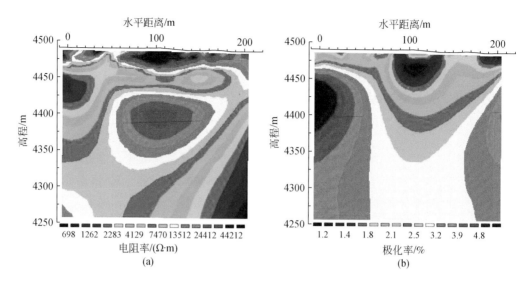

图 6.19　甲基卡矿区 2016-19PM 剖面电阻率反演断面（a）与极化率反演断面（b）

2. DJ-17 号异常综合剖析

DJ-17 号异常位于 2016 年宝贝地工作区东部位置，北部与甲基措相邻，处于三叠系分布区，紧邻马颈子花岗岩体，地表见大量含矿伟晶岩露头，发现含铍；视电阻率异常呈南北向分布，北部未封闭区域是由甲基卡海子隔断造成，从形式上，此异常应与 JD-7 号异常相连，异常南北长 1507m，东西宽 308m，视电阻率分布范围为 4072～12016Ω·m，异常位于布格重力过渡带上，属于成矿有利位置。推断异常为伟晶岩和花岗岩引起，建议进一步开展验证工作。

3. DJ-18 号异常综合剖析

DJ-18 号异常位于 2016 年宝贝地工作区西部，处于三叠系分布区，紧邻马颈子花岗岩岩体北侧，见花岗岩、伟晶岩转石；视电阻率异常整体呈北东东向分布，长 2204m，宽 184m，视电阻率分布范围为 4945～15684Ω·m，异常区位于布格重力低异常区，推断为马颈子花岗岩地下部分引起。

4. DJ-19 号异常综合剖析

DJ-19 号异常位于 2017 年鸭柯柯工作区西部，处于三叠系分布区，紧邻马颈子花岗岩岩体东侧，见花岗岩、伟晶岩转石；异常整体呈北东东向分布，长 2204m，宽 184m，视电阻率分布范围为 4945～15684Ω·m；异常区位于布格重力低异常区，推断异常为马颈子花岗岩地下部分引起。

5. DJ-20 号异常综合剖析

DJ-20 号异常位于 2017 年鸭柯柯工作区西部，处于三叠系分布区，紧邻 DJ-12 号异常东侧，见伟晶岩含矿脉体和转石；异常南北向分布，南北长 1633m，宽 335m。东部异常未封闭，视电阻率分布范围为3209～12016Ω·m；异常位于布格重力过渡带上，属于成矿有利位置。

在DJ-20号异常内布置了激电剖面2018-PM1、2018-PM2剖面。

2018-PM1剖面位于DJ-20号异常南部，由电阻率反演断面［图6.20（a）］知，从剖面0～220m段，在地表分布一薄层高阻异常，推断为冻土层引起，圈定了3个高阻异常，具体特征如下：

（1）高阻异常A，在160～220m段，位于地表至地下约50m范围，推断为伟晶岩引起。

（2）高阻异常B，在0～220m段，位于地下50～200m范围，由于异常靠近马颈子花岗岩，推断为花岗岩或伟晶岩引起。

（3）高阻异常C，在290～310m段，分布于地表至地下约60m范围，推断为伟晶岩引起。

由极化率反演断面［图6.20（b）］知，剖面整体以低异常为主，在剖面开始端深部分布一未封闭高极化率异常，推断为含水较高原因。

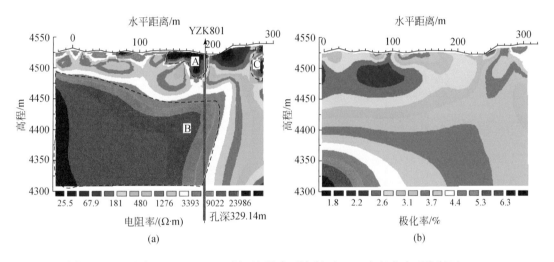

图6.20　甲基卡矿区2018-PM1剖面电阻率反演断面（a）与极化率反演断面（b）
钻孔,箭头黑色段线为片岩，红色段线为连续见伟晶岩段

已有钻探YZK801成果显示，在0～48.26m、81.69～329.14m段，均见含矿伟晶岩分布。

2018-PM2剖面位于DJ-20号异常北部。由其电阻率反演断面［图6.21（a）］知，剖面主要划分了2处高阻和1处低阻异常，具体特征如下：

（1）高阻异常A，位于剖面120～300m段，向下延伸约50m，推测主要是伟晶岩引起。

（2）低阻异常B，位于剖面100～120m段，整体向东倾，往深部延伸约150m，推测主要是片岩或破碎伟晶岩引起。

（3）高阻异常C，位于剖面230～300m段，地下25～80m之间，推测主要是伟晶岩引起。

从极化率反演断面［图6.21（b）］知，极化率整体分布特征为上部低，随深度逐渐变高。

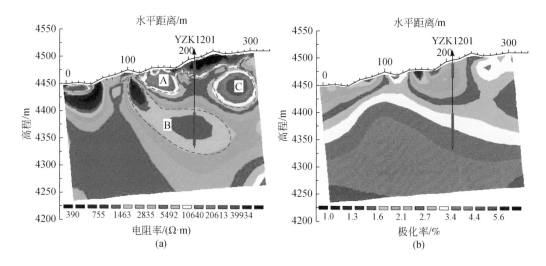

图6.21　甲基卡矿区2018-PM2剖面电阻率反演断面（a）与极化率反演断面（b）
钻孔箭头黑色段线为片岩，红色段线为连续见伟晶岩段

已有钻探YZK1201成果显示，2018-PM2剖面见伟晶岩共100多米厚，其中含锂辉石矿层厚约40m。在推断的低阻异常B，出现连续伟晶岩，故低阻异常应为破碎伟晶岩引起。

四、哲西措地区异常钻探验证情况

2019年钻探工作主要集中在134号脉北部的X5、X6、X7脉体区域。此区域属于湿地分布区，在前期工作中，已经完成了1∶5000激电工作。2019年在此区域施工钻孔有9个，其钻探区视电阻率异常见图6.22，勘探线剖面见图6.23。

由图6.22知，134号脉北部及东部视电阻率异常主要有5条异常，北部3条异常主体以南北向为主，东部2条异常主体以北东向分布为主。5条异常总体呈复合分支状分布。推断134号脉以多条分支复合的脉体往北部延伸。

已施工的9个钻孔，均位于异常区或异常区边缘。其中：

（1）RZK805号钻孔位于134号脉正北部延伸B异常东部边缘，钻孔东倾，目标位置应是B、C异常之间。B异常与C异常近南北向平行分布，在RZK805位置，两者之间存在较弱的异常，使B、C异常在此处有分支复合的可能。由于此处异常较弱，推断B、C异常在此处如果相交，应是规模较小，或者深度较大。RZK805钻孔成果显示，在地下200m深和近500m深位置，分别发现了含锂辉石伟晶岩。

（2）RZK804号钻孔位于C异常西部边缘，钻孔向东倾45°，目标位置是C异常，推断C异常有规模较大的伟晶岩分布。RZK804钻孔成果显示，在地下145.05～164.09m处，发现含锂辉石伟晶岩分布，长度为19.04m。

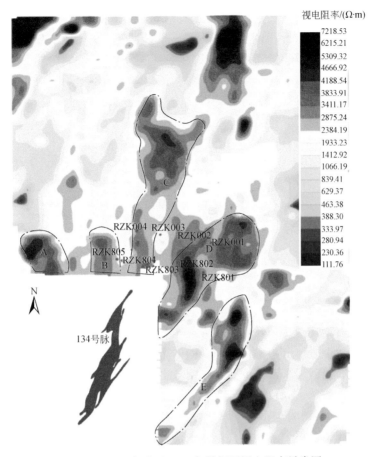

图 6.22 甲基卡矿区 2019 年钻探区视电阻率异常图

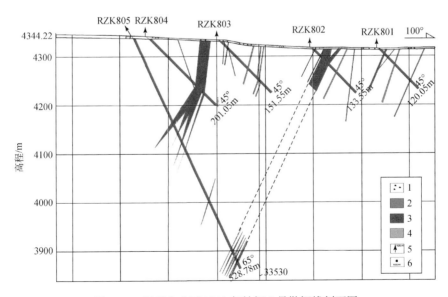

图 6.23 甲基卡矿区 2019 年钻探 8 号勘探线剖面图

1-第四系残坡积物含锂辉石伟晶岩转石；2-十字石红柱石二云母片岩；3-钠长石锂辉石伟晶岩；4-钠长石伟晶岩；
5-钻孔及编号；6-已施工钻孔及编号

（3）RZK803 号钻孔位于 C 异常东部边缘，钻孔向东倾 45°，目标位置是 C 异常和 D 异常相接部分。C 异常与 D 异常的交接带为弱异常，推断应无大规模伟晶岩分布，其钻探成果显示主要分布围岩，零星分布钠长石伟晶岩。

（4）RZK802 号钻孔位于 D 异常中心西侧，钻孔向东倾 45°，目标位置是 D 异常中心，推断 D 异常有规模较大的伟晶岩分布。RZK802 成果显示，在地下长度为 21.05m 位置，发现含锂辉石伟晶岩分布，长度为 21.05m。

（5）RZK801 号钻孔位于 D 异常中心东侧，钻孔向东倾 45°，目标位置是 D 异常东部边缘，由于 D 异常东部边缘异常较弱，推断应无大规模伟晶岩分布。RZK801 成果显示，其主要分布围岩，见少量钠长石伟晶岩和含锂辉石伟晶岩分布。

第五节　高密度电法测量

一、工作概述

通过以往地质、物化探工作及本研究开展的激电中梯扫面和测深的认识及归纳总结，花岗岩、伟晶岩等酸性岩体电阻率比三叠系的砂岩、片岩等高，视电阻率异常表现为高阻异常，三叠系的片岩、砂岩表现为低视电阻率异常。

通过大功率激电测深，大致了解了 200m 以浅的高低阻地质体分布特征，指导了钻孔布置，取得了很好的效果。激电测深相对于高密度电法来说，虽然其勘探较深（因其 AB 供电电极距离可以调整得很大，同时其供电电流较高密度电法大），但是分辨率低，效率低，成本高的特点，限制了其大规模在工作区的部署应用。此次高密度电法测量工作的部署主要基于以下两点来考虑：

（1）作为方法试验，以区内已知地质剖面验证高密度电法测量效果；以区内需要做测深的区域作高密度测量，验证其实际效果。

（2）如果测量效果好，基于高密度电法测量所具有的分辨率高、效率高、成本低的特点，在以后勘探活动中，高密度电法能解决的勘探任务，可优先考虑高密度电法。

二、实验剖面解释推断

实验剖面位于绝情谷海子东侧，剖面长 50m，与断面平行，垂直距离断面约 30m 位置处。由于断面处存在各种脉体，且产状清晰，故选择此处作为试验剖面，用来验证高密度电法勘探效果。

综合剖析见图 6.24。圈定了 4 个高阻异常，其特征表现如下：

（1）高阻异常 A，分布于剖面 2~9m 处，产状近水平，其对应断面影像上的层状伟晶岩脉。

（2）高阻异常 B，分布于剖面 80~160m 处，产状近直立，左侧对应断面影像上的锂辉石伟晶岩岩脉；右侧对应断面影像上的石英脉；在其深部约 50m 处，分布一未封闭高阻异常。

（3）高阻异常 C，分布于剖面 260～410m 处，实地踏勘发现剖面此位置及对应垂直断面位置处有大量锂辉石伟晶岩岩脉。

（4）高阻异常 D，分布于剖面 420～570m 处，实地踏勘发现剖面此位置及对应垂直断面位置处有锂辉石伟晶岩岩脉。

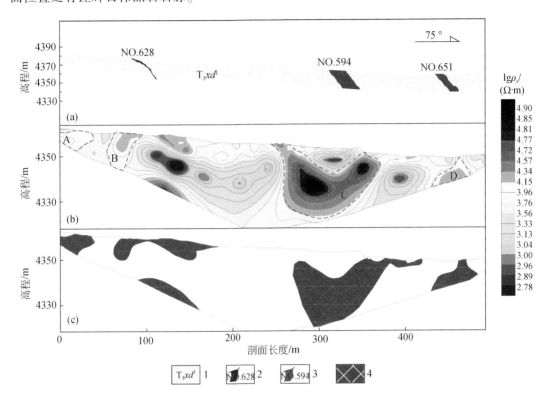

图 6.24　甲基卡矿区高密度电法实验剖面综合剖析图

（a）地质剖面；（b）电阻率反演剖面（温纳装置）；（c）推断解释剖面。1-上三叠统新都桥组下段；2-锂工业矿化伟晶岩脉及编号；3-锂矿化伟晶岩脉及编号；4-推断含矿伟晶岩。ρ_s 为视电阻率

综上所述，反演成果的高阻异常与锂辉石伟晶岩岩脉、石英脉等对应效果好，表明高密度勘探成果能有效识别和区分由伟晶岩岩脉、石英脉等脉体引起的高阻异常。因此高密度电法测量在甲基卡地区的应用，理论和实际均可行。

三、剖面 01 解释推断

如图 6.25，高密度剖面 01 位于 X03 含矿脉体南侧的 27 号勘探线上，剖面长 50m，东西走向，由西向东分布。在剖面 320m 处，布设了 ZK2702 钻孔；在 470m 处，布设了 ZK2701 钻孔，在剖面 650m 处，布设了 ZK2703 钻孔。

综合剖析见图 6.25。圈定了 3 个高阻异常和 1 个低阻异常，其特征表现如下：

（1）高阻异常 A，分布于剖面 200～400m 段，距地表 60m 深处，深部未封闭，无法判断产状，此异常西侧为 308 号脉，推断此异常由含矿伟晶岩脉引起；在剖面 320m、ZK2702 钻孔处，其地表分布一薄层高阻异常。

（2）低阻异常 B，分布于高阻异常 A 下 120m 处，在地表上距离 ZK2702 钻孔 5m 处，有一水沟，推断低阻异常 B 由此水沟引起。

（3）高阻异常 C，分布于剖面 470m、ZK2701 钻孔处，从地表延伸至 60m 深处。据 ZK2701 钻孔资料显示，在 60~100m 段，有含矿伟晶岩出现。

（4）高阻异常 D，分布于剖面 600~850 段，钻孔 ZK2703 位于此相连异常中断处，据资料显示，在约 150m 处，出现含矿伟晶岩脉，推断其为高阻异常 D 深部延伸部分，故推断高阻异常 D 为伟晶岩脉引起。

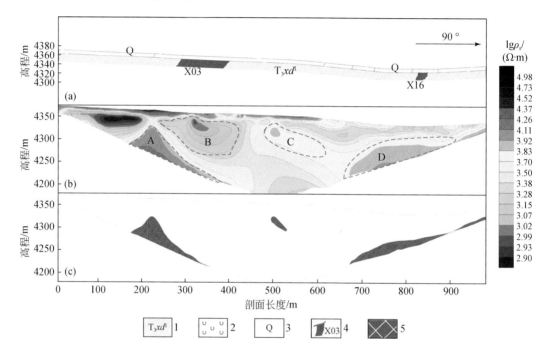

图 6.25　甲基卡矿区高密度剖面 01 视电阻率反演综合剖析图

（a）地质剖面；（b）电阻率反演剖面（温纳装置）；（c）推断解释剖面。1-上三叠统新都桥组下段；2-伟晶岩转石区；3-第四系覆盖区；4-含矿伟晶岩脉；5-推断含矿伟晶岩

四、剖面 02 解释推断

高密度剖面 02 位于哲西措区域，134 号脉南部，剖面长 1000m，东西走向，由西向东分布。部署此剖面目的是查证 77 号、78 号、79 号脉体深部延伸情况及引起其东侧高视电阻率异常的原因。

综合剖析见图 6.26。圈定了 3 个高阻异常，其特征表现如下：

（1）高阻异常 A，分布在剖面 270~360m 段，高密度测量剖面上，沿地表浅层分布高阻异常厚度 20~30m，高阻异常未向深部延伸。地质上对应分布 77 号、78 号、79 号等一系列近南北向分布的锂辉石脉体，激电中梯扫面成果显示，此区域位于南北向视电阻率背景场上。

（2）高阻异常 B，分布在剖面 430~750m 段，高密度测量剖面上，地表浅层分布一高阻异常，厚度约 10m，其下 50~100m 处分布一近水平层状次级高阻异常，地质上此段偶见石英脉和变质砂岩，以变质砂岩为多，推断此异常主要由石英脉和变质砂岩引起；

（3）高阻异常 C，分布在 750~900m 段，高密度测量剖面上，地表浅层分布一高阻异常，厚度 20~30m，地表见大量变质砂岩分布，推断此处异常由变质砂岩引起。

综上所述，推断 77 号、78 号、79 号脉体未向深部延伸；推断其东侧高阻异常由石英脉和变质砂岩共同引起。

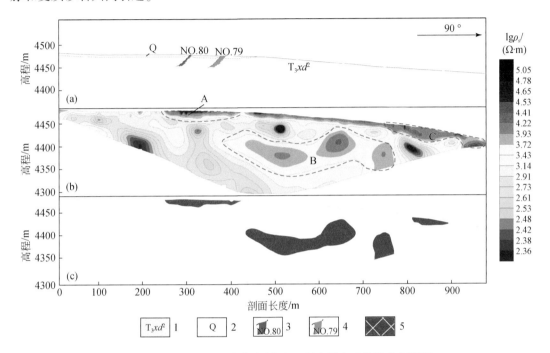

图 6.26　甲基卡矿区高密度剖面 02 视电阻率反演综合剖析图

（a）地质剖面；（b）电阻率反演剖面（温纳装置）；（c）推断解释剖面。1-上三叠统新都桥组中段；2-第四系；
3-铌钽工业矿化伟晶岩脉及编号；4-铌钽矿化伟晶岩脉及编号；5-推断含矿伟晶岩

五、剖面 03 解释推断

高密度剖面 03 位于哲西措区域，高密度剖面 02 号脉南部，剖面长 1200m，东西走向，由西向东分布。地质上，在剖面 300m 南侧，分布了 627 号锂辉石脉，在剖面北侧 580m，分布了 55 号锂辉石脉。地质上认为 627 号、55 号脉体在深部可能是连接在一起的，部署此剖面目的主要是对其进行验证。

综合剖析见图 6.27。划分了 3 个高阻异常区和 1 个低阻异常区，其特征表现如下：

（1）高阻异常 A，位于 160m 处，深 20~30m，规模小，激电中梯扫面成果显示，此区域位于南北向视电阻率背景场上。

（2）高阻异常 B，位于剖面约 400m 处，从地表直至剖面底端，异常未封闭，异常向西倾，激电中梯扫面成果显示，此区域位于南北向视电阻率次级高异常上，而 55 号锂辉石脉位于此次级高异常中，推断此异常由含矿伟晶岩脉引起。

（3）低阻异常 C，位于剖面 600～750m 段，此区域位于激电中梯扫面成果的低异常区，有沼泽分布，因此，此低异常主要由含水的沼泽引起。

（4）高阻异常 D，位于剖面 800～1140m 段，从地表直至剖面底端，异常近垂直分布，激电中梯扫面成果显示，此区域位于南北向视电阻率次级高异常上，推断此异常由伟晶岩脉引起。

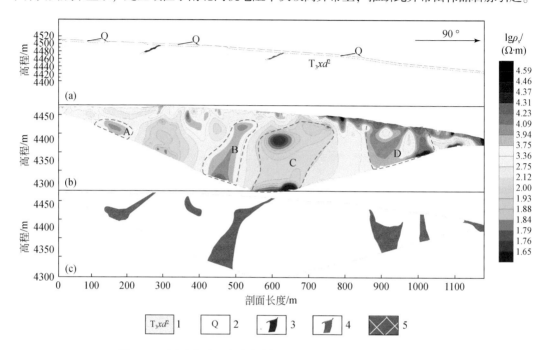

图 6.27　甲基卡矿区高密度剖面 03 视电阻率反演综合剖析图

（a）地质剖面；（b）电阻率反演剖面（温纳装置）；（c）推断解释剖面。1-上三叠统新都桥组中段；2-第四系；3-推测锂矿化伟晶岩脉；4-推测铌钽矿化伟晶岩脉；5-推断含矿伟晶岩

综上所述，627 号锂辉石脉与 55 号锂辉石脉中间深部存在一高阻异常体，推断为伟晶岩引起，故推断两条脉在深部是相连的。

第六节　大地音频电磁测深

一、工作概述

通过音频大地电磁测深提供的 2000m 以浅的视电阻率特征，将对深部成矿的研究提供更多的信息。2017 年、2018 年测量了 4 条呈"丰"字形音频大地电磁测深剖面（图 6.28）。其成果表明，目前已知的较大含矿脉体（如 X03、308 号、134 号脉）在音频大地电磁测深剖面上，显示为地表浅部的次级弱高阻异常，而在其深部，则存在强度大、规模大的高阻异常。两者之间有通道连通，以此推断出大量潜在找矿靶区；根据经过马颈子花岗岩的剖面 04、剖面 02 和剖面 03 的测量成果，推断马颈子花岗岩内部存在较多的破碎裂隙，在花岗岩内部也发现有锂辉石分布，对花岗岩的进一步研究提供了物探资料的支撑。

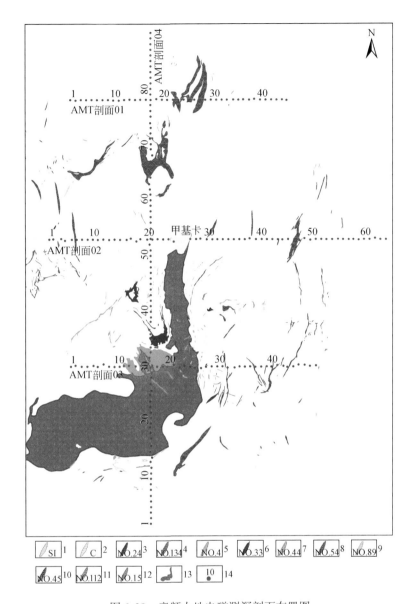

图 6.28　音频大地电磁测深剖面布置图

1-石英脉；2-细晶岩脉；3-锂矿化伟晶岩脉；4-锂工业矿化伟晶岩脉；5-铍矿化伟晶岩脉；6-铍工业矿化伟晶岩脉；7-铌钽矿化伟晶岩脉；8-铌钽工业矿化伟晶岩脉；9-锂–铍混合型矿化伟晶岩脉；10-锂–铌钽混合型矿化伟晶岩脉；11-铍–铌钽混合型矿化伟晶岩脉；12-未矿化伟晶岩脉体；13-二云母花岗岩；14-AMT 测点及编号

二、剖面 01（PM01 剖面）解释推断

甲基卡矿区音频大地电磁测深 PM01 剖面反演及解译图见图 6.29，解释推断如下。

1）重磁曲线变化特征

在 X03 位置，布格重力属于低值区范围；地磁处于低值区，但靠近梯度带位置。重磁曲线的这种分布特征与伟晶岩在甲基卡地区具有的低密度和低磁性特征是一致的。

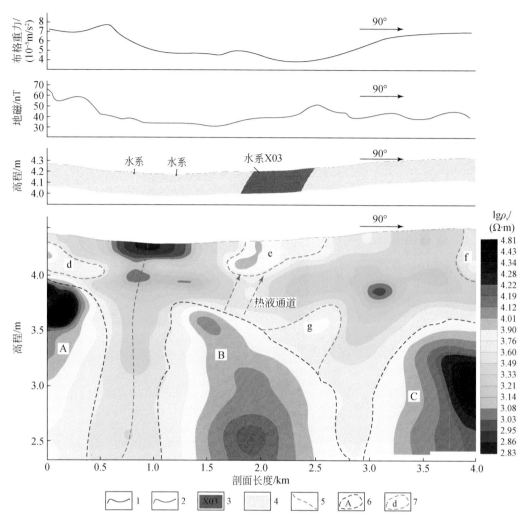

图 6.29 甲基卡矿区音频大地电磁测深 PM01 剖面反演及解译图

1-布格重力曲线；2-地磁曲线；3-含锂辉石伟晶岩及编号；4-三叠系；5-推断断裂；
6-推断伟晶岩体；7-推断含锂辉石伟晶岩脉

2）对高阻异常体的推断解释

剖面成果显示，深部主要分布了 3 处高阻异常 A、B、C，高阻异常浅部对应分布了 4 处规模、强度较小的次级高阻异常 d、e、f、g。各异常主要特征及推断如下：①剖面西侧高阻异常 A 西部和深部未封闭，产状近直立，其上部对应为次级高阻异常 d，在地表发现有含锂辉石伟晶岩转石，推断高阻异常 A 为伟晶岩脉，高阻异常 d 为含锂辉石伟晶岩脉。②剖面东侧高阻异常 C 东部和下部未封闭，产状近直立，略西倾，其上部对应的次级高阻异常地表发现有含锂辉石伟晶岩转石，推断高阻异常 C 为伟晶岩脉，高阻异常 f 为含锂辉石伟晶岩脉引起。③剖面中间高阻异常 B 深部未封闭，产状近直立，略西倾，其上部分布次级高阻异常 e，分布位置与 X03 一致，异常 e 与异常 B 之间分布一规模强度更小的高异常，推断为热液通道，异常 e 深度约 500m，而目前 X03 矿脉钻孔均为 200m 左右。在异常 e 下方，距离地表约 700m 处，分布有异常 g，其与异常 B 直接相连，从异常强度来看，与异常 e 相近。推断异常 B 为伟晶岩株，异常 e 由 X03 引起，两者之间可能有通道相连，其深度约在 400m。因此，X03 在深部仍有拓展空间；推断异常 g 由含锂辉石伟晶岩引起。

在异常体周围，尤其是上部，分布有强度较弱、规模较小的高阻异常体。已知的 X03 含矿脉体，分布在剖面中间的大型高阻体 B 之上约 700m 处，对应异常 e。X03 矿化脉体为其向上的一分支。这一点与甲基卡成矿认识一致，即含矿脉体为大型花岗岩体分异出来的轻物质经长时间、多期次逐步形成的支脉。根据从已知到未知的推断思想，在 PM01 剖面圈定出与 X03 类似的次级高阻异常体三处。经过实地踏勘，在推断的含矿脉体 d、f 的地表，分别发现含矿的伟晶岩脉体或转石；而推断的含矿脉体 g 则位于地下约 800m 处，其与 X03 含矿脉体位于同一个高阻异常之上。

3）推断的断裂构造

在高阻异常 A 和 B 之间，分布有一带状低阻异常，从地表一直延伸到剖面底部（约 2000m），根据断裂推导原则，在电阻率梯度带及低阻异常带处一般存在断裂分布（董晴晴和冯欣欣，2016），推断此低阻异常处有断裂分布。

综上所述，在垂向上，X03 主矿体位置向下延伸应在 500m 左右，而目前勘探深度在 200m 左右。因此，X03 在平面延伸和深度延深上，仍有很大的拓展空间。

三、剖面 02（PM02 剖面）解释推断

甲基卡矿区音频大地电磁测深 PM02 剖面反演及解译图见图 6.30，主要圈定了 3 个大规模的高阻异常（A、B、C）和 4 个小规模的次级高阻异常（d、e、f、g），解释推断如下。

1）高阻异常 A

异常强度较高，内部形态较完整，推测为花岗岩体引起。其上部分布一系列次级的高阻异常，规模较小，推测为高阻异常 A 分异出的伟晶岩脉，在异常 d 地表踏勘发现含锂辉石伟晶岩。推断异常 d 为含矿伟晶岩脉。

2）高阻异常 B

异常强度较高，内部形态较破碎，推测为花岗岩和伟晶岩脉引起。其顶部分布一些次级的规模小的高阻异常 e。在异常 e 地表踏勘发现含锂辉石伟晶岩。推断异常 e 为含矿伟晶岩脉。

3）高阻异常 C

分布于 134 号锂矿脉分布区域，异常强度弱，内部形态破碎，推断为较破碎的花岗岩体或伟晶岩脉引起。在其顶部分布有次级的规模较小的高阻异常 f 和 g，高阻异常 f、g 与 134 号脉位置对应良好，推断其为 134 号脉的反映。

综上所述，次级异常 d、e、f、g 均推断为含矿伟晶岩脉，建议开展进一步的勘探验证。

4）推断断裂

根据异常圈定原则，推断了 2 处断裂/裂隙构造。

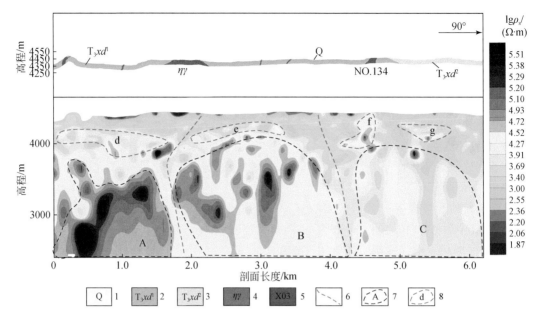

图 6.30　甲基卡矿区音频大地电磁测深 PM02 剖面反演及解译图

1-第四系；2-上三叠统新都桥组下段；3-上三叠统新都桥组中段；4-二云母花岗岩；5-含矿伟晶岩脉；
6-推断断裂；7-推断花岗岩（伟晶岩）岩体；8-推断含矿伟晶岩脉

四、剖面 03（PM03 剖面）解释推断

甲基卡矿区音频大地电磁测深 PM03 剖面共 46 点，剖面长 4.5km，反演及解译图见图 6.31，主要圈定了 4 个大规模的高阻异常（A、B、C、D）和 3 个小规模的次级高阻异常（e、f、g），解释推断如下。

1）高阻异常 A

异常强度较高，内部形态较破碎，推断此异常主要由花岗岩和伟晶岩脉体引起。高阻异常 A 上部分布有规模较小、强度较低的次级高阻异常 e，此处为前人圈定的锂矿分布区，电法异常查证发现锂辉石，推断异常 e 主要为含锂辉石的伟晶岩引起。

2）高阻异常 B

异常强度高，内部形态较完整，推断此异常主要为马颈子花岗岩引起。高阻异常 B 偏西部分顶部，分布有规模较小、强度较低的次级高阻异常 f，此处为前人圈定的铍矿分布区，电法异常查证发现绿柱石，推断异常 f 主要为含铍矿的伟晶岩引起。

3）高阻异常 C

异常强度较高，内部形态破碎，推断此异常主要由花岗岩和伟晶岩脉体引起。高阻异常 C 上部分布有规模较小、强度较低的次级高阻异常 g，此处为前人圈定的铍矿分布区，电法异常查证发现绿柱石，推断异常 g 主要为含铍矿的伟晶岩引起。

4）高阻异常 D

异常东侧未封闭。从异常部分来看，异常强度较高，内部形态破碎，推断此异常主要由花岗岩和伟晶岩脉体引起，建议开展进一步工作完善此异常信息。

5）推断断裂

根据异常圈定原则，推断了2处断裂/裂隙构造。

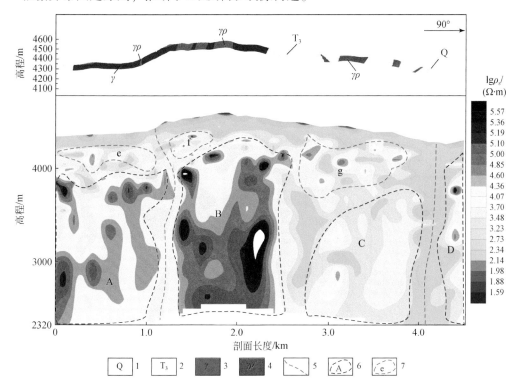

图6.31　甲基卡矿区音频大地电磁测深 PM03 剖面反演及解译图

1-第四系；2-上三叠统；3-二云母花岗岩；4-含矿伟晶岩脉；5-推断断裂；6-推断花岗岩（伟晶岩）岩体；

7-推断含矿伟晶岩脉

五、剖面04（PM04 剖面）解释推断

甲基卡矿区音频大地电磁测深 PM04 剖面反演及解译图见图6.32，主要圈定了4个大规模的高阻异常（A、B、C、D）和2个小规模的次级高阻异常（e、f），解释推断如下。

1）高阻异常 A

异常强度高，内部形态破碎，推断此异常主要为花岗岩引起。野外踏勘显示，在花岗岩内部裂隙处分布伟晶岩，部分含锂辉石。

2）高阻异常 B

异常强度较高，内部形态破碎，推断此异常主要由花岗岩及少量伟晶岩引起。高阻异常 B 顶部分布有规模较小、强度较低的次级高阻异常 e，野外踏勘和异常查证发现在异常 e 南段含锂辉石伟晶岩转石，推断异常 e 为含锂辉石伟晶岩引起。

3）高阻异常 C

异常强度较高，内部形态较完整，推断此异常主要由花岗岩引起。高阻异常 C 顶部分布有规模较小、强度较低的次级高阻异常 f，其分布位置与308号矿脉一致性好，推断其为308号矿脉引起。经野外踏勘和异常查证，在异常 f 发现含锂辉石伟晶岩脉，其局部含大量电气石。

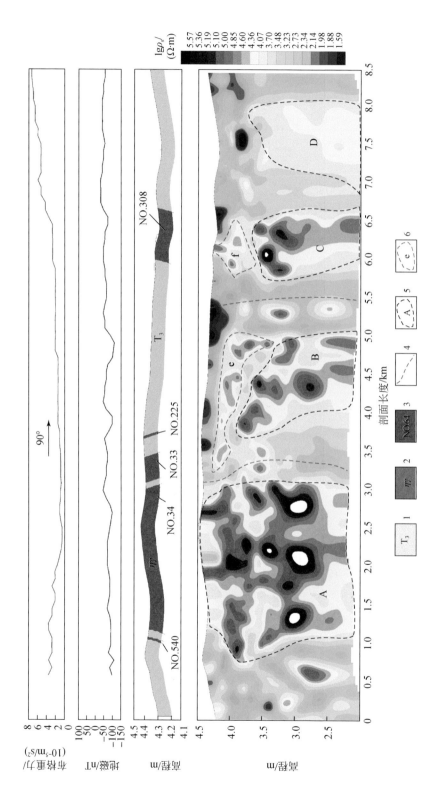

图6.32 甲基卡矿区音频大地电磁测深PM04剖面反演及解译图

1-上三叠统；2-二云母花岗岩；3-含矿′伟晶岩脉及编号；4-推断断裂；5-推断花岗岩(伟晶岩岩体；6-推断含矿′伟晶岩脉

4）高阻异常 D

异常强度较低，内部形态较完整。推断其主要由花岗岩或伟晶岩引起。勘探发现地表含锂辉石伟晶岩转石，其东部与 X03 相邻，推断上部可能分布隐伏含矿伟晶岩脉。

综上所述，已知的较大含矿脉体（如 X03、308 号、134 号脉），在音频大地电磁测深剖面上，显示为地表浅部的次级弱高阻异常，而在其深部，则存在强度大、规模大的高阻异常。两者之间有通道连通。以此推断出大量潜在找矿靶区；马颈子花岗岩内部存在较多的破碎裂隙，在花岗岩内部也发现有锂辉石分布，为进一步研究花岗岩提供了物探资料支撑。

第七节　地质雷达测量

地质雷达是甲基卡矿田稀有金属找矿的补充手段，开展的目的是第四系揭盖、绿色勘探和快速找矿评价，是一种勘探稀有金属矿田的方法尝试。由于地质探测找矿的地质雷达测量没有相关规范，本次工作技术方法参照工程上地质雷达规范《公路断面探伤及结构层厚度探地雷达》（JT/T 940—2014）和《公路隧道地质雷达检测技术规程》（DB35/T 957—2009），并结合地质雷达基本原理来编写。

2016 年和 2017 年在甲基卡长梁子区域、日西柯区、哲西措区域，鸭柯柯区域和 X03 南部 43 号线布置探地雷达测线，目的是区分出第四系和可能存在隐伏伟晶岩的区域。

工作区岩石的岩性主要分为三类，第一类是花岗岩、伟晶岩等酸性岩；第二类是片岩、变质砂岩等浅变质岩；第三类则是第四系浮土。地质雷达的反射波强度由这三类岩石的介电常数差异决定（表 6.9）。因此研究伟晶岩脉、片岩与第四系浮土之间的界面反射信号特征差异，需了解其雷达特征，才能对异常进行准确判别和解释。

表 6.9　甲基卡矿区岩性介电常数

介质	相对介电常数	电导率/（mS/m）	波速/（m/ns）
空气	1	0	0.30
花岗岩或伟晶岩	5	5×10^{-5}	0.13
片岩	15	1×10^{-4}	0.10
第四系浮土	20	5×10^{-3}	0.08

根据在野外对已知矿体进行的实验结果，花岗岩脉体和花岗岩转石具有不同的地质雷达特征信号，分类结果见表 6.10。

第 1 类信号是探地雷达图像上比较连续的反射界面，且反射界面之下出现强度较大，持续时间较长的信号，由花岗岩或伟晶岩脉顶界面反射和其周围的转石散射所引起。

第 2 类信号是双曲线型信号，为转石的特征反射信号。根据这两类信号，可以推断矿区浅层是否含有隐伏花岗岩或伟晶岩脉体，为钻探提供部分依据。

除了花岗岩或伟晶岩与第四系浮土或片岩之间界面的反射，第四系浮土和片岩的界面也存在反射。第四系浮土中片岩转石反射也呈双曲线型特征信号。矿田第四系浮土下伏片岩地层较连续，因此第四系浮土与片岩地层之间界面反射较连续；且由于电磁波在片岩地层中衰减较大，片岩地层内部基本不存在散射信号。

表6.10 甲基卡矿区地质雷达主要特征信号及解释

序号	探地雷达特征信号形态	描述	推断解译
1	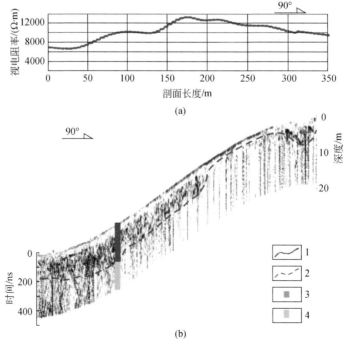	较连续的信号（左图中红线）；且该信号下方有持续时间较长的杂乱反射（左图中绿色圆圈内）	连续信号是花岗岩或伟晶岩脉顶界面的反射；其下部杂乱反射信号为脉体周围转石的散射或脉体不规则界面的散射
2		双曲线型特征信号（左图中橘黄色曲线所指）	花岗岩或伟晶岩转石的反射或是第四系浮土内片岩转石的反射

一、新三号脉南部的延伸调查

测线 PM43 的地质雷达测线信号较强，沿着测线能见到很多伟晶岩转石。在地质雷达剖面上沟渠中出现特征双曲信号，是地下颗粒状物体反射的特征信号，说明该区段不仅地表出现伟晶岩转石，地下也有隐伏的伟晶岩转石。在剖面中西部，视电阻率曲线最高处有连续的条带状信号（图6.33），且该界面信号下部有强信号出现，推测是较连续的伟晶岩脉体。

图 6.33 甲基卡 PM43-S 视电阻率曲线（a）和地质雷达剖面成果（b）

1-视电阻率曲线；2-推断第四系覆盖层界面；3-钻孔第四系分布层；4-钻孔片岩分布层

测线 PM43-S 的地质雷达测线信号较强，在剖面中西部，视电阻率曲线最高处有连续的条带状信号。据此推断的第四系厚度，图 6.33 中灰色虚线是第四系和片岩顶界面。根据钻孔发现第四系覆盖层厚度和探地雷达推测界面吻合较好。

二、C 靶区探地雷达解译推断

从图 6.34 探地雷达剖面看，X05 和 X07 伟晶岩脉出露位置有强杂乱反射信号，信号深度延伸较长，横向延伸较小，说明是厚度较小的伟晶岩脉体引起，这与通过露头估计的 X05 和 X07 伟晶岩脉厚度有较好的对应关系。由探地雷达探测的结果估计，在钻孔 ZK001 处第四系厚度约 3m，ZK003 处第四系厚度约 4m，这和钻孔钻探结果（ZK001 揭露第四系厚度约 2.8m，ZK003 揭露第四系厚度约 3.8m）相近。在第四系含水量较大的情况下，电磁波迅速衰减，导致探测效果不理想，因此使用探地雷达应该尽量避免含水较高的区域。

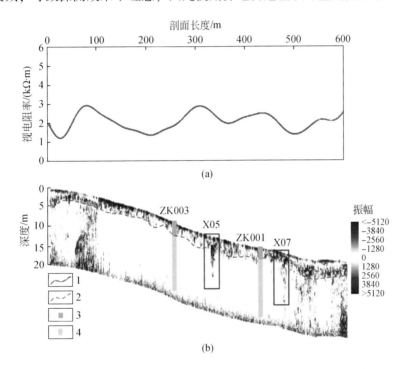

图 6.34　甲基卡 C 区 C02 勘探线剖面视电阻率曲线（a）和探地地雷达剖面（b）
1-视电阻率曲线；2-推断第四系覆盖层界面；3-钻孔第四系分布层；4-钻孔片岩分布层。
探地雷达剖面上钻孔位置为钻孔柱状图，灰色表示第四系覆盖层，浅红色为片岩。红色方框是强杂乱反射位置，对应伟晶岩露头位置

第七章　甲基卡大型锂资源基地的地球化学调查

第一节　化探异常调查

一、甲基卡矿区及外围

（一）稀有元素异常特征

1. 锂元素异常特征

从图 7.1 中可以看出，工作区 Li 元素异常显示较好，浓集趋势显著，三级浓度分带清晰，峰值为 $1501\mu g/g$。整体上，主成矿元素 Li 在地球化学图上有明显的分区现象：测区北部为低值区，覆盖面积较大，约 $11km^2$，其锂含量值通常小于 $90\mu g/g$；测区南部为高值区，覆盖面积约 $9km^2$，其锂含量值普遍大于 $113\mu g/g$，主要分布在长梁子、宝贝地、日西柯以及 104 号脉等地。其中，长梁子工作区的 Li 异常呈北东–南西向条带状展布；宝贝地工作区的 Li 异常呈近南北向条带状展布，同时交织有北东–南西向的异常条带，构成网状异常分布；日西柯工作区 Li 异常为北东–南西向展布的高值异常带，地貌上为一条宽缓的河流，局部地区存在大量锂辉石伟晶岩转石（棱角状），推测可能存在伟晶岩脉体或者热液通道；104 号脉异常呈北东–南西向条带状展布，与该锂辉石脉体的展布延伸情况吻合度较高。

2. 铍元素异常特征

从图 7.2 可以看出，工作区铍元素异常显示较好，浓集趋势显著，三级浓度分带清晰，峰值为 $74.4\mu g/g$。整体上，铍元素异常图有明显的分区现象：测区北部为低值区，覆盖面积较大，约 $11km^2$，其铍元素值通常小于 $3\mu g/g$；测区南部为高值区，与锂元素异常分布吻合度较高，主要分布在长梁子、宝贝地、日西柯以及 104 号脉等地。其中长梁子工作区异常展布以北东–南西向为主，局部交织有北西–南东向串珠状异常；宝贝地工作区异常以面状为主，该区存在 9 号、33 号、34 号等多条铍矿化伟晶岩脉；日西柯工作区异常仍以面状为主，局部交织有北东–南西向串珠状异常。104 号脉的 Be 异常呈北东–南西向条带状展布，地表觉见绿柱石。

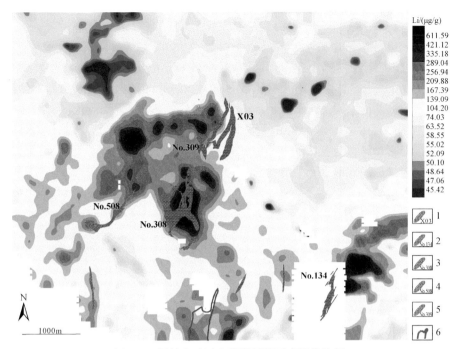

图 7.1　甲基卡矿区土壤测量锂元素异常特征

1-新发现锂辉石伟晶岩矿脉及编号；2-锂工业矿体及编号；3-铍矿化伟晶岩脉及编号；4-铍工业矿化伟晶岩脉及编号；
5-铌钽工业矿化伟晶岩脉及编号；6-花岗岩

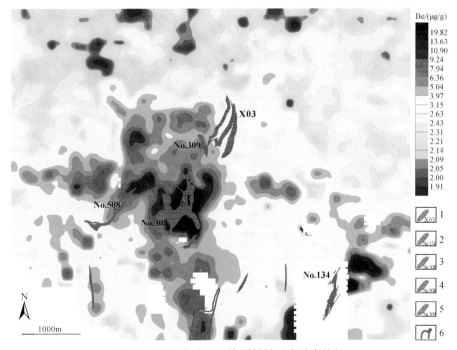

图 7.2　甲基卡矿区土壤测量铍元素异常特征

1-新发现锂辉石伟晶岩矿脉及编号；2-锂工业矿体及编号；3-铍矿化伟晶岩脉及编号；4-铍工业矿化伟晶岩脉及编号；
5-铌钽工业矿化伟晶岩脉及编号；6-花岗岩

3. 铯元素异常特征

从图7.3可以看出，工作区铯元素异常显示较好，浓集趋势显著，三级浓度分带清晰，峰值为690μg/g。整体上，铯元素异常图有明显的分区现象：测区北部为低值区，覆盖面积稍小，约12km²，其铯元素值通常小于35μg/g；测区南部为高值区，整体上高值区形态呈不规则状，其中南西角异常主要呈北东–南西向条带状展布，形态与104号脉北段吻合度很高；南东角异常为测区的主要铯元素异常，位于哲西措海子东部，三级浓度分带发育，异常内带呈近南北向展布，异常外带呈近北东–南西向展布。

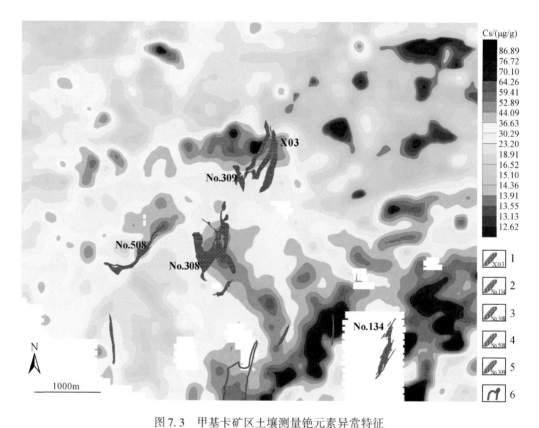

图7.3　甲基卡矿区土壤测量铯元素异常特征

1-新发现锂辉石伟晶岩矿脉及编号；2-锂工业矿体及编号；3-铍矿化伟晶岩脉及编号；4-铍工业矿化伟晶岩脉及编号；
5-铌钽工业矿化伟晶岩脉及编号；6-花岗岩

4. 铷元素异常特征

从图7.4可以看出，工作区铷元素异常显示较好，浓集趋势显著，三级浓度分带清晰，峰值为1231μg/g。整体上，工作区铷元素高值区覆盖面积不大，约9km²，主要集中分布在新三号脉北侧、长梁子地区、日西柯地区、104号脉及宝贝地。其中新三号脉北侧异常以面状、点状为主，元素的含量在150～180μg/g之间；长梁子地区异常以近南北向条带状为主，局部可见有串珠状异常，元素含量在150～200μg/g之间；日西柯异常区发育较好的三级浓度分带，异常以面状为主，元素含量在 180~300μg/g 之间；104 号脉异常与已知的脉体展布方向吻合度较高，呈北东-南西向条带状展布；宝贝地异常区异常以面状为主，局部发育串珠状、条带状，整体上异常形态与该区出露的花岗岩吻合度较高。

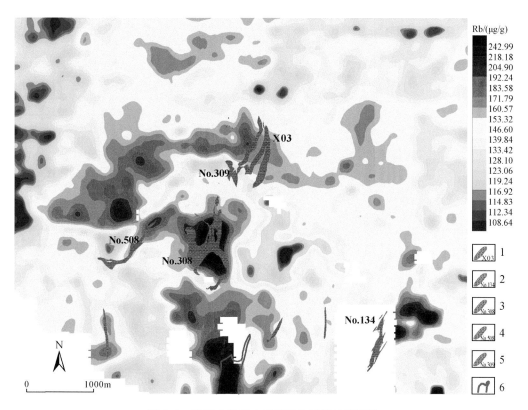

图 7.4　甲基卡矿区土壤测量铷元素异常特征

1-新发现锂辉石伟晶岩矿脉及编号；2-锂工业矿体及编号；3-铍矿化伟晶岩脉及编号；4-铍工业矿化伟晶岩脉及编号；
5-铌钽工业矿化伟晶岩脉及编号；6-花岗岩

5. 硼元素异常特征

从图 7.5 可以看出，硼元素异常显示较好，浓集趋势显著，三级浓度分带清晰，峰值为 3627μg/g。异常面积较大，具有多个浓集中心，分布在长梁子、日西柯、宝贝地以及104 号脉等地。

在长梁子地区 B 元素异常呈面状、点状分布，异常面积较小，分布范围较广，有较弱的二级浓度分带；在日西柯地区 B 元素异常呈面状展布，有呈北东-南西向展布的趋势，同时交织有东西向的异常条带，浓集趋势较为显著，异常面积较大；宝贝地地区的 B 元素异常以北东-南西向条带状为主，局部发育近南北向的异常条带，交织成网状分布，与该区出露的花岗岩有较高的吻合度；104 号脉与 804 号脉处均有较好异常显示，浓集中心明显，异常以面状为主，未封闭。

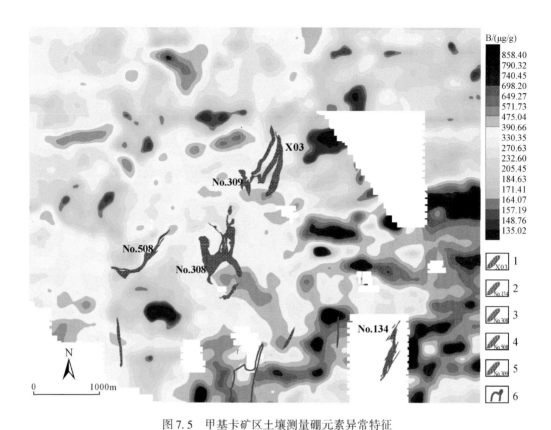

图 7.5　甲基卡矿区土壤测量硼元素异常特征

1-新发现锂辉石伟晶岩矿脉及编号；2-锂工业矿体及编号；3-铍矿化伟晶岩脉及编号；4-铍工业矿化伟晶岩脉及编号；
5-铌钽工业矿化伟晶岩脉及编号；6-花岗岩

6. 锡元素异常特征

从图 7.6 可以看出，锡元素异常显示非常好，有多个浓集中心，呈明显的三级浓度分带，极大值为 164μg/g。异常个数较多，范围较广，规模较大，呈面状分布，主要分布在长梁子地区、日西柯地区、宝贝地地区及甲基卡海子南部，测区北部异常较为分散，以单点状分布为主。在长梁子地区异常以串珠状、面状为主，具有多个浓集中心，较弱的三级浓度分带，异常面积不大，整体上呈北西–南东向条带状展布，同时交织有近南北向的异常条带；日西柯地区异常以面状为主，具有多个浓集中心，三级浓度分带明显，异常面积约 1.1km²，极值为 172μg/g，整体上呈东西向展布；宝贝地异常浓集趋势显著，具有多个浓集中心，异常以北东–南西向条带状为主，局部发育北西–南东向异常条带，且异常形态与该区出露的花岗岩吻合度较高。

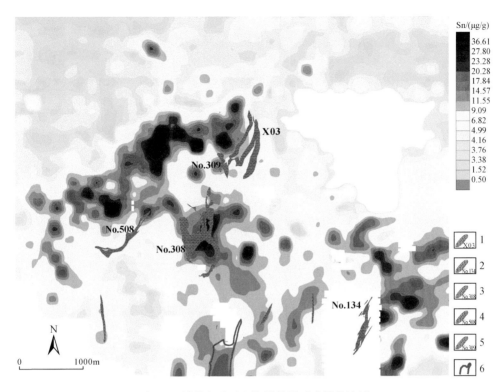

图 7.6　甲基卡矿区土壤测量锡元素异常特征

1-新发现锂辉石伟晶岩矿脉及编号；2-锂工业矿体及编号；3-铍矿化伟晶岩脉及编号；4-铍工业矿化伟晶岩脉及编号；
5-铌钽工业矿化伟晶岩脉及编号；6-花岗岩

7. 铌元素异常特征

铌元素的异常显示较好（图7.7），极大值为28.7μg/g；有明显的分区现象，测区北西角为低值区，元素含量普遍小于13μg/g；高值区异常以面状、点状为主，局部发育北东–南西向的异常条带，交织成网状分布。铌元素异常主要集中在日西柯地区及甲基卡海子东侧，长梁子地区及测区北部仅有零星异常。

8. 钽元素异常特征

钽元素异常显示较好（图7.8），发育三级浓度分带，异常个数较多，范围较广，呈面状、点状分布，主要分布在长梁子地区及日西柯地区。

其中在长梁子地区异常以点状分布为主，异常以一级浓度分带为主，单个异常面积较小；日西柯地区异常以面状分布为主，发育三级浓度分带，异常面积约0.54km²，极值为21.4μg/g。

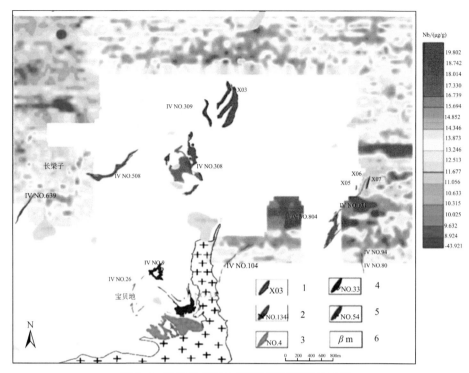

图 7.7 甲基卡矿区土壤测量铌元素异常特征

1-新发现锂辉石伟晶岩矿脉及编号；2-锂工业矿体及编号；3-铍矿化伟晶岩矿脉及编号；4-铍工业矿化伟晶岩脉及编号；
5-铌钽工业矿化伟晶岩脉及编号；6-花岗岩

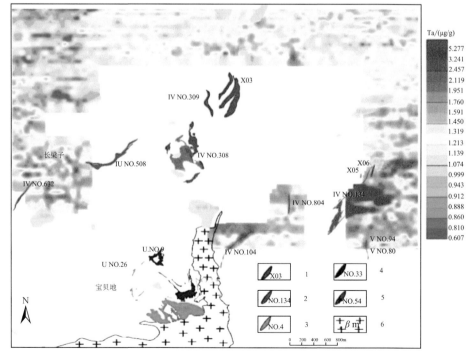

图 7.8 甲基卡矿区土壤测量钽元素异常特征

1-新发现锂辉石伟晶岩矿脉及编号；2-锂工业矿体及编号；3-铍矿化伟晶岩矿脉及编号；4-铍工业矿化伟晶岩脉及编号；
5-铌钽工业矿化伟晶岩脉及编号；6-花岗岩

（二）元素的区域分布特征

1. 元素背景值特征

在地壳中，由于区域空间上地球化学元素分布存在差异性，造成地球化学背景和异常的形成。在地壳中某个区域或地区内，将元素的正常含量（即没有受到矿化或蚀变等因素影响、元素在原始状态下的平均含量）称为该区域或地区的元素地球化学背景值。将化学元素在地壳给定的区域或地区内集中或分散的结果（即地球化学元素含量或其他指标相对于正常地球化学模式的偏离）称为该区域或地区内的元素地球化学异常。元素地球化学异常是相对于地球化学背景值而言的。

引起地球化学异常的因素很多，如矿化、蚀变等成矿作用因素，构造情况等地质作用因素以及其他的一些自然的或人为的因素。准确衡量地球化学异常和地球化学背景，在地球化学勘查工作中，对于有效地圈定矿化体以及地球化学勘查找矿等有着十分重要的意义。

前人于 1961 年在甲基卡地区开展过化探采样试验，得出的变质围岩 Li 原生晕为 30 ~ 50μg/g；次生晕的一般背景值为 20 ~ 50μg/g；根据"四川省矿产资源潜力评价"成果，1：20 万 Li 元素背景值为 52.17μg/g。从表 7.1 可以看出，本次化探采样区中 Li 的背景值较高，剔除特异值前的平均值（X）为 92.02μg/g，剔除特异值后的平均值为 66.65μg/g，约是全国 A 层土壤平均值（32.50μg/g）的 2 倍，显示出突出的区域富集特征。

从甲基卡矿区元素地球化学特征参数统计表（表 7.1）中，可以明显看出，本次采集土壤测量样品 9 种元素（B、Be、Cs、F、Li、Nb、Rb、Sn、Ta）均具有极高的区域丰度，原始数据平均值（X）均远远大于全国土壤平均值（C），剔除特异值后的背景值也远远大于全国平均值。这 9 种元素均具有较小的变异系数，Be、F、Nb、Rb、Ta 等元素离散程度较高，较为分散，Ta、Be、Sn 元素的叠加强度均在 2.0 以上，后期叠加作用较强，说明这些元素物源丰富，反映出区域异常或局部异常特别发育，容易集中成矿。

表 7.1　甲基卡矿区元素地球化学特征参数统计

元素	X	X_{max}	So	Cv	X'	K	C	D
B	343.20	3627.00	97.06	0.64	277.73	7.18	47.80	0.18
Be	2.81	74.40	0.36	1.15	2.40	1.44	1.95	4.93
Cs	28.36	690.00	7.51	0.74	21.80	3.44	8.24	0.82
F	624.46	1501.00	82.78	0.92	604.79	1.31	478.00	0.14
Li	92.07	1231.00	16.22	0.27	66.65	2.83	32.50	0.83
Nb	13.46	164.00	1.71	1.07	13.32	—	—	0.87
Rb	138.36	2770.00	16.58	0.19	136.83	1.25	111.00	0.33
Sn	6.05	28.70	1.18	0.21	4.45	2.33	2.60	2.99
Ta	1.35	21.42	0.22	0.57	1.22	1.17	1.15	4.44

注：含量数量级为 10^{-6}。全国土壤平均值（C）取自《中国土壤》。

9 种元素分析数据相关分析成果显示：Li 与 Be 元素相关性最好，其相关系数达 0.687；Li 与 Ta、Cs 有良好相关关系，相关系数分别为 0.676 和 0.559。

对测区9种元素分析数据R型聚类分析成果显示，9种元素可划为：①Li、Be、Ta 相似组合，与其关系密切的元素有 Nb、Rb；②B、Sn、Cs 相似组合；③F。

从分组情况看，主成矿元素 Li 有一定的独立性，Li 与 Be、Ta 相似性较强，成矿关系较为密切，说明工作区范围内锂辉石伟晶岩脉存在一定程度的剥蚀；与 F 相似性差，反映本区 Li 与 F 的成矿关系并不密切。

2. 元素的区域集中与分散特征

将区内9个元素的变化系数值分为几种不同的情况：均匀分布（Cv<0.3）、中等起伏（0.3<Cv<0.6）、较大起伏（0.6<Cv<0.9）、很大起伏（0.9<Cv<1.2）、极大起伏（Cv>1.2）。

均匀分布型（Cv<0.3）：如 Rb、F、Nb，在区域分布中含量较为稳定。

中等起伏型（0.3<Cv<0.6）：Ta。

较大起伏型（0.6<Cv<0.9）：有 Li、Cs、B，在区域分布中含量起伏较大，数据为非正态分布，趋于局部富集，在构造有利部位有一定的矿化作用。

很大起伏型（0.9<Cv<1.2）：有 Be 和 Sn，表明其含量分布很不均匀，反映在不同的构造环境中有明显的富集特征，与区内的电气石化和角岩化关系密切。

3. 元素的空间分布特征

从元素异常特征可以明显看出，测区元素有如下空间分布特征：

Li、Be、B、Sn、Rb、Cs 的高背景异常主要分布在长梁子地区、日西柯地区、宝贝地以及104号脉等地，其中104号脉、长梁子地区内已发现有锂工业矿化伟晶岩脉；宝贝地工作区以铍矿化为主，异常区内的伟晶岩脉中可见有大量的绿柱石及电气石。

F、Nb、Ta 等元素的高背景异常较为分散，在区域分布中含量较为稳定。

（三）异常的圈定

1. 单元素异常的圈定

单元素异常用 MapGIS 软件进行数据处理，并采用箱型图法对数据进行剔除，当经高值剔除后的数据近正态分布时，利用剔除后的剩余值统计出其算术平均值 X 及标准离差 S，取 $T=X+2S$ 为单元素异常下限。以 T、$2T$、$4T$ 分别圈出异常外、中、内三个浓度带。

单元素异常是按不同的异常下限，在地球化学图上直接圈定出来（表7.2）。

表7.2 甲基卡矿区化探异常下限参数表

元素	平均值/(μg/g)	标准差/(μg/g)	变化系数	异常下限/(μg/g)	中带/(μg/g)	内带/(μg/g)
B	277.728	97.0675	0.349505631	470	940	1880
Be	2.398299	0.3612325	0.150620294	4	8	16
Cs	21.794658	7.5098619	0.344573514	40	80	160
F	604.79	82.788	0.136887184	750	1500	3000
Li	66.655434	16.2158547	0.243278811	100	200	400
Nb	13.319863	1.7103238	0.128404008	16	32	64

元素	平均值/(μg/g)	标准差/(μg/g)	变化系数	异常下限/(μg/g)	中带/(μg/g)	内带/(μg/g)
Rb	136.831378	16.5779934	0.121156372	170	340	680
Sn	4.450547	1.1830015	0.26581036	10	20	40
Ta	1.218523	0.2187193	0.179495422	2	4	8

注：参数数量级均为 10^{-6}。

2. 综合异常的圈定

由于本矿区只分析了 9 种元素，没有分组做组合异常图，直接圈定了综合异常图。按照各元素所确定的异常下限，圈定各元素的单元素异常图，将各元素套合在一张图上，以异常套合好、元素组合与矿产或地质体关系密切的多个单元素异常进行重叠，勾绘出综合异常（图 7.9）。其中对于全区中的单点异常、异常元素组合差及成矿地质条件差的异常，进行选择性剔除；对个别分布面积较大的综合异常，根据地质条件及其相互连接薄弱处，对其进行人为分割，圈定 1∶1 万土壤测量元素综合异常 5 处，统计了各异常的面积、平

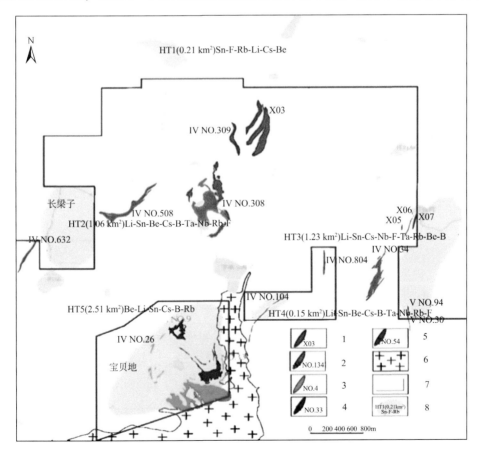

图 7.9　甲基卡矿区土壤测量综合异常图

1-新发现锂辉石伟晶岩矿脉及编号；2-锂工业矿体及编号；3-铍矿化伟晶岩矿脉及编号；4-铍工业矿化伟晶岩矿脉及编号；
5-铌钽工业矿化伟晶岩矿脉及编号；6-花岗岩；7-工作区范围；8-综合异常区及编号（面积）元素

均值、衬值、NAP、元素种类等（表 7.3）。

表 7.3　甲基卡矿区综合异常区参数表

编号	异常名称	面积/km²	最高值/(μg/g)	平均值/(μg/g)	衬值	NAP	元素种类	地质解释
HT1	X03北侧	0.21	80.4	20.4	2.04	0.13	Sn-F-Rb-Li-Cs-Be	未见伟晶岩脉出露，有零星石英脉
HT2	长梁子	1.06	614.0	159.5	1.60	1.60	Li-Sn-Be-Cs-B-Ta-Nb-Rb-F	有锂辉石工业矿化脉出露，激电中梯测量显示出视电阻率高值
HT3	日西柯	1.23	1501.0	258.4	2.58	2.69	Li-Sn-Cs-Nb-F-Ta-Rb-Be-B	西侧出露 X05、X06、X07 锂辉石矿化，视电阻率高值
HT4	104 号脉	0.15	1265.0	276.7	2.77	0.40	Li-Sn-Be-Cs-B-Ta-Nb-Rb-F	与已知 104 号脉在空间上吻合度较高，呈北东向条带状，矿致异常
HT5	宝贝地	2.51	43.0	13.9	3.48	0.29	Be-Li-Sn-Cs-B-Rb	有已知的 33 号、34 号等铍矿化脉，可见量绿柱石，视电阻率高值

3. 主要异常的解释推断与评价

1）长梁子锂异常（HT2）

位于测区西南部，面积约 1.06km²。其中 Li 异常呈明显三级浓度分带，浓集中心明显，异常高值明显，衬值为 1.60，元素种类较为齐全，为 Li-Sn-Be-Cs-B-Ta-Nb-Rb-F。异常表现为以南北向串珠状-带状分布为主，交织有其他方向的异常条带，形成网状异常分布特点（表 7.4）。据此推断引起异常的物源体数目多，但规模偏小。该异常区的剖析图显示，在该异常区伴生元素铍、铷、铯、铌、钽、锡等均有异常显示，其中铍、铷、铯、钽、锡等元素浓集中心明显，二级浓度带较为清晰，与锂元素异常套合性较好，推测此处伟晶岩脉受到了一定的剥蚀。

表 7.4　甲基卡矿区长梁子异常参数特征

异常编号	异常名称	综合异常区面积/km²	横坐标范围	纵坐标范围
HT2	长梁子	1.06	714822~715630	3354685~3356213

元素	单元素异常面积/km²	异常平均值	异常最高值	异常下限	异常衬值	NAP值	异常点数
Li	1.000	159.50	614.0	100	1.60	1.60	205
Be	0.280	7.18	43.9	4	1.80	0.50	51
B	0.050	606.15	853.0	470	1.29	0.06	13
Cs	0.040	60.58	66.3	40	1.51	0.06	10
Ta	0.024	2.83	4.73	2	1.42	0.03	14
Nb	0.006	18.67	22.0	16	1.17	0.01	6
Sn	0.255	31.91	59.0	10	3.19	0.81	26
Rb	0.005	208.50	215.0	170	1.23	0.01	2

注：参数数量级均为 10^{-6}。

该区激电中梯电法测量也显示出南北向的视电阻率高值异常条带，与土壤测量异常区展布较为吻合。

结合地质、土壤测量、电法测量、遥感异常等综合异常信息，在该区布置了钻孔ZK201、ZK401、ZK402、ZK501、ZK502、ZK701，其中ZK201、ZK501、ZK502位于一级浓度带边缘，ZK701位于二级浓度带边缘，地貌上表现为缓坡，ZK201见19.93m的伟晶岩；ZK501见18.44m的伟晶岩；ZK502见3.53m的伟晶岩；ZK701见0.82m的伟晶岩。证实该异常为矿致异常，有一定的找矿空间。

2）104号脉锂异常（HT4）

该异常位于测区南西部，地形主要为缓坡，面积约0.15km^2，呈北东-南西向展布，以Li异常为主。其中Li异常呈明显三级浓度分带，浓集中心明显，元素种类较为齐全，组合为Li-Sn-Be-Cs-B-Ta-Nb-Rb-F。

该异常区的剖析图显示，Li、Be、Rb、Cs、Sn、F、Ta等元素异常形态基本一致，呈北东-南西向条带状展布，与已知的104号脉在走向上吻合度较高，为矿致异常。

该区激电中梯测量显示出有近南北向的视电阻率异常条带，与土壤测量异常区吻合。

经过前人的钻探验证，异常区内的104号脉为锂辉石伟晶岩工业矿体，为矿致异常。

3）日西柯锂异常特征（HT3）

异常区位于测区东南部，地势平坦。该异常区是一个以Li为主的稀有金属异常，面积约1.23km^2，浓集中心明显，异常有呈南北向展布的趋势，同时交织有近东西向异常条带，三级浓度分带明显，在该异常区伴生元素铍、铷、铯、锡、氟、铌、钽等均有异常显示，其中铷、铯2个元素的浓集中心不明显，有较弱的二级浓集带，铍元素浓集中心明显，二级浓度带较为清晰，局部可见较弱的三级浓度带，与锂元素异常套合性较好（表7.5）。该异常区的剖析图显示，Li、Be、Rb、Cs、Sn等元素异常形态基本一致，呈北东-南西向条带状展布，与已知的X05、X06、X07脉在走向上吻合度较高。该区激电中梯测量显示出近南北向串珠状的视电阻率高阻体，与土壤测量异常有一定的套合性。结合地质、土壤测量、电法测量等综合异常信息，在该区共布置了X06ZK101和CZK003两个钻孔，目的是控制X05、X06、X07三条矿化脉的延深，但是这2个孔却并没有见矿，根据地表矿化脉的走向、产状以及激电测深剖面等信息推测矿化脉产状较陡立，且规模不大。

表7.5　甲基卡矿区X05、X06、X07脉异常参数特征

异常编号	异常名称	综合异常区面积/km^2	横坐标范围		纵坐标范围		
HT3	日西柯	1.23	720233~721207		3353733~3355994		
元素	单元素异常面积/km^2	异常平均值	异常最高值	异常下限	异常衬值	NAP值	异常点数
Li	1.040	258.40	1501.00	100	2.58	2.69	226
Be	0.532	10.91	14.60	4	2.73	1.45	84
B	0.980	702.00	1409.00	470	1.49	1.46	192
Cs	1.070	68.10	690.00	40	1.70	1.82	219
Ta	0.387	4.50	21.42	2	2.25	0.87	72
Nb	0.201	20.05	28.70	16	1.25	0.25	44

续表

异常编号	异常名称	综合异常区面积/km²	横坐标范围	纵坐标范围			
HT3	日西柯	1.23	720233 ~ 721207	3353733 ~ 3355994			
元素	单元素异常面积/km²	异常平均值	异常最高值	异常下限	异常衬值	NAP值	异常点数
F	0.275	912.58	1801	750	1.22	0.33	66
Sn	0.707	21.84	164	10	2.18	1.54	118
Rb	0.173	250.17	451	170	1.47	0.25	32

注：参数数量级均为 10^{-6}。

4）宝贝地铍异常特征（HT5）

该异常区位于测区南东侧，面积约 2.51km²，大致呈近南北向展布，异常以高强度与大面积 Be 异常为主（表 7.6）。其中 Be 异常呈明显三级浓度分带，浓集中心明显，异常最高值为 74.4×10^{-6}，异常平均值为 9.17×10^{-6}，异常衬值为 2.29，元素种类较为齐全，为 Be-Li-Sn-Cs-B-Rb。

表 7.6　甲基卡矿区宝贝地异常参数特征

异常编号	异常名称	综合异常区面积/km²	横坐标范围	纵坐标范围			
HT5	宝贝地	2.51	715829 ~ 717617	3351938 ~ 3354051			
元素	单元素异常面积/km²	异常平均值	异常最高值	异常下限	异常衬值	NAP值	异常点数
Li	2.252	179.10	518.00	100	1.79	4.03	487
Be	2.068	9.17	74.40	4	2.29	4.74	381
B	1.448	774.21	900.00	470	1.65	2.39	286
Cs	1.347	60.04	175.00	40	1.50	2.02	280
Ta	0.004	3.47	5.24	2	1.74	0.01	7
Nb	0.006	18.37	28.70	16	1.15	0.01	3
F	0.005	1278.29	1874.00	750	1.70	0.01	7
Sn	1.153	18.22	51.70	10	1.82	2.10	214
Rb	1.442	226.69	409.00	170	1.33	1.92	290

注：参数数量级均为 10^{-6}。

该异常区的剖析图显示，Li、Be、Cs、B、Sn 等元素异常形态基本一致，呈近南北向条带状展布，同时交织有北东-南西向的异常带，呈网状分布。其中主成矿元素 Li、Be 以三级浓度带为主，Rb、Cs、B、Sn 等元素以一级浓度带为主，发育较弱的二级浓度带。

同时异常与该区的花岗岩形态吻合度较高，推测局部异常由花岗岩引起。

在该区激电中梯测量显示出有视电阻率高阻体，呈南北向条带状展布。

该异常区各元素异常显示均较好，异常形态基本一致，呈近南北向展布，与区内视电阻率高阻体的走向较为吻合，推测该区有较好的找矿潜力。

5）哲西措土壤剖面异常特征

用 MapGIS、SPSS 与 GeoChem Studio 等软件进行数据处理，并采用箱型图法对数据进行剔除, 当经高值剔除后的数据近正态分布时, 利用剔除后的剩余值统计出其算术平均值 X 及标准离差 S, 取 $T=X+1.5S$ 为单元素异常下限, 经过取整调试, 最终确定了异常下限 (表7.7)。

表7.7　甲基卡矿区哲西措工作区地球化学参数统计

元素	最大值	最小值	中位数	平均值	标准差	异常下限
Be	11.00	1.95	2.71	2.69	0.37	4.00
Li	509.00	36.40	67.90	64.93	8.85	80.00
Rb	266.00	81.10	153.00	152.13	14.90	175.00
B	1150.00	44.00	219.00	201.60	63.50	330.00
Cs	354.00	10.90	20.00	18.10	3.90	26.00
Sn	82.00	1.50	4.50	4.27	0.84	6.00

注: 参数数量级均为 10^{-6}。

根据土壤地球化学剖面的分析数据, 哲西措工作区 Li、Be、Cs、B、Sn 等 5 种元素均有突出的异常显示, 元素含量均为西高东低, 有呈近南北向展布的趋势, 推测该区有一定的找矿空间。

二、可尔因锂矿带

据原 1:20 万马尔康幅区域资料, 工作区涉及水系沉积物异常 7 处, 分别为: Sn13、Sn14、Sn-Cu-Pb-Zn15、Zn16、Sn35、Mo-Sn-W-Bi-Cu36、Cu37 异常。搜集到涉及工作区的观音桥幅 1:20 万水系沉积物化探数据, 并对其中的 16 个 1:5 万水系沉积物必测元素和与稀有金属成矿密切相关的 Li、Be、Nb 共 19 种元素进行了基于地质统计学的地球化学数据处理。

通过对比发现, 与稀有金属成矿密切相关的元素中: Li 的几何平均值高于中国水系沉积物背景值 (几何平均值), 约为中国水系沉积物背景值 (几何平均值) 的两倍; Be、Sn 和 W 的几何平均值略高于中国水系沉积物背景值 (几何平均值); Nb 几何平均值略低于中国水系沉积物背景值 (几何平均值)。总体上除 Li、Ag、Hg 和 Cd 元素外, 其余的 15 种元素与全国几何平均值相近, 显示较为正常的背景起伏。

对 19 种元素进行了地球化学异常值的计算, 结果表明工作区内仅存在 Li、Be、W、Sn、Nb、Bi 的单元素异常和 Li-Be 和 W-Bi 的组合异常。从可尔因锂矿带 Li 地球化学图和综合异常图 (图 7.10, 图 7.11) 可以看出, Li 含量高值区主要分布在可尔因岩体及其周边地区, 其余地区大部分为背景值及负异常区。

工作区单元素异常主要沿可尔因岩体周围分布, 反映了可尔因岩体对元素异常的分布起到控制作用。Li 的内、中、外带异常发育, 在可尔因岩体西部、南部和东南部 Li 中带和内带异常发育的地方与已圈定的伟晶岩密集区基本重合。在西部异常区, 发现有观音桥锂辉石矿和瓦因锂辉石矿; 在南部异常区, 发现了热达门和业隆沟锂辉石矿; 在东南部异常区, 发现了李家沟超大型锂辉石矿; 在工作区北部加达村幅东部, 异常区与东北部伟晶岩密集区有一定的相关性, 在加达村幅北边界附近 Li 的异常中带发育, 前人并未在此地区获得较好的找矿进展, 这可能是恶劣的自然环境和交通条件导致的工作程度低引起的,

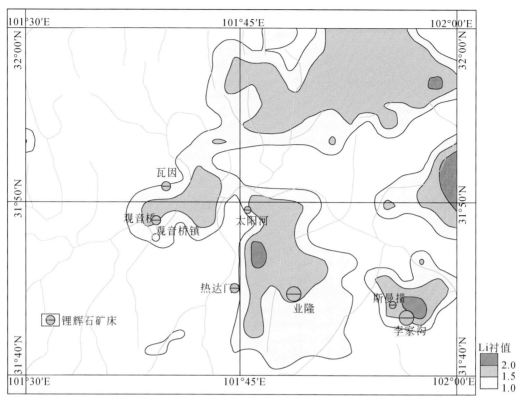

图 7.10　可尔因锂矿带 Li 地球化学图

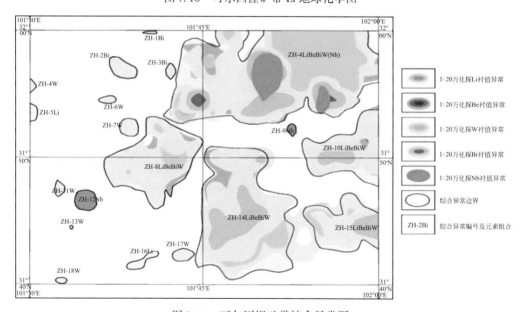

图 7.11　可尔因锂矿带综合异常图

但该地区可能是进一步找矿的潜在靶区。

　　根据 1∶20 万水系沉积物的分析数据，选取了 5 种主要的成矿元素（Li、Be、W、Bi、Nb），圈定出 18 个综合异常。

　　根据地球化学普查规范（1∶5万）中关于异常分类的原则，可尔因区内的综合异常被分为三类。

　　第一类：甲类异常，4个，包括 ZH-8LiBeBiW、ZH-10LiBeBiW、ZH-14LiBeBiW 和 ZH-15LiBeBiW，其中在 ZH-8LiBeBiW 异常区发现有观音桥和瓦因中型锂辉石矿床；在 ZH-10LiBeBiW 发现有白湾锂辉石矿床；在 ZH-14LiBeBiW 发现有热达门和业隆沟大型锂辉石矿床；在 ZH-15LiBeBiW 发现有李家沟超大型锂辉石矿床。这些异常区还有众多未评价的花岗伟晶岩脉，仍有进一步找矿的价值。

　　第二类：乙类异常，1个，为 ZH-4LiBeBiW（Nb），该异常位于工作区北部，异常的组合性好，但是一直未取得找矿突破，从整个可尔因的成矿条件以及异常的组合、规模来看，该异常区推断可能找到大中型锂辉石矿床。

　　第三类：其他12个异常区找矿意义不明，划为丙类。

　　甲1类异常：

　　ZH-8LiBeBiW 异常区位于可尔因岩体西部，区内异常沿伟晶岩密集区分布，岩性上为三叠系角岩化的砂页岩等，异常呈近南北向的不规则椭圆状，东西宽12km，南北长约13km，面积约为97km^2，由 Li、Be、Bi、W 异常组合而成。在异常区发现有观音桥和瓦因中型锂辉石矿床。

　　ZH-10LiBeBiW 异常区位于可尔因岩体的东北部，区内沿伟晶岩密集区分布，岩性上为三叠系角岩化的砂页岩等，异常呈近东西向的不规则椭圆状，东西长10km，南北宽约6km，面积约为66km^2，由 Li、Be、Bi、W 异常组合而成。在异常区发现有白湾中型锂辉石矿床。

　　ZH-14LiBeBiW 位于可尔因岩体的南部，区内沿伟晶岩密集区分布，岩性上为三叠系角岩化的砂页岩等，异常呈南北向，南北长约19km，东西宽约10km，面积约为189km^2，由 Li、Be、Bi、W 异常组合而成。在异常区发现有太阳河和业隆沟大型锂辉石矿床。

　　ZH-15LiBeBiW 位于可尔因岩体的东南部，区内沿伟晶岩密集区分布，岩性上为三叠系角岩化的砂页岩等，异常呈不规则状，面积约为57km^2，由 Li、Be、Bi、W 异常组合而成。在异常区发现有李家沟超大型锂辉石矿床。

　　乙1类异常：

　　ZH-4LiBeBiW（Nb）异常位于可尔因岩体北部，区内沿伟晶岩密集区分布，异常呈近东西向不规则状，东西长约27km，南北宽约11km，面积约311km^2，由 Li、Be、Bi、W、Nb 异常组合而成，具有找寻大中型锂矿的潜力。

三、九龙三岔河地区

　　据1991年1∶20万区域水系化探测量九龙幅成果，该区的银、硼、钡、铍、铋、氟、镧、锂、磷、铷、锶、钍、铀、钨、锌、铅、氧化铝、氧化钙、氧化钠、氧化镁较相邻图幅富集，其中较富集（富集系数 $K > 1.5$）的有锂、铀、钨、氧化钙等；离差相对较大的有金、砷、硼、铍、钴、铬、镓、镍、锑、锡、铀、钼、钨等。在图幅内，铁族元素和部分亲铜元素，如铜、金、镉、镓等，主要在东南部，特别是二叠系基性火山岩分布区丰度高；亲石元素或"亲花岗岩元素"，如钨、锡、铍、锂、铷、镧、钍及氧化钾、氧化钠等，与花岗岩有关，以兰尼巴黑云母花岗岩中丰度最高；铅、砷、锑、硼、金等主要分布在三叠系，其中锑在兰尼巴-滴痴山以东相对富集，而硼则在西部相对富集。

锂元素采用异常下限 $200\mu g/g$，圈出了九个异常；铍元素采用异常下限 $6\mu g/g$，圈出 14 个异常。空间上，锂、铍异常分布多与花岗岩体重合或分布于花岗岩体附近，仅铍、锂各有一个异常周边未发现有花岗岩，但其规模不大，可能由隐伏花岗岩引起。铍异常部分有二级浓度带，在合德花岗岩体北端有三级浓度带出现，而锂异常仅有一级浓度带；在规模上，北部和北西区的异常普遍较南部的分布面积大，北部区异常规模可达数十平方千米，而南部地区异常规模通常小于 $10km^2$。锂、铍异常间的相关性较好，锂异常通常伴铍异常出现，但有铍异常不一定有锂异常。在套合性上，有完全套合、分带出现，或独立出现，其中以合德花岗岩北部、白台山地区和洛莫花岗岩南侧等三个异常套合性最好，且锂异常出现在铍异常分布区内；在西北部的克希隆西侧附近，从花岗岩内向北到三叠系围岩，呈现由铍变锂的特点，在洛莫一带，花岗岩区为铍异常，向南侧则变为铍、锂组合异常；独立出现的铍异常有乌拉溪异常、元根地异常、羊房沟异常等，锂异常有乃渠西异常等。

四、平武-马尔康地区

平武-马尔康工作区地处青藏高原东侧摩天岭山脉，山峦重叠，逶迤起伏，峡谷交错，一般在海拔 $1300\sim2500m$，相对高差大于 $1200m$，属中高山深切割地貌。坡度一般在 $30°$ 以上，个别地区可达 $50°$ 以上，山谷狭窄多呈"V"形，无滩地或仅有小块零星滩地。区内侵蚀切割较强烈，地表水系和地表径流均较发育。

该区土壤以残坡积土壤为主，土壤层厚度较大且分层明显，土壤中元素的表生活动以表生富集作用为主。元素表生富集作用的程度、富集层位和粒级等，受矿化作用和自然风化作用双重影响。非矿化地段土壤中元素的表生富集程度较矿化带处土壤中元素表生富集程度更强；矿化带处元素明显地富集在粗粒级组分中；近矿（化）带的非矿化地段粗粒级组分比细粒级组分反应敏感。残坡积层中化学风化强度自下向上由弱渐强，随着进入水系顺流迁移距离减弱，异常的主要载荷粒段向粗粒段偏移。

第二节 矿床地球化学特征

本节研究内容以甲基卡新三号脉为主体，对其中出现的两类岩石（含电气石花岗岩、云英岩）、两类锂矿石（早期伟晶作用形成的伟晶状锂矿石、晚期交代作用形成的细晶状锂矿石）、电气石化蚀变围岩和正常围岩的化学成分进行分析，以期了解稀有元素赋存状态及其在成矿过程中的地球化学行为。

一、成岩、成矿时代

1. 锆石 U-Pb 年代学

如前所述，矿区内主要花岗岩岩体（马颈子岩体）位于矿区中部偏南（图3.1），在平面上呈一镰刀状，岩枝呈南北向，并呈北东向延伸。由于矿床地处高原，第四系覆盖严重，常在相对远离马颈子岩体处发现具典型花岗结构的岩石（包括花岗岩和伟晶岩），多呈"转块"或"堆积体"形式散布，有观点认为矿区含矿伟晶岩堆积体并非第四系冰碛物，而是伟晶岩原地堆积物（侯江龙等，2017b）。本书通过采集原地产出的 308 号、X03、133 号伟晶岩脉中代表性样品，并挑选其中的锆石、锡石单矿物开展年代学研究。在测年之前均开展了有关矿物学研究，旨在更加合理地解释年龄数据。

　　锆石阴极发光图像显示，伟晶岩尤其是矿化伟晶岩中很多锆石晶体已发生蜕晶质化［图 7.12（a）］，指示与稀有金属矿化相关（中国科学院贵阳地球化学研究所，1979；高振敏和潘晶铭，1981），同时有相当部分锆石中 Hf 含量很高，已变生为曲晶石，与前人分析结果一致（唐国凡和吴盛先，1984），这些特征均指示其锆石稳定性降低，使得 U-Pb 定年不准确。因此，本书仅选取其中少量晶形较为完整的锆石［图 7.12（b）］进行 U-Pb 测试，这类锆石晶体大小多在 $100 \sim 150\mu m$，长宽比一般在 $2:1 \sim 3:1$。

　　通常来说，不同成因锆石有不同的 Th、U 含量及 Th/U 值，其中岩浆锆石的 Th、U 含量较高且呈正相关关系（Claesson et al.，2000）、Th/U 值较大（一般在 $0.1 \sim 0.4$）；变质锆石的 Th、U 含量低、Th/U 值小（一般<0.1）（Rubatto and Gebauer，2000；Moller et al.，2003），但也有些岩浆锆石的 Th/U 值非常低，可以小于 0.1（吴元保等，2002；吴元保和郑永飞，2004；Hidaka et al.，2002），因此仅凭锆石的 Th/U 值有时并不能作为确定岩浆锆石的依据，而阴极发光（CL）图像仍是研究锆石内部结构及成因最常用和最有效的方法。在 CL 图像上，X03 伟晶岩中多数锆石具有明显的核幔结构以及清晰的振荡韵律环带，显示出岩浆结晶锆石的特征，结合锆石的稀土元素配分型式（图 7.13）共同指示其为岩浆锆石。另外可以观察到锆石振荡环带较窄，指示其微量元素扩散速度较慢，与 I 型和 S 型花岗岩中的锆石特征基本一致（Rubatto and Gebauer，2000）。锆石 U-Pb 结果显示 308 号伟晶岩（图 7.12）和 X03 伟晶岩（图 7.14）的成岩成矿作用发生于印支晚期。

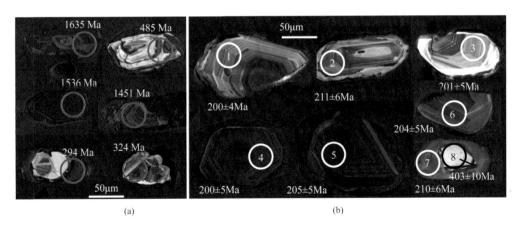

图 7.12　甲基卡矿区中 308 号伟晶岩脉中锆石 U-Pb 测年结果对比
（a）图中锆石主要发生蜕晶质化和曲晶石化；（b）图中锆石晶形和环带相对完整

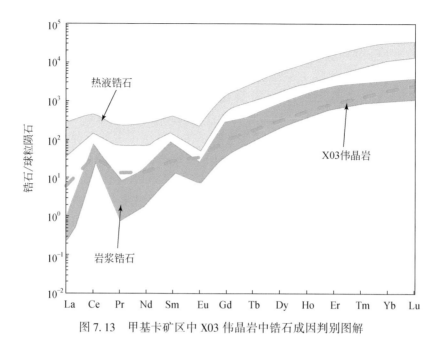

图 7.13 甲基卡矿区中 X03 伟晶岩中锆石成因判别图解

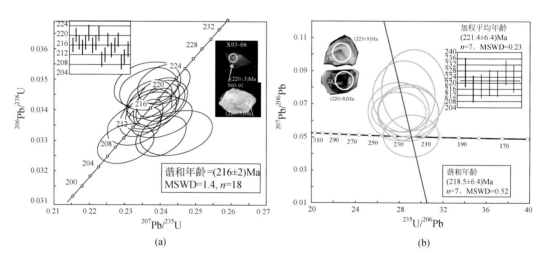

(a)

(b)

图 7.14 甲基卡矿区中 X03 伟晶岩锆石 U-Pb 年代学

资料来源：(a) 引自郝雪峰等，2015，(b) 为本书数据

2. 锡石 U-Pb 年代学

近年来，锡石 U-Pb 定年法已获得了较广泛的应用，并得了丰硕成果（Yuan et al.，2011；李开文等，2013；马楠等，2013；王小娟等，2014）。

在甲基卡 308 号伟晶岩脉和 133 号伟晶岩脉，分别采集了含锂辉石伟晶岩样品，从中挑选出锡石单矿物，开展 LA-MC-ICP-MS 锡石 U-Pb 同位素年代学研究。U-Pb 测试点尽量选择表面相对光滑、包体较少的锡石颗粒 [图 7.15（a₂），（b）]。LA-MC-ICP-MS 锡石 U-

Pb 测年结果见图 7.16。对 308 号含锂辉石伟晶岩中锡石共测 20 点，133 号含锂辉石伟晶岩中锡石共测 13 点（图 7.15）。其中，308 号伟晶岩中锡石 $^{238}U/^{206}Pb$ 值变化范围为 22.45 ~ 30.94，$^{238}U/^{207}Pb$ 值变化范围为 50.47 ~ 628.12，$^{206}Pb/^{207}Pb$ 值变化范围为 2.69 ~ 21.90，初始 $^{206}Pb/^{207}Pb$ 值为 0.77±0.076；133 号伟晶岩中锡石 $^{238}U/^{206}Pb$ 值变化范围为 4.81 ~ 29.66，$^{238}U/^{207}Pb$ 值变化范围为 7.11 ~ 345.37，$^{206}Pb/^{207}Pb$ 值变化范围为 1.52 ~ 12.29，初始铅的 $^{206}Pb/^{207}Pb$ 值为 0.77±0.076。锡石等时线年龄与谐和年龄在误差范围内一致，$^{206}Pb/^{207}Pb$ 值特征反映样品中普通铅相对较低，因此选择 T-W 图解处理得到的年龄更加准确（崔玉荣等，2017），分别得到 308 号伟晶岩脉和 133 号伟晶岩脉中锡石 $^{206}Pb/^{207}Pb$-$^{238}U/^{206}Pb$ 谐和年龄分别为（210.9±4.6）Ma（$n=20$，MSWD=2.2）和（198.4±4.4）Ma（$n=13$，MSWD=1.3），两组年龄均表明甲基卡矿区中锡成矿作用主要在印支晚期—燕山早期，亦代表了该阶段锡石结晶，即含锂辉石伟晶岩形成的年龄。

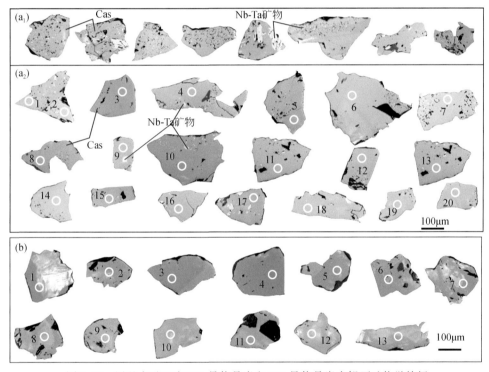

图 7.15　甲基卡矿区中 308 号伟晶岩和 133 号伟晶岩中锡石矿物学特征

3. 云母 Ar-Ar 年代学

扎乌龙矿区内白云母 CL-0-2 的 ^{40}Ar-^{39}Ar 逐步加热分析结果见表 7.8。白云母经过 10 个阶段的分步加热，加热区间为 830 ~ 1260℃，样品的年龄谱形成较平坦的年龄坪，其累积 ^{39}Ar 占总释放量的 65%，坪年龄为（179.60±1.92）Ma，等时线年龄为（179.09±2.03）Ma（图 7.17），坪年龄和等时线年龄相当一致，表明数据精度高。上述结果表明白云母的坪年龄和等时线年龄代表了其形成年龄。

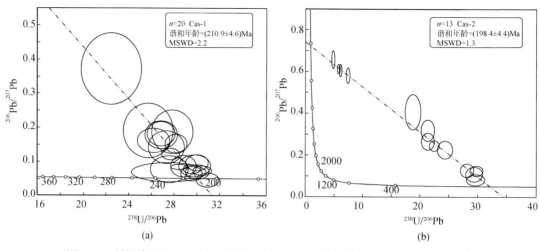

图 7.16 甲基卡矿区中 308 号伟晶岩（a）和 133 号伟晶岩（b）锡石 U-Pb 年龄

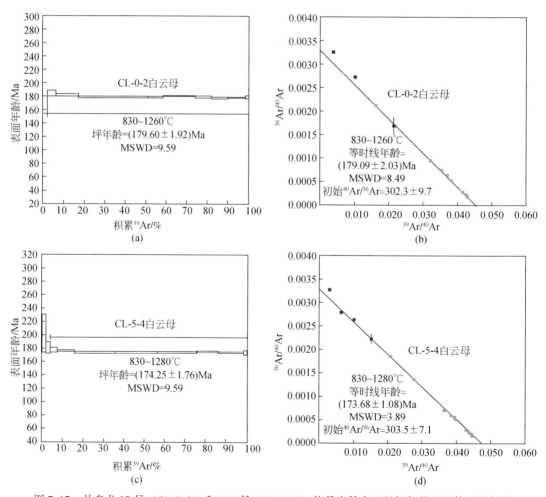

图 7.17 扎乌龙 97 号（CL-0-2）和 108 号（CL-5-4）伟晶岩脉白云母坪年龄和反等时线年龄

白云母 CL-5-4 的 ^{40}Ar-^{39}Ar 逐步加热分析结果见表 7.8,加热区间为 830~1280℃。样品的年龄谱形成较平坦的年龄坪,其累积 ^{39}Ar 占总释放量的 65%,坪年龄为 (174.25± 1.76) Ma,等时线年龄为 (173.68±1.08) Ma (图 7.17),坪年龄和等时线年龄相当一致,表明数据精度高,也代表了其形成年龄。

表 7.8 扎乌龙矿区 97 号与 108 号伟晶岩脉中白云母 ^{40}Ar-^{39}Ar 快中子活化法分析结果

样品编号及参数	T /℃	$^{40}Ar[V]$	$^{36}Ar[V]$	$^{37}Ar[V]$	$^{38}Ar[V]$	$^{40}Ar(r)$ $/^{39}Ar(k)$	$^{40}Ar(k)$ /%	$^{39}Ar(k)$ /%	表面年 /Ma	±2σ /Ma
样品编号:CL-0-2 照射参数 J = 0.00475000± 0.00002375, m = 15.42mg	700	5.49271	0.0179237	0.0012930	0.0041774	9.67893	3.57	0.30	81.09	±29.38
	770	13.17924	0.0358952	0.0000000	0.0087522	19.89161	19.51	1.92	162.88	±8.32
	830	16.55089	0.0351761	0.0000000	0.0103332	22.68411	37.19	4.02	184.62	±3.94
	880	22.71646	0.0214103	0.0029150	0.0136022	22.43887	72.13	10.83	182.72	±1.07
	920	53.58694	0.0107546	0.0000000	0.0304815	22.04761	94.05	33.90	179.69	±0.57
	950	11.81147	0.0025275	0.0038012	0.0070074	21.96732	93.66	7.47	179.06	±0.78
	990	26.01071	0.0074048	0.0000000	0.0155823	22.16396	91.57	15.94	180.59	±0.62
	1030	14.14902	0.0076455	0.0000000	0.0092677	21.98974	84.01	8.02	179.24	±0.94
	1080	14.31468	0.0091911	0.0052101	0.0095884	21.84369	81.01	7.87	178.10	±0.89
	1160	12.95465	0.0031073	0.0000000	0.0075528	21.87583	92.89	8.16	178.35	±0.72
	1260	2.54834	0.0019083	0.0000000	0.0016910	21.95279	77.85	1.34	178.95	±2.08
	1400	0.76784	0.0012937	0.0000000	0.0004387	23.40975	50.20	0.24	190.22	±18.45
样品编号:CL-5-4 照射参数 J = 0.00477900± 0.00002390, m = 16.93mg	700	10.51014	0.0343351	0.0028822	0.0068303	12.00076	3.46	0.35	100.61	±35.80
	760	22.43288	0.0627841	0.0016149	0.0136134	26.85222	17.29	1.65	217.83	±12.65
	800	18.58639	0.0489956	0.0028853	0.0114549	22.11302	22.10	2.12	181.24	±7.84
	850	14.19824	0.0265000	0.0045643	0.0085637	21.66208	44.84	3.36	177.72	±2.83
	890	19.98607	0.0145107	0.0053465	0.0115009	21.50775	78.53	8.34	176.51	±0.86
	930	40.11198	0.0088384	0.0030012	0.0232766	21.15015	93.47	20.25	173.72	±0.56
	970	40.11789	0.0075581	0.0000000	0.0230549	21.22109	94.41	20.39	174.27	±0.56
	1010	23.12391	0.0070426	0.0000000	0.0133129	21.15922	90.98	11.36	173.79	±0.60
	1060	18.72729	0.0109309	0.0070086	0.0111613	21.11696	82.74	8.38	173.46	±0.74
	1120	22.16923	0.0117787	0.0009954	0.0129059	21.32966	84.28	10.01	175.12	±0.71
	1200	25.20751	0.0061699	0.0036815	0.0144792	21.18531	92.75	12.61	173.99	±0.58
	1240	1.86426	0.0011463	0.0000000	0.0010647	21.19262	81.81	0.82	174.05	±2.62
	1280	0.72371	0.0010101	0.0000000	0.0004067	21.26801	58.74	0.23	174.64	±7.19
	1400	0.83105	0.0018704	0.0000000	0.0005218	22.24769	33.49	0.14	182.29	±15.54

自 20 世纪 60 年代以来,前人利用各种方法对甲基卡矿区内的花岗岩体、代表性伟晶岩脉开展了相关年代学研究,包括马颈子二云母花岗岩年龄为 190~210Ma (K-Ar 法, 1:20 万康定幅区调报告)、(214.65±1.6) Ma (全岩-矿物 Rb-Sr 等时年龄法) (唐国凡和吴盛先,1984) 和 (223±1) Ma (LA-ICP-MS 锆石 U-Pb 法,郝雪峰等,2015);花岗

伟晶岩的年龄为 183~188Ma（K-Ar 法，1：20 万康定幅区调报告）、（189.49±3.14）Ma（全岩–矿物 Rb-Sr 等时年龄法）（唐国凡和吴盛先，1984），含矿花岗伟晶岩脉年龄为（195.7±0.1）Ma、（195.4±2.2）Ma（134 号伟晶岩脉），（198.9±0.4）Ma 、（199.4±2.3）Ma（104 号伟晶岩脉，Ar-Ar 法坪年龄和等时线年龄）（王登红等，2005），（216±2）Ma、（214±2）Ma（新三号伟晶岩，LA-ICP-MS 锆石 U-Pb 法和铌钽氧化物 U-Pb 法）（郝雪峰等，2015）。尽管测试对象、方法、精度及年代学数据的地质意义不完全相同，但从区域上来看，总体表现为含矿伟晶岩矿脉形成时代晚于区内马颈子二云母花岗岩体。

通常认为，锆石 U-Pb 定年方法比较成熟，获得的年代学数据也较为可信。本次研究也曾尝试该方法，但从锆石 CL 图像［图 7.12（a）］来看，甲基卡矿区 308 号伟晶岩脉中花岗质细晶岩及伟晶岩中锆石晶体发生部分蜕晶质化，并且大多数锆石已变生为曲晶石，与前人荧光光谱定量分析结果一致（唐国凡和吴盛先，1984）。这些特征均指示其锆石稳定性降低，导致其 U-Pb 定年不准确（丁海红等，2010），同时也表明锆石发生变生及蜕晶质化可能与稀有金属矿化相关（高振敏和潘晶铭，1981）。

通过挑选含锂辉石伟晶岩中的锡石进行 U-Pb 定年，分别得到 308 号伟晶岩脉（210.9±4.6）Ma 和 133 号伟晶岩脉（198.4±4.4）Ma 两个年龄数据，结合锡石的矿相学及成分特征，指示锡石结晶略晚于锂辉石，也就是说约 210Ma 及约 198Ma 的年龄基本代表了 308 号和 133 号伟晶岩脉中间带含锂辉石伟晶岩的形成时代，进一步指示甲基卡矿区内的 Li 等稀有金属矿化主要发生于印支晚期—燕山早期。

结合扎乌龙矿区内白云母的地球化学特征（李兴杰等，2018）及伟晶岩中锆石 U-Pb 年龄 212Ma，推测扎乌龙矿区内白云母花岗岩可能形成于印支期同碰撞环境。扎乌龙的白云母定年分析指示了伟晶岩侵位的时间为距今 179.09~173.68Ma 之间，为燕山期的产物，晚于区域内的印支运动（距今 225~190Ma）。

由此判断，川西地区内含锂辉石伟晶岩应为印支运动后的相对构造封闭、稳定的大陆演化时期形成的产物。在造山过程中，剧烈的构造活动、强烈的岩浆作用使得矿区构造背景不稳定，伟晶质岩浆分异较差，成矿元素难以富集。因此，在三叠纪末期，古特提斯洋闭合后，巴颜喀拉海抬升成陆，劳亚板块、昌都–羌塘微板块和扬子板块之间发生俯冲、碰撞，使扬子陆块西缘由陆缘造山转为陆内造山演化阶段（许志琴等，1992；Burchfiel et al.，1995；Yin and Harrison，2003；王登红等，2002b，2004）。在造山过程中伴随着多期岩浆活动，同时此期间金属元素逐步发生富集成矿（王登红等，2002b，2004，2005；李建康等，2007；李鹏等，2017；李兴杰等，2018），使得川西地区以甲基卡及扎乌龙为代表的伟晶岩型锂矿床均形成于造山结束后的稳定阶段。

甲基卡式的稀有金属矿床形成于距今 223.0~195.7Ma，而这一时期恰是印支运动高峰期（距今 230Ma）之后的转折期。目前一般把晚二叠世—三叠纪之间的构造运动统称为印支运动，但印支运动原指的是中南半岛和中国华南地区由中三叠统（T_2）与上三叠统（T_3）之间的角度不整合所表现的构造运动，其同位素年代为距今 230Ma。印支运动对中国古地理环境的发展影响很大，它改变了三叠纪中期以前"南海北陆"的局面，导致包括川西、甘肃和青海南部等地的"雪山海槽"全部褶皱成山，海水退至新疆南部、西藏和滇西一带（仍属特提斯型海域），而东部的长江中下游和华南大部分由浅海转为陆地。从此中国南北陆地连为一体，全国大部分地区处于陆地环境。甲基卡一带的伟晶岩型矿床正是在这样的大格局下形成的，随着华夏板块和属于冈瓦纳构造域的思茅–印度支那板块、保山–中缅马苏地块与欧亚板块之间的强烈挤压造山，巴颜喀拉—松潘—甘孜一带发生强烈的褶皱（即著名的西康式褶皱），褶皱造山带的核部往往发育穹隆构造，穹隆核部的碎屑岩地层发生花岗岩化，花岗岩化的熔融体通过结晶分异而形成岩浆岩，在岩浆岩结晶分异的过程中也形成了含有稀有金属的伟晶岩脉、细晶岩脉。这些岩脉沿穹隆周边的褶皱虚脱部位和张性裂隙充填成矿。从马颈子二云母花岗岩中锆石的结晶到伟晶岩脉中锆石的结晶，大约经历了 5Ma，而从伟晶岩脉中锆石结晶到白云母结晶，又经历了 15Ma。如此漫长的稳定构造环境，为稀有金属的聚集成矿创造了有利条件。

青藏高原东部及其他地区，如高黎贡山和横断山脉及西北部的西昆仑等地，近年来也发现了不少伟晶岩型稀有金属矿床或原有矿产地，如云南的黑妈锂铍矿和新疆的大红柳滩锂辉石矿床。这些伟晶岩型稀有金属矿床也具有与甲基卡类似的特点，可以参考甲基卡式矿床的成矿规律指导找矿。其中，大红柳滩伟晶岩型白云母矿床的 ^{40}Ar-^{39}Ar 同位素年龄为 $156 \sim 185Ma$（周兵等，2011），也与甲基卡伟晶岩中的白云母 Ar-Ar 年龄近似（王登红等，2005）。

二、变质岩的地球化学

川西的三叠系广泛经受了印支旋回多期次、多类型的中、浅程度变质作用（唐国凡和吴盛先，1984；刘丽君等，2015；王登红等，2017a，2017c），在甲基卡矿区表现为一定的分带性。本书结合野外实际情况，通过采集矿床外围（以新都桥为起点大致由南向北）的砂岩及矿床中具代表性片岩（角岩）样品，结合同位素年代学及元素地球化学等手段，开展了对变质岩的地球化学研究，旨在恢复其原岩物质组成，并在此基础上探讨物源区特征，分析其形成构造环境，为进一步揭示松潘–甘孜区域构造演化与稀有金属成矿作用之间的关系提供依据。

（一）围岩的岩石化学特征

1. 矿田内围岩地球化学特征

除碳质砂岩外，其他岩石样品的平均组成与大陆上地壳组成极其相似（Taylor and McLennan，1985）。$Al_2O_3/(Na_2O+K_2O)$ 值可反映岩石化学的成熟度，除碳质砂岩（$Al_2O_3/(Na_2O+K_2O)$ 值为 14.06 外，其他类型砂岩 $Al_2O_3/(Na_2O+K_2O)$ 值为 $2.69 \sim 3.36$；除少部分角岩和个别片岩外，各类型片岩 $Al_2O_3/(Na_2O+K_2O)$ 值为 $2.89 \sim 4.66$，指示沉积物近于源区，分选性差，成熟度不高。

砂岩及片岩中大部分微量元素含量的变化范围很小，反映其物质来源的一致性。相对来说，砂岩中 Ba、Cr、Zr、Li 含量较高，其中碳质砂岩中 Li 含量最高（124.78μg/g）。同时，同一砂岩地层从底部至上部，岩石碎屑粒度逐渐变细，化学成分表现为 Li、V、Cr、Rb、Ba、Nb、ΣREE 等含量逐渐增加的趋势，指示了晚期成矿流体在砂岩底部运移过程仍发生了微弱的矿化富集。相对来说，片岩中的 Li、Cr、Mn、Rb、Sr、V、Cr、Zr 含量更高，指示花岗质岩（矿）脉热流体通过对围岩的直接作用，使其稀有金属元素发生了一定程度的富集。泥质粉砂岩中稀土总量 ΣREE（平均值）为 159.99μg/g，红柱石砂岩 ΣREE（平均值）为 188.7μg/g，碳质砂岩 ΣREE（平均值）为 197.54μg/g，各类型片岩（包括角岩）的 ΣREE（平均值）为 177.23~191.64μg/g，均远高于含泥质碳质较高的砂岩中稀土总量（51.96~85.27μg/g）。

2. 新三号脉中围岩地球化学特征

将新三号脉中围岩各岩性的主量元素与 Al_2O_3 做相关性图解（图7.18）。根据样品受蚀变程度的不同，将围岩分为接触带蚀变围岩（电气石化角岩）、正常围岩（十字石云母片岩）、电气石角岩（围岩中细小石英脉附近电气石化蚀变强烈的电气石角岩）。围岩中各岩性段主量元素组成特征简述如下。

（1）电气石角岩与十字石云母片岩相比，具有不同的主量元素特征，呈显著低 Si、K，高 Al、Fe^{3+}、Mg、B 的特征。SiO_2 含量为 52.04%；Al_2O_3 含量为 23.52%；Fe_2O_3 含量为 3.83%；Fe_2O 为 3.56%；MnO 为 0.09%；MgO 为 3.06%；CaO 为 1.28%；Na_2O 含量为 1.80%；K_2O 含量为 0.83%。Rb/Sr 值为 0.37~0.38。

（2）位于接触带附近的强电气石化蚀变围岩与 ZK1101 钻孔岩心中部遭受蚀变程度略低的正常围岩相比，主成分之间没有明显的差异。

接触带附近强电气石化蚀变围岩的主量元素如下：SiO_2 含量为 61.80%~73.58%，平均值为 65.45%；Al_2O_3 含量为 11.40%~17.71%，平均值为 15.89%；Fe_2O_3 含量为 0.57%~3.03%，平均值为 1.47%；FeO 含量为 3.21%~5.28%，平均值为 4.43%；MnO 含量为 0.09%~0.13%，平均值为 0.11%；MgO 含量为 2.09%~2.53%，平均值为 2.32%；CaO 含量为 0.47%~1.65%，平均值为 1.12%；Na_2O 含量为 0.49%~1.64%；K_2O 含量为 1.47%~1.65%。Rb/Sr 值为 3.35~192.33，平均值为 37.80，尤其是靠近接触带的强电气石化蚀变围岩具有较高的 Rb/Sr 值，相对电气石化蚀变弱者，Rb/Sr 值相对越小。

远离接触带，叠加蚀变作用弱的围岩主量元素如下：SiO_2 含量为 62.59%~69.90%，平均值为 64.90%；Al_2O_3 含量为 11.60%~18.10%，平均值为 16.53%；Fe_2O_3 含量为 0.22%~1.66%，平均值为 0.94%；Fe_2O 含量为 4.68%~5.57%，平均值 5.22%；MnO 含量为 0.07%~0.16%，平均值为 0.10%；MgO 含量为 2.15%~2.67%，平均值为 2.50%；CaO 含量为 0.93%~1.74%，平均值 1.20%；Na_2O 含量为 1.23%~2.21%，K_2O 含量为 2.14%~3.62%。Rb/Sr 值 1.30~2.34，平均值为 1.74，变化较为稳定。

（3）围岩不论岩性，Al_2O_3 均与 TiO_2、Fe_2O_3、MnO、MgO 呈正相关性，与 SiO_2 具有显著负相关性。

对微量元素进行原始地幔标准化处理后，得到微量元素原始地幔标准化蛛网图（图7.19）。由图可知，围岩的微量元素变化特征总体相近，总体上具有 Rb、K、Nd、Gd 的富集，Ba、Nb、Sr、P、Ti 的亏损，个别样品具有显著的 Ta、P 富集，对应样品的岩性为电气石角岩。

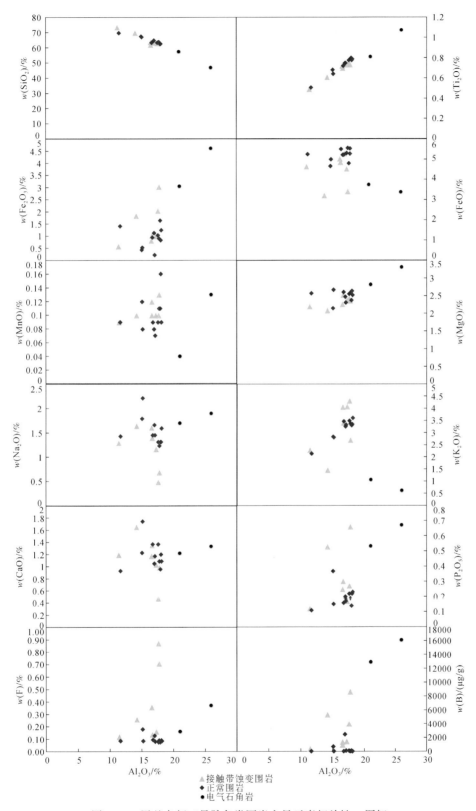

图 7.18　甲基卡新三号脉各类围岩主量元素相关性 w 图解

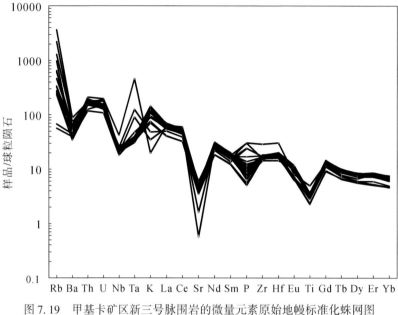

图 7.19　甲基卡矿区新三号脉围岩的微量元素原始地幔标准化蛛网图

资料来源：原始地幔据 Sun and McDonough，1989

　　甲基卡矿区新三号脉 ZK1101 围岩样品稀土元素含量及稀土参数见表 7.9，其球粒陨石标准化稀土元素配分曲线见图 7.20。

表 7.9　甲基卡矿区新三号脉 ZK1101 围岩样品稀土元素含量及稀土参数

岩性	接触带蚀变围岩			正常围岩			电气石角岩
样数	7			11			2
元素	最小值	最大值	平均值	最小值	最大值	平均值	平均值
Li/(μg/g)	825.00	2645.00	1413.00	158.00	1171.00	535.00	248.00
La/(μg/g)	28.26	46.34	39.49	27.96	48.14	41.70	41.71
Ce/(μg/g)	57.59	92.82	79.75	57.23	98.39	84.95	100.29
Pr/(μg/g)	6.60	10.55	9.10	6.38	10.80	9.73	9.05
Nd/(μg/g)	25.05	38.70	35.25	24.78	42.74	37.07	35.53
Sm/(μg/g)	5.48	8.29	7.36	5.39	8.97	7.85	6.79
Eu/(μg/g)	1.12	1.74	1.44	1.12	1.98	1.65	1.21
Gd/(μg/g)	5.62	8.66	7.74	5.40	8.62	7.85	7.16
Tb/(μg/g)	0.71	1.09	0.95	0.73	1.08	0.98	0.82
Dy/(μg/g)	4.13	6.30	5.48	4.23	6.23	5.71	4.67
Ho/(μg/g)	0.77	1.21	1.05	0.80	1.22	1.09	0.91
Er/(μg/g)	2.44	3.98	3.49	2.54	4.14	3.67	3.16
Tm/(μg/g)	0.33	0.50	0.44	0.32	0.53	0.47	0.41
Yb/(μg/g)	2.30	3.58	3.09	2.27	3.77	3.30	3.04

续表

岩性	接触带蚀变围岩			正常围岩			电气石角岩
样数	7			11			2
元素	最小值	最大值	平均值	最小值	最大值	平均值	平均值
Lu/(μg/g)	0.36	0.52	0.46	0.33	0.59	0.50	0.47
ΣREE/(μg/g)	140.75	222.56	195.10	139.48	236.41	206.52	215.23
LREE/(μg/g)	124.09	197.71	172.40	122.86	210.81	182.95	194.58
HREE/(μg/g)	16.66	25.31	22.71	16.62	25.66	23.57	20.65
LREE/HREE	7.16	8.03	7.60	7.39	8.24	7.75	9.48
δEu	0.44	0.65	0.58	0.57	0.70	0.64	0.52
δCe	0.93	0.98	0.96	0.92	0.99	0.96	1.17

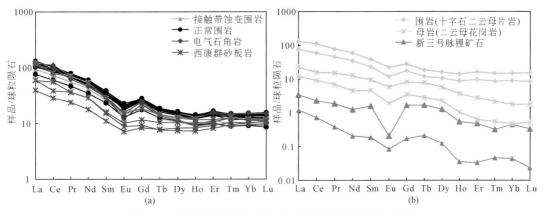

图 7.20　甲基卡矿区新三号脉围岩稀土元素配分曲线图

（a）新三号脉围岩与区域西康群砂板岩稀土配分曲线对比图；（b）甲基卡矿区围岩、母岩、新三号脉锂矿石稀土元素配分曲线图。球粒陨石据 Taylor and McLennan, 1985

由表 7.9 可知，接触带蚀变围岩具有程度不一的电气石化。计算可知，其 ΣREE（La～Lu）为 140.75～222.56μg/g，平均值为 195.10μg/g；LREE/HREE 值（La～Eu/Gd～Lu）为 7.16～8.03，平均值为 7.60；δEu 为 0.44～0.65，平均值为 0.58，呈负铕异常，δCe 为 0.93～0.98，平均值为 0.96，为 Ce 负异常。

远离接触带即正常围岩的 ΣREE 为 139.48～236.41μg/g，平均值为 206.52μg/g；LREE/HREE 值为 7.39～8.24，平均值为 7.75；δEu 为 0.57～0.70，平均值为 0.64，呈负铕异常。δCe 为 0.92～0.99，平均值为 0.96，为 Ce 负异常。

电气石角岩的 ΣREE 平均值为 215.23μg/g；LREE/HREE 平均值为 9.48；δEu 平均值为 0.52，呈负铕异常，δCe 为 1.15～1.19，平均值为 1.17，为 Ce 正异常。

稀土元素总量和稀土配分曲线在围岩中无明显差异。

由上可知，新三号脉围岩总体 ΣREE（不包括 Y）为 139.48～236.41μg/g，平均值为 203.39μg/g；LREE/HREE 值为 7.164～9.933，平均值为 7.871；δEu 为 0.436～0.700，平均值为 0.607，呈负铕异常。总体表现为右倾斜型，铕负异常。与未受区域变质作用的西康群砂板岩相比，稀土元素呈相对微弱的富集状态［图7.20（a）］。

新三号矿脉围岩变质岩系的 ΣREE（平均值为203.39μg/g）比地壳沉积岩的稀土丰度（174.55μg/g）要高，近似于地壳克拉克值（207μg/g），其特点符合国内外各地浅海相泥砂质碎屑沉积建造的稀土变化特点。此外，围岩的 Sm/Nd 值为 0.180~0.223，平均值为 0.209，与南平伟晶岩矿田的变质岩系相似（0.174~0.222），小于地球的初始比值（0.308），也小于大洋玄武岩（0.234~0.425），类似于壳层花岗岩和各类沉积岩（<0.3）。

将甲基卡新三号锂矿脉中的矿石（取矿脉内部的矿石平均值）与甲基卡矿区的二云母花岗岩及围岩（取所有围岩总平均值）进行对比，可见围岩、马颈子岩体二云母花岗岩、新三号脉锂矿石稀土元素配分模式基本一致，均为右倾的"V"形曲线，属 Eu 亏损型［图7.20（b）］，符合地壳上部硅铝层富轻稀土贫铕的特点，物源与陆壳有关。但稀土元素含量从围岩→二云母花岗岩→新三号锂矿脉越来越低，即矿脉的稀土元素的含量最低。

3. 扎乌龙矿区中围岩地球化学特征

扎乌龙矿区围岩中，石英二云母片岩具有较高含量的 FeO^T（5.07%~6.88%）、TiO_2（0.47%~0.77%）、MgO（2.72%~3.57%）和 MnO（0.12%~0.23%），具有较低的碱值（Na_2O+K_2O=2.86%~4.35%）和异常高的 Al_2O_3 值（10.32%~18.85%），以及较高的 K_2O/Na_2O 值（4.5~6.5）。

（二）稀有元素在围岩中的分布特征

1. 稀有元素在变质岩系中的分布

甲基卡矿区内各类片岩稀有元素含量列于表7.10。表中含量显示，相比于全球地壳和上陆壳稀有元素的平均含量，甲基卡矿区西康群粉砂质板岩和矿田内各类片岩中的 Li 强烈富集。其余稀有元素在片岩中的含量变化范围较大，个别呈现不同程度的亏损，但总体以富集为主。矿田中各类变质片岩（包括云母片岩、红柱石片岩、十字石片岩、堇青石片岩）的稀有元素含量变化范围较大，Li 为 72.10~1673μg/g（平均值为608.15μg/g），Rb 为 31.10~3465μg/g（平均值为310.16μg/g），Cs 为 7.25~1165μg/g（平均值为186.71μg/g），Be 为 0.48~152μg/g（平均值8.93μg/g），Nb 为 5.19~106μg/g（平均值17.95μg/g），Ta 为 0.65~174μg/g（平均值5.60μg/g）。变化系数也较大。可知矿田内的片岩受到不同程度的后期热液叠加作用的影响，稀有元素含量变化较大，尤其是位于矿脉附近接触带的片岩，稀有元素含量剧增，如新三号脉 ZK1101 的接触带蚀变围岩 Li 平均值为1412.57μg/g，Rb 平均值为893.14μg/g，Cs 平均值为307.57μg/g，Be 平均值为29.03μg/g，Nb 平均值为15.29μg/g，Ta 平均值为2.10μg/g。但是远离接触带的正常围岩中的 Li 平均值为535.00μg/g，Rb 平均值为172.27μg/g，Cs 平均值为53.88μg/g，Be 平均值为3.31μg/g，Nb 平均值为16.82μg/g，Ta 平均值为1.45μg/g。接触带蚀变围岩中的稀有元素含量远高于正常围岩。这与伟晶岩形成过程中，随岩浆-热液的贯入，稀有元素在围岩中的扩散作用有关。

表7.10　甲基卡矿区内各类片岩稀有元素含量　　（单位：μg/g）

岩石		Li	Rb	Cs	Be	Nb	Ta
全球地壳（黎彤和倪守斌，1997）		23	108	1.23	1.73	18.3	1.6
上陆壳（黎彤和倪守斌，1997）		62	210	17	5.5	49	3.1
甲基卡矿区	西康群粉砂质板岩（n=4）	84.25	158.50	14.48	2.74	16.65	1.29
	片岩系（最小值）	72.10	31.10	7.25	0.48	5.19	0.65
	片岩系（最大值）	1673	3465	1165	152	106	174
	片岩系（n=59）	608.15	310.16	186.71	8.93	17.95	5.60
	云母片岩（n=16）	678.76	600.68	253.18	20.01	27.54	17.03
	红柱石片岩（n=14）	402.15	186.16	122.66	4.64	15.12	1.31
	堇青石片岩（n=13）	922.38	194.62	256.72	6.09	13.87	1.34
	十字石片岩（n=16）	462.48	222.00	119.40	3.93	14.14	1.37
	ZK1101电气石角岩（n=2）	248	39.5	6.805	10.655	22	11.35
	ZK1101蚀变围岩（n=7）	1412.57	893.14	307.57	29.03	15.29	2.10
	ZK1101正常围岩（n=11）	535.00	172.27	53.88	3.31	16.82	1.45

对以上陆壳和甲基卡矿区区域上的西康群粉砂质板岩稀有元素含量分别进行标准化作图（图7.21），大致可了解该矿田中各类沉积岩及其变质岩中稀有元素的富集特点。

（1）与上陆壳平均值相比，该区域西康群未受变质的粉砂质板岩除了Li元素具有一定的富集外，其余元素均相对亏损；而矿田内各片岩系总体具有Nb的亏损，其余元素具有不同程度（5~20倍）的富集。

（2）与该区域未受变质的西康群粉砂质板岩相比，矿田内变质岩系中稀有金属元素的地球化学行为总体表现一致：强烈富集（1~11倍），尤其是Cs与Li的富集。

（3）甲基卡矿区各变质岩系稀有元素的总体富集程度，由高到低的变化趋势为：新三号脉接触带蚀变围岩>云母片岩>堇青石片岩>矿田总体片岩>十字石片岩、红柱石片岩>新三号脉正常围岩。新三号脉中ZK1101的接触带蚀变围岩与矿田的区域变质片岩相比，具有强烈的稀有元素富集特点。这可能是受到伟晶岩脉的强烈热液叠加变质作用，稀有元素向围岩扩散所致。

（4）与正常围岩相比，接触带蚀变围岩稀有元素强烈富集1.4~9.7倍，其中Li约2.6倍，Rb约5.2倍，Cs约5.8倍，Be约9.7倍，Nb略亏损，Ta为1.4倍，且接触带围岩呈现Rb>Li>Cs的扩散晕。

2. 稀有元素在花岗岩体中的分布

甲基卡及所在区域三个穹隆岩体中Li、Rb、Cs、Be、Nb、Ta的含量列于表7.11。图7.22显示，从容须卡岩体→长征岩体→甲基卡马颈子岩体，稀有元素含量表现出规律性的递增趋势，即甲基卡马颈子岩体中各稀有元素的含量最高，长征岩体次之，容须卡岩体中含量最低。

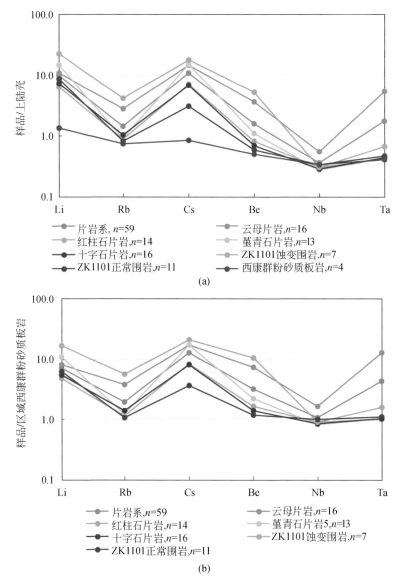

图 7.21 甲基卡矿区内各变质岩系稀有元素富集程度变化图

（a）甲基卡矿区各片岩系上陆壳标准化图解；（b）甲基卡矿区各片岩系与该区域西康群粉砂质板岩标准化图解

表 7.11 甲基卡及所在区域穹隆岩体中稀有元素含量

岩体	样品数 n	岩性	Li /(μg/g)	Rb /(μg/g)	Cs /(μg/g)	Be /(μg/g)	Nb /(μg/g)	Ta /(μg/g)	Rb /Cs	Nb /Ta
甲基卡马颈子岩体	21	二云母 花岗岩	334.05	378.86	58.19	17.43	18.20	5.37	6.51	3.39
长征岩体	2		113.85	229.50	13.75	7.25	12.55	3.32	16.69	3.78
容须卡岩体	3	花岗闪长岩	66.30	102.50	6.23	2.45	10.11	1.30	16.45	7.78

资料来源：甲基卡马颈子岩体数据来自综合梁斌等（2016），侯江龙等（2018）；长征岩体和容须卡岩体数据来自付小方等（2017）。

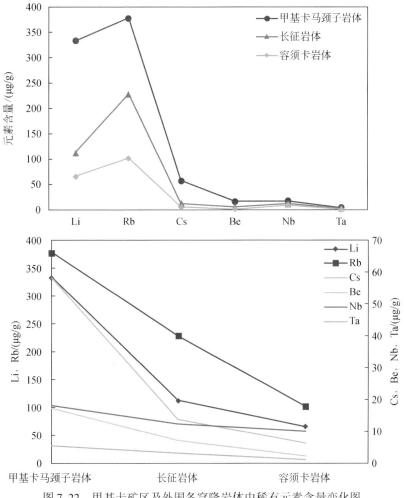

图 7.22　甲基卡矿区及外围各穹隆岩体中稀有元素含量变化图

综合前人对甲基卡马颈子岩体所做的岩石地球化学工作，其岩体 Li、Rb、Cs、Be、Nb、Ta 含量的平均值分别为 334.05μg/g、378.86μg/g、58.19μg/g、17.43μg/g、18.20μg/g、5.37μg/g。同为二云母花岗岩，甲基卡马颈子岩体中稀有元素的含量是长征岩体的 1～5 倍，富集程度 Li 为 2.9 倍，Rb 为 1.7 倍，Cs 为 4.2 倍，Be 为 2.4 倍，Nb 为 1.5 倍，Ta 为 1.6 倍，具有良好的稀有金属成矿条件。但是，Rb/Cs、Nb/Ta 值在甲基卡马颈子岩体中最低，平均为 6.51 和 3.39，明显低于长征岩体和容须卡岩体。一般将 Rb/Cs、Nb/Ta 值作为判断演化分异程度的指标，且认为其值越大，分异演化程度越高。由此可知，不可盲目由含量比值判定分异演化程度的高低，如此大的跳跃性差异，一方面可能是因为不同岩体演化过程中元素的相对富集程度不同，另一方面也说明这三个岩体并非连续熔融结晶分异形成。

3. 稀有元素在新三号脉中的分布

甲基卡新三号脉中各类花岗质岩石的稀有元素含量列于表 7.12 中。相比于马颈子岩体中的二云母花岗岩，新三号脉中的含电气石花岗岩具有高 Li、Nb、Ta、Rb、Cs 而低 Be

的特征，其 Rb/Cs 值和 Nb/Ta 值均高于二云母花岗岩。接触带云英岩由于岩脉的贯入迅速冷凝，挥发分带着稀有元素 Li 的含量迅猛降低，但是 Rb、Cs、Ta 的含量却相对较高，这是因为 Rb、Cs 含量相对更趋向富集在云英岩中的云母中。

表 7.12　甲基卡矿区新三号脉各岩石中稀有元素含量

岩石		Li/ (μg/g)	Rb/ (μg/g)	Cs/ (μg/g)	Be/ (μg/g)	Nb/ (μg/g)	Ta/ (μg/g)	Rb /Cs	Nb /Ta
甲基卡马颈子岩体（n=21）		338	18	5	377	58	17	3.4	3.4
新三号脉	含电气石花岗岩（n=2）	379	752	77	164	88	21	9.7	4.2
	接触带云英岩（n=2）	267	1191	82	222	64	35	14.6	1.8
	接触带锂矿石（n=2）	7276	504	57	168	67	29	8.9	2.3
	含细粒状锂辉石结构单元（n=5）	10819	639	86	193	84	30	7.5	2.8
	含中细梳状锂辉石结构单元（n=3）	14810	315	48	177	72	21	6.5	3.4
	含中粗粒状锂辉石结构单元（n=2）	12557	448	134	355	71	17	3.3	4.3
	含微晶状锂辉石结构单元（n=7）	11732	639	58	181	70	25	11.0	2.8

图 7.23 反映了稀有元素在甲基卡马颈子岩体和新三号脉中各结构单元中的含量和变化趋势，由此可知新三号脉中稀有元素的分布具有以下几种特征。

（1）新三号脉中各结构单元中稀有元素 Li、Rb 的含量变化较大，其余较为稳定，变化范围不大，Be 的变化范围基本在 200~400μg/g，Cs、Nb、Ta 的含量均小于 200μg/g，且在各结构单元中的变化系数较小。

（2）从各类岩石中的稀有元素含量富集程度可知，甲基卡马颈子岩体的 Rb、Cs 明显低于新三号脉中的各类岩石，但是具有相对略高的 Be 含量。新三号脉中的各类含锂辉石结构单元中稀有元素含量变化的趋势保持一致，脉中出现的黑色含电气石花岗岩和脉岩边缘相云英岩锂的含量明显低于锂矿石，其余稀有元素富集变化趋势与锂矿石一致。

（3）以马颈子岩体二云母花岗岩平均值标准化，新三号脉整体相对于甲基卡马颈子岩体而言显著富集 Li、Rb、Cs，略富集 Nb 和 Ta，且 Ta 含量略大于 Nb，Be 则呈亏损状态。

（4）新三号脉接触带相云英岩具有最高的 Rb/Cs 值（Rb/Cs=14.6）和最低的 Nb/Ta 值（Nb/Ta=1.8），早期以结晶作用为主的伟晶岩型锂矿中几类不同的含锂辉石结构单元，从含细粒状锂辉石结构单元→含中细粒梳状锂辉石结构单元→含中粗粒状锂辉石结构单元，其 Rb/Cs 在减少，其 Nb/Ta 值则呈增加趋势，而后期交代这些结构单元的含微晶状锂辉石结构单元的锂矿石具有突变的趋势，不与前者产生连续变化，其 Rb/Cs 高达 11，Nb/Ta 值低至 2.8。

4. 稀有元素的扩散晕

锂、铷、铯是地球化学性质相近的一组稀碱元素。由甲基卡矿区新三号脉稀有元素在围岩中的变化趋势图（图 7.24）可知，锂、铷、铯在蚀变围岩中主要富集在紧靠接触带的部位，并且，远离接触带时，均趋于降低。但由于岩性的差异，元素的含量偶尔呈现起伏跌宕的特点。在紧靠接触带的位置，隐约可以了解到 Li、Rb、Cs 变化的递减率不同，紧靠蚀变围岩部位 Rb 递减的速率大于 Cs 递减的速率〔图 7.24（a）〕，Cs 在围岩中本身含量较低，所以递减速率不明显，锂本身含量高，变化速率介于两者之间，整体呈现 Rb>Li>Cs 的趋势。

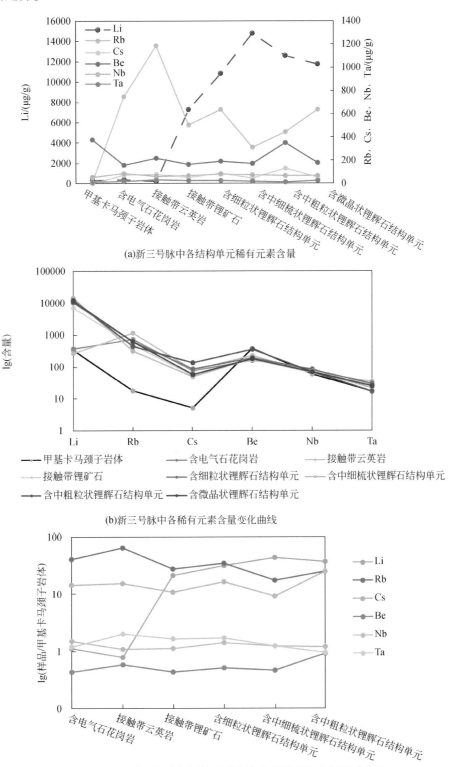

(a)新三号脉中各结构单元稀有元素含量

(b)新三号脉中各稀有元素含量变化曲线

(c)新三号脉中各结构单元的稀有元素含量与甲基卡马颈子岩体稀有元素标准化图解

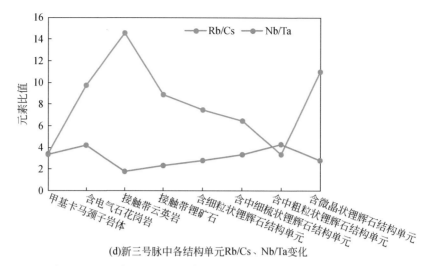

(d)新三号脉中各结构单元Rb/Cs、Nb/Ta变化

图 7.23 甲基卡矿区新三号脉中各岩石类型中稀有元素的含量变化

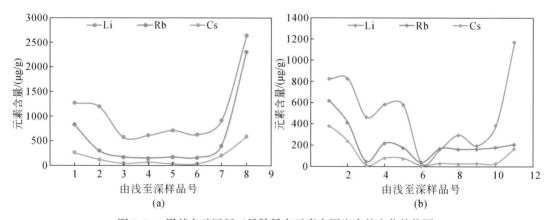

图 7.24 甲基卡矿区新三号脉稀有元素在围岩中的变化趋势图

（a）Li、Rb、Cs 在 ZK1101 围岩（42.97~69.8m）中变化趋势；（b）Li、Rb、Cs 在 ZK1101 下层围岩（80~126.49m）中变化趋势

值得注意的是，新三号脉 ZK1101 靠近终孔位置的围岩中 Li、Rb、Cs 的含量呈现明显的上升趋势 ［图 7.24（b）］，由此可推测深部仍然有找矿潜力。

5. 变质过程与稀有金属矿化的关系

通过计算岩石中元素含量的变异系数，可用来初步确定各元素组分的变化大小，判别元素活动性。各类型变质岩（角岩作为对照组，不参与讨论）主量元素 SiO_2、Al_2O_3、TiO_2 变异系数值相对较小（图 7.25），指示其相对稳定，稀有元素中 Li、Be、Ta、Sn、Rb、Sr、Cs 变化很大，为活动性元素，指示发生了较强烈的交代作用。

甲基卡锂矿床中围岩发生了较强的变质蚀变作用。根据岩石地球化学特征，选取相对稳定（变化量不大）的 Al_2O_3 作为惰性组分来定量分析相关成矿元素的迁移变化趋势。选取区内主要赋矿层位相邻变质相带的十字石红柱石片岩→红柱石片岩→黑云母片岩进行计

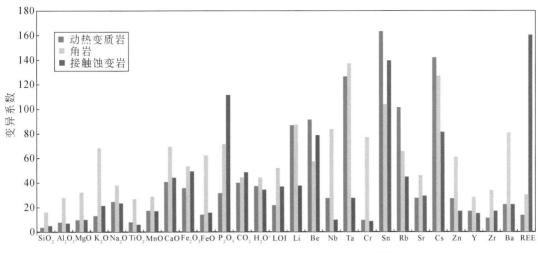

图 7.25 甲基卡矿区各类型变质岩元素变异系数

算（主量元素已重新计算 100%），以岩性为主要考虑因素，均选取以 Al_2O_3 为惰性组分分别做出 C_i^0-C_i^A 图解（图 7.26），得到十字石红柱石片岩和红柱石片岩的斜率 $k = 1.025$；红柱石片岩与黑云母片岩的 $k = 1.005$。

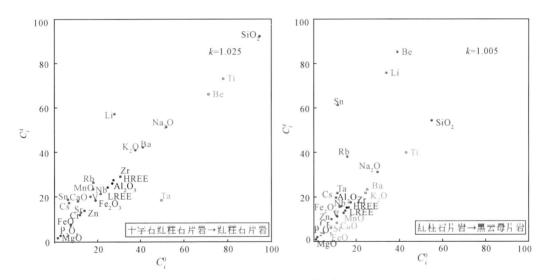

图 7.26 甲基卡矿区中变质带 C_i^0-C_i^A 图解

根据常量元素和微量元素的含量，选取 Al_2O_3 为惰性组分运用公式 $k = M^0/M^A = C^A/C^0$ 计算出 k 值，运用公式 $\Delta C_i = C_i^A/k - C_i^0$ 分别计算出从原岩到蚀变岩的主量元素和微量元素的得失（表 7.13），做出 C_i^0-C_i^A 图解。在 C_i^0-C_i^A 图解中，分别位于从原点到 Al_2O_3 连线上或者附近的组分，为不活动组分；位于该线上方的组分，在蚀变过程中有所富集；位于该线下方的组分，在蚀变过程中有所亏损。为了更直观地表达元素迁移的规律，对部分元素含量乘以相应的合理系数进行同比例放大或缩小。如图 7.26 所示，由十字石红柱石片岩带→红柱石片岩带，部分组分迁移趋势较明显，其中 Ta 等明显迁出；Be、Ti 等少量迁出；

Li 等明显迁入；K_2O、MnO、CaO、Sr、Cs、Rb 等少量迁入；FeO、MgO、K_2O 和 Na_2O 则相对稳定。由红柱石片岩带→黑云母片岩带，Li、Be、Sn、Rb 等稀有元素明显迁入，说明围岩蚀变过程中围岩中的稀有元素主要来源于成矿过程中的岩浆气水热液。

表 7.13　甲基卡矿区中变质带常量组分、微量元素得失计算结果

常量组分		SiO_2	Al_2O_3	CaO	Fe_2O_3	FeO	Na_2O	K_2O	MgO	MnO	P_2O_5
红柱石十字石片岩→红柱石片岩	迁移量 /%	−3.16	−0.92	0.49	0.23	−0.05	−0.09	0.18	0.01	0.36	−0.01
红柱石片岩→黑云母片岩		0.42	−0.19	−0.28	0.45	−0.86	0.07	−0.28	−0.01	−0.13	0.04
常量组分		Li	Be	Sn	Rb	Sr	Nb	Ta	Cs	Cr	Mn
红柱石十字石片岩→红柱石片岩	迁移量 /(μg/g)	197.45	−0.47	8.62	55.73	5.88	−0.18	−2.20	72.76	−0.24	59.86
红柱石片岩→黑云母片岩		502.41	5.54	59.98	268.01	−18.94	3.79	1.29	112.87	0.53	−70.17
常量组分		Ti	V	Zn	Zr	Ba	LREE	HREE			
红柱石十字石片岩→红柱石片岩	迁移量 /(μg/g)	−441.28	−5.71	−1.67	−13.79	2.22	−3.80	−0.25			
红柱石片岩→黑云母片岩		−367.49	3.71	21.52	4.85	−18.08	−5.69	−1.10			

三、花岗岩和伟晶岩地球化学

（一）甲基卡矿区

1. 矿田内花岗质岩石

在岩浆岩 TAS 图解（Middlemost，1994）中，甲基卡矿区内除少部分伟晶岩样品外（$n=5$），各类型样品均落入花岗岩范围 [图 3.51（a）]。铝饱和指数 $Al_2O_3/(Na_2O+CaO+K_2O)$ 摩尔比（A/CNK =1.20~3.48）大于 1.1（仅 3 个数据点略小于 1.1），指示了样品具有强过铝质特征 [图 3.51（b）]。岩相学研究表明，马颈子岩体和 308 号伟晶岩脉中无矿细晶岩均产出白云母等原生富铝矿物，与样品中较高的 A/CNK 值特征一致。里特曼指数（σ）和戈蒂里指数（τ）表明甲基卡矿区中花岗岩、细晶岩及伟晶岩均为分异程度较高的钙碱性–钙性花岗质岩石（仅有一个伟晶岩数据点为碱性），并呈一定的演化趋势 [图 3.51（c）]。其中马颈子岩体中 SiO_2 为 71.13%~74.66%，Al_2O_3 为 14.61%~15.46%，Na_2O+K_2O 为 7.26%~9.26%（4.07%~5.46% $K_2O>3.10%~3.80%$ Na_2O）；无矿细晶岩中 SiO_2 为 73.38%~74.59%，Al_2O_3 为 14.37%~14.92%，Na_2O+K_2O 为 7.82%~8.33%。同时，花岗岩及细晶岩中 Rb 含量均与 Th 和 Y 含量呈反相关关系

［图3.51（d）］。在 Zr-SiO$_2$ 图解中，包括伟晶岩在内的几乎所有样品均位于 S 型花岗岩范围区域（图7.27），进一步指示甲基卡矿区内花岗质岩石均具 S 型花岗岩特征。

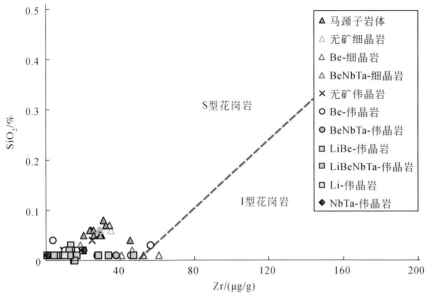

图 7.27　甲基卡矿区各类型花岗质岩石 Zr-SiO$_2$ 图解

资料来源：底图界线据 Pearce，1984

　　在 Al$_2$O$_3$-Na$_2$O×10-K$_2$O×10 三角图解中（图7.28），马颈子岩体与无矿细晶岩的变化趋势基本一致。在 Ab-Or-Q 三角图解中［图7.29（a）］，马颈子岩体和无矿细晶岩样品靠近最低熔点连线；同时马颈子岩体和无矿细晶岩绝大多数数据点落于岩浆成因为主区［图7.29（b）］。另外马颈子岩体 DI=89.4～92.99，无矿细晶岩 DI=91.7～92.08，均指示其分异作用较强；而固结指数 SI 极低（马颈子岩体 1.74～3.62；无矿细晶岩 2.03～2.6），说明与幔源关系不大。以上特征指示马颈子岩体和无矿细晶岩者具有同源性，且与重熔、分异作用关系密切（唐国凡和吴盛先，1984）。考虑到伟晶岩成分的不均一性，本研究认为在针对花岗岩的部分图解中，各类型伟晶岩数据点不宜参与岩石成因方面的讨论，只对探讨其岩浆演化过程具有一定的指示意义。如在图7.29（a）中，各类型伟晶岩数据点总体落于针对岩浆岩的区域之外，但从化学成分上表现出一定的规律性，从花岗质岩浆演化到伟晶岩浆，早期 Be（Nb）矿化阶段体系中逐渐富钠；演化到富 Li 伟晶岩，伟晶岩浆则表现出相对贫 Na 的特征。这说明，在岩浆演化过程中，伴随钠长石的大量结晶，岩浆热液转变为贫钠流体，硅质有增加趋势，同时生成大量的锂辉石。可见，Li 矿化与高分异岩浆演化过程中分异出 Na 质流体密切相关。

　　通过与上地壳对比，甲基卡矿区内从花岗岩、细晶岩到伟晶岩，稀土总量有逐级降低的趋势，均呈相对平缓的配分型式并表现为 Eu 的负异常。在微量元素蛛网图中，Li、Be、Nb、Ta、Cs 等稀有元素表现为显著富集，而 Ba 及 La、Ce、Pr 等显著亏损，各元素同样表现出从花岗岩、细晶岩至伟晶岩富集或亏损程度增强的趋势，稀土及微量元素具有相似的配分型式［图7.30（a）、（c）］。同时，甲基卡二云母花岗岩和伟晶岩（^{87}Sr/^{86}Sr）$_i$ 的值分别为 0.7088±0.0011 和 0.7238±0.045（唐国凡和吴盛先，1984），说明花岗质岩石来源

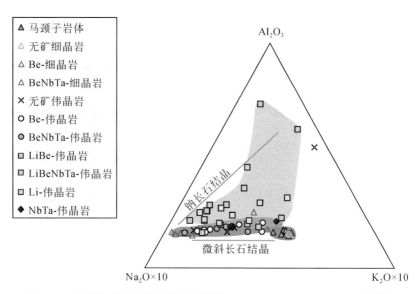

图 7.28　甲基卡矿区各类型花岗质岩石 Al_2O_3-$Na_2O\times10$-$K_2O\times10$ 三角图解

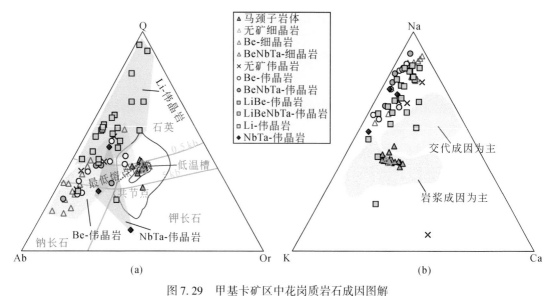

图 7.29　甲基卡矿区中花岗质岩石成因图解

资料来源：(a) 据 Raju and Rao, 1972；(b) 根据 Tuttle and Bowen, 1958

于上地壳。为了更直观地反映细晶岩、伟晶岩与马颈子岩体的关系，本书通过各类岩石与马颈子岩体的标准化作图 [图 7.30 (b)、(d)]，可见细晶岩与马颈子岩体的稀土、微量元素的配分型式极为接近，同样指示二者具有共同源区。另外，伟晶岩中稀土、微量元素一致的变化趋势，表明在酸性岩浆演化过程中，熔体相和出溶的富挥发分流体相之间发生了强烈的相互作用 (Irber, 1999)。与矿区内的变质围岩相比，二者稀土配分型式也一致，但 Ce、Eu 异常趋势相反，而相应微量元素富集、亏损相反的变化趋势，说明岩浆在侵入过程中与区内的变质围岩发生了物质交换。

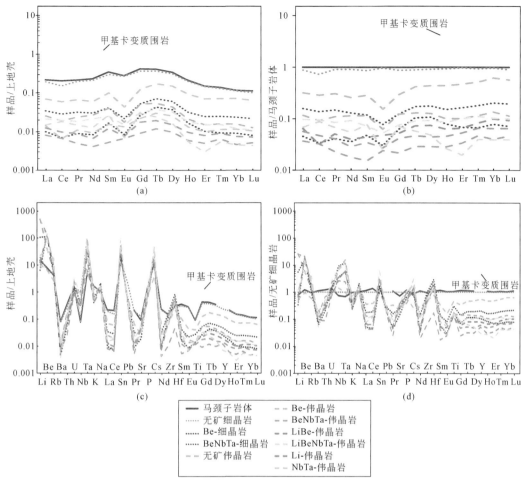

图 7.30　甲基卡矿区花岗质岩石稀土元素配分图和微量元素蛛网图
资料来源：上地壳数据引自 Rudnick and Gao, 2004

马颈子岩体的微量元素分布型式具 Rb、Ta、P、Hf 为正异常峰而 Ba、Nb、La、Sr、Zr、Ti 为负异常谷的特征（图 7.31），且相对富集大离子亲石元素，具有非造山花岗岩的特征。而新三号脉中各类岩石的微量元素分布形式变化趋势总体保持一致，显示元素 Rb、U、Ta、P、Hf、Sr 为正异常峰，尤其 Rb、U、Ta 相对强烈富集，而元素 Ba、Nb、Zr、Ti 为负异常谷的特征，尤其是细晶型锂矿石具有不同程度强烈的 Eu 亏损。相对于马颈子岩体而言，甲基卡新三号脉中的 Sr、Ti 和稀土元素具有强烈的亏损特点，尤其是锂矿石中的稀土元素亏损更为强烈。尽管 U、Nb、Ta 含量不高，但总体上新三号脉相对于马颈子岩体来说，U、Nb、Ta 呈略富集状态。

Nb/Ta 值可有效识别岩浆源区的特征（Eby et al., 1998）。甲基卡矿床内马颈子岩体的 Nb/Ta 值为 1.97 ~ 5.22（唐国凡和吴盛先，1984），各类型细晶岩及伟晶岩的 Nb/Ta 值介于 0.59 ~ 8.69 之间（仅两件样品>7）。比值范围基本一致，进一步表明甲基卡矿区中细晶岩和伟晶岩与马颈子岩体具有同源性。同时，有学者研究发现，幔源岩浆岩的 Nb/Ta 值较高（可达 15.5），而壳源岩浆岩则具有相对较低的比值（11 ~ 12）（Nick and Michael,

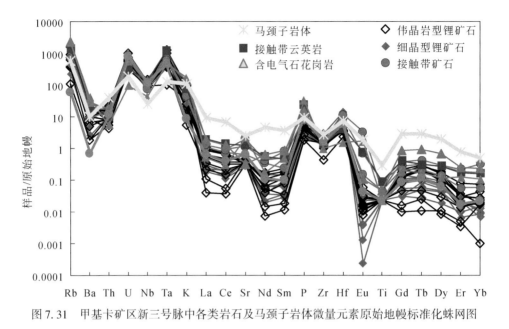

图 7.31　甲基卡矿区新三号脉中各类岩石及马颈子岩体微量元素原始地幔标准化蛛网图

1985）。甲基卡矿区内花岗岩体及各类型细晶岩、伟晶岩具有较低的 Nb/Ta 值特征，由花岗岩、细晶岩至伟晶岩 Nb/Ta 值（平均值）总体表现出降低趋势，不仅指示源区物质更可能来源于地壳，也进一步表明矿床内伟晶岩的形成可能经历了岩浆分异作用，这是由于岩浆分异形成的流体一般富 F（李鸿莉等，2007），同时 F 与 Ta 的络合能力强于与 Nb 的络合，使得 Ta、Nb 发生分馏，导致 Nb/Ta 值具降低趋势（王文瑛和陈成湖，1999）。

　　在 Rb-Ba-Sr（含量，μg/g）三角图解和 SiO_2（%）- K/Rb 图解中，甲基卡所有样品均表现出高分异花岗岩的特征，并有从无矿细晶岩至伟晶岩分异程度逐渐增强的趋势。与此同时，样品的 Zr/Hf、La/Ta、Nb/Ta 值均明显偏离相应的球粒陨石值（Bau，1996）说明在演化程度较高的酸性岩浆中，熔体相和出溶的富挥发分流体相之间发生了强烈的相互作用（Irber，1999）。K/Rb、Rb/Sr 值及 Ba 含量均呈正向演化类型 ［即降低趋势，图 7.32］，表明矿化经历了岩浆的结晶分异作用（王联魁等，1999），同时以 K/Rb=50 为界线（图 7.33），能够将无矿岩石和矿化岩石很好地区分出来。可尔因矿区也有类似特征（项目组数据）。因此，在同一矿区范围内，较低比值的 K/Rb 可作为花岗伟晶岩型稀有金属含矿性的地球化学判别标志之一。

　　众多研究表明，伟晶岩型稀有金属矿床中，伟晶岩具有稀土总量极低，同时轻稀土相对富集、重稀土相对亏损的特征，如新疆阿尔泰地区的可可托海三号伟晶岩脉（冷成彪等，2007）和高纯石英伟晶岩（张晔和陈培荣，2010），江西省广昌的头陂锂辉石伟晶岩（周建廷等，2012）及湖南的传梓源花岗伟晶岩（文春华等，2016）。

　　甲基卡矿区中各类花岗质岩石与上述稀有金属伟晶岩型矿床特征相似，同样表现为稀土总量极低、轻稀土相对富集、重稀土相对亏损的特征 ［图 7.33（a）］。这说明稀土元素地球化学特征可作为判别伟晶岩是否富稀有金属的地球化学标志之一。通过本次研究，发

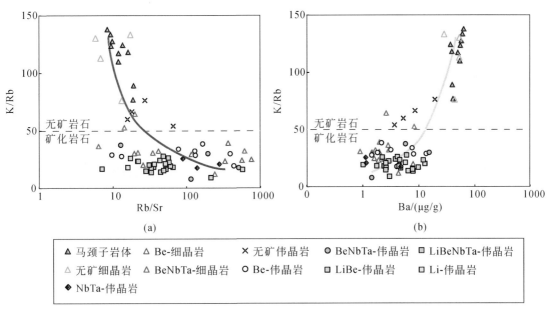

图7.32　甲基卡矿区中花岗质岩石 Rb/Sr-K/Rb（a）和 Ba-K/Rb（b）图解

现甲基卡矿区中，从花岗岩→无矿细晶岩→无矿伟晶岩→各类型矿化细晶岩、伟晶岩，稀土总量呈降低趋势。由图7.34可见，稀土含量的规律性变化与岩浆结晶分异过程中 Na、K 的碱交代作用密切相关，同时 Be、Li 一定次序的富集过程与稀土含量之间可能存在一定的反相关性，与刘丽君等（2017b）对甲基卡矿区内新三号脉开展的稀土元素研究所得认识一致。同时，在细晶岩及伟晶岩的矿化富集过程中，Nb、Ta 等元素的含量与其相应稀土总量之间呈正相关关系［图7.33（b），图7.34（d）、（f）］，并呈一定的脉动性。可见，在整个成矿过程中，并非只有单一期次的由 K→Na→Li 的成矿过程，而可能是复杂的多次 K→Na→Li 的成矿过程，甚至反复作用。Nb/Ta 值的降低趋势，指示了花岗岩浆的结晶分异作用，但关于含稀有金属花岗岩中极低稀土含量的成因机制，仍需进一步深入探讨。

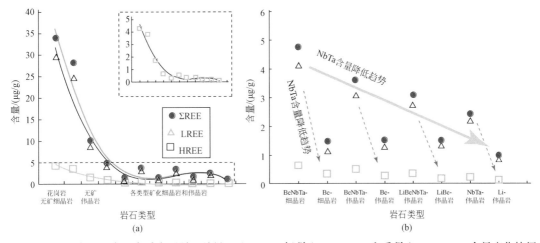

图7.33　甲基卡矿区中花岗质岩石稀土总量（ΣREE）、轻稀土（LREE）和重稀土（HREE）含量变化特征

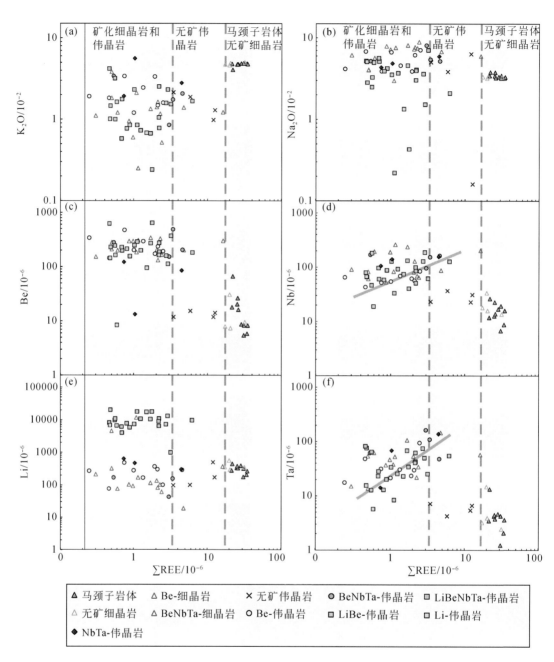

图 7.34　甲基卡矿区花岗质岩石稀土总量与 K_2O、Na_2O、Be、Nb、Li、Ta 哈克图解

2. 新三号脉稀土元素组成

新三号脉中各类岩石的稀土参数分析见表 7.14。利用 Taylor 和 McLennan（1985）球粒陨石数据标准化处理后，得到稀土元素配分曲线（图 7.35）。

表 7.14　甲基卡矿区新三号脉中各类花岗质岩石 Li 含量及稀土参数

样品	样数 n	Li /($\mu g/g$)	ΣREE /($\mu g/g$)	LREE /($\mu g/g$)	HREE /($\mu g/g$)	LREE /HREE	δEu	δCe
含微晶状锂辉石结构单元	7	11732	0.93	0.82	0.11	7.06	0.14	0.95
含细粒状锂辉石结构单元	5	10819	1.65	1.42	0.23	6.08	0.18	0.96
含中粗粒锂辉石结构单元	2	13427	0.19	0.16	0.03	6.29	0.96	1.08
含中细粒梳状锂辉石结构单元	3	14810	1.93	1.66	0.26	6.35	0.20	0.97
接触带锂矿石	3	7276	4.16	3.55	0.61	6.28	2.64	0.95
接触带云英岩	2	267	3.97	3.43	0.54	5.91	3.39	0.89
含电气石花岗岩	2	379	4.02	3.24	0.78	6.82	0.30	0.89

注：ΣREE 指的是 La~Lu 的含量。

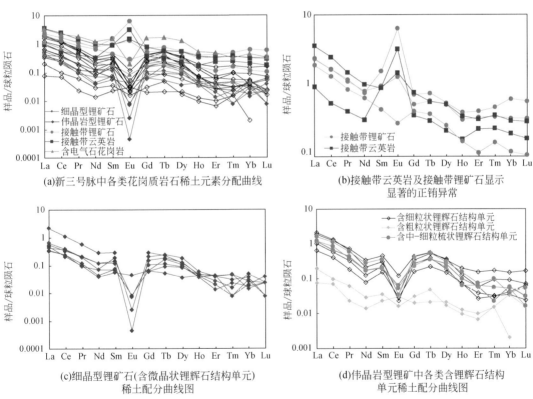

(a)新三号脉中各类花岗质岩石稀土元素分配曲线

(b)接触带云英岩及接触带锂矿石显示
显著的正铈异常

(c)细晶型锂矿石(含微晶状锂辉石结构单元)
稀土配分曲线图

(d)伟晶岩型锂矿中各类含锂辉石结构
单元稀土配分曲线图

图 7.35　甲基卡矿区新三号脉中各类岩石稀土元素配分曲线

综合分析甲基卡新三号脉的稀土元素地球化学数据，可知新三号脉中各类花岗质岩石稀土总量低，ΣREE（La~Lu）为 0.138~6.492$\mu g/g$，平均值为 2.058$\mu g/g$。其中黑色细粒含电气石花岗岩的稀土总量为 4.02$\mu g/g$（1.55~6.49$\mu g/g$），LREE 为 3.24$\mu g/g$（1.72~5.14$\mu g/g$），HREE 为 0.78$\mu g/g$（0.14~1.42$\mu g/g$），LREE/HREE 值为 6.82（3.56~

10.09），δEu 为 0.30（0.13 ~ 0.47），显示负异常；δCe 为 0.89（0.87 ~ 0.91），显示相对富集轻稀土。接触带云英岩的稀土总量为 3.97μg/g（2.09 ~ 5.86μg/g），LREE 为 3.43μg/g（1.72 ~ 5.14μg/g），HREE 为 0.54μg/g（0.37 ~ 0.72μg/g），LREE/HREE 值为 5.91（4.63 ~ 7.19），δEu 为 3.39（5.03 ~ 1.76），显示正异常，δCe 为 0.89（0.81 ~ 0.98），显示相对富集轻稀土。富锂矿石总体稀土总量偏低，为 0.19 ~ 4.16μg/g，同样具有相对富轻稀土（右倾）特点，但是接触带附近的锂矿石却呈现出稀土总量偏高（$\Sigma REE = 4.16μg/g$），正铕异常（$\delta Eu = 2.64$）的特征。

归纳其数据，进一步可得出新三号脉中各类岩石的稀土化学特征如下。

（1）稀土含量低，总体小于 10μg/g。相对而言，含电气石花岗岩和接触带云英岩具有低锂相对高稀土的特征，锂矿石具有高锂极低稀土的特征，锂矿石中靠近接触带边缘相的锂矿石稀土总量略高于矿脉中部的锂矿石，大致呈现出边缘相→矿脉内部，稀土总量减少的趋势。新三号脉中的富锂辉石伟晶岩稀土总量低于福建南平伟晶岩同类型伟晶岩脉（4.53μg/g）（杨岳清等，1997），也低于新疆的可可托海三号伟晶岩脉（2.68 ~ 6.83μg/g）（冷成彪等，2007）。上述低稀土含量特征说明稀有金属矿化的伟晶岩脉实际上是显著亏损稀土元素的。

（2）稀土元素在矿脉接触带附近呈正铕异常。新三号脉接触带云英岩稀土元素具有显著正铕异常特征（$\delta Eu = 1.76 ~ 5.51$），而接触带锂矿石则具有相对大概率正铕异常的特点（$\delta Eu = 0.66 ~ 5.51$，平均值为 2.64）［图 7.35（b）］。由此可见，矿脉在贯入冷凝过程中，稀土元素在接触带附近即矿脉冷凝时表现出与众不同的地球化学行为，铕表现为正异常，但随着矿脉的冷凝有可能逐渐呈现铕负异常。

（3）新三号脉中锂矿石的稀土元素含量变化范围不大，同类型者的变化趋势总体相同，配分曲线呈右缓倾斜型，略富集轻稀土。微晶-细晶状锂辉石结构单元的稀土元素变化趋势一致，其中含微晶状锂辉石结构单元的细晶型锂矿石铕的异常表现变化尤为强烈［图 7.35（c）］。但是中粗粒状锂辉石结构单元的稀土含量变化却明显不同于前几类锂矿石的稀土含量［图 7.35（d）］，稀土总量明显最低，且铕的异常有正有负，变化不稳定，重稀土含量也呈现突变式增加或减少的变化。

四川甲基卡新三号脉白云母钠长石锂辉石伟晶岩与新疆可可托海三号伟晶岩脉对比［图 7.36（a）］，可知两者的稀土配分曲线均呈右倾趋势，相对富集轻稀土，Eu 负异常，轻稀土的分馏特征相似，但中稀土和重稀土却表现出明显的差异，甲基卡中稀土相对富集，配分曲线相对上凸，而可可托海相对富集重稀土，配分曲线在右侧相对上凸。

将不同矿化为主的稀有金属伟晶岩，如以锂矿化为主的四川甲基卡新三号脉白云母钠长石锂辉石伟晶岩、以锂铌钽矿化为主的福建南平白云母钠长石锂辉石伟晶岩、以铍锂矿化为主的新疆可可托海三号伟晶岩脉、以铌钽矿化为主的青海沙柳泉伟晶岩脉［图 7.36（b）］，进行对比可知其稀土配分模式变化趋势基本相似。这说明不同地区、不同类型的稀有金属伟晶岩，稀土元素的配分特征却是基本相同的，但目前仍可知甲基卡新三号脉的稀土总量最低。

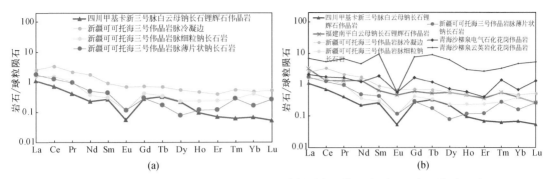

图 7.36　甲基卡矿区新三号脉中锂矿石与其他同类型伟晶岩稀土元素配分对比图

（a）四川甲基卡新三号脉锂矿石与新疆可可托海三号脉稀土配分曲线对比图；（b）四川甲基卡新三号脉锂矿石与不同稀有金属矿化伟晶岩脉稀土配分曲线对比图。四川甲基卡新三号脉数据据本书；新疆可可托海三号脉数据据冷成彪等，2007；福建南平数据据仇年铭等，1985；青海沙柳泉数据据李善平等，2016

（二）扎乌龙矿区

扎乌龙矿区代表性伟晶岩样品主量元素分析结果见表 7.15。锂辉石伟晶岩脉总体上呈现高 SiO_2（72.03% ~ 77.78%）、高 Al_2O_3（13.89% ~ 16.79%）、高碱（$Na_2O + K_2O$ = 5.01% ~ 9.96%）、高分异指数 DI（91.13 ~ 96.4）和低 Mn、Ca、Mg、Ti、Fe（均小于 1%）的特征，表明岩浆发生了高程度的分异演化作用。不同类型的伟晶岩由早期到晚期，呈现出 Na 先升高后降低、K 总体降低的特征，即由微斜长石伟晶岩（K_2O 为 3.56% ~ 6.26%；Na_2O 为 3.3% ~ 6.4%）→钠长石伟晶岩（Na_2O 为 4.17% ~ 6.55%；K_2O 为 0.76% ~ 3.51%）→锂辉石伟晶岩（Na_2O 为 1.05% ~ 4.79%、K_2O 为 1.72% ~ 3.13%）。这可能与钠长石化作用相关（图 7.37）。

表 7.15　扎乌龙矿区代表性伟晶岩样品主量元素分析结果

岩性	黑云母石英片岩	黑云母石英片岩	微斜长石伟晶岩	微斜长石伟晶岩	微斜长石伟晶岩	钠长石伟晶岩	钠长石伟晶岩	钠长石伟晶岩	锂辉石伟晶岩	锂辉石伟晶岩	锂辉石伟晶岩
样品编号	CL-1-9	CL-2-16	CL-0-4	CL-0-12	CL-5-8	CL-1-4	CL-1-7	CL-2-4	CL-1-13	CL-2-8	CL-5-4
SiO_2/%	54.99	73.72	74.68	74.28	73.42	73.53	73.86	72.03	74.82	74.02	77.78
Al_2O_3/%	18.85	10.32	14.58	14.10	15.70	16.79	16.16	16.2	15.48	15.48	13.89
TFe_2O_3/%	6.88	5.07	0.53	0.42	0.29	0.36	0.31	0.28	0.51	0.2	0.56
CaO/%	6.81	2.82	0.58	0.44	0.30	0.34	0.31	0.37	0.26	0.29	0.21
MgO/%	3.57	2.72	0.06	0.06	0.01	0.03	0.01	0.04	0.01	0.04	0.01
K_2O/%	3.77	2.34	4.03	6.26	3.56	0.76	1.81	3.51	1.79	3.13	1.72
Na_2O/%	0.58	0.52	4.53	3.30	6.40	6.55	4.17	5.67	3.22	4.79	1.05
TiO_2/%	0.77	0.47	0.02	0.01	0.01	0.01	0.01	0.01	0.01	0.01	0.01
MnO/%	0.23	0.12	0.04	0.02	0.02	0.17	0.09	0.11	0.09	0.07	0.14
P_2O_5/%	0.18	0.14	0.13	0.16	0.29	0.39	0.24	0.35	0.17	0.28	0.23
LOI/%	3.09	1.25	0.62	0.58	0.00	0.84	0.76	0.75	1.18	0.75	1.28

续表

岩性	黑云母石英片岩	黑云母石英片岩	微斜长石伟晶岩	微斜长石伟晶岩	微斜长石伟晶岩	钠长石伟晶岩	钠长石伟晶岩	钠长石伟晶岩	锂辉石伟晶岩	锂辉石伟晶岩	锂辉石伟晶岩
样品编号	CL-1-9	CL-2-16	CL-0-4	CL-0-12	CL-5-8	CL-1-4	CL-1-7	CL-2-4	CL-1-13	CL-2-8	CL-5-4
总量/%	99.72	99.49	99.8	99.64	100.00	99.77	97.73	99.32	97.54	99.06	96.88
K_2O/Na_2O	6.50	4.50	0.89	1.90	0.56	0.12	0.43	0.62	0.56	0.65	1.64
Na_2O+K_2O/%	4.35	2.86	8.56	9.56	9.96	7.31	5.98	9.18	5.01	7.92	2.77
DI	63.93	78.57	96.25	97.25	98.00	93.54	91.59	95.89	90.42	94.95	87.95
A/NK			1.23	1.15	1.09	1.45	1.83	1.23	2.14	1.37	3.86
A/CNK			1.18	1.12	1.07	1.41	1.77	1.20	2.07	1.34	3.67

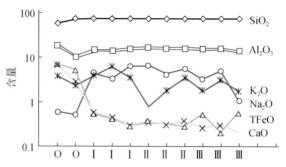

图 7.37 扎乌龙矿区围岩–各结构带伟晶岩的主量元素的变化特点

其中横坐标代表不同的岩石样品，O 对应黑云母石英片岩，I 对应微斜长石伟晶岩，
II 对应钠长石伟晶岩，III 对应锂辉石伟晶岩

由围岩到不同阶段的伟晶岩，SiO_2、Na_2O 含量逐渐增高，K_2O/Na_2O 值明显降低，总体表现为基性元素（Fe、Mg、Ca）减少而碱性元素（Al、Na）增加的趋势（表 7.16，图 7.37）。

围岩黑云母石英片岩除个别元素如 Ta、Nb、U、Ce 外，高场强元素（HFSE）亏损（如 Th、Zr、Hf、Y）。大离子亲石元素（LILE）K、Rb、Cs 含量较高，Ba 和 Sr 偏低。Ba 和 Sr 的偏低可能与斜长石、钾长石的分离结晶作用有关。微量元素原始地幔标准化蛛网图显示，各样品微量元素分布模式基本一致，具有 Rb、U 等的正异常，Ba、Sr、Zr、Ti 等的负异常［图 7.38（a）］。

扎乌龙矿区内围岩的稀土总量较高，变化较大，ΣREE 介于 $69.68 \times 10^{-6} \sim 202.17 \times 10^{-6}$ 之间，具有明显的轻稀土富集而重稀土亏损的特征 $(La/Yb)_N = 6.06 \sim 11.10$。稀土元素球粒陨石标准化配分图上显示稀土配分曲线均向右倾斜，为富集轻稀土的右倾型 REE 配分模式，δEu 值在 0.58～0.6，表现为弱负异常［表 7.16，图 7.38（b）］。

扎乌龙矿区内伟晶岩除个别元素如 Ta、Nb、U、Ce 外，整体上高场强元素（HFSE）亏损（如 Th、Zr、Hf、Y），大离子亲石元素（LILE）K、Rb 含量较高，Ba、Sr、Ti 偏低。Ba 和 Sr 的亏损，推测与斜长石的结晶分异作用有关，Ti 亏损推测与钛铁矿结晶分异作用有关。微量元素原始地幔标准化蛛网图显示，各样品微量元素分布模式基本一致，具有 Rb、U 等的正异常和 Ba、Sr、Zr、Ti 等的负异常［表 7.16，图 7.38（a）］。

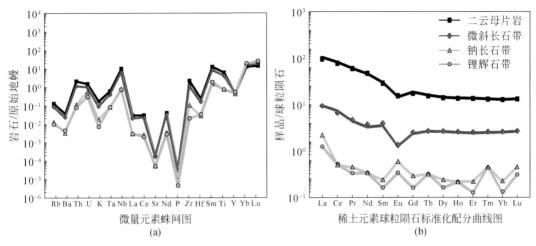

微量元素蛛网图
(a)

稀土元素球粒陨石标准化配分曲线图
(b)

图7.38 扎乌龙矿区代表性样品微量元素原始地幔标准化蛛网图和稀土元素球粒陨石标准化配分曲线图

资料来源：标准值据 Sun and McDonough, 1989

扎乌龙矿区内伟晶岩稀土总量极低，变化较大，ΣREE 介于 $1.39\times10^{-6} \sim 21.28\times10^{-6}$ 之间，具有明显的轻稀土富集而重稀土亏损的特征，LREE/HREE $= 0.2 \sim 4.2$，$(La/Yb)_N$ $= 3.54 \sim 11.95$。稀土元素球粒陨石标准化配分曲线图上显示，稀土配分曲线均向右倾斜，为富集轻稀土的右倾型 REE 配分模式，δEu 值在 $0.29 \sim 2.35$，除去部分微斜长石样品 （Cl-0-4 和 Cl-0-12） 外，表现为由接触带至各结构带的伟晶岩，δEu 由弱负异常渐过渡为正异常的特征 ［表7.16，图7.38 （b）］。

表7.16 扎乌龙矿区代表性伟晶岩样品微量元素分析结果

岩性	黑云母片岩	黑云母石英片岩	微斜长石伟晶岩	微斜长石伟晶岩	微斜长石伟晶岩	钠长石伟晶岩	钠长石伟晶岩	钠长石伟晶岩	锂辉石伟晶岩	锂辉石伟晶岩	锂辉石伟晶岩
样品编号	CL-1-9	CL-2-16	CL-0-4	CL-0-12	CL-5-8	CL-1-4	CL-1-7	CL-2-4	CL-1-13	CL-2-8	CL-5-4
$Li/10^{-6}$	2280.00	296.00	78.10	55.20	89.10	4380.00	7500.00	2130.00	6900.00	3180.00	>10000
$Be/10^{-6}$	17.00	1.21	7.61	8.80	142.50	158.50	167.50	109.50	101.50	116.50	43.30
$Rb/10^{-6}$	900.00	141.50	298.00	600.00	1280.00	320.00	680.00	1240.00	740.00	1350.00	700.00
$Nb/10^{-6}$	20.70	8.60	10.50	6.50	107.00	94.10	74.60	68.60	74.70	53.30	62.50
$Ta/10^{-6}$	7.65	0.63	1.97	3.29	89.10	58.90	46.30	47.30	14.55	30.40	37.50
$Cs/10^{-6}$	388.00	31.20	13.25	25.30	127.00	57.60	76.60	148.50	95.20	147.50	96.20
$Rb/10^{-6}$	955.00	143.50	292.00	589.00	1275.00	317.00	687.00	1290.00	731.00	1375.00	699.00
$Ba/10^{-6}$	0.05	0.02	0.01	0.01	0.01	0.01	0.01	0.01	0.01	0.01	0.01
$Th/10^{-6}$	16.50	7.20	2.54	1.25	1.75	3.03	1.30	2.52	0.07	2.01	0.52
$U/10^{-6}$	3.65	1.80	9.61	4.34	2.38	8.24	8.20	10.65	1.12	9.46	1.56
$K/10^{-6}$	3.77	2.34	4.03	6.26	3.56	0.76	1.81	3.51	1.79	3.13	1.72
$Ta/10^{-6}$	7.65	0.63	1.97	3.29	89.10	58.90	46.30	47.30	14.55	30.40	37.50

续表

岩性	黑云母片岩	黑云母石英片岩	微斜长石伟晶岩	微斜长石伟晶岩	微斜长石伟晶岩	钠长石伟晶岩	钠长石伟晶岩	钠长石伟晶岩	锂辉石伟晶岩	锂辉石伟晶岩	锂辉石伟晶岩
样品编号	CL-1-9	CL-2-16	CL-0-4	CL-0-12	CL-5-8	CL-1-4	CL-1-7	CL-2-4	CL-1-13	CL-2-8	CL-5-4
$Nb/10^{-6}$	20.70	8.60	10.50	6.50	107.00	94.10	74.60	68.60	74.70	53.30	62.50
$Sr/10^{-6}$	142.50	98.50	27.50	26.50	23.40	16.40	10.50	20.10	13.50	24.10	20.10
$P/10^{-6}$	0.18	0.14	0.13	0.16	0.29	0.39	0.24	0.35	0.17	0.28	0.23
$Zr/10^{-6}$	155.00	146.00	36.00	20.00	5.00	30.00	7.00	8.00	2.00	21.00	8.00
$Hf/10^{-6}$	4.20	3.80	1.40	1.00	0.90	4.60	1.30	1.60	0.20	2.80	1.30
$Ti/10^{-6}$	0.77	0.47	0.02	0.01	0.01	0.01	0.01	0.01	0.01	0.01	0.01
$La/10^{-6}$	43.80	13.60	4.20	2.40	0.50	0.50	0.50	0.50	0.50	0.50	0.50
$Ce/10^{-6}$	86.50	27.40	8.580	4.75	0.15	0.25	0.17	0.49	0.10	0.39	0.30
$Pr/10^{-6}$	9.78	3.03	0.78	0.43	0.03	0.03	0.03	0.03	0.03	0.05	0.03
$Nd/10^{-6}$	35.10	11.80	2.70	1.60	0.10	0.10	0.10	0.20	0.10	0.20	0.10
$Sm/10^{-6}$	6.96	2.78	0.92	0.61	0.04	0.03	0.04	0.04	0.03	0.03	0.03
$Eu/10^{-6}$	1.19	0.55	0.08	0.09	0.03	0.03	0.03	0.03	0.03	0.03	0.03
$Gd/10^{-6}$	5.21	2.71	0.73	0.60	0.05	0.05	0.05	0.05	0.05	0.05	0.05
$Tb/10^{-6}$	0.78	0.45	0.17	0.10	0.01	0.01	0.01	0.01	0.01	0.01	0.01
$Dy/10^{-6}$	4.55	2.91	1.18	0.65	0.05	0.05	0.05	0.05	0.05	0.05	0.05
$Ho/10^{-6}$	0.98	0.62	0.26	0.13	0.01	0.01	0.01	0.01	0.01	0.01	0.01
$Er/10^{-6}$	2.81	1.82	0.76	0.34	0.03	0.03	0.03	0.03	0.03	0.03	0.03
$Tm/10^{-6}$	0.43	0.26	0.12	0.05	0.01	0.01	0.01	0.01	0.01	0.01	0.01
$Yb/10^{-6}$	2.83	1.61	0.85	0.33	0.03	0.03	0.03	0.03	0.03	0.03	0.03
$Lu/10^{-6}$	0.45	0.24	0.13	0.05	0.01	0.01	0.01	0.01	0.01	0.01	0.01
$Y/10^{-6}$	25.90	16.00	7.90	4.10	0.50	0.50	0.50	0.50	0.50	0.50	0.50
$\Sigma REE/10^{-6}$	201.37	69.78	21.46	12.13	1.14	1.06	1.49	1.05	0.99	1.4	1.19
$LREE/10^{-6}$	184.13	59.06	17.08	9.83	1.2	1.19	1.19	1.3	1.19	1.31	1.19
$HREE/10^{-6}$	18.04	10.62	4.20	2.25	0.20	0.20	0.20	0.20	0.20	0.20	0.20
LREE/HREE	10.21	5.56	4.07	4.37	6.00	5.95	5.95	6.50	5.95	6.55	5.95
$(La/Yb)_N$	11.1	6.06	3.54	5.22	11.95	11.95	11.95	11.95	11.95	11.95	11.95
δEu	0.58	0.60	0.29	0.45	2.05	2.35	2.35	2.05	2.35	2.35	2.35
δCe	0.99	1.00	1.06	1.05	0.67	0.67	0.67	0.67	0.67	0.62	0.67
K/Rb	39.48	163.07	138.01	106.28	27.92	23.97	26.35	27.21	24.49	22.76	24.61
Rb/Sr	6.32	1.44	10.84	22.64	54.70	19.51	64.76	61.69	54.81	56.02	34.83
Nb/Ta	2.71	13.65	5.33	1.98	1.20	1.60	1.61	1.45	5.13	1.75	1.67
Zr/Hf	36.90	38.42	25.71	20.00	5.56	6.52	5.38	5.00	10.00	7.50	6.15

扎乌龙矿区内不同类型伟晶岩中稀有元素含量变化较大（表7.17）。由围岩到不同演化程度的伟晶岩，呈现出 Li 含量总体逐渐增高的特征。稀有元素 Be、Nb、Ta 含量在钠长石伟晶岩内最高，后在锂辉石伟晶岩有所降低。随着微斜长石伟晶岩至钠长石伟晶岩最后演化至锂辉石伟晶岩；随着 Li 矿化的逐渐增强，Rb、Rb/Sr 值呈现正相关，K/Rb 值呈负相关的特征。这反映出 Li 和 Rb 趋向于锂辉石伟晶岩中富集，Be、Nb 和 Ta 趋向于钠长石伟晶岩中富集的地球化学指标。

四、甲基卡新三号脉锂的地球化学特征

锂在地壳中的含量为 $25\mu g/g$，在花岗岩中可以获得进一步积累。甲基卡马颈子岩体二云母花岗岩中锂的含量是 $146 \sim 476\mu g/g$，平均值为 $338\mu g/g$，大约是一般花岗岩（$38\mu g/g$）（刘英俊等，1984）的 10 倍。而新三号脉中黑色含电气石花岗岩的锂含量为 $217 \sim 540\mu g/g$，锂含量略高于马颈子岩体。矿脉边缘相云英岩中锂的含量为 $259 \sim 274\mu g/g$。新三号脉中含锂辉石伟晶岩的含量为 $5347 \sim 17970\mu g/g$，平均值为 $11467\mu g/g$，约为马颈子岩体锂含量的 34 倍。

新三号脉以锂辉石的矿化最为显著，具有巨大的锂资源储量，为了探究锂元素在矿脉中的分布及其地球化学行为，将锂元素与各地球化学元素进行相关性对比，以期了解伟晶岩成矿过程中锂的地球化学特征。

（一）锂与主量元素

图 7.39 显示了新三号脉中几类花岗质岩石和马颈子岩体二云母花岗岩中锂与主量元素之间的相关性，图 7.40 独立呈现低锂含量的马颈子岩体二云母花岗岩中锂的地球化学行为。由此可知，锂与主量元素之间表现出以下几种关系。

（1）锂矿石中锂与主量元素之间表现出一定的相关性，与 SiO_2、Al_2O_3 呈弱正相关性，与 Na_2O、K_2O、P_2O_5、F 具有明显的负相关性。锂矿石中 MnO、CaO、MgO 的含量较低，与锂含量没有相关性。

（2）马颈子岩体二云母花岗岩中锂与各主量元素之间没有显著相关性。

一般认为，挥发分的富集对锂的集中起着重要作用，锂常随挥发分的增加而升高，即锂与挥发分的含量呈正相关性，认为锂倾向于在岩体晚阶段集中，且在稀有金属花岗伟晶岩中，锂的含量变化与各个发育阶段有密切关系，无论在伟晶岩原生结晶阶段，或者交代阶段都是由早期到晚期随着挥发分的富集而有规律地增加，如卡尔宾斯基岩体中 Li 与 F 呈显著正相关性，且钠长石化增强时有利于锂含量的升高（刘英俊等，1984）。但是新三号脉中 Li 与 Na_2O、K_2O、P_2O_5、F 呈明显的负相关性。这意味着，当 Na_2O、K_2O、P_2O_5、F 含量增加时，Li 含量呈现减少趋势。这与对伟晶岩型稀有金属地球化学行为的传统认识存在差异，值得引起重视。另外，马颈子岩体二云母花岗岩中 Li 与各主量元素之间并不具备明显的相关性，可知锂的富集在岩浆阶段和伟晶岩阶段存在一定的差异。

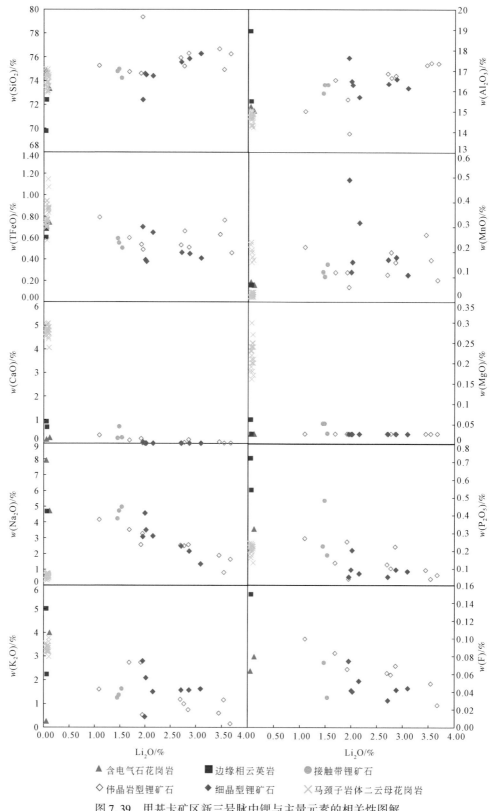

图 7.39 甲基卡矿区新三号脉中锂与主量元素的相关性图解

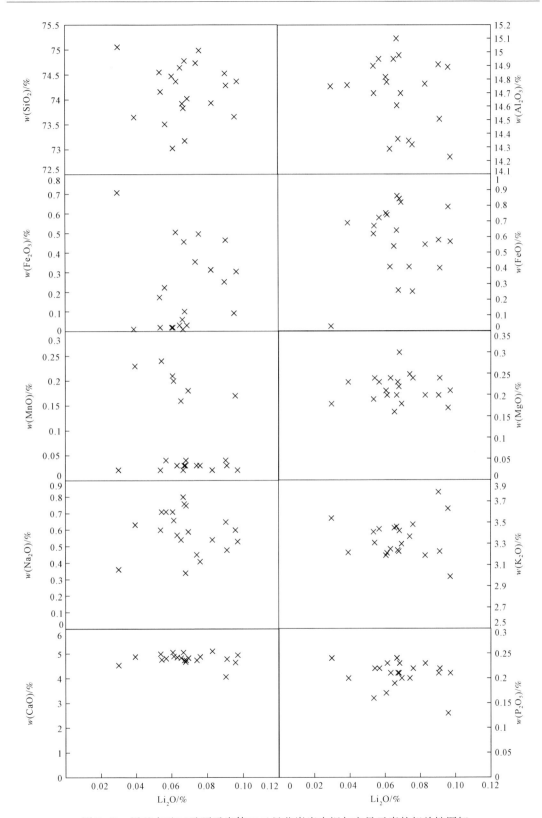

图 7.40　甲基卡矿区马颈子岩体二云母花岗岩中锂与主量元素的相关性图解

（二）锂与稀有金属元素

甲基卡新三号脉中出现的各类花岗质岩石和马颈子岩体二云母花岗岩中的锂与各稀有金属元素的相关性图解（图 7.41，图 7.42）表明，新三号花岗质岩脉边缘相云英岩和岩脉中的早期黑色细粒含电气石花岗岩锂含量低且样品稀少，无法了解其中的元素行为，但是从锂矿石（两类富锂辉石岩石）中可以了解，锂与其他各类稀有元素之间表现出以下几种特征。

（1）新三号脉锂矿石中，Li 与 Cs、Rb/Cs 呈弱负相关，与 Ta、Rb 呈显著负相关，与 Nb、Nb/Ta 呈弱正相关性，Li 与 Be 的相关性不明显，Be 含量较为稳定，变化范围不大。

（2）马颈子岩体二云母花岗岩中，锂的平均含量为 $334\mu g/g$，具有不同于新三号脉中的稀有元素地球化学行为。岩体中，Li 与 Nb、Rb 的含量呈显著正相关，与 Rb/Cs 呈弱正相关性，与 Nb/Ta 呈弱负相关性，其余元素与 Li 含量之间的相关性不明显。

（3）稀有元素在岩体和新三号脉中具有不同的地球化学行为。Nb 与 Ta 呈类质同象，在马颈子岩体和新三号脉中均呈显著正相关性；而 Rb 与 Cs 这一对类质同象元素，在新三号脉中呈正相关性，在马颈子岩体中相关性不明显。Rb/Cs 与 Na 含量在新三号脉中和岩体中均呈负相关性。Rb/Cs 与 K 含量在新三号脉中呈正相关性，但在岩体中呈显著负相关性。

由此可知，稀有元素在不同地质体或者说是花岗岩-伟晶岩系统中的分布是不同的。Rb/Cs 一般常被当作岩浆演化的判别标志，认为该值越大，演化分异程度就越高。由早期弱分异伟晶岩到晚期全分异伟晶岩中 Rb 的含量呈现升高的趋势。但需要注意的是，晚期钠长石-锂辉石伟晶岩中铷的含量会相对下降。正如新三号脉体现的特征，这是由于矿脉中主要含 Na 和 Li，而 K 的含量相对下降，因为 K 与 Rb、Cs 具有显著的正相关性，因此影响到 Rb 的类质同象能力。在新三号脉相对富 Na 贫 K 的矿石中，Li 的含量越高，K 的含量越低，Rb/Cs 的值也就越低。

（三）锂与稀土元素

稀土元素是成矿过程的重要指示剂，被广泛地应用于地质领域的各类研究。新三号脉具有锂辉石矿化，但是总体稀土总量很低（$\Sigma REE<10\mu g/g$）。新三号脉中锂与稀土参数的相关性图解（图 7.43）表明，锂含量与个别稀土参数具有显著的相关性，即富锂矿石中 Li 与 ΣREE 呈显著负相关，而与 δCe 呈显著正相关，与其他稀土参数不具相关性。δCe 表示 Ce 异常的程度，除呈 Ce^{3+} 外，在氧化条件下可变为 Ce^{4+}，所以该参数常被用作指示氧化还原条件的参数。新三号脉中 δCe 异常有正有负，且与 Li 含量具有显著正相关性。这一特征值得引起关注。

锂与稀土总量之间的负相关性是锂与稀土元素之间的不相容性造成的，且从前文可以了解到甲基卡新三号脉目前是矿区内锂含量最高而稀土总量最低的矿脉。

通过对甲基卡新三号脉典型钻孔的解剖，结合与矿田中马颈子岩体以及区域出现的变质岩系的综合对比，总结岩体与新三号脉中各类岩石的地球化学特征如下。

（1）与新三号脉中的各类花岗质岩石相比，甲基卡马颈子岩体二云母花岗岩主量元素具有显著低 Al、Na 含量，Ca、Mg、Ti、Fe^{3+} 含量相对富集的特征，属于高钾钙碱性强过铝质岩石。微量元素分布型式显示 Rb、Ta、P、Hf 为正异常峰，Ba、Nb、La、Sr、Zr、Ti 为负异常谷的特征，相对富集大离子亲石元素，具有非造山花岗的特征。

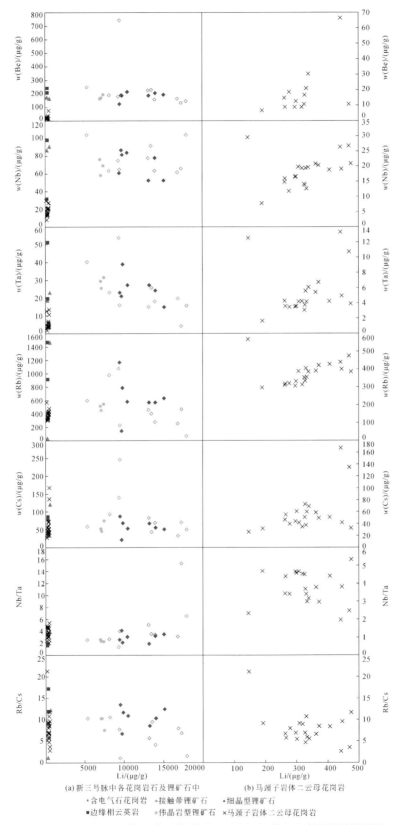

(a) 新三号脉中各花岗岩石及锂矿石中　　(b) 马颈子岩体二云母花岗岩

· 含电气石花岗岩　　■ 接触带锂矿石　　▲ 细晶型锂矿石
■ 边缘相云英岩　　◇ 伟晶岩型锂矿石　　× 马颈子岩体二云母花岗岩

图 7.41　甲基卡矿区内各类型花岗质岩石中锂与稀有元素的相关性图解

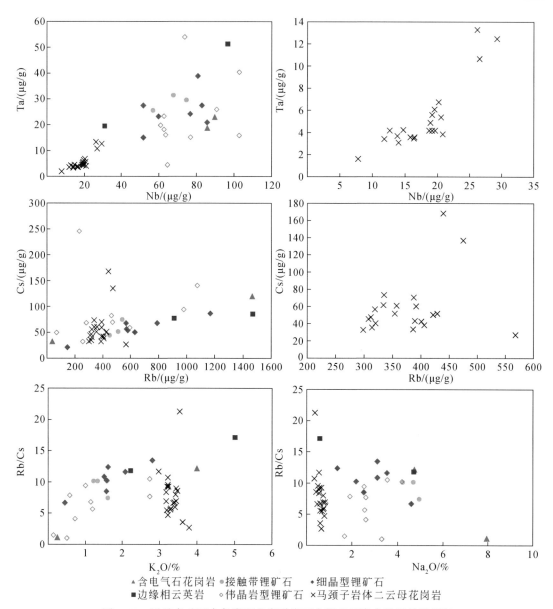

图7.42　甲基卡矿区内各类型花岗质岩石中稀有元素参数相关性图解

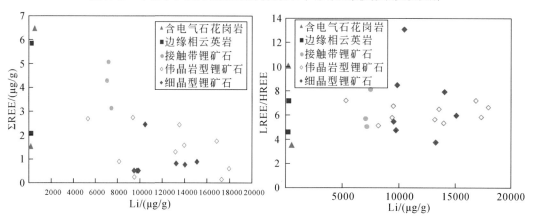

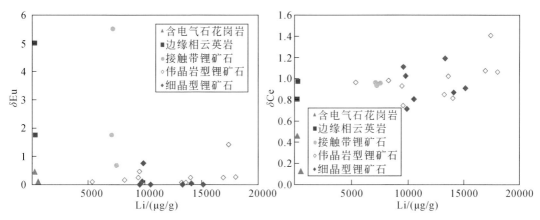

图 7.43　甲基卡矿区新三号脉中锂与稀土参数的相关性图解

（2）新三号脉的含电气石花岗岩与二云母花岗岩相比，具有相对低 Ti、Ca、Mg，高 Na 的特征，其 Na、K 含量变化较大；相对高 Li、Rb、Cs、Nb、Ta，低 Be，其 Rb/Cs 值和 Nb/Ta 均高于二云母花岗岩。稀土总量低（4.02μg/g），相对富集轻稀土（LREE/HREE 值为 6.82），铕负异常（δEu 为 0.30），Ce 负异常（δCe 为 0.89）。与富锂花岗质矿石相比，两者 Ti、Ca、Mg 的含量相近，但相对低 Al、Mn，高 Na、Fe^{3+}，钠化强烈。

（3）新三号脉边缘相云英岩主量元素变化范围较大，与富锂矿石相比，具有显著低 Li、Si、Mn，相对高 K、Ca 元素，显著高 P、F 的特征。稀土总量少（3.97μg/g），且配分模式呈右缓倾斜型，略富集轻稀土，呈铕正异常特征，Ce 负异常（δCe 为 0.89）。与矿脉中的锂矿石相比，具有最高的 Rb/Cs 值和最低的 Nb/Ta 值。

（4）新三号脉稀土含量低，总体小于 10μg/g。相对而言，含电气石花岗岩和边缘相云英岩具有低锂、相对高稀土的特征，锂矿石具有高锂、相对低稀土的特征；边缘相的锂矿石稀土总量略高于矿脉中部的锂矿石，大致呈现出边缘相→矿脉内部，稀土总量减少的趋势。富锂矿石总体稀土总量偏低，为 0.19~4.16μg/g，配分模式呈右缓倾斜型，略富集轻稀土，总体呈铕负异常，但是接触带附近的锂矿石却呈现出相对稀土总量偏高（ΣREE ＝4.16μg/g），正铕异常（δEu＝2.64）的特征。由此可知，铕在矿脉接触带附近常呈正铕异常的特征。

（5）新三号脉围岩总体 ΣREE（不包括 Y）平均值为 203.39μg/g；总体表现为右倾斜型（LREE/HREE＝7.871），呈负铕异常（δEu 平均值为 0.607）。新三号脉围岩中，Al_2O_3 与 TiO_2、Fe_2O_3、MnO、MgO 呈正相关性，与 SiO_2 具有显著负相关性。围岩的微量元素变化特征总体相近，Rb、K、Nd、Gd 富集，Ba、Nb、Sr、P、Ti 亏损。从蚀变围岩到正常围岩，Rb/Sr 值呈递减趋势。

（6）新三号脉与马颈子岩体相比，显著富集 Li、Rb、Cs，略富集 Nb 和 Ta，且 Ta 含量略大于 Nb，略微亏损 Be。矿脉强烈亏损 Sr、Ti 和稀土元素。稀土元素含量从围岩→马颈子岩体二云母花岗岩→新三号锂矿脉逐渐降低，配分模式基本一致，均为右倾的"V"形曲线，属 Eu 亏损型，符合地壳上部硅铝层富轻稀土贫铕的特征，证明物源与陆壳有关。

（7）锂的富集在岩浆阶段和伟晶岩阶段存在差异。马颈子岩体中 Li 与各主量元素之间并不具备明显的相关性。新三号脉锂矿石中锂与主量元素之间表现出一定的相关性，与 SiO_2、Al_2O_3 呈弱正相关性，与 Na_2O、K_2O、P_2O_5、F 具有明显的负相关性。Li 与稀土总量呈负相关性，与 δCe 呈正相关性。

（8）稀有元素在新三号脉和岩体中的地球化学行为有差异。新三号脉锂矿石中，Li 与 Cs、Rb/Cs 呈弱负相关，与 Ta、Rb 呈显著负相关，与 Nb、Nb/Ta 值呈弱正相关性，Li 与 Be 的相关性不明显。岩体中，Li 与 Nb、Rb 的含量呈显著正相关，与 Nb/Ta 和 Rb/Cs 具有弱负相关性。Rb/Cs 值与 K 含量在新三号脉中呈正相关性，但在岩体中呈显著负相关性。由此可见，新三号脉与马颈子岩体化学成分具有可比性，相似的变化证明两者具有同源性，但其明显的差异又表明新三号脉可能是岩浆早期演化的"气化岩浆"形成的产物，属于液态不混溶成因的可能性更大，与岩体具有"兄弟"般亲缘关系。

（9）与区域上未变质的西康群粉砂质板岩相比，甲基卡矿区内变质岩 Li 与 Cs 强烈富集。矿田各变质岩系的稀有元素的总体含量表现为：新三号脉接触带蚀变围岩>云母片岩>堇青石片岩>矿田片岩平均值>十字石片岩、红柱石片岩>新三号脉正常围岩。与正常围岩相比，接触带蚀变围岩稀有元素强烈富集 1.4～9.7 倍，其中 Li 约 2.6 倍，Rb 约 5.2 倍，Cs 约 5.8 倍，Be 约 9.7 倍，Nb 略亏损，Ta 为 1.4 倍，且接触带围岩呈现 Rb>Li>Cs 的扩散晕。

（10）区域上，由容须卡岩体（花岗闪长岩）→长征岩体（二云母花岗岩）→甲基卡马颈子岩体（二云母花岗岩），稀有元素含量表现出规律性的递增趋势，马颈子岩体稀有元素的含量是长征岩体的 1.5～4.4 倍，稀有金属成矿条件良好。

（11）新三号脉中早期伟晶岩型锂矿中，从含细粒状锂辉石结构单元→含中细粒梳状锂辉石结构单元→含中粗粒状锂辉石结构单元，Rb/Cs 减小，Nb/Ta 值增大；后期交代这些结构单元的含微晶状锂辉石结构单元的细晶型锂矿石则不具有连续变化的特点，一般呈突变趋势。

（12）典型钻孔 ZK1101 在终孔前出现全岩 Li、Rb、Cs 含量明显上升的趋势，预示着其深部仍然有找矿潜力。

第三节　成矿流体特征

甲基卡式锂矿床由于研究程度较低且分析测试技术手段的限制，一些重要的科学问题尚未很好得到解决，成矿模型也未得到充分的限定。本书通过流体包裹体测试及系统的流体成分分析，结合氢氧同位素示踪技术，获得一批重要的分析数据，有助于深化研究。

本次主要对甲基卡及扎乌龙中典型花岗岩、典型伟晶岩脉的代表性样品为研究对象，分别磨制光薄片，开展熔体、流体包裹体分析。甲基卡矿区内典型伟晶岩脉主要选取 308 号钠长石型伟晶岩脉和 X03 钠长石锂辉石型伟晶岩脉，扎乌龙矿区内伟晶岩脉主要选取 97 号、100 号、108 号三条钠长石锂辉石型伟晶岩脉。

一、熔体、流体包裹体岩相学特征

（一）"马颈子"二云母花岗岩

甲基卡矿区中二云母花岗岩的石英斑晶中见熔体包裹体，一般小于20μm，为原生熔体包裹体。熔体包裹体主要由H_2O和玻璃质组成，没有明显的气泡（图7.44）。

（二）伟晶岩脉

锂辉石在甲基卡和扎乌龙各条伟晶岩脉内均发育有多期次流体包裹体，除此之外，甲基卡308号脉绿柱石内还发育有流体包裹体。按常温下包裹体中各相态成分、比例、组合关系及均一时相态，将甲基卡308号、X03、97号、100号、108号伟晶岩脉中所观察到的流体包裹体分为富子晶流体包裹体（L+V+S）、富二氧化碳包裹体（$CO_{2(G)}$+$CO_{2(L)}$+L）和气液两相包裹体（L+V）。

在甲基卡矿区308号钠长石伟晶岩脉的绿柱石中，主要发育富子晶和H_2O-CO_2-NaCl流体包裹体。其中，富子晶流体包裹体成群分布，主要呈椭圆状，大小主要在20~60μm。富子晶流体包裹体主要由CO_2气相、CO_2液相和子晶组成，晶体矿物一般自形程度较好，多呈圆形或椭圆形生长在包裹体边缘，占包裹体的体积比例为5%~15%，CO_2相体积比例多为60%~80%之间。富子晶流体包裹体通常具有相似的晶体/流体比和CO_2体积比[图7.45（a）、（b）]，显示出原生的特征。绿柱石内的含子晶包裹体往往与H_2O-CO_2-NaCl流体包裹体共存，通常可见H_2O-CO_2-NaCl流体包裹体穿插含子晶流体包裹体，因此H_2O-CO_2-NaCl流体包裹体晚于含子晶包裹体形成。在部分绿柱石晶体内观察到大量孤立存在的H_2O-CO_2-NaCl原生包裹体，可认为H_2O-CO_2-NaCl是较晚期绿柱石捕获的原生流体[图7.45（a）]。

在甲基卡和扎乌龙各条伟晶岩脉内，锂辉石主要产出富子晶流体包裹体和H_2O-NaCl-H_2O包裹体。其中，富子晶流体包裹体成群分布，主要呈长条状沿锂辉石{110}生长面产出，包裹体大小不一，最大可达60μm。在室温下，富子晶流体包裹体（L+V+S）由固体相和流体相组成。固体相主要为晶质矿物，一般自形程度较好，呈圆形、椭圆形或立方体生长在包裹体中，在包裹体的体积比例多小于20%，多位于包裹体边缘。流体相主要为含CO_2，CO_2相体积比例多在60%~80%之间。虽然并非所有包裹体都显示出相同的晶体/流体比和CO_2体积比，但是在同一个包裹体组（FIA）中，含子晶流体包裹体通常具有相似的晶体/流体比和CO_2体积比[图7.46（d）~（f）]。在锂辉石中，还存在一些H_2O-CO_2-NaCl流体包裹体，它们具有与富晶体流体包裹体相似的形状和大小，且与之共存[图7.46（g）~（i）]，它们可能是含晶体包裹体通过颈缩作用形成（London，1986a；Anderson et al.，2001），也可能是在冷却期间的含子晶矿物在流体包裹体的壁上结晶而导致它们没有明显的子矿物（Li and Chou，2017）。鉴于在晚期锂辉石晶体内观察到大量孤立存在的H_2O-CO_2-NaCl原生包裹体，可认为H_2O-CO_2-NaCl是晚期锂辉石捕获的原生流体[图7.46（g）~（i）]，即H_2O-CO_2-NaCl流体晚于富子晶流体包裹体形成。在锂辉石中，盐水溶液包裹体常呈长条状沿锂辉石的节理面裂隙定向排列，横切早期的富子晶流体

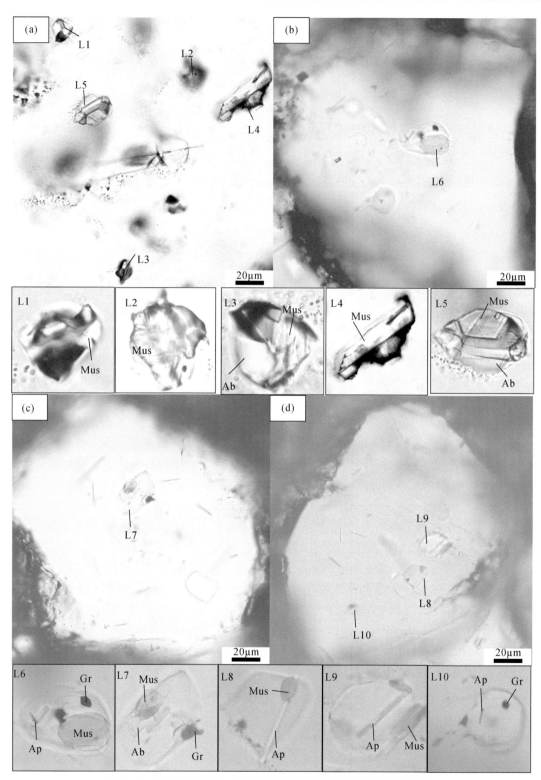

图 7.44　甲基卡矿区中二云母花岗岩内石英熔体包裹体显微照片

（a）二云母花岗岩石英内熔体包裹体，其中可见熔体包裹体主要由玻璃质和 H_2O 组成，未观察到明显的气泡，玻璃质矿物主要为白云母（Mus）和钠长石（Ab）；（b）、（c）、（d）二云母花岗岩石英内熔体包裹体，其中可见熔体包裹体主要由玻璃质和 H_2O 组成，未观察到明显的气泡，玻璃质矿物主要为白云母、石墨（Gr）和磷灰石（Ap）

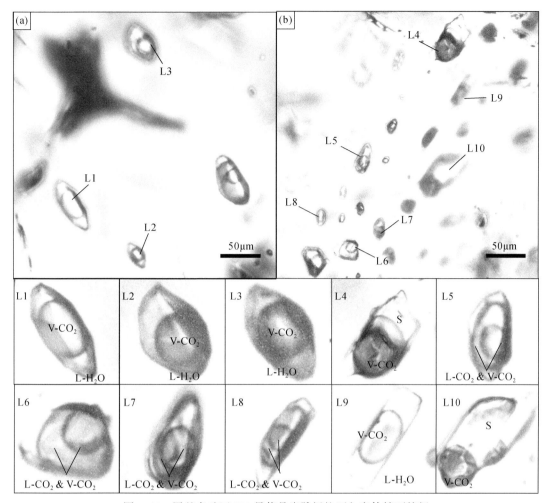

图 7.45　甲基卡矿区 308 号伟晶岩脉绿柱石包裹体镜下特征

（a）伟晶岩脉绿柱石内，H_2O-CO_2-NaCl 流体包裹体组合（FIA），包裹体具有相似的气液相比；（b）伟晶岩脉绿柱石内，富子晶的流体包裹体与 H_2O-CO_2-NaCl 流体包裹体共存

包裹体［图 7.46（j）~（l）］，呈现出晚期次生特征，大小主要为 5~15μm，气相体积百分数一般在 10%~30%之间。在新三号脉内，由于在锂辉石Ⅱ边缘往往发生交代形成晚期次生毛发状的锂辉石Ⅲ，H_2O-NaCl 在毛发状锂辉石（Ⅲ）呈定向分布，提供了毛发状锂辉石的原生流体信息［图 7.46（k）］。

　　早期与锂辉石共生的石英脉内可见少量的原生富子晶流体包裹体［图 7.47（a）~（c）］，在锂辉石晶体间生长的石英中主要赋存有 H_2O-CO_2-NaCl 包裹体，流体包裹体成群分布，主要呈圆形或椭圆形，呈现出原生的特点［图 7.47（d）~（f）］，大小一般在 6~80μm，室温（20℃）下呈气态 CO_2、液态 CO_2 和盐水三相，CO_2 相体积百分数在 10%~90%之间，大多数大于 50%，气相体积百分数一般在 10%~30%之间。晚期块状石英中可见盐水包裹体，通常呈近圆形或椭圆形和形态不规则、扭曲明显的包裹体混合分布，主要沿着裂隙分布［图 7.47（g）~（i）］，分布上定向性明显，呈现出次生的特征，大小主要为 3~5μm，气相体积百分数一般在 10%~30%之间。

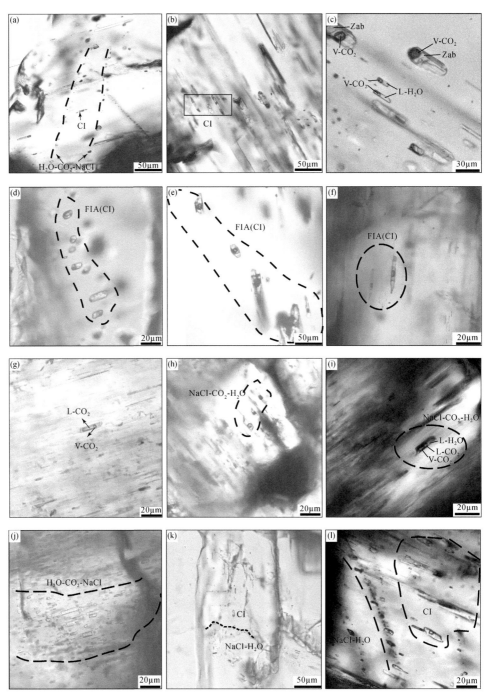

图7.46 甲基卡矿区308号、新三号及扎乌龙伟晶岩脉锂辉石内不同类型的流体包裹体镜下特征

（a）～（c）在308号脉、新三号脉、扎乌龙锂辉石内可见富子晶流体包裹体，空间上与H_2O-CO_2-NaCl共生（样品YG89-22、ZK1011-79.45、Cl-5-8）；（d）～（f）在308号脉、新三号脉、扎乌龙锂辉石内可见富子晶流体包裹体组合（FIA），但定向分布的包裹体并未切穿相邻矿物的边界，呈现出流体原生的特征，组合内含晶体包裹体具有相似的晶体/流体比和CO_2体积比（样品JJK308-1、ZK1011-145、Cl-5-9）；（g）～（i）308号脉、新三号脉、扎乌龙锂辉石晶体内孤立分布的H_2O-CO_2-NaCl包裹体，呈现出原生包裹体的特征（样品YG89-22、ZK1011-14、Cl-5-8）；（j）～（l）在308号脉、新三号脉、扎乌龙锂辉石内可见次生盐水包裹体，其中（k）图中在锂辉石边部形成的毛发状锂辉石H_2O-NaCl包裹体定向排列（样品YG89-22、ZK1011-79.45、CL-5-8）

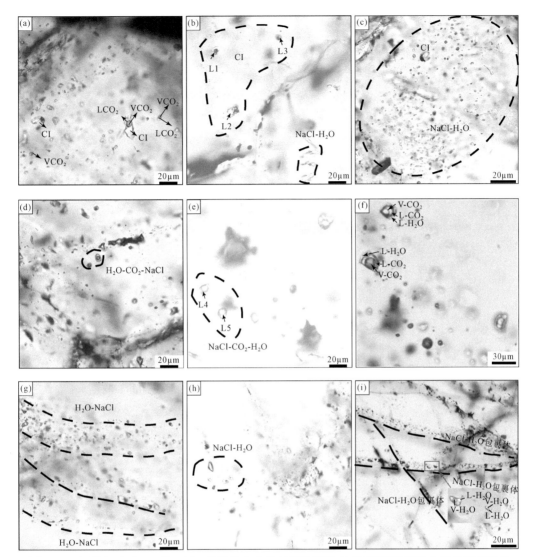

图 7.47 甲基卡矿区 308 号、新三号及扎乌龙伟晶岩脉石英内不同类型的流体包裹体镜下特征

（a）~（c）甲基卡 308 号脉、新三号脉和扎乌龙伟晶岩脉石英内可见富子晶流体包裹体，在空间上与 H_2O-CO_2-NaCl 包裹体共生（样品 YG140-6、ZK1011-19.36、Cl-1-2）；（d）~（f）甲基卡 308 脉、新三号脉和扎乌龙伟晶岩脉石英内孤立分布的 H_2O-CO_2-NaCl 包裹体，呈现出原生包裹体的特征（样品 YG160-4、ZK1011-19.36、Cl-1-9）；（g）~（i）石英内散布大量的不规则 $NaCl-H_2O$，呈现出次生的特征（样品 YG132-8、ZK1011-35.6、Cl-1-2）

二、成分特征

（一）"马颈子"二云母花岗岩

对样品 JY-3、JY-6、JY-12-2 进行拉曼光谱扫描，得到了除主矿物石英的峰值外，检测出石英熔体包裹体的脱玻化结晶相组合主要为磷灰石+白云母 [图 7.48（a）]、白云母+钠长石 [图 7.48（b）]、白云母+石墨 [图 7.48（c）]。

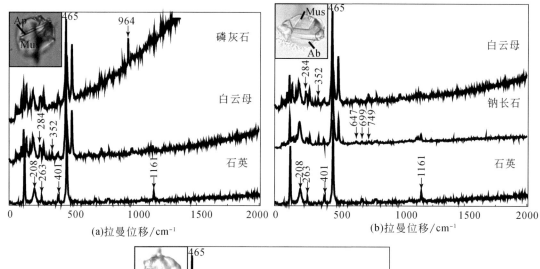

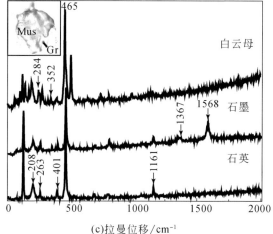

图 7.48 甲基卡矿区马颈子花岗岩内熔体包裹体激光拉曼分析结果

Mus-白云母；Ap-磷灰石；Ab-钠长石；Gr-石墨

(二) 伟晶岩脉

1) 绿柱石包裹体中的子矿物

通过对甲基卡矿区伟晶岩绿柱石具有原生特征的富子晶流体包裹体进行扫描电镜分析，得出绿柱石流体包裹体内矿物组合为：锂辉石+石英+锂绿泥石，刚玉，绿柱石+刚玉+锂辉石（表 7.17，图 7.49）。

表 7.17 甲基卡 308 号脉内绿柱石富子晶流体包裹体内的子矿物扫描电镜分析 （单位:%）

样品号	主矿物	序号	Na	Al	Si	O	S	Ca	Fe	合计	矿物定名
YG-163-8-1	绿柱石	1		6.15	19.05	74.80				100.00	绿柱石
		2		8.17	16.81	68.47				93.45	锂辉石
		3			29.13	70.87				100.00	石英
		4		17.47	18.71	63.82				100.00	锂绿泥石

续表

样品号	主矿物	序号	Na	Al	Si	O	S	Ca	Fe	合计	矿物定名
YG141-4-1	绿柱石	1		8.49	23.82	61.20	6.49			100.00	绿柱石
		2		31.63		68.37				100.00	刚玉
YG-163-8-2	绿柱石	1		8.80	26.97	64.23				100.00	绿柱石
		2	1.39	5.10	23.50	55.24			3.53	88.76	绿柱石
		3	1.85	28.15	2.35	51.37				83.72	刚玉
		4	0.92	7.59	24.24	56.96				89.71	锂辉石

注：按原子百分比显示的所有结果。

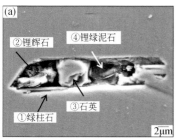
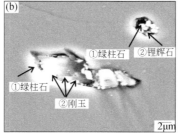
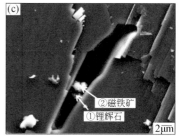
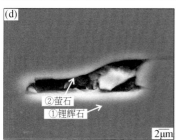
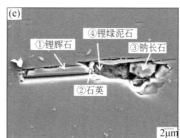
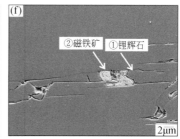

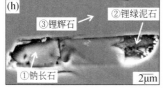

图7.49　甲基卡［（a）~（i）］、扎乌龙（j）绿柱石和锂辉石典型富子晶流体包裹体背散射照片（扫描电镜）

2）锂辉石内的子矿物

通过扫描电镜结合激光拉曼分析（表7.18，图7.50，图7.51），甲基卡308号脉锂辉石流体包裹体矿物组合为磁铁矿，萤石，锂辉石，石英+钠长石+锂绿泥石，钠长石+锂绿泥石，锡石，磷灰石。甲基卡新三号脉锂辉石流体包裹体矿物组合为石英+锂绿泥石，石英，钠长石，锂绿泥石，钠长石+锂绿泥石，锂辉石+钠长石+磷灰石，钾长石。扎乌龙锂辉石流体包裹体内矿物组合为钠长石，锂辉石+方石英，萤石，绿柱石+锂辉石，锂辉石，方石英+扎布耶石。

表 7.18　甲基卡 308 号脉、新三号脉、扎乌龙锂辉石富子晶流体包裹体内的子矿物扫描电镜分析

（单位：%）

矿区	样品号	主矿物	序号	Na	Mg	Al	Si	O	F	Ca	Sn	K	Fe	P	合计	矿物定名
甲基卡308号脉	Y-2-2	锂辉石	1			7.36	15.07	64.54							86.97	锂辉石
			2			1.62	2.45	75.34						19.88	99.29	磁铁矿
	Y-3-1	锂辉石	1			11.00	23.63	65.38							100.01	锂辉石
			2			2.61	4.38	14.31	53.79	24.92					100.01	萤石
	Y-3-2	锂辉石	1		2.17	10.90	25.33	57.24		1.57				2.79	100.00	锂辉石
			2				60.75	39.25							100.00	石英
	YG-89-22	锂辉石	1			9.30	19.69	71.01							100.00	锂辉石
			2				60.28	39.72							100.00	石英
			3	6.74		7.01	16.96	69.30							100.01	钠长石
			4			13.67	13.86	72.46							99.99	锂绿泥石
	YG-89-22	锂辉石	1			8.93	19.73	71.34							100.00	锂辉石
			2			17.12	16.30	66.57							99.99	锂绿泥石
			3	6.67		6.98	17.18	69.17							100.00	钠长石
	YG-89-22	锂辉石	1			8.93	19.73	71.34							100.00	锂辉石
			2					32.75			64.54				97.29	锡石
	YG-308-1	锂辉石	1			7.95	16.20	75.85							100.00	锂辉石
			2				0.43	63.87	7.70	16.18					100.01	磷灰石
甲基卡新三号脉	ZK1011-70.95	锂辉石	1			0.63	22.92	76.45							100.00	石英
			2			13.73	10.37	75.9							100.00	锂绿泥石
			3			7.61	16.65	75.75							100.01	锂辉石
	ZK1011-70.95	锂辉石	1			0.95	25.64	73.41							100.00	石英
			2			7.66	15.83	76.51							100.00	锂辉石
	ZK1011-70.95	锂辉石	1	4.75		6.01	13.87	62.35							100.00	钠长石
						8.11	15.90	61.71							100.00	锂辉石
	ZK1011-70.95	锂辉石	1			13.73	10.37	75.90							100.00	锂绿泥石
			2			7.61	16.65	75.75							100.01	锂辉石
	ZK1011-30	锂辉石	1	6.79		8.35	23.14	61.71							99.99	钠长石
			2			13.67	13.86	72.46							99.99	锂绿泥石
			3			9.05	19.86	71.09							100.00	锂辉石
			2	6.72		6.96	17.14	69.19							100.01	钠长石
			4				0.43	63.87	7.70	16.18				11.83	100.01	磷灰石
			5			9.18	19.87	70.95							100.00	锂辉石
	ZK1011-14	锂辉石	1			17.39	22.40	53.53				6.68			100.00	钾长石
			2			12.87	28.73	58.40							100.00	锂辉石

续表

矿区	样品号	主矿物	序号	Na	Mg	Al	Si	O	F	Ca	Sn	K	Fe	P	合计	矿物定名
扎乌龙	CL-1-9-1	锂辉石	1	7.68		8.63	25.01	58.68							100.00	钠长石
			2			13.03	25.98	60.38							99.39	锂辉石
	CL-1-9-1-2	锂辉石	1	0.70		7.62	32.17	59.51							100.00	石英
			2			12.03	25.98	56.38					5.61		100.00	锂辉石
	CL-1-9-2-1	锂辉石	1			2.61	4.38	14.31	53.79	24.92					100.01	萤石
			2			11.00	23.63	65.38							100.01	锂辉石
	CL-1-9-3-1	锂辉石	1			15.75	41.19	43.06							100.00	绿柱石
			2			12.76	28.3	58.94							100.00	锂辉石

注：按原子百分比显示的所有结果；合计中有大于100%者涉及实验误差。

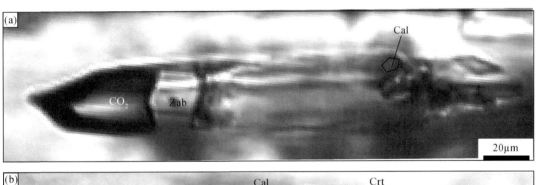

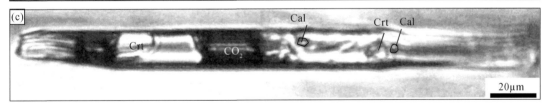

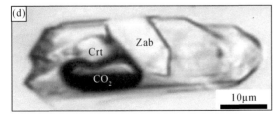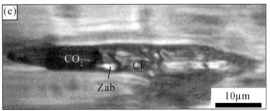

图7.50　甲基卡矿区308号（a），新三号脉（b）、（c）和扎乌龙（d）、（e）内锂辉石含
子晶流体包裹体镜下特征

Cal-方解石；Crt-方石英；Zab-扎布耶石（Li₂CO₃）；Ck-锂绿泥石

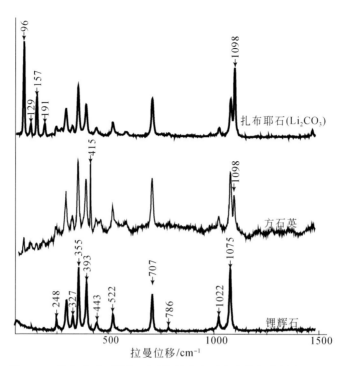

图 7.51 扎乌龙矿区锂辉石型伟晶岩含子晶流体包裹体拉曼分析

锂辉石内富子晶流体包裹体的拉曼分析结果，标记位置为典型的拉曼峰值

3）石英内的子矿物

通过扫描电镜分析结果（表 7.19，图 7.52），甲基卡矿区新三号脉石英流体包裹体内的矿物组合为：方解石，石英，白云母，钾长石。扎乌龙矿区石英流体包裹体内矿物组合为锂辉石，钾长石，白云母+钠长石+石英（表 7.20）。

表 7.19 甲基卡新三号脉、扎乌龙矿区石英富子晶流体包裹体内的子矿物扫描电镜分析

（单位：%）

矿区	样品号	主矿物	序号	Na	Mg	Al	Si	O	S	Ca	K	Cl	合计	矿物定名
甲基卡	7-2	石英	1				5.76	60.11		34.13			100.00	方解石
			2				39.72	60.28					100.00	石英
	7-4	石英	1			11.62	33.28	47.68			7.42		100.00	白云母
			2			2.28	42.25	54.41			1.06		100.00	石英
	7-5	石英	1			18.63	44.89	19.33			17.15		100.00	钾长石
			2				35.24	64.76					100.00	石英
	7-6	石英	1				2.51	69.70		27.78			99.99	方解石
			2				36.55	63.45					100.00	石英
扎乌龙	CL-1-18-1	石英	1			15.08	24.44	60.49					100.01	锂辉石
			2				43.41	56.59					100.00	石英

续表

矿区	样品号	主矿物	序号	Na	Mg	Al	Si	O	S	Ca	K	Cl	合计	矿物定名
扎乌龙	CL-1-18-2	石英	1				20.59	58.57	7.43	4.89	8.51		99.99	钾长石
			2				37.80	62.20					100.00	石英
	CL-1-18-5	石英	1		13.79	5.00	20.81	56.48			3.92		100.00	白云母
			2	8.3		8.64	29.97	53.09					100.00	钠长石
			3				35.07	64.93					100.00	石英

注：按原子百分比显示的所有结果。

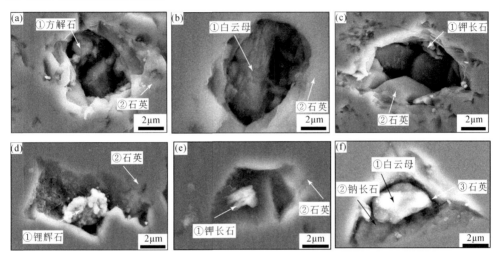

图 7.52　甲基卡（a）~（c）及扎乌龙（d）~（f）石英中典型富子晶包裹体背散射照片

表 7.20　甲基卡、扎乌龙熔体包裹体、富子晶流体包裹体的固相物质组合

矿区	主矿物	矿物组合	参考文献
甲基卡二云母花岗岩	石英	磷灰石+白云母	
		白云母+钠长石	
		白云母+石墨	
甲基卡308号脉	绿柱石	锂辉石+石英+锂绿泥石	熊欣等，2019
		刚玉	
		绿柱石+刚玉+锂辉石	
	锂辉石	磁铁矿	
		萤石	
		锂辉石	
		钠长石+（方石英）+锂绿泥石	
		锡石	
		磷灰石	
甲基卡新三号脉	锂辉石	方石英+（锂绿泥石）	本次
		钠长石+（锂绿泥石）	

续表

矿区	主矿物	矿物组合	参考文献
甲基卡新三号脉	锂辉石	锂辉石+钠长石+磷灰石	本次
		钾长石	
	石英	方解石	
		石英	
		方解石	
		白云母	
甲基卡 134 号脉	锂辉石	锂绿泥石+方石英+钠长石	Li and Chou, 2016
扎乌龙	锂辉石	扎布耶石+方石英	Xiong et al., 2019
		锂辉石+方石英	本次
		萤石	
		绿柱石+锂辉石	
		锂辉石	
		锂绿泥石+方石英	
	石英	锂辉石	
		钾长石	
		白云母+钠长石+石英	

(三) 气液相群体成分分析

在甲基卡矿区, 选取各带伟晶岩脉的代表性样品, 即I-微斜长石带 (34 号) →II-微斜长石-钠长石带 (33 号、9 号、433 号) →III-钠长石带 (308 号、104 号) →IV-锂辉石带 (199号、133 号、627 号、134 号), 分别以伟晶岩脉内的绿柱石、锂辉石、石英及无矿石英脉中的石英内发育的包裹体为研究对象, 开展伟晶岩型矿床的群体流体包裹体研究。

在扎乌龙矿区, 选取 97 号、100 号和 108 号钠长石锂辉石伟晶岩脉的代表性样品, 以石英和锂辉石为研究对象, 开展群体包裹体研究。

1) 气相成分分析

甲基卡分析结果显示, 总体上成矿期中绿柱石、锂辉石、石英内流体包裹体的主要气体组成为 CO_2、H_2O、N_2、O_2, 含少量 CH_4、C_2H_2、C_2H_4、C_2H_6 等气体, 表明成矿流体处于高氧逸度的环境。这与包裹体薄片观察结果相一致: 流体富含 CO_2, 绿柱石、锂辉石内常可见碳酸锂子矿物 (Li and Chou, 2016; 熊欣等, 2019)。因此, 二氧化碳在溶液中溶解度已达饱和, 可以推测液相成分中 CO_3^{2-} 或 HCO_3^- 含量较高, 表明成矿流体处于弱碱性的环境。

各伟晶岩流体的成分存在一定的差异, 从 I-微斜长石伟晶岩带 (34 号) →II-微斜长石-钠长石带 (33 号、9 号、433 号) →III-钠长石带 (104 号、308 号) →IV-锂辉石带 (199 号、133 号、134 号、627 号), 总体上呈现出 CO_2、H_2O 含量降低的特征 [表 7.21, 图 7.53 (a)]。

同一伟晶岩脉如 308 号脉内, 由早期到晚期流体即绿柱石→锂辉石→石英→晚期石英细脉内, 流体内 CO_2、H_2O 含量呈现降低的特征 [表 7.21, 图 7.53 (b)]。

表 7.21　甲基卡、扎乌龙矿区伟晶岩脉中流体包裹体成分气相色谱分析结果

（单位：$\mu g/g$）

矿区	伟晶岩带	伟晶岩脉号	样号	矿物名称	CH_4	C_2H_2+ C_2H_4	C_2H_6	CO_2	H_2O	O_2	N_2	CO
甲基卡	I-微斜长石带	34	YG166-4	绿柱石	0.057	0.229	0.029	806.711	136.826	7.419	34.331	29.608
			YG165-7	绿柱石	0.029	0.096	0.010	622.884	75.138	6.963	31.624	36.628
			YG174-4	石英	0.028	0.130	0.019	328.344	50.437	8.391	34.623	15.888
			YG165-6	石英	0.029	0.096	0.029	368.123	46.906	9.511	40.000	57.414
	II-微斜长石-钠长石带	33	YG140-9	绿柱石	0.048	0.152	0.019	760.304	98.061	8.356	38.175	20.399
			YG177-11	绿柱石	0.035	0.087	—	478.959	119.905	7.164	30.208	23.799
			YG140-5	石英	0.112	0.066	—	523.755	66.217	8.961	35.927	9.438
			YG140-6	石英	0.119	0.064	—	414.589	110.155	7.441	30.503	80.951
		9	YG27-7	石英	0.029	0.057	—	265.617	45.770	9.177	37.598	5.828
			YG28-7	石英	0.057	0.095	—	391.189	68.402	10.076	41.028	8.430
			YG29-2	石英	0.078	0.078	—	407.342	67.430	9.505	38.274	9.166
			YG26-2	石英	0.047	0.084	—	320.828	72.084	8.707	35.395	8.605
		433	YG141-5	绿柱石	0.091	0.328	0.064	648.367	98.796	7.400	34.535	41.597
			YG141-4	绿柱石	0.119	0.129	0.009	580.009	123.465	6.645	29.347	27.537
			YG104中段	锂辉石	0.029	0.086	0.019	426.829	91.194	8.500	35.874	27.498
	III-钠长石带	308	YG163-8-1	绿柱石	0.062	0.214	0.036	582.278	83.959	7.375	32.322	25.765
			YG89-22	锂辉石	0.037	0.184	0.028	502.422	128.002	8.720	38.527	25.396
			YG168-2	石英	0.045	0.071	—	338.180	49.063	9.081	37.868	4.246
			YG57-12	石英	0.039	0.157	—	336.683	51.109	8.204	32.924	20.432
			YG160-4	石英	0.029	0.048	—	250.553	46.508	9.552	38.616	4.962
			YG132-8	石英	0.037	0.046	—	196.247	38.786	8.418	32.797	6.366
			YG57-8	晚期石英脉	0.026	0.062	—	192.425	28.113	7.116	27.769	7.769
			YG157-5	晚期石英脉	0.037	0.073	—	192.167	71.166	7.824	30.634	5.840
		104	YG104中段	绿柱石	0.036	0.144	0.027	519.810	85.578	7.274	32.265	10.785
				锂辉石	0.029	0.086	0.019	426.829	91.194	8.500	35.874	27.498
	IV-锂辉石带	199	YG77-5	石英	0.029	0.076	—	311.176	39.359	9.646	39.015	8.327
			YG77-7	石英	0.054	0.054	—	317.649	41.667	8.378	33.703	4.721
		133	YG75-9	锂辉石	0.035	0.138	0.026	577.435	131.114	7.168	32.461	24.629
		627	YG92E-3	石英	0.019	0.057	—	352.472	131.321	8.085	33.745	860.774
			YG90-4-3	石英	0.009	0.035	—	295.633	57.522	8.998	38.480	568.998
			YG90-5-2	石英	0.010	0.058	—	320.290	34.618	10.029	43.121	446.048
		134	YG88-12	石英	0.054	0.072	—	360.434	54.928	9.964	40.940	3.354

续表

矿区	伟晶岩带	伟晶岩脉号	样号	矿物名称	CH_4	$C_2H_2+C_2H_4$	C_2H_6	CO_2	H_2O	O_2	N_2	CO
扎乌龙	钠长石锂辉石带	97	CL-1-1	锂辉石	0.115	0.441	0.057	520.412	269.052	54.540	269.607	57.414
				石英	0.111	0.130	0.000	266.082	40.947	66.797	319.387	33.426
			CL-1-13	石英	0.144	0.306	0.067	324.431	49.062	8.153	31.923	34.498
		100	CL-2-5	锂辉石	0.268	0.230	0.038	359.473	711.179	62.176	291.975	16.577
			CL-2-10	锂辉石	0.138	0.484	0.128	463.676	471.700	64.348	310.079	15.326
			CL-2-11	锂辉石	0.096	0.172	0.038	276.042	98.164	61.845	268.499	9.063
			CL-2-5	石英	0.264	0.236	0.028	405.165	177.677	53.513	288.376	19.528
			CL-2-10	石英	0.158	0.250	0.000	301.660	52.495	69.267	331.336	27.338
			CL-2-11	石英	0.048	0.086	0.000	233.086	32.333	80.914	362.400	3.962
		108	CL-5-6	锂辉石	0.084	0.232	0.019	280.947	106.119	65.302	300.139	11.170
			CL-5-9	锂辉石	0.337	0.178	0.000	280.684	77.403	74.767	336.323	15.461
			CL-5-6	石英	0.182	0.182	0.000	264.799	49.579	66.849	311.073	19.808
			CL-5-9	石英	0.149	0.102	0.000	320.828	32.000	75.302	354.958	10.177

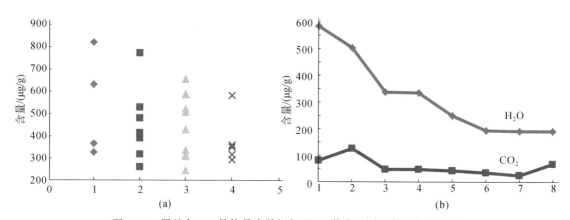

图 7.53　甲基卡 308 号伟晶岩脉锂辉石–石英中不同元素的含量变化

（a）不同伟晶岩带内 CO_2 的含量变化，其中，横轴 1 为微斜长石带，2 为微斜长石–钠长石带，3 为钠长石带，4 为锂辉石带；（b）伟晶岩 308 号脉早期绿柱石（1）→锂辉石（2）→石英（3~5）→晚期石英脉（6~8），流体 H_2O、CO_2 含量变化

　　扎乌龙分析结果显示，成矿期锂辉石、石英内流体包裹体离子组成主要为 Ca^{2+}、Na^+、K^+、Mg^{2+}、SO_4^{2-} 和 Cl^-，含少量的 F^-、NO_2^- 和 NO_3^-，阴离子主要呈现出 $SO_4^{2-}>Cl^->F^-$ 的特点（表 7.21）。由于阴离子分析所采用的流动相为 Na_2CO_3 溶液，CO_3^{2-} 和 HCO_3^- 未做分析（下同）。

　　同一伟晶岩脉锂辉石→石英→晚期石英细脉（97 号、100 号、108 号脉），成矿流体呈现出 Na^+、K^+、Mg^{2+}、Ca^{2+}、Cl^-、SO_4^{2-}、CO_2、H_2O 降低的特征（图 7.54）。锂辉石内成矿流体 Li^+ 的含量较低（0.468~0.854μg/g），总体上低于 1μg/g，较甲基卡锂辉石成矿

流体内 Li⁺ 的含量低（7.39 ~ 14.85μg/g）；伟晶岩脉内流体包裹体 F⁻ 的含量变化不大（0.018 ~ 0.057μg/g），均低于 0.06μg/g。因此，扎乌龙成矿流体属于低盐度 NaCl-H₂O 体系，离子类型大致呈 Na⁺-Ca²⁺-K⁺-Cl⁻-SO₄²⁻-HCO₃⁻-CO₃²⁻ 型。

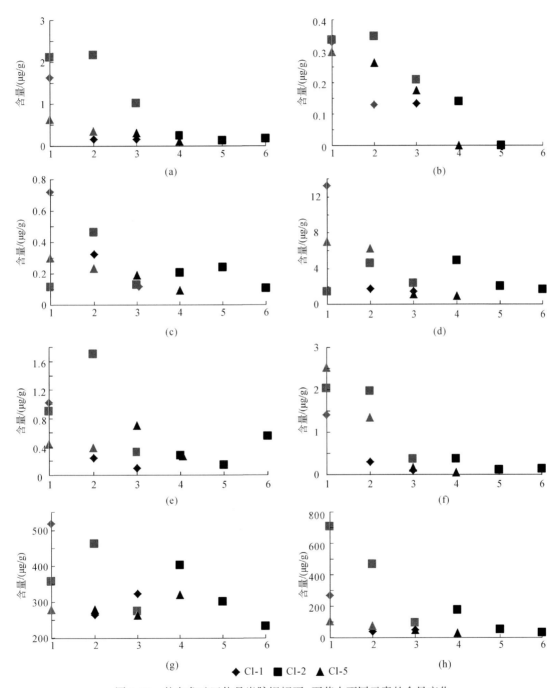

图 7.54　扎乌龙矿区伟晶岩脉锂辉石–石英中不同元素的含量变化

Cl-1 采自 97 号脉；Cl-2 采自 100 号脉；Cl-5 采自 108 号脉。(a) Na⁺；(b) K⁺；(c) Mg²⁺；(d) Ca²⁺；(e) Cl⁻；(f) SO₄²⁻；(g) CO₂；(h) H₂O。红色为锂辉石，黑色为石英

2) 液相成分分析

甲基卡分析结果显示，成矿期绿柱石、锂辉石、石英内流体包裹体离子组成主要为 Ca^{2+}、Na^+、K^+、Mg^{2+} 和 SO_4^{2-}，含少量的 Cl^-、F^- 和 NO_2，阴离子主要呈现出 $SO_4^{2-}>F^->Cl^-$ 的特点（表 7.22）。由于阴离子分析所采用的流动相为 Na_2CO_3 溶液，CO_3^{2-} 和 HCO_3^- 未做分析（下同）。

表 7.22　甲基卡、扎乌龙矿区流体包裹体体液相成分离子色谱分析结果

（单位：μg/g）

矿区	伟晶岩带	伟晶岩脉号	样号	矿物名称	Li^+	Na^+	K^+	Mg^{2+}	Ca^{2+}	F^-	Cl^-	NO_2^-	Br^-	NO_3^-	SO_4^{2-}
甲基卡	I·微斜长石带	34	YG166-4	绿柱石	—	3.820	7.690	0.830	23.920	8.650	0.190	—	—	—	—
			YG165-7	绿柱石	—	3.510	24.360	1.860	7.260	—	1.780	0.430	0.060	1.400	8.460
			YG174-4	石英	—	3.240	5.410	2.080	66.870	4.320	3.570	0.660	0.160	2.400	16.410
			YG165-6	石英	—	0.860	—	0.530	39.300	17.850	1.630	0.460	—	1.440	7.170
	II·微斜长石-钠长石带	33	YG140-9	绿柱石	—	4.250	15.210	2.690	45.250	—	2.460	—	—	—	7.340
			YG177-11	绿柱石	—	4.500	2.280	2.050	25.450	—	2.010	—	—	—	7.700
			YG140-5	石英	—	1.150	6.360	1.430	—	17.800	1.230	1.180	—	1.280	2.920
			YG140-6	石英	—	1.570	1.970	1.100	34.050	11.820	2.940	0.220	—	1.450	7.770
		9	YG27-7	石英	—	1.640	7.780	2.570	—	0.320	2.170	0.910	—	1.520	2.790
			YG28-7	石英	—	2.070	—	3.580	—	0.090	1.710	0.330	—	1.520	3.340
			YG29-2	石英	—	1.390	—	4.350	—	0.140	2.090	0.150	—	1.420	2.750
			YG26-2	石英	—	1.470	8.210	4.250	—	0.410	2.690	0.380	0.070	1.900	5.840
		433	YG141-5	绿柱石	—	2.810	9.440	3.370	42.910	—	3.310	—	0.100	—	3.980
			YG141-4	绿柱石	—	4.300	—	3.550	17.020	—	2.720	—	—	—	7.470
	III·钠长石带	308	YG163-8-1	绿柱石	—	4.380	1.010	3.620	12.440	—	1.600	—	0.060	—	7.780
			YG89-22	锂辉石	13.330	1.830	—	1.570	15.790	—	3.020	—	0.090	—	11.910
			YG168-2	石英	—	1.890	1.700	1.820	65.910	3.580	4.140	0.390	0.150	2.510	12.600
			YG57-12	石英	—	2.960	35.030	0.910	17.380	1.400	2.420	0.810	—	1.600	5.030
			YG160-4	石英	—	1.680	10.140	2.300	—	0.940	1.600	0.320	—	1.540	2.800
			YG132-8	石英	—	1.120	2.250	1.030	—	0.100	2.250	0.310	0.100	1.640	3.420
			YG57-8	石英	—	0.970	—	0.880	49.750	1.640	1.920	2.060	—	1.700	8.910
			YG157-5	石英	—	1.540	2.750	2.520	—	0.080	2.200	0.170	—	1.420	2.130
		104	YG104中段	锂辉石	7.390	1.700	—	1.570	12.190	—	1.980	—	—	—	3.710
				绿柱石	—	4.660	—	3.110	51.530	18.620	0.390	—	—	—	—
	IV·锂辉石带	199	YG77-5	石英	—	1.510	5.890	3.810	—	0.210	1.750	0.150	—	1.630	2.870
			YG77-7	石英	—	1.500	4.720	0.920	37.300	14.700	2.570	0.550	—	1.490	9.090
		133	YG75-9	锂辉石	14.850	0.000	—	1.450	6.680	—	1.740	0.280	0.080	1.640	5.950

续表

矿区	伟晶岩带	伟晶岩脉号	样号	矿物名称	Li$^+$	Na$^+$	K$^+$	Mg^{2+}	Ca^{2+}	F$^-$	Cl$^-$	NO$_2^-$	Br$^-$	NO$_3^-$	SO$_4^{2-}$
甲基卡	IV锂辉石带	627	YG92E-3	石英	—	1.210	—	1.020	24.170	0.120	1.600	0.210	—	1.220	2.870
			YG90-4-3	石英	—	1.300	—	0.900	28.000	0.070	1.670	0.430	—	1.290	0.050
			YG90-5-2	石英	—	0.990	—	1.420	34.780	0.140	2.960	0.220	—	2.030	4.550
		134	YG88-12	石英	—	1.130	1.060	1.030	—	19.300	2.220	0.260	—	1.260	3.010
扎乌龙	钠长石锂辉石	97	Cl-1-1	锂辉石	0.468	1.634	0.330	0.722	13.244	0.038	1.023	0.169	0.096	0.199	1.417
			Cl-1-1	石英	0.000	0.166	0.130	0.323	1.739	0.018	0.240	0.154	0.007	0.050	0.299
			Cl-1-13	石英	0.000	0.158	0.134	0.130	1.448	0.018	0.098	0.123	0.000	0.022	0.098
		100	Cl-2-5	锂辉石	0.840	2.126	0.337	0.118	1.485	0.039	0.900	0.149	0.056	0.100	2.045
			Cl-2-10	锂辉石	0.793	2.182	0.349	0.465	4.626	0.057	1.705	0.182	0.047	0.250	1.974
			Cl-2-11	锂辉石	0.728	1.021	0.211	0.132	2.381	0.035	0.324	0.173	0.015	0.315	0.371
			Cl-2-5	石英	0.000	0.246	0.141	0.206	4.895	0.035	0.282	0.190	0.000	0.053	0.375
			Cl-2-10	石英	0.000	0.137	0.000	0.240	2.047	0.014	0.144	0.149	0.000	0.149	0.120
			Cl-2-11	石英	0.000	0.176	0.284	0.106	1.700	0.000	0.546	0.138	0.019	0.030	0.142
		108	Cl-5-6	锂辉石	0.854	0.635	0.299	0.300	6.997	0.037	0.439	0.154	0.035	0.057	2.532
			Cl-5-9	锂辉石	0.589	0.355	0.264	0.234	6.253	0.024	0.380	0.182	0.051	0.055	1.352
			Cl-5-6	石英	0.000	0.312	0.175	0.189	1.115	0.014	0.697	0.126	0.011	0.042	0.170
			Cl-5-9	石英	0.000	0.108	0.000	0.094	0.960	0.012	0.270	0.146	0.007	0.019	0.052

同一伟晶岩脉内，绿柱石→锂辉石→石英→晚期石英细脉内，总体上呈现出微斜长石伟晶岩带内 K$^+$ 的含量较高，钠长石带 Na$^+$ 含量较高的结果（表7.22）。F$^-$ 的含量变化较大，可能是部分流体包裹体内存在萤石子矿物的结果。因此，甲基卡成矿流体属于低盐度 NaCl-H$_2$O 体系，离子类型大致呈 Na$^+$-Ca^{2+}-K$^+$-F$^-$-Cl$^-$-SO$_4^{2-}$-HCO$_3^-$-CO$_3^{2-}$ 型。

扎乌龙分析结果显示，总体上成矿期内锂辉石、石英内流体包裹体的主要气体组成为 CO$_2$、H$_2$O、N$_2$、O$_2$，含少量 CH$_4$、C$_2$H$_2$、C$_2$H$_4$、C$_2$H$_6$ 等，表明成矿流体处于高氧逸度的环境。这与包裹体薄片观察结果相一致：流体富含 CO$_2$，锂辉石内常可见碳酸锂子矿物（Li and Chou，2016）。因此，二氧化碳在溶液中溶解度已达饱和，可以推测液相成分中 CO$_3^{2-}$ 或 HCO$_3^-$ 数量较高，表明成矿流体处于弱碱性的环境。同一伟晶岩脉内，由锂辉石→石英→晚期石英细脉内，流体 CO$_2$、H$_2$O 含量降低 [表7.22，图7.54（g）、（h）]，这可能是碳酸锂发生沉淀的结果（Li and Chou，2016）。

三、均一温度、盐度

甲基卡308号脉绿柱石富子晶流体包裹体温度在 550～600℃，但大部分高于600℃（仪器上限）而无法记录数据。富子晶流体包裹体的流体相部分均一温度与 H$_2$O-CO$_2$-NaCl 包裹体的完全均一温度相近，范围在 304～412℃ 内（表7.23）；CO$_2$ 初熔温度范围为 −60.0～−57.0℃，CO$_2$ 笼合物熔化温度在 5.3～9.6℃ 之间，CO$_2$ 部分均一到液相温度范围为 18.9~28.3℃，其所对应的 H_2O-CO_2-NaCl 包裹体的盐度变化范围在 0.8%~8.5% NaCl eqv. 之间，CO_2 的密度接近 0.70g/cm³（Sterner and Bodnar，1991）。绿柱石 H_2O-CO_2-NaCl 包裹体，CO_2 初熔温度为 −60.0~−57.0℃，CO_2 笼合物熔化温度范围为 5.3~8.9℃，CO_2 部分均一到液相温度范围为 18.9~28.3℃；盐度范围为 2.2%~8.5% NaCl eqv.。

表 7.23　甲基卡、扎乌龙花岗伟晶岩型锂矿床典型伟晶岩脉均一温度、盐度

矿区	主矿物	包裹体类型	T_{h,CO_2}/℃	$T_{h,TOT}$/℃	$T_{m,clath}$/℃	$T_{m,ice}$/℃	盐度/% NaCl eqv.	资料来源
308号脉	绿柱石	富子晶	18.9~28.3	550~600	5.3~9.6		0.8~8.5	本次
		H_2O-CO_2-NaCl	18.9~28.3	304~412	5.3~8.9		2.2~8.5	
	锂辉石	富子晶	16.5~29.0	500~580	5.3~9.2		1.6~8.5	
		H_2O-CO_2-NaCl	15.6~28.4	312~399	4~9.1		1.8~10.5	
	石英	H_2O-CO_2-NaCl	15.2~29.5	289~365	2.0~8.0		3.9~13.2	
		H_2O-NaCl		202~296		−3.0~−1.2	2.07~4.96	
新三号	锂辉石	富子晶	15.6~28.4	500~580	2.0~8.0		3.9~13.2	
		H_2O-CO_2-NaCl	15.6~28.4	304~399	2.0~8.0		3.9~13.2	
		H_2O-NaCl		202~296		−2.0~−10.0	3.4~13.9	
	石英	富子晶	15.8~28.2	550	4.7~6.9		5.9~9.4	
		H_2O-CO_2-NaCl	15.2~29.5	283~392	3.0~9.1		1.8~11.9	
		H_2O-NaCl		198~304			2.1~14.6	
134号脉	锂辉石	富子晶	26~28	500~720	0~10		6	Li and Chou，2016，2017
		H_2O-CO_2-NaCl	26~28	250~400	0~10		7	Li and Chou，2016
		H_2O-NaCl		245~365				李建康等，2007
	石英	H_2O-CO_2-NaCl	19.3~28.0	246~415	3.5~8.2		3.7~10.8	李胜虎等，2015
		H_2O-NaCl		190~376				李建康等，2007

注：$T_{m,clath}$ 为笼合物的熔化温度；T_{h,CO_2} 为 CO_2 的部分均一到液相温度；$T_{m,ice}$ 为冰点；$T_{h,TOT}$ 为完全均一温度。

甲基卡 308 号脉，新三号脉，扎乌龙 97 号、100 号、108 号脉锂辉石流体包裹体的完全均一温度测试温度在 550~580℃ 内，但大部分高于 600℃（高于仪器上限而无法获得数据）。甲基卡 308 号脉，新三号脉，扎乌龙 97 号、100 号、108 号脉锂辉石流体相部分均一温度与 H_2O-CO_2-NaCl 包裹体的完全均一温度相近，范围分别在 308~395℃，308~420℃，308~420℃ 内；CO_2 初熔温度范围均为 −60.0~−57.0℃；CO_2 笼合物熔化温度范围分别为 5.3~9.2℃，2~8℃，5.3~9.6℃，CO_2 部分均一到液相温度范围分别为 16.5~29.0℃，15.6~28.4℃，16.5~29.4℃，其所对应的 H_2O-CO_2-NaCl 包裹体的盐度变化范围在 1.62%~8.5% NaCl eqv.、3.9%~13.2% NaCl eqv.、3.0%~8.5% NaCl eqv. 之间，CO_2 的密度接近 0.70g/cm³（Sterner and Bodnar，1991）。

新三号脉含子晶的锂辉石包裹体流体相部分均一温度在与 H_2O-CO_2-NaCl 包裹体的完全均一温度相近，范围在 312~399℃ 内（表 7.23）；CO_2 初熔温度范围为 −59.0~57.0℃，

CO_2 笼合物熔化温度在 4.7 ~ 6.9℃ 之间，CO_2 部分均一到液相温度范围为 15.8 ~ 28.2℃，其所对应的 H_2O- CO_2- NaCl 包裹体的盐度变化范围在 5.9% ~ 9.4% NaCl eqv. 之间（表 7.23）。

甲基卡 308 号脉、新三号脉、扎乌龙锂辉石中 H_2O-CO_2-NaCl 包裹体的完全均一温度分别为 312 ~ 399℃、304 ~ 399℃、278 ~ 412℃；CO_2 初熔温度为 –59.0 ~ –57.0℃、–61.0 ~ –57.0℃、–61.0 ~ –57.0℃，CO_2 笼合物熔化温度范围为 4 ~ 9.1℃、2.0 ~ 8.0℃、3 ~ 6.5℃，CO_2 部分均一到液相温度范围为 15.6 ~ 28.4℃、15.6 ~ 28.4℃、16.5 ~ 29.4℃；盐度范围为 1.8% ~ 10.5% NaCl eqv.、3.9% ~ 13.2% NaCl eqv.、6.5% ~ 11.9% NaCl eqv.［表 7.23，图 7.55（b），图 7.56（a）］。

甲基卡 308 号脉、新三号脉、扎乌龙石英中的 H_2O-CO_2-NaCl 包裹体完全均一温度分别为 289 ~ 365℃、283 ~ 392℃、287 ~ 419℃；CO_2 初熔温度均为 –61.0 ~ –57.0℃，CO_2 笼合物熔化温度在 2.0 ~ 8.0℃、3.0 ~ 9.1℃、4.7 ~ 7.4℃ 之间，CO_2 部分均一到液相温度范围为 15.2 ~ 29.5℃、15.2 ~ 29.5℃、15.3 ~ 28.4℃；盐度范围为 3.89% ~ 13.2% NaCl eqv.、1.8% ~ 11.9% NaCl eqv.、3.4% ~ 13.9% NaCl eqv.［表 7.23，图 7.55（c）、图 7.56（b）］。

新三号脉锂辉石中的 H_2O-NaCl 包裹体完全均一温度为 202 ~ 296℃，峰值为 260℃；盐度范围为 3.4% ~ 13.9% NaCl eqv.［表 7.23，图 7.55（d）］。

甲基卡 308 号脉、新三号脉、扎乌龙石英中的 H_2O-NaCl 包裹体完全均一温度分别为 202 ~ 296℃、198 ~ 304℃、203 ~ 302℃；盐度范围为 2.07% ~ 4.96% NaCl eqv.、2.1% ~ 14.6% NaCl eqv.、2.7% ~ 13.9% NaCl eqv.［表 7.23，图 7.55（e），图 7.56（c）］。

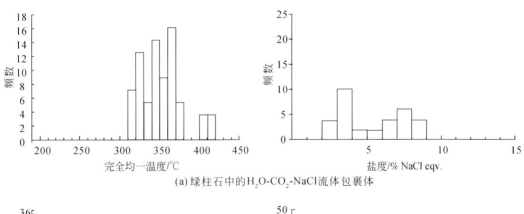

(a) 绿柱石中的 H_2O-CO_2-NaCl 流体包裹体

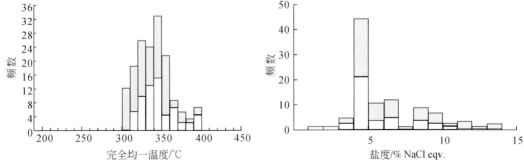

(b) 锂辉石中的 H_2O-CO_2-NaCl 流体包裹体

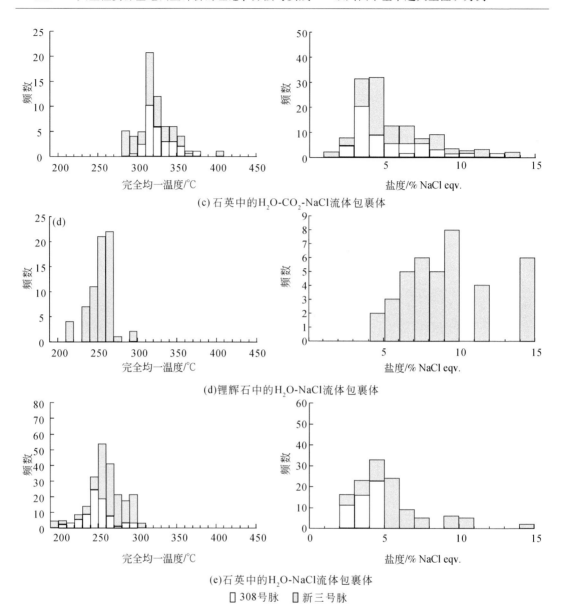

(c) 石英中的H_2O-CO_2-NaCl流体包裹体

(d)锂辉石中的H_2O-NaCl流体包裹体

(e)石英中的H_2O-NaCl流体包裹体

☐ 308号脉   ☐ 新三号脉

图7.55 甲基卡308号、新三号脉伟晶岩内H_2O-NaCl、H_2O-CO_2-NaCl流体包裹体完全均一温度及盐度直方图

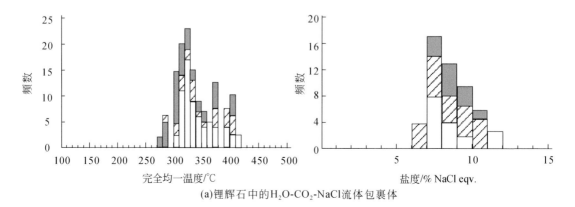

(a)锂辉石中的H_2O-CO_2-NaCl流体包裹体

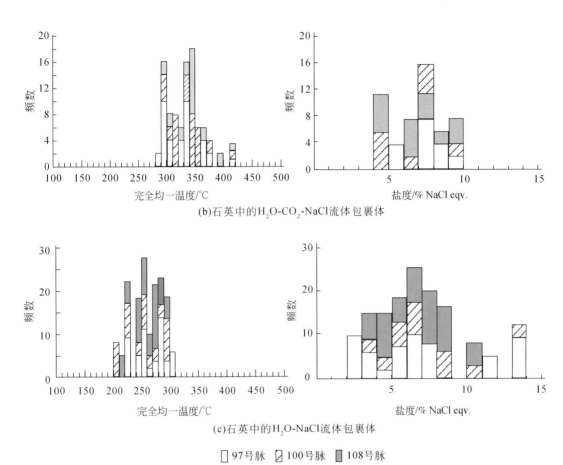

(b)石英中的H_2O-CO_2-NaCl流体包裹体

(c)石英中的H_2O-NaCl流体包裹体

☐ 97号脉　▨ 100号脉　▦ 108号脉

图7.56　扎乌龙钠长石锂辉石伟晶岩内 H_2O-NaCl、H_2O-CO_2-NaCl 流体包裹体完全均一温度及盐度直方图

四、成矿流体来源

根据石英-水的氧同位素分馏公式 $1000\ln\alpha_{石英-水} = 3.38\times10^6 T^{-2} - 2.90$ （Clayton et al.，1972），其中温度 T 取300℃，计算出的 $\delta^{18}O_{H_2O\text{-}SMOW}$ 如表7.24所示。在图7.57中，3件样品落于原始岩浆水区域，另外3件在岩浆水区域的边部，锂辉石中水的 $\delta D_{H_2O\text{-}SMOW}$ 也略小于岩浆水的 $\delta D_{H_2O\text{-}SMOW}$ 组成。

甲基卡、扎乌龙石英、锂辉石氧同位素和包裹体水氢同位素分析结果列于表7.25。石英的 $\delta^{18}O$ 值较均一，变化范围小，为12‰~15.9‰；流体的 δD 值变化范围较小，为 -89.1‰~-82.4‰。根据石英与水之间的同位素分馏公式（Matsuhisa et al.，1979），分别以340℃为计算温度，计算出流体的 $\delta^{18}O_{H_2O}$ 值为6.42‰~10.32‰（表7.24）。

表 7.24 甲基卡、扎乌龙石英、锂辉石氧同位素和包裹体水氢同位素分析结果

矿区	样品编号	矿物	$\delta^{18}O/‰$	$\delta D/‰$	$\delta^{18}O_{H_2O}/‰$	$T/℃$
甲基卡	104-2-2	石英	14.9	−84	6.3	300
	104-5	石英	15.6	−79	7	300
	158-1-2	石英	16.2	−75	5.2	300
	158-3	石英	15.8	−72	7.6	300
	308-1	石英	15.5	−82	7.2	300
	308-9	石英	14.3	−84	6.9	300
	134-4	锂辉石	9.1	−80		
	134-5	锂辉石	12.7	−86		
	158-1-1	锂辉石	11.2			
	104-2-1	锂辉石	16.1			
扎乌龙	CL-0-2	石英	12.4	−88.9	6.82	340
	CL-0-3	石英	12	−82.4	6.42	340
	CL-2-5	石英	13.2	−82.8	7.62	340
	CL-2-10	石英	13.4	−88.7	7.82	340
	CL-2-11	石英	13.5	−83	7.92	340
	CL-1-1	石英	15.9	−89.1	10.32	340
	CL-1-13	石英	15.9	−84.5	10.32	340
	CL-5-6	石英	14.9	−86.6	9.32	340
	CL-5-9	石英	15	−88	9.42	340
	CL-1-1	锂辉石	11.7			
	CL-2-5	锂辉石	12.1			
	CL-2-10	锂辉石	12.2			
	CL-2-11	锂辉石	12.3			
	CL-5-6	锂辉石	12.6			
	CL-5-9	锂辉石	14.3			

注：甲基卡同位素数据来源于李建康，2006。

扎乌龙矿床中石英流体包裹体的 δD 值低，但石英的 $\delta^{18}O$ 值较集中，这可能是石英内原生的 H_2O-CO_2-NaCl 流体包裹体和成矿后次生的 H_2O-NaCl 流体包裹体混合的结果。一些学者很早就意识到了在测试石英包裹体中的氢同位素时次生流体包裹体会对测试结果造成极大干扰（Pickthorn et al., 1987；Goldfarb et al., 1991；McCuaig and Kerrich, 1998）。因此，扎乌龙矿床流体包裹体的氢同位素数据不能反映成矿期流体的特点。相反，以石英中的矿物氧为测试对象所得到的氧同位素值没有受到成矿后流体的干扰，$\delta^{18}O$ 值变化范围小，很好地反映了成矿期流体的氧同位素特征。因此，氢、氧同位素组成反映出扎乌龙成矿流体主要为原始岩浆水来源，不存在后期大气降水的加入（图 7.57）。

结合甲基卡矿区及扎乌龙矿区各方面地质、地球化学特征，判断甲基卡和扎乌龙矿床的成岩成矿流体主要为岩浆来源，也暗示出甲基卡矿床形成于相对封闭的构造环境。

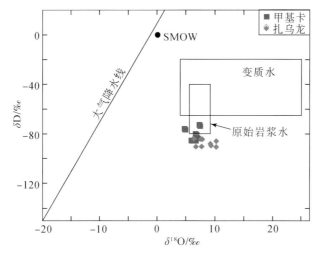

图 7.57　甲基卡、扎乌龙矿床石英中包裹体水的 δD-δ¹⁸O 的组成

δD-δ^{18}O

图 7.57　甲基卡、扎乌龙矿床石英中包裹体水的 δD-$\delta^{18}O$ 的组成

底图据 Sheppard，1987

第四节　伟晶岩与花岗岩及稀有金属矿化关系

一、伟晶岩与花岗岩的关系

伟晶岩以矿物颗粒粗大为特征，常发育岩相分带，呈单独板状体、定向板状体群、透镜状或豆荚状、不规则球形等形态产出（Brisbin，1986）。伟晶岩形成于地质历史多种构造岩浆过程中，由古太古代至今，遍布世界各地（Jahns，1955；Schneiderhöhn，1961；Černý and Hawthorne，1982），包括花岗质伟晶岩和非花岗质伟晶岩。以花岗质伟晶岩较为常见，也是稀有金属（包括宝石）富集成矿的主要岩石类型，是主要的研究对象。

伟晶岩质岩石在结构上不均匀，通常含有粗大的长石、石英和云母晶体。花岗伟晶岩可以赋存各种稀有金属，如 Li、Rb、Ta、Be、Ca、Sc、Y、Sn、Nb、Ta、U、Th、Zr、Hf，以及稀土元素（Černý，1991a，1991b，1991c）。除具有稀有金属矿化潜力外，具有开采价值的高纯度工业矿物还包括长石、石英、透锂长石和萤石。这使得伟晶岩更具有经济价值。

由于花岗伟晶岩成岩成矿机制较为复杂，分类方案众多，主要根据成因、结构构造、化学特征、主要矿物共生组合、所含特征矿物（包括工业矿物及稀有金属）等进行分类（Fersman，1940；Ginsburg and Rodionov，1960；Rudenko et al.，1975；Ginsburg et al.，1979）。

（1）根据伟晶岩中特征矿物及组合进行分类。索洛多夫和张新春（1960）通过对苏联科拉半岛和我国新疆阿尔泰地区伟晶岩田中的稀有金属花岗伟晶岩开展研究，将伟晶岩划分为微斜长石伟晶岩、钠长石-微斜长石伟晶岩、钠长石伟晶岩、钠长石-锂辉石伟晶岩。邹天人等（1975）结合我国伟晶岩矿床地质特征，将伟晶岩划分为四类九型，主要包括黑云母类、二云母类、白云母类和锂云母类。

（2）根据地质环境、全岩和副矿物的地球化学特征、内部结构和结晶温压条件将稀有元素伟晶岩分为五大类十亚类，主要包括深熔伟晶岩、白云母伟晶岩、白云母-稀有元素伟晶岩、稀有元素伟晶岩及晶洞伟晶岩（Ginsburg and Rodionov，1960；Rudenko et al.，1975；Ginsburg et al.，1979；Černý，1990，1991a）；

（3）根据成矿元素组合，将含矿伟晶岩划分为三大类型：LCT型（Li-Cs-Ta），NYF型（Nb-Y-Ta）和混合型（Černý，1991b）。这也是目前最流行的分类方案之一。LCT型伟晶岩是富Li、Cs和Ta岩浆熔体结晶的产物，片岩、片麻岩和早期花岗岩体是LCT型稀有金属矿化伟晶岩最主要的围岩。相较NYF伟晶岩而言，LCT型伟晶岩有较高的经济潜力，特别是钠长石-锂辉石类型，产状包括：透镜状、蘑菇状和岩墙状。NYF型伟晶岩是富Nb、Y和F岩浆熔体结晶的产物。NYF型伟晶岩通常被认为是没有经济价值的，大多数NYF型花岗伟晶岩的SiO_2含量比较低，铝质到准铝质系列都有发育。一般认为LCT型伟晶岩来自S型花岗岩，属俯冲背景形成的造山组合，而NYF型伟晶岩则来自A型花岗岩，与伸展环境及非造山组合密切相关（Martin and De Vito，2005）。

近年来，关于稀有元素伟晶岩分类方案的问题再次受到重视。例如，有人认为所有稀有元素伟晶岩都可归属到LCT型和NYF型，或其混合型。然而，国内外很多例子不符合这个分类方案。例如，德国东南的Hagendorf-Pleystein伟晶岩区，锂主要赋存于岩株状伟晶岩石中，而不是在细晶岩或伟晶岩中（Novák et al.，2012）。再如，甲基卡各类伟晶岩均相对富集Li、Rb、Cs、Be、Ga、Sn、P，但绝大多数Ta含量<Nb含量，并不满足Černý（1991a，1991b）划分的LCT型伟晶岩的元素含量标志。

为解决上述一些问题，一些新的稀有元素伟晶岩分类法被提出（Pezzottaf，2001；Ercit，2004；Tkachev，2011；Dill，2015），其中以命名为伟晶和细晶类岩石的"CMS"分类法为代表（Dill，2015）。该分类方案将伟晶类岩石的化学成分（C）、矿物组合（M）和构造地质（S）联合起来考虑，并认为"C""M""S"是稀有元素伟晶岩系统的三个重要控矿因素，尽管该分类法在其描述性的本质和避免成因判读上占有优势，但大部分关于伟晶岩的文献仍沿用Černý（1991b）的LCT型和NYF型分类法。综上，除上述分类方案外，国内外学者还提出了众多的分类方案，但尚未统一。

单就甲基卡矿区而言，也有不同分类方案，包括前述按造岩矿物（唐国凡和吴盛先，1984）划分为微斜长石型（Ⅰ）、微斜长石钠长石型（Ⅱ）、钠长石型（Ⅲ）、钠长石锂辉石型（Ⅲ）及钠长石锂云母型，另还包括石英脉；还有根据矿化类型划分为锂、铍、铌钽、锂-铍、铍-铌-钽等五类型矿脉及矿化脉；另还包括未见矿化伟晶岩脉；根据分异特征划分为两大类，包括不发育分异结构带的伟晶岩和分异结构带较发育的伟晶岩（付小方等，2017）。相较而言，第一种分类方案综合考虑了矿物组合与矿化类型，并在区域上表现为一定分带规律性。

结合本次研究，甲基卡矿区中各类型伟晶岩相对富集Li、Rb、Cs、Be、Ga、Sn、P，除Ta含量<Nb含量外，其他特征基本符合Černý（1991b）划分的LCT型伟晶岩，可进一步细分为与造山带有关的REL-Li亚类伟晶岩。考虑到伟晶岩本身所具有的成分不均一性以及含矿性、矿化类型的不同，为更好地分析花岗岩浆性质与伟晶岩、细晶岩类演化形成过程中的矿化富集规律，有必要建立一套行之有效的针对含Li、Be、Nb、Ta等稀有金属

花岗质岩石的地球化学判别标志。基于化学成分和矿石组合特征，可首先将岩石分为两大类：非矿岩石和含矿岩石，其中非矿岩石可进一步细分为二云母花岗岩、无矿细晶岩和无矿伟晶岩；含矿岩石包括细晶岩类和伟晶岩类，细晶岩类可进一步细分为 Be-细晶岩、BeNbTa-细晶岩；伟晶岩类可进一步细分为 Be-伟晶岩、BaNbTa-伟晶岩、BeLi-伟晶岩、LiBeNbTa-伟晶岩、Li-伟晶岩和 NbTa-伟晶岩。花岗岩含锂达到工业化开采要求时，也可以参与分类。各类型花岗质岩石与唐国凡和吴盛先（1984）提出的甲基卡伟晶岩分带存在一定的对应关系。其中，非矿岩石主要分布于 I 带内，Be（Nb）矿化岩石主要分布于 II、III 带内，Li 矿化岩石主要分布在 III、IV 带中，Ta（Nb）矿化岩石主要分布在 V（IV）带中。

　　通过矿物学、年代学及元素地球化学等方面的研究，作者认为甲基卡矿区中马颈子花岗岩体与各类型伟晶岩脉的形成在时间上、空间上以及岩石地球化学特征上均表现出密切的成因联系，花岗岩体为区内大规模的稀有金属矿化提供了一定的物质来源。近年来，锂同位素研究的新进展，为揭示花岗岩与伟晶岩之间的成因联系提供了新的证据。其中，有依据证明花岗伟晶岩中的部分锂，可能是从变沉积岩中继承来的（Barnes et al.，2012）。因此，本书仍认为马颈子花岗岩是甲基卡矿区内稀有金属伟晶岩脉的"成矿母岩"，但是否是甲基卡矿区唯一的矿化中心，仍需进一步深入研究。物探和化探成果，显示甲基卡矿区存在多个高阻体（可能的花岗岩体），因此，甲基卡矿区内有可能存在包括马颈子花岗岩体在内的多个矿化中心。

　　在扎乌龙矿区，花岗伟晶岩脉同样与花岗岩存在空间上的密切联系，即稀有金属伟晶岩脉围绕花岗岩体分布。白云母花岗岩和伟晶岩的地球化学成分有一定的相似性，二者均富集大离子亲石元素（Rb、Ba、Sr）而贫幔源岩浆组合（Sr、Ba、Cr、V、Ti），亏损高场强元素（Nb、Ta、Ti），稀土元素配分模式总体上呈现右倾特点。综上，可以推断扎乌龙锂矿床花岗岩和花岗伟晶岩之间具有成因联系，可能属于同源岩浆结晶分异的产物。

　　由白云母花岗岩到花岗伟晶岩，其地球化学成分呈现出一定的演化规律，即 SiO_2 含量、稀土含量和 Zr+Nb+Ce+Y 含量降低，DI、Rb/Sr 和（Na_2O+K_2O）/CaO 值逐渐升高。这些地球化学特征共同指示了从花岗岩到花岗伟晶岩演化过程中，结晶分异程度逐渐增高，花岗伟晶岩是高分异花岗岩浆的产物。

　　据此，根据Černý（1991c）的分类方案，扎乌龙花岗伟晶岩为 LCT-S 型，即主要成矿元素为 Li、Rb、Cs 的矿床，并富含 Be、Sn、Ta、B、P 和 F 等元素，属于 LCT（锂铯钽）族（Černý and Ercit，2005）钠长石锂辉石类型。扎乌龙伟晶岩与白云母花岗岩具有相同的物质来源，可能由富铝质的地壳岩石经过部分熔融作用形成（Green，1995；White and Chappell，1977；Patiño Douce and Harris，1998；Sylvester，1998）。三叠系西康群黑云石英片岩、黑云变粒岩和透辉石英角岩（Txk^1）的重熔为扎乌龙花岗岩和花岗伟晶岩提供了物质来源。

二、成矿流体的性质与演化

　　甲基卡、扎乌龙伟晶岩可以粗略地先后划分为微斜长石钠长石带和钠长石锂辉石带，早期流体记录于发育在微斜长石钠长石带内绿柱石捕获的含晶体流体包裹体，接着为钠长石锂辉石或锂辉石带内锂辉石捕获的富晶体包裹体。绿柱石和锂辉石晶体的组分可反映早期阶段的流体性质，但是在这之前需要确定包裹的晶体的成因，即要先确定它们是从热液中结晶而成，而不是在流体被捕获前（时）已存在的矿物颗粒。通过岩相学观察可以判断甲基卡矿床的含晶体包裹体中，晶体形成于流体捕获后，这是因为：①岩相学特征表明，同一流体包裹体组合（FIA）内含晶体包裹体内固相和流体相所占的比例变化不大、成分相似，具有相同或相近的晶体熔化温度（500~600℃）；②刚玉、扎布耶石、方石英仅存在于流体包裹体的固体相内，在伟晶岩脉矿物中并未发现；③晶体颗粒外形规则、自形，显示出流体包裹体捕获后，在富 H_2O 环境中结晶的特点。这些特征暗示含晶体包裹体中的晶质矿物并非捕获先存矿物，而是包裹体的子晶或子矿物。此类包裹体分别代表了绿柱石、锂辉石结晶早期的流体。

甲基卡、扎乌龙伟晶岩成矿流体主要经历了以下三个阶段。

（1）岩浆阶段。主要温度在 600~850℃（Sowerby and Keppler，2002），为伟晶岩熔体（流体）从花岗岩分离出来而形成的；二云母花岗岩内子矿物主要为富钠长石、磷灰石、白云母等矿物，早期花岗岩浆以高温、富钠、富硅酸盐、富铁镁为特征，并与其岩石地球化学特征吻合（李建康等，2007）。

（2）岩浆–流体过渡阶段。主要温度在 500~700℃，以伟晶岩绿柱石富子晶的流体（初熔温度500~600℃）和锂辉石富子晶的流体（初熔温度500~600℃）为代表。在此阶段，根据锂辉石、绿柱石群体包裹体分析，得出锂辉石和绿柱石内 P、B、F、H_2O 等挥发分的含量大于 $500\mu g/g$，CO_2 含量大于 $300\mu g/g$。同时，流体包裹体中富含的子晶为磷灰石、萤石等富挥发分晶体，同期存在电气石。据此可以判断甲基卡成矿残余熔体–流体富挥发分和稀有元素（富 Be、Li）。通过对伟晶岩地球化学分析（刘丽君等，2016）和富子晶群体包裹体离子成分的测定，可以看出 K 含量在钠长石阶段较微斜长石阶段降低，Na 含量相对增高。这可能是早期结晶的钾长石及斜长石发生钠长石化和白云母化的结果。因此，此阶段成矿流体相对富 H_2O、CO_2、Na^+，富 F^-（萤石），为高氧逸度、富挥发分的 Na^+-K^+-Ca^{2+}-Cl^--SO_4^{2-}-HCO_3^--CO_3^{2-} 体系。

（3）流体阶段。主要温度在 200~300℃，表现为由 H_2O-CO_2-$NaCl$ 流体分离出晚期 H_2O-$NaCl$ 流体（李建康等，2007）。此阶段的流体呈现出温度较低、盐度较低的特点。

对于伟晶岩型矿床，多数学者认为伟晶岩及矿床的形成属于岩浆分异成因。然而，由于初始介质、冷却过程、温压条件、挥发分含量和残余熔体中稀有金属含量不同等原因，不同作者提出了不同的成因模型：①充分结晶分异模型（Jahns and Burnham，1969；Jahns，1982）；②结晶前锋边界模式（London et al.，1988，1989；London，1990，1992）；③不混溶模型（Sowerby and Keppler，2002；Thomas et al.，2006a，2006b，2009，2011a，2011b，2011c；Thomas and Davidson，2013）。Jahns 和 Burnham（1969）强调，原始花岗岩浆为水饱和的硅酸盐熔体。London（2005a，2005b，2008）强调，如原始花岗岩浆为不饱和 H_2O 熔体，在结晶过程中，F、B、P 等助熔剂可不断聚集到结晶前锋的边界。岩浆液态不混溶模型强调，原来均一的母花岗岩浆通过不混溶作用，可形成富挥发分和贫挥发分的熔体。近年来，李建康等（2007，2008）、周起凤等（2013）通过对甲基卡、可可托海三号脉成矿流体的研究，提出伟晶岩的形成过程中存在不混溶作用。但是，成矿流体中锂铍成矿元素的迁移方式，沉淀时具体的物理化学条件和流体环境，以及具体起关键作用的挥发分元素的地球化学行为，还尚未查明。甲基卡、扎乌龙伟晶岩矿床内发育大量的熔体、流体包裹体，包裹体内存在大量的固相物质，通过扫描电镜、激光拉曼、群体包裹体分析等一系列工作，为研究这些问题提供了重要依据。

根据甲基卡式典型锂矿成矿流体的温压条件和成分特征，熊欣等提出了成矿流体的演化模型。其主要关键点包括：

（1）花岗伟晶岩是二（白）云母结晶分异的产物，在结晶分异的过程中，岩浆发生不混溶作用。

（2）花岗伟晶岩由于挥发分组分含量的不同，伟晶岩浆得以持续分异演化与成矿元素富集的能力不同，产生不同程度的伟晶岩分带，从而影响锂成矿的温压条件。

（3）岩浆-热液演化过程中，成矿元素主要受结晶分异作用的控制，使得稀有元素、挥发分组分（CO_2、F、P、B）逐渐向熔体相聚集。在较高压力温度的岩浆-热液环境下，锂铍元素发生沉淀。

（4）矿床的形成均与碱性蚀变密切相关，如钠长石化和云英岩化，使得流体 pH 逐渐上升到呈近碱性或弱碱性环境。这对于维系成矿流体中高 CO_3^{2-}、HCO_3^- 浓度，进而保障锂硅酸盐、碳酸盐沉淀成矿至关重要。子矿物扎布耶石的存在就是这一机制的直接证据。

（5）CO_2 或 CO_3^{2-} 是甲基卡、扎乌龙锂成矿的重要控制因素，它们可与铝硅酸盐共同溶解在伟晶岩熔体或流体内，具体表现为富晶体包裹体内锂绿泥石和扎布耶石共存的矿物组合。

三、成矿过程与富集机制

（一）伟晶岩结晶的物理化学条件

甲基卡的伟晶岩脉主要由微斜长石钠长石带和钠长石锂辉石带组成，微斜长石钠长石带早于钠长石锂辉石带形成。甲基卡最早的流体记录在绿柱石（微斜长石钠长石带）中。根据 308 号伟晶岩脉绿柱石的测温结果，绿柱石中富晶体流体包裹体的流体相盐度集中在 6% 左右，流体相中 CO_2 的填充度为 40% ~ 60%，CO_2 的密度约为 $0.8g/cm^3$，固相的初熔温度为 550 ~ 600℃。由此，根据 Brown 和 Lamb（1989）的 H_2O-CO_2-NaCl 体系 PVT 相图，可以限定富子晶流体包裹体捕获的最低压力范围为 400 ~ 500MPa ［图 7.58（a）］，近似代表绿柱石富晶体包裹体的捕获压力 ［图 7.59（a），范围 A］。

晚于或略晚于绿柱石富子晶流体包裹体形成的是钠长石锂辉石带内的锂辉石富子晶流体包裹体，其捕获条件代表了伟晶岩熔体（流体）的物理化学条件。根据 308 号、X03、134 号伟晶岩脉钠长石锂辉石带锂辉石流体包裹体的测温结果（表 7.24），锂辉石中富子晶流体包裹体的流体相盐度集中在 6% 左右，流体相中 CO_2 的充填度为 60% ~ 80%，CO_2 的密度约为 $0.8g/cm^3$，固相的初熔温度为 500 ~ 580℃。由此，根据 Brown 和 Lamb（1989）的 H_2O-CO_2-NaCl 体系 PVT 相图，限定富晶体包裹体捕获的最低压力范围为 310 ~ 480MPa ［图 7.58（b）］，近似代表了富晶体包裹体的捕获压力 ［图 7.59（a），范围 B］，这与扎乌龙锂辉石形成的温压条件类似。

晚于富子晶流体包裹体形成的是 H_2O-CO_2-NaCl 流体包裹体。根据显微测温结果，

H_2O-CO_2-NaCl 流体包裹体对应于盐度 6% NaCl，CO_2 的填充度为 60% ~ 80%，CO_2 的密度约为 $0.8g/cm^3$ 的等容线（图 7.58），其中锂辉石内 H_2O-CO_2-NaCl 流体（320 ~ 410℃）均一温度略高于石英内 H_2O-CO_2-NaCl 流体（290 ~ 370℃），等容线与均一温度范围限定了 C、D 范围 [图 7.59（a），Brown and Lamb，1989]，分别代表了锂辉石、石英 H_2O-CO_2-NaCl 流体捕获压力的下限。

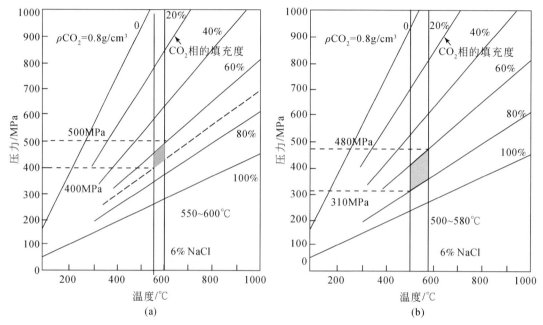

图 7.58　甲基卡伟晶岩脉铍和锂成矿压力（深度）估算图解

资料来源：底图引自 Brown and Lamb，1989。

（a）根据甲基卡的测温结果，绿柱石含晶体流体包裹体对应 CO_2 密度为 $0.8g/cm^3$、盐度 6% NaCl 的 H_2O-CO_2-NaCl 体系 PVT 相图（Brown and Lamb，1989），其中由 CO_2 的充填度（60% ~70%）和初熔温度（550 ~600℃）二者限定了成矿压力的下限（400 ~500MPa）；（b）根据甲基卡的测温结果，锂辉石含晶体流体包裹体对应 CO_2 密度为 $0.8g/cm^3$、盐度 6% NaCl 的 H_2O-CO_2-NaCl 体系 PVT 相图（Brown and Lamb，1989），其中由 CO_2 的充填度（60% ~80%）和初熔温度（500 ~580℃）二者限定了成矿压力的下限（310 ~480MPa）

晚于 H_2O-CO_2-NaCl 流体包裹体形成的是 H_2O-NaCl 流体包裹体。根据新三号脉晚期锂辉石的均一温度，NaCl-H_2O 流体对应于盐度 8% NaCl 的等容线（图 7.58；Roedder and Bodnar，1980）。由于在甲基卡未见锂霞石、透锂长石矿物，因此"锂辉石+石英/透锂长石+石英"边界、"锂霞石+石英/锂辉石"边界共同限定了 H_2O-NaCl 流体的物理化学条件的下限。同时，由于 H_2O-NaCl 流体晚于 H_2O-CO_2-NaCl 流体形成，H_2O-CO_2-NaCl 流体的压力范围 E 限定了 H_2O-NaCl 流体物理化学条件的上限。由此，将 6% NaCl 的等容线（200 ~300℃）与"锂辉石+石英/透锂长石+石英"边界、"锂霞石+石英/锂辉石"边界（London，1984；1986a）、H_2O-CO_2-NaCl 流体的压力范围 D 相交限定了 E 范围，区域 E 代表了锂辉石、石英 H_2O-NaCl 流体捕获压力的下限 [图 7.59（a）；Roedder and Bodnar，1980]。

将甲基卡 308 号脉、新三号脉、134 号脉（李建康等，2007；Li and Chou，2016，

2017）各阶段的流体等容线与"锂辉石+石英/透锂长石+石英"边界（London，1984，1986a）相交，可以得到甲基卡矿床成矿流体的演化轨迹如图7.59所示。

在温度500~750℃、压力300~400MPa的条件下，花岗岩内分异出伟晶岩流体或熔体，此阶段即伟晶岩熔体的早期阶段。在压力-温度条件接近或者在透锂长石-锂辉石-石英相边界时，流体富H_2O、F、P、B、硅酸盐和少量CO_2，伟晶岩内饱和石英、钠长石，成矿流体内富集许多种类的子矿物（London，1986b）。随着温度的降低，伟晶岩脉发生岩浆的相分离，从成矿流体先后沉淀出绿柱石Ⅰ（310~500MPa，>550℃）［图7.59（b），范围A］和锂辉石Ⅰ（310~480MPa，500~700℃）［图7.59（b），范围B］。

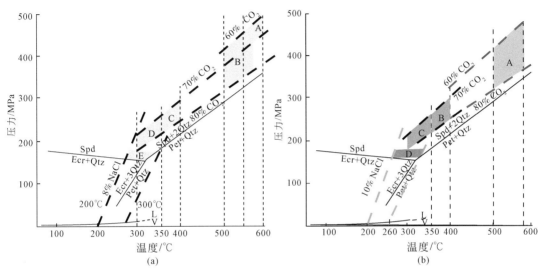

图7.59　甲基卡、扎乌龙稀有金属伟晶岩脉形成的物理化学条件

资料来源：底图引自 London，1984；Xiong et al.，2019。

（a）中灰色区域A~E代表了不同流体的捕获条件，其中，范围A为绿柱石流体包裹体的捕获条件，B为锂辉石富子晶流体包裹体的捕获条件，范围C为锂辉石H_2O-CO_2-NaCl流体包裹体的捕获条件，范围D为石英H_2O-CO_2-NaCl流体包裹体的捕获条件，范围E为石英H_2O-NaCl流体包裹体的捕获条件。红色虚线是盐度为6% NaCl eqv.，CO_2填充度60%~80%，密度为0.70g/cm³的H_2O-CO_2-NaCl等容线。（b）中灰色区域A~D代表了不同流体的捕获条件，其中，范围A为锂辉石富子晶流体包裹体的捕获条件，范围B为锂辉石H_2O-CO_2-NaCl流体包裹体的捕获条件，范围C为石英H_2O-CO_2-NaCl流体包裹体的捕获条件，范围D为石英H_2O-NaCl流体包裹体的捕获条件

在温度约400℃，主要为H_2O-CO_2-NaCl流体即伟晶岩流体（富晶体流体）中的CO_2达到饱和后分异的产物［图7.59（b），范围C、D］，代表岩浆热液过渡阶段的结束和热液阶段的开始。在400~500℃的温度范围内，流体内的硼元素沉淀，析出电气石，同时形成钠长石、白云母（锂云母）、石英及共生矿石矿物（锂辉石Ⅱ、绿柱石Ⅱ），接着演化为相对低密度、低盐度的盐水溶液。

在温度约300℃，H_2O-CO_2-NaCl流体发生相分离形成H_2O-NaCl流体（图7.59，范围D、E）。甲基卡308号伟晶岩脉内锂辉石捕获的热液流体中，H_2O-NaCl呈现次生特点，代表了锂辉石形成之后晚期流体活动的产物，不参与锂成矿过程。但是，新三号脉内，毛发状锂辉石Ⅲ内捕获了大量的原生H_2O-NaCl流体。此时，热液阶段的锂即发生溶解而再沉淀。

（二）成矿过程的控制因素

伟晶岩的成因问题一直是伟晶岩研究中最重要的问题之一。国内外学者提出了大量的成因模式，概括起来主要有与变质作用相关的变质深熔模式（Norton，1973；Zasedatelev，1974，1977；Stewart，1978；Breaks et al.，1978；Shmakin，1983；Matheis，1985）和变质分异模式（Ramberg，1952），与岩浆作用有关的岩浆结晶分异模式（Fersman，1940；Cameron et al.，1949；Černý and Hawthorne，1982；London，2005a，2005b，2009）和交代成因模式（Landes，1932）。尽管存在争论，岩浆分异成因模式仍是大多数地质学者更倾向和接受的伟晶岩成因模式，即认为分离结晶作用导致了残余熔体中稀有金属的富集。但伟晶岩和花岗岩之间的成因关系并不能确定，主要体现在三个方面：①伟晶岩与过铝质花岗岩并不共存（Simmons et al.，1995）；②花岗岩与伟晶岩形成之间存在时间间隙（Melleton et al.，2012）；③花岗岩–伟晶岩体系中的地球化学特征不连续（Simmons and Webber，2008；Martins et al.，2012）。同时，极度分异过程和伟晶岩岩浆分离、就位和伟晶岩分带分布等是岩浆分异模式仍亟须解决问题（Černý，1991a，1991b）。

上述问题在甲基卡矿区内花岗岩及伟晶岩的关系上均有所体现，有学者（李建康，2006；付小方等，2017）将甲基卡矿区内稀有金属的富集机制解释为岩浆液态不混溶，考虑到伟晶岩的成分具有不均一性，因此当与成分相对均一的花岗岩（包括花岗质细晶岩）综合在一起讨论时，其成因与构造环境的判别具有一定的多解性，付小方等（2017）认为花岗岩与伟晶岩呈清晰的分离状态，但通过大量的地球化学测试，表明从花岗岩到细晶岩再到无矿伟晶岩，并未出现分离状态，而是清晰的正向演化过程（即降低变化），表现为结晶分异的特征（王联魁等，1999）；另外还有包括微量及稀土元素含量及比值的"突变性"、"跳跃性"或"振荡性"变化，可作为发生岩浆液态不混溶的证据（王联魁等，1999）。通过分析，甲基卡矿区中从花岗岩、细晶岩至各类型伟晶岩中特征元素含量及比值并没有表现出显著的突变性，一方面可能是各类型伟晶岩的样本数量和代表性不同，另一方面更可能是伟晶岩成分的不均一性造成。这也导致伟晶岩在很多情况下并不适于花岗质岩石有关的判别图解。同时，甲基卡矿区内从花岗岩至细晶岩再到各类型伟晶岩，总体表现出 K/Rb，Ba/Rb，Nb/Ta 值明显降低，Rb/Sr 值明显增大的趋势，均反映出本区内岩浆主要发生的是结晶分异作用（赵振华等，1992）。因此本书更为关注的是伟晶岩的具体形成过程以及岩浆与流体的演化关系。

本书将稀有金属矿物的富集沉淀与各类型伟晶岩演化及形成过程关联起来讨论。其中，含 Be 矿物（以绿柱石为代表）沉淀范围较宽，主要集中于熔体阶段；对于含 Nb-Ta 矿物（以铌钽铁矿为代表）分布范围较宽，在相对早期的熔体阶段表现为富 Nb 的特征，而在熔流体和流体阶段则相对富集 Ta；随着温度、压力的逐渐降低，以锂辉石为代表的含 Li 矿物在熔流体阶段大量沉淀，在演化晚期阶段则主要是锂云母（含锂白云母）在流体阶段开始大规模沉淀；Cs 在伟晶岩演化最晚期沉淀，主要以类质同象形式分散于白云母、石榴子石、微斜长石和钠长石等矿物中。这种阶段性的演化过程与不同稀有金属元素的耦合关系，与其元素地球化学性质、体系内物理化学条件的变化及挥发分等因素密切相关。

当壳源重熔的花岗质岩浆上侵地壳上部一定部位后，在其顶部和边侧相对富挥发分、硅质和碱金属的花岗质熔体–溶液则向周围的构造裂隙渗透。由于其挥发分的不断聚集，不但降低了熔体-流体的结晶温度，而且也促使其成分分异演化，首先是相对富基性组分的二云母（白云母）微斜长石奥长石（早期钠长石）伟晶岩在靠近主体花岗岩的围岩裂隙中结晶。当熔体-流体进一步向上活动时，由于 Ca、K 的大量晶出及 P_{H_2O} 的增高与相对富集，在相对靠近岩体一些部位形成了微斜长石（钠长石）型伟晶岩（Ⅰ、Ⅱ），并在早期阶段 Be 逐渐富集，形成具有一定工业意义的绿柱石伟晶岩脉。随后，向上进一步活动的熔体-流体中 Na 又相对富集，以大量晶出的钠长石为特征，形成钠长石（锂辉石）型伟晶岩（Ⅲ、Ⅳ），此时 Li、Rb、Cs、Nb、Ta 等稀有金属逐渐富集，当熔体-流体继续向上侵入时，与碱金属呈络合物运移的 Be、Li、Nb、Ta、Sn 等稀有金属以及挥发分大量聚集，它们随着熔体-流体从构造空间边部向中心聚集，铍以绿柱石形式首先在较早阶段晶出，之后在其中部出现大量的锂辉石，随着交代作用的发育，含铌、钽、锡的矿物也在伟晶岩中不同程度地富集，从而形成具工业价值的白云母钠长石锂辉石型稀有金属伟晶岩。

在高温时，岩浆是一种均匀的熔融体，岩浆中易挥发的组分在岩浆活动初期，由于岩浆压力、温度均十分高，此时挥发分不能独立活动而是混溶于岩浆之中，随着硅酸盐熔浆多次侵入作用发生的冷凝分异作用，温度、压力逐渐降低，这时熔浆中的 H_2O、O_2、H_2S、Cl、F 等挥发分逐渐集中，易与金属元素结合组成络合物。这些金属络合物具有易溶、熔点低、活动性强且易于搬运的特点，从而有利于成矿元素迁移富集。贫 Cl 特征也可能是甲基卡成矿熔体在高压条件下出溶的流体盐度不高的原因（盐度<7% NaCl eqv.）。另外，甲基卡矿区及扎乌龙矿区内成矿流体中富含 CO_2，可能会促进成矿岩浆发生不混溶作用和独立气相分离作用，在一定程度上调节成矿熔体或流体体系中的酸碱度，使得金属发生迁移沉淀（Lowenstern，2001）。在分异过程中，K、Li 和 Si 优先淋滤而进入由饱含挥发分的花岗岩-伟晶岩岩浆多次沸腾而产生的超临界流体中。这一过程导致结晶伟晶岩的下部富钠残余熔体分出，并导致超临界流体集中在上部。此外，残余岩浆中挥发分不断过饱和，因而在冷凝和结晶期间，可能反复多次出现沸腾。含矿花岗岩的分异演化过程受到挥发分过饱和岩浆反复多次沸腾的强烈影响。

综上所述，甲基卡矿区中伟晶岩岩浆稀有金属富集过程主要包括两个关键过程：①含稀有金属元素的地壳熔融；②深部同一岩浆房多期次的岩浆抽离导致残余岩浆富不相容元素（稀有金属和挥发分）。通过这两个过程，得以形成本区内富含稀有金属的伟晶岩岩浆。

通常认为，富含 F、P 和 B 等挥发分的矿物往往在伟晶岩的结晶分异和稀有元素的迁移过程中起着重要作用（London，1986a，1986b）。本次分析结果显示，虽然甲基卡伟晶岩流体中磷灰石（P）或萤石（F）含量较低（<1%），但是锂辉石矿物，特别是晚期次生锂辉石往往存在与氟磷灰石共生的现象，这表明 F 和 P 参与了伟晶岩成矿过程。同时，甲基卡矿区内以新三号脉与 308 号脉为代表的伟晶岩脉中多期次的锂辉石均与电气石关系密切。前人的研究表明，在碱性硼酸盐组分中，水（和不相容微量元素）在伟晶岩的硅酸盐熔体或流体中的溶解度显著增加，以使硅酸盐液体与水完全混溶（London，1986a，1986b）。因此，F、P、B 可能是形成甲基卡锂辉石的关键因素。

（三）与典型锂矿床成矿流体的对比

花岗伟晶岩型稀有金属矿床的成矿流体通常呈现出一定的相似特征，即富含挥发性组分（CO_2、H_2O、F 和 B 等）和稀有金属元素（Li、Rb、Cs、Be、Ta、Nb、Sn 和 W）（李建康等，2008）。实验岩石学表明，挥发分对于花岗伟晶岩型稀有金属矿床的形成至关重要（Keppler，1993；Thomas et al.，2005；张德会，2005）。挥发分能够与稀有金属组成各类络合物或化合物，携带成矿元素一起迁移和富集（Audétat and Keppler，2004；李福春等，2000）。在结晶分异过程中，富 F、H_2O、CO_2、B 熔体对甲基卡、扎乌龙等伟晶岩矿床内的锂具有很强的富集能力，使得熔体相内稀有金属的含量增加几个数量级（朱金初等，2002；Jackson and Helgeson，1985；Thomas et al.，2011c）。自母岩浆分离后，在分离结晶过程中，锂元素进一步富集于富挥发分的伟晶岩熔体内（富硅酸盐子晶流体或熔体）（朱金初等，2002；Jackson and Helgeson，1985；Keppler and Wyllie，1991），富集形成锂辉石。

中国四川的甲基卡、新疆的可可托海，加拿大的 Tanco 矿床均为世界著名的超大型稀有金属矿床，扎乌龙矿床与三者的成矿流体特征相近，均主要赋存含子晶的流体包裹体，H_2O-CO_2-NaCl 和 H_2O-NaCl 等三种类型的流体包裹体（London，1986a；卢焕章等，1996；李建康等，2007；Li and Chou，2016，2017）；而且，含晶体包裹体的子矿物种类大体一致，均主要为方石英、扎布耶石等，可以推断成矿流体均富含 Li 和大量的其他挥发组分（H_2O、CH_4、CO_2）（Li and Chou，2016，2017）；但甲基卡、扎乌龙相对可可托海具有较高的压力，成矿流体仅在锂辉石–锂辉石+2 石英的相图区间内演化（图7.60），这与在甲基卡、扎乌龙内未发现透锂长石的特征一致。

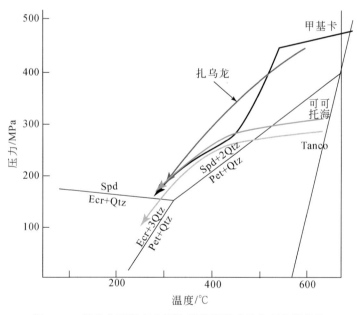

图 7.60　部分典型稀有金属伟晶岩脉形成的物理化学条件
资料来源：底图引自 London，1984。
不同颜色的线条分别代表甲基卡（黑色）（Li and Chou，2016）、扎乌龙（红色）和可可托海（蓝色）（卢焕章等，1996）、
Tanco（灰色）（London，1986）矿床的压力–温度演化轨迹；Spd-锂辉石；Ecr-锂霞石；Qtz-石英；Pet-透锂长石

综上分析，扎乌龙矿床与甲基卡、可可托海和 Tanco 矿床相似，其成矿流体均富含 Li 和 CO_2 等挥发分，且经历了较充分的成矿熔体–流体演化过程：高温、低盐度、富硅酸盐和碳酸盐的熔体（流体）→中高温、低盐度 H_2O-CO_2-NaCl 流体→中低温、低盐度 H_2O-

NaCl（李建康等，2006；Li and Chou，2016，2017）。除此之外，扎乌龙矿床的成矿温压条件与甲基卡矿床相近。因此，扎乌龙锂矿床不但具有结晶出锂辉石等稀有金属矿物的物质基础，还具有保障锂辉石生长的温压条件（Li et al.，2013）。由此判断，扎乌龙矿床具有良好的锂成矿条件和找矿潜力。

　　在前人研究的基础上，结合本次对于甲基卡式锂矿床的成矿流体性质与演化特征的研究，可以提出甲基卡式锂成矿流体体系的成矿过程与富集机制（图7.61）。

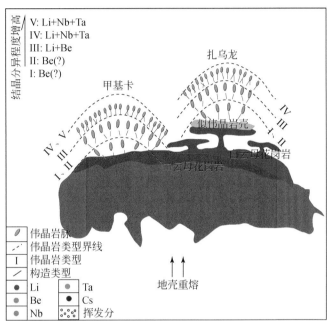

图7.61　甲基卡与扎乌龙稀有金属矿床成矿模式图

资料来源：据 Shearer et al.，1992；李建康等，2007 修改

　　（1）在三叠纪末期，松潘–甘孜基底与盖层之间发生了向南滑移的韧性滑脱剪切带，劳亚板块、昌都–羌塘微板块和扬子板块之间俯冲、碰撞，发生褶皱造山（许志琴等，1992；Burchfiel et al.，1995；Yin and Harrison，2003；王登红等，2002a，2004，2005；李建康等，2007，李兴杰等，2018）。在此造山过程中，大规模褶皱、逆冲所造成的地壳缩短加厚（许志琴等，1992；Roger et al.，2004），发生多期岩浆活动而形成二（白）云母花岗岩（距今 210～200Ma）（Roger et al.，2004；Zhang et al.，2006；廖远安和姚学良，1992；王登红等，2005；梁斌等，2016；李兴杰等，2018）。于印支造山活动的晚期至大陆逐渐稳定阶段，围绕二（白）云母花岗岩，含矿岩浆发生持续的结晶分异，先后形成不同规模、不同矿种的甲基卡、可尔因、扎乌龙等伟晶岩脉（距今 200～170Ma；王登红等，2005；曹志敏等，2002；李建康等，2007；刘琰等，2007；许志琴等，2018）。

　　（2）在 600～850℃阶段，伟晶岩熔体（流体）从花岗岩内分离。富集稀有金属元素的沉积层经部分熔融作用形成深部花岗质岩浆房。受印支期构造运动或密度差产生的浮力的控制，岩浆沿着两组断裂的交汇处和南北向的断裂上升侵入地壳中深部位置（约 10km 处），花岗岩浆富钾钠、富硅酸盐、富铁镁。

　　（3）在 500～700℃阶段，伟晶岩熔体逐渐演化形成不同的伟晶岩带。由于岩浆中 Li、

F 等挥发分含量较高，花岗岩的固相线温度大幅降低。因此，岩浆侵位后，随着周围环境温度、压力以及 pH 等物理化学条件的变化而开始发生结晶分异作用，先后形成不同的伟晶岩带，即微斜长石带（Ⅰ），微斜长石钠长石带（Ⅱ），钠长石锂辉石带（Ⅲ），锂辉石带（Ⅳ），白云母–石英（Ⅴ）。在富挥发分（F、H_2O 等）的伟晶岩熔体体系内，熔体局部发生不混溶作用，稀有元素（Be、Li 等）倾向于分配进入熔体相中。随着伟晶岩演化的进行，微斜长石发生钠长石化和白云母化，K 含量降低，Na 含量相对增高，从而导致成矿流体 pH 的逐渐升高，在碱性或弱碱性环境中逐渐沉淀出绿柱石（初熔温度 550～600℃）和锂辉石（初熔温度 500～600℃）。此外，锂辉石流体包裹体内可见大量的扎布耶石（Li_2CO_3）和方解石，也进一步说明沉淀流体为碱性环境。对于伟晶岩脉来说，岩浆的相分离与绿柱石、锂辉石的结晶是同时发生的。

（4）在 200～300℃阶段，主要表现为 H_2O-CO_2-NaCl 流体分离出晚期 H_2O-NaCl 流体，高助溶剂或挥发分的伟晶岩脉内锂元素被活化，发生溶解再沉淀现象。高助溶剂或挥发分的热液流体促使伟晶岩脉发生更完整的分异演化；同时，原生矿物进一步溶解，流体将锂辉石内的锂元素再活化，形成晚期毛发状的锂辉石。

第八章　甲基卡大型锂资源基地的遥感地质调查

近年来，随着勘查工作的推进，川西甲基卡矿床氧化锂的资源总量达到 188.77 万 t，超过澳大利亚的格林布希斯矿床，成为世界级伟晶岩型锂辉石矿床（刘丽君等，2015）。甲基卡一带处于青藏高原的东部地区，工作区海拔 4200m 以上，该地区属于雷击区，气候寒冷，有效工作时间较短。因此，如何提高工作效率又不漏掉重要的矿化信息，如何区别冰漂砾（及其他第四系残坡积物）与矿化露头等，都需要高新技术手段的支撑（秦宇龙等，2015；王登红等，2016a，2016b），尤其是迫切需要新的宏观地质调查与深部探测的技术方法来取代传统的槽探等方法。宏观地质调查中的遥感技术作为一种新兴的监测手段，可以迅速、动态地提供多时相、大范围的实时信息，具有常规调查难以比拟的优势，通过与地质等信息的密切结合，可以实现既保护环境、提高工作效率又能发现异常的目标。

甲基卡稀有金属矿田地质矿产资源遥感工作程度总体偏低。2003 年，在开展 1:25 万康定幅区域地质调查的同期，开展了 1:25 万康定幅遥感解译，初步圈定了区域环形和线性构造。2013 年，四川扎坝-龙古地区矿产远景调查项目应用 ETM 遥感数据在研究区开展了 1:5 万遥感解译，初步对区内构造格架、地层层序、岩体及羟基、铁染两类遥感异常信息等地质内容进行了解译，为区内矿产调查提供了遥感找矿信息。2015 年 "四川三稀资源综合研究与重点评价" 项目组在地质综合分析的基础上，初步对甲基卡地区进行了 Geoeye-1 高分遥感数据解译，圈定了一些构造及岩脉信息。目前而言，甲基卡地区的遥感工作还有许多科学问题没有解决，如含矿岩体、围岩及其他岩体、地层之间能否通过遥感技术进行区分？甲基卡及外围有多少条伟晶岩脉？这些伟晶岩脉哪些有矿化，能否通过遥感技术进行识别？能否建立川西甲基卡型锂矿的遥感找矿模型？要解决这些问题就要求必须探索一套有效的遥感技术方法，结合成矿理论，进行示范研究及找矿实践。"川西甲基卡大型锂矿资源基地综合调查评价" 项目研究表明，遥感技术结合地质等信息进行综合分析，可以为锂资源调查提供有效的技术支撑。本章内容主要从三个方面阐述遥感在甲基卡大型锂资源基地中的应用，包括甲基卡典型岩石及矿物波谱特征研究、甲基卡大型锂资源基地遥感找矿研究、甲基卡外围遥感找矿应用。

第一节　甲基卡典型岩石及矿物波谱特征研究

光谱作为遥感的基础，是遥感识别地物的重要依据，由于不同地物对不同波长入射光的选择性吸收、反射和透射的综合响应不同，不同的地物具有迥然不同的波谱曲线。基于不同的地物波谱曲线，可以快速、准确地识别岩体及矿物信息，这对开展区域遥感地质找矿具有重要的指导意义。岩性光谱是岩石、矿物对特定波长范围的电磁波的反射、吸收和辐射的综合反映，在可见-近红外光谱区（0.4～1.3μm），岩石吸收光谱的产生机理主要是内部金属阳离子的电子跃迁或振动过程；在短波红外光谱区（1.3～2.5μm），吸收光谱由羟基、水分子和碳酸根等基团的分子振动引起（代晶晶和王润生，2013）。国内外学者针对岩矿波谱特性进行了很多研究，Hunt（1979）对地球上各大岩类的光谱特征进行了详细的研究，Clark等（1990）进一步研究了岩石矿物的光谱特征和处理技术，开发出大量的岩矿信息识别与提取技术，美国地质调查局和喷气推进实验室在此领域进行了一系列的开创性工作，建立了岩石和矿物光谱数据库（Clark et al.，2003）。van der Meer（2018）系统总结了常见岩石及矿物的短波红外波谱特征及定量化研究方法。甘甫平和王润生（2004）从矿物识别的角度出发，对一些主要矿物光谱进行了分析和总结。尽管岩矿光谱信息已成功地应用在地质解译及成矿预测等研究中（Amer et al.，2016；Prado et al.，2016；Merrill et al.，2017），但是对锂矿床中典型岩石及矿物光谱的光谱学认识还很欠缺。本书首次针对甲基卡锂矿床，对采集的典型岩石及矿物样品进行波谱测试与分析，建立了不同地质体和典型矿物波谱特征模型，为今后开展锂矿床的遥感地质找矿研究提供了波谱依据，为整个川西地区甲基卡型锂矿的遥感调查评价奠定了理论基础。

一、典型岩石及矿物的波谱特征研究

为充分了解锂矿床中典型岩石及矿物的光谱，作者运用地物波谱仪对甲基卡地区野外采集的典型岩石及矿物开展了波谱测试及研究工作。目前多种波谱测试的仪器为开展光谱测量技术研究提供了保障，常用的有澳大利亚 Integrated Spectronics Pty Ltd 开发的 Portable Infra-red Mineral Analyzer（PIMA）、美国 Analytical Spectral Devices，Inc. 开发的 FieldSpec-4、南京中地仪器有限公司开发的便携式短波红外地物波谱仪（PNIRS），其中 PIMA 和 PNIRS 主要的测试波长范围为 1300～2500nm，FieldSpec-4 波长范围较宽，包括可见光–近红外–短波红外，即 350～2500nm，故选取 FieldSpec-4 便携式地物波谱仪。FieldSpec-4 的基本工作原理为：由光谱仪通过探头摄取目标样品的光谱，经由模数转换器变成数字值号，连接于光谱仪的便携式计算机实时将光谱测量结果显示于计算机屏幕上。为了测定目标样品的光谱，需要测定三类光谱，第一类称为暗光谱，即没有光线进入光谱仪时由仪器记录的光谱（通常是系统本身的噪声值，取决于环境和仪器本身温度）；第二类为参考光谱或称标准白板光谱，实际上是完美漫辐射体——标准白板上测得的光谱；第三类为样本光谱或目标光谱，是从需要研究的目标物上测得的光谱。研究目标的反射光谱是在相同的光照条件下目标光谱值除以参考白板光谱值得到的（蒋桂英，2004；Dai et al.，2013）。光谱测量使用的仪器为 FieldSpec-4 光谱仪，该光谱仪的参数如表 8.1 所示（代晶晶和王润生，2013；陈圣波等，2015）。波谱测试时，为使测量的样品波谱尽量精确，白板定标时间为每10min定标一次；为使样品的波谱尽量消除外界干扰的因素，针对每个样品测量5个数据，对于测量的5个数据求平均得到每个样品的光谱。最后对于每一件样品都建立了一张样品信息的记录表，内容主要包括样品编号、样品照片及描述、采样地点、波谱测试结果与 USGS 波谱库中对比、分析及结论，如表 8.2 所示。

表 8.1　FieldSpec-4 光谱仪测量参数

测量参数	参数范围
光谱范围	350~2500nm
探测器	VNIR（350~1000nm），SWIR1（1000~1830nm），SWIR2（1830~2500nm）
光谱分辨率	3nm（700nm），10nm（1400nm），10nm（2100nm）
采样间隔	1.4nm（350~1000nm），2nm（1000~2500nm）
视场角	8°，18°，28°

表 8.2　样品波谱测试结果表

样品编号	JJKYG89-17
样品照片及描述	 含粗粒锂辉石云母石英伟晶岩，测试时测量的是锂辉石单晶
采样地点	308 号脉
波谱测试结果与 USGS 波谱库中对比	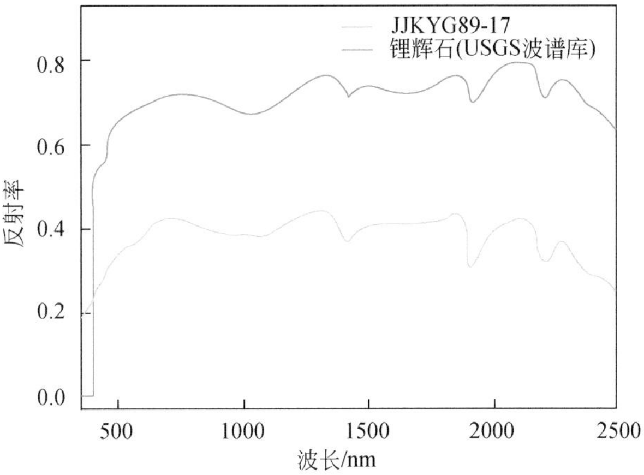 与 USGS 波谱库中锂辉石单晶的波谱图极为相似
分析及结论	整体反射率中等，在 1413nm、1911nm、2207nm 处有吸收谷，在 1000nm 处有一宽缓的吸收特征

野外共计采样 179 个点，基本覆盖了甲基卡地区的主要矿脉，共采集样品 750 件，采样点的位置如图 8.1 所示，对其中的 320 件不同类型的岩石及单矿物标本进行波谱测试与分析，建立了甲基卡矿床的典型岩石及矿物的波谱库，总结了研究区黑云母片岩、十字石片岩、十字石董青石片岩、角岩、二云母花岗岩、含锂辉石伟晶岩、不含锂辉石伟晶岩、

石英脉、长石斑晶、锂辉石单晶、云母、绿柱石的波谱特征，从而为岩性信息区分与找矿标志的总结奠定了理论基础。

图 8.1　甲基卡波谱测量野外采样点分布图

　　甲基卡地区的岩性主要包括黑云母片岩、十字石片岩、十字石堇青石片岩、角岩、二云母花岗岩、含锂辉石伟晶岩、不含锂辉石伟晶岩、石英脉、长石斑晶、锂辉石单晶、云母、绿柱石等。几种重要的岩石波谱分别如图 8.2 所示。对典型岩石及矿物的波谱特征进行了总结，如表 8.3 所示。对测量结果进行了归类，可以得出以下结论。

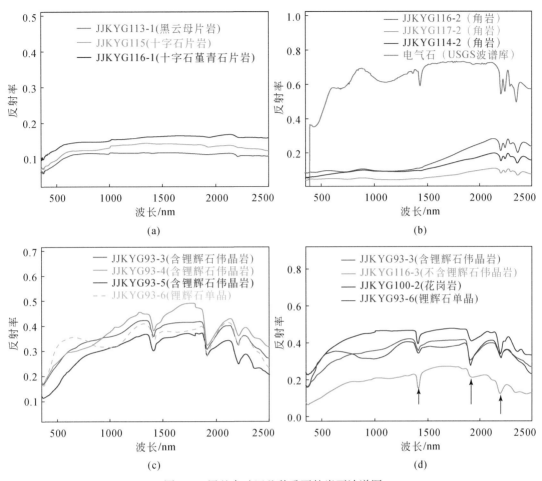

图 8.2　甲基卡矿田几种重要的岩石波谱图

（a）为 3 种片岩波谱对比图；（b）为角岩与电气石（USGS 波谱库）波谱对比图；（c）为含锂辉石伟晶岩与
锂辉石单晶波谱对比图；（d）为含锂辉石伟晶岩、不含锂辉石伟晶岩、花岗岩、锂辉石单晶波谱对比图

表 8.3　甲基卡矿田主要岩石及矿物的波谱特征

黑云母片岩	十字石片岩
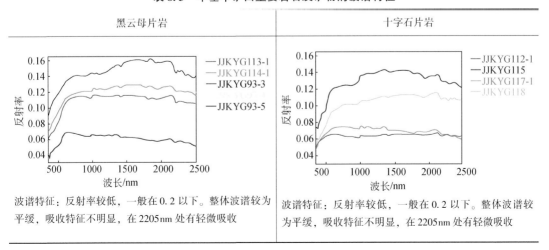	
波谱特征：反射率较低，一般在 0.2 以下。整体波谱较为平缓，吸收特征不明显，在 2205nm 处有轻微吸收	波谱特征：反射率较低，一般在 0.2 以下。整体波谱较为平缓，吸收特征不明显，在 2205nm 处有轻微吸收

十字石堇青石片岩	角岩

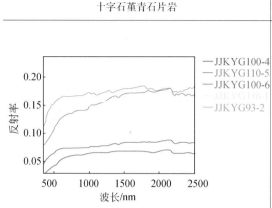

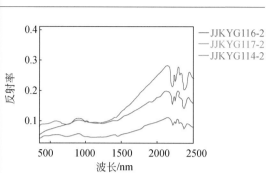

波谱特征：反射率较低，一般在 0.2 以下。整体波谱较为平缓，吸收特征不明显，在 2205nm 处有轻微吸收

波谱特征：反射率在 0.3 以下，在 1500nm 之前的波段反射率较低，在 0.1 以下。整体波谱呈上升趋势，在 2205nm、2247nm、2297nm、2370nm 处有四处明显的吸收特征，与电气石的波谱特征吻合

含锂辉石伟晶岩	不含锂辉石伟晶岩

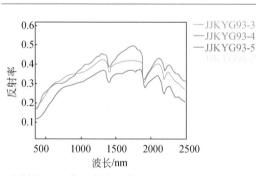

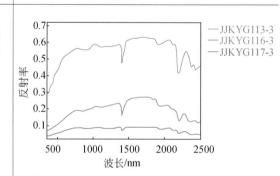

波谱特征：整体反射率中等，在 0.5 以下。在 1413nm、1911nm、2207nm 处具有明显吸收特征，与锂辉石的吸收特征吻合

波谱特征：整体反射率中等偏上，在 0.7 以下。在 1413nm、2197nm 处具有明显吸收特征，在 1911nm、2345nm 处有次一级的吸收特征

二云母花岗岩	石英

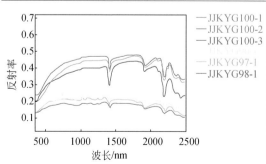

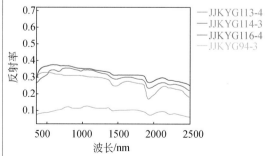

波谱特征：整体反射率中等，在 0.5 以下。在 1413nm、2197nm 处具有明显吸收特征，在 1911nm 处吸收特征较弱或不明显，在 2247nm、2345nm 处有小的吸收谷

波谱特征：整体反射率中等，在 0.4 以下。反射率曲线整体较为平缓，某些在 1420nm、1930nm 有小的吸收特征

续表

长石	云母

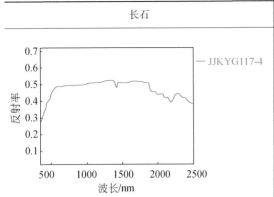

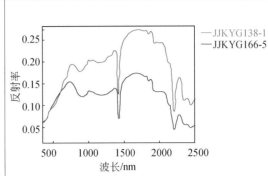

波谱特征：整体反射率中等，在0.6以下。反射率曲线整体较为平缓，在1865nm处反射率有一个明显的下降趋势，在1413nm、2000nm、2102nm、2200nm、2349nm处有几处小的吸收谷

波谱特征：整体反射率中等偏下，在0.3以下。在1410nm、2200nm具有明显的吸收特征，在2120nm具有一个小的吸收肩，在1910nm反射率有明显下降的陡坡

锂辉石	绿柱石

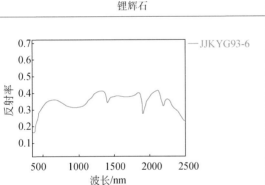

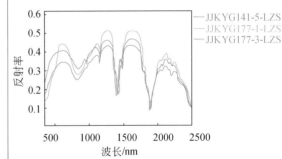

波谱特征：整体反射率中等偏下，在0.4以下。在1410nm、2200nm具有明显的吸收特征，在2120nm具有一个小的吸收肩，在1910nm具有反射率明显下降的陡坡

波谱特征：整体反射率中等，在0.6以下。主要吸收谷在1405nm、1896nm，另外在959nm、1150nm、1463nm、2059nm、2151nm、2202nm处具有次一级吸收谷，在1374nm、1792nm、1835nm处有吸收肩

（1）甲基卡地区主要的岩石包括黑云母片岩、十字石片岩、十字石堇青石片岩、角岩、二云母花岗岩、含锂辉石伟晶岩、不含锂辉石伟晶岩、石英脉等。每种岩性的波谱都具有其独特的波谱特征，可作为区分每种岩性的标志。

（2）3种围岩波谱特征基本一致，整体反射率较低，在0.2以下。整体波谱比较平缓，没有明显的特征吸收。

（3）角岩的波谱在1500nm之前的波段反射率较低，之后有一个明显的抬升。因含有电气石而具有电气石的特征吸收。

（4）含锂辉石的伟晶岩与锂辉石单晶的波谱相似，具有锂辉石独特的吸收特征。

（5）含锂辉石伟晶岩、不含锂辉石伟晶岩、花岗岩波谱特征可以区分开。含锂辉石伟晶岩在1413nm处吸收谷较为宽缓，不含锂辉石伟晶岩与花岗岩在1413nm处吸收谷较窄；含锂辉石伟晶岩吸收谷在2207nm，不含锂辉石伟晶岩与花岗岩吸收谷有10nm的偏移，在

2197nm 处。花岗岩在 2247nm 处具有一处小的吸收谷。

（6）锂辉石和绿柱石具有独特的波谱吸收特征，可以作为今后找锂矿及铍矿的高光谱遥感找矿标志。

二、基于波谱特征的锂含量评估

传统的锂含量分析主要采用实验室电感耦合等离子体原子发射光谱法（ICP-AES）或电感耦合等离子体质谱仪（ICP-MS）分析的方法（赵静等，2012；刘丽君等，2017a，2017b），费时又费力。光谱测量技术是近年来发展的一种高光谱测量技术，它为研究矿物及岩石特征开辟了一个新的视野，应用光谱进行矿物及元素定量分析已经获得了证实（王润生，2009；刘丽君等，2017a，2017b；Merrill et al.，2017；van der Meer，2018）。van der Meer 通过对 44 个岩石样品的研究表明运用波谱特征建模可以进行碳酸盐中方解石和白云石的比例评估（van der Meer，2018）。Yang 等（2001）通过对 Broadlands-Ohaaki 矿区钻孔波谱测试，得出了 Al 含量和 Al-OH 的合频吸收波段的相关分析，建立了两者之间的线性相关关系。Yang 等（2011）利用安山岩及玄武岩中 Al-OH 的吸收深度及 K_2O 的含量进行了线性模拟。Biel 等（2012）分析了 Al-OH 的合频吸收波段与 Na/（Na+K），Fe+Mg，Si/Al 的线性相关性以及 Mg/（Fe+Mg）值与 Fe-OH 的合频吸收波段的线性相关性。溶液中稀土元素的含量可以用其典型波谱吸收谷的吸收深度进行定量反演（Dai et al.，2013；代晶晶等，2017a）。前人研究主要集中在蚀变矿物及稀土等定量反演，对含锂矿物的光谱学及定量研究较为薄弱。本节尝试从光谱学角度，利用甲基卡 X03 的钻孔岩心（ZK1101 孔），开展含矿锂辉石、不含矿锂辉石、围岩的波谱特征研究，同时利用光谱吸收深度反演锂含量。这一研究对于今后锂辉石的寻找具有指导意义，也为锂含量的定量评估提供了一种新的技术手段。

作为甲基卡矿田内规模最大的矿脉，X03 位于甲基卡二云母花岗岩岩株北部，在地表被第四系覆盖，零星露头，深部具有分支复合特点，走向近南北，倾角 25°~35°，长度大于 1050m，平均厚度 66.4m，最厚达 110.17m。X03 全脉矿化，氧化锂平均品位 1.51%。ZK1101 孔位于新三号脉的中部靠南侧，钻孔深度为 126.49m（付小方等，2015）。从 ZK1101 钻孔揭示的岩性组合看，自上而下总体上可以分为 4 大段：①0~41.97m 为含锂辉石伟晶岩；②42.97~69.80m 为红柱石二云母石英片岩；③69.80~80m 为含锂辉石伟晶岩；④80~126.49m 为红柱石二云母石英片岩。此钻孔的主要岩性包括黑云母片岩等围岩、含锂辉石伟晶岩、不含矿伟晶岩。每种岩性的波谱都具有其独特的波谱特征，可作为区分每种岩性的标志。将含锂辉石伟晶岩、不含锂辉石伟晶岩、花岗岩、黑云母片岩波谱进行比较，如图 8.3 所示。伟晶岩波谱整体反射率较高，且具有吸收特征，而围岩整体波谱反射率较低，没有明显的吸收特征。伟晶岩特征吸收有三处，含锂辉石伟晶岩、不含锂辉石伟晶岩在 1413nm 及 2200nm 附近的特征吸收有细微差异，1900nm 处具有明显的差异。含锂辉石伟晶岩在 1413nm 处吸收谷较为宽缓，不含锂辉石伟晶岩在 1413nm 处吸收谷较窄，但吸收深度差异不大；含锂辉石伟晶岩吸收谷在 2207nm，而不含锂辉石伟晶岩吸收谷有 10nm 的偏移，在 2197nm 处，吸收深度差异不大；含锂辉石伟晶岩在 1900nm 处吸收特征明显，但不含锂辉石伟晶岩在 1900nm 处吸收特征微弱，两者吸收特征差异较大。因此，1900nm 的特征吸收可以很好地将含锂辉石伟晶岩与不含锂辉石伟晶岩及围岩区分开，是含锂辉石伟晶岩的指示波段。

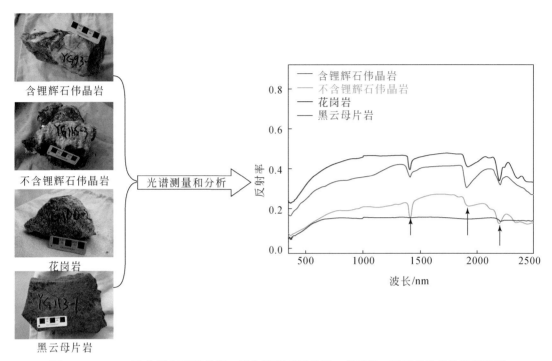

图 8.3　ZK1101 孔含锂辉石伟晶岩、不含锂辉石伟晶岩、花岗岩、黑云母片岩的波谱特征

　　针对 X03 ZK1101 孔，共测量了 38 个深度的岩心的波谱。首先根据 38 个不同孔深的波谱测试结果，1900nm 的吸收深度可以选择在 1900nm 左边或右边的波段斜率差作为计算结果，本次实验选取 1880nm 及 1895nm 的波谱差作为波谱吸收深度进行计算，得到的波谱吸收深度如表 8.4 所示。而后与 ZK1101 孔不同深度的 Li 含量进行对比分析，制作得出了随深度变化的波谱吸收深度和随深度变化的 Li 含量趋势图（图 8.4），对比可知两者高度吻合，1900nm 处吸收深度越高，Li 含量越高，围岩中吸收深度一般小于 0.01，Li 含量在几百到 2000μg/g；含锂辉石伟晶岩吸收深度在 0.02～0.08 之间，Li 含量在 5000～18000μg/g，远远高于围岩，故 1900nm 处的吸收深度对锂辉石含量分析具有指示意义，今后可以利用 1900nm 处的吸收深度作为寻找锂辉石的依据，进而对锂辉石含量进行定量评估。

表 8.4　甲基卡 ZK1101 孔 38 个不同深度处 Li 的含量及 1900nm 处波谱吸收深度

样品编号（按深度编号）	岩性	Li 含量/(μg/g)	吸收深度
JJK1101-2.3	含锂辉石伟晶岩	16880	0.05507
JJK1101-5.6	含锂辉石伟晶岩	17970	0.0708
JJK1101-7.7	不含锂辉石伟晶岩	540	0.03032
JJK1101-9.4	含锂辉石伟晶岩	9878	0.04159
JJK1101-12.3	含锂辉石伟晶岩	7100	0.03588

续表

样品编号（按深度编号）	岩性	Li 含量/($\mu g/g$)	吸收深度
JJK1101-12.6	不含锂辉石伟晶岩	2212	−0.00027
JJK1101-17.2	含锂辉石伟晶岩	9386	0.04902
JJK1101-23.72	含锂辉石伟晶岩	15130	0.04957
JJK1101-26.3	含锂辉石伟晶岩	8202	0.04304
JJK1101-30	含锂辉石伟晶岩	5347	0.03643
JJK1101-32.85	含锂辉石伟晶岩	14060	0.07352
JJK1101-36.8	含锂辉石伟晶岩	9763	0.04595
JJK1101-41.74	含锂辉石伟晶岩	9525	0.0936
JJK1101-42.97	不含锂辉石伟晶岩	259	0.02123
JJK1101-43.5	不含锂辉石伟晶岩	1272	0.01022
JJK1101-43.9	不含锂辉石伟晶岩	1195	−0.00036
JJK1101-49.27	不含锂辉石伟晶岩	574	0.00111
JJK1101-50.9	围岩	611	0.00325
JJK1101-56.6	围岩	710	−0.00117
JJK1101-64.05	围岩	626	−0.0009
JJK1101-69.2	围岩	913	0.00046
JJK1101-69.7	含锂辉石伟晶岩	2645	0.00619
JJK1101-69.8	围岩	274	0.02052
JJK1101-70.50	围岩	217	0.01735
JJK1101-70.95	含锂辉石伟晶岩	9523	0.03872
JJK1101-75.75	含锂辉石伟晶岩	13990	0.09747
JJK1101-77.3	含锂辉石伟晶岩	13260	0.07148
JJK1101-79.4	含锂辉石伟晶岩	7512	0.08026
JJK1101-80	围岩	825	0.00421
JJK1101-80.1	不含锂辉石伟晶岩	826	−0.00185
JJK1101-85.7	围岩	464	−0.00195
JJK1101-86	围岩	583	0.00075
JJK1101-86.9	围岩	580	0.00058
JJK1101-107	围岩	32	0.00183
JJK1101-107.13	围岩	158	0.00035
JJK1101-110.77	围岩	295	−0.00032
JJK1101-111.07	围岩	195	0.00071
JJK1101-118.54	围岩	382	−0.00033

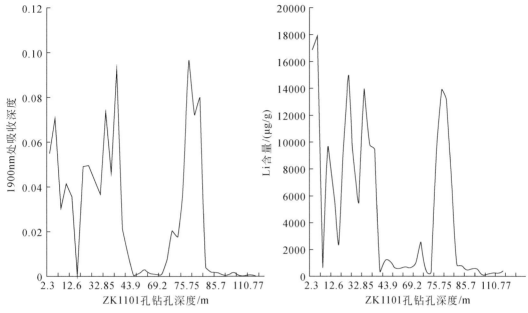

图 8.4　随深度变化的波谱吸收深度和随深度变化的 Li 含量趋势图

根据最小二乘原理，得到线性模拟方程为 $y = bx + a$，并求得相关系数 R；其中，y 表示锂含量，x 为 1900nm 处的吸收深度，b 和 a 通过测得的各个孔深的锂含量值和 1900nm 的吸收深度值求得，a、b、R 的计算公式如下：

$$b = \frac{\overline{xy} - \bar{x} \cdot \bar{y}}{\overline{x^2} - \bar{x}^2}$$

$$a = \bar{y} - b\,\bar{x}$$

$$R = \frac{\overline{xy} - \bar{x} \cdot \bar{y}}{\sqrt{(\overline{x^2} - \bar{x}^2)(\overline{y^2} - \bar{y}^2)}}$$

甲基卡新三号脉 ZK1101 孔不同深度的波谱吸收深度与锂含量的定量反演模型及相关系数 R^2 结果如图 8.5 所示。

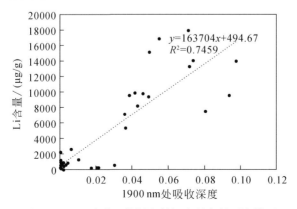

图 8.5　基于波谱吸收深度的锂含量定量反演模型

第二节　甲基卡大型锂资源基地遥感找矿研究

穹隆构造、岩体、转石对伟晶岩型锂矿的寻找具有重要的指示意义，遥感技术作为一种新兴技术，可以快速、准确、宏观、经济地提取地表及浅地表信息（赵英时，2003；杨金中和赵玉灵，2015），通过遥感手段可以很好地对构造、岩体及转石信息进行提取。本节通过结合不同地质体波谱分析结果，尝试建立不同地质体的遥感解译标识，并对不同地质体进行更精确的圈定；基于提取的穹隆构造及转石信息建立甲基卡型锂矿遥感找矿模型，圈定找矿靶区，并进行野外验证。

一、遥感数据源及其预处理

（一）遥感数据源介绍

遥感数据源主要包括 Landsat 8、Geoeye-1 两种遥感数据。中等分辨率影像对反映区域穹隆构造具有无可比拟的优势，而高空间分辨率遥感数据对伟晶岩露头及转石解译较为适用，因此，选用中等空间分辨率的 Landsat 8 数据进行区域构造信息提取及分析，圈定找矿远景区，利用高空间分辨率的 Geoeye-1 数据开展转石信息提取。

1. Landsat 8 数据

2013 年 2 月 11 日，美国国家航空航天局成功发射了 Landsat 8 卫星，Landsat 8 上携带有两个主要载荷：陆地成像化（operational land imager，OLI）和热红外传感器（thermal infrared sensor，TIRS）。其中 OLI 由科罗拉多州的鲍尔航空航天技术公司研制；TIRS 由美国国家航空航天局的戈达德太空飞行中心研制。OLI 包括 9 个波段，空间分辨率为 30m，其中包括一个 15m 的全色波段，成像宽幅为 185km×185km（祝佳，2016）。OLI 包括了 ETM+传感器所有的波段，为了避免大气吸收特征，OLI 对波段进行了重新调整，比较大的调整是 OLI Band5（0.845~0.885μm），排除了 0.825μm 处水汽吸收特征；OLI 全色波段 Band8 波段范围较窄，这种方式可以在全色图像上更好地区分植被和无植被特征。此外，还有两个新增的波段：蓝色波段（Band1；0.433~0.453μm）主要应用海岸带观测，短波红外波段（Band9；1.360~1.390μm）包括水汽强吸收特征可用于云检测；近红外 Band5 和短波红外 Band9 与 MODIS 对应的波段接近。OLI 卫星参数如表 8.5 所示，数据获取时间为 2015 年 1 月 2 日。

表 8.5　Landsat 8 OLI 陆地成像仪卫星数据参数

序号	波段/μm	空间分辨率/m
Coastal	0.433~0.453	30
Blue	0.450~0.515	30
Green	0.525~0.600	30

续表

序号	波段/μm	空间分辨率/m
Red	0.630～0.680	30
NIR	0.845～0.885	30
SWIR1	1.560～1.660	30
SWIR2	2.100～2.300	30
Pan	0.500～0.680	15
Cirrus	1.360～1.390	30

2. Geoeye 数据

Geoeye 卫星是美国的一颗商业卫星，于 2008 年 9 月 6 日从美国加利福尼亚州范登堡空军基地发射。Geoeye 卫星不仅能以 0.41m 黑白（全色）分辨率和 1.65m 彩色（多谱段）分辨率搜集图像，而且还能以 3m 的定位精度精确确定目标位置（张华等，2011），Geoeye-1 波段设置及参数见表 8.6，数据获取时间为 2012 年 10 月 25 日。

表 8.6　Geoeye-1 波段设置及参数

波段名称	空间分辨率/m	波长/nm
全色	0.41（星下点）	450～800
多光谱	1.65（星下点）	蓝：450～510
		绿：510～580
		红：655～690
		近红外：780～920

（二）遥感数据的预处理

遥感数据在获取过程中受传感器、大气条件、地形起伏等外界因素的影响，会造成影像畸变及失真，给信息提取工作带来干扰，因此首先需要进行预处理工作。预处理包括大气校正、正射校正、数据融合、几何校正、图像增强。大气校正采用 FLAASH 大气校正法，消除大气和光照等因素对地物反射的影响；正射校正采用影像数据提供的 RPC 与 30m 分辨率的 DEM 数据进行校正，消除高程对数据的影响；图像融合采用 Gram- Schmidt Spectral Sharpening 方法，并且在融合过程中创建掩膜，消除背景色对融合效果的影响；几何校正采用 Google Earth 数据作为基准影像进行校正，保证误差不超过 1 像元。图像增强采用图像线性拉伸方法，改善图像的对比度，突出感兴趣的地物信息，提高图像的解译效果。数据经过预处理后，可以进行信息提取与解译。

1. 大气校正

大气是介于卫星传感器与地球表层之间的一层由多种气体及气溶胶组成的介质层。在太阳辐射到达地表再到达卫星传感器的过程中，两次经过大气，故大气对太阳辐射的作用影响比较大。大气校正的目的是消除大气和光照等因素对地物反射的影响，获得地物反射率、辐射率或者地表温度等真实物理模型参数。大气校正可以用来消除大气中水蒸气、氧气、二氧化碳、甲烷和臭氧等物质对地物反射的影响，也可以消除大气分子和气溶胶散射的影响。目前应用广泛的大气辐射传输模型有 30 多种，常用的辐射传输模型主要有 6S、MODTRAN 和 ATCOR 等，各种模型的基本原理都基本相同，其中 MODTRAN 模型的精度最高。主要使用 FLAASH 大气校正模块，运用 MODTRAN 4+辐射传输模型实现大气校正。如图 8.6 所示，遥感影像数据大气校正前与大气校正后在色彩及波谱上发生了较大的改变，由于大气校正消除了大气的影响，图像地物细节信息更加突出，便于后续解译分析使用。

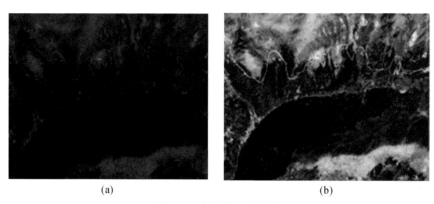

(a)　　　　　　　　　　　　　　　(b)

图 8.6　大气校正对比图
（a）遥感数据大气校正前影像图；（b）遥感影像数据大气校正后影像图

2. 正射校正

正射校正就是在精确测定摄像机（或传感器）内部参数和空间姿态数据基础上，根据有限的地面控制点，再结合 DEM 数据，消除地面起伏带来的影像变形，得到与地形图位置一致的影像图。由于能构成立体像对的卫星影像还不多，大都还是单张影像进行生产，为了消除地形投影差，卫星数据提供商一般会在产品中附加每张影像的轨道参数模型或 RPC（rational polynomial cofficients）文件，以便确定卫星摄影或扫描时的传感器姿态和位置。所谓 RPC 文件，即数学意义的几何成像模型，它是结合传感器的物理参数和轨道参数，并经过若干地面控制点，经过复杂的计算所得到的变换系数矩阵。由于影像数据不能构成立体像对消除地形投影差，故在进行正射校正时，需要使用影像数据自带的 RPC 文件，基于 30m 分辨率的 DEM 数据进行校正，消除高程对图像的影响。如图 8.7 为遥感数据全色波段正射校正对比图，可以发现有较大的位置偏移，消除了地形投影差。

3. 数据融合

针对多波段遥感数据不同光谱特征，选取最佳波段组合的多光谱影像，与高分辨率全色波段影像融合，形成兼有高空间分辨率和多光谱彩色信息的融合影像，同一时相相同数

图 8.7　遥感数据全色波段正射校正对比图（框内为原始影像）

据采用先融合后纠正，反之先分别纠正配准后再融合。通过融合处理突出反映各类地质体和灾害现象及其变化的空间信息和光谱信息，便于解译和分析。融合总体上分为以下几个步骤：融合前影像处理、融合处理及融合后色数据处理。

融合前影像处理：采用灰度线性拉伸、高通滤波、USM 锐化及亮度、色度、饱和度调整等方法，提高全色数据的亮度，增强局部反差、突出纹理细节，降低噪声；同时对多光谱数据进行色彩增强，调整亮度、色度、饱和度，拉大不同地类之间的色彩反差，突出其多光谱彩色信息。

融合处理：采用主成分变换法、HIS 变换法、加权乘积、比值变换、小波变换、HPF 等多种方法，不同地区可以选用不同的处理方法，保证融合后效果最佳。目前广泛应用的影响融合方法有 HIS 融合法、PCA 融合法、Brovey 融合法、Gram-Schmidt 融合法等，上述方法都可以实现多源遥感影像的融合，在一定程度上提高了影像的空间分辨率，同时保留了光谱信息。在 ENVI 中分别采用不同的融合方法进行多光谱与全色波段的融合，通过对比分析，最终采用 Gram-Schmidt Spectral Sharpening 进行融合。

融合后色数据处理：检查是否出现重影、模糊等现象，检查影像纹理细节与色彩。色调调整采用线性或非线性拉伸、USM 锐化、色彩平衡、色度、饱和度、亮度对比度等方法，处理后的影像要达到灰阶分布具有较大动态范围，纹理清晰、色调均匀、反差适中，色调接近自然真彩色，可以清晰判别重要地物类型。

4. 几何校正

遥感成像的时候，由于传感器的姿态、高度、速度以及地球自转等因素的影响，图像相对于地面发生畸变，这种畸变表现为相对于地面坐标的实际位置发生挤压、扭曲、拉伸和偏移等。因此，需要对遥感数据进行几何校正，消除遥感影像的几何误差。几何精校正的具体方法是在基准影像和待校正影像上分别选择地面控制点，然后在基准影像与待校正影像之间建立几何变换函数进行几何精校正。在几何校正过程中，地面控制点的个数一般应不少于 15 个，纠正后的几何精度以中误差为评价指标，累积控制点误差的标准方差在 1 个像元之内，山区放宽至 3 个像元，纠正后影像误差要求不大于 0.5mm，控制点拟合精度控制在 0.3mm 以内。图 8.8 以 Google Earth 数据为基准影像，对遥感影像数据进行几何校正，共选择 53 个地面控制点，标准方差控制在 1 以内，对比可知，几何校正后，遥感影像数据与基准影像数据之间基本无偏差。

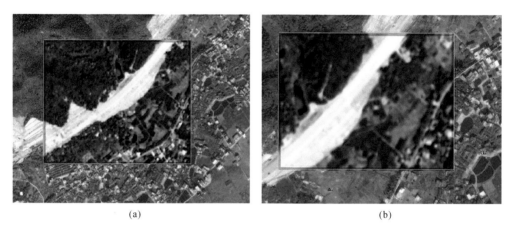

(a)　　　　　　　　　　　　　　　　　　(b)

图 8.8　Google Earth 基准影像与遥感影像数据几何校正精度及几何校正前后对比图
(a) 几何校正前；(b) 几何校正后

5. 图像增强

图像增强是指对一幅图像进行一定的处理，使人们感兴趣的地物信息在处理后的图像上显得突出、清晰、明了，更易于判读。图像增强的目的是针对给定图像的不同应用，强调图像的整体或局部特性，将原来不清晰的图像变得清晰或增强某些感兴趣区域的特征，扩大图像中不同物体特征之间的差别，图像增强的途径是通过一定的手段对原来图像附加一些信息或变换数据，有选择地突出图像中感兴趣区域的特征或抑制图像中某些不需要的特征。图像增强的发放包括空间域增强和频率域增强两类。空间域增强包括空间增强、辐射增强和光谱增强，空间增强主要包括卷积增强处理、纹理分析和自适应滤波等；辐射增强包括 LUT 拉伸、直方图均衡化、直方图匹配等；光谱增强包括主成分变换、缨帽变换和色彩变化等。频率域增强主要是傅里叶变换。如图 8.9 所示为遥感影像数据线性拉伸前后对比图，通过对比可知，线性拉伸增强了图像的对比度，更易于判断。

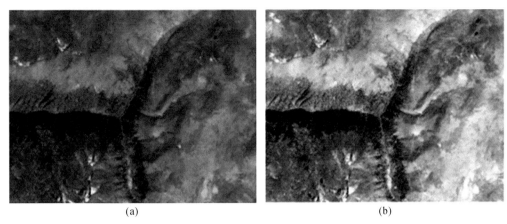

图 8.9　遥感影像数据线性拉伸前后对比图
(a) 为遥感数据未进行线性拉伸前影像图；(b) 为遥感数据线性拉伸后影像图

二、基于多源遥感数据的地表露头不同地质体的圈定与区分

遥感图像真实地记录了岩石光（波）谱辐射特征及其形态特征。根据岩石的成分和结构构造对光谱的响应，通过图像处理，如比值分析、主成分分析、对应分析等，增强岩石光谱特征的差别，可进行岩性识别与区分（甘甫平和王润生，2004；刘颖璠等，2012；雷天赐等，2012）。工作区第四系分布占工作区面积的 60% 以上，主要有坡积物、残坡积物、沼泽堆积物及冰碛物等，其厚度一般在 7~10m。广泛分布的第四系堆积物给本区地质找矿工作带来了很大的难度，但 X03 矿体的发现表明，区内第四系残积物、残坡积物中的伟晶岩脉、含锂辉石伟晶岩脉，以及堇青石角岩化黑云母片岩的碎块和岩块，对隐伏的基岩有一定的指示意义（王登红等，2013a，2013b；付小方，2015；潘蒙等，2016），特别是部分具残积特征的含锂辉石伟晶岩块，在区内成带密集分布，经遥感解译具明显的特征影像，部分经钻探验证，其下基岩多为含锂辉石伟晶岩脉。因此运用多尺度遥感技术对区内伟晶岩露头进行圈定对于找矿具有重要意义（代晶晶等，2017a，2017b）。选用中等分辨率及高分辨率两种不同分辨率遥感数据，结合不同地质体谱测试结果，尝试对区域不同地质体进行圈定，并重点圈定了伟晶岩岩块及近水平产状的片岩岩块等作为重点野外找矿线索，为地面综合调查和重点异常的查证聚焦目标，提高工作效率，指明方向。

（一）基于中等空间分辨率遥感数据的信息提取及解译

中等空间分辨率遥感数据主要使用 Landsat 8 数据。收集的 Landsat 8 原始数据为 USGS 网站下载，针对原始数据，做了多光谱与全色波段的融合、几何校正、数据增强等处理，处理后的数据质量较好，没有积雪覆盖影响，波段信息丰富，基本满足解译的需求。选取 Landsat 8 波段 752 彩色合成图像进行地物信息的解译（图 8.10）。根据野外情况及数据的可解译性，主要解译的类型包括花岗岩、伟晶岩、第四系、其他地层、植被（树木）、河流、湖泊等。建立的解译标志如表 8.7，解译结果如图 8.11。

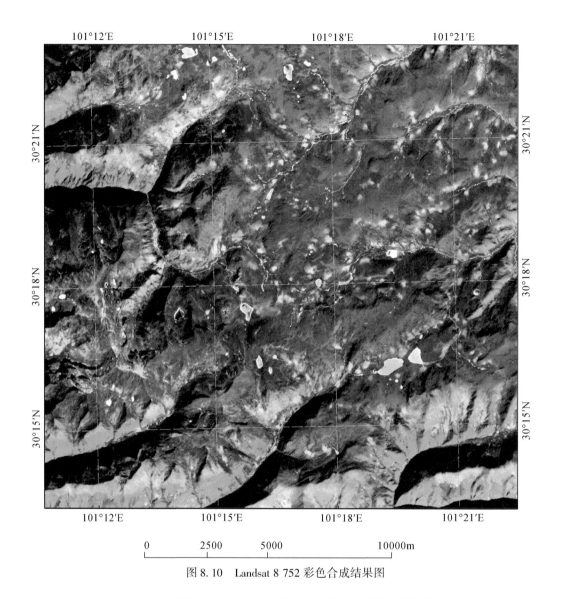

图 8.10 Landsat 8 752 彩色合成结果图

表 8.7 甲基卡 Landsat 8 752 彩色合成图像典型地物解译标志

类型	花岗岩	伟晶岩	其他地层
图像截图			
图像特征	颜色为褐红色,露头面积较大,与周边其他岩性界线较为明显	颜色为灰褐色,呈一定方向性,与周边其他岩性界线较为明显	颜色为黄褐色,可见层理,露头面积较大

续表

类型	植被（树林）	第四系	水系
图像 截图	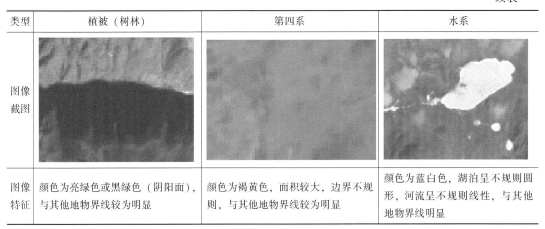		
图像 特征	颜色为亮绿色或黑绿色（阴阳面），与其他地物界线较为明显	颜色为褐黄色，面积较大，边界不规则，与其他地物界线较为明显	颜色为蓝白色，湖泊呈不规则圆形，河流呈不规则线性，与其他地物界线明显

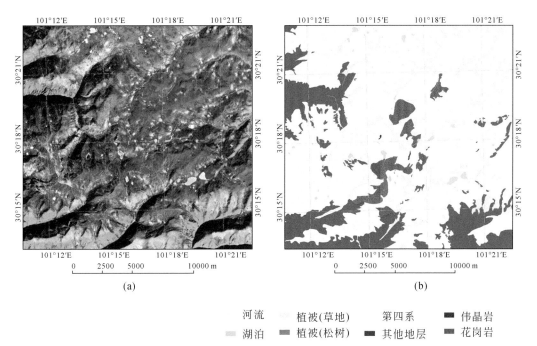

图 8.11　Landsat 8 彩色合成图像（波段 752 组合）及其解译结果图

（a）Landsat 8 彩色合成图像（波段 752 组合）；（b）Landsat 8 解译结果图

（二）基于高空间分辨率遥感数据的信息提取及解译

高空间分辨率遥感数据采用的是 Geoeye-1 数据。数据的处理主要包括大气校正、正射校正、数据融合、几何校正、数据增强。经过上述处理后获得的结果如图 8.12 所示。从空间分辨率和数据的清晰度而言，Geoeye-1 数据对地质体细节有较好的表现效果，结合甲基卡地区地质图（1∶1 万），对重点研究区开展了不同地质体类型的解译工作，重点圈定了伟晶岩转石（其中包含地层中水平产状的转石），作为野外工作及靶区圈定的基础。根据 Geoeye-1 数据对不同地质体的表现及其可解译性，解译的主要地物类型包括花岗岩、伟晶岩、地层、植被、水系、道路，解译标志如表 8.8 所示，解译结果如图 8.13 所示。

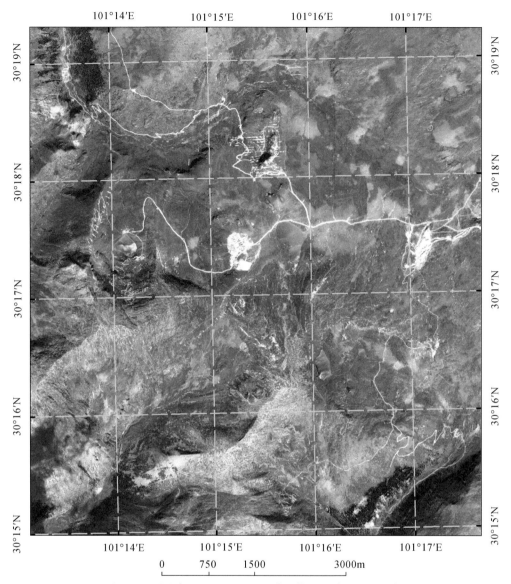

图 8.12　甲基卡地区 Geoeye-1 遥感影像图（波段 321 组合）

表 8.8　甲基卡 Geoeye-1 波段 321 彩色合成图像典型地物解译标志

类型	花岗岩	伟晶岩	地层
图像 截图			
图像 特征	颜色为亮白色，纹理较为粗糙，露头面积较大，与周边其他岩性界线较为明显	颜色亮白色，露头面积较小，呈一定方向性	颜色为黑黄色，露头面积较大，层理较为明显

续表

类型	植被	水系	道路
图像截图			
图像特征	颜色为深绿色，纹理较为规则，与其他地物界线明显	颜色为蓝白色，湖泊呈不规则圆形，河流呈不规则线性，与其他地物界线明显	颜色为亮白色，连续线状，与其他地物区别明显

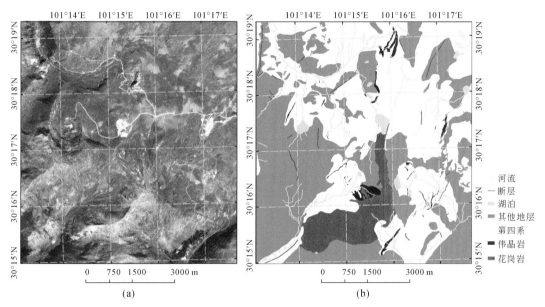

图 8.13　甲基卡地区 Geoeye-1 遥感影像图（波段 321 组合）及其解译结果图

（a）甲基卡地区 Geoeye-1 遥感影像图（波段 321 组合）；（b）解译结果图

通过对基于遥感数据解译的结果与 1：1 万地质图进行对比，可见地质图存在边界不准确等问题，基于遥感数据可以较为准确地确定不准确边界的位置，并对其进行修正。根据不同岩性的遥感图像特征，对前人的地质图岩性边界进行修正。其中地层界线大部分比较准确，但是一些地层边界存在误差［图 8.14（a）］，一些岩体界线存在一定的坐标位置偏差［图 8.14（b）］。

（三）基于多源遥感数据的伟晶岩靶区圈定研究

区域穹隆构造、转石及露头对区域内伟晶岩型锂矿的寻找具有重要的指示意义。Landsat 8 光学数据作为地质勘查常用遥感数据，对反映穹隆构造具有无可比拟的优势；高空间分辨率遥感数据对伟晶岩露头及转石解译较为适用。甲基卡遥感找矿模型主要技术路线如下：对区域 Landsat 8 数据进行收集，选择无云、植被覆盖度低、影像质量好的数据

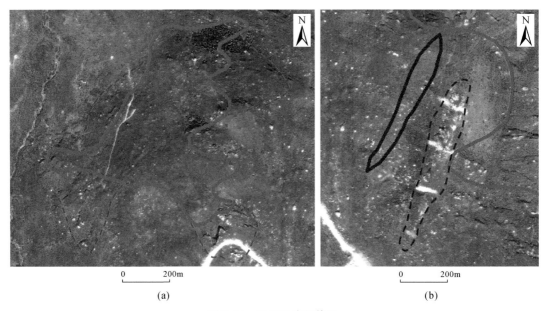

图 8.14　地层界线的修正

（a）绿实线为原地质图地层界线，红虚线为修正后地层界线；（b）紫实线为原地质图岩脉界线，
紫虚线为修正后岩脉界线

进行预处理工作；基于预处理后的数据进行区域穹隆信息提取及分析；圈定找矿远景区；对圈定的找矿远景区；收集 Geoeye-1 等高空间分辨率光学数据进行预处理；开展重点区转石信息提取；圈定找矿靶区；进行野外验证（图 8.15）。

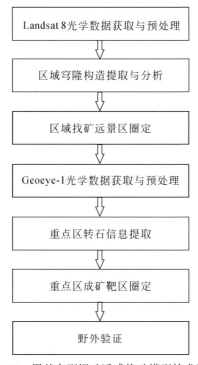

Landsat 8光学数据获取与预处理

区域穹隆构造提取与分析

区域找矿远景区圈定

Geoeye-1光学数据获取与预处理

重点区转石信息提取

重点区成矿靶区圈定

野外验证

图 8.15　甲基卡型锂矿遥感找矿模型技术流程

1. 基于 Landsat 8 数据的找矿远景区圈定

经过预处理后的 Landsat 8 数据质量很好，但是不同波段间相关性大，为了充分挖掘各个波段对不同地物的提取效果，增强区域构造信息，需要对图像进行主成分分析（PCA）。PCA 是一种降维的方法，对 Landsat 8 数据进行 PCA 变换后，将多光谱数据集中和压缩，使 PCA 后的各波段信息之间互不重叠。因此，原本散落在各波段之间的弱蚀变信息经过一次或多次轴变换后，信息得到增强。对 PCA 后的各波段进行 RGB 合成，7、5、2 合成方式具有较好的目视效果，最终确定 7、5、2 波段组合后的假彩色图像作为构造信息提取的基础图像。经过合成后的 Landsat 8 图像如图 8.16 所示，穹隆构造在图像上表现明显，呈现为暗黄色环状区域，其周围地物主要呈现为绿色，色调差异明显，共解译提取 4 处穹隆构造信息，即区域找矿远景区的范围，区域 1 即甲基卡找矿远景区。

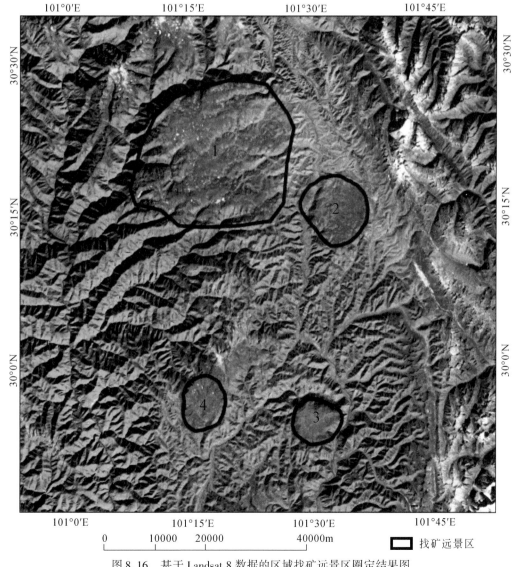

图 8.16 基于 Landsat 8 数据的区域找矿远景区圈定结果图

2. 基于 Geoeye-1 数据的转石信息提取、靶区圈定及野外验证

甲基卡锂辉石转石直径大小一般大于 1m，在遥感图像上呈现出亮白色色调，成群出现。根据这一特性，结合甲基卡地区地质图（1∶1 万），圈定了伟晶岩转石。根据野外验证结果，遥感图像上的白色图斑可以分为两种，其中一种为伟晶岩或花岗岩，另外一种为近似水平产状的片岩。区分两者的标志一方面可以根据图斑形状，一般伟晶岩或花岗岩棱角较为不明显，为独立不规则圆形图斑，一般片岩棱角较为明显，为多边形图斑；另一方面可以根据图斑周边的位置来判别，片岩图斑一般周边有地层的图像特征，而伟晶岩或花岗岩一般没有（图 8.17）。在研究区 65 个遥感异常点中（图 8.18），如表 8.9 所示，分别对 54 个遥感异常进行了野外异常验证，其中 48 个为锂辉石的伟晶岩露头或转石。这一验证结果表明本节提出的基于多源遥感数据的伟晶岩型锂矿找矿模型具有较高的准确性，可以推广应用。

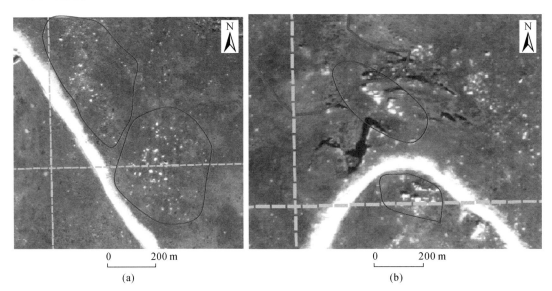

图 8.17　四川甲基卡矿区内遥感影像图红色区域中的亮白色图斑

(a) 含锂辉石的伟晶岩；(b) 片岩

表 8.9　甲基卡遥感解译野外验证表

编号	Cg-12	地理位置	30°17′39.82″N
类型	遥感图像白斑群		101°14′34.48″E

续表

遥感影像特征	野外验证结果	镜下鉴定结果
遥感影像上为亮白色图斑群，白色斑点边缘圆滑，不规则分布	在野外为一群伟晶岩转石，大小1~6m不等，可见柱状粗粒锂辉石，最大可达10cm长	主要由石英、钠长石、白云母组成，锂辉石为主要的矿石矿物。矿石结构为主要类型的细粒结构中，锂辉石呈自形短柱状，长0.2~0.5mm，宽约0.1mm，边缘呈"毛发状"结构，其内部和边缘常被后期自形板状钠长石和片状白云母交代
解译人	代晶晶	解译时间	2016年7月5日
检查与否	检查	审核人	王登红

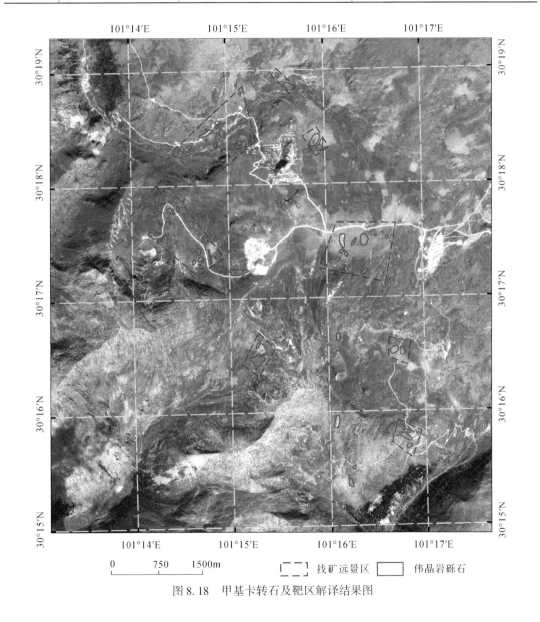

图8.18　甲基卡转石及靶区解译结果图

第三节 甲基卡外围遥感找矿应用——以川西洛莫及马尔康地区为例

川西洛莫地区及马尔康地区是近两年甲基卡外围稀有金属矿找矿重点远景区，研究区不同于甲基卡相对平缓的地形地貌，海拔从1800~5100m不等，切割深度大，且坡度多在30°~60°之间，地势陡峭，大大增加了野外地质找矿的难度。为充分发挥遥感先行的技术优势、减少野外工作量及提高找矿效率，基于遥感技术在甲基卡伟晶岩型锂矿中的找矿经验，推广其应用于此区域，取得了良好的找矿效果。

一、洛莫地区遥感找矿应用

（一）基于 Landsat 8 数据的构造信息解译

洛莫地区的 Landsat 8 数据首先获取时间为2018年1月3日，该影像植被覆盖度低，无云，影像清晰。Landsat 8 数据通过预处理之后，7、5、2假波段彩色合成对地质体具有较好的显示效果，共解译出1处环形构造以及2个岩体。在 ArcGIS 中将地质图叠加显示，遥感解译岩体与地质图岩体基本吻合，环形构造在地质图上无显示。对于环形构造而言，形状与色调是最直观的表述，在图中心呈现一处环形构造（图8.19）。环形构造边界的色调与周围背景色调存在差异，且形状近圆形。

图 8.19 川西洛莫地区环形构造图

（二）基于 Geoeye-1 数据的转石信息解译及野外验证

为进一步圈定伟晶岩转石及露头信息，选取预处理后的 Geoeye-1 图像，空间分辨率可以达到0.5m。通过对甲基卡地区野外验证的结论可知：伟晶岩转石在图像上呈现为形状不规则的白斑且无规律分布。在此认识的基础上，开展洛莫地区转石及露头信息解译，共圈定15处转石聚集区（图8.20）。

最后基于 Landsat 8 数据及 Geoeye-1 数据解译结果的叠加分析，圈定了3处找矿靶区（图8.21），3处靶区基本围绕在岩体及穹隆构造位置附近。对三个靶区进行野外验证，验

图 8.20 川西洛莫地区转石解译结果图

证结果如下：Ⅰ号靶区主要包含 1 号、2 号、3 号异常区，其西南方向存在一个规模较大的岩体。1 号异常区可远见有 3 条伟晶岩脉，呈较规则的脉状顺片理化构造带平行产出 [图 8.22（a）]，长 50m、宽 1m 左右，向东倾斜，倾角在 30°~40°，露头为陡壁；3 号异常区内靠近山梁，花岗岩体与围岩接触界面有含绿柱石微斜长石伟晶岩脉，露头宽约 10 余米，其中绿柱石呈 1~3cm 自形、半自形柱状；2 号异常区外也有伟晶岩脉转石分布，且有绿柱石的出露。Ⅱ号靶区包含 6 号、7 号、8 号、9 号异常区，该靶区围绕在推测环形构造西北部，其成矿与环形构造具有密切联系，也是洛莫铍矿床的主要矿化带区。伟晶岩脉呈脉状、不规则状，成群成带分布于向北东缓倾角片理化构造带内，脉体个体较小，长多在百余米内，脉厚小于 10m。Ⅲ号靶区包含 10 号、12 号、13 号、14 号、15 号异常区，伟晶岩脉成群成带平行顺层缓倾角产出，个体规模一般百余米，脉体厚 5m 左右，岩性见有电气石微斜长石伟晶岩、微斜长石伟晶岩。在 10 号、14 号异常区西边的公路旁新鲜露头上，可见到顺层低角度产出的伟晶岩 [图 8.22（b）]，该靶区与地质图上的清明岩体对应。

以Ⅲ号靶区为例，野外可见北东靠顶板处为二云母花岗岩与伟晶岩的接触带，向南西方向伟晶岩脉数量减少。伟晶岩以白云母微斜长石钠长石伟晶岩为主，间有中–粗粒黄铁

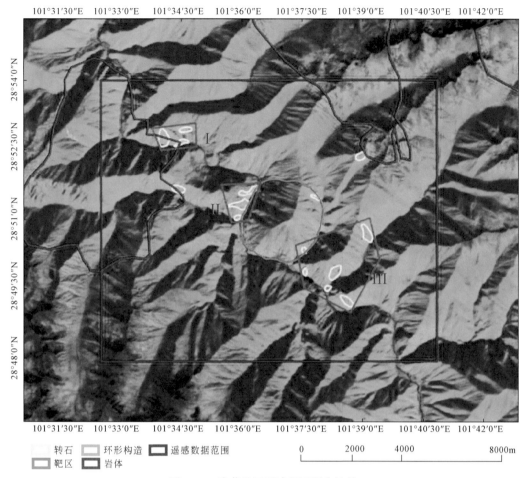

图 8.21　洛莫地区遥感靶区圈定结果

(a) 伟晶岩脉　　　　　　　　　　　　　(b) 顺层低角度产出的伟晶岩

图 8.22　洛莫遥感解译野外验证结果

矿团块状集合体，电气石常见。锂辉石在各种矿物中晶体最大（图 8.23），分布不均，晶体大小在 10mm 以上，含量占 23%，形态不规整，被石英、钠长石、白云母交代叠加。岩石中有很少量的磷锂铝石，疑似有绿柱石，石榴子石较普遍。其中的一块转石标本测试结果 Li 含量为 0.357%、W 含量为 0.029%，Li 达到了矿化品位。

 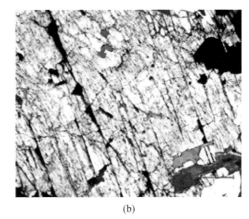

（a）　　　　　　　　　　　　　　（b）

图 8.23　九龙清明岩体锂辉石样品及其显微镜下特征

（a）锂辉石晶体样本；（b）镜下锂辉石晶体样本

二、马尔康地区遥感找矿应用

（一）区域地质概况

该研究区位于川西高原，行政区划隶属于四川省阿坝州马尔康市、金川县和小金县，主要山脊多呈北东–南西方向展布，海拔一般为 3800～4500m，最高山峰达 5500m；绝大部分地区属于深切割高山峡谷景观区。工作区外围交通便利，但工作区属大渡河水系，区内地形切割深，高差大，还有很多地区未通公路，交通条件较差。工作区大地构造位于松潘–甘孜造山带，出露地层简单，仅发育中生代地层，主要有中三叠统杂谷脑组上段，上三叠统侏倭组、新都桥组、罗空松多组，属浅海–滨海相的类复理石碎屑岩建造。工作区构造发育，持续时间长，自印支期—喜马拉雅期均有构造活动，区内与成矿关系较为密切的构造为可尔因复式背斜。

（二）靶区圈定及野外验证

WorldView-2 卫星高分辨率遥感数据能够提供 1.84m 空间分辨率的多光谱影像和 0.46m 空间分辨率的全色波段影像，卫星搭载的多光谱遥感器不仅具有 4 个业内标准谱段（红、绿、蓝和近红外 1），还增加了 4 个额外谱段（蓝靛、黄、红边和近红外 2），在 0.4～1.040μm 的光谱范围内其多样性的谱段包含了丰富的光谱信息，并具有较高的空间分辨率，能够精确地表现出地物的结构、形状、纹理等特征，是精细地质遥感应用的新兴数据源之一。本次解译使用的 WorldView-2 卫星高分辨率遥感数据，数据获取时间为 2014 年 11 月 23 日，主要用于伟晶岩信息提取研究。

对图像进行基本的预处理（包括辐射定标、大气校正）后得到符合解译要求的图像，经过预处理后得出图中矿体的波谱特征：红色波段（630～690nm）、近红外 1 波段（770～895nm）出现吸收峰，红边波段（705～745nm）出现吸收谷，以此为依据进行波段运算，开展遥感找矿信息提取及靶区圈定。制作完成四川马尔康地区伟晶岩岩脉遥感解译分布图（图8.24），参考四川省马尔康市白湾乡加达矿区锂矿专项地质调查实际材料图中的矿体分布位置作对比（图8.25），1号、2号、3号、4号靶区与实际野外情况基本吻合，在外围的其他靶区值得后期继续验证，具体情况如下。

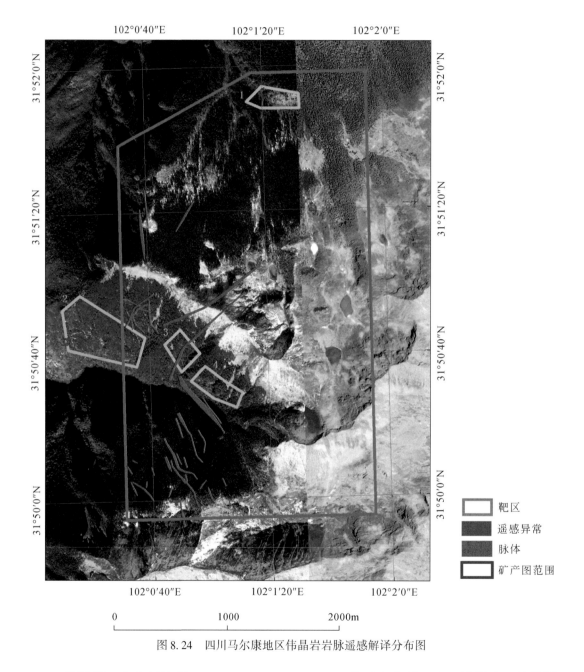

图 8.24　四川马尔康地区伟晶岩岩脉遥感解译分布图

　　1号靶区：中心经纬度 102°1′14″E，31°51′50″N，位于东北部，为一处裸地，此处附近发现三处小的矿体，解译结果显示有伟晶岩脉露头。

　　2号靶区：中心经纬度 101°59′59″E，31°50′46″N，发现多条互相穿切的矿体，2号靶

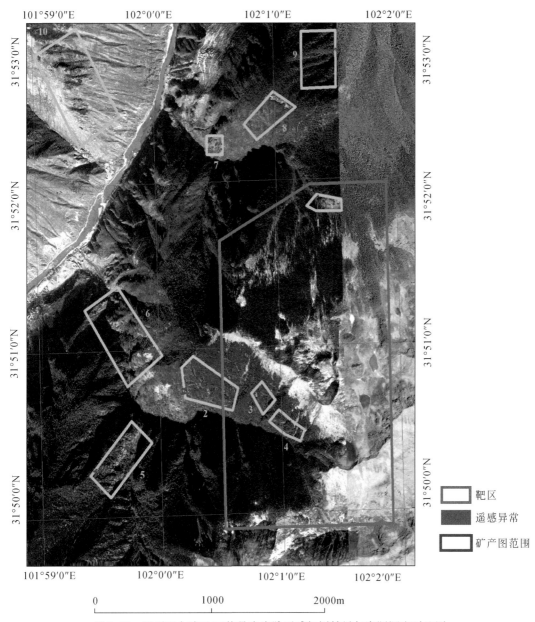

图 8.25　四川马尔康地区伟晶岩岩脉遥感解译结果与实际调查对比图

区位于西南方向，为植被覆盖区，但间隙疑似有转石出现，靶区西南邻接雀洛脉群。

　　3 号、4 号靶区：3 号靶区中心经纬度 102°0′32″E，31°50′43″N，4 号靶区中心经纬度 102°0′43″E，31°50′30″N，3 号、4 号靶区情况与 2 号靶区类似，其中 3 号靶区被北东-南西走向矿体穿切。

　　综上所述，通过对川西甲基卡锂矿典型岩石及矿物开展波谱测试，建立了甲基卡矿床岩石及矿物波谱库，为岩性信息区分与找矿标志的总结奠定了理论基础。其中，围岩整体反射率较低，且没有特殊吸收波段，而伟晶岩及花岗岩反射率稍高，在 1413nm、1911nm、

2197nm 等波段具有吸收特征，这一认识可以作为区分围岩与岩体的标志；另外，含锂辉石的伟晶岩与不含锂辉石的伟晶岩在 1911nm 及 2197nm 处根据吸收特征的差异可以区分开。伟晶岩对于甲基卡乃至川西地区寻找锂矿等稀有金属矿产意义重大。基于本书的研究结果，今后通过获取相应的高光谱遥感图像并进行处理，可以提取伟晶岩信息，进而达到缩小找矿靶区的应用效果，但川西地区覆盖较为严重，故在应用过程中应充分考虑地表覆盖的影响，进一步补充研究新的技术方法。

第九章 甲基卡大型锂资源基地的环境调查与评价

在资源、环境和经济协调发展的大背景下，发展绿色矿业已作为国家战略重点推进并得到广泛认同。大型资源基地绿色调查及环境评价指标体系的建立、模型的技术实现将为解决生态脆弱区找矿部署与环境保护瓶颈问题发挥重要作用。本次工作将绿色调查与环境评价两方面工作有机结合，分四个层次构建指标框架，通过 3S 技术提取生态环境现状及变化信息，结合连续 3 年的地表水、土壤等多环境介质野外调查取样分析数据，对经过验证的、成熟的评价方法进行优化，运用更兼容、可扩展的 Python 语言编程建立了基于支持向量机的大型锂资源基地环境评价模型。运用该模型，将大型基地环境现状划分为环境较差区、环境一般区、环境较好区、环境良好区 4 类区域，总体准确率达 97.77%，较客观地反映了甲基卡大型锂资源基地开发的环境问题与影响范围，在一定程度上可辅助规范大型基地矿产资源开发利用的管理及决策（于扬等，2019）。

第一节 自然环境及社会环境现状调查

一、自然环境

甲基卡大型锂资源基地的自然环境现状调查内容主要包括地质环境（概要说明甲基卡大型锂资源基地的地质状况，包括地层概况、岩浆岩类、岩土类型、新构造运动以及水文地质，以上资料由四川省地质调查院提供）、地形地貌、气象水文三部分。

（一）地质环境

1. 地层概况

区内地层岩性简单，构造破坏较弱，主要包含第四系及上三叠统新都桥组、侏倭组等。

2. 岩浆岩类

二云母花岗岩及花岗伟晶岩，侵位于甲基卡穹隆轴部的侏倭组之中，岩体、岩脉为坚硬的整体块状侵入岩。

3. 岩土类型

区内的岩土类型主要为第四系的松散冲积、坡洪积、湖积沼泽化和冰碛冰积物等；沉积岩则主要为三叠系粉砂、砂岩、黏土岩等变质、浅变质岩，岩浆岩有花岗岩体、岩脉等。本区位于高原区，岩土按主要工程地质特性、岩性组合，可分松散岩组、较坚硬岩组、坚硬岩组三种工程地质岩类。

4. 新构造运动

新构造运动是塑造现代地形地貌的主要内动力。第四纪以来，区域新构造活动异常强烈，使区域地势不断抬升，断裂作用不断加强，沿断裂带形成一系列裂谷洼地，两侧风化剥蚀搬运作用显著。工作区处在康定–甘孜地震带，这是四川地震史上最长最活跃的一条地震带。该地震带西起甘孜东谷北，向东南延伸，经炉霍、道孚、康定，南达石棉，长约400km。区域性的深大断裂如鲜水河断裂、乾宁–康定断裂、折多塘断裂及石棉断裂均分布在这一地区。历史上这条地震带地震活动频繁，震级大，破坏烈度强，其震源深度一般在20km以内。自1630年以来，在这条地震带上发生7级以上地震即达9次。有感地震较为频繁，较大的有：1927年7月3日发生5.5级地震；1955年4月14日，康定折多塘地区发生7.5级地震；2001年2月14发生5级地震，2月23日发生6级地震。

5. 水文地质

地下水受地层岩性、地质构造、地形地貌的控制。工作区地下水类型有以下三种：松散岩类孔隙水、基岩裂隙水及碳酸盐岩与碎屑岩互层裂隙溶洞水。

(二) 地形地貌

甲基卡大型锂资源基地地处川西高原区，该地域属青藏高原急剧抬升隆起不均匀构造运动的产物。高原面海拔4000~4400m，相对高差200~400m，最高海拔4667m。矿区西侧的雅砻江及支流海拔2690~4750m，相对高差1600~2000m，地形切割大。

(三) 气象水文

工作区属青藏高原亚湿润气候区，具高原气候特征，受地理位置、地形和区域气候影响，具气候干燥，日照充分、昼夜温差大，常年无夏、冰雪期长的特点。年平均气温7.1℃，月平均最高气温15.7℃，月平均最低温度–14.7℃（工作区分布有季节性冻土层，当年11月至翌年4月冻土深度最深可达1m以上）；无明显夏季，春秋季相连且漫长。工作区平均年降水量832.2mm，多集中在6~9月，占全年的60%~85%，最大日降雨量达96.1mm；最长连绵雨长达58天，雨量达427.5mm。

康定、雅江、道孚属长江流域。工作区在大雪山以西。大雪山以东为大渡河水系，大雪山以西为雅砻江水系，两大水系均为南北纵流，是长江上游区域主干水系。雅砻江一级支流立曲河以大气降雨及冰雪融化补给支流，丰水期为6~9月，在生古桥水文站控制面积3890km²。

工作区位于雅砻江支流庆大河与立曲河的分水岭区域，地貌主要为丘状高原，发育树枝状三级、四级及五级径流。北东为立曲河上游右侧上支流茶垭沟的上游分支德哲柯，下支流额达柯的上游哲西曲等；西侧为庆大河（那南河）在工作区内的北支同达沟及支流德扯弄巴，南支白特沟的上游，支流拉西尼河上游的弯地沟；全年流量变幅小（20%~

30%），流向以北东–南西向为主，具有水质优良、流量稳定的特点。

在高原面上分布着高山湖泊，海子众多，大小不一，一般分布于海拔 4000～4400m，海子深度一般为几米至几十米不等，海子储水量十分丰富，是水系支流的发源地，工作区内有甲基措、哲西、日西、日西罗海子等。

二、社会经济环境

甲基卡工作区及周边为甘孜州康定市区与雅江县在北部的交界区域，该区域以牧业为主，改革开放以来，区域经济得到了持续、健康的发展，产业结构有了较大的变化，尤其以水电和矿产为主的第二产业和以旅游为主导的第三产业有了长足的发展。紧邻工作区北部湿地为天然湿地，主要为高寒沼泽及高寒沼泽草甸湿地与湖泊湿地等；其中亿比措为省级湿地自然保护区。据康定、雅江、道孚地质灾害调查与区划资料，区域上由于地形地貌、气候、岩性等差异，工作区外围区域地质灾害等在深切割河谷区发育，局部区域为地质灾害易发区。目前工作区内除已建立的融达锂业、天齐盛合锂业的矿山选厂外，其他区域仅进行了小范围的勘查工作。

第二节　甲基卡大型锂资源基地的环境质量现状调查

根据甲基卡大型锂资源基地勘查开发特点、可能产生的环境影响和当地环境特征，本次工作选择地表水、土壤这两类环境要素进行调查与评价。

一、地表水环境现状

2016～2018 年于甲基卡大型锂资源基地及周边地区采集地表水样品 88 件，采集地点兼顾矿区内含矿脉区域（134 号脉、308 号脉、X03、X05 及烧炭沟周边支流）以及不含矿脉区域（远离矿脉的湖泊、溪流等）；于矿区周边采集川西河流样品 6 件，包含涪江、嘉陵江、大渡河、雅砻江。于野外现场实地测试了水体的 pH、溶解氧（dissolved oxygen，DO）、总溶解固体（total dissolved solid，TDS）。返回实验室后测试分析了样品中稀有金属元素含量，主要阴离子包括 F^-、SO_4^{2-}、NO_3^-、NO_2^- 共 4 项无机化学指标，以及 Cr、Cu、As、Se、Cd、Pb 六项重金属元素含量，结果表明，甲基卡矿区地表水中稀有金属元素平均含量明显高于川西河流平均值（高娟琴等，2019b）。水体的各项理化指标明显低于国家标准限值，不存在水污染问题。

（一）水体的酸碱度（pH）

pH 是溶液中氢离子活度的一种标度，是通常意义上溶液酸碱程度的衡量标准。在地表水环境质量标准中，对 Ⅰ～Ⅴ 类水体 pH 要求的范围是 6～9。本次工作分别于 2016 年夏季、2017 年夏季和 2018 年夏季对甲基卡矿区及周边地表水体环境因子（pH、溶解氧、总溶解固体）运用 WTW3430 多通道检测仪进行了现场测定，采样点位置见图 9.1。甲基卡矿区内地表水 pH 变化范围是 6.174～9.145，仅尾矿库地表水 pH 达 9.145（略超限值），其余所有采样点地表水酸碱度均在限制范围内。尾矿库下游水体的 pH 为 7.864 ~ 8.28。地表水 pH 由大到小的变化规律是：尾矿库>背景区>未开采资源富集区>已开采矿脉。偏碱性的水体集中在尾矿库附近，锂矿脉附近的水体 pH 略低，基本都在 6.94 以下。其余地区水体酸碱度比较正常，基本处于 6.5 ~ 7.5 的正常范围之间。

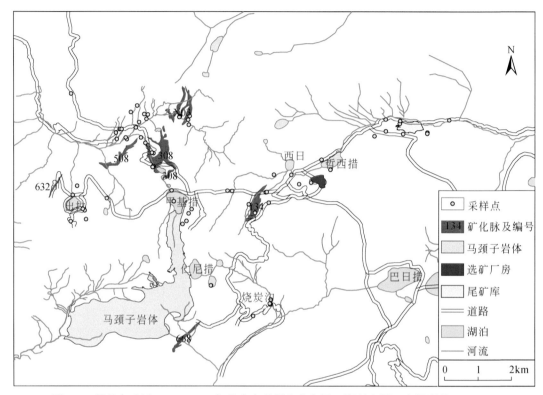

图 9.1 甲基卡矿区 2016 ~ 2018 年地表水采样点分布图（资料来源：高娟琴等，2019b）

（二）水体的溶解氧（DO）特征

水体的溶解氧，即溶解于水中的分子态氧含量，用每升水里氧气的毫克数表示。水中溶解氧的含量与空气中氧的分压、水的温度都有密切关系。在自然状态下，空气中的含氧量变动不大，故水温是主要的因素，水温越低，水中溶解氧的含量越高。水中溶解氧的多少是衡量水体自净能力的一个指标，水中溶解氧含量越高，说明水体自净能力越强。

地表水环境质量标准中要求各类水体溶解氧的含量必须大于 2mg/L，甲基卡矿区地表水溶解氧含量变化范围是 3.79 ~ 5.90mg/L，可以达到 III 类水的溶解氧含量标准。甲基卡矿区地表水属于牲畜饮水以及农业用水，即IV、V类水，故矿区参与测试的水体溶解氧参数均达到指标。矿区不同位置的水体溶解氧数值差别不大，溶解氧含量由大到小的变化规律为：已开采矿区>背景区>未开采资源富集区>尾矿库，尾矿库水体的溶解氧含量与背景区、未开采资源富集区、已开采矿区水体相比，含量较低。

（三）水体的总溶解固体（TDS）特征

总溶解固体，又称溶解固体总量，测量单位为毫克/升（mg/L）。TDS 值越高，表示水中含有的溶解物越多。总溶解固体指水中全部溶质的总量，包括无机物和有机物两者的含量。国家标准《生活饮用水卫生标准》（GB 5749—2006）中对饮用自来水的总溶解固体（TDS）的限量要求为 ≤1000mg/L。矿区内采集的地表水样品野外实测 TDS 值变化范围是 11 ~ 120mg/L，甲基卡地表水 TDS 值整体较低，远小于国家饮用水标准中 TDS 值的限值。对不同位置水样的 TDS 值进行分类统计，水体 TDS 值由大到小的变化规律为：尾矿库>未开采资源富集区>背景区>已开采矿区。矿脉的存在对水体的总溶解固体含量影响不大，尾矿库 TDS 值略高，可能与尾矿砂于地表长期堆积有关（Gao et al., 2021）。

（四）水体的理化指标特征

分析的理化指标检测结果包括 F^-、SO_4^{2-}、NO_3^-、NO_2^- 共 4 项无机化学指标，以及 Cr、Cu、As、Se、Cd、Pb 六项重金属元素。

甲基卡矿区 2016 ~ 2018 年地表水中 F^- 含量基本低于检出限。国家地质实验测试中心对于 F^- 的检出限为 0.02mg/L。甲基卡矿区三年以来采集的地表水 F^- 含量最高的为 0.07mg/L，远远低于地表水质量标准 I 类水中 F^- 限值（1mg/L）。

地表水环境质量标准中集中式生活饮用水地表水源地的硫酸盐（以 SO_4^{2-} 计）限值为 250mg/L。甲基卡矿区 2016 ~ 2018 年 11 个代表性样点的 SO_4^{2-} 含量变化趋势非常相似，均远低于地表水源地的限值 250mg/L。2017 年及 2018 年所采集水样品中 SO_4^{2-} 含量最高值均出现在 134 号脉的下游；2016 年则出现在 308 号脉的干流处，其次在 134 号脉下游。地表水 SO_4^{2-} 含量与矿脉分布位置有一定的关系，三年中，SO_4^{2-} 含量的高值均在已开采的 134 号矿脉及 308 号矿脉处，但均远低于环境限值（Gao et al., 2021）。

水中亚硝酸根含量至关重要，尤其是亚硝态氮为致癌物的来源，对人类的危害很大。甲基卡矿区三年期间采集的地表水样品的 NO_2^- 含量基本低于检出限，远远低于地表水质量标准的限值，不存在污染风险。

地表水中硝酸根含量高也是危险的信号，因为硝态氮是亚硝态氮的物源，一旦处于还原环境中就极易被还原为亚硝态氮。地表水环境质量标准中，集中式生活饮用水地表水源地的硝酸盐（以 N 计）限值为 10mg/L。甲基卡矿区内三年采集的地表水硝酸盐含量均远小于地表水源地限值 10mg/L，区内地表水无一例硝酸盐超标（Gao et al., 2021）。

总之，甲基卡矿区地表水中 F^-、NO_2^-、硫酸盐、硝酸盐含量均远低于地表水环境质量标准中的 I 类水限值或地表水源地相应参数的限值，水质较好，不存在上述污染物超标风险。

地表水环境质量标准中，对地表水中 Cu、Zn、Cr、Cd、Pb、As、Se 等重金属元素含量有具体的要求。采自甲基卡矿区的地表水样品中，以上重金属元素含量均远远低于 I 类水重金属含量限值，其中大部分水样品值低于分析测试的方法检测限无法检出，仅有近 134 号矿脉和 308 号矿脉的两处地表水与其他采样点水体相比重金属含量略高，但仍然远低于 I 类水重金属含量限值，矿区内水体不存在重金属含量超标的问题（Gao et al., 2021）。

二、土壤环境现状

2016~2018 年于川西甲基卡锂资源富集区采集根系土壤样品 68 件，采用 ICP-MS 方法测定根系土壤 Cd、As、Pb、Cr、Cu、Ni、Zn 含量。测试结果表明，甲基卡矿区根系土壤 Cd、As、Pb、Cr、Cu、Ni、Zn 含量平均值分别为 0.13mg/kg、15.31mg/kg、25.47mg/kg、60.57mg/kg、16.12mg/kg、23.59mg/kg、66.83mg/kg，与 2018 年 8 月颁布的农用地土壤标准对比，无一超标，均低于风险筛选值及管制值。甲基卡尾矿库土壤重金属含量均低于环境标准限值，且矿业活动停止的三年期间尾矿库区根系土壤中 Cd、As、Cr 含量明显呈逐年下降趋势。选矿厂房及尾矿库周边根系土壤重金属由于人为源的存在有一定的富集现象，但不构成危害，废弃物对环境污染小（高娟琴等，2019a）。

（一）土壤重金属元素含量特征

甲基卡矿区 2016~2018 年根系土壤样品 Cd、As、Pb、Cr、Cu、Ni、Zn 含量测定结果（表9.1）及不同区域根系土壤重金属元素含量统计结果（表9.2）显示，甲基卡矿区根系土壤 Pb、Cr、Cu、Ni、Zn 含量平均值均低于全国 A 层土壤背景值，这是由于矿区地处川西高原，人口数量较少，与全国土壤环境相比受人类活动源影响较小。甲基卡矿区不同区域重金属含量差异明显。尾矿库区根系土壤 As、Cu、Ni、Zn 元素的平均含量为区内最高。矿区内选矿厂房、已开采矿区及无矿业活动区各项重金属元素含量不是很高，说明矿业开采及选矿活动并未对土壤重金属含量造成明显影响，这是由于甲基卡富锂伟晶岩和围岩中重金属含量都不高，基于甲基卡矿区 203 件岩石样品（含矿伟晶岩及围岩）的重金属含量统计结果，Cd、As、Pb、Cr、Cu、Ni、Zn 含量平均值与铜铅锌等金属矿山相比重金属含量水平均较低，采选矿基本不会产生严重的重金属污染。

表 9.1　甲基卡矿区 2016~2018 年根系土壤重金属含量测试结果

（单位：mg/kg）

采样年份	采样点位置	样品编号	含量						
			Cd	As	Pb	Cr	Cu	Ni	Zn
2016	融达厂房海子北侧	16JJKS01	0.18	14.75	25.67	66.97	20.49	27.35	89.29
	绝情谷海子东侧	16JJKS02	0.13	11.61	29.42	64.59	20.59	24.74	35.84
	绝情谷海子东侧	16JJKS04	0.21	8.74	26.50	66.41	17.49	29.32	55.05
	石英采矿址裂隙水旁	16JJKS05	0.07	19.42	29.34	62.24	17.45	17.65	45.70
	绝情谷海子东侧	16JJKS07	0.24	8.58	25.34	65.06	17.38	28.79	58.94
	508 号脉北侧干流旁	16JJKS09	0.12	14.83	30.14	75.89	18.98	25.37	49.29
	36 号点上游支流旁	16JJKS10	0.10	13.54	29.41	76.19	17.51	23.46	60.84
	308 号脉	16JJKS11	0.06	29.37	31.85	58.07	19.24	25.57	42.89
	308 号脉旁海子边	16JJKS12	0.07	8.59	20.77	43.40	10.78	17.60	58.42
	X03 上游支流旁	16JJKS14	0.12	13.00	24.61	60.57	14.59	21.08	46.76
	134 号脉矿区支流旁	16JJKS16	0.14	11.17	23.36	69.15	19.53	28.70	77.04
	仁尼措东侧干流旁	16JJKS22	0.21	28.40	20.90	46.40	21.10	23.00	40.00

采样年份	采样点位置	样品编号	含量						
			Cd	As	Pb	Cr	Cu	Ni	Zn
2016	仁尼措东侧海子边	16JJKS23	0.09	11.20	30.20	56.10	11.50	17.00	41.90
	X03	16JJKS26	0.21	12.40	25.00	61.40	15.50	23.70	62.30
	X03	16JJKS27	0.13	14.30	28.20	71.20	18.50	25.20	75.30
	X03	16JJKS30	0.15	29.20	26.30	64.50	16.70	22.40	63.50
	X03	16JJKS31	0.17	12.90	28.10	66.00	19.50	22.20	79.50
	308 东侧草地	16JJKS32	0.16	14.20	28.70	69.60	19.30	18.90	80.70
	X05	16JJKS33	0.11	4.18	28.00	63.10	19.10	26.70	43.40
	X03	16JJKS35	0.08	8.55	24.30	56.10	15.20	23.50	52.80
	308 号脉	16JJKS36	0.13	5.84	24.90	50.20	13.20	21.00	51.60
	矿区支流旁	16JJKS38	0.03	9.91	25.90	62.50	15.60	20.50	63.20
	134 号脉下游	16JJKS39	0.08	7.65	23.70	58.20	14.50	20.20	43.10
	尾矿库	16JJKS40	0.13	37.80	25.20	72.60	18.70	24.90	81.10
	尾矿库下游	16JJKS42	0.18	29.80	23.70	67.90	26.30	32.80	105.00
	尾矿库下游	16JJKS43	0.08	16.60	27.20	81.80	25.30	36.20	89.60
	308 号脉北侧干流旁	16JJKS46	0.10	8.74	23.40	61.20	17.70	24.60	52.00
	308 号脉北侧支流旁	16JJKS48	0.10	4.17	23.40	56.50	14.10	16.00	42.50
	308 号脉北侧支流旁	16JJKS49	0.21	6.47	20.80	52.20	11.40	18.30	48.70
	308 号脉北侧支流旁	16JJKS52	0.12	10.30	23.10	61.70	24.10	27.30	74.40
	矿区支流旁	16JJKS53	0.14	11.00	28.10	72.50	23.00	34.40	60.70
2017	绝情谷海子边	17JJKS01	0.08	7.07	24.90	52.30	10.00	17.90	35.70
	出拉海子东侧支流旁	17JJKS02	0.19	10.60	23.60	56.40	18.00	25.90	48.40
	308 号脉上游支流旁	17JJKS04	0.29	9.82	20.20	47.50	14.70	18.20	116.00
	308 号脉西北侧干流旁	17JJKS05	0.17	16.60	24.10	53.10	11.90	21.80	65.40
	308 号脉干流旁	17JJKS06	0.19	29.10	26.20	56.60	17.90	27.60	60.70
	308 号脉海子边	17JJKS07	0.12	19.30	31.60	60.20	17.10	21.30	54.20
	X03 上游	17JJKS08	0.13	12.20	23.10	62.50	11.20	26.00	57.00
	134 号脉西侧干流旁	17JJKS09	0.09	8.08	26.50	62.20	14.60	22.20	36.30
	134 号脉矿区支流旁	17JJKS10	0.11	12.40	25.20	73.40	16.10	25.60	43.40
	134 号脉下游	17JJKS11	0.15	7.55	24.60	59.40	12.40	20.50	73.10
	融达北西海子边	17JJKS12	0.11	9.46	24.20	68.10	15.90	28.60	65.30
	融达北海子边	17JJKS13	0.15	11.70	24.20	45.00	16.00	15.80	32.80
	尾矿库	17JJKS14	0.11	32.80	26.90	67.80	18.80	27.30	99.40
	融达北海子边	17JJKS21	0.12	11.00	29.90	72.40	16.70	24.60	94.60
	融达东北坡	17JJKS22	0.25	25.30	23.00	43.50	20.90	21.40	124.00
	融达东北坡	17JJKS23	0.12	21.70	26.50	72.80	17.00	23.40	75.50

续表

采样年份	采样点位置	样品编号	含量						
			Cd	As	Pb	Cr	Cu	Ni	Zn
2017	融达东北坡	17JJKS24	0.15	11.30	25.70	68.40	17.80	24.40	88.00
	融达东北坡	17JJKS25	0.12	20.50	28.40	74.00	20.50	26.80	85.80
	融达东北坡	17JJKS26	0.16	9.22	27.80	70.60	16.60	25.20	101.00
	融达东北坡	17JJKS28	0.23	7.49	22.20	33.60	11.90	13.60	56.00
	烧炭沟河边片岩旁	17STGS01	0.26	25.50	21.40	66.20	12.50	22.20	87.10
	烧炭沟含锂辉石伟晶岩旁	17STGS02	0.23	16.10	28.60	68.60	19.00	23.20	103.00
	烧炭沟伟晶岩转石旁	17STGS03	0.28	10.60	32.70	71.40	16.60	25.80	82.60
	烧炭沟海子边	17STGS04	0.18	13.80	32.70	78.40	15.20	27.60	80.90
2018	308 号脉	18JJKS01	0.08	18.40	28.90	66.30	16.70	31.30	80.00
	134 号脉矿区支流旁	18JJKS02	0.11	10.30	27.90	32.70	10.50	15.30	62.30
	134 号脉下游	18JJKS03	0.07	12.20	24.20	60.60	18.10	26.60	71.70
	融达北西方向支流	18JJKS04	0.08	7.10	21.70	65.70	14.10	38.70	65.60
	融达海子北侧	18JJKS05	0.03	21.80	21.70	60.10	14.80	26.40	97.40
	尾矿库	18JJKS06	0.03	17.50	20.60	57.10	15.20	22.70	89.60
	尾矿库支流旁	18JJKS07	0.03	38.50	18.20	33.50	9.11	12.80	59.00
	甲基措海子北侧	18JJKS08	0.08	7.61	25.50	45.30	9.79	19.20	51.00
	308 号脉上游支流旁	18JJKS09	0.03	6.88	21.20	55.20	8.87	22.10	53.60
	308 号脉上游支流旁	18JJKS10	0.09	26.70	28.50	75.70	15.60	27.10	70.20
	308 号脉干流旁	18JJKS11	0.10	33.50	30.20	52.90	11.70	24.30	47.00
	融达南西侧	18JJKS13	0.03	7.34	10.30	11.20	5.06	9.93	58.50
	融达南西侧	18JJKS14	0.09	37.20	23.10	57.70	13.00	22.50	101.00

资料来源：高娟琴等，2019a。

表 9.2　甲基卡矿区不同区域根系土壤重金属元素含量统计结果

（单位：mg/kg）

重金属元素	参数	尾矿库区	选矿厂房	已开采矿区	未开采资源富集区	无矿业活动区	甲基卡根系土壤均值	全国 A 层土壤背景值
Cd	最小值	0.03	0.03	0.03	0.10	0.03	0.13	0.10
	最大值	0.18	0.25	0.29	0.28	0.24		
	平均值	0.09	0.13	0.11	0.17	0.13		
As	最小值	16.60	7.10	5.84	4.18	4.17	15.32	11.20
	最大值	38.50	37.20	33.50	29.20	28.40		
	平均值	28.83	15.42	15.37	14.41	11.28		
Pb	最小值	18.20	10.30	20.20	23.10	20.77	25.47	26.00
	最大值	27.20	29.90	31.85	32.70	30.20		
	平均值	23.63	23.88	26.59	26.84	25.27		

续表

重金属元素	参数	尾矿库区	选矿厂房	已开采矿区	未开采资源富集区	无矿业活动区	甲基卡根系土壤均值	全国A层土壤背景值
Cr	最小值	33.50	11.20	32.70	60.57	43.40	60.57	61.00
	最大值	81.80	74.00	76.19	78.40	72.50		
	平均值	63.45	57.86	60.58	66.26	57.91		
Cu	最小值	9.11	5.06	8.87	11.20	9.79	16.12	22.60
	最大值	26.30	20.90	19.53	19.50	24.10		
	平均值	18.90	15.77	15.40	16.34	16.04		
Ni	最小值	12.80	9.93	15.30	21.08	16.00	23.59	26.90
	最大值	36.20	38.70	31.30	27.60	34.40		
	平均值	26.12	23.48	23.69	24.22	22.32		
Zn	最小值	59.00	32.80	36.30	43.40	35.70	66.83	74.2
	最大值	105.00	124.00	116.00	103.00	80.70		
	平均值	87.28	81.06	60.74	69.45	53.30		

资料来源：高娟琴等，2019a。

（二）2016～2018 年矿区根系土壤重金属含量变化

2016～2018 年对矿区部分典型采样点的根系土壤重金属含量进行监测，分析结果（图 9.2）表明，大部分区域三年间土壤重金属含量变化不大，除尾矿库之外没有明显的变化趋势。尾矿库根系土壤中 Cd、As、Cr 含量有逐年下降趋势，可能是因为矿区内部分区域（如尾矿库）在开展矿业活动时曾遭受轻微重金属污染（均远低于环境标准限值），矿业活动停止后，部分地区重金属含量呈现逐年下降的趋势。除矿区部分区域土壤 As、Ni 含量稍高外，其余几种重金属元素 Cd、Pb、Cr、Cu、Zn 含量均处于较低水平，远小于各项元素的风险筛选值，无污染风险。

甲基卡矿区虽为工矿用地，但是亦为当地藏族游牧区，属于天然牧草地，故采用国家土壤质量标准中较为严格的农用地标准进行对比。2018 年 8 月 1 日起试行的《土壤环境质量 农用地土壤污染风险管控标准（试行）》（GB 15618—2018）给出了农用地土壤的风险管控筛选值及风险管制值。若农用地土壤中重金属含量等于或高于筛选值，则表明农产品质量、作物生长及土壤生态环境可能存在风险，应加强土壤或其他作物环境监测。若农用地土壤中重金属含量等于或高于管制值，则说明其食用农产品不符合质量安全标准，应采用强制管制措施。该标准中给出的非水田土壤重金属（基本项目）风险筛选值见表 9.3。对矿区根系土壤 pH 测定结果显示，甲基卡根系土壤 pH 平均为 5.45，故与标准对比时采用 pH≤5.5 时的限值。

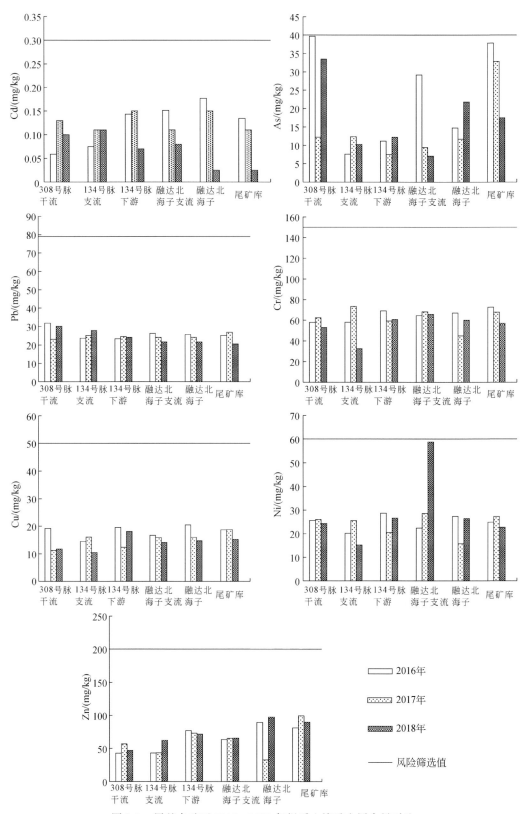

图 9.2　甲基卡矿区 2016～2018 年根系土壤重金属含量对比

资料来源：高娟琴等，2019a

表9.3 农用地（非水田）土壤污染风险筛选值、管制值及矿区土壤重金属含量对比（pH≤5.5）

（单位：mg/kg）

污染物项目	风险筛选值	风险管制值	甲基卡根系土壤重金属元素含量
Cd	0.3	1.5	0.03～0.29
Hg	1.3	2.0	—
As	40	200	4.17～38.5
Pb	79	400	10.3～32.7
Cr	150	800	11.2～81.8
Cu	50	—	5.06～26.3
Ni	60	—	9.3～38.7
Zn	200	—	32.8～124

资料来源：高娟琴等，2019a。

甲基卡矿区根系土壤各项重金属含量与相应的风险筛选值对比结果显示，矿区根系土壤样品重金属含量无一例超标（图9.3），Cd、As、Pb、Cr、Cu、Ni、Zn元素的平均含量均远小于农用地土壤质量风险筛选值。Cd、As元素含量最大值远小于标准筛选值，Pb、Cr、Cu、Ni、Zn元素含量最大值与标准筛选值较为接近。从矿区根系土壤重金属含量情况来看，甲基卡矿区土壤环境优良，依据最新土壤质量标准，矿业活动未对矿区土壤造成明显的重金属污染。可以说与其他稀有金属矿床相比，锂矿区现有的开采及矿石处理过程相对洁净。

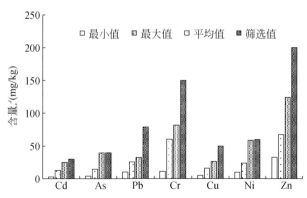

图9.3 甲基卡矿区根系土壤样品重金属含量与风险筛选值对比

Cd含量为100倍于原始Cd含量；资料来源：高娟琴等，2019a

综上，甲基卡大型锂资源基地土壤重金属含量水平及污染情况研究结果表明，甲基卡土壤Cd、As、Pb、Cr、Cu、Ni、Zn含量均远低于国家土壤质量标准中的土壤污染风险筛选值，其中Pb、Cr、Cu、Ni、Zn含量平均值低于全国A层土壤背景值。甲基卡硬岩型锂矿区内进行过的矿业活动未导致土壤重金属污染，采矿及选矿活动开展合理，生产过程相对安全洁净。在 2016 ～ 2018 年矿区无矿业活动开展的三年间，尾矿库部分监测点根系土壤重金属元素 Cd、As、Cr 含量明显呈逐年下降趋势。选矿厂房及尾矿库周边根系土壤重金属由于人为源的存在有一定的富集现象，但均远低于环境标准限值，不存在土壤重金属污染现象，废弃物对环境污染小，可持续发展适度。

第三节　甲基卡大型锂资源基地的环境评价

一、甲基卡大型锂资源基地环境评价的主要内容

甲基卡大型锂资源基地环境评价包括两方面内容。一是通过对调查区的土壤、地表水连续的采样检测，高精度分析（ICP-MS 等）其中有益有害元素的组成与含量，测定其理化特征参数，为评价指标体系的建立提供大量的可选择指标，使得评价体系的建立更加完整、真实。二是研究建立相应计算方法与评价模型，环境效应的影响因素多样，包括大量定性、定量数据，最终要实现每一个评价指标的量化分级，宏观掌握每一阶段的开发活动的环境影响程度，辅助规范大型基地矿产资源开发利用的管理及决策。

（一）水、土壤环境评价数据获取方法

对于水环境评价中涉及的元素及主要离子的含量数据由如下测试方法获得。主要阴离子测定仪器：离子色谱仪，型号 Dionex DX-600，分离柱（Dionex IonPac AS18 4mm）；保护柱（Dionex IonPac AG18 4mm）；自动再生微膜抑制器（ASRS ULTRA II 4mm）；电导检测器。微量元素测定仪器：电感耦合等离子体质谱仪（ICP-MS）。按照仪器操作说明规定条件启动仪器，进行仪器参数最佳化试验，并进行校准，校准数据采集至少三次，取平均值。每批试料测定时，同时测定实验室试剂空白溶液，且同时分析单元素干扰溶液，以获得干扰系数（k）并进行干扰校正。试料测定中间用清洗空白溶液清洗系统。

对于土壤环境评价中涉及的元素含量数据由如下测试方法获得。采集的土壤样品置于电热恒温鼓风干燥箱之中于 65℃ 烘干至恒重，过 200 目筛，得到土壤粉末。于封闭熔样的聚四氟乙烯内罐中，称取粉末样品 0.0500g（误差范围 ±0.0010g），随后加 2mL 氢氟酸、1mL 硝酸，盖上盖，装入钢套中封闭，于 190℃ 加热保温 30h。待冷却后打开盖子，取出聚四氟乙烯内罐，置于电热板上，170℃ 蒸发至干。加 0.5mL 硝酸再次蒸发至干，这一步骤重复两次。加 50% 硝酸 5mL，盖上盖，将聚四氟乙烯内罐装钢套中封闭。熔样器放入烘箱中，150℃ 下保温 3h，熔样器冷却之后，将其内溶液转至 50ml 容量瓶中，用超纯水定容至刻度，备 ICP-MS 测定。除土壤粉末制备外，以上测试均在国家地质实验测试中心完成（于扬等，2019）。

（二）评价指标体系的构成及模型方法的选择

大型资源基地矿产资源的开发时间跨度长、社会经济影响大，特别是当大型资源基地位于特殊地貌区或生态脆弱区时，其生态影响深远。川西高原生态的脆弱性主要受到

自然环境和人类活动两方面作用的影响。研究区平均海拔超过3700m，海拔效应使得温度明显低于同纬度的其他地区，被称为"世界第三极"。同时该区域深处大陆内部远离海岸线，空气寒冷干燥，降水量低，土壤发育历史短，肥力较弱，植物结构单一。低温缺水加之土壤肥力较差使得植物生产力低下，更新速度缓慢，破坏后恢复速度慢（于伯华和吕昌河，2019）。这一系列自然因素决定了川西高原生态承载力较弱的事实，使其对于外界扰动较为敏感，容易出现退化现象，且退化破坏后较难恢复。人为活动扰动了生态系统稳定的状态，由于生态脆弱区的生态承载力水平低下，人为活动如果没有得到有效的规范和控制，很容易超出环境生态的承载力，对环境造成破坏。尤其是矿业资源开发中的采矿、选矿、冶炼很容易给环境带来破坏，须在开发规划之初就有所重视。

实现矿产资源的合理开发，既需要协调好生态环境保护与资源开发利用的关系，又要科学地预判采矿对环境可能造成的影响，还要制定合理的环境保护与减缓环境不良影响的措施，三者缺一不可。因此，在大型基地矿产资源开发的不同阶段，其环境评价的指标应各有所侧重，模型及计算方法的选择也应各有不同。结合生态脆弱区的特点，从资源开发不同阶段出发，本次工作形成了一套大型基地矿产资源开发不同阶段环境评价指标体系（表9.4）。该体系中，自然地理和地质背景属于对自然环境生态的评价，从地形地貌、植被覆盖度、降雨量、岩性组合等几个角度较全面地总结和评价了自然环境原有的承载能力水平，因此这几项的评价指标贯穿了整个资源基地开发的各个阶段。矿业开发与其带来的对于土壤和水的影响属于人为活动给环境带来扰动的范畴，指标体系中将这两部分详细地划分为20项分指标，能够较为客观地涵盖人为矿业生产中的这种活动以及对于环境的各方面的影响（于扬等，2019）。

表9.4 大型基地矿产资源开发不同阶段环境评价指标体系

目标层	指标层	勘查初期阶段	矿产资源开发阶段	环境恢复治理阶段
自然地理	地形地貌	√	√	√
	降雨量	√	√	√
	植被覆盖度	√	√	√
地质背景	地质构造	√	√	√
	岩性组合	√	√	√
矿业开发	主要开采方式	√	√	√
	噪声	√	√	√
	占用土地比例	√	√	√
	开采点密度		√	√
	采空区面积比		√	√
	开采回采率		√	√
	选矿回收率		√	√
	共伴生组分利用率		√	√
	尾矿利用率		√	√

目标层	指标层	勘查初期阶段	矿产资源开发阶段	环境恢复治理阶段
环境影响	地质灾害隐患	√	√	√
	地质灾害预警	√	√	√
	水资源破坏程度	√	√	√
	土壤资源破坏程度	√	√	√
	固废堆放占地		√	√
	废水废液排放		√	√
	大气环境质量		√	√
	荒漠化面积		√	√
	土壤侵蚀模数		√	√
	环境治理投入强度			√
	治理难度			√

资料来源：于扬等，2019。

二、甲基卡锂资源基地环境评价结果与分析

本次研究参考《区域环境地质调查总则（试行）》基本要求，针对川西甲基卡锂辉石矿区环境特点与勘查开发阶段，建立了一套包括自然地理、基础地质、矿业开发以及地质环境在内4大类、12小类的评价指标体系。指标体系的构建共分2个层次：第一层次为4个矿山环境因子的大类指标划分，即自然地理（A）、基础地质（B）、矿山开发占地（C）和矿业活动有关的环境影响（D）；第2个层次为各个大类指标的细化指标，包括12个分项指标（指标层）进行（于扬等，2019）。

（一）评价过程与方法

评价过程中，依据建立的评价指标体系，通过典型区资料的收集处理，包括Landsat遥感影像、研究区基础地质图、研究区数字高程模型（分辨率30m）、研究区行政区划图、研究区水样评价数据（野外调查实测）、研究区土壤评价数据（野外调查实测）、研究区自然、社会经济方面的文字资料等，利用ENVI、ArcGIS等空间数据处理软件，对遥感影像进行投影转换、几何精校正、归一化植被指数计算；利用ArcGIS软件对研究区的DEM数据进行坡度计算，得到坡度图；利用ArcGIS、ENVI软件，通过人机交互解译、空间分析等方法，计算得到矿山开发占地等评价指标图层。

通过几何重采样、分值量化处理等方法，将研究区采样为27118个100m×100m的单元，每个单元均具有12个量化指标，评价指标值均量化为1、2、3三个分值。对经过验证的、成熟的评价方法（于扬等，2017）进行优化，构建基于支持向量机的环境评价模型，将研究区划分为环境较差区、环境一般区、环境较好区、环境良好区四类区域（图9.4）。评价结果中，环境较差区主要集中在矿区、矿区周边及尾矿库周边，环境较好区主要分布在远离矿区的坡度较小、植被覆盖较高的区域。通过对已有先验经验的验证单元的

分类，判断分类评价模型的客观性和准确性。628 个验证样本中，13 个为环境较差区样本，48 个为环境一般区样本，106 个为环境较好区样本，461 个为环境良好区样本。验证结果表明，除环境良好区单元中有 19 个环境良好区单元被误评价为环境较好区单元外，其余单元均被正确分类，总体准确率达到 97.77%；尤其针对环境较差区的判别，准确率达 100%。

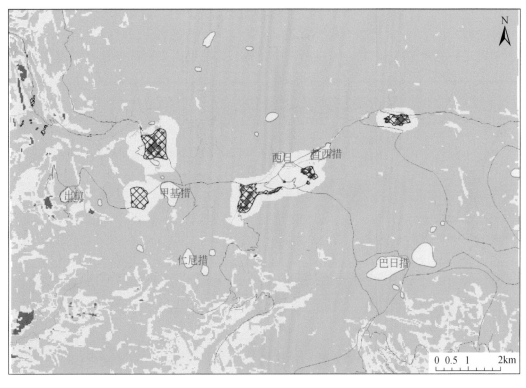

图 9.4　甲基卡大型锂资源基地环境评价分级图

资料来源：于扬等，2019

（二）评价结果与分析

将提出的环境评价指标体系及评价模型应用在甲基卡矿区，对研究区的环境现状做出了合理的分级，解决了以往以行政单元（市区县界）为单元的评价在矿区或大型基地尺度的应用壁垒，从技术上实现了大型资源基地环境现状的"像元级"的评价分级。研究结果表明本指标体系和模型能够比较客观地反映甲基卡矿区及周边地质环境背景、资源开发环境问题与影响范围，回答了"能不能开发"以及"开发哪里"这两个实际问题，为当地资源开发与环境保护协调发展提供了一定证据与参考，助力突破高原生态脆弱区找矿部署与环境保护瓶颈问题，具有较强的现实意义。

第十章　甲基卡大型锂能源金属基地综合调查评价

在以往的矿产资源规划中罕见提及锂等战略性新兴矿产，但在《全国矿产资源规划（2016—2020年）》中18处提到锂，并将其作为9个"储备和保护矿种"之一、24个战略性矿种之一，要完成60万 t Li_2O 的勘查目标，需建设2个能源基地（甲基卡、柴达

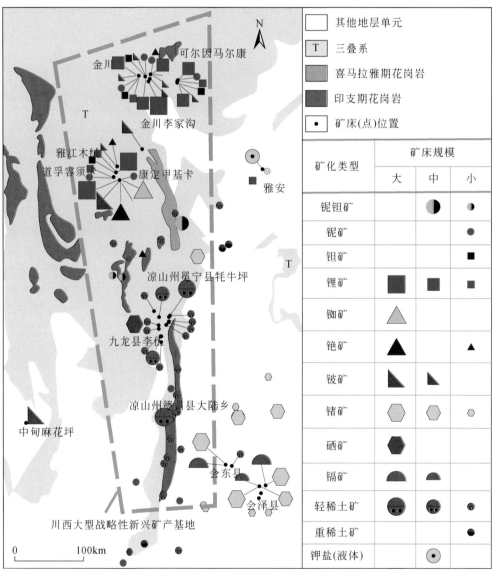

图10.1　川西大型战略性新兴矿产基地开发利用示意图

木），为此而设立了 1 个国家规划矿区和 7 个重点勘查区。甲基卡就是唯一的国家规划区。之所以要在甲基卡设立国家规划区，第一方面是资源条件得天独厚，第二方面是四川及其辐射的周边市场极其庞大，第三方面是以成都为中心的技术力量尤其是核工业技术力量、经济实力和创新研发能力都是有目共睹的。

为什么选择川西作为我国第一个战略性新兴矿产基地、将甲基卡作为国家规划的锂矿区呢？这是因为川西不但探明的稀土、稀有及稀散金属种类齐全、量大质优，而且成矿条件优越，潜力巨大（图 10.1）。根据"十三五"规划要求，结合战略性新兴产业发展的趋势，期望到 2030 年底，在川西地区累计探明氧化锂资源储量翻一番，从根本上改变新疆阿尔泰和江西宜春等传统的锂矿资源基地因资源过度开发而造成的被动局面，形成以川西为主的新的勘查开发格局，并服务于长江上游绿色生产和绿色生活方式的转变，带动当地群众脱贫致富；建成川西战略性新兴矿产勘查开发示范基地，建立战略性新兴矿产调查评价、勘查开发理论和技术体系；为锂作为能源金属在可控核聚变等方面得到实质性开发利用提供资源保障，为从根本上改变我国的能源结构做出贡献。这就是本次研究在川西开展以锂为主的资源潜力评价和重点地区勘查示范的主要目标任务。

第一节　技术经济可行性评价

围绕项目要求，以了解川西甲基卡大型锂矿资源基地勘查开采技术条件、矿石加工利用条件和开发利用外部条件为主要目的，本次研究在综合地质调查的同时开展了技术经济可行性评价，旨在预测锂资源开发利用的技术经济可行性，为下一步勘查开发工作提供依据。

一、技术经济可行性

锂是自然界最轻的金属元素，具有优异的物理化学性能，早期用于军事工业，随着科学技术的发展，其应用范围不断扩大，不但在电解铝添加剂、高能锂电池、润滑脂、玻璃、陶瓷、石油、化工、电子工业、食品、医药等行业中具有广泛的用途，而且在现代尖端技术领域，如原子能、宇航、导弹、飞机、火箭、卫星及热核工业中也起着重要作用。此外，锂作为高能源金属，一旦可控热核反应技术实现新的突破，锂将成为人类寻求的最重要的新能源之一。

目前，锂电池技术持续获得突破，以锂电池为动力的、节能的、无废物排放的新能源汽车已受到各国政府的高度重视，国内外对锂资源的需求不断增加。锂作为"21 世纪清洁能源金属"已受到各产锂国高度重视并均不同程度地限制出口，而我国新疆可可托海锂矿资源日益枯竭，增大了国内需求缺口；目前我国固态型锂矿资源 60% 产于四川，而开发量仅占 2.83%。

全国九家锂盐厂除江西、湖南两家锂盐厂所需原料为锂云母外，其余新疆锂盐厂、漩口锂盐厂、都江堰锂盐厂、射洪锂盐厂等七家均以锂辉石为原料。目前国内年产锂精矿总量约为 36000t/a，而需求总量约为 105000t/a，实际缺口为 69000t/a，缺口比例达 65.7%。

从 2016 ~ 2018 年的市场销售情况来看，由于国内缺口较大，市场价格一直处于高位；

从市场走向来看，短期内较大下跌的可能性较小。锂精矿（>6.0%）的价格在1800元/t以上，其成本在1000元/t左右，单就锂精矿而言，已有较大的利润空间，加之甲基卡等矿区内的矿体中有大量的附加值即较高的钽铌锡等成分，因此利润空间将更可观。目前钽铌金属市场价位为820000~860000元/t，锡金属市场价位为160000元/t以上。

目前，全球性锂资源进入深度开发阶段。以往主要应用于基础行业的锂矿产，一大部分转而应用于航空、航天器、民用产品和核燃料、电子制造业。显而易见，锂资源的经济意义重大。

(一) 锂资源用途及需求

目前锂矿被国家列为新能源矿产，国际上供不应求。近年全球锂矿资源主要被智利、阿根廷、澳大利亚等国垄断，原材料锂价一直上涨。国内外市场对锂化合物的需求稳步增长。新能源汽车正向市场广泛普及，锂电池作为核心部件，对原材料的数量及质量提出更高要求。锂资源成为各新能源企业的必争之地。目前国内锂资源严重依赖进口。根据不完全统计，国内有7家上市公司到国外并购锂资源，天齐锂业股份有限公司拟出资约40亿美元受让NUtrien集团23.77%的股份，并早在2014年完成了对Talison Lithium母公司文菲尔德控股私人有限公司51%权益的并购。除天齐锂业股份有限公司以外，还有一家龙头企业亦在推进海外并购，以分配锂资源。

金属锂价格一路攀升，根据矿道网（www.mining120.com［2021-03-25]），2018年5月金属锂（99%）价格为91~93.5万元/t，国内锂精矿（氧化锂6%）市场价格约为9000元/t。

锂是重要的战略资源，广泛应用于化工、冶金、玻璃和陶瓷等传统产业，更是发展新兴产业的关键资源。在高端制造领域，铝锂系列合金用于飞机、火箭、船舶、车辆壳体和结构部件，锂基树脂用于润滑；在战略性新兴产业领域，锂主要用于新能源，而新能源汽车是当前最普遍的用途；在核电领域，锂既用作铀反应堆的裂变控制棒，也是受控核聚变的主要原料。国内外市场对锂矿需求稳步增长，市场供给严重不足，导致锂矿价格居高不下，对锂稀有金属进行开发利用，投资回报率较高，可产生较好的经济效益。

(二) 技术上可行性

调查区内锂矿床属花岗岩伟晶型锂矿床，产于花岗伟晶岩脉体中。矿体形态简单，和伟晶岩脉基本一致、含锂辉石花岗伟晶岩脉基本上全脉锂矿化，以脉状为主，似层状、透镜状次之，伟晶岩脉、矿体产状相同。矿体与围岩分界明显，易于开采。区内已发现的锂矿床、矿脉具有分布较集中、矿体形态变化稳定、品位较高且变化较小等特点。

(三) 经济和社会效益

调查区地处川西高原，以农牧业为主，社会经济较落后，没有上规模的支柱产业。因此，在目前国内外对锂资源的需求不断增加的情况下，进行锂辉石矿的开发建设，不但符合资源开发西移的战略，而且对该县、该地区经济的发展，人民生活水平的提高，民族团结均能起到重要作用，社会效益明显。

目前，在甲基卡、金川、马尔康等地区锂矿采、选、冶矿业基地已逐步形成。交通方便，物资、能源供应良好，未来矿床开发内部条件充实，外部条件优越，目前采、选、冶技术成熟，国内外市场前景看好，区内锂辉石矿床具有较好的开发利用前景。

近几年，我国不少重要矿产资源的消费增速减缓，重要矿产品价格仍在低位徘徊，但资源不足这个基本国情一直没有改变，国内矿产资源供应能力严重不足；同时，随着全球经济复苏，特别是东盟、印度等新兴经济体工业化与城镇化进程加快，对矿产资源刚性需求量的进一步释放，将不断提振传统矿业，使得全球矿业仍然有望扭转下行颓势而重新进入上行通道。特别是锂、铍等稀有金属是国家紧缺矿种，具有较大的市场需求量。因此，除甲基卡和马尔康外，对本次新发现的红石坝钨矿和山神包锂铍矿的开发也是可行的。参考甲基卡大型锂矿床和党坝锂辉石矿的选矿指标，以其选矿回收率为依据，结合红石坝钨矿床和山神包锂铍矿床的实际情况，确定红石坝钨矿床和山神包锂铍矿床可利用性评价等级为易-中等。若红石坝钨矿和山神包锂铍矿投产后，其矿产品分别为钨精矿（55%～65%）和锂精矿（>6.0%），而当前钨精矿（55%～65%）价格在100000～102000元/t，锂精矿（>6.0%）价格在3300～5400元/t，钨金属市场价位为285000～315000元/t，铍铷金属市场价位为6800000～7000000元/t，矿山将具有较好的经济效益。同时，能解决当地的部分劳动力，形成矿山生产基地，提振当地经济发展，具有较好的社会效益。

二、开采技术、矿石加工技术及开发利用外部条件

（一）甲基卡矿区及外围

1. 自然条件

甲基卡地处川西高原东南缘，区内海拔在4000～4540m，相对高差540m，山脊浑圆，河谷浅切，谷底宽阔，山峦起伏连绵，属浅切割丘状高原区。

工作区位于川西高原低温大陆性季风气候区，气候寒冷，年均气温0℃，最低气温-23.9℃（1～2月），最高气温22.5℃（7～8月），一般气温11月至次年3月，气温-23.9～-3.4℃，4～10月气温4～10℃。封冻期为12月～次年4月，冻土深度一般1～2m。年平均降雨量约996mm，5～9月降雨量最大，每年6～8月雷电较剧，雨水充沛，月降雨量133～256mm，最大暴雨强度达41mm。年均蒸发量1421mm，大于年均降雨量。年平均相对湿度为84%，多年平均日照时数1300h以上。据统计资料，春冬两季风较大，常达10～16m/s，属6～8级强-大风，其余季节风速较小，多为0.5～2m/s。主要自然灾害有旱、涝、冰雹、泥石流等。

工作区为纯牧区，区内居民全部为藏族游牧民，人烟稀少，多分布于政府修建的牧民定居点及河谷、草甸地带，经济来源主要为放牧和采集区内虫草、贝母、黄芪等贵重中药材，经济较落后，劳动力有剩余。多从事牧牛、羊、马，除牛肉、羊肉、酥油自食外，尚能为轻纺工业及食品工业提供较多数量的毛、皮、酥油、牛肉、羊肉等，其他生产生活必需品均需外地补充。区内产虫草、贝母、鹿茸、麝香、黄芪等贵重药材。区内有采探矿

权，但自 2013 年 10 月至 2018 年 6 月一直处于停工状态（融达已于 2019 年上半年复产），区内水资源和矿产资源丰富，若能合理有序开发，将对促进当地经济发展和文明建设起到积极重大的推动作用。

2. 资源条件

甲基卡矿区为四川省找矿突破战略行动整装勘查区，2016 年已列为国家级整装勘查区。区域内锂、铍、铌、钽稀有金属矿地质条件优越，勘查程度较低，具有较大找矿前景的矿种，也属于鼓励勘查的矿种。

1992 年以来，甘孜州融达锂业有限公司、天齐锂业股份有限公司和成都兴能新材料股份有限公司三家公司先后进入相邻地段进行勘探及开发。甲基卡矿区内依法设置有矿权 5 宗，分别为：甘孜州融达锂业有限公司康定甲基卡锂辉石矿（证号：C5100002010125130103794）、雅江县润丰矿业有限责任公司烧炭沟脉石英、锂辉石矿（证号：C5133002009126110049725）、四川天齐盛合锂业有限公司雅江县措拉锂辉石矿（证号：C5100002012045210124005）、四川省雅江县德扯弄巴锂矿、石英岩矿详查（证号：T51120080403005946）和四川省康定市甲基卡海子北锂矿普查（省地勘基金项目）。其中，甘孜州融达锂业有限公司和天齐锂业股份有限公司已建厂，同期企业投入：融达锂业有限公司探矿投入 1.2 亿元，天齐锂业股份有限公司探矿投入 1.1 亿元，成都兴能新材料股份有限公司探矿投入 1 亿元，合计投入 3.3 亿元，但自 2013 年 10 月 ~ 2018 年底未生产开采。

甲基卡工作区内最典型的矿床为甘孜州融达锂业有限公司的甲基卡锂辉石矿，其获准开采的 134 号脉是以锂辉石为主的全脉均具工业矿化的大型花岗伟晶矿脉，矿体呈较规则的脉状，水平投影呈梭形，横剖面呈不规则楔形，倾向北西，矿体沿走向长 1055m，延深 200 多米，可见露头长 600m，厚度 20 ~ 100m，平均厚度 55m。矿体富含 Li、Be、Nb、Ta 等稀有金属，其中 Li 含量较高。锂一般以独立矿物锂辉石存在，或是呈类质同象赋存于脉石矿物及副矿物的晶格中。该矿山矿石储量 3709 万 t，矿化均匀，Li 平均品位 1.398%，有非常好的露采条件；矿体大面积出露地表，海拔 4380m 以上山坡露天的矿石量有 916 万 t，平均剥采比 0.83；围岩属中等变质程度的变质岩，稳定性能良好。总体来说，134 号脉及围岩和物理机械性能良好，矿体埋藏浅，开采技术条件简单，易于开采。甘孜州融达锂业有限公司的矿山设计规模为 3000t/d，选厂 2000t/d，年采选 60 万 t。该矿山的锂铍选矿在常温下采用简单的优先浮选绿柱石后选锂辉石或直接浮选锂辉石两种流程，钽铌矿采用两段重选、粗选和重-磁-浮精选流程，其整体生产工艺方案为：露天开采—汽车开拓运输—分段破碎—两级磨矿—浮选精矿，产品为含 Li_2O 6% 的锂精矿，根据目前市场趋势及行情，锂精矿的出厂价格约 3000 元/t（含税价），精矿产率为 20%。

3. 社会经济条件

甲基卡所在的区域水电资源丰富，距其西几十千米正在建设的雅砻江两河口水电站，位于雅砻江干流上，是我国涉藏地区综合规模最大的水电站工程，控制流域面积 65599km²，电站装机容量 3000MW，多年平均发电量 110.62 亿 kW·h。距其东几十千米的康定小水电较发达，目前已形成规模。

甲基卡工作区交通方便，从工作区沿乡道东行至塔公镇接 S208 省道，再经新都桥入 318 国道，过康定、雅安可达成都，全程 432km。但工作区处于高海拔地区，基础设施较差，对外依赖程度高，对外运输全部为汽车运输。

工作区为偏远的藏族牧区，人口稀少，教育文化程度低，经济收入以放牧和采集虫草等药材为主，经济较为落后。

近年来，随着对锂等新兴能源需求的日益增长，国家相继出台了一批与锂产业有关的发展规划和政策，四川省政府发布了《战略性新兴产业（产品）发展指导目录（2012 年）》，四川省委办公厅、省政府办公厅发布了《关于建立五大高端成长型产业和 56 个重大产业项目协调推进机制的通知》等，并成立由省领导任组长的五大高端成长型产业发展推进小组，四川省自然资源厅也安排省级地勘基金加快甲基卡矿区锂矿资源的调查评价，甘孜州政府围绕"生态立州、产业强州"经济社会发展总体战略，按照"一优先、二有序、三加快"的产业发展思路，有序推进矿业发展。地方政府出台的这些矿产资源规划和产业政策为锂产业的发展提供了强有力的政策支持，甲基卡的优势锂矿资源开发必将迎来新一轮发展机遇，加快甲基卡矿区的勘查开发必将推动国家、四川省的战略性新兴产业发展，促进甘孜涉藏地区经济社会跨越发展，提升矿业发展水平，改变民族工业发展格局。

4. 开发利用条件

工作区的矿体大部分呈正地形裸露地表（如 134 号、308 号、309 号脉等），适宜露天开采。矿石裂隙不发育，块度较大，稳定性好，上、下盘围岩均为片岩，以细鳞片粒状变晶结构为主，围岩中片理、节理发育，较矿石易于破碎，稳定性不如矿体。总体上，甲基卡地区的锂辉石矿脉及围岩的物理机械性能良好，矿体埋藏浅，开发技术条件简单，易于开采。

工作区内锂辉石矿脉的成矿母岩为甲基卡二云母花岗岩体，矿脉以钠长石锂辉石型花岗伟晶岩矿床为主，工业类型为锂辉石伟晶岩矿床，其矿石的矿物构成中，稀有及稀土金属矿物主要有锂辉石、钽铌铁矿、绿柱石、腐锂辉石、磷锂铝石等，一般金属矿物有磁铁矿、黄铁矿、黄铜矿、锡石、辉钼矿等，脉石矿物主要有微斜长石、正长石、叶钠长石、板状钠长石、石英、白云母、绿帘石、绿泥石、电气石等。矿石中有益组分主要是 Li_2O，伴生有益组分主要是 Nb_2O_5、Ta_2O_5、BeO、Rb_2O_3、Sn 等，矿石结构以交代结构为主，结晶结构次之，矿石构造有浸染状构造、斑杂状构造、条带状构造三类。

以现有甘孜州融达锂业有限公司的矿山为例，本着合理、简化的原则，其选冶工艺流程为：破碎（三段一闭路）—磨矿（两段球磨，一段闭路）—浮选（一粗两精一扫），设施考虑工作可靠、维修简单、易于操作、高效节能的国家定型产品，并尽量减少设备种类，以便于生产管理，降低成本。破碎设备主要有颚式破碎机、双腔破碎机等，筛分设备主要有自定中心振动筛，磨矿设备主要有格子型球磨机，分级设备主要有 FG-12 型高堰式分级机，浮选设备主要有 SF-1.2 等。

矿山开采、选矿的主要污染物及危害因素的防治措施如下。

1）粉尘

矿岩爆破、采掘、汽车运输等均可产生大量粉尘，由于甲基卡地区空气湿度小，粉尘成为矿山的第一危害因素，最容易引起硅肺病，因此对粉尘的防治尤为重要。主要防治措施有：①湿式作业，矿山有条件采用湿式作业，如湿式凿岩、水封爆破、喷雾洒水等，可将危害降低至最小；②个体防护，对矿山员工发放防尘口罩、防风镜等；③爆破防尘，爆前向预爆区洒水，可有效降低粉尘；④通风除尘，矿山自然通风条件好，大气扩散能力强，可自动除尘。

2）废气

矿山爆破产生大量 CO、NO_2，但矿山自然通风条件好，因此危害较小。选厂废气主要为选矿药剂逸散气味和化验室产生的酸气等，采用通风机进行换气，废气对外影响不大。在生活区、选矿厂区种植适合本区气候的树种，以降尘、吸气和美化环境，并可起到一定的减噪作用，为员工提供一个舒适的环境。

3）废水

矿山废水主要为采矿工业废水及生活用水，矿山为金属矿山，废水中主要为无机物，生活用水含少量洗涤剂，可直接排放。选厂虽用水量大，但由于大部分回收利用，废水仅少量排出，经日照后可直接排入河中。

4）废石

矿山剥离的废石主要为片岩，无须处理，集中存放于废石场即可，由于废石场场地开阔，不会出现泥石流等次生灾害。

5）尾矿

尾矿按规定不能随意堆放，且尾矿中尚有铍元素，设计将尾矿堆放于尾矿库中，尾矿库可供整个矿山服务期使用。

（二）可尔因锂矿带

1. 自然条件

可尔因工作区位于巴颜喀拉山脉南东段和邛崃山脉余脉的延伸区，主要山脊多呈北东-南西方向展布，海拔一般为 3800～4500m，最高山峰达 5500m；除部分地段为浅切割丘状高原宽谷草甸草原景观外，其余绝大部分地区属于深切割高山峡谷景观区。春、夏、秋三季时令都很短暂，尤其在高山地区气候干寒，多风雪与霜冻，每年 10 月降雪，至来年 4 月开始解冻，冰冻期长达半年以上；其余地区冰冻期较短，仅每年 12 月至次年 2 月为冰冻期。年平均气温为 7.3℃，7～8 月为当年盛夏季节，气温也只达 18～23℃，昼夜温差亦较悬殊。最佳野外工作时间为每年 4～7 月及 10～12 月。

区内植被除部分草甸区由于高寒缺乏木本植物而广为草丛覆盖外，其余地区的气候与植物垂直分带明显。河谷阶地可种植农作物，沿主河谷坡脚带，蒸发量较大而使气候干燥，植物不茂盛；山坡地带土壤温润，植物繁茂，森林密布，乔灌争茂，繁花似锦；及至海拔 4500m 以上高山，便是衬以峻岩角峰的冻土苔原景观；更高到海拔 5500m 以上，遂有终年积雪不融的万年雪山。

大渡河呈自北而南流经马尔康-金川工作区西部地段，区内河道滩多水急，不能通航，工作区内水系均属大渡河水系。此外，区内还有常年流水的溪流如地拉秋沟、新开沟等。这些溪流大部分由高山积雪补给，水流量稳定，水质较好，可作为生产生活用水。

矿产调查对土地资源的影响较小，但随着矿业的开发，一方面区内植被遭到破坏，另一方面废石废渣量逐渐增加，若顺沟堆放，在暴雨作用下，易形成泥石流地质灾害。但在科学、合理堆放、加强管理的条件下，矿业活动诱发水土流失及泥石流灾害的危险性小。

2. 资源条件

调查区具有优越的成矿地质条件，区内主要矿产有锂、铍、硅、钽、铌矿等，其中锂矿资源十分丰富，近年来区内探矿活动较活跃，先后有数家企业在该地区开展锂等稀有金属的开发、勘查工作，涉及矿业权共计 18 宗，基本情况见表 10.1。已发现的锂矿床有多处达到大型甚至超大型，其中金川县李家沟锂矿氧化锂资源量达到 51.22 万 t，党坝锂矿氧化锂资源量达到 64 万 t，均达到了超大型规模。其中涉及锂矿采矿权有 2 宗，分别为金川县观音桥锂矿开采区块和金川县李家沟锂矿开采区块，其中金川县观音桥锂矿开采区块自 2018 年年底因资源量枯竭，已停止生产。金川县李家沟锂矿开采区块由四川德鑫矿业资源有限公司勘探开发，目前矿山处于在建阶段，未开始生产。

表 10.1　可尔因工作区涉及矿业权情况简表

序号	项目名称	矿业权类型	矿种
1	金川县观音桥锂矿开采区块	采矿权	锂矿
2	金川县李家沟锂矿开采区块		锂矿
3	金川县万林乡大树子硅矿开采区		硅矿
4	马尔康市地拉秋锂铌锡矿详查	探矿权	锂矿
5	金川县太阳河口锂多金属矿详查		锂矿
6	小金县抚边乡小草坝铜钼矿详查		铜钼矿
7	马尔康市金川县溯寨锂辉石矿普查		锂矿
8	金川县业隆沟锂多金属矿		锂矿
9	马尔康市木尔基锂铍铌钽稀有金属矿普查		锂矿
10	马尔康党坝乡锂辉石矿勘探		锂矿
11	小金县、金川县鱼海子铜多金属矿普查		铜矿
12	金川县斯曼措沟锂辉石矿（优选项目）普查		锂矿
13	金川县龙古锂辉石矿普查		锂矿
14	金川县可尔因西部瓦英锂铍矿（扩大勘查范围）普查		锂铍矿
15	小金县、金川县大草坝铜多金属矿（扩大勘查范围）普查		铜矿
16	金川县热达门锂辉石矿预查		锂矿
17	小金县锅圈岩铜多金属矿普查		铜矿
18	小金县两河乡红寨子沟岩金矿详查		金矿

工作区通过近年的勘查工作，取得了一定的勘查成果，但是受区内恶劣天气、交通条件、深切割地形条件及人文环境等因素的影响，还有大面积区域未开展勘查工作，但从已有矿床地质特征可以类比，这些未工作区域仍然有很大的成矿潜力，有进一步工作价值。

针对这些地区，开展系统的地质勘查工作，有望在锂稀有金属资源储量方面再做突破。

3. 社会经济条件

1）水电

调查区内水系发育，树枝状水网密布，主要河流为杜柯河、脚木足河和梭磨河，属大渡河支流。溪河高度发育，河谷幽深，水流湍急，落差大，流域广，水能资源极为丰富。区内主要依靠水力发电，能满足当地生产生活用电需求。目前在建的双江口水电站，投产后将大幅提高电力资源的输出，能够满足今后矿业开发用电需求。

2）交通

区内主要道路为317国道、各级省道、县道及乡村公路。主要路线交通较便利，部分地区由于地形条件限制，仍无法通车。

3）人力资源

调查区内居民以藏族为主，羌族、汉族较少，居民点多沿河谷散布。区内属连片山区，人口较稀少，据2017年统计，常住人口约5万人，基本能满足矿业开发中的人力资源要求。

4）社会经济

当地主要经济为农牧业，出产青稞、小麦、玉米、马铃薯等自给性农产品，以及牦牛、绵羊、马匹等商品资源和虫草、贝母、鹿茸、麝香等名贵中药材。目前正在大力开发水果种植产业。区内居民整体收入偏低，对该地区的矿产资源进行开发利用，可以带动当地经济发展，有助于扶贫攻坚战略的实施。

5）基础设施及政策

调查区内道路建设较完善，交通较便利，移动电话、程控电话、无线寻呼网络覆盖城区和主要乡镇。广播电视综合覆盖率达89%。区内供电、供水设施齐备，能满足日常生活及生产活动需求。

当地政府大力支持发展优势产业，响应国家相关政策，对优势资源进行综合调查评价，坚持绿色开发，推动经济发展。

4. 开发利用条件

调查区内发现的锂矿体分布较集中，主要在观音桥、松岗–加达等地，通过以下方面对调查区锂矿资源开发利用条件进行评述。

1）开采地质条件

（1）水文地质。调查区处于川西北高原南缘的高山峡谷地带，山势总体北东高，南西低。海拔2500~4500m，矿带出露标高2500~4000m。地势崎岖、沟谷深切。水系发育，地表水流主要有杜柯河、梭磨河、脚木足河及大量网脉状支流，能满足矿业开发用水需求。区内水文地质条件简单，主要为坡积孔隙潜水和基岩裂隙水。大气降水和高山雪水是地下水主要补给源，但由于地势陡峭，沟谷深切，大气降水与雪水很快转化为地表径流，自然排泄。

（2）工程地质。按照工程地质划分，区内有两个工程地质岩组：松散土石类岩组和坚硬岩石类岩组。松散土石类岩组指在沟谷低洼处和灌木丛、草地分布处的缓坡地带、坡积土、坡积洪冲积土，由碎石土、砂、砾、块石土组成，结构松散，赋存孔隙水，透水性好，稳定性差。坚硬岩石类岩组指含矿花岗伟晶岩及上下盘围岩，具板状、块状构造。根据搜集到的区内矿岩物理力学性质试验结果，区内矿岩强度较高，矿体与围岩基本稳定属基本稳固矿岩。调查区内工程地质条件勘查类型属中等类型。

（3）环境地质。调查区内构造复杂，新构造运动上升强烈，属小构造地震高发区，强度 5 级，烈度 6~7 级。据资料，马尔康抗震设防烈度 7 度，设计基本地震加速度 $0.10g$，可见调查区内新构造运动较为强烈，近代地震活动较频繁，其特点是中强地震，根据调查区内地震烈度和区域地壳稳定性分区与判别指标，调查区区域地壳稳定性属基本稳定区，工程建设条件适宜，但今后矿山建设需做抗震设计。由于区内构造发育，地形复杂。在雨季常有小型滑坡、泥石流、滚石、崩塌发生，对行人车辆构成威胁，在今后的开发利用中应予考虑。

2）矿石加工条件

根据研究调查区内的已开发利用的阿拉伯锂矿床资料，对比区内新发现的矿产地矿石特征，发现矿石自然类型、工业类型基本一致，矿石质量结构构造、矿石矿物组成基本相同（表10.2），其矿石加工技术性能也应近似。

表 10.2　可尔因地区新发现矿产地与阿拉伯锂矿矿石特征对比表

项目	新发现矿产地	阿拉伯锂矿
矿石矿物成分	长石（40%~55%），石英（25%~35%），锂辉石（10%~20%）	长石（40%），石英（30%），锂辉石（15%~19%）
结构构造	粒状结构，粒度 2~10cm 为主，块状构造	粒状结构，粒度 2~10cm，块状构造
自然类型	原生锂辉石，品位变化在 1.00%~2.97%	原生锂辉石 Li_2O 1.246%，品位变化在 0.36%~2.40%
工业类型	钠长锂辉伟晶岩，分带性差	钠长锂辉伟晶岩，分带性差
有益组分	锂，主要以独立矿物——锂辉石存在	锂，主要以独立矿物——锂辉石存在
综合回收组分	Sn、Nb、Ta	Sn、Nb、Ta
有害组分	Fe_2O_3 0.18%，MnO 0.11%，P_2O_5 0.25%，K_2O 1.10%，Na_2O 3.13%	Fe_2O_3 1.1%，MnO 0.085%，P_2O_5 0.27%，K_2O 2.62%，Na_2O 3.68%

3）锂资源用途及需求

目前锂矿被国家列为新能源矿产，国际上供不应求。近年全球锂矿资源主要被智利、阿根廷、澳大利亚等地区垄断，原材料锂价格一直上涨。国内外市场对锂化合物的需求稳步增长。新能源汽车正向市场广泛普及，锂电池作为核心零件，对原材料的数量及质量提出更高要求。目前国内锂资源严重依赖进口，金属锂价格也一路攀升。

4）技术上可行性

调查区内锂矿床属花岗岩伟晶型锂矿床，产于花岗伟晶岩脉体中。矿体形态简单，和伟晶岩脉基本一致，含锂辉石花岗伟晶岩脉基本上全脉锂矿化，以脉状为主，似层状、透镜状次之，伟晶岩脉、矿体产状相同。矿体与围岩分界明显，易于开采。区内已发现的锂矿床、矿脉具有分布较集中、矿体形态变化稳定、品位较高且变化较小等特点。

5）经济和社会效益

调查区位于阿坝州，地处高原，以农牧业为主，社会经济较落后，没有上规模的支柱产业。因此，在目前国内外对锂资源的需求不断增加的情况下，进行锂辉石矿的开发建设，不但符合资源开发西移的战略，而且对该地区经济的发展，人民生活水平的提高，民族团结均能起到重要作用，社会效益明显。目前，金川、马尔康锂矿采、选、冶矿业基地已逐步形成。交通方便、物资、能源供应良好，未来矿床开发内部条件充实，外部条件优越，目前采、选、冶技术成熟，国内外市场前景看好，区内锂辉石矿床具有较好的开发利用前景。

（三）平武–马尔康地区

1. 自然条件

1）红石坝工作区

红石坝工作区地处青藏高原东侧摩天岭山脉南西部，地势南西高北东低，属高山峡谷地带，海拔在2400～4500m。邻区海拔最高为工作区外的雪宝顶，海拔5588m；最低为红石坝河谷，海拔2400m左右。区内峰峦重叠，沟谷纵横，切割强烈，以高山为主。植被发育，从针阔叶混交林到针叶林、高山灌林草甸、流石滩植被皆有分布，呈立体垂直分布。西沟是当地主要水系，其上游河床宽平，下游峡谷深曲，向北东汇入涪江。

当地属高原温带亚寒带季风气候类型。气候特点是湿润寒冷，一年中冬季漫长，夏无几日，春秋相连。年平均气温7℃，日照充足，早晚雾多，雨量多集中在每年5～8月。年平均气温为5～7℃，最热的7月平均气温17℃，最冷的1月平均气温3℃。

当地经济以农业、旅游业为主，畜牧业为辅，主产玉米、小麦、马铃薯、荞麦、青稞等农作物，饲养牦牛、犏牛、黄牛、山羊、马等动物。境内有大熊猫、金丝猴、扭角羚、羚牛、珙桐、重楼、金丝楠木、西康玉兰等珍稀动植物，同时施家堡乡也是全国大熊猫重点保护地区，世界自然基金会将这里定为大熊猫走廊核心管辖地。此处盛产虫草、天麻、党参、当归、贝母、羌活、核桃、杜仲、生漆、板栗等药材和土特产品。矿产资源丰富，有白钨矿、铁矿、锰矿、水晶石等矿石。居民以汉族为主，并有少量回族、藏族、羌族等民族，语言为川西北四川话，宗教信仰多为佛教。

红石坝工作区位于西沟风景区内，西沟与黄龙沟、丹云峡、牟尼沟、雪宝顶、雪山梁、红星岩等景区组成了黄龙风景名胜，黄龙风景名胜区为世界自然遗产、世界"人与生物圈"保护区、国家AAAAA级旅游景区、国家重点风景名胜区，获得了"绿色环球21"证书。2017年4月，该区纳入大熊猫国家公园管理范围。

2）山神包工作区

山神包工作区青藏高原东侧摩天岭山脉北西部，地势北西高南东低，属高山峡谷地带，海拔在1000～3000m，区内最高海拔在山神包，为3083m，最低海拔在萨拉沟沟口，为1000m左右，境内峰峦重叠，沟谷纵横，切割强烈，以高山为主，中低山为辅。区内主要水系为新驿沟、木瓜溪、黑水沟，这3条河流的流程皆在10km以上，整个河谷沟深、谷狭，受降雨、降雪和水流的侵蚀冲击，河床比降大，落差很大，河流向南流入夺补河，然后汇入涪江。

当地属山地亚热带季风气候，河谷终年多风，夏天凉爽，冬天较凉，高半山受海拔影响，气温较低，在气候特征上具有"十里不同天"的立体气候特点。年平均气温 12.7℃，无霜期 210 天，冬季受河谷寒气流影响较冷，但夏无酷暑，四季分明，气候相对温和，降水充沛，夏季多雨，冬季多雪，但分布不匀，向阳山坡春夏多有干旱，早春时节的霜冻对一些高山村寨的农作物会带来危害。

当地经济以农业为主，农业主产玉米、小麦、马铃薯、燕麦、荞麦。林、牧业资源丰富。特产有生漆、核桃、蜂蜜。除极少数面积的河谷地带外，其余地区多为海拔 2100m 以上的山地。境内雨量充沛，水能资源丰富，河流落差大，流量大，枯水期短，建电站、修水库筑坝易，人口搬迁少。

山神包工作区南临四川小河沟省级自然保护区，东倚老河沟县级自然保护区，北靠甘肃白水江国家级自然保护区，2017 年 4 月，该区纳入大熊猫国家公园管理范围。

红石坝、山神包工作区地处龙门山北东向构造带、西秦岭东西向构造带和岷山南北向构造带的汇合部位，构造复杂，为地质灾害多发地带。1976 年 8 月 16 日和 23 日，在松潘、平武之间相继发生了两次 7.2 级的强烈地震；2008 年 5 月 12 日汶川发生里氏 8.0 级大地震；2017 年 8 月 8 日九寨沟县发生 7.0 级地震，工作区震感强烈，为地震波及影响区。根据 2008 年 8 月 1 日住房和城乡建设部批准的《建筑抗震设计规范》（GB 50011—2001）局部修订条文及四川、甘肃、陕西部分地区地震动峰值加速度区划图（GB 18306—2001，图 A2）、地震动反应谱特征周期区划图（GB 18306—2001，图 B2），评估区建筑抗震设防烈度为 7 度，设计基本地震动加速度值 $0.10g$，地震动反应谱特征周期值 $0.40s$，设计地震分组为第二组。工作区建设应按建筑抗震设防烈度 8 度进行设防。

2. 资源条件

1）资源优势

通过本次调查评价工作，在松潘县红石坝工作区内发现了 2 条钨矿体和 3 条钨铍铷矿化体，金属矿物主要赋存在石英脉内，通过对 3 条钨矿体进行资源量估算，初步估算（334）WO_3 资源量 0.96 万 t，钨矿接近中型矿床规模。在平武县山神包工作区发现了 2 条含锂云母铍矿体、1 条铍铷矿化体、1 条铍钽矿化体、1 条铍矿化体、1 条锂铷矿化体，金属矿物主要赋存在含锂云母（花岗）伟晶岩内，通过对 2 条含锂云母铍矿体进行资源量估算，初步估算（334）Li_2O 资源量 0.03 万 t，BeO 资源量 0.66 万 t，锂矿为小型矿床，铍矿达中型矿床规模。该区内现无矿业权设置，矿产资源的开发利用在该区属于空白，在该区进行稀有金属资源的开发具有较好的区位优势。

2）矿石质量

红石坝钨矿含矿岩脉主要分布于泥盆系危关组中部岩组（Dwg^2）、石炭系雪宝顶组（DCx）与燕山早期二云母花岗岩体内或外接触带石英脉中，赋矿岩石主要为石英脉。钨矿石主要为中粗粒结构。

山神包锂铍矿含矿岩脉主要分布于黑云母花岗岩岩体构造裂隙内或岩体外接触带的含锂云母（花岗）伟晶岩中，赋矿岩石主要为含锂云母（花岗）伟晶岩。锂铍矿石主要为细-中粒伟晶结构。

区内矿体中矿石构造以块状构造为典型，次为斑杂状、浸染状、条带状构造特征，矿物颗粒间紧密接触。

红石坝钨矿体矿石矿物主要为白钨矿，多呈细小他形粒状，粒度多<1.2mm。脉石矿物及副矿物为石英、云母及不透明矿物等。石英含量约占90%，多呈他形粒状，粒度多为2~10m；白云母含量约占1%，多呈细小片状，粒径多<0.1m，多沿裂隙分布；不透明矿物少量，多呈细小他形粒状及其集合体。

山神包锂铍矿体矿石矿物主要为锂云母及少量绿柱石，锂云母含量5%~10%，多呈片状，粒径一般<10mm；绿柱石少量，多呈柱状，粒度一般<15mm，局部粒径可达20~50mm。脉石矿物及副矿物为石英、长石及不透明矿物等。石英多呈他形粒状，粒度大小不一，一般<10mm。长石主要为钠更长石，次为微斜长石、条纹长石，多呈半自形板柱状，粒度大小不一，一般<5mm，部分具环带结构，多发生绢云母化蚀变。不透明矿物多呈细小他形粒状及其集合体。

矿区采集标本10件，红石坝钨矿矿石平均体重2.56g/cm³，山神包锂铍矿矿石平均体重2.70g/cm³。

3）矿石类型

矿区矿石自然类型简单，红石坝钨矿为石英脉型，山神包锂铍矿为含锂云母（花岗）伟晶岩型。工业类型分别为原生矿和含锂云母（花岗）伟晶岩。

4）赋存状态

钨：为石英脉型矿床中的工业元素，主要富集在白钨矿中。

锂：为含锂云母（花岗）伟晶岩矿床中的工业元素，主要富集在绿柱石中，其次富集于锂云母。

铍：为含锂云母（花岗）伟晶岩矿床中的主要有用伴生组分之一，主要富集于交代期生成的细晶绿柱石中，BeO的分散仍有一部分呈类质同象方式进入造岩矿物晶格中。

5）开采方式及技术条件

红石坝钨矿体赋存于石英脉中、山神包锂铍矿体赋存于含锂云母（花岗）伟晶岩中，岩石较完整，不破碎，裂隙不发育，矿体呈较规则脉状，矿体分别赋存于3650~4400m和2050~2450m间，山势陡峻，相对高差较大，矿体倾角较陡，一般53°~86°，因而矿体可露天开采或平硐开拓、地下开采，只是大部分地段采用露天开采剥离量大，而且易破坏地表植被，因此本矿区内以地下开采为主，辅以露天开采相结合的方式进行矿山开采。

6）选冶方法及性能

参考川西甲基卡大型锂矿床和党坝锂辉石矿矿体特征、矿石质量，确定本区选矿方法为重选—磁选—浮选，选矿流程为一段破碎—两段磨矿—两段磁选—两段浮选。

7）矿产品及价格

根据选矿工艺及流程，红石坝钨矿床、山神包锂铍矿床的矿产品分别为钨精矿（55%~65%）和锂精矿（>6.0%），当前钨精矿（55%~65%）的价格在10万~10.2万元/t，锂精矿（>6.0%）的价格在3300~5400元/t，而钨金属市场价位为28.5万~31.5万元/t、铍铷金属市场价位为680万~700万元/t，矿山投产后，将具有较好的经济效益。

3. 社会经济条件

1）红石坝工作区

红石坝钨矿床位于松潘县施家堡乡双河村，距双河村约15km，施家堡乡有省道通松潘县及平武县县城，并有村级公路通双河村，交通不便。

矿区水源地为西沟溪水，雨量充沛，水能资源丰富，河流落差大，流量大，枯水期短，供水条件较好。

矿权范围内无输供电线路通过，仅有10kV输电线路达双河村，施家堡乡建有小型水电站。供电条件较差。

区内一定范围内均无矿山建设所必需的钢材、水泥等主要建筑材料，而这些材料均须从松潘及平武境内购买。区内作为矿山建设所需的木材丰富，能满足建设需求。

矿区范围内无覆盖矿区全境的移动通信设施，仅在晴好天气时，矿区最高处附近有黄龙景区移动通信设施的微弱信号。通信不畅。

区内人口稀少，居民以藏、汉族为主，主要居住在施家堡乡等交通便利、相对平缓地区。当地经济以农业、旅游业为主，畜牧业为辅，经济不发达；主产玉米、小麦、马铃薯、荞麦、青稞等农作物，饲养牦牛、犏牛、黄牛、山羊、马等动物，当地生活能自给自足，略有剩余。

本次所探明的钨矿在当地属于禁止开采矿种，但锂、铍、铷矿属国家紧缺矿种，地方政府对兴建矿山企业的优惠政策较好。

2) 山神包工作区

山神包锂铍矿床位于平武县木座乡，距木瓜溪村约8km，木座乡有九环线通平武县及九寨沟县县城，再向东经江油市到绵阳市，有村级公路通木瓜溪村，并有原林场简易公路通矿区。交通较为方便。

矿区水源地为萨拉沟溪水，雨量充沛，水能资源丰富，河流落差大，流量大，枯水期短。供水条件较好。矿权范围内无输供电线路通过，仅有10kV输电线路达木瓜溪村，木座乡境内建有多座梯级水电站，供电条件较好。区内一定范围内均无矿山建设所必需的钢材、水泥等主要建筑材料，而这些材料均须从平武及江油或绵阳购买。区内作为矿山建设所需的木材丰富，能满足建设需求。

矿区范围内无覆盖矿区全境的移动通信设施，通信不畅。区内人口稀少，居民以藏、汉族杂居为主，主要居住在木瓜溪、木座等交通便利、相对平缓地区。当地经济以农业、旅游业为主，畜牧业为辅，经济不发达。主产玉米、小麦、马铃薯、燕麦、荞麦等农作物，饲养犏牛、黄牛、山羊、马等动物，当地生活能自给自足，略有剩余。区内的锂、铍、铷矿属国家紧缺矿种，地方政府对兴建矿山企业的优惠政策较好。

4. 开发利用条件

参考川西甲基卡大型锂矿床、党坝乡锂辉石矿床及紫柏杉钨锡锂铷矿点的矿物学特征、选冶工艺技术，并结合红石坝钨矿床、山神包锂铍矿床的实际情况，确定选矿方法为重选—磁选—浮选，选矿流程为一段破碎—两段磨矿—两段磁选—两段浮选。

在采矿或选矿过程中必然产生大量的固体废弃物，若随意堆放则极易诱发泥石流，应有序管理集中堆放。采矿中产生的废石应尽可能回填采空区，否则集中堆放于各阶段硐口侧的浅沟内，宜在堆场顶部修筑截水沟，在堆体修建挡土墙。选矿中产生的大量尾渣必须设立尾矿库储存，修筑尾矿坝，设专人集中管理，定期检查和维护，雨季要加强巡查，确保尾矿库安全运行，避免尾矿进入沟内诱发泥石流。

矿山坑道内粉尘采用分区通风与局扇相结合的通风方式、湿式凿岩、工作面进行喷雾降尘。选矿厂生产流程中产生的有害粉尘应采用多管旋风除尘器加脉冲布袋除尘器两级收尘后排放。在配药车间、试验室、化验室及样品加工间均设置轴流风机，排除有害气体。各平硐口宜设置坑道废水收集池，经预沉处理后可作生产用水。对尾矿库中的废液宜在库中充分自然曝气氧化、吸附、沉淀后，泵入选矿厂的高位水池循环使用。尽量避免废水直接排入西沟、萨拉沟内，污染地表水体。

第二节　绿色物理选矿技术的创新应用及效果

利用锂辉石物性参数不同于其他矿物的基本特点（密度 $3.13 \sim 3.2 g/cm^3$；介电常数 $8.42 > 7$）（表 10.3），采用三磁法（聚磁永磁超强磁，场强 3T）全物理技术路线（图 10.2），对原矿样品（表 10.4，表 10.5）选矿后 Li 含量为 $29695 \mu g/g$，即 Li_2O 为 6.394%（国际锂辉石精矿标准一级品 $>6\%$），远高于融达锂业有限公司的 5.48%，而成本是浮选法的 1/3。社会环保效益显著，不使用选矿药剂，清洁生产，可作为节能环保型产业化示范工程。

表 10.3　甲基卡矿物组分物性表

矿物	密度/(g/cm³)	比磁化系数/(CGS×10⁻⁶)	介电常数
锂辉石	3.13 ~ 3.2	0.21 ~ 4.86	8.42
锂白云母	2.86 ~ 2.9	0.11，0.82 ~ 2.24	
绿柱石	2.62 ~ 2.9	1.902	
石英	2.65	-0.41 ~ 0.53 抗磁性	
正长石	2.54 ~ 2.57	-0.33 抗磁性	
钾长石（微斜长石）	2.54 ~ 2.57	抗磁性	
电气石	3 ~ 3.25		
方解石	2.6 ~ 2.8	1.52	
铌钽铁矿	5.2	7.188	
锆石	4.68 ~ 7.1	0.81	
独居石	4.98 ~ 5.06	11.32 ~ 18.61	
铯榴石	2.86 ~ 2.9	0.11	
软锰矿	4.7 ~ 5.0	6.453	
褐铁矿	2.7 ~ 4.3		
钛铁矿	4.72	31779	
黄铁矿	5.1	25.49	
锰铝榴石（钙铝榴石）	3.35		

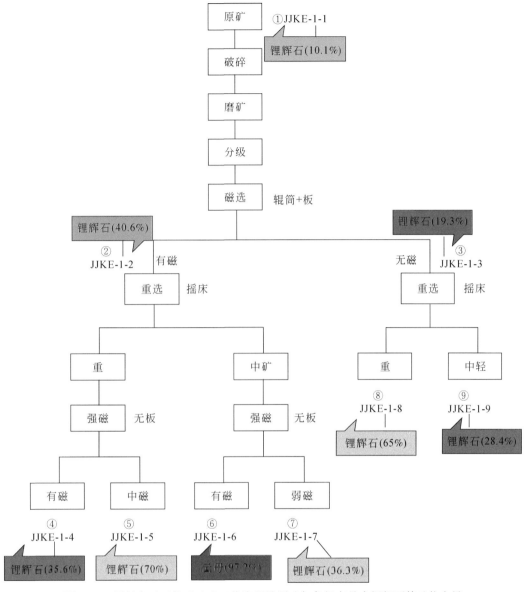

图 10.2　甲基卡矿区物理选矿工艺流程及原矿与各级产品中锂辉石等矿物含量

表 10.4　甲基卡原矿组分定量分析表　（单位：%）

锂辉石	白云母	石英	长石	钽铌矿	独居石	锡石	铁锰氧化物	硫化物	锰铝榴石	其他	合计
12.82	8.07	35.81	39.48	0.02	0.01	0.06	0.46	0.02	0.14	3.12	100

表 10.5　甲基卡原矿多元素分析结果　（单位：%）

Li_2O	Ta_2O_5	Nb_2O_5	SiO_2	Al_2O_3	Fe_2O_3	TiO_2	P_2O_5	Mg	Ca	Mn	BeO	Cu	Pb	Zn
1.24	0.0039	0.0083	64.48	12.29	1.57	0.061	0.21	0.23	0.36	0.11	0.034	0.0029	0.031	0.0079

在可尔因党坝矿区，经四川有色冶金研究院做锂、铌、钽、锡的综合回收试验，采用较复杂的重-磁-浮联合流程，可获得合格的锂、铌钽和锡精矿，但铌钽和锡的回收率较低。今后应加强矿石可选性试验，除选锂、铌钽和锡，还应增加铍的选别。在完成原则流程后，应开展扩大连续试验，以满足建矿要求。除了采用常规的浮选技术之外，还应该根据绿色环保的严格要求，尝试各种新技术新方法，以实现"既要金山银山，更要绿水青山"的目标。中国地质科学院矿产资源研究所采用全物理流程技术路线，在聚磁永磁强磁环境中对川西甲基卡矿区的锂辉石矿石进行选矿试验，初步获得了比浮选法更纯（锂精矿含 Li_2O 6.39%，优于一级品）、成本更低而没有药剂污染的初步结果。该方案还在进一步完善之中（图10.3），但也适用于党坝矿区，值得进一步扩大试验并实用化。

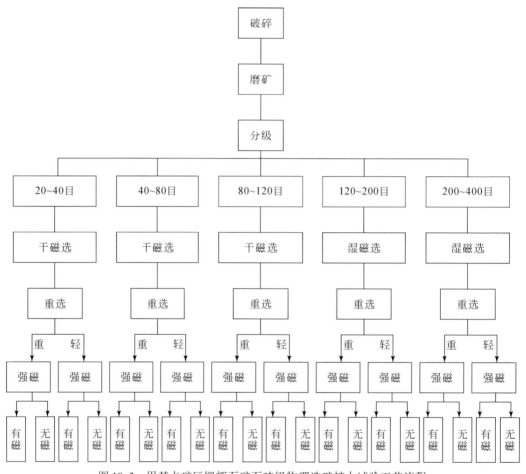

图 10.3　甲基卡矿区锂辉石矿石吨级物理选矿扩大试验工艺流程

第三节　锂作为能源金属的高端评价

锂是一种碱金属元素，原子序数为3，在稳定同位素家族中属于较轻的金属元素。锂有两个稳定同位素，^6Li 和 ^7Li，它们在自然界的丰度分别为 7.52% 和 92.48%，在地表风化作用过程中，^6Li 偏向于保留在固相中，而 ^7Li 则易进入溶液中，而且不同的锂同位素具有不同的用途，其中^{6}Li 是核聚变的关键原料。近年来，锂同位素在地质领域得到了越来越多的应用，如陨石和宇宙化学、陆壳风化过程、板块俯冲及壳幔物质循环、地表水地球化学、卤水来源与演化、污染水体来源、热液成矿作用、海底热液及洋壳蚀变等各个领域，但是锂同位素在矿床学中的运用相对偏少，用于固体锂矿床研究中的实例更少，而运用锂同位素来指导找矿的实例更是罕见。

四川甲基卡是我国目前最大的伟晶岩型锂辉石矿区，自 2015 年以来，地质调查取得重大找矿突破，在甲基卡矿区东北部第四系覆盖区，新发现以锂矿化为主、被命名为新三号脉（X03）的稀有金属矿脉，规模已达超大型。这样的矿脉对于锂同位素的方法试验来说无疑提供了良好的契机。

一、锂同位素地质调查与填图方法

锂作为 21 世纪能源金属的重要地位越来越受到国内外的重视，锂的两种同位素（^{6}Li 和^{7}Li）在核聚变和核裂变反应中均十分重要，尤其是^{6}Li 本身就是核聚变的原材料，属于战略物资，涉及国家安全和能源安全。此外，锂同位素作为"非传统稳定同位素"家族成员之一，已成为同位素地球化学领域研究的前沿。锂具有诸多独特的地球化学特性，使之示踪与流体有关的各种地质作用过程成为可能：① 锂易溶解于热液流体中；② Li 有两种稳定同位素，即^{6}Li 和^{7}Li，同位素丰度分别为 7.52% 和 92.48%，两者的质量差非常大（达 16.7%），导致了锂同位素具有非常强的分馏作用；③ ^{6}Li 偏向于保留在固相中，而^{7}Li 易进入溶液中；④ Li 为单价元素，不受氧化还原条件的影响；⑤ 锂同位素可作为一种有效的示踪手段；⑥ 锂同位素对交代富集作用非常敏感。为此，利用锂同位素填图新技术，摸索出一套全新的同位素地质调查方法，实现"以锂找锂"，并根据锂同位素空间分布特征找锂矿，查明其中^{6}Li 的资源特征。锂同位素地质调查与填图主要包括野外地质调查采样和实验室同位素分析两部分内容。

本次工作在甲基卡矿区范围开展了系统采样，采用横向（地表）与纵向（钻孔）样品采集相结合的方法，并以甲基卡东北部 X03 为重点开展示范研究。

地表样品采集方法：沿矿区东西方向主要系统采集片岩、伟晶岩和花岗岩 3 类岩石，有时还有角岩、细晶岩等。如果同种岩石类型在空间上展布范围广，一般 200m 左右采集 1 件控制样品。从北至南，根据不同岩石类型出露情况，系统采集 5～6 条东西向横切剖面，用以控制整个矿区的同位素分布规律。此外，远离矿区采集 3～4 件片岩样品，用以确定围岩的本底同位素值。样品的大小以能满足研究、分析测试的需要为原则，可以灵活掌握。

钻孔样品的方法：在垂直方向上，系统采集了 12 个钻孔不同类型的样品。在原始钻孔岩心编录的基础上，根据岩性的不同即岩性的差异而进行分层，此分层与原始分层基本吻合；倘若岩性不变，为伟晶岩，但样品长度较长，可达几十米时，则对该层再进行均匀分层，大致 10m 左右一个样，从而增加样品组合样；而围岩样品则是原始工程取样时取的矿层顶底板样品长度为 1m 的样。

锂同位素测试方法分为样品提纯的化学前处理过程和锂同位素比值测试。

样品提纯的化学前处理过程：首先称取 10mg 200 目样品，加入 HNO_3：HF = 1：5 于

PFA 敞口溶样瓶中，然后置于超声波中振荡 10min，转移至加热板，在 100~120℃条件下加热 24h 直到蒸至小米粒大小，再加入一定量的浓 HNO_3，再次转移至加热板，在 100~120℃条件下加热 24h（一般加 2~4 次浓 HNO_3），加入 3mL 浓 HCl 并加热 24h 蒸干，再加入适量 4mol/L HCl 备用。经上述化学前处理的样品，再用 3 根阳离子交换树脂（AG 50W-X8）进行化学分离和提纯，然后用 MC-ICP-MS 测试 δ^7Li 值。实验室 3 件国际标样 BHVO-2、AGV-2 和 IRMM-016 的 δ^7Li 值分别为 +4.33‰±0.76‰（2σ，$n=18$）、+5.68‰±1.04‰（2σ，$n=18$）和 -0.01‰±0.72‰（2σ，$n=15$）（Tian et al.，2012），分析精度与国际同类实验室水平相当（Zack et al.，2003；Jeffcoate et al.，2004；Magna et al.，2004；Marschall et al.，2007；Qiu et al.，2009）。锂同位素分析详细实验流程和质谱测试参见苏媛娜等（2011b）、Tian 等（2012）及赵悦等（2015）。

锂同位素比值测试：锂同位素比值测试分析在自然资源部同位素地质重点实验室的 Neptune 型多接收器电感耦合等离子体质谱仪（MC-ICP-MS）上完成。该仪器配置 9 个法拉第杯和 5 个离子计数器。8 个法拉第杯配置在中心杯两侧，以马达驱动进行精确地位置调节；中心杯后装有 1 个电子倍增器，最低质量数杯外侧装有 4 个离子计数器。MC-ICP-MS 为双聚焦型（能量聚焦和质量聚焦）质谱仪，采用动态变焦（ZOOM）专利技术，可将质量色散扩大至 17%。样品雾化后进入该公司生产的稳定进样系统（stable introduction system，SIS），这种稳定进样系统是气旋和斯克特雾化器的结合，可以提供更为稳定的信号并缩短清洗时间。

二、锂同位素在四川甲基卡新三号矿脉研究中的应用

锂同位素作为一种示踪工具在地球化学研究中发挥着重要作用。本书首次尝试将锂同位素研究应用于四川甲基卡伟晶岩型锂多金属矿区新三号脉（X03）的找矿实践。新三号脉 ZK1101 的系统锂同位素分析结果显示，含矿（锂辉石）伟晶岩中的 $w(Li)$ 为 0.94%~1.80%，δ^7Li 值为 -1.5‰~-1.0‰，平均值为 -1.3‰，相对稳定，变化幅度小；不含矿伟晶岩的 $w(Li)$ 平均值为 0.04%，δ^7Li 平均值为 2.0‰，与含矿伟晶岩可区分开；围岩的 $w(Li)$ 为 0.02%~0.12%，δ^7Li 值为 -13.4‰~-0.4‰，平均值为 -7.7‰，变化范围较大。锂同位素在含矿伟晶岩、不含矿伟晶岩和围岩中存在的明显差异，可作为今后找矿的"示踪剂"。锂同位素组成与锂含量之间不存在直接的线性关系，其三者之间的差异可能在于分馏机制的差异：伟晶岩中锂同位素的分馏机制属于"热力学平衡分馏"；而围岩中锂同位素的分馏机制属于"动力学非平衡分馏"。新三号矿脉中伟晶岩锂同位素的组成暗示其与矿区二云母花岗岩之间具有成因联系，同时围岩中锂同位素的变化趋势也暗示其深部可能存在隐伏矿体，具有找矿潜力。

（一）样品与分析方法

1. 样品特征

通过对甲基卡新三号脉 ZK1101 自上而下的系统采样，采集测试 18 件样品，其中含矿伟晶岩（含锂辉石）样品 10 件，不含矿伟晶岩（不含锂辉石）样品 2 件，围岩样品 6 件。

含矿伟晶岩，岩石新鲜，主体呈灰白色，中细粒花岗结构，较为均匀，块状构造。主要矿物组成有锂辉石（10%～20%）、钠长石（25%～35%）、石英（35%～45%），局部可见石榴子石和电气石（1%～3%）。矿物粒度有一定变化，肉眼可见锂辉石长径小至0.5mm左右，呈细粒结构，长者可达5cm，宽径2～5mm，达粗粒结构。

不含矿伟晶岩，岩石新鲜，主体呈灰黑色夹杂灰白色，斑杂状构造。主要矿物组成有钠长石（30%～40%）、石英（35%～45%）、电气石（5%～8%），整体成分较为均匀，电气石含量明显增加，而肉眼可见锂辉石较少甚至没有。

围岩为灰黑色十字石云母石英片岩。斑状变晶结构，片状构造，表面具有一定的丝绢光泽，局部还可见发育变余层理结构。变基质为鳞片细粒结构，主要成分为黑云母和石英。变斑晶主要为十字石，不规则状粒径为2～3mm，局部可见具"十字双晶"的十字石长1～5mm，宽0.5～3mm。

含矿伟晶岩与不含矿伟晶岩之间实质上并没有截然的分层界线，由于伟晶岩大范围具有斑杂状构造，取样存在一定的局限性，这里的不含矿伟晶岩同样也取自同矿段，只是该位置样品不含肉眼可见的锂辉石。

2. 测试方法

锂含量的分析由国家地质实验测试中心等离子体质谱仪器（ICP-MS）测定完成。锂同位素样品的前处理及 LA-MC-ICP-MS 分析在自然资源部成矿作用与资源评价重点实验室和中国科学院环境研究所完成。具体的实验流程以及质谱测试的步骤参见参考文献（赵悦等，2015；苏媛娜等，2011b）。

甲基卡新三号脉中含矿伟晶岩、不含矿伟晶岩和围岩的测试分析结果见表10.6。

表 10.6　四川甲基卡矿区新三号矿脉及矿区锂辉石及黑云母的锂含量和同位素组成

序号	样品号	类型	$\delta^7 Li/‰$	$w(Li)/\%$
1	ZK1101-2.3	含矿伟晶岩	-1.0	1.69
2	ZK1101-5.6	含矿伟晶岩	-1.0	1.80
3	ZK1101-7.7	不含矿伟晶岩	+0.6	0.05
4	ZK1101-17.2	含矿伟晶岩	-1.2	0.94
5	ZK1101-21.3	含矿伟晶岩	-1.2	1.36
6	ZK1101-22.9	含矿伟晶岩	-1.4	1.05
7	ZK1101-35.6	含矿伟晶岩	-1.3	1.73
8	ZK1101-41.74	含矿伟晶岩	-1.4	0.95
9	ZK1101-70.5	不含矿伟晶岩	+3.4	0.02
10	ZK1101-70.95	含矿伟晶岩	-1.5	0.95
11	ZK1101-75.75	含矿伟晶岩	-1.4	1.40
12	ZK1101-77.3	含矿伟晶岩	-1.5	1.33
13	ZK1101-49.27	围岩	-6.3	0.06
14	ZK1101-56.6	围岩	-10.6	0.07
15	ZK1101-64.05	围岩	-9.3	0.06

续表

序号	样品号	类型	$\delta^7 Li/‰$	$w(Li)/\%$
16	ZK1101-86	围岩	-6.2	0.06
17	ZK1101-107.13	围岩	-13.4	0.02
18	ZK1101-125.6	围岩	-0.4	0.12
19	308 号脉	锂辉石	-0.4	3.43
20	134-4	锂辉石	-0.6	3.36
21	JY-4	二云母花岗岩中黑云母	+0.6	0.74

资料来源：19~21 数据引自苏嫒娜等，2011b。

3. 分析结果

12 件伟晶岩样品的 $w(Li)$ 为 0.02%~1.80%，变化较大，$\delta^7 Li$ 值为 -1.5‰~3.4‰。其中 10 件含矿伟晶岩的 $w(Li)$ 为 0.94%~1.80%，相对应地，$\delta^7 Li$ 值为 -1.5‰~ -1.0‰，平均值为 -1.3‰，相对富集轻锂同位素（即 $^6 Li$）。2 件不含矿伟晶岩的 $w(Li)$ 为 0.02%~0.05%，平均值为 0.04%，而 $\delta^7 Li$ 为 0.6‰~3.4‰，平均值为 2.0‰。与苏嫒娜等（2011b）分析的锂辉石和二云母花岗岩中黑云母的 $\delta^7 Li$ 值相比，含矿伟晶岩（$\delta^7 Li$ 平均值为 -1.3‰）与甲基卡矿区其他矿脉中的锂辉石单矿物（$\delta^7 Li$ 平均值为 -0.5‰）相近，源于受到锂辉石的直接影响；而不含矿伟晶岩（$\delta^7 Li$ 平均值为 2.0‰）与二云母花岗岩中的黑云母（$\delta^7 Li$ 值为 0.6‰）相近。6 件围岩样品的 $w(Li)$ 为 0.02%~0.12%，而 $\delta^7 Li$ 值为 -13.4‰~ -0.4‰，平均值为 -7.7‰，变化范围较大，围岩与伟晶岩的锂同位素存在明显的差异。

(二) 锂同位素的分馏机制意义

含矿伟晶岩、不含矿伟晶岩与围岩之间的锂同位素组成存在明显的差异，得以将之区分。不含矿伟晶岩的 $\delta^7 Li$ 值呈正值，具有小范围的变化幅度；含矿伟晶岩的 $\delta^7 Li$ 值呈负值但稳定；围岩的 $\delta^7 Li$ 值呈负值但是波动较大，不稳定（图 10.4）。这三者之间的锂同位素组成具有明显的差异。数据显示锂同位素组成与锂含量之间并不存在直接的线性关系，由此可以推断锂同位素组成与锂含量无关。结合前人取得的成果（苏嫒娜等，2011b；Teng, et al.，2006b，2009；Deveaud et al.，2015），作者认为造成其差异的根本原因在于分馏机制的差异。

含矿伟晶岩与不含矿伟晶岩属于同一伟晶岩体系，总体而言伟晶岩的锂同位素组成变化较小且稳定，说明整个伟晶岩体系处于独立的平衡状态。伟晶岩中的锂同位素分馏属于"热力学平衡分馏"。而含矿伟晶岩则因为富集大量的锂矿物即锂辉石，更为直接地表现出锂同位素组成的稳定性。锂辉石是主要的含锂矿物，稳定锂矿物的存在使锂同位素的值保持在一个较为稳定的水平，而 $^6 Li$ 较 $^7 Li$ 更容易进入固相，致使含矿伟晶岩 $\delta^7 Li$ 值呈稳定的负值，相对富集轻锂同位素。

围岩的锂同位素组成比伟晶岩低很多且波动幅度较大，造成明显差异的原因在于 $^6 Li$ 和 $^7 Li$ 之间分馏系数的差异，围岩受到伟晶岩流体向外的扩散作用，表现出"动力学非平

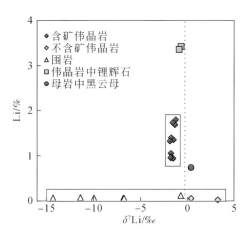

图 10.4　甲基卡矿区新三号脉 ZK1101 样品及区域样品 δ^7Li 值和 Li 含量相关性图解

衡分馏"的特点。Teng 等（2006a）的研究也曾指出，富含锂的伟晶岩和围岩之间的锂同位素分馏系数高达30‰左右，而甲基卡新三号脉的伟晶岩和围岩所表现出来的锂同位素分馏差异也与之相吻合。

（三）锂同位素的示踪意义

Halama 等（2008）的研究认为，岩浆黑云母中锂含量高，其 δ^7Li 值最有可能反映寄主岩的锂同位素组成。苏媛娜等（2011b）以锂同位素组成为直接手段证明锂辉石来源于二云母花岗岩，由此可示踪来源。矿区二云母花岗岩中黑云母的 δ^7Li 值为 0.6‰，介于含矿伟晶岩与不含矿伟晶岩之间，虽有差异但是差异不大，在小范围内存在一定的相关性，表明新三号伟晶岩脉与二云母花岗岩之间具有较好的继承性和一致性，证明新三号脉稀有金属伟晶岩可能来源于二云母花岗岩。

需要注意的是在应用锂同位素示踪的时候，不能单纯地只根据数据的一致性来判断是否有亲缘关系。以甲基卡为例，不含矿伟晶岩与二云母花岗岩中黑云母的锂同位素均为正值，且具有较好的一致性；但是矿化伟晶岩的锂同位素 δ^7Li 值呈明显负值，与前者存在差别，难道这就能认为不含矿伟晶岩与二云母花岗岩之间有亲缘关系，而含矿伟晶岩则与之不具亲缘关系，来源不同？可见这样的想法是有问题的。具体问题需要具体分析，也需要结合地质体的实际情况来分析。

（四）锂同位素的找矿意义

锂同位素组成的分布在钻孔围岩部分呈现特殊现象（图 10.5），即随着深度的加大，43.8～69.3m 和 80.47～126.49m 两段围岩的 δ^7Li 值都显示出先减后增的躺 "V" 字形的特点。以两矿层之间的上段围岩为例，分析其原因可能是含矿流体的扩散作用，相当于围岩受到上矿层流体向下的扩散作用和下矿层流体向上的扩散作用的叠加，造成了锂同位素值的 "V" 字形变化。据此推测，下段围岩表现出的锂同位素分布特征预示其下方极有可能还有一个含锂的 "热源" 对其产生作用。换句话说，虽然钻孔 ZK1101 在 126.49m 处已经终孔，但是其深部仍可能具有找矿潜力，可能有隐伏矿体存在。

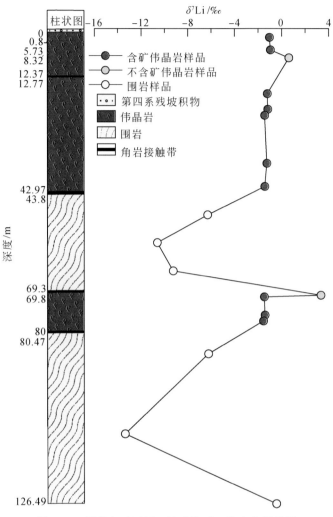

图 10.5　甲基卡矿区新三号矿脉 $\delta^7\mathrm{Li}$ 值变化折线图

（1）甲基卡新三号脉不含矿伟晶岩的 $\delta^7\mathrm{Li}$ 值呈正值，具有小范围的变化幅度；含矿伟晶岩的 $\delta^7\mathrm{Li}$ 值呈负值但稳定；围岩的 $\delta^7\mathrm{Li}$ 值呈负值但是波动较大，不稳定。这三者之间的锂同位素组成具有较明显的差异，说明 $\delta^7\mathrm{Li}$ 值在一定程度上可作为今后找矿的"示踪剂"。

（2）锂同位素组成与锂含量之间无关，两者并不存在直接的线性关系。造成锂同位素组成出现明显差异的原因可能在于分馏机制的不同。其中，含矿伟晶岩与不含矿伟晶岩的差异在于锂辉石的直接影响，伟晶岩中锂同位素的分馏机制属于"热力学平衡分馏"；而围岩中锂同位素的分馏机制属于"动力学非平衡分馏"。

（3）伟晶岩与矿区二云母花岗岩中黑云母的 $\delta^7\mathrm{Li}$ 值在误差范围内具有较好的一致性，反映了新三号脉伟晶岩可能来源于二云母花岗岩，两者在成因上具有内在联系。

（4）新三号脉 ZK1101 所揭示的围岩中的锂同位素分布呈躺"V"字形特点，$\delta^7\mathrm{Li}$ 值于钻孔终孔处的变化趋势，暗示其深部可能有隐伏矿体的存在，对指导找矿有一定的借鉴意义。

三、甲基卡锂作为能源金属矿产的战略评价

Li 同位素作为一种新兴的非传统稳定同位素示踪工具，在精确示踪源区方面具有独特优势。Li 同位素在地壳的深熔作用、高温条件下的结晶分异作用及变质事件中几乎不发生分馏，δ^7Li 主要受源区或原岩的控制。因此，Li 同位素的研究可以为源区性质提供重要线索，为进一步揭示矿区稀有金属的成矿机制、为地质找矿提供基础资料和科学指导。通过对甲基卡矿区锂同位素系统分析可知，不同岩性样品的锂同位素组成分布大多具有明显差异，但伟晶岩与二云母花岗岩的锂同位素分布范围一致，认为伟晶岩与二云母花岗岩之间存在成因联系。甲基卡矿区二云母花岗岩的锂同位素指示其在形成时未受到岩浆结晶分异和蚀变作用的影响。通过对钻孔系统锂同位素分析结果显示，锂同位素在含矿伟晶岩、不含矿伟晶岩和围岩之间存在明显的差异，可作为今后找矿的"示踪剂"。围岩中锂同位素的变化趋势指示其深部可能存在隐伏矿体，对指导找矿具有一定的借鉴意义。

^6Li 同位素是核聚变能源金属材料。锂同位素组成是优选出富含 ^6Li 的能源产地的必要手段。甲基卡矿区二云母花岗岩和含锂辉石伟晶岩与全球其他花岗伟晶岩相比，具有高 Li、低 δ^7Li 的特征，^6Li 富集，这为开发甲基卡地区高端锂资源提供了新思路。

2017 年 6 月至 2019 年 12 月，项目组对甲基卡锂矿区 ZK101、ZK102、ZK105、ZK201、ZK203、ZK302、ZK303、ZK501、ZK701、ZK702、ZK1101、ZK1501 系统采集的全岩样品开展了全岩样品的溶液法 Li 同位素测试工作，同时对矿区唯一岩体二云母花岗岩开展了全岩及白云母、铁叶云母、电气石等矿物的溶液法 Li 同位素测试工作，此外，还对伟晶岩脉中锂辉石矿物原位 Li 同位素开展了探索性研究工作。取得的具体认识如下。

（一）二云母花岗岩和伟晶岩均富 ^6Li，伟晶岩较二云母花岗岩更富 ^6Li

甲基卡二云母花岗岩全岩样品的 Li 含量介于 $192\times10^{-6} \sim 470\times10^{-6}$，均值 309×10^{-6}，中位数为 301×10^{-6}；δ^7Li 值介于 $-1.56‰ \sim 0.90‰$，均值 $-0.26‰$，中位数为 $0.00‰$。围绕甲基卡二云母花岗岩分布的钠长锂辉石伟晶岩的 δ^7Li 值变化于 $-2.99‰ \sim 5.13‰$，中位数为 $-1.14‰$。

与已发表的世界花岗岩锂同位素均值数据（Li 含量均值 66.8×10^{-6}，中位数 34.5×10^{-6}，δ^7Li 均值 $1.4‰$，中位数 $1.2‰$）（Bryant et al.，2004，Teng et al.，2004，2006a，2006b，2009；Magna et al.，2010；Romer et al.，2014）相比，甲基卡二云母花岗岩具有相对高的 Li 含量（$192\times10^{-6} \sim 470\times10^{-6}$）和相对低的 δ^7Li 值（$-1.56‰ \sim 0.90‰$）。据统计，自然界花岗岩的 δ^7Li 值变化于 $-10‰ \sim 20‰$（Tomascak，2004），其中 I 型花岗岩 δ^7Li 值变化于 $-2.5‰ \sim 8.0‰$，A 型花岗岩 δ^7Li 值变化于 $-1.8‰ \sim 6.9‰$，S 型花岗岩 δ^7Li 值变化于 $-1.56‰ \sim 9‰$。甲基卡二云母花岗岩 δ^7Li 值与上地壳 δ^7Li 均值（$0\pm2‰$）相当（Teng et al.，2004），但相比全球其他 S 型花岗岩（如中国安徽荆山淡色花岗岩、澳大利亚东部新英格兰 S 型花岗岩等），其 δ^7Li 值明显偏负，表明岩体富集 ^6Li（图 10.6）。与花岗岩具有密切时空联系的伟晶岩 δ^7Li 值与全球其他花岗伟晶岩（如加拿大小纳汉尼伟晶岩群、美国南达科他州布拉克山哈尼峰伟晶岩）相比，其 δ^7Li 值亦偏负，表明伟晶岩脉亦富集 ^6Li。综上所述，在 Li 同位素组成上，甲基卡花岗-伟晶岩体系显然具有明显富集 ^6Li 的典型特征，且伟晶岩脉比二云母花岗岩更富集 ^6Li。

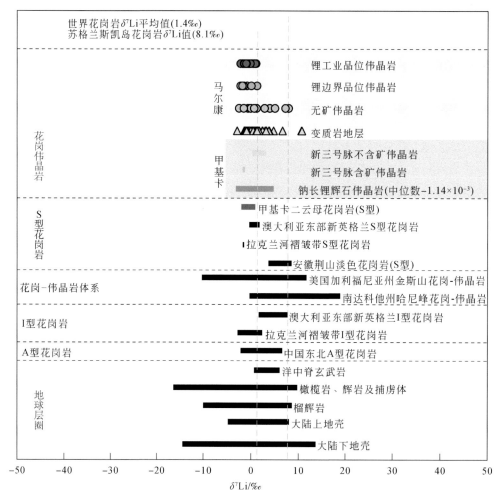

图 10.6　甲基卡矿区花岗岩和伟晶岩中锂同位素组成与其他岩石单元锂同位素组成对比

花岗岩未分中花岗岩数据转引自苏嫒娜等，2011b；安徽荆山淡色花岗岩（S型）数据来自 Sun et al.，2016；拉克兰河褶皱带 S 型花岗岩和 I 型花岗岩数据来自 Teng et al.，2004；大陆下地壳数据来自 Teng et al.，2008；中国东北 A 型花岗岩和世界花岗岩 δ^7Li 来自 Teng et al.，2009；澳大利亚东部新英格兰岩基花岗岩、S 型花岗岩、I 型花岗岩数据转引自 Tomascak，2004；加拿大地盾花岗岩数据转引自 Tomascak et al.，2004；苏格兰斯凯岛花岗岩数据来自 Pistiner and Henderson，2003；美国加利福尼亚州金斯山花岗-伟晶岩和南达科他州哈尼峰花岗-伟晶岩数据转引自 Tomascak et al.，2004；甲基卡钠长锂辉石伟晶岩数据来自项目组未发表数据；甲基卡新三号脉含矿伟晶岩和不含矿伟晶岩数据来自刘丽君等，2017a；美国南达科他州哈尼峰花岗岩和伟晶岩数据来自 Teng et al.，2006b；加拿大大小纳汉尼伟晶岩群数据来自 Barnes et al.，2012

（二）Li 同位素分馏过程中，铁叶云母和电气石主要富集^{7}Li，白云母和锂辉石主要富集^{6}Li

甲基卡二云母花岗岩中铁叶云母 Li 含量介于 $5647.86 \times 10^{-6} \sim 8380.87 \times 10^{-6}$，均值 6608.45×10^{-6}；δ^7Li 值介于 $-0.90‰ \sim 1.30‰$，均值 0.25‰。电气石 Li 含量介于 $99.58 \times 10^{-6} \sim 209.16 \times 10^{-6}$，均值 147.81×10^{-6}；δ^7Li 值介于 $-4.50‰ \sim 3.20‰$，均值 1.20‰，电气石除 16J-14-3 的 δ^7Li 为负值外，其他均为正值，可能该样品受到流体或风化作用的影

响。白云母 Li 含量介于 $1388.06 \times 10^{-6} \sim 2047.47 \times 10^{-6}$，均值 1637.22×10^{-6}；δ^7Li 值则介于 $-2.60‰ \sim 0.70‰$，均值 $-0.87‰$。伟晶岩中锂辉石的 δ^7Li 值介于 $-2.31‰ \sim 2.26‰$，均值 $-1.33‰$。甲基卡二云母花岗岩中白云母、锂辉石的 δ^7Li 值与我国其他地区的云母、锂辉石相比，具有明显富集 ^{6}Li 的特征（图 10.7，图 10.8）。

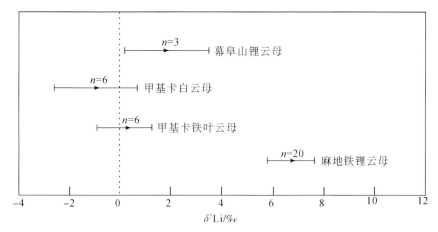

图 10.7 甲基卡矿区与其他地区云母 Li 同位素组成

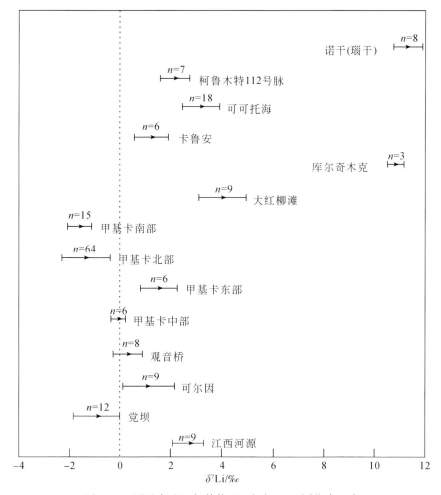

图 10.8 甲基卡矿区与其他地区锂辉石 Li 同位素组成

据偏光显微镜下观察，上述几种矿物在结晶过程中，铁叶云母早于白云母，白云母、锂辉石稍早于电气石，分析认为上述矿物中 Li 同位素的差异可能与两方面原因有关，一是矿物晶出顺序不同，并且据相关研究（Chan et al.，1992；Huh et al.，1998，2001；Rudnick et al.，2004），^{6}Li 偏向于保留在固相中，而 ^{7}Li 易进入溶液中，且 ^{6}Li 的扩散速度比 ^{7}Li 快约 3%；二是矿物晶格结构不同，可能云母的二八面体和三八面体结构对容纳 Li 同位素的倾向不同，需要进一步开展探索研究。

（三）岩体结晶分异过程中可能未发生 Li 同位素分馏，Li 同位素组成反映了其形成时源区特征

自然界 Li 同位素的变化较大，δ^7Li 值变化于 $-45‰ \sim 45‰$（Tomascak，2004）。Li 同位素的分馏与温度、扩散作用等有关，但对其分馏机制尚存在不同认识。Li 同位素在高温岩浆作用过程（Halama et al.，2007，2008）和地壳深熔作用（Bryant et al.，2004；Teng et al.，2004）中的平衡分馏几乎可以忽略不计（$\leqslant 1.0‰$），但风化作用过程（Rudnick et al.，2004）、岩浆-围岩相互作用过程及 $340 \sim 600℃$ 之间的花岗岩结晶分异和伟晶岩形成（Teng et al.，2006a，2006b）等过程中均存在 Li 同位素分馏。

根据岩体野外地质概况，岩体与围岩接触带见部分岩体呈细脉穿入围岩，表现出岩浆贯入特征，加之岩体矿物组成变化不大（仅云母、电气石等矿物含量稍有变化），亦未见暗色包体，表明围岩同化和混染作用、扩散作用等对岩体锂同位素的组成影响较小。据 Teng 等（2006a，2006b）研究，如果 δ^7Li 与 Li、Rb、Ga、SiO_2 等成分存在一定的相关性，则表明存在 Li 同位素的分馏作用，然而，δ^7Li 与 Li（图 10.9）、Rb、Ga、SiO_2（图 10.10）等显然不具备这种相关性。由上所述，岩体在结晶分异过程中并没有发生明显的锂同位素分馏，岩体锂同位素组成反映了其形成时的源区特征，未受到岩浆结晶分异作用和蚀变作用的影响。

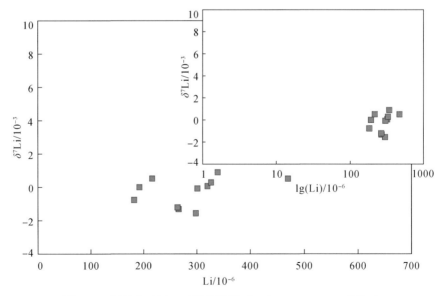

图 10.9　甲基卡矿区二云母花岗岩 δ^7Li 与 Li、lg（Li）的关系

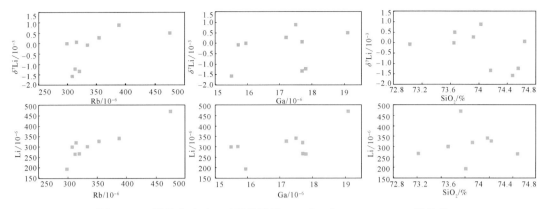

图 10.10　甲基卡矿区二云母花岗岩 Li、δ^7Li 与 Rb、Ga、SiO_2 的关系

（四）δ^7Li 与主量、微量、稀土元素的相关性

铁叶云母中，Li 与 Rb、Sn 相关；白云母中，Li 与 Be、Sn、Rb、ΣREE、Mn、Zn、Ga、Nb、Ta 均具有较好相关性；电气石中，Li 与 Mn、Sn 相关。上述矿物中，δ^7Li 与主量、微量、稀土元素相关性均较差。

为了弄清楚 Li 含量较高的铁叶云母、白云母、电气石矿物中 Li 含量、Li 同位素与哪些元素相关，开展了矿物主量、微量、稀土元素地球化学测试工作。δ^7Li 与 Li 图解显示，铁叶云母、白云母、电气石中 δ^7Li 与 Li 均不具有明显的线性相关关系（图 10.11）。铁叶云母中，Li 与 Rb、Sn 相关，δ^7Li 与主量、微量、稀土元素不具有相关性（图 10.12，图 10.13）。白云母中，Li 与 Rb、ΣREE、Mn、Zn、Ga、Nb、Ta、Sn、Be 均具有较好的相关性，δ^7Li 与主量、微量、稀土元素不具有相关性（图 10.14，图 10.15）。电气石中，Li 与 Mn、Sn 有较好的相关性，δ^7Li 与主量、微量、稀土元素不具有相关性（图 10.16，图 10.17）。

不同矿物其 δ^7Li 值、Li 含量存在差异，如云母和电气石，而对于同类矿物不同亚型其 δ^7Li 值、Li 含量也存在差异，如铁叶云母和白云母。结合前文所述，矿物流体间的 Li 同位素分馏可能主要受 Li 在矿物中配位情况（四配位与六配位）所控制。

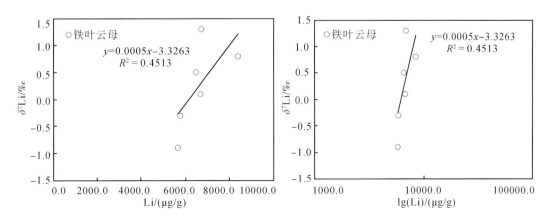

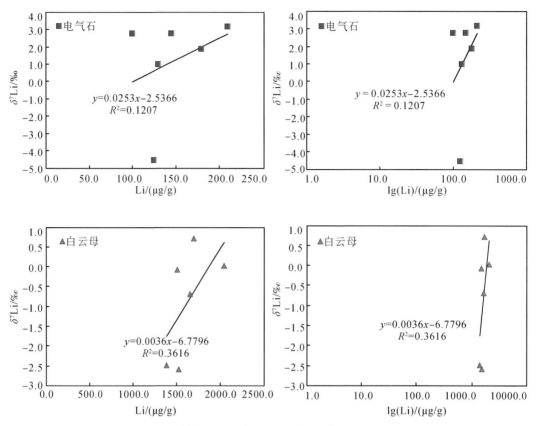

图 10.11 甲基卡矿区铁叶云母、白云母和电气石 δ^7Li 与 Li、lg（Li）的关系

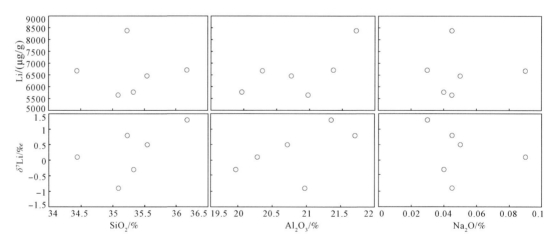

图 10.12 甲基卡矿区铁叶云母 δ^7Li、Li 与 SiO_2、Al_2O_3、Na_2O 的关系

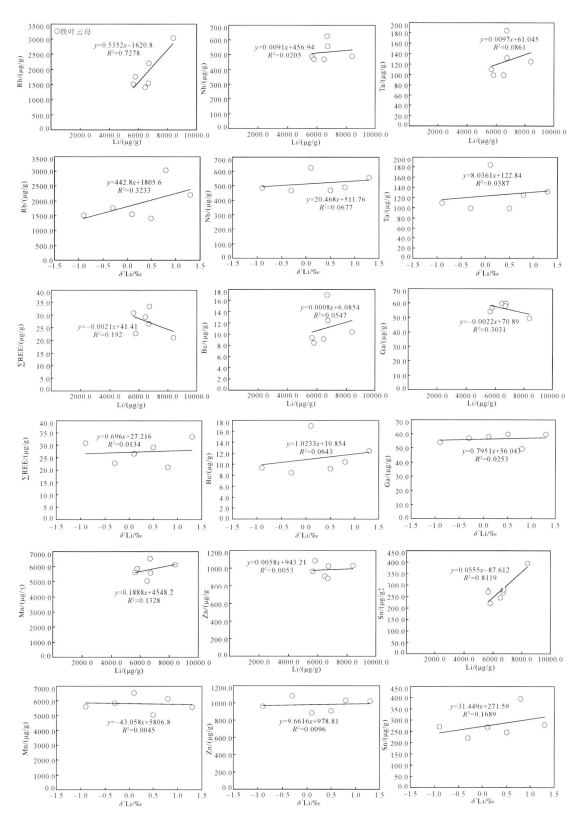

图 10.13　甲基卡矿区铁叶云母 δ^7Li、Li 与 Rb、Nb、Ta、ΣREE、Be、Ga、Mn、Zn、Sn 的关系

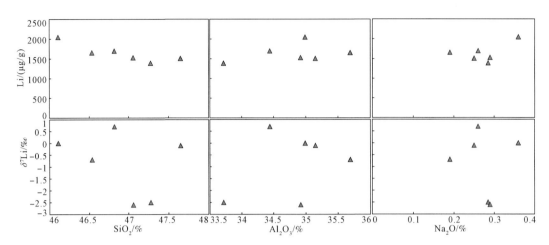

图 10.14 甲基卡矿区白云母 δ^7Li、Li 与 SiO$_2$、Al$_2$O$_3$、Na$_2$O 的关系

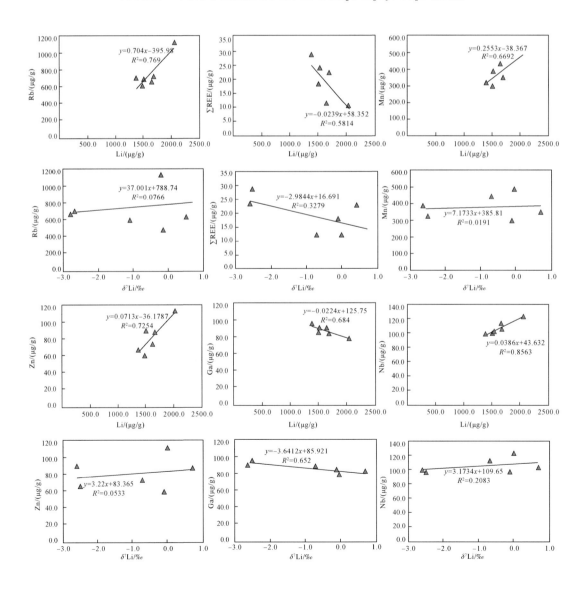

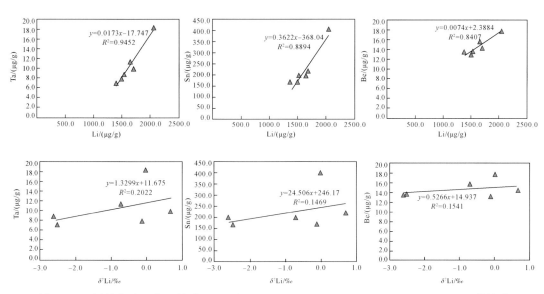

图 10.15　甲基卡矿区白云母 δ^7Li、Li 与 Rb、ΣREE、Mn、Zn、Ga、Nb、Ta、Sn、Be 的关系

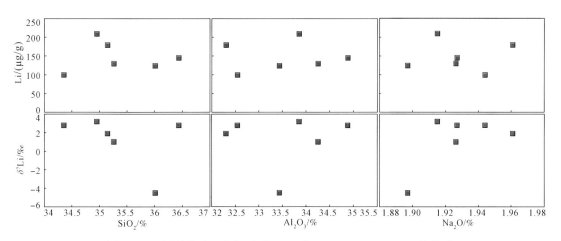

图 10.16　甲基卡矿区电气石 δ^7Li、Li 与 SiO$_2$、Al$_2$O$_3$、Na$_2$O 的关系

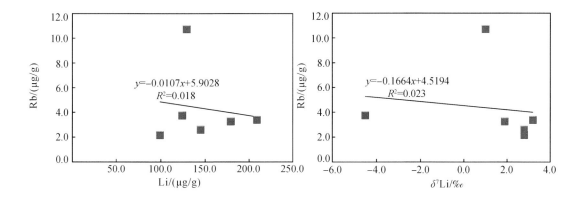

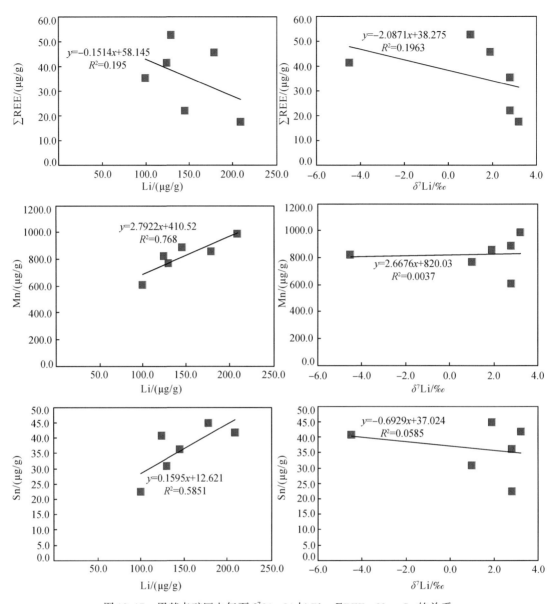

图 10.17 甲基卡矿区电气石 δ^7Li、Li 与 Rb、ΣREE、Mn、Sn 的关系

（五）伟晶岩的成矿流体可能来自二云母花岗岩，其源区可能为变沉积岩

Li 同位素对成矿物质来源有一定的指示意义，据相关研究（Chan et al., 1992; Huh et al., 1998, 2001; Rudnick et al., 2004），^{6}Li 偏向于保留在固相中，而 ^{7}Li 易进入溶液中，且 ^{6}Li 的扩散速度比 ^{7}Li 快约 3%，据伟晶岩 δ^7Li 数据，12 个钻孔中除 ZK201、ZK501 的 δ^7Li 均值为正值外（可能受到流体或风化作用的影响），其余 10 个钻孔的 δ^7Li 均值均为负值（δ^7Li 值为 -2.99‰ ~ 1.79‰），这与二云母花岗岩的 δ^7Li 值（-1.56‰ ~ 0.9‰）相差不超过 1.43‰，均具有明显富集 ^{6}Li 的特征，这表明伟晶岩的成矿流体可能来源于二云母花岗岩。

据岩体地球化学组成特征，岩体具有强过铝质特征，而强过铝质花岗岩的源区主要来自地壳中碎屑沉积岩和变质沉积岩（Sylvester，1998）。岩体微量元素 Nb/Ta 值介于 2.49 ~ 4.70，平均 4.07，相对靠近大陆地壳值（10 ~ 14）（Sun and McDonough，1989），表明岩浆主要为地壳部分熔融形成。图 10.18 显示，岩浆主要来源于陆壳，可能有部分深源物质的加入。岩体 $\delta^7 Li$ 的变化范围仅为 2.46‰，与上地壳 $\delta^7 Li$ 均值（0±2‰）相当（Teng et al.，2004），暗示岩浆源区以壳源为主。综合岩石地球化学、同位素地球化学的相关资料，结合矿区地层分布、地层厚度等情况，认为岩浆来源以三叠系西康群砂泥岩的部分熔融为主，可能有部分深源物质的加入。

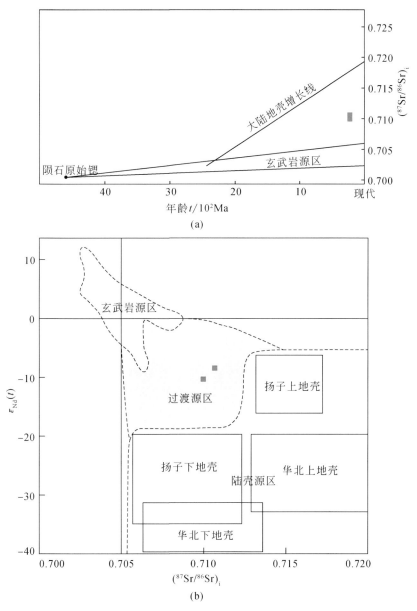

图 10.18　甲基卡矿区岩体年龄 t-$(^{87}Sr/^{86}Sr)_i$ 和 $\varepsilon_{Nd}(t)$-$(^{87}Sr/^{86}Sr)_i$ 图解

华北上地壳和华北下地壳范围引自 Jahn et al.，1999；扬子上地壳和扬子下地壳范围引自 Chen et al.，2001

第四节　资源环境综合评价

党的十九大报告要求推进能源生产和消费革命，构建清洁低碳、安全高效的能源体系。建设川西战略性新兴矿产勘查开发示范基地，是贯彻落实党的十九大精神的重要举措，是全力支撑保障国家能源资源安全和脱贫攻坚战略的重要途径，是落实国家"十三五"规划的具体行动。在当前我国能源问题以及由此带来的环境问题日益突出、锂和铍等关键金属对外依存度高居不下，并严重影响到经济社会安全乃至于国家安全的情况下，加快在川西地区寻找新的能源金属资源已经迫在眉睫。从资源-环境-经济协调发展的角度来部署综合地质调查工作，对服务于保障大型资源基地生态安全，调整优化找矿突破工作布局具有重要意义。

一、评价指标与评价模型

矿产资源地质调查综合评价是对区域地质状况以及矿产分布状况进行详细的调查与研究，分析矿产资源的形成原因、矿产的规模以及具体的分布区域，而后对其进行预测与评估，对矿产的开发价值以及发展规律进行分析与研究。在进行矿产资源地质调查综合评价的过程中，应当对影响矿产资源地质的每一个因素进行分析，分析这些因素可能会对矿产资源造成的影响，进而建立矿产资源地质调查评价模型，根据模型来安排资源的开发与利用，确保矿产资源开发的科学与合理，为区域矿产行业的发展打下基础。

（一）甲基卡矿区及外围

本次工作对甲基卡大型锂矿资源基地的资源环境综合评价采用的指标与模型，主要依据《矿产资源基地综合地质调查技术要求》中的矿产资源基地综合地质调查评价指标。此外，也遵循因地制宜的原则，根据所处的经济地理和社会环境的不同而有所区别。

1. 资源环境综合评价指标

1）资源现状及潜力

自 2012 年中国地质调查局部署"我国三稀资源战略调查"工作以及后续的川西甲基卡大型锂矿资源基地综合调查评价项目以来，甲基卡工作区已基本完成 1∶5 万区调、矿调等基础性地质工作，并获得锂矿找矿重大突破，在甲基卡外围空白区内新探获 1 处超大型锂辉石矿床、2 处矿产地和 4 个找矿靶区，累计估算氧化锂（334）资源量 100 万 t 以上，但矿区及其外围尚有大量伟晶岩和隐伏矿脉未调查评价，甲基卡花岗伟晶岩型锂辉石仍具有很大的找矿潜力，资源前景有望突破 300 万 t，找矿潜力巨大。

2）地质环境影响

甲基卡工作区地形平缓，在自然状态下稳定，未见有地质灾害的发生，地质环境现状良好，但随着采矿活动的开展，或多或少会对地质环境造成一定的影响。装、卸、破碎矿石的粉尘和各种机器设备产生的烟雾可能造成大气污染，选冶矿石的废水、废渣如果处理不当可能对水环境造成一定的污染，也有可能造成土地流失和植被破坏等情况。但只要前期规划得当，采取科学的措施，上述影响都可以提前规避和防范。例如，提前在滑坡体上方设立防洪排水沟（避免水浸润），提前自上而下剥离滑坡体，及时修建防洪沟、排水沟，以防止地表径流的冲刷、浸泡，同时修建挡土墙、尾（废）渣库，都可以减少滑坡的诱发因素；针对不同边坡采用机械加固、排水、改变滑带土性质、降低边坡坡度等可以防止人工边坡出现不稳定性；废弃的堆矿场地和废石堆植树造林、恢复植被等措施可以防治土地流失和植被破坏；修建水池进行水循环使用、污水排放前进行处理，达到国家排放标准等措施可以防治水污染。综上所述，矿区地质环境现状良好，地质环境容量较大，矿产资源开发对环境造成的影响及危害有限，可以在对矿产资源开发地质环境影响变化进行常态化检测和监控的基础上进行防治，达到矿产资源的绿色开发。

3）资源可利用性及开发利用现状

甲基卡地区的锂辉石矿脉及围岩的物理机械性能良好，矿体埋藏浅，开发技术条件简单，宜采用露天开采方式，开采成本低。目前已形成露天开采—汽车开拓运输—段破碎—两级磨矿—浮选精矿一套成熟的采选工艺流程。

目前甲基卡从事稀有金属矿产开发企业主要有3家，已投产的为甘孜州融达锂业有限公司，年采矿能力约24万t。但对矿石中共生有用成分综合利用程度较低，产品科技含量较低，高新技术领域应用开发研究滞后。据初步调查甲基卡锂矿主要开发矿山，锂辉石采选冶综合回收率虽可达到70%左右，但矿石和初级加工产品产能扩张过快，多为科技含量较低、产品市场竞争力不强的原矿和初精矿等初级产品。在回收锂后，与之伴生的铌、钽、铍、铷、铯等大多作为尾矿，而未得到综合回收利用，急需在深加工工艺技术和高新科技领域的应用方向取得突破。

4）技术经济条件

锂作为"21世纪清洁能源金属"已受到各国的高度重视，从目前的销售市场来看，由于新疆可可托海锂矿资源枯竭，增大了国内需求缺口，市场价格一直处于高位，供应缺口较大，从市场走向来看，短期内较大下跌的可能性较小。单就锂矿而言，已有较大的利润空间，加之本矿区内的矿体中有大量的附加值较高的钽铌锡等成分，只要加强资源的综合开发技术研究，提高矿产资源综合利用水平，利润空间将更可观，资源开发利用的前景好。显而易见，甲基卡锂资源的技术经济条件好，其经济效益、社会效益、环境效益巨大。

2. 资源环境综合评价模型

相较于以往着重于地质找矿的单一传统的资源调查方式，"三位一体"的资源环境综合评价更加全面，综合地质资源潜力、地质环境影响、技术经济条件等评价指标对大型矿产资源基地进行全面评估，是一项跨多学科的综合性地质调查工作。通过前述指标分析，甲基卡大型锂矿资源基地锂矿资源潜力巨大，地质环境现状良好，技术经济条件好。项目以川西甲基卡锂辉石资源基地环境地质调查评价工作为基础，在国内外已有矿山环境评价研究的基础上，针对川西大型锂资源基地环境特点，提出了适用于高原地区"绿色调查"的方法，拓展并提出了大型锂资源基地绿色调查与环境评价指标体系，各指标的评价结果以可量化的数据表达，并能有效地结合空间信息。运用该模型，动态评价了2016～2018年间川西锂资源基地区域地质环境条件及矿业环境影响，重点围绕甲基卡矿区及周边区域开展了地质环境现状调查及环境影响评价，认为：①甲基卡资源基地区域地质环境良好，当前开发强度下，锂辉石资源开发对地质环境的影响是有限的、可控的；②矿区周边生态环境各项指标均达到国家标准，锂辉石资源开发对周边地质环境影响有限，尾矿库区域有一定影响，但影响范围有限，锂辉石资源开发对周边地表水、土壤、动植物、地下水基本无影响；③提出加强多手段绿色调查、以学科交叉研究成果支撑服务大型基地矿业开发布局规划和绿色矿业发展建议，继续开展"三位一体"综合评价，助力大型基地建设。评价结果表明本指标体系和模型能够比较客观地反映甲基卡矿区及周边地质环境背景、资源开发环境问题与影响范围，最终对甲基卡矿区环境质量划分为 4 个级别，为当地资源开发与环境保护协调发展提供了一定证据与参考，助力突破高原生态脆弱区找矿部署与环境保护瓶颈问题，具有较强的指示意义。

（二）可尔因锂矿带

资源储量：通过 2017～2018 年在可尔因地区开展的一系列调查工作，新发现多处锂矿脉，新增（334）Li_2O 资源量 5.99 万 t。

矿产资源储量潜力：调查区内矿产资源丰富，尤其锂稀有金属资源储量潜力巨大。

矿产资源需求量：锂矿资源作为 21 世纪新型能源和轻质合金的理想材料，市场需求量远远大于供给量。

地勘投入：2017～2018 年本次研究投入经费 141 万。

矿产资源开发利用条件：调查区外部交通条件较好，根据区内已有矿床开发利用情况结合本次工作成果，该地区锂矿资源规模大，分布集中，矿石品位稳定，开采难度低，总体开发利用条件较好。

当地国民经济：调查区内经济条件相对落后，对该地区的锂稀有矿产资源进行开发利用有助于当地经济发展。

人口及人均可支配收入：区内人口较少，经济来源单一，对当地优势矿产资源进行开发利用，可助力扶贫攻坚战略，提高当地居民经济收入。

产业政策：坚持绿色勘查。

（三）平武–马尔康地区

根据本次地质调查评价工作目的及野外工作实际，建立以调查评价工作程度、调查评价完成工作量及发现矿产地个数、矿产资源分布特征、调查评价技术手段、勘查开发政策支持等关键性指标，建立综合评价模型，进行矿产资源潜力、技术经济、环境影响"三位一体"综合评价（表10.7）。

表 10.7 地质调查综合评价指标体系

一级指标	二级指标
调查评价工作程度 A	基础地质工程程度 A_1
	矿权区面积与评价区面积的比值 A_2
	重点及鼓励勘查区规划指数 A_3

一级指标	二级指标
调查评价完成工作量及发现矿产地个数 B	投入的调查评价面积（分矿种）B_1
	发现矿产地数 B_2
矿产资源分布特征 C	规模指数 C_1
	集中指数 C_2
调查评价技术手段 D	综合研究圈定远景区级别 D_1
	物探、化探、遥感测量技术覆盖范围及应用效果 D_2
勘查开发政策支持 E	三级规划重点勘查区重叠率 E_1
	整装勘查工作部署覆盖率 E_2
	限制勘查区与评价区面积比 E_3

　　根据本次地质调查评价工作的实际情况及调查评价工作程度、调查评价完成工作量及发现矿产地个数、矿产资源分布特征、调查评价技术手段、勘查开发政策支持等关键性指标的重要性不同，建立了地质调查综合评价指标权重（表10.8），再结合综合评价模型，进行矿产资源潜力、技术经济、环境影响"三位一体"综合评价。

表10.8　地质调查综合评价指标权重

一级指标（权重）	二级指标（权重）
调查评价工作程度 A（0.25）	基础地质工作程度 A_1（0.2）
	矿权区面积与评价区面积的比值 A_2（0.4）
	重点及鼓励勘查区规划指数 A_3（0.4）
调查评价完成工作量及发现矿产地个数 B（0.20）	调查评价面积（分矿种）B_1（0.5）
	发现矿产地数（分矿种）B_2（0.5）
矿产资源分布特征 C（0.25）	规模指数 C_1（0.6）
	集中指数 C_2（0.4）
调查评价技术手段 D（0.15）	综合研究圈定远景区级别 D_1（0.67）
	采用物化遥探测技术及效果 D_2（0.33）
勘查开发政策支持 E（0.15）	三级规划重点勘查区重叠率 E_1（0.33）
	整装勘查工作部署覆盖率 E_2（0.33）
	限制勘查区与评价区面积比 E_3（0.33）

二、综合评价分区

（一）甲基卡矿区及外围

　　甲基卡矿区不在各类国家禁止勘查区、保护区内，不存在法律和其他禁止开发的情况，目前已被划定为国家级的整装勘查区，区内设置有 5 宗矿权，且有多个矿床、矿点、矿化点及异常分布，区内存在已探明并具有一定资源储量规模的矿床，有一定的基础设施条件和工业基础。甲基卡大型锂矿资源基地应被划定为矿产资源重点勘查和鼓励开发区。

（二）可尔因锂矿带

生态环境质量现状：调查区内生态环境较好，森林植被覆盖率可达90%以上。无重工业污染，人类工程活动破坏较小。

生态环境脆弱性评价：调查区内生态质量等级较明显，可尔因岩体东南部及南部生态质量状况明显低于其他地区。草场的过度放牧、人类活动的干预，使得该地区生态环境面临重大挑战，草皮退化、人类经济活动产生的环境污染、资源的过度开采均可产生较大的影响。

生态环境保护重要性评价：响应环保政策，坚持开发与保护并重，在生态环境健康稳定的基础上开展矿业经济活动，才能做到绿色可持续发展。

（三）平武–马尔康地区

平武–马尔康地区在地质调查综合评价分区上可归属于重点勘查区和一般勘查区。通过对红石坝钨矿床和山神包锂铍矿床的综合评分，红石坝钨矿床得分0.5~0.6，为一般勘查区；山神包锂铍矿床得分0.75~0.85，为重点勘查区。

三、勘查开发利用等级

（一）甲基卡矿区及外围

随着对锂等新兴能源需求的日益增长，中国政府、国家部委、四川省政府以及甲基卡所在的甘孜州政府相继出台了多项矿产资源规划和产业政策为锂产业的发展提供了强有力的政策支持，甲基卡的优势锂矿资源开发迎来了新一轮发展机遇。加之国内外锂资源的需求缺口较大，锂矿资源的市场现状和发展趋势向好，因此开发投资的风险较小。

但甲基卡矿区处于特殊的高海拔生态脆弱区域，充分考虑矿产资源开发可能产生的环境影响，矿山的开发利用应尽可能选择对环境扰动小或无扰动的开发利用方法、技术工艺、设备和药剂，使得其开发切实符合环境保护的要求，并不断进行技术创新，对于存在共（伴）生矿产资源进行综合利用，提高共（伴）生矿产资源的综合利用效率。

综合以上，甲基卡大型锂矿资源基地的勘查开发利用应统筹规划，加大勘查力度，夯实资源基础，在现有四川省矿产勘查专项规划基础上，分设勘查区、开采区及成矿远景区，并具体拟订出区内开展与稀有金属有关的地质矿产基础调查、稀有矿产整装勘查和进一步完善从采矿—选矿—冶炼—提纯—合成—电池及深加工高端产品的一体化新兴产业链，以及科技创新、生态环境的保护与整治等的总体规划和实施方案，遵循上游资源进一步整合、下游多元化扩大应用领域的开发思路，有序推进甲基卡锂矿的勘查开发利用。

(二) 可尔因锂矿带

本次工作程度较低,尚未达到预查阶段,调查区内估算的氧化锂资源量为 334 类,资源利用等级为低级别。

(三) 平武–马尔康地区

红石坝钨矿床开发利用条件差,山神包锂铍矿床开发利用条件一般。

四、勘查开发布局建议

党的十九大报告要求推进能源生产和消费革命,构建清洁低碳、安全高效的能源体系。建设川西战略性新兴矿产勘查开发示范基地,是贯彻落实党的十九大精神的重要举措,是全力支撑保障国家能源资源安全和脱贫攻坚战略的重要途径,是落实国家"十三五"规划的具体行动。锂主要用于原子能工业,锂的同位素 ^6Li 是制造氢弹不可缺少的原料;飞机、导弹和宇航工业,常用锂及其化合物做成高能燃料;冶金工业用锂制成轻合金;此外,还用于石油电子工业制作锂电池等。

总之,在当前我国能源问题以及由此带来的环境问题日益突出、锂和铍等关键金属对外依存度高居不下并严重影响到经济社会安全乃至于国家安全的情况下,加快在川西地区寻找新的能源金属资源已经迫在眉睫。

根据"十三五"规划要求,结合战略性新兴产业发展的趋势,期望到 2030 年底,在川西地区累计探明氧化锂资源储量翻一番,从根本上改变新疆阿尔泰和江西宜春等锂矿资源基地因资源过度开发而造成的被动局面,形成以川西为主的新的勘查开发格局,并服务于长江上游绿色生产和绿色生活方式转变,带动当地群众脱贫致富;建成川西战略性新兴矿产勘查开发示范基地,建立战略性新兴矿产调查评价、勘查开发理论和技术体系;为锂作为能源金属得到可控核聚变等方面的实质性开发利用提供资源保障,为从根本上改变我国的能源结构做出贡献。

鉴于锂资源对我国未来战略性新兴产业发展的重要性以及提升我国在未来军事、可控核聚变技术等陆域国际竞争力的需要,建设川西战略性新兴产业矿产勘查开发示范基地的过程中,建议如下。

一是加强国家层面战略性新兴矿产资源勘查开发的顶层设计,将锂 (尤其是 ^6Li)、铍等关键矿产作为我国未来新兴产业发展的战略性资源,列入保护性开采矿种,锂资源探矿权、采矿权投放由自然资源部统一管理。

二是加大投入,全面提升我国战略性新兴产业矿产的自我保障程度。中国地质调查局将通过"战略性新兴产业矿产调查"工程,继续将川西作为重点工作区,明确目标,统一部署,统一组织,将三稀资源 1 : 5 万矿产资源远景调查工作,相关的基础性研究创新工作、资源综合利用技术研发试验工作以及产业政策、环境保护、脱贫致富等工作紧密结合起来,打造多目标、全产业链样板工程,建设大型锂能源金属资源基地和以 ^6Li 能源金属高端开发利用基地提供资源保障和技术示范。

三是鉴于川西甲基卡已经在矿产资源"十三五"规划中被列为唯一的锂辉石资源国家规划区，国土资源管理部门统一审批川西地区锂辉石探矿权、采矿权的设置、配置，推进甲基卡及其外围、可尔因矿集区、九龙等矿集区的整装勘查工作。由中国地质调查局统筹部署基础性、公益性地质调查工作，并做好与中央勘查基金、省级勘查基金和商业性勘查投资的衔接与组织协调工作。

四是围绕国际上 2040～2050 年实现可控核聚变商业化、从根本上改变能源结构、解决能源问题的激烈竞争和我国的国家目标，由国家主管部门和地方政府及相关企业共同努力，将川西地区列为国家新能源产业基地示范区，开展川西锂辉石资源潜力评价、锂辉石首采区段详查、锂辉石选矿试验及可利用性评价、锂辉石开发利用环境影响评价、锂产品深加工技术研发、锂辉石开发产业发展规划等工作，为川西新能源产业基地的建设做好准备。

五、社会经济效益综合分析

（一）甲基卡矿区及外围

甲基卡锂矿资源的勘查和开发必须坚持环保优先，建设绿色矿山，做到"既要金山银山，又要绿水青山"。矿山开发过程中产生的废物主要是水、气、声、渣四大类污染，都可以采用现代技术或工程，将其影响范围控制在点上，特别是废水完全可以做到零排放，锂辉石的尾矿争取全利用。矿山开采完后，还要及时进行恢复治理。只要坚持绿色矿业的理念，在青藏高原进行矿业开发是可行的，甲基卡地处经济落后的藏族地区，脱贫攻坚是一项艰巨的任务，甲基卡锂矿资源的开发必须坚持"建一座矿山，绿一片环境，扶一方经济，富一方百姓，促一方和谐"为宗旨，应以开放促开发、以开发促发展、以发展促富民、以富民促稳定，统筹国家、地方、企业、群众利益，共享锂资源开发成果，从而在生态环境保护的同时促进民族地区社会和谐、经济繁荣。

（二）可尔因锂矿带

矿业系统工程与价值工程相辅并用，是大力提高矿产综合利用的社会经济效益的最佳对策。本次工作针对锂稀有金属矿产资源进行调查，工作成果较好，产生了较好的社会、经济效益。

社会效益：本次工作对我国"三稀矿产"研究及战略储备事业添砖加瓦。为我国硬岩型锂矿成矿研究、预测找矿及后期开发利用等提供实践经验和理论依据。

经济效益：通过 2017～2018 年度调查工作，估算（334）Li_2O 资源量 5.94 万 t，按9000 元/t 的价格，资源价值达到 5.3 亿元。通过对资源的勘查开发，可产生较高的矿业经济价值，后期开发利用可带动当地经济发展。

（三）平武–马尔康地区

红石坝钨矿床位于阿坝州松潘县施家堡乡境内，山神包锂铍矿床位于绵阳市平武县木座乡境内，矿床地处高山峻岭中，当地皆以农牧业为主，社会经济较落后，没有上规模的支柱产业。因此，在目前国内外对锂资源的需求不断增加情况下，进行锂铍等稀有金属矿的开发建设，不但符合资源开发西移的战略，而且对该地区经济的发展，人民生活水平的提高，民族的团结均能起到重要作用，社会效益明显。

第五节　高端开发利用建议

三年来，通过项目的开展，初步界定了"能源金属"矿产的概念，梳理了我国能源金属的主要类型，探测了发展趋势，指出了找矿方向；结合川西甲基卡大型锂资源基地的实践，从目标任务、基本原则、立项依据、创新驱动、技术路线、工作内容、注意事项等方面探讨了能源金属矿产大型基地调查评价的基本问题，提出了大型能源金属矿产基地综合调查评价的技术要求和工作指南，为同类工作提供了样板。

对于大型矿产资源基地的调查评价，所面临的社会、政治、经济、环境等方面的问题远比一般性矿产地质调查复杂，需要通盘考虑，全面分析，合理布局，其战略意义是显而易见的。目前看来，甲基卡地区通过合理勘查，查明资源家底，以点带面，带动整个川西地区锂资源的整装勘查和高端开发，将资源优势转化为经济优势，社会优势，实现少数民族地区跨越式发展，是十分可能的。但是，要实现甲基卡锂资源的社会、政治、经济等不同层面上的利益最大化，同时又要保护环境、树立起绿色生态矿业发展的新样板，就需要各方面共同努力。为此，围绕甲基卡大型锂矿资源基地的综合调查评价，还需要研究以下问题。

一、战略定位方面

需要进一步从新的角度深入认识锂等稀有金属资源的重要性。除了考虑锂在冶金化工、医药卫生等传统领域的使用价值之外，一定要把锂在金属能源领域的新用途考虑得十分周全，其经济价值也具有天壤之别。常规锂金属每吨 40 万~44 万元，但用作能源金属的话，其价值是 1g 锂相当于 3.4t 标准煤，而每吨标准煤的价格至少 500 元。因此，常规金属锂和能源金属锂的潜在价值要相差数百倍。因此，锂矿产品方案的设计是头等大事，也是决定矿产资源调查评价的重要依据。

二、资源家底方面

需要站在全球角度重新认识川西锂资源的战略地位。目前来看，川西重点是甲基卡，其锂资源占全球锂资源的百分比到底多大，其资源总量究竟是多少，也是决定今后开发利用决策的关键。大矿大开还是大矿小开，需要统筹部署。

三、技术创新方面

甲基卡一带处于海拔 4200m 以上的高原地区，地表普遍覆盖有第四系残坡积物和草地。气候寒冷，有效工作时间短。为了提高工作效率又不破坏生态环境，迫切需要新的地质调查与深部探测的技术方法来取代传统的槽探等方法。目前正在采用探地雷达、背包钻、高分辨率遥感等新技术在甲基卡一带开展实验，争取通过地质与技术的密切结合，达到既保护环境、提高工作效率又能发现异常、查证异常的目的。

四、环境保护方面

一般认为，甲基卡地区处于高原草场和湿地保护区，矿业开发多多少少会对环境产生影响。但究竟有多大影响，影响到什么程度，并无科学数据。这就需要全面评估，争取矿业开发与环境保护双赢。实际上，当地牧民仍然处于游牧状态，过度放牧也造成了草场的承载压力过大。通过规范化的矿业开发，变游牧为定居并保护草场、变漫山遍野的采矿为定点采矿、变单一矿山采矿为综合开发，是可以最大限度地利用自然资源而把对生态环境的不利影响降低到最低限度的。

五、社会发展方面

尽管甲基卡一带拥有丰富的矿产资源，也有矿山企业建厂生产，但当地牧民的经济条件、生活水平乃至于文化程度并没有得到根本性的改变。通过现代化的矿业规划，除了锂矿山的采矿之外还要带动整个产业链的发展，加强基础设施建设，转移部分劳动力，从而根本性地改变农牧民的生活水平和受教育程度，不但是社会发展的必然趋势也是解决民族问题、经济问题的重要途径。

总之，三年内，建立了甲基卡锂矿的"多旋回深循环内外生一体化"成矿模式与"五层楼+地下室"层脉组合勘查模型，创新了成矿理论，开展了物理选矿、锂同位素立体填图、遥感找矿、生物找矿方法的积极探索，并总结了甲基卡式锂矿区域成矿理论和深部找矿的技术方法组合，成功申报了国家重点研发计划"锂能源金属矿产基地深部探测技术示范"等重大科技项目，在全国地质调查工作会议上做专题汇报，在全行业开展三稀、战略性新兴产业矿产、关键矿产调查等方面起到了引领作用，发挥了科技创新引领找矿突破的品牌效应。

第六节　川西大型战略性新兴产业矿产资源基地规划建议

四川西部阿坝州、甘孜州和凉山州矿产资源丰富，而且矿种齐全，稀有、稀土和稀散金属矿产相互配套，尤其是以牦牛坪为代表的稀土和以甲基卡为代表的稀有金属矿床都是全国知名的大型、超大型优质关键矿产，对于战略性新兴产业的发展至关重要。此外，川西还有以大水沟独立碲矿以及伴生在有色金属和铁矿中的钒、钛资源，也都是战略性新兴产业发展必不可少的关键矿产。川西的锂矿资源丰富，硬岩型锂矿储量国内第一，而且品位高，宜采选，工艺成熟，经济效益好，而且除了甲基卡之外，还有石渠扎乌龙、马尔康党坝等一系列同类型的大中型锂矿，为锂矿工业的发展提供了充分的资源保障。在甲基卡新发现的新三号脉（X03），是目前世界上已知最富集 ^{6}Li 的锂矿脉（盐湖锂一般富集 ^{7}Li），^{6}Li 又是制造氢弹等核武器和今后实现可控核聚变发电的关键原材料，战略意义十分重大。无论是正在开采的甲基卡、李家沟、党坝还是尚未开发的扎乌龙等硬岩型锂矿，都是轻金属矿产地，总体上处于承载力较强、风险较小的地理环境，只要加强管控，矿业开发对环境的影响是完全可控的。川西地区矿业开发的外部条件正在改善，尤其是交通条件的改善和以脱贫致富为目标的民族政策的落实，一方面为新兴产业的发展创造了外部条件，另一方面也为改变民族地区的落后面貌提供了机遇。川西地区尤其是成都、绵阳、德阳、雅安、攀枝花等大中型城市具有资金、技术、人才等方面的优势，不但可为新兴产业的发展提供多方面的支持，其本身也是一个巨大的市场。总之，川西大型战略性新兴产业矿产资源基地的建设，不但有助于为国家提供关键矿产的资源保障，也是社会经济发展的迫切需要，既符合国家目标，也符合人民利益，应该加强地质勘查、综合利用与高端开发。

以稀土、稀有和稀散金属等为代表的战略性新兴产业矿产资源虽然用量不大，却是引领新兴产业发展的关键性原材料。国际上对此高度重视，我国也在《全国矿产资源规划（2016—2020年）》中，首次在全国103个能源资源基地中设立了14个战略性新兴产业矿产基地，并与能源矿产、黑色金属、有色金属和非金属矿产并列。这14个战略性新兴产业矿产基地中，川西就占了两个——甲基卡锂矿和凉山州的稀土基地。在267个国家规划矿区中，甲基卡是唯一的锂矿规划矿区。进入21世纪以前，锂并不是一个老百姓耳熟能详的矿种；如今，无论是个人电脑还是手机或新能源汽车，锂电池几乎无处不在。因此，加快川西大型战略性新兴产业矿产资源基地的勘查与开发已经迫在眉睫。

一、工作程度

在四川西部，稀有、稀土和稀散金属矿产资源丰富，门类较全，工作程度较高，尤其是甘孜州和阿坝州以中生代伟晶岩型锂、铍、铌、钽为主的稀有金属，凉山州以与新生代碳酸岩有关的稀土及与古生代碱性岩火山岩有关的铌（钽）和锆矿产，都是在20世纪就初步探明了的。另外，龙门山地区存在类型独特的硫磷铝锶矿，秦巴米仓山地区出现碳酸岩型铌钽矿，四川盆地（无论是西部还是东部）存在的卤水型三稀矿产还有待探明。

"十三五"全国矿产资源规划中设立的甲基卡锂矿基地和凉山州的稀土基地均位于川西，这是根据成矿条件和成矿规律做出的科学决策（陈毓川等，2000；王登红等，2014；李建康等，2014，2017）。实际上，四川西部以攀枝花为代表的铁矿中还伴生有钒钛钪，以呷村和杨柳坪为代表的有色金属矿床中还伴生有丰富的稀散和稀贵（铂族金属）矿产。此外，川西还出现了大水沟碲矿这样的世界上独一无二的独立稀散金属矿床。总体上，川西地区关键矿产种类齐全，分布广泛，可以与铁、铜铅锌等大宗矿产的开发很好地配合起来，在"转型升级""稳增长、调结构"的过程中发挥四两拨千斤的作用。因此，在川西地区设立战略性新兴产业勘查示范基地，具有重要的战略意义。该示范基地主要涉及的阿坝州、甘孜州和凉山州，也是少数民族聚集的偏远、高原、穷困地区，曾经是红军长征经过的革命老区，地域广阔，经济落后，迫切需要脱贫致富，因而也具有重要的现实意义。

在川西战略性新兴产业勘查示范基地，已设置的战略性新兴矿产探矿权28个，面积约649km²，占阿坝州、甘孜州、凉山州总面积不到0.22%。其中，可尔因稀有金属矿集区有矿业权 16 个（壤塘县布真锂辉石矿普查、金川县依生沟锂矿预查、金川县太阳河口锂多金属矿详查、马尔康市金川县溯寨锂辉石矿普查、金川县业隆沟锂多金属矿（扩大范围）详查、金川县斯曼措沟锂辉石矿预查、马尔康市党坝乡锂辉石矿详查、金川县李家沟锂辉石矿详查、金川县龙古锂辉石矿普查、马尔康市地拉秋锂铌锡矿详查、马尔康市党坝乡锂铌钽多金属矿普查、马尔康市可尔因花岗伟晶岩地区锂铍钽稀有金属矿普查、马尔康市木尔基地区锂铍铌钽稀有金属矿普查、黑水县尔吉日锂多金属矿普查、黑水县洛多锂多金属矿普查、小金县马牙沟锂多金属矿普查），甲基卡矿区有矿业权 3 个（雅江县上都布锂辉石硅石矿普查、雅江县措拉锂辉石矿详查、康定甲基卡锂辉石矿），九龙成矿区有矿业权 2 个（理塘县下拉波锂多金属矿预查、稻城县喇叭诺锂多金属矿预查），冕宁－德昌稀土矿集区有矿业权 7 个（冕宁县牦牛坪稀土矿、三岔河稀土矿、冕宁县南河乡阴山村方家堡稀土矿普查、木洛郑家梁子稀土矿、羊房稀土矿、大陆槽稀土矿、德昌县大陆槽稀土矿）。

其中，最重要的关键矿产矿床是甲基卡锂矿。该矿床位于四川省西部康定、雅江、道孚交界处。矿区地处青藏高原东南缘，海拔 4300～4500m，面积约 62km^2。距国道川藏公路塔公站 25km，有简易公路相通。在甲基卡矿区，围绕花岗岩内外接触带派生出一系列花岗伟晶岩脉，1996 年以前共发现含稀有金属伟晶岩矿脉 114 条，共探明氧化锂储量 92 万 t，居全国第一，为大型花岗伟晶岩型稀有金属矿床；共生的氧化铍储量也达到大型矿床规模（《中国矿床发现史·四川卷》编委会，1996）。

二、资源勘查进展

进入 21 世纪以前，川西以甘孜州甲基卡、九龙、扎乌龙和阿坝州可尔因等 4 大稀有金属矿集区为主探明的锂矿资源为 121.43 万 t（Li$_2$O），铍矿 3.8926 万 t（BeO），分别居全国的第二位、第三位（1996 年统计）。其中甘孜州甲基卡一带 93.35 万 t，德格—石渠一带 8.25 万 t。2011 年以来，中国地质调查局立项在甲基卡累计投入钻探 3918.7m（32 个钻孔），累计新增 Li$_2$O 资源量 107.67 万 t，相当于 10 个大型锂辉石矿床。其中，在川西大型锂矿资源基地甲基卡工作区，2016～2018 年间共施工钻孔 12 个，总进尺 2800m，共获 Li$_2$O 资源量 257659t（334 级别）、伴生 BeO 资源量 8978t（334 级别），Ta$_2$O$_5$ 资源量 2015t（334 级别），Nb$_2$O$_5$ 资源量 3017t（334 级别）。3 年新增锂资源量相当于发现 3 个大型矿床，另外还圈定 7 个找矿靶区，落实 2 个矿产地，为川西大型锂矿基地的建设提供了资源保障，同时也带动了四川省地方财政以及民营企业的投入，形成了一个川西找锂的高潮，在可尔因矿集区探明了李家沟、党坝等大型、超大型锂矿，资源量也超过百万吨级（王登红等，2013b；2016a，2016b，2016c；2017a，2017b；刘丽君等，2016，2017a，2017b；代鸿章等，2018b；刘善宝等，2019）。因此，到目前为止，川西实际控制的硬岩型锂矿资源储量已超 300 万 t，在全国处于首位，在世界上也是名列前茅的。而且，川西甲基卡的硬岩型锂矿单个矿体规模巨大，品位高（一般稳定在边界品位的 3 倍），共伴生组分多，而有害于环境的重金属含量低，放射性物质也低于背景值，可以露天开采者剥采比小且环境扰动小，需要坑道开采者也可以边采边充填，总体上属于"大矿""好矿"，开发利用的意义巨大。

根据成矿条件，川西战略性新兴矿产示范区可划分为 4 个成矿区：①甲基卡及外围乾宁-九龙成矿区，包括道孚、康定、雅江、九龙的一部分，面积约 5000km²，有康定甲基卡（大型）、道孚容须卡（中型）、雅江木绒（小型）等矿区，是川西最大的锂铍铌钽成矿区，预测锂（Li₂O）资源量 400 万 t；②可尔因及外围壤塘-金川成矿区，包括马尔康、金川、壤塘的一部分，以可尔因花岗岩为中心，面积约 1000km²，有金川可尔因岩田（大型）、马尔康可尔因岩田（中型）、马尔康党坝（中型）等矿区，预测资源量（Li₂O）400 万 t；③石渠北部远景区，位于四川、青海交界处，面积约 200km²，区内石渠扎乌龙矿区仅 14 号脉 Li₂O 概查资源量即达 55 万 t，预测整个矿区资源量在 200 万 t 以上。上述三个主要成矿区及小金等非主要成矿区的锂矿资源总量预测可达 1000 万 t；④凉山州冕宁-德昌稀土远景区。21 世纪之前探明上表的稀土氧化物资源储量为 109.49 万 t，21 世纪以来经牦牛坪、大陆槽、羊房沟等矿区的进一步勘查，新增资源储量远超探明储量，预测远景资源储量在 500 万 t 以上。

川西的牦牛坪、大陆槽等地的稀土资源也极其丰富，仅次于内蒙古白云鄂博。虽然资源总量不如白云鄂博，但品位高，有害杂质少，矿石矿物粒度大，易选冶，成本低，经济效益显著。

此外，川西的有色金属矿床中均伴生有稀散金属，如呷村铅锌矿、李伍铜矿、会理-会东的铅锌矿以及拉拉厂的铜矿中均伴生有稀散金属，而且在大水沟形成了世界上独一无二的独立碲矿。碲也是高铁、太阳能等新兴产业不可或缺的战略资源，但大水沟碲矿原探获的资源已经耗尽，迫切需要寻找与开发新的碲资源，以使中国的高铁制造业及太阳能等新兴产业保持可持续发展的势头。丹巴杨柳坪及其他地区的铜镍硫化物矿床中伴生有铂族金属资源。

总之，川西地区不但三稀矿产资源成矿条件好，资源储量巨大，而且品位高，种类多，配置齐全，在国内外都是罕见的战略性新兴矿产成矿富集区，为大型资源基地的建设奠定了得天独厚的、扎实的物质基础。

三、采、选、冶条件

在川西大型战略性新兴产业矿产勘查开发示范区，已发现的锂矿床主要是硬岩型矿床，传统上被认为是花岗伟晶岩型，但近年来发现的甲基卡新三号脉实际上矿石矿物的颗粒并不全是"伟晶状"的，而是呈细粒或细晶结构，且品位更高。其资源特点是：矿床类型好，规模大，品位高，矿石含锂辉石一般为 15%~25%，含 Li₂O 一般在 1.2% 以上，占全国高品位锂矿的 95.66%，是全国乃至世界上高品位锂矿最富的地区之一。甲基卡矿区 X03、134 脉、104 脉等主矿脉的 Li₂O 品位在 1.5% 左右，是少见的富矿且伴生组分多，有铍、铌、钽、锡、碎云母等可供综合利用。围岩中的红柱石、夕线石也是高铝材料的矿物原料。矿石可选性能好，通过浮选可获得 Li₂O 品位 5%~6% 以上的 Ⅰ、Ⅱ 级商品精矿，其回收率多数在 90% 以上。中国地质科学院矿产资源研究所利用"三磁全物理流程无药剂选矿（物）技术"开展绿色无尾矿选矿试验，获得 Li₂O 含量达 6.394% 的锂辉石精矿，质量优于国际锂辉石精矿（国际标准一级品的 Li₂O 含量），远高于甲基卡矿区已获得采矿证的甘孜州融达锂业有限公司的锂辉石精矿含 Li₂O 5.48% 的选矿指标。此外，采用全物理技术路线的三磁法（聚磁永磁超强磁，场强 3T）选矿，估算成本可降低到浮选法的 1/3，且因为不使用选矿药剂而达到清洁生产的环保要求，可建设节能环保型产业化选矿示范工程，其社会效益、环保效益和经济效益都是十分显著的。再者，甲基卡 134 号脉、新三号脉和扎乌龙 14 号脉均可露天开采，开采条件好。

四、绿色矿业条件

以甲基卡为核心的川西大型锂能源金属矿产资源基地，虽然位于生态环境脆弱的青藏高原东部地区，但由于其本身所处的是高原夷平面，相对于可尔因党坝等地的伟晶岩型锂矿具有更加优越的开发条件，总体上处于环境承载力优的低风险区（赵银兵等，2010）。2016 年以来，研究项目组将污染源、环境、生态和人体健康作为一个系统加以整体考量，通过 3 年来对水样、土壤、植物及其他相关环境样品的监测，土壤等的环境质量均达到国家自然保护区的标准要求，已开采和未开采矿区植物根系土壤中 Cd、As、Pb、Cr 等的含量均低于土壤环境质量标准一级标准的极限值，但尾砂库的根系土壤中的 Cd 达到 6.4mg/kg，需要治理。因此，甲基卡矿区锂辉石矿产的开发不会对环境造成明显的破坏，但对尾砂的处理要加强。此外，地质勘查过程中广泛采用先进的遥感找矿技术、生物找矿技术，可以减少传统槽探工程对地表自然环境的干扰（代晶晶等，2017a；高娟琴等，2019a，2019b；于沨等，2019）。

五、新兴产业发展条件

三稀金属资源是我国战略性新兴产业发展的物质基础。战略性新兴产业发展的重点领域节能环保、新兴信息产业、生物产业、新能源、新能源汽车、高端装备制造业和新材料均与三稀资源息息相关。战略性新兴产业被认为是引导未来经济社会发展的重要力量和创新驱动发展的动力源泉，发展战略性新兴产业已成为世界主要国家抢占新一轮经济和科技发展制高点的重要战略。2012 年 7 月 9 日国务院印发《"十二五"国家战略性新兴产业发展规划》（国发〔2012〕28 号）；2016 年 11 月 29 日国务院印发《"十三五"国家战略性新兴产业发展规划》（国发〔2016〕67 号），"十三五"时期，现代产业新体系建设提速，战略性新兴产业在经济社会发展的位置将更加突出，战略性新兴产业增加值占国内生产总值比重将达到 15%。

以党的十九大精神为指导，以服务国家能源安全战略、长江经济带战略、脱贫攻坚战略等国家重大战略和部署为基本定位，以国家"十三五"规划和《国务院关于加快培育和发展战略性新兴产业的决定》（国发〔2010〕32 号）等为指南，坚持创新、协调、绿色、开放、共享的发展理念，大力依靠科技创新、制度创新、机制创新和管理创新，通过公益性和商业性结合、产学研用有机融合等机制，加快川西战略性新兴产业基地锂等关键矿产的勘查开发，构建我国战略性新兴矿产勘查开发新格局，实现长江经济带绿色发展并带动中国西部区域经济的新发展。

我国对于新能源及相关新兴产业的发展高度重视。锂作为 21 世纪的能源金属已经受到了国际上的高度重视，国际核聚变反应堆建设已由 2006 年启动，预计将在 2040 年前建成 2000～4000MW 的示范性核聚变电站（ITER 计划），旨在从根本上解决能源问题，而锂是核聚变的主要原材料。中国是 ITER 计划的成员国，由中国自行设计、研制的世界上第一个全超导托卡马克核聚变实验装置（又称"人造太阳"）在 2006 年成功通过工程调试，2007 年 3 月通过国家验收。目前我国核聚变反应堆的建设走在世界先进行列，因此对于锂作为能源金属而非一般冶金材料的研究具有重要的战略意义。锂金属是自然界中最轻的金属，物理化学的特殊性决定了其在原子能工业、医药卫生、冶金工业、轻工业、国防尖端工业和新型清洁能源（如几乎人人都在使用的锂电池）等领域均具有广泛的用途。因此，锂也被称为 21 世纪的金属。根据中国地质科学院矿产资源研究所的调查研究，甲基卡是目前世界上最富集 ^6Li 的矿区，而 ^6Li 正是制造氢弹和可控核聚变的关键性原材料。1g 锂有效能量最高可达 8500～72000kW·h，比 ^{235}U 裂变所产生能量大 8 倍，相当于 3.7t 标准煤；而且核聚变产生的是没有污染的清洁能源，可以避免铀等核裂变产生的一系列环境问题和心理问题（王淦昌，1998；王秀莲等，2001；吴荣庆，2009；游清治，2013）。

为什么选择川西作为我国第一个战略性新兴矿产基地并将甲基卡作为国家规划的锂矿区呢？这是因为川西探明的稀土、稀有及稀散金属不但种类齐全、量大质优，而且成矿条件优越，潜力巨大。在中国西南部扬子地台的西侧，随着古生代与中生代全球性构造转换时期峨眉地幔柱的强烈活动，在二叠纪末—三叠纪初地壳被破坏过程中来自地幔和从地壳中转移出来的稀有、稀土和稀散金属在三叠系沉积岩中被吸附；在印支期末—燕山期初的转换阶段，三叠系重熔形成含稀有金属的岩浆，岩浆进一步结晶分异形成含稀有金属的花岗岩和花岗伟晶岩，导致了锂等稀有金属的大规模聚集成矿，在九龙、甲基卡、可尔因、扎乌龙乃至于大红柳滩的硬岩型锂矿矿集区。这就是青藏高原东部、北部印支造山运动"多旋回深循环内外生一体化"大型锂矿成矿机制，既是造就川西甲基卡、可尔因等锂矿富集区的根本原因，也是可以进一步取得找矿突破的理论基础（王登红等，2013b；2016a，2016b，2016c；2017a，2017b；刘丽君等，2016，2017a，2017b；刘善宝等，2019）。

总之，将锂作为 21 世纪能源金属的领头羊，加强川西战略性新兴产业基地的勘查开发，不只是一个增加资源储量的地质勘探问题，也不只是部分甚至大部分替代传统的常规能源以实现跨越式发展的战略问题，还是关系到中华民族伟大复兴的根本问题，必须在国家规划的前提下，由国家组织，统筹规划，高端开发，从根本上解决能源问题，不能只当作一般性金属矿产粗放经营，低端开发。

六、开发利用建议

党的十九大报告要求推进能源生产和消费革命，构建清洁低碳、安全高效的能源体系。建设川西战略性新兴矿产勘查开发示范基地，是贯彻落实党的十九大精神的重要举措，是全力支撑保障国家能源资源安全和脱贫攻坚战略的重要途径，是落实国家"十三五"规划的具体行动。锂主要用于原子能工业，锂的同位素 ^6Li 是制造氢弹不可缺少的原料；飞机、导弹和宇航工业，常用锂及其化合物做成高能燃料；冶金工业用锂制成轻合金；此外，还用于石油电子工业制作锂电池等。

随着新兴产业的迅猛发展，锂作为 21 世纪的能源金属已经得到普遍认可，国际上都在以各种方式争夺锂资源（路甬祥，2014；何贤杰和张福良，2014；王瑞江等，2015；Abraham，2015；王登红等，2017c；余韵和陈甲斌，2017；刘丽君等，2019）。洛克希德·马丁空间系统公司于 2014 年 10 月 18 日就宣布设计出了小型核聚变反应堆，总部设在欧洲的国际可控核聚变设计研发中心，还宣布将在 2040 年实现可控核聚变的商用化，届时将拉开核能民用的序幕，从而有望实现"从根本上解决能源问题"。2013 年以来，锂在股市上一枝独秀，也充分说明锂无论是战略还是现实，都已经成为"第二能源""能源金属"的领头羊。就连韩国钢铁制造商 POSCO 在钢铁业不景气的形势下，也转向锂提取研发，并声称在盐湖提锂方法上取得了突破性进展，即其提锂方法只需要 8h，而传统方法是 12～18 个月，回收率从传统方法的不到 50% 提升到 90%。美国与韩国谈判合作，并在 2015 年 1 月 20 日宣布，自 2014 年 12 月 22 日正式启动阿根廷 Cauchari-Olaroz 锂项目。

总之，在当前我国能源问题以及由此带来的环境问题日益突出、锂和铍等关键金属对外依存度高居不下并严重影响到经济社会安全乃至于国家安全的情况下，加快在川西地区寻找新的能源金属资源已经迫在眉睫。

结　　论

川西是我国最重要的硬岩型锂矿资源基地，其中，研究程度最高的甲基卡矿区位于四川甘孜州康定、道孚、雅江交界的地区，社会经济发展相对滞后，自然生态环境脆弱，但矿产资源又十分丰富。因此，一方面要加快大型矿产资源基地的调查评价，为把资源优势转化为经济优势奠定扎实的基础，另一方面也需要在地质调查评价的一开始就认真做好矿山生态环境的保护工作，为发展循环经济、打造绿色矿山资源基地做出示范。

在本次研究的三年时间内，中国地质科学院矿产资源研究所、四川省地质调查院、四川省地质矿产勘查开发局地质矿产科学研究所、四川省冶金地质勘查局六〇四大队、四川省核工业地质局二八二大队、四川华地勘探股份有限公司、西南冶金分析测试中心等单位的 30 余位骨干精心合作，对川西甲基卡、九龙、可尔因、平武四个工作区展开了全面的以锂铍等稀有金属找矿为重点的矿产地质调查评价工作，取得了一系列创新性成果，主要包括以下几个方面。

一、成矿理论和技术方法的创新成果

研究工作开展以来，在关键矿产地质问题、找矿方法技术、成矿模式、区域成矿规律及找矿方向、制约找矿突破的资源综合利用及环境问题等方面都设置了专题研究，并取得了多方面的创新进展。

(1) 以锂能源金属为切入点，不只是评价锂的资源量，更重要的是将锂作为能源金属进行评价，为高端开发锂资源、引领新兴产业发展奠定理论基础。

川西甲基卡大型锂矿资源基地的调查评价不同于一般性的找矿，更需要创新驱动。战略性新兴产业的快速发展为甲基卡的深入调查与找矿评价带来了新契机。尽管近年来已经初步探明新增氧化锂资源量达 64 万 t，但针对能源金属来说，用于可控核聚变反应的锂主要是锂同位素 ^6Li 而不是 ^7Li。虽然自然界中锂同位素的组成相对固定，但不同地质体的锂同位素组成明显不同。那么，伟晶岩中尤其是甲基卡矿区伟晶岩中锂同位素的组成是怎么样的，还需要开展锂同位素地质调查。这些工作都是前所未有的，需要在探索中创新。通过三年的研究，证实甲基卡是目前世界上已知的最富集 ^6Li 的锂矿。鉴于发展战略性新兴产业是大势所趋，而可控核聚变将有助于从根本上改变能源结构，而可控核聚变的主要原料就包括 ^6Li。因此，甲基卡富 ^6Li 矿体的发现，意义非凡，而甲基卡也不能当作一般锂矿来开发，国家层面上应该加强管控，争取物尽其用，以高端开发为目标。

(2) 深入总结了甲基卡矿区的地质矿产特点，揭示了甲基卡式稀有金属矿床的成矿机制，建立了找矿评价标志，为稀有金属的综合利用以及指导找矿提供了依据。

本书深入总结了甲基卡矿区的地质矿产特点，开展了甲基卡及外围（主要包括党坝、观音桥等地）典型矿床（脉）的野外地质调查工作。野外地质调查及测试目标是继续查明甲基卡矿区典型矿床（脉）地质特征及稀有金属赋存状态，并与外围党坝、观音桥等地区矿床（脉）开展对比研究工作，为实现 Li、Be、Nb、Ta 等稀有金属的综合利用提供基础数据。结合区内构造背景、地层、岩浆岩及其矿物特征等方面的综合研究，初步认为甲基卡矿区存在深部成矿物质补给的可能性。结合前人工作及野外实地调查，进一步厘清甲基卡矿区内基性—中性—酸性岩浆序列，通过主微量元素特征进一步查明岩石成因、构造环境及找矿标志，为甲基卡矿区的重点突破奠定了基础。通过数据分析，进一步厘清了甲基卡矿区内稀有金属伟晶岩脉成因机制和时空演化，提出了"多旋回深循环内外生一体化"的成矿理论和"五层楼+地下室"层脉组合的勘查模型，为进一步找矿预测提供了科学依据。

（3）提出了适用于高原地区绿色调查的方法及环境评价指标体系，建立了综合评价模型。

"绿色调查"是适应川西甲基卡大型矿产资源基地特殊环境的现实选择，为实现矿产资源基地资源、经济、环境"三位一体"综合评价，本书将绿色调查与环境评价两方面工作有机结合，分四个层次构建指标框架，通过 3S 技术提取生态环境现状及变化信息，结合连续 3 年的地表水、土壤等多环境介质野外调查取样分析数据，对经过验证的、成熟的评价方法进行优化，运用更兼容、可扩展的 Python 语言编程建立了基于支持向量机的大型锂资源基地环境评价模型。运用该模型，将甲基卡大型基地环境现状划分为环境较差区、环境一般区、环境较好区、环境良好区 4 类区域，总体准确率达 97.77%。结果表明本次工作建立的这套有针对性的评价指标体系能够有效地对川西大型锂资源基地的环境现状做出较为客观的评价，通过技术创新实现了大型锂资源基地环境现状"像元级"可视化分级，较客观地反映甲基卡矿区及周边资源开发环境问题与影响范围，在一定程度上可辅助规范大型基地矿产资源开发利用的管理及决策。

（4）以物理方法选矿（物）技术开展对甲基卡锂辉石矿石的综合选矿实验，取得了初步成效。

根据环境保护和绿色矿山建设的新要求，尝试提出物理选矿（物）的思路，利用矿产资源研究所自主发明的"高磁永磁强磁"技术，结合甲基卡式稀有金属矿石的特点，通过系统的工艺矿物学研究，建立了"三磁一重"的选矿模式及选矿工艺流程。对选矿试验的原矿样品及各阶段产品均进行了化学成分和 XRD 衍射分析对比分析，结果表明，物理法选矿能够实现多种矿物的综合回收利用，同时较以往化学药剂选矿方法，不但提高了选矿回收率，而且可以避免化学药剂的环境污染问题。通过进一步优化选矿工艺，使选矿试验中样品扩大至吨级规模，进一步提高锂辉石回收率，还可进一步实现对绿柱石、铌钽矿物等稀有金属矿物及云母、长石、石英尤其是高纯石英等有用矿物的综合回收利用，对今后甲基卡地区锂辉石矿山绿色开发具有重要现实意义。

（5）创新了对新三号脉（X03）等具体矿脉的成矿预测和潜力评价的理论与技术方法，查清资源家底，提高资源储量可靠程度。

甲基卡稀有金属的调查工作程度总体偏低，现已发现的 500 余条伟晶岩脉中，矿化脉有 114 条，达详查–勘探程度者仅仅 17 条；尚有众多伟晶岩的产出形态、规模、含矿性无开展翔实的调查，亦无工程揭露和取样控制，加之受当时分析检测水平的限制，早期取样分析多为半定量，致使一些矿体的品位和资源量的可靠性偏低。通过 3 年的综合地质调查，及时部署了 1∶5 万区调和矿调，并指导面上快速展开，既保证了重点找矿突破，也为今后工作奠定了基础。另外，电法测量显示，新三号脉在南北走向的延伸方向上尚未封闭；重磁扫面成果也显示深部为隐伏岩体，有巨大的热源区；除已查明露头矿脉外，第四系覆盖区可能存在隐蔽型伟晶岩矿脉，具进一步找矿的潜力和前景。需要在现有新三号脉找矿成果的基础上，面上拓展，对已圈定的异常继续开展验证评价，在走向、倾向等三度空间内创新预测方法，以控制远景资源量，为实现快速突破提供了依据。

（6）克服覆盖区找矿信息少、工作难度大等困难，在物探、化探、遥感等方面不断探索、持续创新，建立了一系列覆盖区找矿方法并得以推广运用。

甲基卡矿区北部第四系覆盖严重，前人认为成矿条件差，找矿难度大，因而将主要的地质工作放在矿田南部，"就脉找矿"。这就为寻找隐伏矿体或半隐伏矿体留下了一定的找矿空间。在地质综合分析的基础上，结合遥感解译填图，通过采取重磁测量优选靶区—物探电法定位—化探定性—多元信息分析—钻探验证的勘查技术方法，又新发现了若干条锂辉石矿化脉，初步实现了隐蔽型稀有伟晶岩矿床的找矿突破和科研成果的快速转化。《一种基于多源遥感数据的伟晶岩型锂矿找矿方法》等多项国家发明专利或实用新型专利已经在审批或已经获批。本书所建立的勘查模型和综合找矿方法，为隐伏型伟晶岩型锂矿的找矿突破提供了技术支撑。

（7）深入研究了共伴生元素的赋存状态，尤其是查明了锂同位素的分布规律，为综合利用、提高矿床经济价值提供了理论依据和技术支撑。

甲基卡稀有矿石中锂品位高，矿石中共生和伴生有用组分较多，但以往研究程度低。前期工作是20世纪80年代以前完成的，分析检测多属定性和半定量；近年未专门对稀有矿物及稀有金属元素的共伴生赋存状态进行研究，以至于稀有金属赋存规律不清，综合利用滞后。本次工作加强了对锂及共伴生稀有元素赋存状态的研究，提出了综合利用的合理化建议。例如，甲基卡新三号脉新增氧化锂资源量60万t，相当于潜在经济价值1200亿元，若以当前全球年消费量4万t计，可满足全世界15年的用量。但是，如以锂同位素通过可控核聚变发电计算，理论上可保障全世界半个世纪的发电需求。因此，只有把锂辉石、氧化锂、常规金属锂和锂同位素以不同的产品方式分别加以评价，才能取得最大的预期成果，才能评价出矿产资源的最大经济、社会效益，才能从"供给侧"引领产业和经济发展。此外，在野外地质调查的基础上，通过显微鉴定及电子探针分析测试等方法，在甲基卡矿区中首次发现祖母绿的产出，为研究成矿物质来源提供了新线索。

（8）坚持科学发展观，实施统筹规划，将资源优势变成社会经济优势，造福地方百姓，引领新兴产业布局。

为加快发展节能环保、新一代信息技术、生物、高端装备制造、新能源、新材料、新能源汽车等战略性新兴产业，国家相关部委及四川省制订了一系列发展规划。对川西地区锂资源的调查也要整体规划，尤其是在"十三五"期间（2016~2020年），要通过基础地质调查和公益性矿产调查，把中央的工作、地方的工作、企业的工作纳入一个大盘子统一部署。摸清家底、试点示范，注重面上推广。锂作为能源金属新材料，更要注重新材料新能源基地的布局，积极探索新机制，通过政府部门主导，在国家、部门、四川省和甘孜州的矿产勘查专项规划基础上，具体制订出区内开展与能源金属相关的地质矿产基础调查、稀有矿产整装勘查、跨区资源整合的总体规划和实施方案，并从矿山→选矿→冶炼→提纯→合成→电池全资源产业链的角度，制订出具有川西特色的战略性新兴产业以及科技创新、生态环境保护与整治的发展路线图。

（9）在川西高原生态脆弱区创新性使用环境友好型生物找矿方法，初步取得了成效。

为了进一步探索、创新行之有效的找矿方法并推广应用，实现常规物化探工作难以开展的地区（如自然保护区缓冲区、高原厚植被覆盖区）找矿突破，本书针对高海拔游牧区、环境保护区、特殊地貌取样钻探施工难度大的特点，利用生物样品在监测范围、取样便利性、绿色环保等方面的优势，创新性地在川西高原甲基卡矿区使用生物找矿方法。基于植物、牛粪中锂、铍元素含量预测隐伏锂矿床的方法，是通过采集生物样品，对样品进行化学分析前处理及分析测试，分析生物样品锂分布与锂矿化的关系，它克服了现有的勘查技术在常规物化探工作无法开展的特殊景观地区寻找隐伏矿床（体）的缺陷和不足，最大限度地利用了植物对于锂的富集作用。实践证明，植物找矿是一种更准确、更便捷、更直接、更行之有效的锂矿找矿新方法。这种方法在远景区范围内，或在找矿靶区的评价过程中取得了较好的找矿效果，为取样钻探施工困难区继续扩大资源量提供了一种绿色勘查的方法手段。

（10）将"模块化–机动化–快速化–轻巧化–无污化"岩心钻探绿色调查技术方法应用到调查工作全过程。

发展绿色矿业、推进绿色勘查、建设绿色矿山，是促进资源、环境和经济协调发展的重要一环，绿色调查是实现资源保障与大型资源基地生态安全的现实选择。大型资源基地的"绿色调查"是在资源基地环境扰动最小的前提下，实现找矿部署最优化和生态环境保护最大化，通过创新方法，适度调整或替代对环境影响大的勘查手段，快速恢复景观和健康的生态系统，以服务于保障大型资源基地生态安全，调整优化找矿突破工作布局。本次工作结合"模块化–机动化–快速化–轻巧化–无污化"岩心钻探绿色调查技术方法在川西地区锂矿综合调查评价中的施工实践，形成了一套基于绿色调查的钻探方法体系，包括机动化、轻便化钻机具配置、绿色环保冲洗液的选择、钻探施工技术优化等技术方法，积累了高原地区快速有效的钻探经验，为绿色调查技术的发展提供了支撑。

二、地质找矿的新成果与重大进展

根据本书建立的"多旋回深循环内外生一体化"成矿模式与"五层楼+地下室"层脉组合勘查模型，结合物化遥综合解译及各专题研究最新成果，提出了 10 处找矿靶区并进行部分验证，提交新发现矿产地 2 处。三年内，全面完成钻探 3000m（18 个钻孔）的设计工作量，全部通过质量检查及野外验收。经钻探验证，提交 334 级别资源总量（2016～2018 年）31.74 万 t 氧化锂（含其他稀有金属当量换算），全面完成任务书下达的"新增氧化锂远景资源量 30 万 t，提交找矿靶区 5～10 处，提交新发现矿产地 1～2 处"的总体目标任务，评价了资源潜力，为国家提交了一处值得深入勘查的以锂为主的综合性稀有金属矿产资源基地。

（1）在甲基卡矿区及外围圈定找矿靶区 4 处，提交新发现矿产地 2 处，共探获预测矿石资源量 2267.86 万 t，Li_2O（334）资源量 25.7659 万 t，伴生矿产中，BeO（334）资源量共 8727t，Nb_2O_5（334）资源量共 2947t，Ta_2O_5（334）资源量共 1974t。

2016～2018 年，作者所在项目在甲基卡矿区及外围开展了以下工作：①通过对测区岩矿石的物性测定，获取了高阻岩体（花岗伟晶岩）和围岩的电性、磁性及密度资料，为在本区开展电法、磁法和重力工作奠定了基础，为异常的圈定、解释提供了依据。②通过 2016～2017 三年的电法工作，圈定出重点异常 15 处，并对重点区域开展了激电测深，查明了异常体在地下的基本形态（单层或多层）、埋深及产状等空间分布情况，为钻探工作部署提供了依据。后续钻探成果显示，圈定的异常均发现了伟晶岩或花岗岩，表明了电法工作的有效性和实用性。③通过磁法测量，从磁性差异上对主要岩体的分布位置及规模进行了圈定，勾绘出工作区内主要地质构造格架，对潜在成矿区域进行了划分，辅助了在第四系覆盖区的地质填图工作，加强了在地质上的认识。④通过重力测量工作，从密度差异上对主要岩体分布位置及规模进行了圈定。⑤高密度电法测量结果显示，位于 627 号锂辉石脉和 55 号锂辉石脉之间的深部有高阻异常，推断 627 号锂辉石脉和 55 号锂辉石脉在深部可能是连接的。⑥通过 2017 年、2018 年开展的音频大地电磁测深工作，表明目前已知的较大含矿脉体（如 X03、308 号脉、134 号脉），在音频大地电磁测深剖面上显示为地表浅部的次级弱高阻异常，而在其深部，则存在有强度大、规模大的高阻异常。两者之间有通道连通，以此推断可能存在大量潜在找矿靶区；通过经过马颈子花岗岩体的剖面 4、剖面 2 和剖面 3，可见马颈子岩体内部存在较多的破碎裂隙，在花岗岩内部也发现有锂辉石分布，为对花岗岩的进一步研究提供了物探资料。⑦地质雷达是甲基卡矿区稀有金属找矿的有效手段，能够做到揭盖、绿色勘探和快速找矿评价，是勘探稀有金属矿田的一种新方法。⑧土壤地球化学测量结果显示 Li、Sn、Be、Cs、B、Ta、Nb、Rb、F 等元素异常明显，能够客观反映区内土壤地球化学异常特征。圈定 1∶1 万土壤测量元素综合异常 5 处，统计了各异常的面积、平均值、衬值、NAP、元素种类等各项参数，分析讨论了长梁子锂异常区、104 号脉锂异常区、日西柯锂异常区、宝贝地铍异常区的成矿条件和找矿前景，经过地表工程验证，其中长梁子锂异常区、104 号脉锂异常区、日西柯锂异常区均为矿致异常。宝贝地铍异常区可作为寻找铍矿的有利地段。

综合以上勘查成果，在甲基卡矿区及外围圈定化探综合异常 5 处、物探异常 15 处；圈定找矿靶区 4 个；提交新发现矿产地 2 个。在甲基卡大型锂矿资源基地范围内共探获预测矿石资源量 2267.86 万 t，Li_2O（334）资源量共 25.7659 万 t。伴生矿产中，BeO（334）资源量共 8727t，Nb_2O_5（334）资源量共 2947t，Ta_2O_5（334）资源量共 1974t。

（2）可尔因锂矿带提交找矿靶区 3 处，矿点 15 个，提交氧化锂（334）资源量 5.99 万 t，BeO（334）资源量 162.38t。

通过 2017 年和 2018 年两年的 1∶5 万矿产路线地质调查、1∶1 万专项地质测量、1∶1000 地质剖面测量、高密度电阻率法测量等工作，大致查明了可尔因矿集区西部观音桥一带和东部松岗等研究区内地层、构造、岩浆岩和矿（化）体的产状、规模及分布情况，初步查明了研究区的成矿地质背景、控矿因素及矿产分布规律；发现伟晶岩脉 61 条，锂辉石矿（化）体 23 个。通过槽探工程对部分矿（化）体进行地表揭露，并利用钻探工程对 19 号矿体等典型矿脉进行了深部控制，基本查明了矿石的矿物组成、结构构造、矿石品位以及围岩蚀变等特征。开展了物探在可尔因地区稀有金属找矿的应用研究，发现在该地区采用“物探高密度电法测量+放射性 γ 测量”寻找隐伏矿体，具有较好找矿效果。通过野外调研及钻孔揭露，初步总结了可尔因地区稀有金属矿床的成矿规律，建立了以可尔因岩体为热源，岩浆后期含矿热液脉动充填为主要成矿机制，多构造空间（背斜、垂向、层间滑脱）赋矿的成矿模式，为本区寻找含锂辉石伟晶岩型稀有金属矿床指明了方向。本次工作取得了较好的找矿和理论上的新认识，为调查区内开展进一步工作提供了地质依据。

利用最新解译成果，在可尔因工作区提交靶区 3 处，分别为观音桥锂矿找矿靶区、木尔宗锂矿找矿靶区和松岗锂矿找矿靶区，新发现矿点 15 个。通过工程验证，共探获 Li_2O（334）资源量 5.99 万 t，BeO（334）资源量 162.38t。

（3）在九龙三岔河地区发现微斜长石伟晶岩脉共计 15 处，圈定铍矿找矿靶区 1 处，为进一步勘查提供了依据。

2017 年在九龙洛莫村发现数条伟晶岩，有的可见绿柱石，以顺层侵入三叠系中的白云母微斜长石花岗伟晶岩脉为主。通过工程揭露，初步圈定锂铍矿化体 1 条，铍矿化体 4 条，初步估算 Li_2O 资源量 185t，BeO 资源量 586t。1∶5000 土壤地球化学测量在洛莫花岗岩体接触带附近圈出未封闭的 Li 元素异常一处。2018 年通过以下几方面的工作，提交找矿靶区一处，取得找矿突破。

通过 1∶1 万地质草测，初步查明了研究区内地层、构造、岩浆岩、变质岩、矿化等地质特征；对研究区的成矿地质条件、控矿因素及成矿规律有了初步认识，重点对伟晶岩脉进行了研究。

通过 2017 年、2018 年剥土工程揭露，以 0.02% 为矿化品位圈定出 3 个铍矿化体，以0.04% 为边界品位圈定出 4 个铍矿体。

通过本次地质调查工作，利用剥土工程进行了远景资源量估算，估算了 334 类远景资源量 11561t，预测矿床规模可达大型。

研究区外围的七日沟工作区发现许多含锂辉石伟晶岩转石，为开展下一步工作提供了地质依据。

（4）在平武地区圈定了 15 种地球化学单元素异常 116 处，综合异常 7 处，提交红石坝钨矿和山神包锂铍矿找矿靶区 2 处。

在山神包工作区通过开展 1∶5 万水系沉积物测量工作，圈定了 15 种地球化学单元素异常 116 处，综合异常 7 处，其中甲类异常 1 处，乙类异常 6 处。红石坝工作区发现并圈定 2 条钨矿体和 3 条钨铍钶矿化体，在山神包工作区发现并圈定 2 条含锂云母铍矿体、1条铍钶矿化体、1 条铍钽矿化体、1 条铍钶矿化体、1 条锂钶矿化体。

通过 2017～2018 年度调查评价工作，在松潘县红石坝工作区发现了近中型规模的钨矿，在平武县山神包工作区发现了小型规模的锂矿和中型规模的铍矿，而该区内现无矿业权设置，矿产资源的开发利用在该区属于空白区，在该区进行稀有金属资源的开发具有较好的区位优势，有可能形成一定规模的钨矿、锂铍矿开发基地。

本次研究取得的社会经济效益显著，带动了以甲基卡锂矿田为核心的四川康定-道孚-雅江稀有金属整装勘查区的推进工作，省基金有序衔接，"四川省康定市甲基卡海子北锂矿普查"全面展开，商业投资积极跟进，天齐锂业股份有限公司、雅江县斯诺威矿业发展有限公司等进一步加大地质勘查投入，地勘基金和商业投资锂矿资金超过 3 亿元，探获或升级 Li_2O 资源量超过 200 万 t，及时、科学引导政府、社会资金倾向于锂能源地质勘查领域，为建设国家大型锂能源基地提供了资源和资金保障。同时，生物找矿、遥感地质填图、模块集成清水钻进（非泥浆）等绿色地质调查方法得到了进一步完善和验证，具有显著的环境效益，为中国西部高原地区推行绿色地质调查提供参考和借鉴，对科技创新及资源绿色勘查开发带来了显著的可持续影响。

　　总之，川西大型战略性新兴产业矿产勘查开发基地位于我国西部青藏高原的东北部，构造运动复杂，成矿历史悠久，成矿条件有利，矿产资源丰富，尤其是以甲基卡锂铍铌钽矿床为代表的稀有金属矿产地和以牦牛坪为代表的稀土资源矿产地，为关键性矿产资源基地的建设奠定了基础。近年来一系列新矿产地的发现和新增资源量的扩大，表明该地区找矿前景良好，可以提供资源保障。川西庞大的市场和雄厚的经济、技术、人才等方面的实力，可以促进川西战略性新兴产业的可持续发展。为贯彻落实党的十九大精神，全力支撑国家能源资源安全保障，优化能源结构，尤其是通过以锂为代表的新型能源金属大型资源基地的建设，带动川西少数民族地区的发展，建设川西战略性新兴矿产勘查开发示范基地与开发，可以为引领新兴产业的快速发展，为2025年中国制造现代化和2050年可控核聚变商业化提供资源保障，为实现中华民族的伟大复兴做出实质性的贡献。

参 考 文 献

蔡宏明，张宏飞，徐旺春，等 . 2010. 松潘带印支期岩石圈拆沉作用新证据：来自火山岩岩石成因的研究 . 中国科学：地球科学，(11)：1518-1532.

曹志敏，任建国，李佑国，等 . 2002. 雪宝顶绿柱石–白钨矿脉状矿床富挥发分成矿流体特征及其示踪与测年 . 中国科学：地球科学，32（1）：64-72.

陈圣波，谢明辉，路鹏，等 . 2015. 基于 Hyperion 数据的矿区废弃土土壤恢复潜力 . 地球科学：中国地质大学学报，(8)：1353-1358.

陈建华，康旭，于河 . 1988. 新疆阿尔泰某些富锂伟晶岩特征及矿化作用 . 新疆有色金属，4：19-26.

陈毓川，赵逊，张之一，等 . 2000. 世纪之交的地球科学：重大地学领域进展 . 北京：地质出版社：1-210.

陈毓川，王登红，朱裕生 . 2007. 中国成矿体系与区域成矿评价（下册）. 北京：地质出版社：465-1005.

陈毓川，王登红，付小方，等 . 2010. 中国西部重要成矿区带矿产资源潜力评估 . 北京：地质出版社：1-484.

迟清华，鄢明才 . 2007. 应用地球化学元素丰度数据手册 . 北京：地质出版社：1-148.

崔玉荣，涂家润，陈枫，等 . 2017. LA-（MC）-ICP-MS 锡石 U-Pb 定年研究进展 . 地质学报，91（6）：1386-1399.

代晶晶，王润生 . 2013. 常见透明矿物类波谱特征研究综述 . 地质科技情报，32（2）：8-14.

代晶晶，王登红，陈郑辉 . 2017a. 赣南稀土精矿粉配制的稀土溶液反射波谱特征研究 . 地球学报，38（4）：523-528.

代晶晶，王登红，代鸿章，等 . 2017b. 遥感技术在川西甲基卡大型锂矿基地找矿填图中的应用 . 中国地质，44（2）：389-398.

代鸿章，王登红，刘丽君，等 . 2018a. 川西甲基卡 308 号伟晶岩脉年代学和地球化学特征及其地质意义 . 地球科学，43（10）：3664-3681.

代鸿章，王登红，刘丽君，等 . 2018b. 四川甲基卡稀有金属矿区祖母绿的矿物学特征 . 矿物学报，38（2）：135-141.

董晴晴，冯欣欣 . 2016. AMT 方法在深部断裂构造识别中的应用——以南吕–欣木金矿区为例 . 山东国土资源，32（10）：48-51.

邓飞，贾东，罗良，等 . 2008. 晚三叠世松潘甘孜和川西前陆盆地的物源对比：构造演化和古地理变迁的线索 . 地质论评，54（4）：561-573.

丁海红，胡欢，张爱铖，等 . 2010. 可可托海 3 号伟晶岩脉中蜕晶质化锆石微区研究 . 矿物学报，30（2）：160-167.

地质科学研究院地质矿产所稀有组 . 1975. 中国稀有金属矿床类型 . 北京：地质出版社：1-103.

费光春，袁天晶，唐文春，等 . 2014. 川西可尔因伟晶岩型稀有金属矿床含矿伟晶岩分类浅析 . 矿床地质，33（S1）：187-188.

付小方，侯立玮，许志琴，等 . 1991. 雅江北部热隆扩展系的变形–变质作用 . 四川地质学报，11（2）：79-86.

付小方，侯立玮，王登红，等 . 2014. 四川甘孜甲基卡锂辉石矿矿产调查评价成果 . 中国地质调查，1（3）：37-43.

付小方，袁蔺平，王登红，等 . 2015. 四川甲基卡矿田新三号稀有金属矿脉的成矿特征与勘查模型 . 矿床地质，34（6）：1172-1186.

付小方，侯立玮，梁斌，等 . 2017. 甲基卡式花岗伟晶岩型锂矿床成矿模式与三维勘查找矿模型 . 北京：科学出版社：1-227.

甘甫平，王润生．2004．遥感岩矿信息提取基础与技术方法研究．北京：地质出版社：19-42.

高娟琴，于扬，王登红，等．2019a．川西甲基卡锂资源富集区根系土壤重金属含量水平及时空分布特征．岩矿测试，38（6）：681-692.

高娟琴，于扬，王登红，等．2019b．川西甲基卡稀有金属矿田地表水中稀有金属元素分布特征及意义．地质学报，93（6）：1331-1341.

高振敏，潘晶铭．1981．花岗岩中锆石变生因素的研究．矿物学报，（2）：90-96.

古城会．2014．四川省可尔因伟晶岩田东南密集区锂辉石矿床成矿规律．地质找矿论丛，（1）：59-65.

管志宁．1997．我国磁法勘探的研究与进展．地球物理学报，40（S1）：299-307.

广东有色金属地质勘探公司九三二队．1966．我们是怎样用"五层楼"规律寻找、评价和勘探黑钨石英脉矿床的．地质与勘探，2（5）：15-19.

国土资源部．2015．捷克锡诺维克成为世界级锂矿．http://geoglobal. mnr. gov. cn/zx/kcykf/resources_update/201502/t20150213_4737270. htm［2021-05-11］.

国土资源部．2017．捷克锡诺维克锂矿资源量上升11.8%．http://geoglobal. mnr. gov. cn/zx/kcykf/resources_update/201702/t20170221_6239138. htm［2021-05-11］.

韩宝福．2008．中俄阿尔泰山中生代花岗岩与稀有金属矿床的初步对比分析．岩石学报，24（4）：655-660.

郝雪峰，付小方，梁斌，等．2015．川西甲基卡花岗岩和新三号矿脉的形成时代及意义．矿床地质，34（6）：1199-1208.

何金祥．2015．世界矿产资源年评．北京：地质出版社：1-377.

何贤杰，张福良．2014．关于及早谋划战略性新兴矿产发展的思考与建议．中国国土资源经济，30（5）：4-8.

侯江龙，李建康，王登红，等．2017a．四川甲基卡锂矿区花岗岩体中黑云母的地球化学特征及其地质意义．黄金科学技术，25（6）：1-8.

侯江龙，牛树银，孙爱群．2017b．甲基卡矿区含矿伟晶岩堆积体成因初探及几点启示．西北地质，50（1）：90-100.

侯江龙，李建康，张玉洁，等．2018．四川甲基卡锂矿床花岗岩体Li同位素组成及其对稀有金属成矿的制约．地球科学，43（6）：2042-2054.

侯立玮，付小方．2002．松潘-甘孜造山带东缘穹隆状变质地质体．成都：四川大学出版社：1-159.

侯立玮，戴丙春，俞如龙，等．1994．四川西部义敦岛弧碰撞造山带与主要成矿系列．北京：地质出版社：1-198.

黄文清，倪培，水汀，等．2015．云南麻栗坡祖母绿的矿物学特征研究．岩石矿物学杂志，34：103-109.

蒋桂英．2004．新疆棉花主要栽培生理指标的高光谱定量提取与应用研究．长沙：湖南农业大学.

雷天赐，崔放，余凤鸣．2012．基于遥感的多源信息融合在湖南永州南部地区找矿预测中的应用．中国地质，（4）：1069-1080.

冷成彪，王守旭，苟体忠，等．2007．新疆阿尔泰可可托海3号伟晶岩脉研究．华南地质与矿产，（1）：14-20.

黎彤，倪守斌．1997．中国大陆岩石圈的化学元素丰度．地质与勘探，（1）：31-37.

李福春，朱金初，金章东．2000．华南富锂氟含稀有金属花岗岩的成因分析．矿床地质，19（4）：376-395.

李鸿莉，毕献武，胡瑞忠，等．2007．芙蓉锡矿田骑田岭花岗岩黑云母矿物化学组成及其对锡成矿的指示意义．岩石学报，23（10）：2605-2614.

李建康．2006．川西典型伟晶岩型矿床的形成机理及其大陆动力学背景．北京：中国地质大学.

李建康，王登红，付小方．2006a．川西可尔因伟晶岩型稀有金属矿床的⁴⁰Ar/³⁹Ar年代及其构造意义．地质学报, 80 (6)：843-848.

李建康, 王登红, 付小方. 2006b. 四川丹巴伟晶岩型白云母矿床的成矿时代及构造意义. 矿床地质, 25 (1)：95-100.

李建康, 王登红, 张德会, 等. 2007. 川西伟晶岩型矿床的形成机制及大陆动力学背景. 北京：原子能出版社：1-187.

李建康, 张德会, 王登红, 等. 2008. 富氟花岗岩浆液态不混溶作用及其成岩成矿效应. 地质论评, (2)：175-183.

李建康, 刘喜方, 王登红. 2014. 中国锂矿成矿规律概要. 地质学报, 8 (12)：2269-2283.

李开文, 张乾, 王大鹏, 等. 2013. 云南蒙自白牛厂多金属矿床锡石原位 LA-MC-ICP-MSU-Pb 年代学. 矿物学报, 33 (2)：203-209.

李善平, 湛守智, 金婷婷, 等. 2016. 青海沙柳泉铌钽矿床伟晶岩稀土元素地球化学特征及物源分析. 稀土, (1)：39-46.

李胜虎, 李建康, 张德会. 2015. 热液金刚石压腔在流体包裹体研究中的应用——以川西甲基卡伟晶岩型矿床为例. 地质学报, 89 (4)：747-754.

李鹏, 李建康, 裴荣富, 等. 2017. 幕阜山复式花岗岩体多期次演化与白垩纪稀有金属成矿高峰：年代学依据. 地球科学, 42 (10)：1684-1696.

李文, 李兆麟, 石贵勇. 2000. 云南哀牢山变质流体特征. 岩石学报, 16 (4)：649-654.

李文, 李兆麟, 石贵勇. 2001. 云南哀牢山伟晶岩流体来源研究. 矿物岩石地球化学通报, 20 (4)：266-270.

李雪, 周伦, 蔺洁, 等. 2016. 锂同位素在水环境领域的研究进展. 安全与环境工程, 23 (3)：1-9, 16.

李启津. 1986. 对 414 含钽花岗岩矿床的再认识. 矿产与地质, 6 (2)：12-24.

李兴杰, 李建康, 刘永超, 等. 2018. 川西扎乌龙花岗伟晶岩型稀有金属矿床白云母花岗岩岩石地球化学特征. 地质论评, 64 (4)：1005-1016.

李永森, 韩同林. 1980. 川西某地花岗伟晶岩接触变质特征及其找矿意义的初步研究. 地质论评, 26 (2)：121-128, 186.

李兆麟, 张文兰, 杨荣勇, 等. 1999. 伟晶岩绿柱石熔融包裹体电子探针成分分析及锌尖晶石的发现. 科学通报, 44 (6)：649-652.

李兆麟, 张文兰, 李文, 等. 2000. 云南哀牢山和新疆可可托海伟晶岩矿物中熔融包裹体电子探针研究. 高校地质学报, 6 (4)：509-522.

梁斌, 何文劲, 谢启兴, 等. 2003. 川西北壤塘地区三叠纪西康群极低级变质作用. 矿物岩石, 23 (1)：42-45.

梁斌, 付小方, 唐屹, 等. 2016. 川西甲基卡稀有金属矿区花岗岩岩石地球化学特征. 桂林理工大学学报, 36 (1)：42-49.

廖远安, 姚学良. 1992. 金川—过铝多阶段花岗岩体演化特征及其与成矿关系. 矿物岩石, (1)：12-22.

刘丽君, 付小方, 王登红, 等. 2015. 甲基卡式稀有金属矿床的地质特征与成矿规律. 矿床地质, 34 (6)：1187-1198.

刘丽君, 王登红, 杨岳清, 等. 2016. 四川甲基卡新三号稀有金属矿脉成矿特征的初步研究. 桂林理工大学学报, 36 (1)：50-59.

刘丽君, 王登红, 刘喜方, 等. 2017a. 国内外锂矿主要类型、分布特点及勘查开发现状. 中国地质, 44 (2)：263-278.

刘丽君, 王登红, 代鸿章, 等. 2017b. 四川甲基卡新三号超大型锂矿脉稀土元素地球化学. 地球科学, 42 (10)：1673-1683.

刘丽君, 王登红, 侯可军, 等. 2017c. 锂同位素在四川甲基卡新三号矿脉研究中的应用. 地学前缘,

24 (5)：167-171.

刘丽君，王登红，高娟琴，等.2019. 国外锂矿找矿的新突破（2017—2018 年）及对我国关键矿产勘查的启示. 地质学报，93 (6)：1479-1488.

刘善宝，杨岳清，王登红，等.2019. 四川甲基卡矿田花岗岩型锂工业矿体的发现及意义. 地质学报，93 (6)：1309-1320.

刘士毅，田黔宁，赵金水，等.2010. 解决物探异常解释多解性的一次尝试. 物探与化探，34 (6)：691-696.

刘琰，邓军，李潮峰，等.2007. 四川雪宝顶白钨矿稀土地球化学与 Sm-Nd 同位素定年. 科学通报，52 (16)：1923-1929.

刘英俊，曹励明，李兆麟，等.1984. 元素地球化学. 北京：科学出版社：1-548.

刘颖瑶，陈建平，郝俊峰，等.2012. 内蒙古朱拉扎嘎地区成矿遥感信息提取及成矿预测研究. 中国地质，(4)：1062-1068.

卢焕章，王中刚，李院生.1996. 岩浆-流体过渡和阿尔泰三号伟晶岩脉之成因. 矿物学报，16：1-7.

路甬祥.2014. 清洁、可再生能源利用的回顾与展望. 科技导报，32 (28)：15-26.

栾世伟.1995. 可可托海—柯鲁木特一带锂铍铌找矿靶区筛选与综合评价研究. 成都：成都理工学院.

栾世伟，毛玉元，范良明，等.1995. 可可托海地区稀有金属成矿与找矿. 成都：成都科技大学出版社：1-272.

马楠，邓军，王庆飞，等.2013. 云南腾冲大松坡锡矿成矿年代学研究：锆石 LA-ICP-MS U-Pb 年龄和锡石 LA-MC-ICP-MS U-Pb 年龄证据. 岩石学报，29 (4)：1223-1235.

孟贵祥，庄道泽，王为江.2006. 西部戈壁荒漠区大极距激电找矿试验分析. 地球学报，(2)：175-180.

潘蒙.2015. 四川甲基卡 X03 号脉锂元素富集特征研究. 绵阳：西南科技大学.

潘蒙，唐屹，肖瑞卿，等.2016. 甲基卡新 3 号超大型锂矿脉找矿方法. 四川地质学报，36 (3)：422-425，430.

秦宇龙，郝雪峰，徐云峰，等.2015. 四川甲基卡地区花岗岩型稀有金属矿找矿规律及标志. 中国地质调查，2 (7)：35-39.

卿德林，马海州，李斌凯.2011. 锂同位素地球化学研究进展. 盐湖研究，19 (4)：64-72.

邱家骧.1985. 岩浆岩岩石学. 北京：地质出版社：1-340.

仇年铭，等.1985. 福建省南平伟晶岩田成岩成矿规律及找矿方向研究报告. 南平：福建省地矿局闽北地质大队.

饶魁元.2016. 四川马尔康地拉秋锂矿床地质特征及找矿方向. 四川有色金属，(1)：54-57.

施俊法，李友枝，金庆花，等.2006. 世界矿情·亚洲卷. 北京：地质出版社：360-376.

四川省地质局 404 地质队.1965. 四川康定甲基卡矿区北矿段 No308 脉初步普查报告. 成都：四川省地质局 404 地质队.

四川省地质矿产局.1991. 四川省区域地质志. 北京：地质出版社：1-730.

四川省地质矿产勘查开发局化探队，马尔康金鑫矿业有限公司.2015. 四川省马尔康县党坝矿区锂矿补充详查及资源储量核实报告. 成都：四川省地质矿产勘查局：1-157.

苏媛娜，田世洪，侯增谦，等.2011a. 锂同位素及其在四川甲基卡伟晶岩型锂多金属矿床研究中的应用. 现代地质，25 (2)：236-242.

苏媛娜，田世洪，李真真，等.2011b. MC-ICP-MS 高精度测定 Li 同位素分析方法. 地学前缘，18 (2)：304-314.

孙德忠，安子怡，许春雪，等.2013. 四种前处理方法对电感耦合等离子体质谱测定植物样品中 27 种微量元素的影响. 岩矿测试，31 (6)：961-966.

索洛多夫，张新春.1960. 稀有金属花岗伟晶岩的地球化学. 中国地质，(5)：29-34.

索书田.1992. 低级变质地体的构造特征——以右江印支–燕山褶皱带为例. 武汉：中国地质大学出版社.

索书田, 毕先梅.1998. 右江盆地三叠纪岩层析低级变质作用及地球动力学意义. 地质科学,（4）：395-405.

索书田, 祁向雷, 毕先梅.1996. 右江中生代极低级变质带的变质变形过程. 地质科技情报,（4）：65-72.

唐国凡, 吴盛先.1984. 四川省康定县甲基卡花岗伟晶岩锂矿床地质研究报告. 成都：四川省地质局：1-104.

唐屹.2016. 川西甲基卡稀有金属矿区花岗岩特征及找矿意义. 绵阳：西南科技大学.

汪齐连, 赵志琦, 刘丛强.2006. 锂同位素在环境地球化学研究中的新进展. 矿物学报, 26（2）：196-202.

王联魁, 王慧芬, 黄智龙.1999. Li- F 花岗岩液态分离的稀土地球化学标志. 岩石学报, 15（2）：170-180.

王乃银.1989. 令人垂青的金属能源. 今日科技,（9）：32.

王小娟, 刘玉平, 缪应理, 等.2014. 都龙锡锌多金属矿床 LA-MC-ICPMS 锡石 U-Pb 测年及其意义. 岩石学报, 30（3）：867-876.

王成发.1986. 对 414 矿床成因的讨论. 矿床地质, 5（2）：85-96.

王道德, 朱书俊.1963. 二云母花岗岩中的锂辉石及其成因的初步探讨. 地质科学, 4（3）：157-162.

王登红.2016. 对华南矿产资源深部探测若干问题的探讨——以若干超大型矿床深部找矿突破为例. 中国地质, 43（5）：1585-1598.

王登红, 付小方.2013. 四川甲基卡外围锂矿找矿取得突破. 岩矿测试, 32（6）：987.

王登红, 徐珏, 陈毓川, 等.1999. 试论伴生矿床–以长坑金矿与富湾银矿为例. 地球学报, 20（增刊）：346-350.

王登红, 陈毓川, 骆耀南, 等.2002a. 四川与云南新生代成矿作用的初步对比. 矿床地质,（S1）：237-240.

王登红, 陈毓川, 徐志刚, 等.2002b. 阿尔泰成矿省的成矿系列及成矿规律研究. 北京：原子能出版社：1-493.

王登红, 付小方, 邹天人, 等.2004. 伟晶岩矿床示踪造山过程的研究进展. 地球科学进展, 19（4）：614-620.

王登红, 李建康, 付小方.2005. 四川甲基卡伟晶岩型稀有金属矿床的成矿时代及其意义. 地球化学, 34（6）：541-547.

王登红, 朱裕生, 徐志刚, 等.2007. 中国成矿体系与区域成矿评价. 北京：地质出版社：1-1005.

王登红, 唐菊兴, 应立娟, 等.2010. "五层楼+地下室"找矿模型的适用性及其对深部找矿的意义. 吉林大学学报（地球科学版）, 40（4）：733-738.

王登红, 陈毓川, 徐志刚, 等.2013a. 矿产预测类型及其在矿产资源潜力评价中的运用. 吉林大学学报（地球科学版）, 43（4）：1092-1110.

王登红, 王瑞江, 李建康, 等.2013b. 中国三稀矿产资源战略调查研究进展综述. 中国地质, 40（2）：361-370.

王登红, 徐志刚, 盛继福, 等.2014. 全国重要矿产和区域成矿规律研究进展综述. 地质学报, 88（12）：2176-2191.

王登红, 王瑞江, 付小方, 等.2016a. 对能源金属矿产资源基地调查评价基本问题的探讨——以四川甲基卡大型锂矿基地为例. 地球学报, 37（4）：471-480.

王登红, 刘丽君, 刘新星, 等.2016b. 我国能源金属矿产的主要类型及发展趋势探讨. 桂林理工大学学报, 36（1）：21-28.

王登红, 王瑞江, 孙艳, 等. 2016c. 我国三稀（稀有稀土稀散）矿产资源调查研究成果综述. 地球学报, 37（5）: 569-580.

王登红, 刘丽君, 代鸿章, 等. 2017a. 试论国内外大型超大型锂辉石矿床的特殊性与找矿方向. 地球科学, 42（12）: 1-15.

王登红, 王成辉, 孙艳, 等. 2017b. 我国锂铍钽矿床调查研究进展及相关问题简述. 中国地质调查, 4（5）: 1-8.

王登红, 刘丽君, 侯江龙, 等. 2017c. 初论甲基卡式稀有金属矿床"五层楼+地下室"勘查模型. 地学前缘, 24（5）: 2243-2257.

王登红, 孙艳, 刘喜方, 等. 2018. 锂能源金属矿产深部探测技术方法与找矿方向. 中国地质调查, 5（1）: 1-9.

王登红, 赵汀, 马圣钞, 等. 2019. 川西大型战略性新兴产业矿产基地勘查进展及其开发利用研究. 地质学报, 93（6）: 1444-1453.

王淦昌. 1998. 21世纪主要能源展望. 核科学与工程, 18（2）: 97-108.

王联魁, 朱为方, 张绍立. 1983. 液态分离——南岭花岗岩分异方式之一. 地质论评, 29（2）: 365-373.

王联魁, 王慧芬, 黄智龙. 1997. 锂氟花岗质岩石三端元组分的发现及其液态分离成因. 地质与勘探, 33（3）: 11-20.

王瑞江, 王登红, 李建康, 等. 2015. 稀有稀土稀散矿产资源及其开发利用. 北京: 地质出版社: 1-429.

王润生. 2009. 高光谱遥感的物质组分和物质成分反演的应用分析. 地球信息科学学报, 11（3）: 261-267.

王涛, 赵晓东, 李军敏, 等. 2014. 重庆银矿垭口铝土矿锂的分布特征. 地质找矿论丛, 29（4）: 541-545.

王文瑛, 陈成湖. 1999. 福建南平花岗伟晶岩中的铌钽矿物学研究. 福建地质,（3）: 113-134.

王秀莲, 李金丽, 张明杰. 2001. 21世纪的能源金属——金属锂在核聚变反应中的应用. 黄金学报, 3（4）: 249-253.

王子平, 刘善宝, 马圣钞, 等. 2018. 四川阿坝州党坝超大型锂辉石矿床成矿规律及深部和外围找矿方向. 地球科学, 43（6）: 2029-2041.

文春华, 陈剑锋, 罗小亚, 等. 2016. 湘东北传梓源稀有金属花岗伟晶岩地球化学特征. 矿物岩石地球化学通报, 35（1）: 171-177.

吴良士. 2016. 阿富汗地质构造及其矿产资源（三）. 矿床地质, 35（3）: 648-651.

吴荣庆. 2009. 新能源稀有金属锂的保护与合理开发利用. 中国金属通报, 42（1）: 38-39.

吴元保, 郑永飞. 2004. 锆石成因矿物学研究及其对U-Pb年龄解释的制约. 科学通报, 49（16）: 1589-1604.

吴元保, 陈道公, 夏群科, 等. 2002. 大别山黄镇榴辉岩锆石的微区微量元素分析: 榴辉岩相变质锆石的微量元素特征. 科学通报, 47（11）: 859-863.

夏国治. 1958. 在勘查稀有金属分散元素工作中广泛使用地球物理勘探方法. 地球物理勘探,（6）: 5-8.

熊欣, 李建康, 王登红, 等. 2019. 川西甲基卡花岗伟晶岩型锂矿床中熔体、流体包裹体固相物质研究. 岩石矿物学杂志, 38（2）: 241-253.

谢学锦, 程志中, 张立生. 2008. 中国西南地区76种元素地球化学图集. 北京: 地质出版社: 1-219.

许建祥, 曾载淋, 王登红, 等. 2008. 赣南钨矿新类型及"五层楼+地下室"找矿模型. 地质学报, 82（7）: 880-887.

许志琴, 侯立玮, 王宗秀, 等. 1992. 中国松潘—甘孜造山带的造山过程. 北京: 地质出版社: 1-190.

许志琴, 王汝成, 赵中宝. 2018. 试论中国大陆"硬岩型"大型锂矿带的构造背景. 地质学报, 92（6）: 1091-1106.

徐士进，王汝成，沈渭洲．1996．松潘–甘孜造山带中晋宁期花岗岩的 U-Pb 和 Rb-Sr 同位素定年及其大地构造意义．中国科学：D 辑，26（1）：52-58．

严加永，滕吉文，吕庆田．2008．深部金属矿产资源地球物理勘查与应用．地球物理学进展，（3）：871-891．

杨辉，戴世坤，宋海斌，等．2002．综合地球物理联合反演综述．地球物理学进展，17（2）：262-271．

杨金中，赵玉灵．2015．遥感技术的特点及其在地质矿产调查中的作用．矿产勘查，6（5）：529-534．

杨荣，范俊波，黄韬，等．2017．磁法测量在甲基卡地区找矿中的应用．四川地质学报，37（4）：692-695，699．

杨岳清，王文瑛，倪云祥，等．1997．福建南平花岗伟晶岩及其围岩中云母的矿物学研究．福建地质，（2）：61-84．

殷聃，张洪超，何成麟．2015．四川九龙久鲁祝地区伟晶岩型稀有金属成矿条件及找矿方向．四川有色金属，（4）：21-24．

游清治．2013．锂工业的发展与展望．新疆有色金属，42（2）：147-149．

于伯华，吕昌河．2019．青藏高原高寒区生态脆弱性评价．地理研究，30（12）：2289-2295．

于沨，王登红，于扬，等．2019．国内外主要沉积型锂矿分布及勘查开发现状．岩矿测试，38（3）：354-364．

于扬，王登红，田兆雪，等．2017．稀土矿区环境调查 SMAIMA 方法体系、评价模型及其应用——以赣南离子吸附型稀土矿山为例．地球学报，38（3）：335-344．

于扬，王登红，于沨，等．2019．川西甲基卡大型锂资源基地绿色调查及环境评价指标体系的建立．岩矿测试，38（5）：534-544．

余韵，陈甲斌．2017．美国危机矿产研究概况及其启示．国土资源情报，（2）：45-51．

袁见齐，霍承禹，蔡克勤．1985．干盐湖阶段的沉积特征兼论钾盐矿层的形成．地球科学，10（4）：1-9．

袁忠信，何晗晗，刘丽君，等．2016．国外稀有稀土矿床．北京：中国科学出版社：1-170．

翟裕生，姚书振，蔡克勤．2011．矿床学．3 版．北京：地质出版社：1-413．

张德会．2005．关于成矿作用地球化学研究的几个问题．地质通报，24（Z1）：885-891．

张华，赵传燕，张勃，等．2011．高分辨率遥感影像 Geoeye-1 在黑河下游柽柳生物量估算中的应用．遥感技术与应用，26（6）：713-718．

张晔，陈培荣．2010．美国 SprucePine 与新疆阿尔泰地区高纯石英伟晶岩的对比研究．高校地质学报，16（4）：426-435．

张有军，梁文天，罗先熔，等．2015．秦岭造山带光头山岩体群黑云母地球化学特征及成岩意义．矿物岩石，35（1）：100-108．

张云湘，胡正纲，骆耀南．1996．中国矿床发现史·四川卷．北京：地质出版社：179-180．

赵静，李海军，孙柏，等．2012．ICP-AES 测定卤化物溶液中高浓度锂锶含量的研究．光谱学与光谱分析，32（6）：1666-1670．

赵银兵，何政伟，倪忠云，等．2010．矿产资源开发的生态地质环境风险研究——以甘孜州东部为例．地球与环境，38（2）：207-213．

赵英时．2003．遥感应用分析原理与方法．北京：科学出版社：1-478．

赵永久．2007．松潘–甘孜东部中生代中酸性侵入体的地球化学特征、岩石成因及构造意义．广州：中国科学院研究生院（广州地球化学研究所）．

赵玉祥，赵光明，曾毅夫．2015．川西甲基卡式锂矿地质特征及成矿模式——以甲基卡锂矿床为例．四川地质学报，35（3）：391-395．

赵元艺，符家骏，李运．2015．塞尔维亚贾达尔盆地超大型锂硼矿床．地质论评，61（1）：34-44．

赵悦，侯可军，田世洪，等．2015．常用锂同位素地质标准物质的多接收器电感耦合等离子体质谱分析研

究 . 岩矿测试, 34 (1): 28-39.

赵振华, 增田彰正, M. B. 夏巴尼 . 1992. 稀有金属花岗岩的稀土元素四分组效应 . 地球化学, 2 (3): 221-233.

周兵, 孙义选, 孔德懿 . 2011. 新疆大红柳滩地区稀有金属矿成矿地质特征及找矿前景 . 四川地质学报, 31 (3): 288-292.

周起凤, 秦克章, 唐冬梅, 等 . 2013. 阿尔泰可可托海 3 号脉伟晶岩型稀有金属矿床云母和长石的矿物学研究及意义 . 岩石学报, 29 (9): 3004-3022.

周建廷, 王小颖, 李自敏, 等 . 2012. 江西省广昌县头陂花岗伟晶岩型锂辉石矿矿床地质特征及其成矿机制探讨 . 东华理工大学学报 (自然科学版), 35 (4): 378-387.

周作侠 . 1988. 侵入岩的镁铁云母化学成分特征及其地质意义 . 岩石学报, (3): 63-73.

祝佳 . 2016. Landsat 8 卫星遥感数据预处理方法 . 国土资源遥感, 28 (2): 21-27.

朱金初, 吴长年 . 2000. 新疆阿尔泰可可托海 3 号伟晶岩脉岩浆 - 热液演化和成因 . 高校地质学报, 6 (1): 40-52.

朱金初, 李人科, 周凤英, 等 . 1996. 广西栗木水溪庙不对称层状伟晶岩 - 细晶岩岩脉的成因讨论 . 地球化学, 25 (1): 1-9.

朱金初, 饶冰, 熊小林, 等 . 2002. 富锂氟含稀有矿化花岗质岩石的对比和成因思考 . 地球化学, 31 (2): 141-152.

朱军洪, 唐仕华, 黄经明, 等 . 2008. 高精度磁测 (Δt) 计算公式的简化及应用 . 华南地质与矿产, (2): 67-71.

邹天人, 徐建国 . 1975. 论花岗伟晶岩的成因和类型的划分 . 地球化学, 3: 161-174.

邹天人, 李庆昌 . 2006. 中国新疆稀有及稀土金属矿床 . 北京: 地质出版社: 1-280.

邹天人, 杨岳清, 郭永泉 . 1985. 有关伟晶岩矿床的一些问题 . 地质科技情报, 4 (4): 100-107.

邹天人, 张相宸, 贾富义, 等 . 1986. 论阿尔泰 3 号伟晶岩脉的成因 . 矿床地质, (4): 34-43.

中国地质调查局网地学文献中心, 中国地质图书馆 . 2018. 中国地质调查局内部刊物 . 地调舆情, 24: 1-8.

中国科学院贵阳地球化学研究所 . 1979. 华南花岗岩类的地球化学 . 北京: 科学出版社: 1-421.

《中国矿产地质志·江西卷》编委会 . 2015. 中国矿产地质志·江西卷 . 北京: 地质出版社: 1-243.

《中国矿床发现史·新疆卷》编委会 . 1996. 中国矿床发现史·新疆卷 . 北京: 地质出版社: 1-179.

《中国矿床发现史·四川卷》编委会 . 1996. 中国矿床发现史·四川卷 . 北京: 地质出版社: 1-223.

Abdel-Rahman A F M. 1994. Nature of biotites from alkaline, calc-alkaline, and peraluminous magmas. Journal of Petrology, 35 (2): 525-541.

Abraham D S. 2015. The Elements of Power. New York: Yale University Press

Altura Mining Ltd. 2016. Annual report 2018. https://alturamining.com/2016-annual-report/[2021-03-10].

Amer R, Mezayen A E, Hasanein M. 2016. Aster spectral analysis for alteration minerals associated with gold mineralization. Ore Geology Reviews, 75: 239-251.

Anderson A J, Clark A H, Gray S. 2001. The occurrence and origin of zabuyelite (Li_2CO_3) in spodumene-hosted fluid inclusions: implications for the internal evolution of rare-element granitic. Canadian Mineralogist, 39 (3): 1513-1527.

Audétat A, Keppler H. 2004. Viscosity of fluids in subduction zones. Science, 303: 513-516.

Ayres L D, Averill S A, Wolfe W J. 1982. An archean molybdenite occurrence of possible porphyry type at Setting Net Lake, northwestern Ontario, Canada. Economic Geology, 77 (5): 1105-1119.

Barnes E M, Weis D, Groat L A. 2012. Significant Li isotope fractionation in geochemically evolved rare element-bearing pegmatites from the Little Nahanni Pegmatite Group, NWT, Canada. Lithos, 132-133: 21-36.

Bau M. 1996. Controls on the fractionation of isovalent trace elements in magmatic and aqueous systems: evidence from Y/Ho，Zr/Hf，and lanthanide tetrad effect. Contributions to Mineralogy and Petrology，123（3）：323-333.

Biel C，Subías I，Acevedo R D，et al. 2012. Mineralogical，IR- spectral and geochemical monitoring of hydrothermal alteration in a deformed and metamorphosed jurassic VMS deposit at Arroyo Rojo，Tierra del Fuego，Argentina. Journal of South American Earth Sciences，35：62-73.

Birimian Ltd. 2017. Birimian to sell Mali's Bougouni Lithium Project. http://www. mining- technology. com/news/newsbirimian- to- sell- bougouni- lithium- project-5709235/［2021-03-10］.

Breaks F W，Bond W D，Stone D. 1978. Preliminary geological synthesis of the English river subprovince：northwestern Ontario and its bearing upon mineral exploration. Ontario：Ontario geological Survey.

Brisbin W C. 1986. Mechanics of pegmatite emplacement. American Mineralogist，71：644-651.

British Geological Survey. 2016. Minerals in Afghanistan. https://www2. bgs. ac. uk/afghanMinerals/raremetal. htm ［2021-03-10］.

Brown P E，Lamb W M. 1989. P- V- T properties of fluids in the system $H_2O \pm CO_2 \pm NaCl$：new graphical presentations and implications for fluid inclusion studies. Geochimica et Cosmochimica Acta，53（6）：1209-1221.

Bryant C J，Chappell B W，Bennett V C，et al. 2004. Lithium isotopic compositions of the New England Batholith：correlations with inferred source rock compositions. Transactions of the Royal Society of Edinburgh Earth Sciences，95（1-2）：199-214.

Burchfiel B C，Chen Z，Liu Y，et al. 1995. Tectonics of the Longmen Shan and Adjacent Regions，Central China. International Geology Review，37：661-735.

Cameron E N，Jahns R H，McNair A H，et al. 1949. Internal structure of granitic pegmatites. Economic Geology Mono，2：115.

Černý P. 1990. Distribution，affiliation and derivation of rare- element granitic pegmatites in the Canadian Shield. Geologische Rundschau，79：183-226.

Černý P. 1991a. Fertile granites of precambrian rare- element pegmatite fields：is geochemistry controlled by tectonic setting or source lithologies? Precambrian Research，51：429-468.

Černý P. 1991b. Rare- element granitic pegmatites. Part 1：anatomy and internal evolution of pegmatite deposits. Geoscience Canada，6（2）：49-67.

Černý P. 1991c. Rare- element granitic pegmatites. Part 2：Regional to global environments and petrogenesis. Geoscience Canada，18（2）：68-81.

Černý P，Hawthorne F C. 1982. Selected peraluminous minerals：granitic pegmatites in science and industry. Mineral Association Canada，8：63-98.

Černý P，Kjellman J. 1999. The NYF family of granitic pegmatites：Simplistic past，fluid present，reformed future. The Canadian Mineralogist，37：799-800.

Černý P，Ercit T S. 2005. The classification of granitic pegmatites revisited. Canadian Mineralogist，43（6）：2005-2026.

Chan L H，Edmond J M，Thompson G，et al. 1992. Lithium isotopic composition of submarine basalts：implications for the lithium cycle in the Oceans. Earth and Planetary Science Letters，108（1-3）：151-160.

Chappell B W. 1999. Aluminium saturation in I- and S- type granites and the characterization of fractionated haplogranites. Lithos，46：535-551.

Claesson S，Vetrin V，Bayanova T，et al. 2000. U- Pb zircon ages from a Devonian carbonatite dyke，Kola peninsula，Russia：a record of geological evolution from the Archaean to the Palaeozoic. Lithos，51（1）：95-108.

Clayton R N, O'Neil J R, Mayeda T K. 1972. Oxygen isotope exchange between quartz and water. Journal of Geophysical Research, 77 (17): 3057-3067.

Cox R, Lowe D R, Cullers R L. 1995. The influence of sediment recycling and basement composition on evolution of mudrock chemistry in the southwestern United States. Geochimica et Cosmochimica Acta, 59: 2919-2940.

Chen J F, Yan J, Xie Z, et al. 2001. Nd and Sr isotopic compositions of igneous rocks from the Lower Yangtze Region in Eastern China: constraints on sources. Physics and Chemistry of the Earth, Part A: Solid Earth and Geodesy, 26 (9-10): 719-731.

Clark R N, King T V, Klejwa M, et al. 1990. High spectral resolution reflectance spectroscopy of minerals. Journal of Geophysical Research, 95: 12653-12680.

Clark R N, Swayze G A, Livo K E, et al. 2003. Imaging spectroscopy: earth and planetary remote sensing with the USGS tetracorder and expert systems. Journal of Geophysical Research, 108: 5131-5144.

Dai J J, Wang D H, Wang R S, et al. 2013. Quantitative estimation of concentrations of dissolved rare earth elements using reflectance spectroscopy. Journal of Applied Remote Sensing, 7 (1): 073513.

Deveaud S, Millot R, Villaros A. 2015. The genesis of LCT-type granitic pegmatites, as illustrated by lithium isotopes in micas. Chemical Geology, 411: 97-111.

Dill H G. 2015. Pegmatites and aplites: their genetic and applied ore geology. Ore Geology Reviews, 69: 417-561.

Eby G N, Woolley A R, Din V, et al. 1998. Geochemistry and petrogenesis of nepheline syenites: Kasungu-Chipala, Ilomba, and Ulindi Nepheline Syenite Intrusions, North Nyasa Alkaline Province, Malawi. Journal of Petrology, 39 (8): 1405-1424.

Ercit T S. 2004. REE enriched granitic pegmatites//Linnen R L, Samson I M. Rare element Geochemistry and Ore Deposits. Vancouver, BC: Geological Association of Canada.

Fersmann A E. 1940. Pegmatites: Vol. 1, Granite pegmatites. Moscow: Akademii Nauk SSSR.

Gao J Q, Yu Y, Wang D H, et al. 2021. Effects of lithium resource exploitation on surface water at Jiajika mine, China. Environmental Monitoring and Assessment, 193 (2). DOI: 10.1007/s10661-021-08867-9.

Ginsburg A I, Rodionov G G. 1960. On the depth of formation of granitic pegmatites. Geologiya Rudnykh Mestorozhdenij, 1: 45-54.

Ginsburg A I, Timofeyev I N, Feldman L G. 1979. Principles of geology of the granitic pegmatites. Nedra Moscow, in Russian: 266.

Goldfarb D S, Chan A J, Hernandez D, et al. 1991. Effect of thiazides on colonic NaCl absorption: role of carbonic anhydrase. American Journal of Physiology, 261 (3 Pt 2): F452-F458.

Green T H. 1995. Significance of Nb/Ta as an indicator of geochemical processes in the crust-mantle system. Chemical Geology, 120 (3-4): 347-359.

Halama R, McDonough W F, Rudnick R L, et al. 2007. The Li isotopic composition of oldoinyo lengai: nature of the mantle sources and lack of isotopic fractionation during carbonatite petrogenesis. Earth and Planetary Science Letters, 254 (1-2): 77-89.

Halama R, McDonough W F, Rudnick R L, et al. 2008. Tracking the lithium isotopic evolution of the mantle using carbonatites. Earth and Planetary Science Letters, 265: 726-742.

Hidaka H, Shimizu H, Adachi M. 2002. U-Pb geochronology and REE geochemistry of zircons from Paleoproterozoic paragneiss clasts in the Mesozoic Kamiaso conglomerate, central Japan: evidence for an Archean provenance. Chemical Geology, 187 (3-4): 279-293.

Huang M. 2003. Tectonometamorphic evolution of the Eastern Tibet Plateau: evidence from the central Songpan-Garze orogenic belt, Western China. Journal of Petrology, 44: 255-278.

Huh Y, Chan L H, Zhang L B, et al. 1998. Lithium and its isotopes in major world rivers: implications for weathering and the oceanic budget. Geochimica et Cosmochimica Acta, 62 (12): 2039-2051.

Huh Y, Chan L H, Edmond J M. 2001. Lithium isotopes as a probe of weathering processes: Orinoco River. Earth and Planetary Science Letters, 194 (1-2): 189-199.

Hunt G R. 1979. Near-infrared spectral of alteration minerals-potential for use in remote sensing. Geophysics, 44 (12): 1974-1986.

Irber W. 1999. The lanthanide tetrad effect and its correlation with K/Rb, Eu/Eu*, Sr/Eu, Y/Ho, and Zr/Hf of evolving peraluminous granite suites. Geochimica et Cosmochimica Acta, 63 (3): 489-508.

Jackson K J, Helgeson H C. 1985. Chemical and thermodynamic constraints on the hydrothermal transport and deposition of tin: I. Calculation of the solubility of cassiterite at high pressure and temperature. Geochimica et Cosmochimica Acta, 49: 1-22.

Jahn B M, Wuab F, Loc C H, et al. 1999. Crust-Mantle interaction induced by deep subduction of the continental crust: geochemical and Sr-Nd isotopic evidence from Post-Collisional Mafic-Ultramafic intrusions of the Northern Dabie Complex, Central China. Chemical Geology, 157 (1-2): 119-146.

Jahns R H. 1955. The study of pegmatites. Economic Geology, 50th Anniversary Volume: 1025-1130.

Jahns R H. 1982. Internal evolution of pegmatite bodies//Černý P. Granitic pegmatites in science and industry. Mineralogical Association of Canada Short Course Handbook, 8: 293-327.

Jahns R H, Burnham C W. 1969. Experimental studies of pegmatite genesis: I. A model for the derivation and crystallization of granitic pegmatites. Economic Geology, 64: 843-864.

Jeffcoate A B, Elliott T, Thomas A, et al. 2004. Precise/Small sample size determinations of lithium isotopic compositions of geological reference materials and modern seawater by MC-ICP-MS. Geostandards and Geoanalytical Research, 28 (1): 161-172.

Joo Y J, Lee Y, Bai Z Q. 2005. Provenance of the Qingshuijian Formation (Late Carboniferous), NE China: implications for tectonic processes in the northern margin of the North China block. Sedimentary Geology, 177 (1-2): 97-114.

Keppler H. 1993. Influence of fluorine on the enrichment of high field strength trace elements in granitic rocks. Contributions to Mineralogy and Petrology, 114 (4): 479-488.

Keppler H, Wyllie P J. 1991. Partitioning of Cu, Sn, Mo, W, U, and Th between melt and aqueous fluid in the systems haplogranite-H_2O-HCl and haplogranite-H_2O-HF. Contributions to Mineralogy and Petrology, 109 (2): 139-150.

Kesler S E, Gruber P W, Medina P A, et al. 2012. Global lithium resources: relative importance of pegmatite, brine and other deposits. Ore Geology Reviews, 48 (5): 55-69.

Landes K K. 1932. The Barringer Hill, Texas, pegmatite. American Mineralogist, 17: 381-390.

Li J K, Chou I M. 2016. An occurrence of metastable cristobalite in spodumene-hosted crystal-rich inclusions from Jiajika pegmatite deposit, China. Journal of Geochemical Exploration, 171: 29-36.

Li J K, Chou I M. 2017. Homogenization experiments of crystal-rich inclusions in spodumene from Jiajika lithium deposit, China, under elevated external pressures in a hydrothermal diamond-Anvil Cell. Geofluids, 11 (3-4): 1-12.

Li J K, Wang D H, Chen Y C. 2013. The ore forming mechanism of the Jiajika pegmatite type rare metal deposit in Western Sichuan province: evidence from isotope dating. Acta Geologica Sinica (English Edition), 87 (1): 91-101.

London D. 1984. Experimental phase equilibria in the system $LiAlSiO_4$-SiO_2-H_2O: a petrogenetic grid for lithium-rich pegmatites. American Mineralogist, 69 (11-12): 995-1004.

London D. 1986a. The magmatic-hydrothermal transition in the Tanco rare element pegmatite: evidence from fluid inclusions and phase equilibrium experiments. American Mineralogist, 71: 376-395.

London D. 1986b. Formation of tourmaline-rich gem pockets in miarolitic pegmatites. American Mineralogist, 71: 396-405.

London D. 1990. Internal differentiation of rare-element pegmatites: a synthesis of recent research//Stein H J, Hannah J L. ore-bearing granite systems: petrogenesis and mineralization processes. Geology Society American, 246: 35-50.

London D. 1992. The application of experimental petrology to the genesis and crystallization of granitic pegmatites. Canadian Mineralogist, 30: 499-540.

London D. 2005a. Geochemistry of alkali and alkaline earth elements in ore-forming granites, pegmatites, and rhyolites//Linnen R L, Sampson I M. Rare-Element Geochemistry and Mineral Deposits. Short course notes 17, Geological Association of Canada: 175-199.

London D. 2005b. Granitic pegmatites: an assessment of current concepts and directions for the future. Lithos, 80 (1-4): 281-303.

London D. 2008. Pegmatites. Canadian Mineralogist, Special Publication, 10: 347.

London D. 2009. The origin of primary textures in granitic pegmatites. Canadian Mineralogist, 47: 697-724.

London D, Hervig R L, Vi G B M. 1988. Melt-vapor solubilities and elemental partitioning in peraluminous granite-pegmatite systems: experimental results with Macusani glass at 200MPa. Contributions to Mineralogy and Petrology, 99 (3): 360-473.

London D, Morgan G B, Hervig R L. 1989. Vapor-undersaturated experiments with Macusani glass+H_2O at 200 MPa, and the internal differentiation of granitic pegmatites. Contributions to Mineralogy and Petrology, 102: 1-17.

Lowenstern J B. 2001. Carbon dioxide in magmas and implications for hydrothermal systems. Mineralium Deposita, 36 (6): 490-502.

Magna T, Wiechert U H, Halliday A N, et al. 2004. Low-blank isotope ratio measurement of small samples of lithium using multiple-collector ICPMS. International Journal of Mass Spectrometry, 239 (1): 67-76.

Magna T, Janoušek V, Kohút M, et al. 2010. Fingerprinting sources of orogenic plutonic rocks from variscan belt with lithium isotopes and possible link to subduction-related origin of some A-Type granites. Chemical Geology, 274 (1-2): 94-107.

Maniar P D, Piccoli P M. 1989. Tectonic discrimination of granitoids. Geological Society of America Bulletin, 101 (5): 635 643.

Marschall H R, Strandmann P, Seitz H M, et al. 2007. The lithium isotopic composition of orogenic eclogites and deep subducted slabs. Earth and Planetary Science Letters, 262 (3-4): 563-580.

Martin R F, De Vito C. 2005. The patterns of enrichment in felsic pegmatites ultimately depend on tectonic setting. The Canadian Mineralogist, 43: 2027-2048.

Martins T, Roda-Robles E, Lima A, et al. 2012. Geochemistry and evolution of micas in the Barroso-Alvo pegmatite field, northern Portugal. Canadian Mineralogist, 50 (4): 1117-1129.

Matheis G. 1985. Geological setting of pegmatoid rare-metal mineralization. Fortschritte der Mineralogie, 63 (S1): 150-151.

Matsuhisa Y, Goldsmith J R, Clayton R N. 1979. Oxygen isotopic fractionation in the system quartz-albite-anorthite-water. Geochimica et Cosmochimica Acta, 43 (7): 1131-1140.

Mattauer M, Malavieille J, Calassou S, et al. 1992. La Chine triasique de Songpan-Garze (Ouest Sechuan et Est Tibet): unechaine de plissement-decollement sur marge passive. Comptes Rendus de Acamedie des Sciences

Paris, 314: 619-626.

McCuaig T C, Kerrich R. 1998. P- T- t- deformation- fluid characteristics of lode gold deposits: evidence from alteration systematics. Ore Geology Reviews, 12 (6): 381-453.

Melleton J, Gloaguen E, Frei D, et al. 2012. How are the emplacement of rare-element pegmatites, regional metamorphism and magmatism interrelated in the moldanubian domain of the variscan bohemian massif, czech republic? Canadian Mineralogist, 50 (6): 1751-1773.

Merrill J, Voisin L, Montenegro V, et al. 2017. Slurry rheology prediction based on hyperspectral characterization models for minerals quantification. Minerals Engineering, 109: 126-134.

Metalicity Ltd. 2016. Metalicity acquires fortescue's Lithium portfolio in pilbara region. http://www. mining-technology. com/news/newsmetalicity- acquires- fortescues- lithium- portfolio- in- pilbara- region-5703012 [2021-03-10].

Middlemost E A K. 1994. Naming materials in the magma/igneous rock system. Annual Review of Earth and Planetary ences, 37 (3-4): 215-224.

Moller A, Brien P J, Kroner A, et al. 2003. Linking growth episodes of zircon and metamorphic textures to zircon chemistry: an example from the ultrahigh- temperature granulites of Rogaland (SW Norway). Geological Society of London Special Publications, 220 (1): 65-81.

Nemaska Lithium Inc. 2016. How to profit from the booming lithium markets. http://cncc. bingj. com/cache. aspx? q = Nemaska + Lithium + Inc. + 2016. + How + to + profit + from + the + booming + lithium + markets&d = 5064861859840824&mkt = en- US&setlang = en- US&w = HAmrL7YtKhn _ O4yxTZIzkjsUZ8fEMURJ [2021- 03- 10].

Nick P, Michael A. 1985. Na- rich partial melts from newly underplated basaltic crust: the Cordillera Blanca Batholith, Peru. Journal of Petrology, 37: 1497-1521.

Norton J J. 1973. Lithium, cesium and rubidium- the rare alkali metals//Brobst D A, Pratt W P. United States Mineral Resources. United States Geological Survey, 820: 365-378.

Norton J J, Redden J A. 1990. Relations of zoned pegmatites to other pegmatites, granite, and metamorphic rocks in the southern Black Hills, South Dakota. American Mineral, 75: 631-655.

Novák M, Skoda R, Gadas P, et al. 2012. Contrasting origins of the Mixed (NYF + LCT) signature in granitic pegmatites, with examples from the Moldanubian Zone, Czech Republic. The Canadian Mineralogist, 50 (4): 1077-1094.

Orberger B, Rojas W, Millot R, et al. 2015. Stable isotopes (Li, O, H) combined with brine chemistry: powerful tracers for Li origins in Salar Deposits from the Puna Region, Argentina. Procedia Earth and Planetary Science, 13: 307-311.

Ottaway T L, Wicks F, Bryndzia L, et al. 1994. Formation of the Muzo hydrothermal emerald deposit in Colombia. Nature, 369: 552-554.

Partington G A, Mcnaughton N J, Williams I S. 1995. A review of the geology, mineralization, and geochronology of the Greenbushes Pegmatite, Western Australia. Economic Geology, 90 (3): 616-635.

Patiño Douce A E, Harris N. 1998. Experimental constraints on Himalayan anatexis. Journal of Petrology, 39 (4): 689-710.

Pearce J A, Harris N B W, Tindle A G. 1984. Trace element discrimination diagrams for the tectonic interpretation of granitic rocks. Journal of Petrology, 25 (4): 956-983.

Petford N, Atherton M. 1996. Na- rich partial melts from newly underplated basaltic crust: the Cordillera Blanca batholith, Peru. Journal of Petrology, 37 (6): 1491-1521.

Pezzottaf. 2001. Madagascar's rich pegmatite districts: a general classification. Madagascar East Hampton, CT: Lapis International: 34-35.

Pickthorn W J, Goldfarb R J, Leach D. 1987. Comment on "dual origins of lode gold deposits in the Canadian Cordillera". Geology, 15: 471-472.

Pilbara Minerals Ltd. 2016. Pilgangoora Mineral Rresource Jumps 60% to 128. 6Mt confirming World-class, long-life, high grade lithium Project. https://investingnews. com/daily/resource-investing/critical-metals-investing/tantalum-investing/pilgangoora-mineral-resource-jumps-60-to-128-6mt-confirming-world-class-long-life-high-grade-lithium-project/ [2021-05-11].

Pistiner J S, Henderson G M. 2003. Lithium-Isotope fractionation during continental weathering processes. Earth and Planetary Science Letters, 214 (1-2): 327-339.

Prado E M G, Silva A M, Ducart D F, et al. 2016. Reflectance spectroradiometry applied to a semi-quantitative analysis of the mineralogy of the N4ws deposit, Carajás Mineral Province, Pará, Brazil. Ore Geology Reviews, 78: 101-119.

Qiu L, Rudnick R L, McDonough W F, et al. 2009. Indicators of provenance weathering: Li and δ^7Li in mudrocks from the British Caledonides. Geochimica et Cosmochimica Acta, 73 (24): 7325-7340.

Ramberg H. 1952. Chemical bonds and distribution of cations in Silicates. The Journal of Geology, 60 (4): 331-355.

Raju R D, Rao J S R K, 1972. Chemical distinction between replacement and magmatic granitic rocks. Contributions to Mineralogy and Petrology, 35 (2): 169-172.

Roedder A, Bodnar R J. 1980. Geologic pressure determinations from fluid inclusion studies. Annual Review of Earth and Planetary Sciences, 8 (1): 263-301.

Roger F, Malavieille J, Leloup P H, et al. 2004. Timing of granite emplacement and cooling in the Songpan-Garzê Fold Belt (Eastern Tibetan Plateau) with tectonic implications. Journal of Asian Earth Sciences, 22 (5): 465-481.

Romer R L, Meixner A, Förster H J. 2014. Lithium and boron in Late-Orogenic Granites-Isotopic fingerprints for the source of crustal melts? Geochimica et Cosmochimica Acta, 131 (4): 98-114.

Rossovskiy L N. 1977. First find of pollucite and its crystals in Afghanistan, Transactions (Doklady) of the U. S. S. R. Academy of Sciences: Earth Science Sections, 236 (1-6): 157-160.

Rossovskiy L N, Chmyrev V M. 1977. Distribution patterns of rare-metal pegmatites in the Hindu Kush (Afghanistan). International Geology Review, 19 (5): 511-520.

Rubatto D, Gebauer D. 1996. Use of cathodoluminescence for U-Pb zircon dating by ion microprobe (SHRIMP): some examples from high-pressure rocks of the Western Alps. Western Alps: 131-132.

Rubatto D, Gebauer D. 2000. Use of cathodoluminescence for U-Pb zircon dating by ion microprobe: some examples from the Western Alps//Pagel M, Barbin V, Blanc P, et al. Cathodoluminescence in Geoscience. Berlin: Springer-Verlag: 373-400.

Rudenko S A, Romanov V A, Morakhovskyi V N, et al. 1975. Conditions of formation and controls of distribution of muscovite objects of the North-Baikal muscovite province, and some general problems of pegmatite consolation//Gordiyenko V V. Muscovite pegmatites of the USSR. Leningrad: Nauka: 174-182.

Rudnick R L, Gao S. 2003. Composition of the continental crust//Holland H D, Turekian K K. Treatise on geochemistry. Amsterdam: Elsevier: 1-64.

Rudnick R, Gao S. 2004. Composition of the continental crust. Treatise on Geochemistry, 3: 1-64.

Rudnick R L, Tomascak P B, Njo H B, et al. 2004. Extreme lithium isotopic fractionation during continental weathering revealed in saprolites from South Carolina. Chemical Geology, 212 (1-2): 45-57.

Sayona Mining Ltd. 2016. Sayona Mining to Acquire Authier Lithium Deposit in Canada. https://www. mining-technology. com/news/newssayona-mining-acquire-authier-lithium-deposit-canada-4881391/ [2021-05-11].

Schneiderhöhn H. 1961. Die Erlagerstätten der Erde Ⅱ. Die Pegmatite. Stuttgart: Gustav Fischer Verlag: 720.

Shearer C K, Papike J J, Jolliff B L. 1992. Petrogenetic links among granites and pegmatites in the Harney Peak rare-element granite-pegmatite system, Black Hills, South Dakota. The Canadian Mineralogist, 30: 785-809.

Sheppard S M F. 1987. Characterization and isotopic variations in natural waters. Reviews in Mineralogy, 16 (3): 165-183.

Shmakin B W. 1983. Geochemistry and origin of granitic pegmatites. Geochemistry International, 20: 1-8.

Simmons W B, Webber K L. 2008. Pegmatite genesis: state of the art. European Journal of Mineralogy, 20 (4): 421-438.

Simmons W B, Foord E E, Falster A U, et al. 1995. Evidence for an anatectic origin of granitic pegmatites, western Maine, USA//Geological Society of America. Geological Society of America Programs with Abstracts 27. New Orleans: Geological Society of America.

Sowerby J R, Keppler H. 2002. The effect of fluorine, boron and excess sodium on the critical curve in the albite-H_2O system. Contributions to Mineralogy and Petrology, 143 (1): 32-37.

Sterner S M, Bodnar R J. 1991. Synthetic fluid inclusions. X: experimental determination of P-V-T-X properties in the CO_2-H_2O system to 6kb and 700°C. American Journal of Science, 291: 1-54.

Stewart D B. 1978. Petrogenesis of lithium-rich pegmatites. American Mineralogist, 63: 970-980.

Sun H, Gao Y J, Xiao Y L, et al. 2016. Lithium isotope fractionation during incongruent melting: constraints from post-collisional leucogranite and residual enclaves from bengbu uplift, China. Chemical Geology, 439: 71-82.

Sun S S, McDonough W F. 1989. Chemical and isotopic systematics of oceanic basalts: implications for mantle composition and processes. Geological Society London Special Publications, 42 (1): 313-345.

Symons R. 1961. Operation at bikita minerals (Private) Ltd. Southern Rhodesia. Bulletin of the Institution of Mining and Metallurgy, 661: 129-172.

Sylvester P J. 1998. Post-collisional strongly peraluminous granites. Lithos, 45 (1-4): 29-44.

Taylor S R, McLennan S M. 1985. The continental crust: its composition and evolution: an examination of the geochemical record preserved in sedimentary rocks. Oxford: Blackwell.

Teng F Z, McDonough W F, Rudnick R L, et al. 2004. Lithium isotopic composition and concentration of the upper continental crust. Geochimica et Cosmochimica Acta, 68 (20): 4167-4178.

Teng F Z, McDonough W F, Rudnick R L, et al. 2006a. Lithium isotopic systematics of granites and pegmatites from the Black Hills, South Dakota. American Mineralogist, 91 (10): 1488-1498.

Teng F Z, McDonough W F, Rudnick R L, et al. 2006b. Diffusion-driven extreme lithium isotopic fractionation in country rocks of the Tin Mountain pegmatite. Earth and Planetary Science Letters, 243 (3-4): 701-710.

Teng F Z, Roberta L, Rudnick, et al. 2008. Lithium isotopic composition and concentration of the deep continental crust. Chemical Geology, 255: 47-59.

Teng F Z, Rudnick R L, McDonough W F, et al. 2009. Lithium isotopic systematics of A-Type granites and their mafic enclaves: further constraints on the Li isotopic composition of the continental crust. Chemical Geology, 262 (3): 370-379.

Thomas R, Davidson P. 2013. The missing link between granites and granitic pegmatites. Journal of Geosciences, 58: 183-200.

Thomas R, Förster H J, Rickers K, et al. 2005. Formation of extremely F-rich hydrous melt fractions and hydrothermal fluids during differentiation of highly evolved tin-granite magmas: a melt/fluid-inclusion study. Contributions to Mineralogy and Petrology, 148 (5): 582-601.

Thomas R, Webster J D, Davidson P. 2006a. Understanding pegmatite formation: the melt and fluid inclusion approach//Webster J D. Melt inclusions in plutonic rocks. Mineralogical Association of Canada Short Course, 36: 189-210.

Thomas R, Webster J D, Rhede D, et al. 2006b. The transition from peraluminous to peralkaline granitic melts: evidence from melt inclusions and accessory minerals. Lithos, 91 (1-4): 137-149.

Thomas R, Davidson P, Rhede D, et al. 2009. The miarolitic pegmatites from the Konigshain: a contribution to understanding the genesis of pegmatites. Contributions to Mineralogy and Petrology, 157 (4): 505-523.

Thomas R, Davidson P, Schmidt C. 2011a. Extreme alkali bicarbonate- and carbonaterich fluid inclusions in granite pegmatite from the Precambrian Rønne granite, Bornholm Island, Denmark. Contributions to Mineralogy and Petrology, 161: 315-329.

Thomas R, Davidson P, Beurlen H. 2011b. Tantalite- (Mn) from the Borborema Pegmatite Province, northeastern Brazil: conditions of formation and melt- and fluid- inclusion constraints on experimental studies. Mineralium Deposita, 46 (7): 749-759.

Thomas R, Webster J D, Davidson P. 2011c. Be-daughter minerals in fluid and melt inclusions: implications for the enrichment of Be in granite- pegmatite systems. Contributions to Mineralogy and Petrology, 161 (3): 483-495.

Tian S, Hou Z, Aina S U, et al. 2012. Separation and precise measurement of lithium isotopes in three reference materials using multi collector- inductively coupled plasma mass spectrometry. Acta Geologica Sinica (English Edition), 86 (5): 1297-1305.

Tkachev A V. 2011. Evolution of metallogeny of granitic pegmatites associated with orogens throughout geologic time. Granite Related Ore Deposits Geological Society, London: Special Publications, 350: 7-23.

Tomascak P B. 2004. Developments in the understanding and application of lithium isotopes in the Earth and Planetary Sciences. Reviews in Mineralogy and Geochemistry, 55 (1): 153-195.

Tuttle O F, Bowen N L. 1958. Origin of granite in the light of experimental studies in the system $NaAlSi_3O_8$-$KAlSi_3O_8$-SiO_2-H_2O. St. Louis, MO: Geological Society of America.

USGS (U. S. Geological Survey). 2018. Mineral commodity summaries 2018. Reston: U. S. Geological Survey: 98-99.

USGS (U. S. Geological Survey). 2019. Mineral commodity summaries 2019. Reston: U. S. Geological Survey: 98-99.

van der Meer F. 2018. Near-infrared laboratory spectroscopy of mineral chemistry: a review. International Journal of Applied Earth Observation and Geoinformation, 65: 71-78.

Vikström H, Davidsson S, Höök M. 2013. Lithium availability and future production outlooks. Applied Energy, 110: 252-266.

Von Knorring O, Condliffe E. 1987. Mineralized pegmatites in Africa. Geological Journal, 22: 253-270.

White A J R, Chappell B W. 1977. Ultrametamorphism and granitoid genesis. Tectonophysics, 43 (1-2): 7-22.

Xiong X, Li J K, Wang D H, et al. 2019. Fluid characteristics and evolution of the Zhawulong granitic pegmatite lithium deposit in the Ganzi- Songpan Region, Southwestern China. Acta Geologica Sinica (English Edition), 93 (4): 943-954.

Yang K, Huntington J F, Gemmell J B, et al. 2011. Variations in composition and abundance of white mica in the hydrothermal alteration system at Hellyer, Tasmania, as revealed by infrared reflectance spectroscopy. Journal of Geochemical Exploration, 108: 143-156.

Yang X M. 2007. Using the rittmann serial index to define the alkalinity of igneous rocks. Journal of Mineralogy and Geochemistry, 184 (1): 95-103.

Yin A, Harrison T M. 2003. Geologic evolution of the Himalayan- Tibetan orogeny. Annual Review of Earth Planet of Sciences, 28: 211-280.

Yuan S D, Peng J T, Hao S, et al. 2011. In situ, LA- MC- ICP- MS and ID- TIMS U- Pb geochronology of cassiterite in the giant Furong tin deposit, Hunan Province, South China: new constraints on the timing of tin-polymetallic mineralization. Ore Geology Reviews, 43 (1): 235-242.

Zack T, Tomascak P B, Rudnick R L., et al. 2003. Extremely light Li in orogenic eclogites: the role of isotope fractionation during dehydration in subducted oceanic crust. Earth and Planetary Science Letters, 208 (3): 279-290.

Zasedatelev A M. 1974. Possible accumulation of lithium in host rocks of lithium pegmatite veins during old sedimentation processes. Doklady, Academy of Sciences USSR, Earth Science Sections, 218: 196-198.

Zasedatelev A M. 1977. Quantitative model of metamorphic generation of rare-metal pegmatite with lithium mineralization. Doklady, Academy of Sciences USSR, Earth Science Sections, 236: 219-221.

Zhang H F, Harris N, Parrish R R, et al. 2006. Association of granitic magmatism in the Songpan- Garze fold belt, eastern Tibet Plateau: implication for lithospheric delamination. Geochimica et Cosmochimica Acta, 70 (18): A734.

Zou T R, Yang Y Q, Guo Y Q, et al. 1985. China's crust-and mantle-source pegmatites and their discriminating criteria. Geochemistry, 4 (1): 1-17.